종의 기원

드디어 다윈 ❶

자연 선택을 통한
종의 기원에 관하여
또는 생존 투쟁에서 선호된
품종의 보존에 관하여

On the Origin of Species
by Means of Natural Selection
or the Preservation of Favoured Races
in the Struggle for Life

찰스 다윈

장대익 옮김
다윈 포럼 기획
최재천 감수

사이언스북스
SCIENCE BOOKS

그러나 물질 세계에 관하여 우리는 적어도
다음과 같은 주장을 할 수 있다. 즉 사건들은 각 개별 사례에
가해지는 신적 능력의 독립적 개입을 통해서가 아니라,
확립된 일반 법칙에 따라 발생한다는 것이다.

— 윌리엄 휴얼, 『브리즈워터 논문집』

그러므로 결론적으로 우리는 적당히 하는 선에서
멈춰서는 안 된다. 성경 말씀에 대한 연구나 신의 작품인
자연에 대한 탐구, 즉 신학과 철학에 대한 지식이 충분하다고
생각해서는 안 된다. 오히려 우리는 이 두 영역에서
끝없는 진보나 능숙함을 얻기 위해 노력해야 한다.

— 프랜시스 베이컨, 『학문의 진보』

「드디어 다윈」 시리즈 출간에 부쳐

한국 최초의 다윈 선집을 펴내며

드디어 '다윈 후진국'의 불명예를 씻게 되었습니다. 드디어 이제 우리도 본격적으로 다윈을 연구할 수 있게 되었습니다. 지난 밀레니엄이 끝나 가던 1998년 미국의 언론인 네 사람이 『1,000년, 1,000인 (1,000 Years, 1,000 People)』이란 책을 출간했습니다. 세계 각국의 학자들과 예술가들을 상대로 지난 1,000년 동안 인류에게 가장 큰 영향을 미친 인물이 누구인가를 묻고 그 설문 조사 결과에 따라 1,000명의 위인 목록을 만들어 발표한 책입니다. 구텐베르크가 선두를 한 이 목록에서 다윈은 전체 7위에 선정되었습니다. 만일 우리나라에서 이 같은 설문 조사를 실시한다면 저는 다윈이 100위 안에도 들지 못할 것을 확신합니다. 2012년 번역되어 나온 존 판던(John Farndon)의 『오! 이것이 아이디어다(The World's Greatest Idea)』라는 책에는 우리 인간이 고안해 낸 아이디어 중에서 전문가 패널이 고른 50가지가 소개되어 있는데 다윈의 진화론은 여기서도 7등을 차지했습니다. 우리와 서양은 다윈에 대한 평가에서 이처럼 엄청난 차이를 보입니다.

2009년은 '다윈의 해'였습니다. 다윈 탄생 200주년과 『종의 기원』 출간 150주년이 맞물리며 위대한 과학자이자 사상가인 다윈을 재조명하는 각종 행사와 출판 기획이 활발하게 이뤄졌습니다. 무슨 일이든 코앞에 닥쳐야 움직이기 시작하던 평소와 달리 우리나라에도 2005년 '다윈 포럼'이 만들어졌습니다. 우리 학계에서 조금이라도 다윈에 관심이 있거나 어떤 형태로든 연구를 하고 있던 젊은 학자들이 한데 모였습니다. 우리는 '다윈의 해'를 이 땅에 다윈 연구를 뿌리 내릴 원년으로 삼는 데 동의하고 3년 남짓 남은 시간 동안 무엇을 할 것인지 논의했습니다. 논의는 그리 길게 이어지지 않았습니다. 모두 다윈의 책을 제대로 번역해 내놓는 일이 급선무라는 데 동의했습니다. 이웃 나라 일본이 메이지 유신을 거치며 놀랄 만한 학문 발전을 이룩한 데는 국가 차원의 번역 사업이 큰 몫을 했다는 사실을 잘 알고 계실 겁니다.

우리는 『비글 호 항해기』는 잠시 미뤄 두고 보다 본격적인 다윈의 학술서 3부작 『종의 기원』, 『인간의 유래와 성 선택』, 『인간과 동물의 감정 표현』을 먼저 번역하기로 했습니다. 다윈의 책을 번역하는 작업은 결코 만만하지 않습니다. 우선 문장들이 너무 깁니다. 현대적 글쓰기는 거의 이유 불문하고 짧게 쓸 것을 강요합니다. 간결하고 정확한 문장이 좋은 문장이라고 배웁니다. 그러나 다윈 시절에는 정반대였습니다. 길고 장황하게 쓰는 게 오히려 바람직한 덕목이었습니다. 어떤 다윈의 문장은 쉼표와 세미콜론으로 이어지며 한 페이지를 넘어갑니다. 알다시피 영어는 우리말과 어순이 달라 문장의 앞

뒤를 오가며 번역해야 하는데 다윈의 문장은 종종 한 문장의 우리말로 옮기는 게 거의 불가능합니다. 그래서 지금까지 번역된 많은 다윈 저서들은 대체로 쉼표와 세미콜론 단위로 끊어져 있어 너무나 자주 흐름이 끊기는 바람에 독해가 불가능한 경우가 많습니다.

『종의 기원』이 출간되기 바로 전날 원고를 미리 읽은 후 내뱉은 그 유명한 토머스 헉슬리(Thomas Huxley)의 탄식을 기억하십니까? "나는 왜 이걸 생각하지 못했을까? 정말 바보 같으니라고." 알고 보면 다윈의 자연 선택 이론은 허무할 만치 단순합니다. 그러나 그 단순한 이론이 이 엄청난 생물 다양성의 탄생을 이처럼 가지런히 설명하다니 그저 놀라울 따름입니다. 다윈은 요즘 표현을 빌리자면 이른바 '비주류' 혹은 '재야' 학자였습니다. 미세 먼지가 극에 달했던 런던에 살다가는 제 명을 다하지 못할 것이라는 의사의 경고 때문에 마지못해 시골로 이사하는 바람에 거의 언제나 혼자 일해야 했습니다. 그래서 엄청나게 많은 편지를 쓰며 다른 학자들과 교신하려 노력했지만, 대학이나 연구소에서 여러 동료 학자들과 부대끼며 지내는 것과는 사뭇 다른 연구 조건이었습니다. 그래서 저는 그가 역지사지(易地思之) 방식을 채택했다고 생각합니다. 그는 늘 스스로 질문하고 답하는 방식으로 연구했습니다. 그러다 보니 그의 글은 때로 모호하기 짝이 없고 중의적입니다. 생물학적 지식이 부족하거나 폭넓은 학술적 맥락을 이해하지 못하면 자칫 엉뚱하게 번역하는 우를 범하기 십상입니다.

우리가 포럼을 시작하고 얼마 지나지 않아 미국에서는 20세기를 대표하는 두 생물학자 제임스 듀이 왓슨(James Dewey Watson)과 에드워드 오스본 윌슨(Edward Osborne Wilson)이 각각 편집하고 해설한 다윈 전집들이 나왔습니다. 왓슨은 전집의 제목을 "Darwin: The Indelible Stamp(다윈: 불멸의 족적)"라고 지었고, 윌슨은 "From So Simple a Beginning(그토록 단순한 시작으로부터)"이라고 지었습니다. 지하에 계신 다윈 선생님이 무척이나 흐뭇해하셨을 것 같습니다. 물론 '다윈의 해'를 4년이나 앞두고 전집을 낸 그들에 비할 바는 아니지만 우리도 나름 일찍 출발했다는 자부심이 있었습니다. 그러나 그렇게 2009년이 지나갔고 또 꼬박 10년이 흘렀습니다. 처음에는 정기적으로 다윈 포럼을 열어 모두가 참여해 함께 번역 작업을 할 생각이었습니다. 그러나 이는 전혀 효율적인 방법이 아니라는 걸 금방 깨달았습니다. 용어 하나를 어떻게 번역할 것인가를 두고도 하루해가 모자랄 지경이었습니다. 그건 단순한 용어 선택의 문제가 아니었습니다. 개념을 제대로 정립하는 문제가 더욱 중요했습니다. 그래서 세 권의 책에 각각 대표 역자를 두기로 했습니다. 『종의 기원』은 장대익 교수가 맡았고 『인간의 유래와 성 선택』과 『인간과 동물의 감정 표현』은 김성한 교수가 수고했습니다. 저는 다윈 포럼의 대표로서 번역의 감수를 책임져 역자 못지않게 꼼꼼히 읽었습니다. 이제 드디어 우리에게도 다윈을 탐구할 출발선이 마련됐다고 자부합니다.

거의 15년 전 다윈 포럼을 시작하며 우리는 이 세 권의 번역 외에도 다윈 서간집도 기획했고, 저는 다윈의 이론을 현대적인 감각으로 소개하는 책을 쓰기로 약속했습니다. 그래서 네이버에 「최재천 교수의 다윈 2.0」이라는 제목으로 연재하고 그것들을 묶어 2012년 『다윈 지능』이라는 책을 냈습니다. 2009년 다윈의 해를 맞아 고맙게도 우리나라 거의 모든 주요 일간지와 방송이 경쟁이라도 하듯 특집을 기획해 주었습니다. 그중에서도 「다윈은 미래다」라는 《한국일보》 특집 덕택에 저는 우리 시대 대표 다윈주의자들을 만날 수 있었습니다. 갈라파고스 제도에서 40년 넘게 되새류(finch)의 생태와 진화를 연구하고 있는 프린스턴 대학교 로즈메리 그랜트(Rosemary Grant)와 피터 그랜트(Peter Grant) 부부, 하버드 대학교 심리학과의 언어학자이자 진화 심리학자 스티븐 핑커(Steven Pinker), 다윈을 철학으로 끌어들인 터프츠 대학교 철학과 교수 대니얼 클레먼트 데닛(Daniel Clement Dennett), 『이기적 유전자』의 저자 옥스퍼드 대학교 교수 클린턴 리처드 도킨스(Clinton Richard Dawkins), 그리고 하버드 대학교 윌슨 교수까지 모두 다섯 분을 인터뷰하는 기획이었지만 그분들을 만나러 가는 길목에 저는 다른 탁월한 다윈주의자들을 틈틈이 만났습니다. 그러다 보니 모두 열두 분을 만났고 그들과 나눈 대담을 엮어 『다윈의 사도들(Darwin's 12 Apostles)』이라는 제목의 책을 국문과 영문으로 준비했습니다. 2022년 후반부에 일단 국문으로 선보이게 될 것 같습니다.

다윈이라는 거인의 어깨 위에서

어느덧 이 땅에도 바야흐로 '생물학의 세기'가 찾아왔습니다. 그러나 섭섭하게도 이 나라에서 생물학을 하는 대부분의 학자는 엄밀한 의미에서 생물학자가 아닙니다. 생물을 연구 대상으로 화학이나 물리학을 하는 자연 과학자들입니다. 그러다 보니 서양과 달리 상당수의 생물학과 혹은 생명 과학과 교수들은 다윈의 진화론에 정통하지 않습니다. 일반 생물학 수업을 하면서 정작 진화 부분은 가르치지 않고 자기 학습 과제로 내주는 교수들이 의외로 많습니다. 일반 독자는 둘째 치더라도 저는 우선 이 땅의 생물학자들에게 드디어 다윈을 제대로 접할 기회가 마련됐다는 점이 무엇보다도 기쁩니다. 다윈의 책을 원문으로 읽는 일은 그리 녹록하지 않습니다. 이제 드디어 다윈의 저서들을 제대로 된 우리말 번역으로 읽을 수 있게 됐습니다. 모름지기 다윈을 읽지 않고 생물을 연구한다는 것은 거의 성경이나 코란을 읽지 않고 성직자가 되는 것에 진배없다고 생각합니다. 이제 모두 떳떳하고 당당한 생물학자가 되시기 바랍니다. 마침 2022년 9월 한국 진화학회가 출범했습니다. 이 땅에도 드디어 본격적인 진화 연구가 시작됩니다.

다윈 포럼을 후원하고 거의 15년이란 세월 동안 묵묵히 기다려 준 ㈜사이언스북스에 머리를 숙입니다. 책을 출간한다는 생각만으로는 버티기 어려운 기간이었을 겁니다. 학문의 숙성을 위해 함께 한 수행이었다고 생각합니다. 몸담은 분야는 서로 달라도 다윈을 향한 마음은 한결같아 투합한 다윈 포럼 동료들에게도 존경과 고마움을 표합니다. 함께 작업을 기획했으며 번역에 여러 형태로 기여했고 앞으로도 책을 알리고 이 땅에 다윈의 이론을 정립하는 데 앞장설 겁니다. 2009년 다윈 포럼이 주축이 되어 학문의 세계에서 아마 가장 혹독한 공격을 견뎌 낸 다윈의 이론이 현재 우리가 하고 있는 학문에 어떻게 침투해 있는지를 가늠해 『21세기 다윈 혁명』이라는 책을 냈습니다. 작업을 마무리하며 우리는 현존하는 거의 모든 학문 분야에 다윈의 이론이 깊숙이 관여하고 때로는 주류 이론으로 자리 잡아 가는 모습을 보며 스스로 놀랐던 기억이 새롭습니다. 어느덧 그로부터 또 10년이 흘렀습니다. 이제 다윈은 모든 분야의 전문가들이 앞다퉈 영입하는 학자로 우뚝 섰습니다. 이제 어느 분야든 다윈을 모르고 학문을 논하기 어려워졌습니다. 늦게나마 「드디어 다윈」을 여러분의 손에 쥐여 드립니다.

최재천

다윈 포럼 대표

이화 여자 대학교 에코 과학부 석좌 교수

장엄한 사상의 시작을 목격하라

세상에서 가장 위대한 '하물며'

1859년 어느 날, 런던에 있는 존 머리(John Murray) 출판사의 한 편집자는 『종의 기원』 초고를 다 읽고 난 후 다음과 같이 조언했다고 한다.

> 비둘기에 관한 내용만 남기고 뒤에 있는 어려운 내용들은 과감하게 덜어내면 이 책은 엄청난 베스트셀러가 될 겁니다.

다윈이 이 조언을 진지하게 받아들였더라면 틀림없이 이 글을 읽고 있는 여러분은 존재하지 않았을 것이다. 얼마나 다행인가! 그는 웃어넘겼고, 우리는 지금 이 위대한 과학의 고전을 펼치게 되었다.

하지만 지성사의 변곡점을 찍은 이 고전을 독파해 보리라는 야심으로 책장을 넘겨 봤던 독자라면 누구나 당혹스러웠으리라. '대체 이 비둘기 이야기는 언제 끝난단 말인가?' 몇십 쪽을 넘겨도 여전히 "옆 동네에 사는 아무개 사육사가 그러는데 비둘기 이놈과 저놈을 교배시켰더니만 이런 기막힌 놈이 나왔다." 뭐 이런 식이니까 말이다. 그는 비둘기나 개와 같은 동물들이 육종사의 마법과 같은 솜씨로 어떻게 다양한 변이들로 탄생하는지를 시시콜콜하게 기록하고 있다. 1장 제목부터가 「사육 및 재배 하에서 발생하는 변이」다. 그러니 처음부터 뭔가 대단한 원리나 흥미로운 이야기를 기대했던 독자들이라면, 실망과 지루함이 이만저만이 아닐 것이다. 실제로 비둘기 때문에 몇 쪽을 못 넘기고 책장을 덮어 버렸다는 사람들이 주변에 적지 않다.

정말 지루하고 재미없는 책일까? 타임머신을 타고 이 책이 씌어진 시대로 되돌아가 보면 이야기는 달라진다. 역사학자들에 따르면, 당시 19세기 빅토리아 시대의 영국 사회에서는 육종을 통해 특이하게 생긴 비둘기나 개를 만들어 내는 일이 그야말로 대유행이었다. 개나 비둘기 품평회는 누구나 관심 갖는 이벤트였다고 한다. 닥스훈트니 그레이하운드니 그런 것들이 다 그때 탄생한 것들이다. 이런 맥락에서 1장을 비둘기와 개에 관한 이야기로 시작한 다윈의 접근법은 오히려 비범한 글쓰기 전략이라 해야 한다. 그는 당시 영국의 수많은 독자들이 수긍할 수밖에 없는 육종사의 인위 선택 이야기로 시작한 후, 결정적인 순간에 그 육종사를 '자연'으로 대체한다.

인간이 체계적인 선택과 무의식적인 선택의 방법을 통해 위대한 결과를 만들어 낼 수 있고 실제로도 그랬다면, 하물며 자연이 그리하지 못할 이유가 어디 있겠는가? 인간은 눈에 보이는 외부 형질에만 영향을 줄 수 있다. 반면 자연은 외부 요소들이 그 유기체에 유용한 경우를 제외하고는 외양에 대해 신경 쓰지 않는다. 자연은 생명의 전체 조직 내

의 모든 내부 기관과 모든 미묘한 체질적 차이에 작용한다. (144쪽, 강조
는 옮긴이)

이 대목에서 당시 독자들은 꼼짝없이 고개를 끄덕일 수밖에 없
었을 것이다. '육종사가 몇 십 세대 만에 목도리를 두른 비둘기를 만
들어 낼 수 있다면, 하물며 자연이 훨씬 더 긴 기간 동안 어떤 생명체
든 못 만들어 내겠냐.'는 식이니까 말이다. 그래서 나는 이 하물며를
세상에서 가장 위대한 하물며라고 부른다. 그러니 비둘기 이야기에
질려 책장을 덮어 버리려던 분이라면, 19세기 영국을 상상해 보거
나 육종사에 빙의해 보시라. 어느덧 죽음의 1~2장을 무사히 통과해
3~4장의 위대한 생각에 성공적으로 도달할 수 있으리라. 그런데 뭐
가 그리 위대하다는 말인가?

『종의 기원』의 지성사적 의미

사실 '종이 변한다.'는 생각 자체는 다윈이 자연 선택 이론을 제시했
을 당시만 해도 그렇게 새로운 것은 아니었다. 『종의 기원』 3판부터
는 아예 첫머리에서 종의 변화 가능성을 주장했던 33명의 학자들을
열거하고 있을 정도였으니까 말이다. 그중에는 다윈의 친할아버지
인 이래즈머스 다윈(Erasmus Darwin)과 프랑스의 장바티스트 라마르크
(Jean-Baptiste Lamarck)도 끼어 있었다.

그렇다면 도대체 다윈이 새롭게 성취한 것은 무엇인가? 다윈의

위대한 성취를 실감하기 위해서 잠시 다른 별에서 온 외계 과학자에 빙의해 보자. 만일 외계 과학자가 지구의 생명을 처음 접했다면 어떤 질문을 던졌을까? 틀림없이 다음과 같은 두 가지 질문이었으리라. 지구 생명체는 왜 이토록 다양한가? 그리고 왜 이토록 정교한가?

외계 과학자가 했을 법한 이 질문들에 대해 다윈의 대답은 다음 의 두 가지 점에서 매우 참신했다. (다윈에게 노벨상을 수여한다면 바로 이 두 가지 공로 때문일 것이다.) 첫째, 그는 생명의 변화에 대한 주요 메커니즘 으로서 자연 선택을 내세웠다는 점이다. 그는 이 선택 과정을 통해 개체 간에 차등적인 생존과 번식이 일어나며 그로 인해 생명이 진화 한다고 생각했다. 자연 선택 이론은 과학사에서 가장 중요한 이론 중 하나지만 동시에 초등학생도 충분히 이해할 수 있을 정도로 간결한 논리 구조를 갖고 있다. 그의 요약을 보자.

> 만일 어떤 개체들에게 유용한 변이들이 실제로 발생한다면, 그로 인해 그 개체들은 생존 투쟁에서 살아남을 좋은 기회를 가질 것이 분명하 다. 또한 대물림의 강력한 원리를 통해 그것들은 유사한 특징을 가진 자손들을 생산할 것이다. 나는 이런 보존의 원리를 간략히 자연 선택 이라고 불렀다. (198~199쪽)

이를 바탕으로 『종의 기원』의 논증을 정리해 보면 다윈은 결국 아래 의 네 가지를 자연 선택의 작용 조건으로 보고 있음을 알 수 있다.

① 모든 생명체는 실제로 살아남을 수 있는 것보다 더 많은 수의 자손

을 낳는다.

② 같은 종에 속하는 개체들이라도 저마다 다른 형질을 가진다.

③ 특정 형질을 가진 개체가 다른 개체들에 비해 환경에 더 적합하다.

④ 그 형질 중 적어도 일부는 자손에게 전달된다.

이 조건들이 만족되면, 그리고 오직 그럴 경우에만, 어떤 개체군(population) 내의 형질들의 빈도는 시간이 지나면서 변하게 될 것이고 상당한 시간이 지나면 새로운 종도 생겨나게 된다. 이것이 바로 다윈이 제시했던 '자연 선택을 통한 진화'의 핵심이다. 초고를 먼저 읽은 헉슬리의 탄식을 거론하지 않더라도, 쉽게 이해되지 않는가?

그동안 신의 섭리나 신비로만 얼버무렸던 자연 세계의 정교한 기능들이 다윈의 자연 선택 이론 덕택으로 드디어 지적으로 이해되기 시작했다. 다윈 이전 사람들은 이해할 수 없었던 방식으로 말이다. 자, 잎맥과 비슷하게 금이 가 있는 넓적한 등판을 가진 사마귀가 신기할 뿐인가? 아니다. 이제는 누구나 자연 선택 이론으로 그러한 정교함을 지적으로 충실하게 설명할 수 있게 되었다.『종의 기원』이 없었다면 인류는 자연 세계의 정교함에 대해서 완전히 까막눈이었을 것이다.

다윈의 또 다른 중요한 기여는 생명이 마치 나뭇가지가 뻗어 나가듯 진화한다는 사실을 밝혀 준 데 있었다. 우리는 이를 **생명의 나무**(tree of life)라 부른다. 자연 선택 이론도 그렇지만 생명의 나무 개념도 전통적 생명관과는 완전히 달랐다.

19세기 중반까지만 해도 사람들은 완벽한 신이 자연계에 한

치의 빈틈도 없이 온갖 생명체를 촘촘히 심어놓았으며 각자의 자리는 단단히 고정되어 있다고 믿었다. 영국의 시인 알렉산더 포프(Alexander Pope)는 이를 "자연의 사슬 중 어디든, 그것이 열 번째든 1만 번째든, 하나라도 끊어지면 전체가 무너지리라."라고 읊조렸다. 이것이 바로 아리스토텔레스부터 시작된 '존재의 대사슬' 또는 '생명의 사다리' 개념이다.

그런데 200여 년 전쯤에 라마르크가 이 생각을 살짝 비틀었다. 다윈이 태어난 해인 1809년에 출간한 『동물 철학(Philosophie Zoologique)』에서, 그는 단순한 생명체가 여러 세대를 거치게 되면 점점 더 복잡한 개체로 진보하게 된다고 주장했다. 그리고 각 개체들 사이는 빈틈 없이 연속적이어서 종은 명확히 구분될 수 없다고 보았다. 이렇다 보니 종의 진화를 말했던 라마르크에게도 인간은 자연계의 맨 위를 차지하는 존재였다. 단지 '존재의 대사슬'이라기보다는 '존재의 에스컬레이터'라고나 할까.

그러나 다윈은 존재의 대사슬이든 에스컬레이터이든 존재를 일렬로 줄 세우려는 모든 전통에 종지부를 찍는다. 그의 '생명의 나무'에서는 침팬지와 인간이 600만 년 전쯤에 어떤 공통 조상에서 갈라져 나온 사촌간으로 인식된다. 즉 침팬지도, 인간도, 개미도, 고래도, 심지어 난초와 세균도 몇몇 공통 조상에서 갈라져 나와 각자의 환경에서 나름대로 적응해 살고 있는 생명체들이다.

나는 동일한 속에 속한 모든 종들은 공통 조상으로부터 내려온 것들임이 확실하다고 본다. (237쪽)

공통 조상과 생명의 나무 개념에서는 우월하거나 열등한 종 따위 없다. 이것이 바로 160년 전 다윈이 인류의 오만함에 끼얹은 도발이었고, 그래서 우리는 이를 다윈 혁명(Darwinian revolution)이라 부르는 것이다. 16세기에 코페르니쿠스가 지동설을 주장함으로써 지구가 우주의 중심이 아님을 입증했다면, 두 세기가 지난 후 다윈은 그 지구의 중심에 인간이 있다는 생각마저 앗아 갔다. 이제 인간은 철저히 겸허해질 수밖에 없는 존재가 되었다. 그래서 다윈의『종의 기원』은 마르크스의『자본론』, 프로이트의『꿈의 해석』과 더불어 인류사에 혁명을 몰고 온 책으로 꼽히고 있다. 그는 이미 과학자 범주를 넘어 혁명적 사상가로 평가받고 있다. 심지어 어떤 역사가는 한술 더 뜬다. "지성계의 거두 다윈, 마르크스, 프로이트 중에서 유일하게 다윈만이 오늘까지 건재하다."라고. 이것이 바로 160년이 지난 지금도 전 세계의 지식인들이 여전히『종의 기원』에 대해 열광하는 이유다.

다윈의 장엄한 사상이 나오기까지

그렇다면 다윈은 어떻게 이런 혁명적 사상을 품게 되었을까? 물론 비글 호 항해를 빼놓고 그를 이야기할 수는 없다. 그가 비글 호 항해 중에 갈라파고스 제도에서 되새류를 관찰하면서 자연 선택 메커니즘을 떠올렸다는 일화는 꽤 유명하다. 하지만 과학사 학자들에 따르면 미안하게도 진실은 다른 곳에 있다. 그는 갈라파고스 제도의 여러 섬에 분포해 있는 각종 새의 표본들을 만들기는 했으나 정작 어디서 어느 새를 채집했는지조차 기록하지 않았을 정도로 그 중요성을 당시에는 알지 못했다. 영국에 돌아와 자신이 수집한 되새류 표본을 당대 최고의 조류 분류학자에게 맡기고 나서야 뒤늦게 그 자료의 의미를 깨닫는다. 이 자료는 대륙에서 날아온 되새가 먹이 환경이 다른 여러 섬에 서식하면서 되새류의 다른 종들로 분화했다는 주장을 뒷받침하는 증거들이었기 때문이다.

4년 10개월 동안의 비글 호 항해는 다윈에게 결정적인 경험이기는 했지만, 그것이 전부는 아니었다. 오히려 그것은 위대한 생물학자의 탄생을 알리는 서막이었는지 모른다. 그는 귀국한 후 영국 밖으로 단 한 번도 나가지 않은 채 작은 마을에 틀어박혀 40년을 가족과 함께 조용히 지냈고, 그 조용한 삶 속에서 『종의 기원』을 비롯한 역작들을 모두 만들어 냈다. 거기에 그의 정원이 있었기 때문이다.

1842년, 다윈과 그의 가족은 런던의 교외에 위치한 다운(Down)이라는 마을로 이사를 왔다. 비글 호를 타고 귀환한 지 6년 후, 사촌인 에마와 결혼한 지 3년 후의 일이다. 다운 하우스로 이사 온 후 그들은 7만 제곱미터나 되는 땅에 정원을 만들고 삶의 뿌리를 내렸다. 정원에는 텃밭, 온실, 비둘기장, 그리고 산책로가 있었는데, 그것은 말 그대로 다윈의 실험실이었다. 가령 텃밭에서는 양배추 씨앗의 확산 실험이 한창이었고, 비둘기장에서는 런던까지 가서 구입한 열두 품종이 사육되었으며, 온실에서는 끈끈이주걱과 파리지옥에 대한 식충 실험이 진행되고 있었다. 또한 그는 산책로를 따라 걸으며 조지프 후커(Joseph Hooker, 식물학자)와 토머스 헉슬리(동물학자) 같은 지인들과 지적 교류를 즐겼다. 다윈의 진화 3부작이라고 할 『종의 기원』,

『인간의 유래와 성 선택』, 『인간과 동물의 감정 표현』은 모두 이 정원의 열매다.

다윈에게는 서재도 있었다. 흥미롭게도 그가 이 서재에서 가장 열심히 한 일은 편지 쓰기였다. 그는 칠십 평생 동안 거의 2,000명의 사람과 수만 통의 편지를 주고받았다. 동식물과 자연 현상을 관찰하던 박물학자로서의 방법론을 자신에게 적용한 것처럼, 거의 모든 것들을 버리지 않고 모았던 그의 수집가 기질 덕분에 우리는 지금 그의 마음을 해킹할 수 있다. 실제로 영국 케임브리지 대학교 도서관은 "다윈 서신 프로젝트(Darwin Correspondence Project)"라는 이름으로 현재 남아 있는 다윈의 편지 1만 4500통을 분류하고 엮어서 매년 선집을 내고 온라인으로도 그 내용을 공개해 왔다. 남아 있는 편지만 계산에 넣더라도, 그가 20세부터 70세까지 매일 거의 한 통의 편지를 썼다는 결론이 나온다. 정말 어마어마한 양이다. 다윈은 분명 아주 훌륭한 커뮤니케이터였을 것이다.

다윈의 소통 능력은 자신을 중심으로 한 지적 네트워크를 통해서도 빛을 발했다. 1858년 어느 날 그는 앨프리드 러셀 월리스(Alfred Russel Wallace)라는 아마추어 박물학자가 보내온 한 통의 편지를 받는다. 편지를 읽고 있는 다윈의 얼굴은 점점 굳어져 갔다. 어쩌면 조용히 자기 방으로 들어가 문을 잠그고 흐느꼈는지도 모른다. 그 편지에는 다윈이 20년 넘게 공들여 온 이론과 너무나 똑같은 논리로 써 내려간 20쪽짜리 논문 한 편이 들어 있었기 때문이다. 마치 자신의 이론을 다른 사람의 입을 통해 듣는 느낌이었을 것이다. 다윈은 그동안의 연구를 모두 불태우는 한이 있더라도 월리스의 생각을 훔쳤다는 말은 듣고 싶지 않았다.

깊은 좌절과 딜레마에 빠져 있던 다윈에게 그의 동료이자 지질학자인 찰스 라이엘(Charles Lyell)과 후커는 흥미로운 제안을 한다. 다윈이 자연 선택에 관해 1844년에 쓴 글과 1857년에 후커에게 쓴 편지의 일부, 그리고 월리스의 논문을 함께 묶어 공동으로 발표를 하라는 것. 다윈은 이 제안을 받아들였고, 이는 1년 후에 『종의 기원』이 출간되는 데 결정적 계기로 작용했다. 만일 다윈에게 이런 지적 네트워크가 없었다면 아마 그는 남의 아이디어를 훔친 사기꾼이거나 월리스에게 1등을 빼앗긴 이인자로 남았을지도 모른다.

단지 소통의 측면만이 아니라 지식의 융합 측면에서도 다윈의 삶과 사상은 비범하다. 1838년, 다윈은 영국 최초의 정치 경제학자라 할 수 있는 토머스 로버트 맬서스(Thomas Robert Malthus)의 『인구론(An Essay on the Principle of Population)』을 정독한다. 맬서스는 그 책에서 인구의 기하 급수적 증가와 식량의 산술 급수적 증가를 대비시키면서 빈곤의 발생을 예측했다. 그리고는 누가 죽고 누가 사는가를 결정하는 **생존 투쟁**(struggle for existence)이 일어날 수밖에 없다고 말했다. (이 책에서 struggle for existence를 '생존 경쟁'이 아닌 '생존 투쟁'으로 번역한 이유는 다음과 같다. 다윈은 3장에서 유기체들 간의 생존을 위한 경쟁(competition)뿐만 아니라 번식 성공을 위한 경쟁 및 기후 조건을 포함한 외부 환경을 극복하기 위한 투쟁을 모두 포괄하는 방식으로 이 용어를 사용하고 있다. 게다가 투쟁은 경쟁보다 더 치열한 느낌을 주는데, 이런 느낌도 이 용어의 의미와 더 가깝다. ─옮긴이) 하지만 다윈은 암울한 현실 인식과 미래관이 짙게 배어 있는 이 책에서 오히려 생명 진화의 능동적 힘을 발견하게 된다. 이것이 바로 자연 선택의 원리였다. 경제학과 생물학의 융합이 일어나는 순간이었다. 다윈의 융합 노력은 라이엘의 동일 과정론(uniformitarianism)을 받아들여 자신의 점진론적 진화론을 발전시킨 대목에서 절정에 이른다. 라이엘의 이론에 심취한 다윈은 생명의 진화가 그 누구도 살아서 목격할 수 없을 정도로 천천히 진행되는 장엄하고 정연한 과정이라고 생각했다.

『종의 기원』에 대한 반응

처음에 몇몇 또는 하나의 형태로 숨결이 불어넣어진 생명이 불변의 중력 법칙에 따라 이 행성이 회전하는 동안 여러 가지 힘을 통해 그토록 단순한 시작에서부터 가장 아름답고 경이로우며 한계가 없는 형태로 전개되어 왔고 지금도 전개되고 있다는, 생명에 대한 이런 시각에는 장엄함이 깃들어 있다. (650쪽)

자연과 인간에 대한 이해를 송두리째 바꾼 『종의 기원』은 이렇게 경이로운 문장으로 끝난다. 그렇다면 『종의 기원』에 대한 당시 독자들의 반응은 실제로 어땠을까? 1,250부를 찍은 초판은 첫날 모두 매진되었고 1860년 1월에 3,000부를 더 찍었을 정도로 가히 폭발적이었다. 하지만 학자들의 평가는 대중들보다는 훨씬 더 조심스러웠다. 다윈은 독자들의 반응에 대해 매우 민감했던 과학자 중 한 사람이다. 실제로 그는 3판부터 당대 학자들(특히, 고생물학자와 물리학자)의 반응과 비판에 대응하기 위해 초판과 2판의 내용을 대폭 손질했다.

예컨대 2판에서는 책의 맨 마지막 문단에서 "창조자에 의해"라는 구절을 삽입해 종교적 반감을 최소화하려 했다. 다윈은 1859~1872년까지 무려 다섯 번 판본을 바꿨다.

　　단어 사용과 관련해서도 흥미로운 변화가 있었다. 오늘날 대개 다윈의 진화론을 떠올리면 약육강식이나 적자생존(survival of the fittest)부터 생각나는데 이는 당대의 철학자 허버트 스펜서(Herbert Spencer)의 영향 때문이다. 다윈도 그의 영향으로 5판부터 "적자생존"이라는 용어를 사용했다. 더 놀라운 사실은 진화(evolution)라는 용어 자체도 원래 다윈 것이 아니었다는 점이다. 그는 펼쳐짐(unfolding)의 뜻을 담은 evolution이라는 단어가 진보(progress)를 함축한다고 생각해 사용하지 않고 줄곧 "변화를 동반한 계승(descent with modification)"이라는 용어를 쓰다가 1871년 『인간의 유래와 성 선택』을 펴내면서 '진화'라는 단어를 처음 쓴다. 『종의 기원』의 경우에는 1872년에 출간된 6판에 가서야 "진화"로 대체한다. (『종의 기원』 초판에서는 evolution의 동사형인 evolve가 마지막 문장에서 마지막 단어로 단 한 번 등장하는데, 이것은 '진화하다.'가 아니라 '전개하다.'로 옮기는 것이 단어의 원래 의미와 역사적 맥락에 더 부합한다.) 이 또한 스펜서의 입김이 작용한 결과였다. 스펜서는 『종의 기원』을 읽고 아마도 다윈과는 다른 꿈을 꿨나 보다. 그는 적자생존 개념을 인간 사회에 적용해 사회 다윈주의(Social Darwinism)라는 정치 이념을 창안해 냈다. 그리고 훗날 인종주의와 우생학의 원흉으로 몰리기도 한다.

『종의 기원』 이후의 진화론

자연 선택을 통한 진화라는 개념은 다윈의 독창적인 생각이었던 만큼 비판도 많았다. 비판자들은 무작위적인 변이에 작용하는 자연 선택 메커니즘만으로는 기막히게 적응한 사례들을 잘 설명할 수 없다고 불평했다. 이러한 비판의 포문은 라마르크주의자들이 먼저 열었다. 사실『종의 기원』을 읽다 보면 다윈마저도 이를 상당 부분 받아들이고 있어 놀랄 때가 있는데, 이런 경향은『종의 기원』이 판을 거듭할수록 더욱 심해졌다. 20세기 초 독일의 생물학자 프리드리히 레오폴트 아우구스트 바이스만(Friedrich Leopold August Weismann)이 여러 세대에 걸쳐 쥐의 꼬리를 잘랐지만 다음 세대의 꼬리가 짧아지지 않았다는 것, 다시 말해 후천적으로 변형된 형질은 유전되지 않는다는 것을 보이기 전까지 획득 형질의 유전과 자연 선택은 '적과의 동침'까지는 아니어도 '불안한 동거'를 이루고 있었다.

'정향(定向) 진화설'도 자연 선택의 앞길을 가로막았다. 정향 진화설은 생명이 내재적으로 더 완벽해지려는 쪽으로 변화하는 성향을 갖는다는 가설이다. 라마르크주의가 생명이 필요에 따라 유리한 형질을 쟁취해 진화를 이룬다는 시각이라면 정향 진화설은 진화의 방향이 우수한 종을 향해 정해져 있다는 뜻이다. 이 모든 비판은 자연 선택의 창조적 힘을 믿지 못한 결과였다.

게다가 다윈은 유전 현상과 관련해 입증되지 않은 '범생설'과 '혼합 유전설'을 믿고 있었다. 범생설이란 몸속 세포들이 '제뮬(gemmule)'이라는 작은 입자를 만들어 유전 가능한 형질을 자손에게 전달한다는 것이고, 혼합 유전설이란 유전 물질이 액체처럼 서로 섞여 전달된다는 것이다. 하지만 이런 견해에 따르면 개체들 사이의 차이가 시간이 지날수록 줄어들어 결국 종분화가 불가능해지기 때문에 다윈으로서도 심각한 문제였다. 가령 흰 물감과 검은 물감을 섞으면 회색만 나올 뿐, 회색끼리 섞어서 흰색과 검은색을 만들 수 없는 것과 같다.

사태가 이 지경이 되자 다윈은 1880년에 과학 전문지 《네이처》의 편집장에게 격앙된 어조로 다음과 같이 편지한다. "나는 진화가 자연 선택에만 의존한다는 주장을 결코 한 적이 없소이다." 안쓰러운 광경이다. 영국의 진화론 역사가 피터 보울러(Peter J. Bowler)는 19세기 후반부터 20세기 전반까지를 "다윈주의의 쇠퇴기"라고까지 부른다. 때마침 적자생존 개념을 인간 사회에 적용해 빈민들을 냉혹하게 몰아붙였던 스펜서의 사회 다윈주의는 다윈의 원래 이론마저도 곤경에 빠뜨렸다.

그러나 추락하는 다윈을 구원한 이는 오히려 그를 궁지에 몰아넣은 유전학 분야에서 나왔다. 유전학의 아버지 그레고어 멘델(Gregor Mendel). 식물 교잡 실험에 대한 그의 역사적인 논문은 1866년에 발표되었지만 1900년 유전학자 휘고 드 브리스(Hugo de Vries)에 의해 재발견될 때까지는 존재감이 없었다. 그 유명한 멘델의 완두 실험이 세상의 빛을 본 후, 다윈이 쩔쩔맸던 유전 문제도 돌파구를 찾았다. 멘델은 입자처럼 서로 섞이지 않는 유전 물질이 다음 세대에 독립적으로 유전된다고 생각했다. 하지만 그의 이론은 곧 완두의 껍질처럼 명확히 구별되는 불연속적 형질에만 적용된다고 비판받는다. 이에 현대 통계학의 아버지로 불리는 로널드 피셔(Ronald Fisher)는 1918년 사람의 키와 같은 연속적인 변이들도 멘델의 유전 이론으로 설명할 수 있음을 통계적으로 보였다. 영국의 유전학자 존 버든 샌더슨 홀데인(John Burdon Sanderson Haldane)은 후추나방 색깔의 진화를 관찰함으로써 피셔의 예측 모형을 경험적으로도 입증했다. 이로써 수많은 연속적 변이들에 작용하는 자연 선택의 힘이 검증되었고, 개체군의 유전자 빈도 변화에 초점이 맞춰진 진화론이 탄생했다. '다윈 부활 프로젝트'는 성공적이었다.

부활한 다윈은 러시아 출신의 테오도시우스 그리고로비치 도브잔스키(Theodosius Grygorovych Dobzhansky)와 독일 출신의 에른스트 발터 마이어(Ernst Walter Mayr) 등에 의해 새 힘을 얻었다. 고생물학자 조지 게이로드 심프슨(George Gaylord Simpson)과 식물학자 레드야드 스테빈스 주니어(George Ledyard Stebbins Jr.)는 각각 화석 연구와 식물 연구를 통해 획득 형질 유전설, 정향 진화설, 도약설보다 자연 선택 이론을 더 강력히 지지한다고 천명했다. 급기야 1942년 영국의 생물학자 줄리언 헉슬리(Julian Huxley, '다윈의 불도그'를 자처했던 토머스 헉슬리의 손자이며 『멋진 신세계』 작가 올더스 헉슬리(Aldous Huxley)의 형이다.)는 『진화: 근대적 종합(Evolution: The Modern Synthesis)』이라는 책을 펴내며 당시의 핑크 무드를 전했다.

되돌아보면 "종합"이라는 표현은 좀 민망하다. 너무 일찍 터뜨린 샴페인이기 때문이다. 제임스 왓슨과 프랜시스 해리 콤프턴 크릭(Francis Harry Compton Crick)의 DNA 이중 나선 구조 발견이 1953년에야 일어나지 않았던가? 우리는 그 이후에야 유전자의 실체를 바로 알기 시작했다. 이제는 고전의 반열에 오른 리처드 도킨스의 『이기적 유전자』도 따지고 보면 다윈과 왓슨 사이에서 태어난 '하이브리드 (hybrid, 잡종)'다. 좀 더 정확히 말해, 분자 생물학의 세례를 받은 도킨스는 「사회적 행동의 유전적 진화(The genetical evolution of social behaviour)」라는 1964년 논문으로 이타성의 진화를 설명한 윌리엄 도널드 해밀턴(William Donald Hamilton)의 견해를 창조적으로 재구성한 커뮤니케이터였다. 도킨스는 이타적으로 보이는 동물의 협동 행동들이 유전자의 눈높이에서는 이기적일 수 있음을 극적으로 보여 주었고, 우리 인간도 결국 '유전자의 운반자'라는 점을 강조하며 다음과 같은 다윈의 집단 선택 이론을 비판했다.

> 일개미들이 어떻게 해서 생식 불가능하게 되었는가 하는 것은 어려운 문제다. 그렇지만 구조상으로 나타나는 두드러진 변화에 대한 문제보다 더 곤란하지는 않다. 왜냐하면, 몇몇 곤충들을 비롯한 체절동물들이 더러 자연적으로 불임이 되는 경우를 제시할 수 있기 때문이다. 그리고 만약 그런 곤충들이 사회성 곤충이고, 매년 생식은 할 수 없되 노동은 할 수 있도록 태어나는 곤충의 수가 많은 것이 그 곤충 사회에 이로웠다면, 자연 선택을 통해 이런 결과가 빚어진다고 이야기하는 것이 그리 어려울 것도 없다. (335~336쪽)

이타성의 진화 문제를 둘러싼, 이른바 '선택의 단위 논쟁'은 아주 최근까지도 여전히 현재 진행형이다. 물론 주류 진화학자들은 『종의 기원』에서 다윈이 궁색하게 주장했던 집단 선택 이론을 거부하고 해밀턴이 제시한 포괄 적합도 이론(이기적 유전자 이론, 또는 혈연 선택 이론)을 계승 발전시켜 왔지만, 학계에는 다수준 선택 이론 같은 새로운 종류의 집단 선택 이론을 제시하는 흐름도 존재한다.

한편, 발생 생물학에서는 엄청난 진보가 일어났다. 사실 '근대적 종합'이나 '신다윈주의'로 불리는 1940년대 진화론의 발전은 반쪽짜리였다. 이때만 해도 발생학은 막 등장한 유전학의 막강한 위세에 밀려 통합의 언저리에도 끼지 못했다. 신다윈주의자들은 하나의 수정체가 어떻게 성체로 발생하는지, 그리고 그런 발생 메커니즘 자체가 어떻게 진화해 왔는지는 관심이 없었다. 오직 성체에 작용하는 자연 선택에만 관심을 기울였다.

사실 수정된 세포가 하나의 생명체가 되는 발생 메커니즘이야말로 변이를 만들어 내는 핵심이었는데도 오히려 블랙박스처럼 취급되었다. 발생을 조절하는 유전자들의 정체가 속속 밝혀지기 시작한 1980년대에 들어서서야 변화의 바람은 일어났다. 드디어 발생이라는 블랙박스가 열리기 시작한 것이다. 예컨대 분자 유전학의 발전으로 초파리의 체절 형성을 조절하는 혹스(Hox) 유전자들이 발견되더니, 그 유전자들이 포유류의 척추와 골격 형성에도 똑같이 관여한다는 사실이 밝혀졌다. 즉 같은 유전자가 아주 동떨어진 종에서도 동일한 기능을 하고 있다는 것이다. 이런 연구들은 발생과 진화의 만남의 장소가 되었고 연구자들은 여기에 '이보디보(Evo-Devo, 진화 발생 생물학)'라는 예쁜 이름을 붙여 주었다. 이보디보에 따르면 생물 종의 다양성은 레고블록(혹스 유전자)들을 다른 방식으로 쌓음으로써 생겨났다. 이보디보 덕분에 진화에 대한 이해도 깊어져, 이젠 유전자 빈도

뿐만 아니라 발현 방식도 활발히 연구되고 있다.

지난 160여 년 동안 유전학, 분자생물학, 분류학, 생태학, 그리고 발생학 등이 진화 생물학과 함께 발전하면서 진화의 본성에 대한 견해들도 수정에 수정을 거듭하고 있다. 치열한 논쟁과 이론의 수정은 오히려 좋은 과학의 징표라 할 수 있다. 이 모든 것이 지금 독자 여러분이 펼친 이 책에서 시작되었다는 사실은 얼마나 짜릿한가!

『종의 기원』 1판을 번역한 이유

이렇게 멋진 과학 고전이 그동안 우리 국내 독자들에게 낯설게 느껴졌던 것은 참으로 안타까운 일이다. 가장 큰 이유는 아마도 『종의 기원』의 번역이 제대로 이뤄져 있지 않기 때문일 것이다. 몇몇 번역본이 시중에 나와 있기는 하지만, 정확하면서도 일반 독자들의 눈높이를 고려한 번역 정본이라고 할 만한 것이 없었다. 진화학자로서 늘 마음이 불편하고 죄송스러운 상황이었다.

10여 년 전, 다윈의 주요 저작의 번역 정본을 만들자는 취지에서 몇몇 진화학자들로 구성된 '다윈 포럼'이 꾸려졌고 『종의 기원』은 영광스럽게도 내 몫이 되었다. 번역 정본을 위해 우리는 『종의 기원』의 판본들(모두 6판까지 출간되었다.) 중 저자의 독창성과 과감함이 가장 잘 드러나 있다고 평가받는 초판을 번역 텍스트로 삼기로 했다. 사실, 오탈자만 수정하고 몇 달 만에 재출간한 2판을 가장 좋다고 평가하는 학자들도 있지만, 앞에서 이야기한 것처럼 2판에서도 라마르크주의나 창조설에 대한 다윈의 입장이나 표현에 적잖은 변화가 있음이 밝혀져 최근에는 초판을 가장 중시하는 추세다. 게다가 국내 번역본들의 경우에는 웬일인지 대개 6판 번역본이어서 초판을 제대로 번역하는 작업이 더욱 절실했다.

매끄럽고 유려하게 번역문을 다듬는 일 말고도 신경 쓸 것들이 많았다. 예컨대 그동안 국내에서 표준화되지 못한 채 산발적으로 사용되던 몇 가지 번역어들도 새롭게 정비할 필요가 있었다. 생존 투쟁 같은 용어가 대표적인 사례다. 야심차게 시작된 번역 작업이었지만 몇 번이나 포기하고 싶을 정도로 어려웠다. 19세기 영국 빅토리아 시대의 만연체 문장들과 씨름하고, 낯선 지리와 수많은 동식물에 대한 기록을 우리말로 옮기다 보니, 몇 해가 훌쩍 지나갔다. 드디어 마쳤지만 솔직히 두려운 마음이 앞선다.

'다윈 포럼'의 진화학자들(행동 생태학자 최재천, 생태학자 강호정, 진화 윤리학자 김성한, 과학사 학자 주일우, 진화 심리학자 전중환, 진화 경제학자 최정규)은 지난 10여 년 동안 이 책의 번역에 길잡이가 되어 주었다. 특히 좌장이신 최재천 교수님은 최종적으로 옮긴이만큼이나 꼼꼼하게 감수를 해 주셨다. 인내와 격려에 큰 감사를 드린다. 번역 초고는 내 연구실(인간 본성 및 생물 철학 연구실) 학생들과 2016년에 몇 달에 걸쳐 검토해 볼 수 있었다. 최 교수님은 이후의 수정된 번역 원고를 2019년 봄학기 이화여대 대학원 진화 생물학 수업에서 학생들과 함께 꼼꼼히 확인해 주셨다. 함께 읽어 준 이 모든 학생들과 몇몇 지인들에게 머리 숙여 감사를 드린다. 마지막으로 기나긴 세월을 믿고 기다려 준 (주)사이언스북스 대표와 편집진에게 깊은 감사를 드린다. 그동안 애타게

『종의 기원』을 기다리던 독자들에게 이 번역서가 가장 낮은 허들이기를 소망한다.

2019년 초여름

장대익

서론

박물학자(naturalist, 대략 19세기까지 광물, 식물, 동물 등 자연물의 종류, 성질, 분포, 생태 등을 연구하는 사람을 지칭하는 용어로서 맥락에 따라서 박물학자(博物學者), 자연학자(自然學者), 자연사학자(自然史學者), 자연주의자(自然主義者) 등으로 번역될 수 있다. 20세기에 들어와서는 'natural history'가 식물학, 동물학, 광물학, 지질학 등으로 분화되었기 때문에, 'naturalist'라는 용어도 잘 사용되지 않는다. 여기서는 가장 넓은 의미를 담은 '박물학자'로 통일해서 번역했음을 밝힌다. — 옮긴이)로서 영국 해군 '비글 호'에 승선해 남아메리카를 탐험했을 때, 나는 그곳에 사는 생물의 분포 및 과거에 서식했던 생물들과 현존하는 생물들의 지질학적 관련성에 대한 여러 사실을 보고 크게 감명받았다. 나는 내가 알게 된 이 사실들이 종(種, species)의 기원 — 어떤 위대한 철학자가 말했던 것처럼 신비 중의 신비인 것 — 에 대한 의문을 해결하는 데 어느 정도 실마리를 제공하리라는 생각이 들었다. 귀국한 이후 1837년, 나는 이 의문과 조금이라도 관련되어 보이는 온갖 종류의 사실들을 차곡차곡 수집해 차근차근 검토하면 뭔가 감을 잡을 수 있지 않을까 생각했다. 5년 동안 이 문제에 몰두해 작업한 끝에 짧게나마 몇 가지 내용을 정리할 수 있었다. 1844년에 이것을 좀 더 상세히 풀어써 결론에 대한 요약문을 만들었는데, 그즈음 나는 내가 내린 결론에 대해 거의 확신하게 되었다. 나는 그때부터 지금까지 줄곧 같은 문제에 천착했다. 내가 이렇게 사적인 부분까지 언급하는 것은 내가 이러한 결정을 내린 과정이 결코 성급했던 것은 아님을 보여 주기 위함이다. 이에 대해 독자들의 양해를 구한다.

현재 이 작업은 끝을 향해 가고 있는데, 완성하기까지는 2~3년이 더 걸릴 것으로 보인다. 하지만 지금 내 건강 상태가 썩 좋은 편이 아니라서 우선 이 요약본을 발표해야겠다는 압박감이 들었다. 사실이렇게 서두른 데는 그보다 더 특별한 사연이 있다. 그것은 바로 현재 말레이 제도에서 박물학을 연구하고 있는 월리스 씨가 종의 기원에 관해 나와 거의 정확히 동일한 결론에 도달했기 때문이다. 지난해에 그는 나에게 이 주제에 대한 논문(memoir)을 하나 보내면서, 그것을 찰스 라이엘 경에게 전달해 달라고 부탁했다. 라이엘 경은 그것을 린네 학회(Linnean Society)에 보냈고, 그 학회에서 출간된 저널의 제3권에 그 내용이 실리게 되었다. 라이엘 경과 후커 박사는 둘 다 내가 하고 있던 연구에 대해 잘 알고 있었는데 ─ 후커 박사는 1844년에 쓴 내 논문의 개요를 읽은 적이 있었다. ─ 영광스럽게도 그들은 내가쓴 원고에서 일부를 발췌해 월리스 씨의 탁월한 논문과 함께 발표하기를 내게 권했다.

이번에 발표하는 이 요약본은 불완전할 수밖에 없다. 나는 여기서 언급한 내용의 출처가 되는 참고 문헌이나 저자명 중 일부를 밝히지 못했다. 다만 내가 언급한 것이 정확하다는 것을 독자들이 믿어 주기를 바랄 뿐이다. 나는 언제나 권위 있는 자료들만 참고하려고 신경 썼지만, 물론 오류가 전혀 없지는 않을 것이다. 여기서 나는 내가 도달한 결론과 그것을 설명하는 몇 가지 사례들을 보여 줄 뿐이다. 하지만 대체로 그 정도로도 충분하리라 기대한다. 나는 이 결론에 기초가 되는 모든 사실과 참고 자료에 대해 향후 세세히 설명해야 할 필요성을 그 누구보다도 강하게 느끼고 있으며, 앞으로 출간할 책에서 그리할 수 있기를 희망한다. 나는 이 책에서 내가 도달한 결론과는 정반대의 결론에 이르는 데 필요한 듯이 보이는 몇몇 사실들이 왜 인증될 수 없는지에 대해 거의 다루지 않았다는 점을 스스로 잘 알고 있다. 올바른 결과를 얻기 위해서는 각각의 문제에 대해 양쪽의 입장을 모두 충분히 들어 보고 여러 사실과 논거를 저울질하는 것이 필요하다. 그러나 여기에서는 그러지를 못했다.

지면 관계상 수많은 박물학자들 ─ 그들 중 일부는 내가 개인적으로 알지 못하는 분들이기도 하다. ─ 로부터 아낌없는 도움을 받은 것에 대해 충분히 감사의 말씀을 전해드리지 못해 유감스럽게 생각한다. 다만 이 기회를 빌려 지난 15년간 방대한 양의 지식과 탁월한 판단력을 가지고 가능한 모든 수단을 동원하여 나에게 도움을 준 후커 박사에게 감사의 뜻을 표현하는 바이다.

종의 기원과 관련해, 유기체들 상호 간의 유연 관계(affinity)나 발생학적인 관련성, 지리적 분포, 지질학적 천이(geological succession, 지사적 연대의 경과에 따른 생물 군집의 승계, 즉 종의 멸종과 그것에 계속되는 새로운 종의 진화. ─ 옮긴이) 및 그 밖의 여러 사항을 고려해 보면, 박물학자는 모든 종이 각기 독립적으로 창조된 것이 아니라, 변종(variety)들처럼 다른 종에서 유래된 것이라는 결론을 내릴 수 있을 것이다. 그러나 그 것이 아무리 충분한 근거를 가지고 있더라도, 이 세상에서 살아가고 있는 수많은 종이 감탄스러울 정도의 완벽한 구조와 상호 적응(co-adaptation)을 획득하기 위해 어떻게 변해 왔는지를 보여 주기 전까지는 이러한 결론이 그다지 만족스럽지 않을 것이다. 박물학자들은 변이(variation)를 일으킬 수 있는 원인으로 기후나 먹이 등 외부적인 환경 조건을 든다. 앞으로 논의하겠지만, 매우 좁은 의미로는 그것이 사실일 수도 있다. 그러나 예컨대, 딱따구리가 나무껍질 속에 있는 곤충을 잡는 데 딱 맞게 적응된 발, 꽁지, 부리 그리고 혀 따위의 구조를 가지고 있는 것이 단지 외부적인 환경 조건 때문이라는 설명은 가당치도 않다. 특정 나무에서 영양 물질을 섭취하고, 특정 새에 의해 운반되어야 하는 씨앗을 가지며, 암수의 구별이 있어서 특정 곤충들이 이 꽃에서 저 꽃으로 화분(花粉, pollen)을 옮겨 줘야만 하는 겨우살이(mistletoe)의 경우도 마찬가지다. 여러 다른 유기체들과의 관계 속에서 기생하는 이 식물의 구조가 외부 환경 조건이나 습성 또는 그 식물 자체의 의지의 영향으로 인한 것이란 설명은 터무니없다.

내가 보기에 『창조의 흔적들(Vestiges of Creation)』이란 책의 저자는 어떤 특정 세대가 지나고 나면 일부 조류에서 딱따구리가 출현하고 일부 식물에서 겨우살이가 나오는데, 현재 우리가 볼 수 있는 것처럼 완벽한 상태로 태어났다고 말하는 것 같다. 그러나 내 생각에 그것은 유기체들이 서로 그리고 물리적 환경과 상호 적응한 것에 대해 그 어떤 논의나 해설도 하지 않은 채 주장된 가정일 뿐 그 어떤 설명도 못하는 것으로 보인다.

따라서 변화(modification)와 상호 적응의 방식에 대해 명확하게 이해하는 것이 무엇보다도 중요하다. 이 연구를 처음 시작했을 때 나는 사육 동물들 및 재배 식물들에 대해 자세히 검토하다 보면 이런 이해하기 힘든 문제를 해결할 수 있지 않을까 하는 생각이 들었다. 결과는 나를 실망시키지 않았다. 나는 사육 및 재배 하에서 일어나는 변이에 대해 우리가 알고 있는 지식은 다소 불완전할지라도 최적의 확실한 실마리를 제공할 수 있다는 사실을 알게 되었다. 이 문제뿐만 아니라 다른 모든 골치 아픈 문제에 대해서도 말이다. 비록 박물학자들이 대체로 이러한 연구를 도외시하고 있기는 하지만, 나는 이 연구야말로 매우 높은 가치를 가진다는 확신을 감히 피력하는 바이다.

이러한 고찰을 토대로 나는 이 초록(다윈은 이 책을 자신이 앞으로 쓰게 될 더 두꺼운 책의 '초록' 또는 '요약본'쯤으로 생각했다. ─ 옮긴이)의 1장을 **사육 및 재배 하에서의 변이**(Variation under Domestication)에 관해 기술하는 데 할애할 것이다. 이를 통해 우리는 적어도 상당량의 변화가 대물림될 수 있다는 사실을 알게 될 것이다. 그와 동등하게, 혹은 그 이상으로 중요한 점은 연이어 나타나는 경미한 변이들을 선택을 통해 축적하는 인간의 능력이 얼마나 강력한가를 보게 될 것이라는 점이다. 다음으로 나는 자연 상태에서 종의 가변성(variability, 이 책에서 'variability'는 '가변성' 혹은 '변이성'으로 번역했다. 이 용어는 '변이를 만들 가능성'이라는 뜻뿐만 아니라, '변이의 상태, 변이의 성질'의 뜻도 가지고 있다. 따라서 전자의 뜻을 강조하고 싶을 때에는 '가변성'으로 해석했다. ─ 옮긴이)을 다루려고 하는데, 유감스럽게도 이 주제에 대해서는 매우 간략하게만 다룰 것이다. 이것을 제대로 다루려면 일련의 사실들을 길게 나열해야 하기 때문이다. 그러나 어떠한 상황이 변이에 가장 이로운지에 대해서는 논의할 수 있을 것이다. 그 다음 장에서는 전 세계의 모든 유기체 사이에서 일어나는 생존 투쟁 (Struggle for Existence) — 이는 개체수가 기하 급수적으로 증가하기 때문에 필연적으로 나타날 수밖에 없는 결과다. — 에 대해 다루려 한다. 이는 맬서스가 말한 원리를 모든 동물계와 식물계에 적용한 것이다. 각각의 종에서는 실제로 생존할 수 있는 것보다 더 많은 개체가 태어난다. 그 결과 계속해서 생존 투쟁이 일어나게 된다. 이 때문에 복잡하고 때때로 변화하는 생활 환경이라는 조건으로 아무리 경미하더라도 어떤 방식으로든 그 유기체에게 이로운 변이가 나타나게 되면, 그 유기체는 더 좋은 생존 기회를 부여받을 것이고 그로 인해 자연에 의해 선택될 것이다. 이렇게 선택된 변종은 대물림이라는 강력한 원리를 통해 새롭게 변화된 형태를 널리 전파할 것이다.

자연 선택(Natural Selection)이라는 이 핵심 주제에 관해서는 4장에서 심도 있게 다룰 것이다. 우리는 어째서 자연 선택이 거의 필연적으로 개량이 덜 된 생명 형태들의 멸절을 불러오는지, 그리고 내가 형질 분기(Divergence of Character)라고 이름 붙인 현상을 유발하는지를 살펴볼 것이다. 그다음 장에서는 복잡하면서도 알려진 바가 거의 없는 변이의 법칙(law of variation)과 연관 성장의 법칙(law of correlation of growth)에 대해 논의할 것이다. 그 뒤를 잇는 네 개의 장에서는 나의 이론에서 가장 분명하고 중대한 난점들을 제시할 것이다. 그 난점들은 다음과 같다. 첫째는 전이(transitions)에 관한 난점으로, 어떻게 단순한 유기체 혹은 단순한 기관이 변화되어 고도로 발달된 유기체 혹은 정교하게 구조화된 기관으로 그 완벽성을 기할 수 있었는가의 문제다. 둘째는 본능, 즉 동물들의 정신적인 능력에 관한 문제다. 셋째는 종 간 교배 시의 불임성(infertility) 및 변종 간 교배 시의 가임성에 관한 잡종의 문제(이 책에서 'cross'는 종 간의 교배를 의미할 때에는 '이종 교배'로, 변종 간 교배나 품종 간 교배를 의미할 때에는 '교잡'으로 번역했다. 종 간 교배인지, 변종 간 혹은 품종 간 교배 인지가 문장 속에서 명확히 드러날 때, 그리고 개체 간 교배를 의미할 때에는 단순히 '교배' 로 번역하기도 했다. 'intercross'는 상호 교배, 상호 이종 교배 혹은 상호 교잡으로 번역했 다. ─ 옮긴이), 넷째는 **지질학적 기록의 불완전성**에 관한 문제다. 그다음 장에서는 시간상으로 오랜 세월에 걸쳐 일어난 유기체들의 지질학 적 천이에 대해서, 11장과 12장에서는 공간상으로 널리 퍼져 있는 유 기체들의 지리적 분포에 대해서, 그리고 13장에서는 그 유기체들의 **분류** 및 **성숙기**와 **배**(胚, embryo, 발생 초기의 어린 생물. 다세포 동물의 경우에는 난 할을 시작하고 난 이후의 발생기에 있는 개체. ─ 옮긴이) 상태의 상호 유연 관계에 대해 생각해 볼 것이다. 마지막 장에서는 이 책 전체를 간략하게 요 약할 것이며, 몇 가지 끝맺는 말이 있을 것이다.

　우리 주위에서 살아가는 유기체들의 상호 관계에 대해 우리가 상당히 무지하다는 점을 감안할 때, 종 및 변종의 기원에 대해 설명 하지 못하는 부분이 아직 많이 남아 있다는 사실은 그리 놀라운 일이 아니다. 왜 어떤 종은 넓은 영역에 걸쳐 많은 수로 분포하는 반면, 가 까운 관계인 다른 종은 좁은 영역에서 드물게 존재하는지를 과연 그 누가 설명할 수 있을까? 그렇지만 이 상호 관계는 상당히 중요하다. 왜냐하면, 그것은 현존하는 모든 생명체의 안녕(安寧, welfare), 그리고 내가 믿는 바로는 장래의 번영 및 변화까지도 결정하기 때문이다. 더 욱이 우리는 과거의 여러 지질 시대 동안에 생존했던 수많은 생명체의 상호 관계에 대해서는 훨씬 더 무지하다. 많은 부분이 분명하지 않은 채로 남아 있고 앞으로도 그럴 것이다. 하지만 나는 최선을 다해 매우 신중하게 연구하고 냉정하게 판단한 끝에, 대부분의 박물학자가 품고 있는, 그리고 내가 예전에 가지고 있었던 견해 ― 종은 각기 독립적으로 창조되었다는 것 ― 가 틀렸다는 사실을 확신할 수 있었다. 나는 종이라는 것은 불변하는 존재가 아니며, 하나의 종에서 나온 것으로 인정받는 변종들이 그 종의 자손들인 것과 마찬가지로, 소위 동일한 속(屬, genus)이라고 부르는 집단에 속해 있는 종들은 어떤 다른(대개는 멸절한) 종의 직계 자손들이라는 점을 완전히 확신하고 있다. 더 나아가 나는 자연 선택이 이 변화(modification)의 유일한 방법은 아니지만 주된 방법이라는 것을 확신한다.

차례

1장

사육과 재배하에서 발생하는 변이

우리가 오랫동안 키워 온 동식물 중에서 동일한 변종이나 아변종(亞變種, sub-variety)에 속하는 개체들을 살펴볼 때 우리를 가장 먼저 놀라게 만드는 사실은, 일반적으로 그것들이 자연 상태에 있는 어떤 동일한 종이나 변종에 속하는 개체들보다도 훨씬 더 상호 차이가 크다는 점이다. 우리가 기르고 있는 동식물들이 얼마나 다양한지, 그리고 그것들이 각기 다른 기후와 환경 아래서 전 생애에 걸쳐 얼마나 다양하게 변화하고 있는지를 생각해 볼 때, 다음과 같은 결론을 끌어낼 수 있을 것이다. 즉 우리가 사육하고 재배하는 동식물들은 자연 상태의 일정한 생활 조건에 노출되었던 그들의 부모 종과는 달리 각기 조금씩 다른 환경에서 길러지기 때문에, 이러한 엄청난 가변성이 생겨난다는 것이다. 이러한 가변성이 부분적으로는 식량의 과잉 때문에 생겼다는 앤드루 나이트(Andrew Knight)의 주장도 일리가 있어 보인다. 눈에 띌 정도로 많은 변이가 발생하려면 유기체가 여러 세대 동안 새로운 생활 조건에 노출되어야만 한다는 점은 분명해 보인다. 또한 일단 변이가 생기기 시작하면 대개 수세대 동안 계속된다는 점도 꽤 확실한 것 같다. 변화할 수 있는 생명체가 사육 및 재배 하에서 그 변화를 멈추었다는 기록은 없었다. 밀처럼 우리가 오랫동안 경작해 온 식물들은 지금도 여전히 새로운 변종들을 만들어 내고 있다. 우리가 오랫동안 사육해 온 동물들 또한 여전히 빠른 속도로 개량되거나 변형될 수 있다.

가변성의 원인이 무엇이든 그것이 대체로 어느 시점에서 영향력을 발휘하는가에 대한 논란이 있어 왔다. 배 발생(다세포생물에서 초기의 개체 발생 과정을 총칭하는 말. ─ 옮긴이) 단계에서 초기인지 후기인지, 또는 수정되는 순간인지 말이다. 이시도르 조프루아 생틸레르(Isidore Geoffroy Saint-Hilaire)의 실험은 배를 비정상적으로 처리할 경우 기형(sports)이 유발됨을 보여 준다. 기형을 단순한 변이와 구별하는 뚜렷한 기준은 없다. 그러나 나는 가변성을 일으키는 가장 흔한 원인이 수정이 일어나기 전에 영향을 받은 수컷과 암컷의 번식적 요소들(reproductive elements) 때문이라고 굳게 믿고 있다. 내가 이렇게 생각하는 데에는 몇 가지 이유가 있다. 가장 중요한 이유는 사육이나 재배가 생식계(reproductive system)의 기능에 커다란 영향을 미치기 때문이다. 생식계는 유기체의 그 어떤 다른 기관보다 생활 조건의 변화에 훨씬 더 취약하다고 알려져 있다. 동물을 길들이는 것은 아주 쉬운 일이지만 사육 동물들을 자유롭게 번식시키는 것만큼 어려운 일은 별로 없다. 심지어 암수가 짝짓기를 한다고 하더라도 많은 경우 번식에 늘 성공하는 것은 아니다. 오랫동안 원산지에서 자유롭게 사는데도 새끼를 낳지 않는 동물이 얼마나 많은가! 이는 대개 본능이 손상을 입은 탓이다. 한편 엄청나게 왕성히 자라는 것처럼 보이는 재배 식물들이 거의 혹은 전혀 씨를 맺지 않은 경우는 또 얼마나 많은가! 이러한 몇몇 경우에서, 특정 성장 기간에 약간의 수분이 있고 없고의 차이 같은 매우 사소한 변화가 그 식물이 씨를 뿌릴지 말지를 결정한다는 점을 발견할 수 있다. 이런 특이한 주제에 대해 내가 그동안 모아 온 방대한 양의 사례들을 여기서 일일이 나열하기는 힘들다. 하지만 갇힌 상태에서 사육되는 동물들의 번식을 결정하는 법칙이 얼마나 독특한 것인지를 보여 주기 위해서 다음과 같은 내용들을 언급하고 싶다. 척행동물(plantigrades, 발바닥을 땅에 붙이고 걷는 동물. ─ 옮긴이)이나 곰과를 제외한 육식 동물은 심지어 열대 지방에서 왔다 하더라도, 이 나라에서 꽤 자유롭게 새끼를 낳는다. 반면, 육식성의 조류들은 거의 예외 없이 알을 낳지 못한다. 거의 불임인 잡종의 경우와 같은 상황처럼 많은 외래 식물들은 전혀 쓸모없는 화분을 생산해 낸다. 한편, 가축들이나 재배 식물들을 보면, 약하거나 병들어 보이는 경우가 종종 있지만, 사육 하에서도 꽤나 자유롭게 번식함을 알 수 있다. 반면, 자연 상태에 있던 어린 것들을 데려다가 완벽히 길들여서 수명도 늘리고 건강하게 만들었는데, (나는 이에 대해 수많은 예를 제시할 수 있다.) 그 개체들의 생식계가 모종의 원인에 의해 제 기능을 못 할 정도로 심하게 영향을 받은 경우를 볼 수 있다. 따라서 이 경우에 그 개체들이 부모처럼 완벽하게 자손을 생산하지 못한다고 해서 놀랄 필요는 없다.

불임은 원예에서 골칫거리로 여겨져 왔다. 그러나 이러한 시각에서 보면, 불임을 초래하는 것과 똑같은 원인에 의해 가변성 또한 초래된다. 가변성은 정원에서 자라는 모든 특상품의 원천이다. 덧붙이자면, 어떤 유기체들이 상당히 부자연스러운 상황(예를 들어, 토끼와 흰담비가 토끼장 안에 갇힌 경우)에 처했을 때에도 아무런 문제 없이 번식을 했다면, 이는 그들의 생식계가 별다른 영향을 받지 않았음을 나타내는 것이라고 할 수 있다. 따라서 일부 동식물들은 길들거나 경작되는 과정을 견뎌 낼 것이고 아주 약간씩 — 아마도 자연 상태에서와 비슷한 수준에 불과한 정도로 — 변화할 것이다.

정원사들에게 있어 '기형 식물(sporting plants)'이라는 용어는 갑자기 나타난, 그리고 때로는 그 식물체의 다른 조직과는 매우 다른 형질을 보이는 새로운 싹(bud)이나 분지(offset)를 가진 식물을 의미하는데, 이에 해당하는 사례들은 상당히 많다. 접목(接木) 등을 통해서 이러한 싹을 번식시킬 수 있는데, 때로는 종자에 의해서도 가능하다. 이 '기형'이라는 것은 자연 상태에서는 매우 희귀하게 나타나지만, 재배 환경 내에서는 그리 드물지 않다. 이 사례에서 우리는 모체를 다루는 방식이 배주(胚珠, ovules)나 화분이 아니라 싹이나 분지에 영향을 준다는 사실을 알 수 있다. 하지만 초기 형성 단계에는 싹과 배주 사이에 본질적인 차이가 없다는 것이 대부분의 식물 생리학자들의 의견이다. 따라서 이것은 사실상 '기형'의 가변성이 수정 전에 부모가 처했던 환경에 의해 영향을 받은 배주나 화분, 혹은 그 둘 모두로 인해 생기는 것이라는 나의 견해를 지지한다고 할 수 있다. 어쨌든 이러한 예들은 몇몇 학자들이 가정하는 것처럼 변이가 발생 작용과 반드시 연관된 것은 아님을 보여 준다.

동일한 과육으로부터 나온 묘목들이나 한배에서 난 어린 새끼들이 서로 상당히 다른 경우를 가끔 볼 수 있다. 프리츠 뮐러(Fritz

Müller)가 언급한 것처럼 부모와 어린 새끼들이 겉보기에는 정확히 동일한 생활 조건에 놓였음에도 말이다. 이것은 번식의 법칙, 성장의 법칙 그리고 대물림의 법칙에 비해 생활 조건의 직접적 영향이 얼마나 하찮은가를 보여 준다. 환경의 작용이 직접적이어서 만약 새끼 중 일부가 변이를 겪는다면, 그들은 모두 같은 방식으로 변해야 한다. 어떤 변이에서 온도, 습도, 빛, 먹이 등이 얼마만큼이나 직접적으로 영향을 미치는가를 판단하는 것은 참으로 어렵다. 내가 느끼기로는, 그러한 요소들이 동물들에게는 직접적인 효과를 거의 미치지 못하는 반면, 식물의 경우에는 좀 더 큰 영향을 미치는 것 같다. 이러한 관점에서 볼 때, 버크먼(Buckman) 씨의 식물에 대한 최근 실험 결과는 매우 가치 있다. 특정 환경에 노출된 모든 또는 거의 모든 개체가 똑같은 방식으로 영향을 받은 경우, 언뜻 보기에는 그들에게 나타난 변화가 그 특정 환경에 의한 직접적인 영향 때문이라고 여겨진다. 그러나 어떤 경우에는 정반대의 환경이 유사한 구조의 변화를 일으킬 때도 있다. 그렇기는 하지만, 내가 생각하기에 생활 환경의 직접적인 영향에 의해서도 약간이지만 어느 정도의 변화가 야기될 수 있을 것 같다. 예를 들어 먹이의 양에 따라 개체의 크기가 증가한다든지, 어떤 특정 먹이나 빛의 영향으로 색이 달라진다든지 또, 기후의 영향으로 모피의 두께가 달라지는 경우도 있다.

개화기에 있는 식물들을 어떤 기후에서 다른 기후로 옮길 때, 습성 또한 결정적인 영향력을 행사한다. 습성의 영향은 동물들에게서 더욱 뚜렷하게 나타난다. 예를 들어, 나는 사육 오리가 야생 오리에 비해 전체 골격 무게에서 날개뼈가 차지하는 비율은 더 낮고 다리뼈가 차지하는 비율이 더 높다는 점을 알아냈다. 나는 이러한 변화가 아마도 사육 오리가 자기 야생 부모보다 훨씬 덜 날고 많이 걷기 때문이라고 가정해도 무방할 것이라고 생각한다. 젖소와 염소의 젖을 짜서 우유를 생산하는 나라의 젖소와 염소는 그렇지 않은 나라에서 자라는 것들보다 더 크고 발달한 젖통을 물려받는다는 점은 사용의 효과(effect of use)를 보여 주는 또 다른 예다. 축 처진 귀를 가진 토종 동물들이 없는 나라는 없다. 몇몇 학자들은 처진 귀가 위험 경고음을 듣지 않아도 되는 동물들이 귀 근육을 사용하지 않아서 생긴 것이라고 말하는데, 그럴듯한 주장으로 보인다.

변이를 조절하는 법칙에는 여러 가지가 있다. 그것 중 일부는 막연히 그럴싸해 보이는데, 앞으로 이에 대해 간단히 언급할 예정이다. 여기에서는 연관 성장이라고 불리는 것에 대해서만 넌지시 언급하려고 한다. 배 또는 유생(larva) 때 일어난 변화가 그 동물이 성숙했을 때에도 영향을 미칠 것이란 사실은 거의 확실하다. 기형과 관련해서 신체상 서로 떨어져 있는 부분임에도 그것들끼리 어떤 연관 관계가 있다는 점은 매우 흥미롭다. 이 주제에 대한 많은 예시가 이시도르 조프루아 생틸레르의 탁월한 연구를 통해 드러났다. 동물 사육자들은 긴 팔다리와 비정상적으로 길어진 머리는 거의 항상 함께 나타난다고 믿는다. 이러한 연관 관계에 대한 몇몇 예는 상당히 엉뚱해 보이기까지 한다. 파란 눈을 가진 고양이들은 언제나 청각 장애를 가지고 태어나는데, 이와 같은 방식으로 색깔과 구성상의 특이한 면은 함께 나타난다. 여러 동식물에서 이러한 많은 놀라운 예들이 나타남을 보여 줄 수 있다. 카를 프리드리히 호이징거(Karl Friedrich Heusinger)

가 수집한 자료들에 따르면, 양과 돼지의 경우 털이 흰색인지 아닌지에 따라 어느 식물성 독으로부터 받는 영향이 서로 다른 것으로 보인다. 털이 없는 개들은 불완전한 이빨을 갖고 있다. 길고 굵은 털을 가진 동물들은 단언컨대, 뿔이 여러 개이거나 긴 경향이 있다. 깃털로 덮인 발을 가진 비둘기들은 바깥 발가락들 사이에 피부를 가지고 있다. 짧은 부리를 가진 비둘기들은 발이 작지만, 긴 부리를 가진 비둘기들은 발이 크다. 이러한 이유로, 만약 사람들이 이런 독특한 형질들을 계속 선택해 자꾸만 늘려 간다면, 연관 성장이라는 신비한 법칙으로 인해 그들은 무의식적으로 다른 구조도 함께 변화시킬 것이 분명하다.

제대로 밝혀지지 않아 희미하게만 보이는 변이 법칙들의 결과는 너무나도 복잡하고 다채롭다. 히아신스(hyacinth), 감자, 달리아(dahlia) 등과 같이 우리가 오랫동안 경작해 온 몇몇 식물들에 대해 다룬 논문들 몇 편은 주의 깊게 연구할 가치가 있다. 또한 구조 및 구성의 측면에서 변종들과 아변종들 사이에 서로 조금씩 다른 점이 얼마나 많은지에 주목하면 놀라움을 금할 수가 없다. 모든 유기 조직은 변화 가능한 것으로 보이며, 따라서 그것의 부모형과 다소 달라지는 경향이 있다.

대물림되지 않는 변이는 우리에게 중요치 않다. 그러나 대물림이 가능한 구조상의 변화가 얼마나 많고 다양한지는 그 수를 헤아릴 수 없을 정도다. 그 변화의 생리학적인 중요성이 크든 작든 말이다. 프로스퍼 루카스(Prosper Lucas) 박사가 쓴, 방대한 양의 두 권짜리 책은 이 주제를 가장 자세하면서도 훌륭하게 다루고 있다. 사육자들 가운데 유전의 경향성이 얼마나 강한가에 대해 의심을 하는 사람은 없을 것이다. 그들은 기본적으로 '비슷한 것이 비슷한 것을 낳는다.'라는 믿음을 가지고 있다. 이 원리에 대해 의심을 하는 사람들은 이론만 따지는 사람들뿐이다. 어떤 구조상의 변화가 아비와 자손 모두에게 나타나는 일이 꽤나 자주 있는 경우, 우리는 그 둘 모두에 동일한 원인이 작용했기 때문이 아니라고 단언하지 못할 것이다. 그러나 동일한 조건에 노출된 것이 분명한 개체들 사이에서 몇몇 환경 조건이 특이하게 결합되었기 때문에 매우 희귀한 변이가 어떤 개체에 생겨났고 — 수백만 개체 중에서 하나 정도로 — 그것이 그 자손에게도 또 나타났다고 해 보자. 확률적으로 자손에서 다시 나타난 이 변이는 대물림 탓이라고밖에 설명할 길이 없다. 선천성 색소 결핍증(albinism), 상어피부증(prickly skin), 다모증(hairy bodies) 등이 한 가족 내의 몇몇 구성원에게 나타난다는 사실에 대해서는 모두 들어 봤을 것이다. 만약 드물게 나타나는 특이한 구조상의 변화가 정말로 대물림된다면, 그보다 덜 이상하고 좀 더 일반적으로 나타나는 변화 또한 대물림된다고 생각해도 무방하다. 모든 형질은 그것이 무엇이든 후대로 대물림됨이 원칙이고, 그렇지 않은 것이 오히려 이례적이라고 생각해야 이 주제 전체를 올바로 바라볼 수 있을 것이다.

대물림을 지배하는 법칙에 대해서는 아직 알려진 바가 별로 없다. 동종이건 아니건 간에 다른 개체들 가운데에서 나타나는 동일한 특성이 왜 어떨 때는 대물림되고 어떨 때는 그렇지 않은지에 대해 설명할 수 있는 사람은 아무도 없다. 왜 어떤 형질은 조부모나 다른 더 먼 조상에서 자손으로 격세 유전되며, 왜 어떤 것은 종종 한쪽 성(sex)

에서 양성 모두에게로, 또는 한쪽 성 — 반드시 그러한 것은 아니지만 대개는 같은 성 — 으로만 전달되는지를 설명할 수 있는 사람도 없을 것이다. 가축 중에서 수컷에서 나타나는 어떤 특질이 반드시, 혹은 상당히 높은 확률로 수컷에게만 전달된다는 점은 우리에게 다소 중요한 사실이다. 내가 생각하기에 훨씬 더 중요한 점은 그 특질이 일생 중 어느 시기에 나타나든, 자손에게서도 그와 유사한 시기에 나타나는 경향이 있다는 점인데, 나는 실제로 그러한 규칙성이 있다고 본다. 때로는 그보다 더 이른 시기에 나타나기도 하지만 말이다. 수많은 사례에서 이 경향성을 똑똑히 볼 수 있다. 예를 들어 소의 뿔에서 볼 수 있는 대물림된 형질들은 자손이 거의 다 성숙했을 때에만 나타난다. 누에에서 나타나는 어떤 특질들은 애벌레나 고치의 시기에만 나타난다고 알려져 있다. 유전병과 그 밖의 여러 다른 사실들을 보면, 이 규칙성은 좀 더 넓은 영역에 걸쳐 적용될 수 있으며, 이러한 특질이 부모에게서 처음으로 나타났던 시기와 유사한 시기에 자손에게서 나타나는 경향이 있음을 믿지 않을 수 없다. 왜 그것이 그렇게 특정 시기에만 나타나는지에 대한 명백한 이유는 알 수 없지만 말이다. 나는 이 규칙이 발생학의 법칙들을 설명하는 데 가장 중요한 요소라고 생각한다. 물론 이러한 설명은 특질이 처음으로 출현하는 현상에 한해서 가능한 것이지, 배주나 웅성(雄性) 요소(male element)에 작용해 온 것으로 여겨지는 주된 원인에 대한 것은 아니다. 긴 뿔을 가진 황소와 짧은 뿔을 가진 암소의 교배로부터 태어난 새끼가, 일생의 후반에 나타나기는 하지만, 거대한 뿔을 가지게 되는 것은 분명히 웅성 요소 때문이라는 점도 이런 방식으로 설명할 수 있다.

복귀(reversion, 부모 세대에는 없었지만 조상에게는 있었던 형질이 대물림되는 현상. 이 책에서는 문맥에 따라 '격세 유전'이나 '복귀'로 번역했다. — 옮긴이)라는 주제에 대해 언급한 김에 박물학자들은 이 주제에 대해서 어떤 식으로 설명하는지를 살펴보자. 그들은 우리가 사육했던 변종들이 야생으로 돌아갈 경우 점차, 그러나 명백히 그들 종이 원래 가지고 있었던 형질을 되찾는다고 말한다. 그러므로 현재 사육 중인 동식물 품종을 보며 자연 상태의 종이 어떠했는지를 추정하는 것은 불가능하다는 지적이 있어 왔다. 나는 이런 지적을 하는 이들이 대체 어떤 결정적 사실에 근거하여 그토록 자주 과감하게 비판을 하는지를 알아내려고 했지만, 허사였다. 그것의 사실 여부를 가리는 것은 참으로 힘든 일이다. 아마도 뚜렷하게 눈에 띄는 특질을 가진 엄청나게 많은 사육 변종이 야생 상태에서는 생존할 수 없으리라는 결론을 내려도 무방할 것이다. 많은 경우에 우리가 토착종이 어떠했는지 모르고, 따라서 완벽한 복귀가 일어났는지에 대해 말할 수 없다는 것은 확실하다. 상호 교배로 인한 영향을 피하기 위해 단 하나의 변종만을 새로운 장소에서 서식하도록 풀어놓는 작업이 필요할 것이다. 그렇지만 변종들의 특질 중 일부가 가끔 조상의 형태로 복귀된다는 사실은 확실하기 때문에, 만약 우리가 (예를 들어 양배추의) 여러 품종을 매우 척박한 땅 (하지만 이 경우. 척박한 토양의 직접적인 작용으로 인해 몇 가지 결과가 초래될 것이다.) 에 정착시키거나 수세대 동안 경작하는 것에 성공한다면, 그것들이 거의, 심지어는 완전히, 야생의 토착 식물로 되돌아가는 것이 불가능하지 않다고 나는 생각한다. 이 실험이 성공할 것인지 아닌지는 이 논의의 선상에서 그리 중요치 않다. 실험 그 자체에 의해 생활 환경 조건이 변화하기 때문이다. 만약 환경이 변화하지 않고 상당히 많은 사육 변종들의 수가 유지되는 동안 우리의 사육 변종이 복귀하는, 즉 획득 형질들을 잃는 강한 경향성이 나타나고, 따라서 혼합을 통한 상호 교배가 구조의 경미한 변화도 일으키지 않는다는 것을 보여 줄 수 있다면, 나는 사육 변종으로부터 종에 관하여 도출할 수 있는 것이 아무것도 없다는 점을 인정하겠다. 하지만 이 견해를 뒷받침하는 좋은 증거라고는 그림자도 볼 수 없다. 우리가 짐마차 말과 경주마, 뿔이 긴 소나 짧은 소, 그리고 여러 가지 품종의 가금류와 식용 채소류들을 거의 무한한 세대에 걸쳐 사육하거나 재배하는 것이 불가능하다는 주장은 우리의 경험에 위배되는 것이라 할 수 있다. 한 가지 덧붙이자면, 자연 속에서 생활 환경이 변화된다면 형질의 변이와 복귀가 일어나게 될 것이다. 그러나 앞으로 설명을 하게 될 테지만, 자연 선택은 이런 식으로 해서 나타난 새로운 형질들이 얼마나 오랫동안 보존될 수 있을지를 결정할 것이다.

가축이나 경작 식물들의 변종 또는 품종들을 살펴보고 그들을 근연종들과 비교할 때, 이미 언급한 바와 같이, 일반적으로 우리는 각각의 사육 품종들이 진짜 종보다는 덜 획일화된 형질을 가짐을 인지할 수 있다. 또한, 같은 종에 속하는 사육 품종들이 다소 기형적인 형질을 가지는 경우도 종종 있다. 다시 말해, 비록 그것들이 여러 사소한 측면에서 서로 다르고 같은 속에 속하는 다른 종들과도 다른 점이 있지만, 몇몇 부분에서는 너무나도 많이 다르다는 것이다. 그것들을 서로 비교했을 때에도 그렇고, 특히 자연계에서 그들과 근연 관계에 있는 모든 종들과 비교하면 더욱 그러하다. 이러한 점들(그리고 변종들이 교잡되었을 때 완전한 생식 능력을 가지게 된다는 점. 이 주제에 대해서는 향후에 논의할 것이다.)을 제외하면, 동종의 사육 품종들은 자연 상태에 있는 같은 속에 속하는 근연종들처럼, 대부분 그보다는 정도가 덜하기는 하지만, 서로 다르다. 사육 품종인 동식물 중에서 어떤 유능한 분류학자에 의해서는 단순한 변종으로 평가되는 반면, 다른 유능한 분류학자에 의해서는 그것이 원래 별개인 종의 자손으로 평가되는 경우는 거의 없다는 점을 생각하면, 나는 이 사실이 반드시 공인되어야 한다고 생각한다. 만약 사육 품종과 종 사이에 어떤 뚜렷한 구별 점이 존재한다면, 이와 같은 의문이 이렇게 끊임없이 제기되지는 않았을 것이다. 어떤 이들은 사육 품종들의 형질 차이가 속을 구분할 정도로 크지는 않다고 말하기도 한다. 그러나 나는 이 말이 옳지 못하다는 것을 증명할 수 있다고 생각한다. 왜냐하면, 속을 구분할 수 있는 형질이 과연 어떤 형질인지를 결정하는 것에 대해서는 박물학자들 사이에서도 의견이 제각기 다르기 때문이다. 현재로서는 그 판단을 경험에 의존하고 있다. 게다가, 내가 곧 언급할 예정인 속의 기원에 대한 견해에 따르면, 사육하고 있는 생물들을 통해 속의 차이점을 알게 되리라는 기대는 안 하는 편이 나을 것 같다.

같은 종에 속하는 사육 품종들 사이의 구조적인 차이가 어느 정도인지를 측정하려 할 때 우리는 이내 의문에 사로잡히게 된다. 그것은 그들이 하나의 부모 종에서 온 자손인지, 아니면 여러 부모 종에서 온 자손인지를 모르기 때문이다. 만약 이것을 명확히 알 수 있다면 흥미진진할 것이다. 예를 들어, 우리가 알다시피 자신의 품종을 아주 정확하게 번식시켜 나가는 그레이하운드(greyhound), 블러드하

종의 기원

운드(bloodhound), 테리어(terrier), 스패니얼(spaniel), 그리고 불도그(bull-dog)가 어떤 단일 종의 자손임이 밝혀졌다고 해 보자. 이러한 사실을 통해 우리는 세계 각지에서 서식하고 있는 상당히 근연인 많은 자연적인 종들 — 예를 들어, 많은 여우류의 종들 — 이 불변한다는 주장에 대해 의심할 수밖에 없게 될 것이다. 앞으로 살펴보게 될 테지만, 나는 우리가 기르는 모든 개가 단일 야생종으로부터 내려왔다고는 생각지 않는다. 그러나 다른 몇몇 사육 품종의 경우에는 단일 종으로부터 내려온 것으로 추정할 만한 근거 내지는 강력한 증거가 있다.

인간이 사육 또는 재배를 위해 변이 경향성이 강하고 다양한 기후에도 견딜 수 있는 동식물을 선택해 왔다는 주장이 종종 제기되었다. 인간의 그러한 능력이 우리가 기르고 있는 생물 대부분의 가치를 크게 증대시켰다는 점에 대해 이의를 제기할 생각은 없다. 하지만 원시 미개인들이 처음으로 동물을 길들였을 때, 그 동물이 세대를 거듭하면서 변이될 것인지, 그리고 다른 기후를 견뎌 낼 것인지를 대체 어떻게 알 수 있었겠는가? 나귀나 뿔닭은 거의 변이되지 않았기 때문에, 그리고 순록은 더위에 약했고, 낙타는 추위에 약했기 때문에 그것들이 사육되지 않았던 것일까? 만약 오늘날 우리가 사육하고 있는 생물들과 수도 같고, 그것들처럼 여러 강(綱, class)에 속하며 여러 지역에서 서식 중인 어떤 동식물들을 자연 상태에서 데리고 온다고 해 보자. 지금까지 우리가 길렀던 생물들과 마찬가지로 그것들을 같은 수의 세대 동안 기를 수 있다면, 그 동식물들은 평균적으로 현재 우리가 사육하는 생물들의 부모 종이 변이한 것과 같은 정도로 변이하게 될 것이다.

나는 예전부터 기르던 대부분의 동식물의 경우, 그들이 한 종에서 내려온 것인지, 여러 종에서 내려온 것인지에 대해 확실한 결론을 내릴 수 있을 것이라고 생각지 않는다. 가축들의 다원적 기원을 믿는 사람들은 주로 아주 먼 고대의 기록들, 특히 이집트의 유적들에서도 가축들의 품종이 상당히 다양성을 보인다는 점과 그 품종 중 일부는 현존하는 것들과 매우 닮았으며 어쩌면 동일한 것으로 여겨진다는 점을 들어 그들의 주장을 펼친다. 비록 이 후자의 사실이 내가 생각하는 것보다 더 정확하고 보편적인 사실로 밝혀진다 하더라도, 현재 우리가 기르는 품종 중 일부가 4,000~5,000년 전 그곳에서 유래했다는 것 외에 또 무엇을 더 보여 줄 수 있겠는가? 레너드 호너(Leonard Horner) 씨의 연구는 당시 사람들이 나일 강의 골짜기에서 1만 3000~1만 4000년 전부터 존재했던 것으로 보이는 도자기들을 생산할 만큼 충분히 문명화되었을 가능성이 높다는 것을 보여 준다. 게다가 그 누가 반쯤 가축화된 개를 키우던 티에라 델 푸에고 또는 오스트레일리아의 야만인 같은 무리가 고대 이전에 이집트에 산 적이 없다고 감히 말할 수 있겠는가?

내 생각에 이 주제 전체는 여전히 명료하지 않다. 여기에서 세부적인 내용까지 다루지는 않겠지만, 그럼에도 나는 지리적인 면 등 여러 측면들을 고려했을 때, 우리가 기르고 있는 개들이 야생의 여러 종들로부터 내려왔을 개연성이 높다고 생각한다. 양과 염소에 관해서 나는 어떠한 가설도 세울 수 없다. 다만 인도혹소(humped Indian cattle)의 습성, 목소리, 체질 등등에 대해서 에드워드 블라이스(Edward Blyth) 씨가 나에게 이야기해 준 바에 따르면, 인도 혹소는 우리 유럽

소들의 기원인 다른 토착 가축들로부터 그러한 요소들을 물려받은 것이라 생각지 않을 수 없다. 몇몇 능숙한 감별사들은 유럽 소들의 야생 부모 종이 하나 이상이라고 믿는다. 하지만 말과 관련해서 나는 몇몇 학자들의 의견과 반대인 생각을 가지고 있다. 여기서 그 이유를 말할 수는 없지만, 나는 말의 모든 종이 하나의 야생종으로부터 내려온 것이 아닐까 하는 생각을 품고 있다. 내가 다른 어떤 이들의 의견보다도 가치 있다고 생각하는 것이 바로 블라이스 씨의 의견인데, 그는 자신의 방대하고 다양한 지식에 근거해 가금류의 모든 품종이 평범한 야생 인도가금(*Gallus bankiva*)으로부터 비롯되었다고 생각한다. 오리와 토끼에 대해서는 그 품종들이 구조상 서로 현격히 다르지만, 나는 그들이 모두 공통의 야생 오리와 토끼로부터 내려온 것들임을 의심하지 않는다.

일부 학자들은 여러 사육 품종들이 몇몇 토착종에 기원을 두고 생겨났다는 학설에 대해 터무니없이 극단적인 입장을 취했다. 그들은 거의 똑같이 닮은 새끼를 낳고 형질의 차이도 너무나 미미한 품종들이 제각기 다른 야생의 원형을 가진다고 믿는다. 이런 속도로 진행된다면 적어도 현재 20여 종의 야생 소와 양이 존재해야 하며, 유럽에서만, 심지어 영국만 해도 몇몇 염소 종이 있어야 한다. 어떤 한 학자는 과거 영국에 열한 종의 고유한 야생 양이 존재했다고 믿고 있다! 하지만 현재 영국에 포유류의 고유종은 거의 단 하나도 없다. 또한 프랑스에서는 독일의 것과 구별되는 종이 별로 없고, 그 반대도 마찬가지이며 헝가리, 스페인 등에서도 그러하다. 반면 (영국을 제외한) 이 나라들 모두 소나 양 등의 고유 품종들은 몇 종류씩 가지고 있다. 이러한 점들을 염두에 둘 때, 영국에 서식하는 상당수의 가축 품종들이 유럽에서 기원했음을 인정하지 않을 수 없다. 이렇게 여러 나라가 서로 다른 고유종들을 많이 갖고 있지 않다면, 그것들은 대체 어디에서 유래했단 말인가? 인도에서다. 심지어 내가 몇몇 야생종에서 내려온 것이라고 충분히 인정할 수 있는 전 세계의 가축화된 개들의 경우에도 대물림되는 변이가 어마어마하게 일어났다는 사실에는 의문의 여지가 없다. 이탈리아의 그레이하운드, 블러드하운드, 불도그, 블레넘 스패니얼(blenheim spaniel) 등등 ─ 이들은 모든 야생 들개와 전혀 닮지 않았다. ─ 과 아주 많이 닮은 동물들이 여전히 자연 상태에서 자유롭게 살아가고 있다는 사실을 믿을 사람이 누가 있을까? 소수로 존재하는 토착종의 교잡으로부터 개의 모든 품종들이 생겨난 것이 아니겠냐는 막연한 설명이 종종 있었다. 그러나 교잡을 통해서는 단지 부모 종들의 다소 중간적인 형태만을 얻을 수 있을 뿐이다. 또한 만약 우리의 사육 품종들을 이러한 과정을 통해 얻을 수 있었다고 설명한다면, 우리는 이탈리아의 그레이하운드, 블러드하운드, 불도그 등처럼 매우 극단적인 형태들이 예전에도 야생의 상태에서 존재했음을 인정해야만 한다. 게다가 교잡을 통해 다른 품종을 만들 수 있다는 가능성은 지나치게 과장되어 온 측면이 있다. 물론 만일 그러한 바람직한 형질을 드러내는 잡종견 하나하나를 주의 깊게 선택했다면, 이따금 일어나는 교잡을 통해 어떤 품종이 변화될 수 있다는 것에는 의심할 여지가 없다. 그러나 두 개의 극단적으로 다른 품종이나 종들 사이의 교잡으로부터 거의 중간적인 품종을 얻을 수 있다는 사실은 거의 믿을 수가 없다. 이 연구를 위해 존 시브라이트

(John Sebright) 경이 특별히 실험을 했으나 실패했다. 순종인 두 품종 사이의 첫 번째 교잡을 통해 태어난 자손은 꽤나 유사했고, 때로는(내가 비둘기로부터 발견한 바와 같이) 극히 똑같아서 답은 명확해 보였다. 그러나 이 잡종견들이 여러 세대에 걸쳐 서로 교배되고 나니 그것 중 어느 두 마리도 서로 유사하지 않아 보였다. 나중에는 그 유사성을 찾기가 매우 어려운 정도를 넘어서서 완전히 가망이 없는 것처럼 보이게 되었다. 단언하건대 극도의 주의와 오랫동안 계속된 선택의 과정 없이는 서로 완전히 다른 두 품종 사이에서 중간적인 품종을 얻기란 아예 불가능한 일일 것이다. 덧붙이자면 나는 이러한 방식으로 생겨난 영구적인 품종에 대한 기록은 단 한 건도 발견하지 못했다.

집비둘기의 품종에 관하여

나는 어떤 특별한 집단에 대해 연구하는 것이 언제나 가장 좋은 방법이라고 믿기 때문에 심사숙고한 끝에 집비둘기(domestic pigeons)에 대한 연구를 시작했다. 나는 구입하거나 얻을 수 있는 모든 품종들을 보유했고, 고맙게도 세계 각지에서 특히, 인도의 월터 엘리엇(Walter Elliot) 씨와 페르시아의 찰스 오거스터스 머리(Charles Augustus Murray) 씨로부터 박제된 새를 받았다. 비둘기에 대한 많은 논문들이 각기 다른 언어로 출판되어 있는데, 그중 일부는 상당히 오래된 것으로 매우 중요하다. 나는 저명한 비둘기 애호가들과 교제하고 있고 런던에 있는 비둘기 애호가 협회 두 곳에도 가입했다. 비둘기의 품종은 놀라울 정도로 다양하다. 영국의 전령비둘기(carrier)와 단면공중제비비둘기(short faced tumbler)를 비교해 보면, 그들의 부리와 머리뼈에는 놀라운 차이가 있음을 볼 수 있다. 전령비둘기, 특히 수컷은 머리와 부리 사이에 돌기가 있고, 대단히 길쭉해진 눈꺼풀, 매우 큰 콧구멍과, 넓게 벌어진 입을 가지고 있다는 점에서 뚜렷이 구별된다. 단면공중제비비둘기의 부리는 되새류의 부리와 거의 유사한 외형을 가지고 있다. 또한 보통 공중제비비둘기는 높은 하늘에서 촘촘히 무리지어 날아다니며 공중제비를 하는 특이한 대물림 습성을 가지고 있다. 런트(runt)는 몸집이 매우 크며, 길고 엄청나게 큰 부리와 발을 가지고 있는 새다. 런트의 아품종(sub-breed) 가운데 일부는 매우 긴 목을 가지며, 매우 긴 날개와 꽁지를 가지는 아품종도 있는 반면, 다른 일부는 몹시도 짧은 꽁지를 가지고 있다. 바브(barb)는 전령비둘기와 근연종이지만 매우 긴 부리를 가지는 대신, 매우 짧고 폭이 넓은 부리를 가지고 있다. 파우터(pouter)는 몸통과 날개, 그리고 다리가 매우 길쭉하다. 그리고 엄청나게 발달한 모이주머니를 가지고 있는데, 그것을 한껏 부풀리며 과시하는 모습을 본 사람들은 깜짝 놀라고 심지어는 소리 내어 웃는 사람도 있다. 터빗(turbit)은 가슴 아래쪽에 거꾸로 선 깃털 한 줄과 함께 매우 짧은 원뿔 모양의 부리를 가지고 있다. 또한 이것은 쉴 새 없이 식도 윗부분을 약간 팽창시키는 습성을 가지고 있다. 자코뱅(Jacobin)은 깃털이 목 뒤쪽을 따라 거꾸로 나 있어서 덮개를 덮어쓴 듯하다. 그리고 몸집과 비교해서 날개와 꽁지깃이 매우 길다. 트럼페터(trumpeter)와 래퍼(laugher)는 이름에서 알 수 있듯이 다른 품종들과는 전혀 다른 소리로 운다. 대비둘깃과(great pigeon family)에 속한 모든 구성원들은 열두 개 또는 열네 개의 꽁지깃을 가지는 반면, 공작비둘기(fantail)는 서른 개, 심지어는 마흔 개나 되는 꽁지깃을 가지고 있다. 이러한 꽁지깃들은 펼쳐진 상태로 있으며 좋은 품종의 새들의 경우 꽁지깃이 완전히 세워져 머리와 꽁지가 맞닿을 정도다. 유선(油腺, oil gland)은 완전히 퇴화해 버렸다. 이보다는 덜 뚜렷이 구별되지만 여러 다른 품종들에 대해서도 구체적으로 언급할 수 있다.

여러 품종의 골격 구조에서 얼굴 뼈의 발달은 길이, 너비, 굴곡의 측면에서 대단한 차이를 보인다. 아래턱뼈의 분기는 너비와 길이뿐만 아니라 형태에 있어서도 아주 눈에 띌 정도로 각기 다르다. 꽁지뼈와 엉치뼈의 수도 다양하고, 갈비뼈의 수와 상대적인 너비, 돌기의 유무도 마찬가지다. 흉골에 나 있는 구멍의 크기와 형태는 엄청난 차이를 보이며, 창사골(furcula)에 있는 두 갈래로 갈라진 뼈는 그 갈라진 정도와 상대적인 크기 면에서 상당한 다양성을 보인다. 입이 벌어진 상대적인 너비와 눈꺼풀, 콧구멍, 혀(항상 부리의 길이와 엄격한 상관 관계가 있는 것은 아니다.)의 상대적인 길이, 모이주머니와 식도 상부의 크기, 유선의 발달과 퇴화, 1번 날개와 꽁지깃의 수, 날개와 꽁지 간의 상대적인 길이와 그것들과 몸체 간의 상대적인 길이, 다리와 발의 상대적인 길이, 발가락에 있는 각질 인편(鱗片, scutellae)의 수, 발가락 사이에 있는 피부의 발달, 이러한 부분들은 모두 가변성이 있는 구조들이다. 깃털이 완전히 갖추어지는 시기뿐만 아니라 갓 부화한 어린 새의 몸을 덮고 있는 털의 상태 또한 차이가 있다. 알의 모양과 크기도 다양하다. 하늘을 나는 방식이 각기 현저하게 다르고 어떤 품종들은 목소리와 기질이 완전히 다르기도 하다. 마지막으로 어떤 품종들의 경우에는 수컷과 암컷이 약간 다른 정도의 차이를 보인다.

조류학자에게 야생 조류라고 이야기하며 보여 주더라도 그가 명확하게 종으로 분류할 것이라 여겨지는 비둘기 품종을 적어도 총 스무 종 정도는 들 수 있다. 더욱이, 나는 어떠한 조류학자도 영국산 전령비둘기, 단면공중제비비둘기, 런트, 바브, 파우터, 그리고 공작비둘기를 하나의 속으로 묶지는 않을 것이라 생각한다. 이런 품종들 중 그대로 대물림되어 온 아품종 — 조류학자들은 그것을 종이라 부를 수도 있겠지만 — 을 몇 가지 제시한다면 특히 더 그러할 것이다.

이처럼 여러 품종의 비둘기들 사이에는 엄청난 차이가 있지만, 나는 박물학자들이 공통적으로 생각하고 있듯이, 그 품종들이 모두 바위비둘기(rock pigeon) — 이 용어는 아주 근소한 차이를 보이는 지리적 품종들 또는 아품종들을 포함한다. — 로부터 내려온 것들이라는 의견이 절대적으로 옳다고 확신한다. 내가 이런 확신을 가지게 된 이유 가운데 일부는 다른 사례에도 어느 정도 적용할 수가 있으므로 그에 대해 여기서 간단히 언급하고자 한다. 만약 그런 여러 품종들이 변종들이 아니고 바위비둘기로부터 내려온 것들이 아니라면, 그것들은 적어도 7~8종의 토착종으로부터 나온 것이어야 한다. 그보다 더 적은 수의 토착종들의 교잡을 통해 현재의 사육 품종들이 생겨나기란 불가능하기 때문이다. 예컨대, 만약 부모 종 가운데 한쪽이 거대한 모이주머니라는 형질을 가지지 않는 한, 어떻게 파우터는 두 품종의 교잡을 통해 태어날 수 있었을까? 여기에서 가정된 토착종들은 반드시 바위비둘기, 즉 나무 위에서 번식하지 않고 앉아 있으려 하지 않는 비둘기가 되어야 한다. 그런데 콜룸바 리비아(*Columba livia*)와 지리적 아종들을 제외하면 겨우 두세 종의 바위비둘기만이 알려져 있다. 그리고 이것들은 사육 품종의 형질을 하나도 갖고 있지 않다. 따라서 가정된 토착종들은 그것이 처음으로 사육된 나라에서 지금도 살고 있고, 그럼에도 아직 조류학자들에게 알려져 있지 않아야 한다. 그런데 그것들의 크기, 습성, 그리고 뚜렷한 형질들을 고려할 때 이것은 불가능해 보인다. 그렇지 않다면 그것들이 야생 상태에서 멸종했어야 한다. 그러나 절벽 위에서 번식하며 잘 날아다니는 새들이 멸종되었을 개연성은 낮으며, 사육 품종들과 동일한 습성을 가지고 있는 일반적인 바위비둘기는 영국의 여러 작은 섬이나 지중해 연안에서 멸종되지 않고 남아 있다. 따라서 바위비둘기와 유사한 습성을 가진 너무나 많은 종이 멸종되었다고 가정하는 것은 너무 성급한 판단이 아닐까 한다. 뿐만 아니라 앞서 나열한 여러 사육 품종들은 전 세계 각지로 이동했기 때문에, 그것 중 일부는 다시 그들이 생겨났던 곳으로 돌아갔을 것이 틀림없다. 그러나 바위비둘기에서 아주 조금 변화된 집비둘기가 일부 지역에서 비둘기장을 떠났을 뿐, 그 밖에 야생으로 돌아간 것은 없었다. 최근에 이루어진 모든 실험을 보면, 어떤 야생 동물을 데려와 기르면서 그것들을 자유롭게 번식시키는 것은 너무나도 힘든 일임을 알 수 있다. 그런데 만약 비둘기의 기원이 다원적이라는 가설에 입각한다면, 적어도 7~8종의 비둘기가 먼 옛날에 반문명화된 인간들에 의해 가둬진 상태에서 많은 새끼를 낳을 수 있을 정도로 완전히 가축화되었다고 가정하지 않을 수 없다.

앞서 열거한 품종들이 비록 체질, 습성, 목소리, 색깔 그리고 대부분의 구조 면에서는 대체로 야생 바위비둘기와 유사하지만, 일부 구조 면에서는 비정상적으로 매우 큰 차이를 보인다. 이는 내가 생각하기에 매우 중요하고 다른 여러 사례에도 적용할 수 있다고 여겨지는 쟁점이다. 비둘깃과(Columbidae)라는 거대한 규모의 과 전체를 통틀어 보아도 영국의 전령비둘기나 단면공중제비비둘기 또는 바브와 같은 부리, 자코뱅처럼 거꾸로 선 깃털, 파우터와 같은 모이주머니, 공작비둘기 같은 꽁지깃을 찾아볼 수 없다. 따라서 반문명화된 인간들이 여러 종을 완전히 가축화하는 데 성공했을 뿐만 아니라 그들이 고의로 또는 우연히 지극히 비정상적인 종들을 선택했으며, 더나아가 바로 그 종들이 이후에 모두 멸종해 버렸거나 잘 알려지지 않게 되었다고 추정하지 않을 수 없게 된다. 이렇게 많은 불가사의한 우연들이 거듭 일어났다는 것은 도저히 있을 수 없는 일이라 본다.

비둘기들의 색과 관련해서 충분히 고려해 볼 가치가 있는 몇 가지 사실들이 있다. 바위비둘기는 암회색을 띠는 푸른색(slaty blue)인데, 둔부(rump)는 흰색이다. (스트릭랜드(Strickland) 씨 소유의 인도산 아종인 콜룸바 인터메디아(C. intermedia)의 둔부는 푸르스름한 색이다.) 꽁지 끝부분에는 어두운 색의 줄무늬가 있고 바깥쪽 깃털의 기저부 가장자리는 흰색을 띤다. 날개에는 두 개의 검정 줄무늬가 있다. 일부 반사육 품종들과 완전히 야생인 품종들은 검정 줄무늬 두 개와 더불어 바둑판무늬가 있는 날개를 가지고 있다. 비둘깃과의 다른 종에서는 이런 식의 여러 무늬가 함께 나타나는 일이 없다. 반면, 철저하게 잘 길러진 사육 품종에서는 앞서 언급한 모든 무늬가, 심지어 바깥쪽 꽁지깃의 흰 가장자리까지도, 때로는 완벽하게 발달한 형태로 함께 나타난다. 게다가 각기 다른 품종에 속한 두 마리 새가 서로 교잡했을 때, 둘 중 어느 쪽도 푸른색이 아님에도 또는 앞서 이야기한 무늬를 가지고 있지 않음에도, 잡종인 자손은 그러한 형질을 갑자기 획득하는 경향이 강하게 나타난다. 예를 들어 내가 전체적으로 흰색을 띠는 공작비둘기와 전체적으로 검은색을 띠는 바브를 교잡시켰을 때 그들 사이에서 갈색과 검은색의 얼룩얼룩한 무늬가 있는 새들이 태어났다. 이어서 이 새들을 교배시켜 보았는데 완전히 흰 공작비둘기와 완전히 검은색인 바브의 손자인 그 새들 중 하나는, 아름다운 푸른색에 흰색의 둔부, 두 개의 검정 줄무늬가 있는 날개, 그리고 줄무늬가 있고 가장자리가 흰색인 꽁지깃을 가지고 있어 야생 바위비둘기와 똑같았다! 만약 모든 사육 품종 비둘기들이 바위비둘기로부터 온 것이라면 우리는 조상의 형질이 복귀된다는 널리 알려진 원리에 입각해 이러한 사실들을 이해할 수 있다. 그러나 이를 부정한다면 앞으로 제시할 설득력이 떨어지는 두 개의 가정 가운데 하나를 인정해야만 한다. 그 가정이란 첫째, 현존하는 종들 중 다른 어떤 것도 그런 식의 색과 무늬를 가지지 않음에도 모든 가상의 토착종이 바위비둘기와 동일한 색과 무늬를 가지고 있어서 각각의 품종이 모두 정확히 똑같은 색과 무늬로 복귀하는 경향이 있다는 것이다. 두 번째 가정은 각각의 품종이 가장 순수한 것조차도 열두 세대 이내에, 많아 봤자 스무 세대 이내에 바위비둘기와 교잡한 일이 있었어야 한다는 것이다. 여기서 내가 열두 세대 또는 스무 세대 이내라고 이야기한 이유는, 그보다 더 많은 세대를 거친 이후에 태어난 자손의 형질이 조상의 형질로 복귀했음을 보여 주는 예는 단 하나도 없기 때문이다. 서로 다른 품종이 단 한 번 교배해 생겨난 품종에서 그 교배로 인해 나타난 어떤 형질이 복귀되는 경향은 자연적으로 점점 줄어드는 경향을 보인다. 이는 세대가 거듭됨에 따라 다른 계통의 피는 줄어들게 될 것이기 때문이다. 그러나 다른 품종과 전혀 교배한 일이 없고, 이전의 몇몇 세대 동안에는 나타나지 않았던 어떤 형질이 복귀되는 경향이 부모 모두에게 있을 경우, 그 경향성은 오랜 세대에 걸쳐 줄어들지 않고 계속해서 전달되는 것으로 보인다. 얼핏 봐서는 그 반대일 것 같지만 말이다. 이 두 가지 경우는 대물림에 관한 논문들에서 흔히 혼동되고 있다.

마지막으로 모든 사육 품종인 비둘기들 사이에서 생겨난 잡종은 완벽한 생식 능력을 갖춘다. 이는 내가 의도적으로 완전히 다른 품종들을 대상으로 직접 관찰했기 때문에 장담할 수 있다. 반면, 완벽하게 생식 가능하며 명확하게 서로 다른 두 동물 사이에서 잡종 자손이 태어난 예를 들기란 힘든 일이며, 어쩌면 불가능할지도 모른다. 어떤 학자들은 장기간의 사육이 강력한 불임의 경향을 제거한다고 믿는다. 개의 역사를 살펴보면, 가까운 근연종들에게 이러한 가설을 적용할 경우에는 어느 정도 개연성이 있어 보인다. 비록 이를 지지해 주는 실험은 없었지만 말이다. 하지만 이 가설을 확대 적용해, 전령비둘기, 공중제비비둘기, 파우터 및 공작비둘기처럼 확연히 다른 종들이 완벽하게 생식 가능한 자손을 낳을 수 있었다고 추측하는 것은 지나친 속단이 아닐까 싶다.

이러한 여러 가지 이유 즉 사람들이 예전에 비둘기 7~8종을 사육하면서 그것들을 자유롭게 번식시켰을 가능성은 매우 낮다는 점, 야생 상태에서 그 종들이 존재한다는 사실이 전혀 알려지지 않은 상태일뿐더러 그 어디에서도 야생화되지는 않았다는 점, 다른 모든 비둘깃과의 종들과 비교했을 때 대부분의 다른 측면에서는 바위비둘기와 너무나 유사함에도 어떤 측면에서는 매우 비정상적인 형질을 갖고 있다는 점, 푸른색과 다양한 무늬들이 순종인 경우와 교잡한 품종인 경우 모두에서 간혹 나타난다는 점, 그리고 잡종인 자손이 완벽한 생식 능력을 가진다는 점 등을 종합해 생각해 볼 때, 나는 우리의 모든 사육 품종들이 콜룸바 리비아와 그것의 지리적 아종으로부터 내려온 것이 틀림없다는 결론을 내릴 수 있다고 본다.

이러한 견해를 지지하는 것으로 나는 다음과 같은 내용을 덧붙이고 싶다. 우선 콜룸바 리비아, 즉 바위비둘기는 유럽 및 인도에서 사육 가능하고 모든 사육 품종들과 일치하는 습성을 가지고 있으며 많은 구조적인 측면에서 그들과 유사함이 알려져 있다는 것이다. 두 번째로, 비록 영국산 전령비둘기 또는 단면공중제비비둘기가 바위비둘기와 어떤 형질에 있어서는 상당한 차이점을 가지고 있지만, 그 두 품종의 여러 아품종들과 바위비둘기를 비교해 보면, 특히 다른 나라에서 데려온 것들과 비교해 보면, 구조의 양극단 사이에서 거의 완벽한 계열을 만들 수 있다. 세 번째로, 각각의 품종들을 구분 짓는 주된 형질들, 예를 들어 전령비둘기의 부리의 길이와 육수(肉垂, wattle, 조류의 일부 수컷에서, 부리가 시작되는 부위에서 머리 쪽으로 융기한 피부 조직. — 옮긴이), 공중제비비둘기의 짧은 부리, 공작비둘기의 꽁지깃 수는 각각의 품종마다 상당히 가변적이다. 이러한 사실에 대한 설명은 차후에 선택에 대해 다룰 때 명백해질 것이다. 네 번째로, 비둘기는 지금껏 주목받아 왔고 많은 사람의 극진한 보살핌과 사랑을 받았다. 비둘기들은 세계 각지에서 수천 년 동안이나 사육되었다. 카를 리하르트 레

프시우스(Karl Richard Lepsius) 교수가 나에게 알려준 바에 따르면, 비둘기에 대한 가장 오래된 기록은 기원전 3000년경 이집트의 다섯 번째 왕조 때의 것이다. 그러나 새뮤얼 버치(Samuel Birch) 씨는 나에게 그 이전 왕조의 메뉴 목록에 이미 비둘기가 등장했었다고 알려 주었다. 대 (大) 플리니우스(Gaius Plinius Secundus Major, 23~79년)에 따르면, 로마 시대에는 비둘기를 사기 위해 거액의 돈을 지불해야 했고 "혈통과 품종을 따지는 일이 일어나기까지 했다." 1600년경, 인도의 아크베르 칸 (Akber Khan)은 비둘기를 몹시도 귀하게 여겨 궁전에서 기르는 비둘기가 족히 2만 마리는 되었다고 한다. 궁정의 사학자는 "이란과 투란 (Turan)의 군주들은 그에게 매우 진귀한 새들을 보내 주시었다." 이어서, "폐하께서는 이전에는 시도되지 않았던 새로운 방법으로 품종들을 교배시킴으로써 놀라울 정도로 품종을 개량하셨다."라고 기록한 바가 있다. 비슷한 시기에 네덜란드 인들도 고대 로마 인들과 마찬가지로 비둘기에 대한 애착을 가지고 있었다. 이에 대해 고려하는 것이 비둘기들이 겪어 온 엄청난 변이의 양을 설명하기 위해 다른 무엇보다도 중요한 사항이라는 것은 이후 선택에 대해 논의할 때 더욱 분명해질 것이다. 또한 그때가 되면 비둘기의 품종들이 얼마나 자주 다소 기이한 형질들을 갖게 되는지를 알게 될 것이다. 암컷 비둘기와 수컷 비둘기가 평생 어느 때고 쉽게 교미를 한다는 점은 여러 품종의 비둘기들을 생산해 내는 데 매우 유리한 조건이다. 이로써 우리는 같은 새장 안에 서로 다른 품종의 비둘기들을 한데 키울 수 있다.

지금까지 집 비둘기의 기원에 관해 충분하다고는 할 수 없지만 개연성 높은 설명을 꽤 자세히 언급해 보았다. 내가 비둘기를 처음 기르면서 몇몇 종류를 관찰해 봐서 그것들이 얼마나 자신과 닮은 자손을 낳는지를 알기에, 나는 그것들이 하나의 공통 조상으로부터 내려온 자손이라고 믿는 것이 얼마나 어려운지를 충분히 공감할 수 있다. 이는 마치 박물학자들이 자연계에 있는 되새류나 다른 조류들의 수많은 종들에 대해 동일한 결론을 내리게 되었을 때에 느끼는 바와 같을 것이다. 하지만 매우 당혹스러운 것은 다양한 가축들을 기르는 사육자들과 식물 재배자들이 — 나는 그들과 대화를 하거나 그들의 연구를 읽어 보았다. — 자신이 돌보는 품종들이 수많은 별개의 토착종들로부터 유래된 것이라고 강하게 확신하고 있다는 점이다.

내가 그랬던 것처럼, 헤리퍼드종(Hereford) 소를 기르고 있는 유명한 사육자에게 그의 소가 장각종 소(長角種, long horns)에서 유래된 것이 아니냐고 물어 보라. 그러면 아마도 그는 당신을 비웃을 것이다. 나는 지금껏 단 한 번도, 자신이 돌보는 품종이 각기 별개의 종으로부터 유래된 것임을 의심하는 비둘기, 가금류, 오리 또는 토끼 애호가를 만난 적이 없다. 장바티스트 방 몽스(Jean-Baptiste Van Mons)는 배와 사과에 관한 논문에서, 립스톤 피핀(Ribston pippin)이나 코들린 애플 (Codlin apple) 같은 종류의 것들이 동일한 나무의 종자로부터 나왔다는 것은 도저히 믿을 수 없다고 언급하고 있다. 그 밖에도 수많은 예가 있다. 내가 생각하기에 그들이 왜 그리 생각하는지에 대한 이유는 간단하다. 그들은 오랫동안 계속해서 연구를 진행하면서 여러 품종 사이에서 나타나는 차이점들에 강한 인상을 받은 것이다. 그들은 각 품종에서 약간의 차이점들을 선택함으로써 보상을 받을 수 있었기 때문에, 그 품종들이 근소하게 서로 다르다는 사실을 잘 알고 있었다.

하지만 그들은 모든 일반적인 논증들을 무시한 채 수세대에 걸쳐 누적되는 근소한 차이점들을 종합해서 생각하려고 하지 않았다. 대물림의 법칙에 대해서 사육자들보다도 더 무지하면서, 더욱이 오랫동안 이어진 혈통 속에서 나타나는 중간 고리(intermediate link)에 대해서는 아는 바가 거의 없는 박물학자들이 과연 사육 품종 가운데 상당수가 공통 조상으로부터 나온 것이라는 사실을 인정할 것인가? 그들이 자연 상태에 있는 종이 다른 종의 직계 자손들이라는 견해를 조롱한다면, 이들은 신중을 기하라는 교훈을 좀 더 배워야 하지 않을까?

선택

지금부터 하나의 종에서든 여러 근연종에서든 사육 품종들이 탄생하게 된 단계에 대해 간단히 살펴보자. 아마도 일부는 여러 가지 외부적인 생활 환경의 직접적인 작용의 영향을, 또 일부는 습성의 영향을 받았을 것이다. 하지만 짐마차 말과 경주용 말, 그레이하운드와 블러드하운드, 전령비둘기와 공중제비비둘기 사이에서 나타나는 차이점들이 그러한 작용의 영향 때문이라고 설명하는 사람이 있다면, 그는 대담한 사람이라 할 수 있다. 우리가 기르고 있는 사육 품종들에서 나타나는 가장 뚜렷한 특질 중 하나는 그 동식물들이 자신의 이익을 위해서가 아니라 사실상 인간의 욕망이나 편의에 맞게 적응을 해 왔음을 볼 수 있다는 점이다. 인간에게 유용한 몇 가지 변이들은 갑자기 또는 단번에 일어났을 것이다. 예를 들어 많은 식물학자들은 어떤 기계 장치도 상대가 되지 않을 만한 갈고리를 가지고 있는 산토끼꽃(fuller's teasel)이 야생 디프새커스(Dipsacus)의 한 변종에 지나지 않으며, 그만한 양의 변화는 하나의 묘목에서 갑자기 나타났을 것이라 생각한다. 견종인 턴스피트(turnspit)에서도 아마 이 같은 일이 일어났을 것이며, 양의 한 종인 앵콘(ancon)도 마찬가지라고 알려져 있다. 그러나 짐마차 말과 경주용 말, 단봉낙타(dromedary)와 보통 낙타(camel), 경지나 산에 있는 목초지 어느 곳에서나 키우기 적합한 다양한 양의 품종들 중 특정 목적에 알맞은 품종의 털(혹은 털을 가진 품종)과 다른 목적에 알맞은 품종의 털(혹은 털을 가진 품종)을 비교할 때, 각기 다른 방식으로 인간에게 도움을 주는 많은 품종의 개들을 비교할 때, 집요하게 싸움에 임하는 싸움닭(game cock)과 거의 싸우는 일이 없는 다른 품종의 닭, 절대로 알을 품으려 하지는 않지만 '끊임없이 알을 낳는 닭', 그리고 아주 조그맣고 우아하게 생긴 밴텀(bantam)을 비교해 볼 때, 그리고 계절마다 제각기 다른 목적으로 인간에게 매우 유익하게 이용되거나 너무나 아름다워서 관상용으로 이용되는 수많은 종류의 농예 식물, 채소류, 과수 식물, 화원 식물의 품종들을 비교해 볼 때, 우리는 단순히 가변성이라는 측면만 생각해서는 안 된다고 본다. 우리가 현재 볼 수 있는 것과 같은 그러한 완벽함과 유용함이 그 모든 품종에 갑자기 나타났을 리는 없다. 사실상 많은 경우에 그 품종들의 역사에서 그러한 일이 일어나지 않았다는 것을 우리는 알고 있다. 가장 중요한 요소는 바로 계속해서 선택을 해 왔던 인간의 능력이다. 자연은 계속해서 변이를 일으키고 이에 인간은 그들에게 유용한 어떤 방향으로 그 변이를 더한다. 이런 의미에서 인간 스스로

가 유용한 품종들을 만들어 낸 것이라고 말할 수 있다.

　이러한 강력한 선택의 힘은 단지 가설적인 것이 아니다. 일부 전문적인 사육자들이 그들의 생애 동안에 소나 양의 몇몇 품종들을 엄청난 정도로 변화시켰다는 사실은 확실하다. 그들의 업적이 무엇이었는지를 확실하게 이해하기 위해서는 이 주제에 관해 쓴 여러 논문을 읽고 실제로 동물들을 조사할 필요가 있다. 사육자들은 동물의 기관에 대해 그들이 원하는 대로 만들 수 있는 아주 가변적인 것이라고 늘 말해 왔다. 지면만 허락한다면 나는 매우 저명한 권위자들의 저서에 나오는 수많은 문장을 인용할 수 있다. 아마 누구보다도 농업 전문가들의 저작에 대해 잘 알던 윌리엄 유아트(William Youatt)는 그 자신도 훌륭한 동물 감식가였다. 그는 이렇게 말한 적이 있다. "선택의 원리는 농업 전문가로 하여금 가축의 형질을 변화시킬 수 있게 할 뿐만 아니라 그 가축을 완전히 바꿔 놓을 수도 있게 만든다. 이것은 자신이 원하는 형태나 유형이 무엇이든 간에 그러한 생명체를 만들어 낼 수 있다는 의미에서 마법사의 지팡이와 같다." 서머빌(Somerville) 경은 사육자들이 양을 가지고 한 일을 언급하면서 다음과 같이 말했다. "그들은 마치 벽에 그 자체로 완벽한 형태를 그린 다음, 거기에 생명을 불어넣는 것처럼 보인다." 아주 능숙한 사육자인 시브라이트 경은 비둘기에 관해 "나는 원하는 깃털을 3년 안에 만들어 낼 수 있다. 반면 원하는 머리와 부리를 얻어내는 데는 6년이 걸린다."라고 말하고는 했다. 작센 주에서는 메리노(merino) 양에 대한 선택 원리의 중요성을 누구나 알고 있어서 그 지방 사람들은 다음과 같은 일을 직업으로 삼는 때도 있다. 즉 양을 테이블 위에 올려 두고 그것을 마치 예술

품을 감정하듯이 자세히 연구하는 것이다. 이 작업은 몇 개월 간격으로 세 번 시행하는데 매번 시행할 때마다 양들이 분류되고 등급이 매겨져서 가장 우수한 양이 최종적으로 사육을 위해 선택된다.

훌륭한 혈통을 가진 동물들에게 어마어마한 값이 매겨진다는 사실을 보면 영국의 사육자들이 실제로 어느 정도로 영향을 주었는가를 알 수 있다. 현재 이러한 동물들은 전 세계 각지의 거의 모든 곳으로 수출되고 있다. 일반적인 품종 개량은 결코 다른 품종들 사이의 교배를 통해 이루어지지 않는다. 가끔 근연인 아품종들 사이에서 행해지는 교배를 제외하면 모든 위대한 사육자들은 이 방법을 완강히 거부한다. 교배를 시킬 때는 보통의 경우보다도 훨씬 더 엄격한 선택을 해야 할 필요가 있다. 만일 선택이라는 것이 단지 완전히 다른 몇 가지 변종들을 분리해 그것들을 번식시키는 행위를 이르는 말이라면, 그 원리는 주목할 만한 가치조차 없는 것임이 분명하다. 그러나 훈련되지 않은 안목으로는 절대로 알아채지 못할 연속된 세대들의 미묘한 차이 — 내가 알아내려 노력했지만 실패했던 차이 — 를 한쪽 방향으로만 누적시킴으로써 위대한 결과를 얻을 수 있다는 데 바로 선택의 중요성이 있는 것이다. 뛰어난 사육자가 되기에 충분한 정확한 안목과 판단력을 갖춘 사람은 1,000명 중 1명도 안 된다. 만약 그런 재능을 타고 난 어떤 사람이 수년 동안 이 문제에 대해 연구하고 불굴의 인내심을 가지고 전 생애를 이것에 바친다면, 그는 성공할 수 있을 것이며 대단한 품종 개량을 이룰지도 모른다. 하지만 그러한 재능 중 하나라도 부족하다면 실패할 것임이 틀림없다. 뛰어난 비둘기 사육자가 되는 데 천부적인 재능과 여러 해의 경험이 필요하다는 사실을 선뜻 믿을 사람은 아마 별로 없을 것이다.

　원예가들에게도 동일한 원리가 적용될 수 있다. 그러나 식물들의 경우에는 변종이 갑작스럽게 나타나는 경우가 더 흔하다. 토착종으로부터 단 한 번의 변이를 겪음으로써 특상품들이 탄생했다고 생각하는 사람은 아무도 없을 것이다. 우리는 정확하게 기록으로 남겨진 몇 가지 예를 통해 이것이 사실이 아님을 증명할 수 있다. 가장 사소한 예로, 흔히 볼 수 있는 구스베리(gooseberry)의 크기가 계속해서 증가하고 있다는 점을 들 수 있다. 오늘날의 꽃들을 불과 20~30년 전에 그려진 그림들과 비교하면, 많은 인공 재배 꽃들이 놀라울 정도로 개량되었다는 사실을 알 수 있다. 식물의 어떤 품종이 일단 인정을 받게 되면, 종자 배양가(seed raiser)는 그중에서 가장 좋은 식물을 선택하지 않고, 단지 묘상을 계속해서 돌아보며 적합한 기준에서 벗어나는 식물인 '불량품(rogue)'을 뽑아 없애려 한다. 사실 이러한 종류의 선택은 동물에게도 해당한다. 자신이 사육하는 동물 중 가장 상태가 나쁜 것을 번식시키려 할 만큼 경솔한 사람은 거의 아무도 없기 때문이다.

　식물과 관련해서 누적된 선택의 효과에 대해 관찰할 수 있는 또 다른 방법이 있다. 즉 화원에 있는 동일한 종에 속한 서로 다른 변종들로부터 꽃들의 다양성을 비교해 보는 것, 동일한 변종들의 꽃에 견주었을 때 텃밭에 있는 그것들의 잎, 꼬투리나 덩이줄기 혹은 그 밖에 가치 있다고 여겨지는 모든 부분의 다양성을 비교해 보는 것, 그리고 동일한 계열의 변종들의 잎이나 꽃들과 비교할 때 같은 종에서 나온 과수원에 있는 과실의 다양성을 따져 보는 것이다. 양배추의 잎들이 서로 얼마나 큰 차이를 보이는지, 반면 꽃들은 얼마나 유사한지, 삼색제비꽃(heartsease)의 꽃들은 서로 닮지 않은 반면 잎들은 얼마나 유사한지, 서로 다른 구스베리류의 과육들이 크기, 색깔, 형태 그리고 털이 난 정도에 있어 얼마나 다른지, 반면 꽃들은 얼마나 근소한 차이만을 보여 주는지를 보라. 어떤 한 가지 점에서 매우 다른 변종들이 다른 모든 부분에 있어서 서로 유사하다는 말은 아니다. 아마 이러한 일은 거의 일어나지 않거나 아마 절대로 일어나지 않을 것이다. 우리가 절대로 간과해서는 안 될 만큼 큰 중요성이 있는 법칙인 연관 성장의 법칙을 통해 몇 가지 차이점들이 만들어질 것은 분명하다. 그러나 일반적으로 잎에서든 꽃에서든 과육에서든 거기에서 일어난 사소한 변이들이 계속해서 선택됨으로써 주로 그 형질들 면에서 서로 다른 품종들이 생겨난다는 사실을 나는 의심할 수 없다.

겨우 75년 남짓한 기간에 선택의 원리가 체계적인 실행으로 정착되었다는 사실에 이의를 제기하는 이가 있을지도 모르겠다. 확실히 이 주제는 최근 몇 년 사이에 더 많이 주목받았고 관련 논문들도 많이 쏟아졌다. 덧붙이자면 그 성과 역시 이에 상응해 빠르게 나타났으며 중요성 또한 높아지게 되었다. 그러나 이 원리가 현대의 발견이라는 점은 전혀 진실과 거리가 먼 이야기다. 나는 아주 오래된 저서들 속에서 이 원리의 중요성이 충분히 인정받는 여러 자료를 제시할 수 있다. 영국이 미개하고 야만적이었던 시대에 우량 동물들이 수입되는 일이 종종 있었고, 그 동물들의 수출을 금지하는 법이 통과되기도 했다. 일정한 크기 이하의 말에 대한 도살이 강요된 적도 있었는데, 이는 묘목 업자들이 식물을 '솎아내는' 것에 비유할 수 있다. 고대 중국의 백과사전에서도 선택의 원리에 대한 내용을 명백하게 보여 주는 글을 발견할 수 있다. 고대 로마의 작가들 역시 이 명백한 법칙에 대해 언급했다. 먼 옛날에도 사육 동물들의 털 색깔이 관심의 대상이었다는 점은 창세기에 나오는 구절에서도 분명히 드러난다. 지금도 야만인들은 품종 개량을 목적으로 이따금 그들의 개를 들개와 교배시키고 있으며, 이전에도 그러한 일을 했음이 플리니우스의 글에 나와 있다. 남아프리카의 야만인들은 짐 끄는 소를 털 색깔에 따라 교배시키는데, 이는 에스키모 인들이 개를 가지고 하는 것과 똑같다. 데이비드 리빙스턴(David Livingstone)은 유럽 인들과의 교류가 없는 아프리카 내륙 지방의 흑인들이 좋은 품질의 사육 품종에 얼마나 큰 가치를 부여했는지를 설명한 적이 있다. 이 사실 중 일부는 사실상 선택에 대해 보여 주는 것이 아니었지만, 고대인들도 가축들의 번식에 세심한 관심을 기울였으며, 현재에도 문명 수준이 매우 낮은 야만인들은 그렇게 하고 있다는 점을 알 수 있다. 번식에 주의를 기울이지 않았다는 것이 오히려 이상한 이야기일 것이다. 좋든 나쁘든 모든 형질이 대물림된다는 사실은 너무나도 명백하기 때문이다.

오늘날 능력 있는 사육자들은 다양한 목적을 고려해 체계적인 선택의 방법을 통해 이 나라에서 서식하는 그 어떤 아품종들보다도 더 우수한 새로운 혈통을 만들기 위해 노력하고 있다. 그러나 이 목적과 관련해서는, 모든 사람이 가장 우수한 동물들을 소유하고 그것을 번식시키려는 마음에서 기인하는 일종의 **무의식적 선택**(unconscious selection)이 보다 더 중요하다. 포인터(pointer)를 기르려는 사람은 당연히 가능한 한 좋은 개들을 얻어, 그 후에 자신이 소유한 개 중에서도 가장 훌륭한 것을 번식시키려고 한다. 그러나 그는 품종 자체가 완전히 바뀌기를 바라거나 기대하지는 않는다. 그럼에도 나는 수 세기 동안 계속되어 온 이 과정이 어떤 품종을 개량하고 변화시켰을 것이라는 점을 의심하지 않는다. 베이크웰(Bakewell)이나 콜린스(Collins) 등은 이보다는 조금 더 체계적이지만 거의 동일한 방식으로 평생에 걸쳐 소의 형태와 특질들을 상당히 변화시켰다. 비교를 위해 그 대상 품종들을 오래전부터 실제로 측정을 하고 신중을 기해 그려 놓지 않았더라면 이처럼 느린 속도로 진행되는 눈에 띄지 않는 변화는 절대로 인식될 수 없었을 것이다. 그러나 어떤 경우에는 거의 또는 전혀 변화되지 않은 동일한 품종의 개체들이 그 품종이 덜 개량된, 덜 문명화된 지역에서 나타날 수도 있다. 찰스 왕(King Charles)의 스패니얼이 그 시기 이래로 부지불식간에 상당히 변화되었음을 믿을 수 있는 근거가 있다. 일부 매우 저명한 학자들은 세터(setter)가 스패니얼의 직계 자손이고 아마도 스패니얼로부터 천천히 변화되어 온 것이라 확신한다. 영국산 포인터가 지난 세기 동안에 상당히 많이 변화되었음은 익히 알려진 사실인데, 이 사례의 변화는 주로 폭스하운드와의 교배를 통해 나타난 것이라 여겨진다. 그러나 여기서 우리가 관심을 가져야 할 사항은 그 변화가 인식하지 못할 정도로 점진적으로 일어났지만, 그 효과는 매우 컸다는 점이다. 너무나 효과적으로 일어났기 때문에 옛날 스페인산 포인터는 스페인에서 왔음이 분명하지만, 내가 조지 보로(George Borrow) 씨에게 들은 바에 따르면 그는 스페인에서 우리나라의 포인터와 유사한 것은 보지도 못했다고 한다.

유사한 선택의 과정과 세심한 훈련 덕분에 잉글랜드산 경주마의 모든 신체는 속도나 크기 면에서 조상인 아랍종을 능가하게 되었다. 그래서 결국 아랍종은 굿우드 경마 대회(Goodwood Races)의 규정에 따라 그들이 져야 할 짐의 무게가 완화되기도 했다. 스펜서(Spencer) 경과 그 외 다른 이들은 잉글랜드 소가 과거에 영국에서 키웠던 것들과 비교했을 때 무게와 성숙도 면에서 얼마나 발달했는지를 보여 주었다. 비둘기에 대한 오래된 논문들에 나오는 전령비둘기와 공중제비비둘기에 대한 내용을 현재의 영국, 인도, 페르시아에서 서식하는 그 품종들과 비교하면, 결국 바위비둘기와 완전히 달라지게 한, 눈에 보이지 않을 정도로 조금씩 변화한 여러 단계를 추적할 수 있을 것이라고 나는 생각한다.

유아트 씨는 선택 과정의 효과에 대해 아주 적절한 표현을 했는데, 사육자들이 그러한 뒤따른 결과 ― 별개의 두 혈통 ― 를 얻으리라고는 기대하지도 심지어 바라지도 않았던 것이라는 의미에서 선택 과정은 무의식적으로 따라왔다고 볼 수 있다는 것이다. 유아트 씨가 언급한 바에 따르면, 버클리(Buckley) 씨와 버제스(Burgess) 씨가 각각 기르던 레스터(Leicester) 양의 두 무리는 "50년 이상 베이크웰 씨가 기르던 토착 동물에서 순수하게 번식시켜 온 것이다. 이 사실을 알고 있는 사람이라면 그 양들의 소유자가 베이크웰 씨가 가진 양 떼의 순수한 혈통을 한번이라도 벗어나도록 한 적이 있을 것이라는 의혹은 품지 않을 것이다. 그럼에도 이 두 신사들이 소유한 양들 사이의 차이점은 너무나 커서 아예 별개의 변종으로 보이는 외관을 지닌다."

너무나도 미개해서 자신들이 기르는 가축의 새끼들이 대물림된 형질을 가지고 있다는 개념조차 전혀 없는 원시인들이 있다고 해 보자. 그래도 만일 어떤 특수한 목적을 위해 그들에게 특히 유용한 동물이 있다면, 기근이나 재해가 발생했을 때 그 원시인들은 그것들을 보호하려고 신경 쓸 것이다. 따라서 이런 식으로 우수한 동물들은 열등한 동물들보다 일반적으로 더 많은 자손을 남길 것이다. 이 경우에 일종의 무의식적 선택이 작용하게 된다. 심지어 티에라 델 푸에고의 야만인들도 동물의 가치를 인정하고 있음을 알 수 있는데, 그들은 노파를 개보다도 더 가치가 없는 것으로 여겨 기근이 들었을 때 노파를 죽여서 먹기도 한다.

삼색제비꽃, 장미, 제라늄(pelargonium), 달리아와 그 외 다른 식물들을 그것들보다 오래된 변종들 또는 그들의 부모 종들과 비교해 보면, 크기가 커졌고 미적인 요소도 발달했다는 사실을 알 수 있다. 이를 통해 식물에 있어서도 가장 우수한 개체들이 그때그때 보존됨으로써 품종 개량이 점진적으로 일어난다는 것을 분명히 확인할 수 있다. 얼핏 보아 별개의 변종으로 분류될 만큼 큰 차이를 보이든 그렇지 않든 간에, 또한 교잡을 통해 둘 또는 그 이상의 종 또는 품종들이 뒤섞이게 되었든 아니든 상관없이 말이다. 야생 식물의 씨를 뿌려 최상품의 삼색제비꽃 또는 달리아를 얻을 수 있다고 기대하는 사람은 아무도 없을 것이다. 야생 배의 종자를 가지고 최고 품질의 배를 기를 수 있기를 기대하는 사람 또한 없을 것이다. 과수원에서 자랐던 배 품종이라면 야생에서 자라고 있는 빈약한 묘목을 가지고서도 성공할 가능성이 있지만 말이다. 플리니우스가 묘사한 바에 따르면, 배는 고대부터 재배되었지만 과실 자체는 질이 매우 떨어졌던 것 같다. 나는 원예에 관한 책에서 너무나도 부족한 재료를 가지고 아주 훌륭한 결과를 이루어 낸 원예가들의 대단한 기술에 대해 놀라움을 표현한 글을 본 적이 있다. 그러나 사실상 그 기술은 그다지 대단하지 않으며, 최종적인 결과에 관한 한 그것은 거의 무의식적으로 행해졌음이 틀림없다. 우선 가장 잘 알려진 변종을 경작한 후 그것의 씨를 뿌리고 약간이라도 더 우수한 변종이 나타났을 경우에는 그 변종을 선택해 앞의 방법으로 똑같은 일을 반복하는 것이 바로 그 기술이다. 고대의 원예가들은 그들이 구할 수 있는 한 최고의 배를 경작했지만 우리가 이토록 품질이 좋은 과일을 먹게 되리라고는 결코 생각하지 못했을 것이다. 우리가 오늘날 이런 훌륭한 과일을 먹을 수 있게 된 이유 중 일부는 과거에 그 원예가들이 어디서나 찾을 수 있었던 최상의 변종들을 자연스럽게 선택해 보존한 덕분이다.

나는 어쩌다 보니 축적된 재배 식물들의 많은 변화가 화원과 채소밭에서 오랫동안 재배된 식물들의 야생 부모 종을 우리가 좀처럼 알아보지 못한다는 익히 알려진 사실을 잘 설명한다고 믿는다. 대부분의 식물들을 지금처럼 인간에게 유용한 수준으로 개량하고 변화시키는 데 수백 년 또는 수천 년이 걸렸다면, 왜 재배할 가치가 있는 식물들이 오스트레일리아, 희망봉 또는 원시인이 사는 어느 지역에서 단 하나라도 발견될 수 없는지 이해할 수 있다. 수많은 종들이 서식하는 이 지역들에 무언가 알 수 없는 우연 때문에 인간에게 유용한 식물의 토착종이 자라지 않는 것이 아니다. 그 이유는 바로 그곳의 토착 식물들은 고대부터 이미 문명화된 나라에서 길러진 식물들에 필적할 만큼 계속적인 선택을 통해 완벽한 수준으로 개량되지 못했기 때문이다.

야만인이 기르는 가축에 대해 논할 때, 그것들이 적어도 특정 계절 동안에는 거의 항상 스스로 먹이를 구하기 위해 투쟁해야 한다는 점을 간과해서는 안 된다. 주변 환경이 매우 다른 두 나라에서 약간 다른 체질과 구조를 가지고 있는 동일한 종의 개체들은 둘 중 어느 한 나라에서 더 잘 생존한다. 뒤에서 좀 더 자세히 설명할 것이지만, 그와 같은 '자연 선택'의 과정을 통해 두 개의 아품종이 형성된다. 아마도 이것은 몇몇 저술에서 언급했던 내용처럼, 야만인이 키우는 변종들은 문명화된 나라에서 길러지는 변종들보다 종의 형질을 더 많이 가진다는 것을 어느 정도 설명해 준다.

이처럼 인위적 선택의 중요성을 언급한 지금까지의 견해에 따르면, 사육 및 재배 품종이 구조와 습성 측면에서 인간의 필요성이나 기호에 맞게 적용된 이유가 이내 명백해진다. 그리고 비정상적 형질이 가축들에게서 더 자주 일어날 뿐만 아니라 그 형질의 차이가 외형적인 면에서는 상당히 크지만, 내부적인 면(내부 기관)에서는 비교적 작다는 사실을 더 잘 이해할 수 있다. 외관상으로 눈에 보이는 부분을 제외한다면 인간이 어떤 구조상의 편향을 선택하는 것은 거의 불가능한 일이거나 가능하더라도 매우 어려운 일이다. 더구나 인간이 내부적인 것에 관심을 가지는 일 자체도 사실 별로 없다. 일단 자연에 의해 어느 정도의 변이가 일어난 후에라야 인간의 선택을 통한 영향력 행사가 가능해진다. 그 어떤 사람도 다소 특이한 방식으로 발달한 꼬리가 있는 비둘기를 보기 전까지는 공작비둘기를 만들어 내려 하지 않았을 것이다. 또한 그 어떤 사람도 다소 유별나게 큰 모이주머니가 있는 비둘기를 보기 전까지는 파우터를 만들어 내려 하지 않았을 것이다. 처음으로 나타난 어떤 형질이 비정상적이거나 특이하면 할수록 인간의 주목을 받기가 더 쉬울 것이다. 그런데 여기서 '공작비둘기를 만들어 내려 한다.' 같은 표현은 대부분의 경우 전혀 옳지 못하다. 약간 큰 꼬리를 가진 비둘기를 맨 처음으로 선택했던 사람은 오랫동안 계속된, 부분적으로는 무의식적이고 부분적으로는 체계적인 선택의 과정을 통해 그 비둘기의 자손이 어떻게 될지 상상조차 못 했을 것이다. 아마 모든 공작비둘기의 부모 종은 열네 개의 꽁지깃을 가졌을 것인데, 그 꽁지깃은 현존하는 자바산 공작비둘기 또는 무려 열일곱 개나 되는 꽁지깃을 가진 다른 품종들처럼 약간 폭이 넓었을 것이다. 최초의 파우터는 아마도 현재의 터빗 비둘기가 식도 상부를 부풀리는 것 — 이 습성은 그 품종의 특징 중 하나로 여겨지지 않기 때문에 모든 애조가들은 이를 무시한다. — 보다도 더 많이 모이주머니를 부풀리지는 않았을 것이다.

애조가의 눈을 사로잡기 위해서 반드시 어떤 큰 구조상의 변화가 필요한 것은 아니다. 애조가는 극히 작은 차이도 인지한다. 그리고 자신이 소유한 것이라면 아무리 사소한 변화라도 참신한 것에는 가치를 두는 것이 인간의 본성이다. 몇몇 품종들이 상당히 잘 자리잡은 이후에 현재 그들에게 매겨진 가치를 바탕으로, 이전에 동종의 개체들이 가지고 있던 미묘한 차이에 매겨진 가치를 판단해서는 안 된다. 사실상 많은 경미한 차이점들이 지금도 비둘기들 사이에서 만들어지고 있는데, 각 품종이 갖추어야 할 완벽성의 기준에서 벗어났다거나 결함이 있다는 이유로 버림받고 있다. 보통 거위는 어떤 뚜렷한 변종도 만들어 내지 않는다. 따라서 툴루스(Thoulouse)와 보통 품종은 단지 털 색깔 — 여러 형질 중에서도 가장 짧은 시간 동안만 나타나는 것 — 만이 다를 뿐인데, 최근 가금 전람회에서 별개의 종으로 전시된 적이 있다.

더 나아가 이러한 견해는 가끔 논의되어 왔던 다음과 같은 사실을 설명해 줄 수 있다고 생각한다. 즉 가축의 역사나 기원에 대해서 우리가 알고 있는 것이 거의 없다는 점이다. 물론 언어에서 사투리와 마찬가지로 품종이라는 것에 어떤 확실한 기원이 있다고 말하기는 힘들다. 인간은 약간 변화된 구조를 가진 개체들을 보존하고 번식시키거나 본인이 가진 가장 우수한 동물들을 교배시키는 데 평소보다 더 많이 신경 써 그것들을 개량한다. 그 개량된 동물들은 서서히 인근 지역으로 퍼져 나간다. 그러나 아직은 그것들이 별개의 이름을 가지지도 못하고 부여되는 가치도 미미하기 때문에 그것들의 내력은 묵살당할 것이다. 서서히 점차적으로 진행되는 이와 같은 과정에 의해 개량이 좀 더 일어나면 그것들은 좀 더 넓은 지역에 퍼지게 되고 뭔가 뚜렷한 특징을 가진 가치 있는 존재로서 인정받을 것이다. 아마 그때가 되면 처음으로 그 지방에서 통용되는 어떤 이름을 가질 것이다. 자유로운 소통 수단이 거의 없는 반(半)문명화된 나라에서는 어떤 새로운 아품종에 대한 지식이 퍼지는 과정이 매우 천천히 일어날 것이다. 하지만 일단 그 새로운 아품종의 가치가 널리 알려지면, 내가 말한 '무의식적 선택'의 원리는 그 품종의 흥망성쇠에 따라 특정 시기에 더 많이, 그리고 서식지의 문명화 수준에 따라 특정 지역에 더 많이, 그 품종의 형질적 특질들(그것이 무엇이든 간에)을 서서히 더해 나가는 경향이 있을 것이다. 하지만 이처럼 일정하지 않고 느리게 일어나며 눈에 거의 띄지 않는 변화가 기록되고 보존되는 경우는 극히 드물 것이다.

이제 나는 인간의 '선택 능력'에 유리하거나 불리한 환경들에 관해 몇 마디 하려 한다. 고도의 가변성은 선택을 하는 데 많은 재료를 공급해 주기 때문에 분명히 유리한 것이다. 매우 세심하게 주의를 기울인다면 단순히 한두 개체에서 일어나는 차이만으로도 원했던 방향으로 많은 양의 변화를 축적할 수 있다. 그러나 인간에게 명백히 유용하거나 인간을 만족시켜 주는 변이가 그리 흔하게 일어나는 것은 아니기 때문에 많은 개체들을 사육함으로써 그 변이의 출현 기회를 더욱 증가시킬 수 있을 것이다. 결국 개체수라는 측면은 성공을 기하는 데 가장 중요한 요소다. 이 원리를 토대로 마셜(Marshall)은 요크셔의 여러 지역에 사는 양에 대해서 "그것들은 보통 가난한 사람들에 의해 길러지고 있고 대부분 소규모이기 때문에 개량될 일이 결코 없을 것이다."라고 언급했다. 이에 반해 일반적으로 묘목업자들은 동일한 식물들을 대량으로 키우기 때문에 값나가는 새로운 변종들을 얻을 때 아마추어보다 훨씬 더 성공 가능성이 높다. 어느 지방에서 같은 종의 개체를 대량으로 키우려면 그 종을 그 지역에서 자유롭게 번식시킬 수 있도록 적합한 생활 조건 아래 두어야 한다. 어떤 종의 개체수가 너무 적으면 그 개체들은 품질이 어떠하든 상관없이 모든 개체가 번식에 참여하게 되고, 이는 선택을 방해하는 치명적인 요소가 된다. 그러나 아마도 가장 중요한 것은 동물 또는 식물이 인간에게 매우 이로워서 또는 인간이 그것들을 매우 귀하게 여겨서 각 개체에 일어난 아주 경미한 형질 또는 구조상의 변화에도 아주 세심한 주의를 기울이는 것이다. 그렇지 않으면 아무것도 얻을 수 없다. 나는 원예가들이 딸기에 주의를 기울이기 시작했던 때가 마침 너무나 운 좋게도 딸기가 변이하기 시작한 바로 그때라는 내용을 매우 중대하게 다룬 글을 본 적이 있다. 딸기가 재배된 이래 그것이 늘 변이해 왔다는 사실에는 의심의 여지가 없지만 약간의 변이는 무시되었다. 그러나 원예가들이 다소 크거나 조숙하거나 좋은 열매를 맺는 것들을 골라서 그것으로 육묘를 하고 또다시 가장 우량한 종묘를 골라내서 번식시키자(다른 종과 교배했던 영향도 보태져서), 곧이어 많은 훌륭한 딸기의 변종들이 지난 30~40년 사이에 나타났다.

암수딴몸인 동물의 경우에는 교잡을 막을 수 있는 시설이 새로운 품종 만들기에 성공할 수 있는 하나의 중요한 요소다. 적어도 이미 다른 품종들이 사육되고 있는 나라에서는 그러하다. 이러한 측면에서 땅 위에 세운 울타리가 기능을 한다. 유목 생활을 하는 야만인이나 평원에 거주하는 사람들은 같은 종에 속하는 품종을 하나 이상 가지고 있는 경우가 극히 드물다. 비둘기는 평생 한 쌍의 짝을 이루어 살게 할 수 있는데, 이것은 애조가들에게 매우 편리한 요소다. 그 이유는 다른 품종의 비둘기들을 새장 안에 같이 넣더라도 그 순수한 혈통이 유지되기 때문이다. 이러한 조건은 새로운 품종이 개량되고 형성되는 데에 매우 유리한 것임이 틀림없다. 덧붙이자면, 비둘기들은 매우 많이 매우 빠르게 번식시킬 수 있고 열등한 품질의 새들은 죽여서 식량으로 사용하면 되기 때문에 손쉽게 제거할 수 있다. 반면 고양이는 밤에 돌아다니는 습성을 가지고 있어서 짝짓기를 시키기가 어렵다. 그래서 고양이는 부녀자들과 아이들의 사랑을 한몸에 받고 있음에도 어떤 독특한 품종이 오랫동안 유지되는 일이 거의 없는 것이다. 우리가 가끔 보게 되는 그러한 품종들은 거의 대부분 다른 나라로부터 때로는 섬에서 수입한 것들이다. 나는 특정 가축이 다른 것에 비해 변이를 덜 한다는 사실을 의심하지 않는다. 하지만 고양이, 당나귀, 공작, 거위 등의 경우에 뚜렷한 품종이 거의 드물거나 전혀 없는 주된 이유는 선택이 행해지지 않았기 때문이라고 생각한다. 가령 고양이의 경우에는 짝짓기를 시키기가 힘들고, 당나귀의 경우에는 가난한 사람들이 몇 마리 안 되는 것을 키우고 있어서 그것들의 번식에 거의 주의를 기울이지 못한다. 공작의 경우에는 키우기가 매우 어렵고 사육되고 있는 개체수도 적다. 그리고 거위의 경우에는 식품으로써 또는 깃털을 얻기 위해서라는 단 두 가지 목적 외에는 별 가치가 없고, 더구나 다른 품종이 생겨난다 하더라도 별 보람을 못 느끼게 된다.

우리가 사육하는 동식물 품종의 기원에 대해 요약해 보자. 나는 생활 조건이 변이를 일으키는 데 가장 중요한 요소라고 생각한다. 생식계에 영향을 주는 요소가 바로 그것이기 때문이다. 나는 일부 학자들의 생각과는 달리 가변성이 모든 상황에서 내재적이고 불가피한 우연성이라고 생각하지는 않는다. 가변성의 효과는 대물림과 복귀가 어느 정도로 일어나느냐에 따라 다양하게 나타난다. 가변성은 알려지지 않은 많은 법칙, 특히 연관 성장의 지배를 받는다. 어떤 것은 생활 환경의 직접적인 작용에 의해 나타날 것이며, 사용이나 불용에 의해 나타나는 경우도 틀림없이 있을 것이다. 이런 식으로 얻어진 최종 결과는 매우 복잡해진다. 어떤 경우에는 기원이 다른 종들 간의 이종 교배가 우리가 키우는 사육 품종들의 기원에 중요한 역할을 한다는 사실에 의심할 여지가 없다. 어떤 지방에서 일단 몇몇 사육 품종이 생겨나고 나면, 그것들이 이따금 교배를 하는 것이 선택의 영향과 함께 새로운 아품종을 형성하는 데 엄청난 도움을 줄 것임은 분명하다. 그러나 내가 믿기로는 변종들 간의 교배에 대한 중요성은 동물에 대해서도 그렇고 종자를 통해 번식하는 식물에 대해서도 심하게 과장된 측면이 있다. 일시적으로 꺾꽂이용 가지나 싹 등을 통해 번식한 식물들에 있어서는 별개의 종 그리고 변종 양쪽 모두에서 교배는 어마어마한 중요성을 가진다. 이 경우에 경작자가 종 간 잡종(hybrids)이나 변종 간 잡종(mongrel)에서 나타난 극단적인 가변성과 잡종들의 빈번한 불임을 무시해도 되기 때문이다. 하지만 씨를 통해 번식하지 않는 식물은 그 존재가 일시적인 것에 지나지 않기 때문에 우리에게 큰 의미가 없다. 나는 이러한 변화를 일으키는 모든 원인 중에서 단연코 가장 지배적인 힘을 가지고 있는 것이 바로 누적적 선택의 작용이라고 확신한다. 그 작용이 체계적이고 빠르게 적용되든, 아니면 무의식적이고 느리게 적용되든 상관없이 말이다.

2장

자연 상태의 변이

가변성
|
개체 차이
|
의심스러운 종
|
분포 지역이 넓고 흔히 볼 수 있는 종에서
변이가 대단히 잘 일어난다.
|
어느 지역에서든 큰 속에 속하는 종은
작은 속에 속하는 종보다 더 잘 변이한다.
|
큰 속에 속하는 많은 종들은 서로 매우 밀접하게
관련되어 있으며 제한된 영역을 갖는다는 면에서 변종들과
동일하지는 않지만 매우 유사하다.

1장에서 도달한 원리를 자연 상태에 있는 유기체에 적용하기에 앞서 간단히 짚고 넘어가야 할 사항이 있다. 그것은 바로 이 유기체들이 과연 변이라는 것을 겪는지 아닌지에 대한 것이다. 이 주제를 제대로 다루려면 무미건조한 사실들을 장황하게 늘어놓지 않으면 안 되는데, 이에 대해서는 나중에 발표할 저서에서 다루려고 한다. 또한 나는 여기서 종이라는 용어를 설명하는 여러 가지 정의들에 대해 논의하지 않겠다. 지금껏 종에 대한 그 어떤 정의도 모든 박물학자들을 만족시키지는 못했지만, 그들은 자신이 종에 대해서 말할 때, 막연하게나마 그것이 무엇을 의미하는지를 알고 있다. 일반적으로 이 용어는 창조라고 하는 특별한 행위에서의 미지의 요소를 내포하고 있다. '변종'이라는 용어 또한 정의 내리기가 어렵기는 마찬가지다. 그러나 여기에는 동일한 계통 집단(community of descent)이라는 의미가 함축되어 있다. 이를 증명하기란 거의 불가능하지만 말이다. 또한 기형이라 불리는 것이 있는데, 이것은 점차 변종으로 이행된다. 내가 생각하기로 기형은 대개 대물림되지는 않지만 그 종에게 해로운 또는 무익한 어떤 구조상의 상당한 이탈을 의미한다. 일부 학자들은 물리적 생활 조건의 직접적 영향으로 인해 일어나는 변화라는 의미로 '변이'라는 전문 용어를 사용한다. 이러한 의미에서 '변이'는 대물림되지 않는다고 여겨진다. 그러나 발틱 해의 소금물에 사는 조개류의 왜소한 상태나 알프스 산 정상에 있는 식물의 왜소함, 그리고 북극 지방에 서식하는 동물들의 두꺼운 모피가 어떠한 경우에도 최소한 몇 세대 동안도 대물림되지 않는다고 그 누가 단언할 수 있을까? 이 경우 나는 그런 형태들을 일종의 변종이라고 불러도 무방하다고 생각한다.

같은 어버이로부터 태어난 형제에서 종종 나타나거나, 같은 제한된 공간에서 서식하는 동종의 개체들 사이에서 흔히 관찰되는 것으로 보아 분명히 존재하는 현상으로 볼 수 있는 사소한 차이들이 많은데, 이를 개체 차이(individual differences)라고 부른다. 어느 누구도 동종의 모든 개체들이 완전히 똑같은 틀에 넣고 찍어 낸 주물(鑄物) 같은 것이라고 생각지는 않는다. 이러한 개체 차이는 매우 중요한데, 이는 자연 선택이 작용해 누적될 재료를 공급하는 것이기 때문이다. 인간이 사육 생물의 개체 차이를 어떤 일정한 방향으로 누적시키는 것과 같은 방식으로 말이다. 일반적으로 개체 차이는 박물학자들이 별로 중요치 않다고 여기는 부분에 영향을 미친다. 그러나 나는 생리학적인 관점으로나 분류학적인 관점으로나 마땅히 중요한 것으로 여겨져야 할 부분들이 동종의 개체들 사이에서 간혹 서로 다르기도 하다는 사실을 잘 알고 있다. 그리고 이를 보여 주는 많은 사례들을 열거할 수도 있다. 경험이 풍부한 박물학자들이 내가 수집한 자료들처럼 변이성에 관한 믿을 만한 자료들을 모은다면, 그들은 그 사례가 너무나 많다는 점과 심지어 구조상 중요한 부분에 변이가 일어난 경우도 많다는 사실에 매우 놀랄 것이다. 여기서 기억해야 할 사항은 중요한 형질 면에서의 변이성을 발견하는 것을 반기는 분류학자는 별로 없으리라는 점이다. 중요한 내부 기관을 면밀히 조사한 후에 이것들을 동종의 다른 많은 표본들과 비교하는 사람 또한 많지 않을 것이다. 곤충의 대(大)중심 신경절(great central ganglion)에 가까이 위치한 주요 신경 분지가 동종 내에서 변이할 수도 있다는 사실은 전혀 예상하지 못했던 점이었다. 나는 이와 같은 성질의 변화는 눈에 띄지 않을 정도로만 일어날 것으로 기대했다. 그러나 최근에 러벅(Lubbock)씨가 깍지벌레(Coccus)의 이런 주요 신경에서 나타나는 변이성이 어느 정도인지를 보여 준 적이 있는데, 그것은 거의 나무줄기의 가지들에서 보이는 불규칙성과 비견될 수 있을 정도다. 이 철학적 박물학자에 관한 이야기를 하나 더 소개하자면, 최근에 그는 어떤 곤충들의 애벌레가 제각기 다른 근육을 가지고 있다는 사실도 알려 주었다. 중요 기관들이 결코 변이하지 않는다고 언급하는 학자들이 간혹 있는데, 이때 그들은 순환 논법에 빠질 수밖에 없다. 왜냐하면, 사실상 그들은 변이하지 않는 형질을 중요한 것으로(몇몇 학자들이 정직하게 고백하고 있는 바와 같이) 분류하고 있기 때문이다. 또한 그러한 관점에서는 변이하고 있는 중요 부분에 대한 사례가 절대로 발견될 리가 없다. 그러나 그와 다른 관점에서 보면 그러한 사례를 수없이 많이 들 수 있다.

개체 차이와 관련해 나를 매우 당혹스럽게 만드는 점이 하나 있다. 내가 말하고자 하는 것은 이른바 '다변적(protean)' 또는 '다형적

(polymorphic)'인 속들에 관한 것이다. 이 속에 속한 종은 너무나도 많은 변이를 보여 주고 있어서, 어떤 것을 종으로 분류해야 할지 변종으로 분류해야 할지에 대해 박물학자들 간에 합의점을 찾지 못할 정도다. 그 예로서 식물 중에서는 나무딸기속(Rubus), 장미속(Rosa), 조팝나무속(Hieracium)을 들 수 있다. 곤충류의 몇몇 속, 완족류의 조개 중 몇몇 속 등도 이에 해당한다. 대부분의 다형적인 속에서 종들 중 일부는 고정된 뚜렷한 형질들을 가지고 있다. 몇 가지 예외를 제외하면 어떤 지역에서 다형적인 속은 다른 지역에서도 다형적이다. 뿐만 아니라 완족류의 조개를 기준으로 판단하건대 이전에도 그랬을 것으로 생각된다. 이러한 사실들은 우리를 매우 당혹스럽게 만드는데, 이는 그러한 종류의 변이성이 생활 환경 조건과는 관계없이 일어나는 것처럼 보이기 때문이다. 따라서 나는 이러한 다형적인 속에서 종에게 유익하지 않거나 해가 되는 구조적 변이를 볼 수 있지 않을까 생각한다. 결과적으로 그 변이는 자연 선택의 작용을 피해 고착되는데, 이에 대해서는 앞으로 설명을 할 것이다.

종의 형질을 상당히 많이 가지고 있지만, 다른 것들과 너무나 유사하거나 중간적인 특질을 가지는 여러 생물들에 의해 아주 긴밀하게 연결되어 있어서 박물학자들이 별개의 종으로 분류하기를 꺼리는 형태들은 여러 측면에서 매우 중요한 의미를 가진다. 근연 관계에 있는 이런 의심스러운 형태들 중 상당수가 그것의 서식지에서 그들의 형질을 매우 오랜 세월(우리가 알고 있는 한 제대로 된 진짜 종의 경우처럼 오랫동안) 변함없이 보존시켜 왔다고 믿을 수 있는 많은 근거들이 있다. 실제로 어떤 박물학자가 중간적인 형질을 가진 생물들을 통해 두 형태를 하나로 묶을 수 있는 경우, 그는 하나를 다른 하나의 변종으로 취급한다. 다시 말해, 가장 흔하게 볼 수 있는 것이나 경우에 따라서는 먼저 밝혀진 것은 종으로 취급하고 나머지는 변종으로 간주하는 것이다. 그러나 여기서 일일이 열거하지는 않겠지만 중간적인 연결 고리들에 의해 긴밀하게 연결되어 있는 것들의 경우에도, 어떠한 형태를 다른 것의 변종으로 분류해야 할지 말아야 할지를 결정하기가 매우 곤란한 사례들이 종종 있다. 중간적인 연결 고리가 잡종의 성질을 가진다는, 흔히 인정되는 가정에 의해서도 이 어려움은 쉽게 해소되지 않는다. 그러나 많은 경우 어떤 형태를 다른 것의 변종으로 분류할 때 두 형태 간에 중간적인 연결 고리가 실제로 관찰되었기 때문에 그런 식으로 분류하는 것은 아니다. 대신 관찰자들은 유추를 통해 그 중간 연결 고리가 현재 어딘가 존재한다고 가정하거나, 아마 과거에 존재했을 것이라고 가정하게 된다. 따라서 이에 대한 의혹이나 추측을 제기할 수 있는 여지는 상당히 많다.

이런 이유 때문에 믿을 만한 판단력과 폭넓은 경험을 지닌 박물학자들의 의견을 따르는 것만이 어떤 형태가 종으로 분류되어야 할지, 아니면 변종으로 분류되어야 할지를 결정할 수 있는 유일한 해결책인 것 같다. 하지만 박물학자들이 다수결로 결정할 수밖에 없는 경우도 있다. 때로는 유능한 분류학자들마저도 뚜렷하고 잘 알려진 변종들을 종으로 간주할 때가 있기 때문이다.

이런 의심스러운 성질을 가진 변종이 결코 드물지 않다는 것에는 논쟁의 여지가 없다. 이는 각국의 식물학자들이 밝힌 영국이나 프랑스, 그리고 미국의 여러 식물군을 비교해 보면 알 수 있다. 동일한 형태라 할지라도 어떤 식물학자는 충분히 종으로 인정하는 반면, 다른 식물학자는 단순히 변종으로 분류하는 경우가 놀라울 정도로 많다. 나에게 온갖 종류의 도움을 아낌없이 주고 있는 휴이트 코트렐 왓슨(Hewett Cottrell Watson) 씨는, 일반적으로는 변종으로 여겨지지만, 식물학자들은 종으로 분류하는 영국산 식물 182종을 나에게 보여 준 적이 있다. 그는 이 목록을 만들면서 일부 식물학자들에 의해 종으로 분류되는 많은 사소한 변종들과 상당히 다형적인 일부 속을 완전히 제외했다고 한다. 매우 다형적인 형태를 포함하는 어떠한 속에 대해 찰스 카데일 바빙턴(Charles Cardale Babington) 씨는 251개의 종을 제시한 반면, 조지 벤담(George Bentham) 씨는 112개를 제시했다. 의심스러운 종들이 무려 139개나 있는 것이다. 교미를 할 때마다 새끼를 낳는 동물과 이동성이 매우 큰 동물 중에서도 어떤 동물학자들은 종으로, 다른 동물학자들은 변종으로 분류하는 의심스러운 형태들이 있다. 이들은 같은 지역 내에서는 잘 발견되지 않지만 멀리 떨어진 지역에서는 공통적으로 나타난다. 북아메리카와 유럽에 있는 조류와 곤충류 중에는 서로의 차이가 경미해 어떤 저명한 박물학자에 의해서는 의심할 바 없이 종으로 불리고, 다른 이에 의해서는 변종으로, 또는 지역적인 품종으로 불리기도 하는 것들이 얼마나 많은가! 수년 전에 나는 갈라파고스 제도의 여러 섬에서 서식하는 새를 서로 비교해 보고 그것들을 아메리카 대륙의 것들과도 비교해 보았다. 뿐만 아니라 다른 사람들이 비교한 것도 보았는데, 종과 변종 사이의 구별이 너무나도 모호하며 임의적이라는 사실을 알고 상당히 놀라 충격을 받은 적이 있다. 소(小) 마데이라 군도의 작은 섬에는 토머스 버넌 울러스턴(Thomas Vernon Wollaston) 씨의 훌륭한 연구에서는 변종으로 간주되었지만 많은 곤충학자들은 의심의 여지 없이 하나의 분명한 종으로 분류한 많은 곤충들이 서식한다. 아일랜드에도 지금은 변종으로 간주되는 것이 일반적이나 일부 동물학자들에 의해서는 종으로 분류되는 몇몇 동물들이 있다. 식견이 높은 일부 조류학자들은 우리 영국의 붉은뇌조(red grouse)를 단지 노르웨이 종 가운데 특별히 눈에 띄는 품종으로 생각하는 반면, 대다수 사람들은 이를 엄연히 대영제국 특유의 종으로 분류한다. 두 의심스러운 형태의 서식지가 멀리 떨어져 있는 경우에 박물학자들은 이 둘을 별개의 종으로 분류하는 경향이 있다. 그러나 이때 거리가 얼마나 떨어져 있어야 하는가에 대한 의문이 제기될 수 있다. 아메리카 대륙과 유럽 사이의 거리 정도면 충분하다고 해 보자. 그러면 아조레스 또는 마데이라, 카나리아 군도, 아일랜드와 유럽 대륙 사이의 거리는 충분한 것일까? 상당히 유능한 감식가들에 의해 변종으로 취급된 많은 형태들이, 너무나 완벽하게 종의 형질을 가지고 있어서 또 다른 유능한 감식가들에 의해서는 엄연히 진정한 종으로 분류되고 있다는 사실을 받아들여야 한다. 그러나 분명한 점은 이러한 용어들에 대한 정의가 일반적으로 받아들여지지 않는 한, 이들을 마땅히 종으로 불러야 할지 아니면 변종으로 불러야 할지에 대한 논의는 헛수고라는 것이다.

눈에 띄는 특징을 가진 변종 또는 의심스러운 종에 대한 많은 사례들을 검토해 볼 가치는 충분하다. 지리적 분포, 상사적 변이(analogical variation, 곤충의 날개와 새의 날개처럼 발생 기원은 다르지만 기능이 서로 비슷한 경우를 '상사성(相似性)'이라고 한다. 따라서 상사적 변이는 발생 기원은 다르나 기능이 유사한 변이를 뜻한다. ─ 옮긴이), 잡종 등에 관한 논의를 비롯해, 그것들이 어떻게 분류되어야 할지를 결정하기 위한 몇 가지 흥미로운 논증들이 줄기차게 제시되었다. 여기에서는 한 가지 예만 제시하려 하는데, 이는 앵초(primrose)와 노란구륜앵초(cowslip) 또는 황화구륜초(Primula veris)와 엘라티오르(elatior)에 대한 익히 알려진 사실이다. 이 식물들은 외형적으로 매우 다르다. 그것들은 제각기 다른 맛을 가지고 있으며 다른 향을 풍긴다. 꽃을 피우는 시기도 약간씩 다르며 자라는 곳도 적이 다르다. 산에서 각기 다른 고도에 분포하고 지리적인 분포 범위 역시 다르다. 마지막으로 매우 주의 깊은 관찰자인 카를 프리드리히 폰 게르트너(Karl Friedrich von Gärtner)가 몇 년에 걸쳐 진행한 수많은 실험 자료에 따르면, 그것들을 서로 교배시키는 것은 매우 힘들다. 확연히 구별되는 두 형태에 대해 이보다 더 좋은 증거를 제시하기란 거의 불가능하다. 한편 그것들은 많은 중간적인 연결 고리들을 통해 연결될 수 있는데, 이러한 연결 고리들이 잡종인지의 여부는 매우 불확실하다. 이 밖에도 엄청난 양의 실험적인 증거들이 있는데, 내가 보기에 이 증거들은 그것들이 공통 조상으로부터 내려왔으며, 따라서 변종으로 분류되어야만 한다는 데 무게를 실어 준다.

많은 경우, 면밀한 조사를 통해 의심스러운 종을 어떻게 분류할 것인가에 대한 박물학자들의 합의점을 끌어낼 수 있다. 하지만 여기서 고백하지 않을 수 없는 사실이 있는데, 의심스러운 형태가 가장 많이 발견되는 곳이 바로 가장 잘 알려진 나라들이라는 점이다. 나는 자연 상태에 있는 어떤 동물이나 식물이 인간에게 매우 유용하거나 어떤 이유 때문에 인간들의 시선을 강하게 사로잡을 경우, 보편적으로 그 변종들에 대한 기록이 존재한다는 사실을 알고 놀라움을 금치 못했던 적이 있다. 더구나 이러한 변종들은 몇몇 학자들에 의해서 종으로 분류되는 경우도 있을 것이다. 이를테면, 그 흔한 떡갈나무가 얼마나 자세히도 연구되었는지를 보라. 독일의 어떤 학자는 일반적으로 변종으로 간주되는 형태 중에서 열 가지 이상을 종으로 설정하고 있다. 반면 영국의 매우 권위 있는 식물학자들과 실무가들 중에는 유럽산과 영국산 떡갈나무를 엄연히 별개의 종으로 여기는 사람들도 있고 단순한 변종으로 여기는 사람들도 있다.

한 젊은 박물학자가 본인이 전혀 알지 못하는 일군(一群)의 유기체들에 대한 연구를 시작한다고 해 보자. 맨 처음 그는 명확한 종과 변종의 차이가 무엇인지를 결정하는 일이 매우 당혹스러운 작업임을 느끼게 될 것이다. 그는 그 일군의 유기체들이 겪은 변이의 양과 종류에 대해서 아는 바가 전혀 없기 때문이다. 이 가정을 생각해 볼 때, 적어도 약간의 변이들이 나타나는 것이 얼마나 보편적인 일인지를 알 수 있다. 그러나 그의 관심을 한 나라 안에서 단 하나의 강으로만 한정시킨다면, 이내 그는 의심스러운 형태들의 대다수를 어떻게 분류해야 할지를 결정할 수 있을 것이다. 일반적으로 그는 많은 종을 설정하려는 경향을 가지게 될 것이다. 왜냐하면, 앞서 언급한 비둘기와 가금류 애조가들처럼, 그가 계속해서 연구하고 있는 형태들에서 발견되는 차이점들이 너무나도 많다는 사실에 깊은 인상을 받을 것이고, 다른 나라의 다른 개체군에서 나타나는 상사적 변이에 대한 지식이 부족해 이 첫인상을 바로잡을 수 없기 때문이다. 관찰 범위를 확대하면 근연 관계에 있는 엄청나게 많은 수의 형태들을 접할 수밖에 없기 때문에 그는 더 많은 난관에 부딪힐 것이다. 그러나 대개의 경우 관찰 범위가 폭넓게 확장되면, 결국 어떤 것을 변종이라 해야 할지, 또 어떤 것을 종이라 해야 할지에 대해서 스스로 결정할 수 있는 능력을 갖출 수 있을 것이다. 하지만 여기까지 다다르는 데는 많은 변종을 승인해야 하는 희생이 따를 것이다. 때로는 다른 박물학자들 사이에서 그 승인이 올바른 것인지를 검토하는 논의가 이루어져야 할지도 모른다. 게다가 지금은 이어져 있지 않은 나라들로부터 온 근연의 형태들을 연구하려고 할 때, 만약 이 의심스러운 종들 사이의 중간적인 연결 고리를 발견할 가능성이 거의 없을 경우, 그는 거의 전적으로 유추에 의존하는 수밖에 없게 되며 그의 난관은 정점에 이를 것이다.

'종과 아종' ─ 몇몇 학자들의 견해에 따르면 매우 가까운 관계에 있지만 별개의 종으로 분류되기에는 뭔가 부족한 형태들 ─ 또는 '아종과 뚜렷한 특징을 가지는 변종들' 또는 '보다 덜 뚜렷한 특징을 가지는 변종들과 개체 간의 차이' 사이를 구분하는 분명한 경계선이 없다는 사실은 자명하다. 이러한 차이점들은 감지할 수 없을 만큼 경미한 차이를 보이는 계열 속에서 서로 뒤섞여 있으며, 이 계열을 보면 우리는 이것이 실제 계대(繼代. passage. 계통적으로 세대를 이어 나가는 것. ─ 옮긴이)라는 느낌을 받게 된다.이런 이유 때문에 나는 개체 차이가 그러한 경미한 변종들로 이어지는 첫 단계로서 우리에게 매우 중요하다고 생각한다. 비록 분류학자들은 그 차이에 관심이 없고 박물학에서도 기록될 가치가 별로 없다고 여겨지지만 말이다. 그리고 어느 정도 뚜렷한 변이를 계속 나타내는 변종이 훨씬 더 뚜렷한 특징을 가진 영속적인 변종으로 향하는 단계에 있으며, 또한 이러한 변종은 아종을 거쳐 종에 이를 것으로 생각한다. 어느 한 단계에서의 차이가 더 높은 다른 단계로 이어지는 이유가 경우에 따라서는 단순히 서로 다른 지역 내에서 다른 물리적 조건들이 오랫동안 계속해서 작용했기 때문인지도 모른다. 그러나 나는 이러한 관점을 그다지 신뢰하지 않는다. 대신 나는 부모와는 약간 달라진 상태에서 점점 더 달라지는 상태로, 어떤 분명한 방향으로 구조적 차이들을 누적시켜 나가는 자연 선택의 작용(이에 대해서는 앞으로 더 자세히 다루게 될 것이다.) 때문에 변종의 계대가 이루어진다고 본다. 이러한 이유에서 나는 뚜렷한 특징을 가진 변종을 발단종(incipient species, 개체의 단순 변이에서 아종이나 종으로 이행하는 중간 단계. 변이에 비해 뚜렷한 영속적 특징을 지닌다. ─ 옮긴이)으로 불러도 무방하다고 본다. 하지만 이러한 생각이 타당한지의 여부는 이 책 전체를 통해 제시할 여러 사실들과 견해들의 전반적인 중요성을 토대로 판단해야 한다.

　　모든 변종 또는 발단종이 필연적으로 종이라는 지위를 획득하게 된다고 생각할 필요는 없다. 그들은 초기 단계에 멸종할 수도 있고, 매우 오랫동안 변종인 상태로 남아 있을 수도 있다. 이에 대해서는 울러스턴 씨가 제시한 마데이라의 몇몇 육서 패류 화석의 변종을 보면 알 수 있다. 만약 어떠한 변종이 부모 종을 능가할 만큼 수적으로 번성한다면 그것들이 종으로 분류되고 부모 종은 변종으로 분류될 수 있다. 또한 원래 변종이었던 것이 부모 종을 멸망시켜 대체할 수도 있을 것이며, 둘 다 공존해 제각기 별도의 종으로 분류될 수도 있을 것이다. 이 문제에 대해서는 뒤에서 다시 설명하도록 하겠다.

이와 같은 설명을 통해 독자들은 종이라는 것이 서로 매우 닮은 개체들의 집단에게 편의상 임의적으로 붙인 용어이며, 덜 뚜렷한 특징을 보이고 변화가 심한 형태들을 일컫는 용어인 변종과 본질적으로 다를 바가 없다는 나의 견해를 이해하게 되었을 것이다. 이렇게 본다면, 변종도 개체 차이와 비교할 때 단지 편의상 붙인 용어라고 할 수 있다.

나는 이론적 고찰을 통해, 많은 연구가 이루어진 몇 가지 식물 군에서 나타나는 모든 변종을 표로 정리해 보면, 상당히 많은 변이를 겪은 종들의 성질과 그들의 관계에 대해서 몇 가지 흥미로운 결과를 도출할 수 있겠다고 생각했다. 처음에는 이 작업이 매우 간단한 일처럼 보였다. 하지만 나는 이 주제에 대해 귀중한 조언과 도움을 준 왓슨 씨 덕분에 그 작업에는 많은 난점이 있다는 사실을 이내 깨닫게 되었고, 이후 후커 박사는 더욱더 분명하게 이를 확신시켜 주었다. 이러한 난점들에 대한 논의 및 변이하는 종들의 상대적인 수치에 대한 도표는 다음 책에서 다루도록 하겠다. 후커 박사는 내 원고를 주의 깊게 읽고 도표를 점검한 후, 다음에 진술할 나의 의견이 상당히 잘 확립된 내용이라고 생각한다는 그의 의견을 언급할 수 있도록 허락해 주었다. 그러나 여기서 간단히 다뤄질 수밖에 없는 이 주제는 사실상 상당히 복잡한 문제이며, 곧이어 다루게 될 생존 투쟁, 형질 분기를 비롯한 여러 주제들과 밀접히 연관되어 있다.

알퐁스 드 캉돌(Alphonse De Candolle)과 몇몇은 매우 넓은 분포 영역을 갖는 식물에는 대체로 변종들이 있음을 보여 주었다. 이것은 그것들이 다양한 물리적 환경에 노출되고, 다른 유기체 집단과 서로 경쟁(앞으로 보게 될 것이지만 이 점은 훨씬 더 중요한 요소다.)하게 되기 때문에 당연히 기대되는 현상이다. 하지만 여기서 더 나아가 내가 만든 도표를 보면, 어떤 제한된 지역에서 매우 흔히 나타나는 종들, 즉 개체수가 매우 풍부한 종들과 그것의 서식지 내에서 가장 널리 확산되는 종들(이것은 넓은 분포 영역을 가진다는 의미와는 다르며, 흔하다는 것과도 어느 정도 차이가 있다.)이 식물학 서적에 기록되기에 충분할 만큼 뚜렷한 변종을 낳는 경우가 종종 있다는 사실을 알 수 있다. 이런 이유로 가장 번영하는 소위 우점종(dominant species) — 전 세계적으로 넓은 분포 영역을 갖는 이 우세한 종은 본국 내에서 가장 널리 확산되며 개체수가 가장 많다. — 은 뚜렷한 특질을 가진 변종, 즉 내가 발단종이라고 간주하는 것들을 가장 많이 생산하는 종이다. 이것은 어느 정도 예상되었던 사실이다. 변종이 영속적으로 남기 위해서는 그 지역에서 서식하는 다른 생물들과 생존 투쟁을 벌이는 것이 필수적인데, 이미 우점종은 자손을 남기기가 매우 쉽고 또 그 자손은 약간의 변화가 일어나기는 하겠지만 여전히 그들의 부모가 그 지역에서 가장 우세한 지위를 차지하도록 만들어 준 이점들을 그대로 물려받을 것이기 때문이다.

어떤 식물지에 기재되어 있는 특정 지역의 서식 식물들을, 큰 속에 속하는 것 모두를 한쪽에 포함시키고, 작은 속에 속하는 것 모두를 다른 쪽에 포함시키는 식으로 동일한 크기로 둘로 나누어 보자. 그러면 매우 흔하고 널리 확산된 종, 즉 우세한 종은 전자 쪽에서 다소 더 많이 나타남을 확인할 수 있다. 사실 이 또한 예상 가능하다. 동일한 속에 속하는 종들이 어떤 지역에 많이 서식한다는 사실 그 자체가 그 지역의 유기적, 무기적 환경 조건이 그 속에게 유리함을 나타내기 때문이다. 따라서 우리는 더 큰 속, 즉 더 많은 종들을 포함하고 있는 속에서 상대적으로 우점종의 수가 더 많다는 결과를 얻으리라 예상할 수 있다. 그러나 이런 예상은 여러 가지 이유로 인해 들어맞지 않을 수 있다. 나는 내 도표에서 우점종의 수가 큰 속 쪽에 훨씬 더 많을 것이라 예상했지만 실제로는 근소한 차로 더 많음을 보고 놀라움을 금치 못했다. 이렇게 어긋나는 결과가 생기는 원인을 여기에서는 두 가지만 꼽아 보겠다. 담수(淡水) 식물과 호염(好塩) 식물은 대개 매우 넓은 분포 영역을 가지며 널리 확산된다. 그러나 이는 그 종이 속해 있는 속의 크기와는 거의 또는 아무 상관이 없고, 대신 서식지의 성질과 관련된 것으로 여겨진다. 또한 일반적으로 생물의 계층 구조에서 낮은 단계에 있는 식물들은 높은 단계에 있는 식물들보다 훨씬 더 넓은 영역으로 확산된다. 따라서 이 경우에도 분포 영역의 크기는 속의 크기와는 아무런 상관이 없게 된다. 낮은 단계에 있는 식물들이 넓은 영역의 분포 범위를 갖는 이유에 대해서는 지리적 분포에 관한 장에서 논의하도록 하겠다.

종이란 단지 그 특징이 뚜렷하고 명확한 변종일 뿐이다. 종에 대한 나의 이런 생각은 각 지역에서 큰 속에 속하는 종들이 작은 속에 속하는 종들보다 변종들을 더 빈번히 만들어 낼 것임을 예측한다. 많은 가까운 근연종들(즉 같은 속에 속하는 종들)이 형성되는 곳에는 대개 많은 변종 또는 발단종들이 지금도 형성되고 있을 것이기 때문이다. 우리는 크기가 큰 나무들이 많이 자라는 곳에서 묘목을 발견할 수 있다고 예상한다. 어떤 속의 종들이 변이를 통해 많이 형성된 곳이 있다면, 그곳의 환경은 변이를 일으키는 데 유리했을 것이다. 따라서 일반적으로 우리는 그 환경이 여전히 변이를 일으키기에 유리할 것이라 기대할 수 있다. 이에 반해, 만일 우리가 각각의 종이 어떤 특별한 창조의 행위로 생겨난 것으로 간주한다면, 왜 적은 종을 포함한 집단보다 많은 종을 포함한 집단에서 변종이 더 많이 생겨나는가에 대한 합당한 이유를 제시하지 못하게 된다.

나는 이러한 예측의 진위를 검토하기 위해 12개국의 식물과 두 지역의 초시류(鞘翅類, coleopterous) 곤충을 거의 동일한 양으로 두 집단으로 나누고, 더 큰 속의 종들을 한쪽에, 작은 속의 종들을 다른 한쪽에 두었다. 그랬더니 작은 속보다 큰 속에서 변종을 만들어 내는 종의 비율이 더 높음이 어김없이 증명되었다. 더구나 변종을 만들어 내는 큰 속의 종들은 예외 없이 작은 속의 종들보다 평균적으로 더 많은 수의 변종을 탄생시켰다. 또 다른 집단이 만들어졌을 때에도, 종의 수가 하나에서 네 개밖에 안 되는 속을 도표에서 완전히 제거했을 때에도 이 결과는 마찬가지로 나타났다. 종이란 단지 뚜렷한 특징을 가진 영구적인 변종에 불과하다는 나의 견해에서 이러한 사실은 분명한 의미를 가진다. 동일한 속의 종들이 많이 형성되는 곳(또는 종의 생산이 활발하게 일어나는 곳이라고 표현해도 좋을 것 같다.)이라면 어디에서나 대개 그러한 생산이 여전히 일어나고 있음을 발견할 수 있기 때문이다. 더구나 새로운 종을 탄생시키는 과정은 느리게 일어난다고 믿을 만한 근거가 무수히 많기 때문에 특히 더욱 그러하다. 만일 변종이 발단종으로 간주될 경우에 이는 더욱 확실하게 들어맞는다. 내가 만든 도표를 보면 어떤 속에 속한 종들이 많이 탄생하는 모든 곳에서 그 속의 종들이 다수의 변종, 즉 발단종들을 평균 이상으로 탄생시킨다는 보편적인 원리를 알 수 있기 때문이다. 모든 큰 속이 지금도 많은 변이를 겪어서 그 속의 종들의 수가 증가하는 것은 아니며, 반대로 어떠한 작은 속도 변이를 하지 않으며 그 수가 증가하지 않는다는 것은 아니다. 만일 그랬다면 그것은 나의 이론에 치명적이었을 것이다. 지질학은 우리에게, 작은 속은 시간이 경과하는 동안에 그 규모가 대단히 커지는 일이 흔한 반면, 큰 속은 최대치에 도달한 후 쇠퇴하고 결국 소멸되는 경우가 많다는 사실을 분명히 말해 준다. 여기서 보여 주고자 하는 바는 어떤 속의 종들이 많이 형성되는 곳에서는 평균적으로 많은 종들이 여전히 형성되고 있다는 것뿐이며, 이는 사실이다.

이 밖에도 큰 속의 종들과 그것들의 변종으로 기록된 것들 사이의 관계도 주목할 만하다. 종과 뚜렷한 특징을 가진 변종들을 구별하는 절대적으로 확실한 기준이 없다는 사실은 이미 설명했다. 두 의심스러운 형태 사이에 있을 법한 중간적인 연결 고리들이 발견되지 않을 경우, 박물학자들은 그 둘의 차이에 따라 둘 중 어느 하나 또는 둘 모두를 종으로 분류하기에 충분한지 아닌지를 판단하도록 결정내리기를 강요받는다는 사실 또한 설명했다. 그러므로 두 형태가 얼마나 다른지는 두 형태가 종으로 분류되어야 할지 아니면 변종으로 분류되어야 할지를 결정하는 매우 중요한 기준이 된다. 그런데 일라이어스 매그너스 프리스(Elias Magnus Fries)는 식물에 대해서, 존 오배디아 웨스트우드(John Obadiah Westwood)는 곤충에 대해서, 간혹 큰 속에서 종 간의 차이가 양적으로 대단히 작을 때가 있다고 언급한 적이 있다. 나는 수치상으로 평균을 내 이 문제를 검토하려 노력했는데 완전하지는 않지만 그들의 견해를 확증하는 결과를 얻을 수 있었다. 또한 나는 식견이 풍부하고 현명한 관찰자들 몇몇과 상의를 했는데 오랜 숙고 끝에 그들도 이 견해에 동의하게 되었다. 그러므로 이러한 측면에서 더 큰 속의 종들은 작은 속의 종들보다 변종과 더 유사하다고 볼 수 있다. 혹은 이를 다른 방식으로 생각해 볼 때, 현재에도 평균보다 더 많은 수의 변종과 발단종을 생산해 내고 있는 큰 속에서는, 이미 만들어진 많은 종들이 여전히 어느 정도 변종들과 유사한 측면을 가진다고 말할 수도 있다. 이들 서로의 차이는 양적인 면에서 보통보다 더 적기 때문이다.

　뿐만 아니라, 큰 속에 속한 종들은 동종에 속한 변종들이 그러한 것과 마찬가지의 방식으로 서로 관련되어 있다. 어떤 박물학자도 어떤 속의 모든 종이 서로 동등한 차이를 가진다고 말하지는 않는다. 그 종들은 대개 아속 또는 절(section), 혹은 그보다 더 작은 집단으로 나뉜다. 프리스가 잘 설명했듯이 작은 종의 집단은 일반적으로 어떤 다른 종 주위로 위성처럼 무리를 이룬다. 그렇다면 변종이란 서로 동등하지 않은 관계를 가지는 형태들의 집단으로, 어떤 형태들 주위 — 그들의 부모 종 주위 — 에서 무리를 이루는 것을 일컫는 말이 아닐까? 물론 변종과 종 사이에는 중요한 차이점이 하나 존재한다. 그것은 변종들 사이의 차이점은 서로 또는 부모 종과 비교했을 때, 동일한 속에 속한 종들 사이의 차이점보다 훨씬 적다는 것이다. 이 점에 대해서는 내가 나중에 **형질 분기**라고 이름 붙인 원리에 대해 설명할 때 다룰 것이다. 그때 우리는 이것이 어떻게 설명되는지, 그리고 어떻게 변종들 사이에서는 상대적으로 경미했던 차이점들이 종들 사이에서는 양적으로 더 큰 차이점으로 증가하게 되는지를 알 수 있게 될 것이다.

여기서 눈여겨볼 점이 한 가지 더 있다. 그것은 바로 일반적으로 변종들은 훨씬 더 제한된 분포 영역을 갖는다는 점이다. 이는 사실상 당연한 말인데, 만일 변종이 부모 종이라고 여겨지는 것보다 더 넓은 범위에서 발견된다면 그것들의 명칭이 뒤바뀔 것이기 때문이다. 그러나 다른 종들과 매우 가까운 근연 관계에 있다는 점에서 변종과 유사한 종의 경우에는 매우 제한된 분포 영역을 가진다고 판단할 만한 근거도 있다. 예를 들어, 왓슨 씨는 엄선된 『런던 식물 목록(London Catalogue of Plants)』(4판)에서 종으로 분류되기는 했으나 그의 생각으로는 다른 종들과 너무나 비슷해서 그 가치가 의심스러운 63개 식물에 표시를 한 적이 있다. 그는 대영제국을 자신의 식물 분류법에 따라 구획했는데, 종으로 분류된 이 63개 식물은 평균적으로 6.9개의 지역에 분포했다. 한편 동일한 목록에서 변종으로 인정된 것으로 53개의 식물이 기록되어 있는데, 이들은 7.7개 지역에 분포되어 있는 반면, 이 변종들이 속한 종은 14.3개 지역에 분포되어 있었다. 따라서 변종으로 인정된 것들은 왓슨 씨가 표시해 둔 의심스러운 종인 매우 유사한 근연 형태들(비록 영국 식물학자들은 대부분 제대로 된 확실한 종으로 분류하지만)과 거의 동일한 정도의 제한된 평균 분포 범위를 갖는다.

결론적으로 변종은 종과 동일한 일반적 형질을 가진다고 할 수 있는데, 왜냐하면, 변종은 종과 잘 구별될 수 없기 때문이다. 다만 여기에는 예외가 있다. 우선, 변종과 종은 중간적인 연결 고리의 발견을 통해서 구별 가능하다. 그러한 연결 고리의 존재는 그것이 연결하는 형태들의 실제 형질에 영향을 주지 않는다. 두 번째로는 특정한 정도의 차이에 따라서 구별 가능하다. 중간적인 연결 고리 역할을 하는 형태들이 발견되지 않았다 하더라도, 만약 어느 두 형태가 아주 약간만 다른 경우에는 대개 변종으로 분류되기 때문이다. 그러나 어떤 두 형태를 종으로 분류하기 위해 필요하다고 여겨지는 차이점의 양에는 상당히 불분명한 측면이 있다. 어느 지역에서든 수적으로 평균 이상의 종이 속해 있는 속에서, 그 속에 속한 종들은 평균 이상의 변종을 가지고 있다. 큰 속에 속한 종들은 특정 종 주위에 무리를 형성하면서 서로 균등하지는 않지만 매우 가까운 관계를 맺는 경향이 있다. 다른 종들과 매우 가까운 관계에 있는 종들은 제한된 분포 영역을 가진다고 여겨진다. 이러한 여러 측면들을 고려했을 때 큰 속에 속한 종들은 변종과 처지가 매우 흡사하다는 사실을 알 수 있다. 게다가 종이 한때는 변종으로 존재했다가 그렇게 변한 것이라 가정할 경우, 우리는 그러한 유사성을 확실하게 이해할 수 있다. 반면, 만일 종이 각기 독립적으로 창조되었다고 가정한다면 이러한 유사성을 설명할 방법은 전혀 없을 것이다.

평균적으로 가장 많이 변이하는 것은 큰 속에 속한 가장 번성하고 우세한 종이라는 것도 이미 살펴보았다. 그리고 앞으로 설명하겠지만 변종은 새로운 별개의 종으로 변해 가는 경향이 있다. 따라서 큰 속은 더 커지고, 현재 자연계에서 우세한 생명 형태들은 우세하게 변화된 자손들을 많이 남김으로써 계속해서 더 우세하게 될 것이다. 하지만 큰 속은 앞으로 설명할 단계들을 통해 작은 속으로 나뉘는 경향도 가지고 있다. 따라서 이 세상에 있는 생명 형태들은 집단들의 하부 집단들로 나뉘게 된다.

3장

생존 투쟁

자연 선택과의 관련성
|
넓은 의미로 사용되는 이 용어
|
기하 급수적 증가의 힘
|
귀화된 동식물의 빠른 증가에 관하여
|
증가 억제의 속성
|
보편적 경쟁
|
기후의 영향
|
개체수로부터의 보호
|
자연계에 존재하는 모든 동식물의 복잡한 관계
|
같은 종 내의 개체들과 변종들 사이에서
생존 투쟁이 가장 살벌하게 일어나고, 때로는 같은 속 내의
종들 사이에서도 심하게 일어난다.
|
그 어떤 관계보다도 더 중요한 유기체와 유기체 간의 관계

이 장의 논의 주제로 들어가기에 앞서 생존 투쟁이 어떻게 자연 선택에 영향을 주는지에 관해 몇 가지를 짚고 가야 한다. 앞의 장에서 우리는 자연 상태의 개체들 사이에서 변이들이 존재한다는 사실을 보았다. 사실 이것은 논쟁의 여지가 없는 사안이다. 수많은 의심스러운 형태들을 종으로 분류해야 할지, 아종으로 분류해야 할지, 아니면 변종으로 분류해야 할지의 문제는 우리에게 그리 중요하지 않다. 예컨대 영국 식물 중 의심스러운 형태는 200~300가지 되는데, 만일 뚜렷한 변종의 존재를 인정한다면, 그것들을 어떤 계급으로 분류해야 할지의 문제는 그다지 시급하지 않다. 그러나 개체마다 가변성이 존재하고 뚜렷한 변종들이 일부 존재한다는 사실만으로는 종이 자연계에서 어떻게 생겨나는지를 이해하는 데 별 도움이 안 된다. 설령 그 사실이 작업의 기초로서는 필요하더라도 말이다. 조직의 한 부분이 다른 부분이나 생활 환경 조건에 정교하게 적응한 것은 얼마나 완벽한가? 또한 한 개체가 다른 개체에 서로 기가 막히게 적응한 것은 얼마나 완벽한가? 우리는 딱따구리와 겨우살이의 사례에서 이런 아름다운 상호 적응을 분명히 볼 수 있다. 그리고 드물지만 네발 동물의 머리털이나 새의 깃털에 착 달라붙은 보잘것없는 기생충에서도 그런 적응을 볼 수 있다. 또한 물에 다이빙하는 물방개의 구조나 온화한 산들바람에 둥실둥실 떠다니는 털 달린 씨앗의 경우도 마찬가지다. 요약하자면 우리는 어디에서나 그리고 생명 세계의 모든 부분에서 아름다운 적응을 볼 수 있다.

또 다음과 같은 질문들을 던질 수 있다. 내가 발단종이라 부른 그 변종들이 어떻게 궁극적으로 완전히 별개의 종으로 변환되는가? 다시 말해, 동일 종 내의 변종들의 경우보다 서로 구분이 훨씬 더 잘되는 별개의 종들이 어떻게 해서 생겨난다는 말인가? 같은 속에 속하는 종들의 경우보다 서로 훨씬 더 잘 구분되는 종들의 집단, 즉 별개의 속을 구성하고 있는 종들의 집단은 도대체 어떻게 생겨나는가? 다음 장에서 더 자세하게 알아볼 테지만 이는 생존 투쟁의 필연적인 결과다. 어떤 개체에 변이가 일어난 경우, 그것이 얼마나 사소하든 그리고 어떻게 생겨난 것이든 간에, 생존 투쟁에 힘입어 그 개체가 그 종의 다른 개체들이나 외부 자연과 복잡한 관계를 맺는 데조금이라도 더 유리하게 되었다고 해 보자. 이때 변이가 일어난 그 개체는 보존되는 경향이 있을 테고, 일반적으로 그 변이는 자손에게 대물림될 것이다. 따라서 그 자손 또한 생존의 기회를 더 많이 가질 것이다. 왜냐하면, 한 종 내에서 주기적으로 태어나는 많은 개체들 가운데 오직 소수만이 살아남을 수 있기 때문이다. 각각의 사소한 변이가 유용한 경우에 보존되는 원리, 나는 이것을 인간의 선택 능력과 대비해 자연 선택이라 부르기로 했다. 우리는 자연의 손을 거쳐 인간

종의 기원

에게 주어진 미미하지만 유용한 변이들을 인위적으로 선택함으로써 대단한 결과를 산출할 수 있으며, 유기체를 인간의 목적에 맞게 적응시킬 수 있음을 보아 왔다. 그러나 지금부터 살펴보겠지만, 자연 선택은 언제나 작동할 준비가 되어 있으며, 인간의 미약한 노력과는 비교도 안 될 정도로 우세한 힘을 가지고 있다. 마치 예술이 자연에 훨씬 못 미치는 것처럼 말이다.

우리는 여기서 생존 투쟁에 대해 좀 더 자세히 논의할 것이다. 앞으로 출간될 내 책에서도 이 주제에 대한 내용이 아주 자세히 다뤄질 것인데, 충분히 그만한 가치가 있다고 본다. 선배 연구자인 드 캉돌과 라이엘은 모든 유기체가 극심한 경쟁에 노출되어 있다는 사실을 자세하게 그리고 철학적으로 보여 주었다. 식물에 관해서는, 맨체스터의 부감독 목사(dean)인 윌리엄 허버트(William Herbert)만큼 열정과 능력을 가지고 이 주제를 다룬 사람은 없다. 물론 그것은 원예학에 대한 그의 해박한 지식의 결과다. 생존 투쟁의 보편성을 말로만 받아들이는 것은 쉬운 일이지만 그 결론을 계속해서 마음속에 새기는 것은 너무나 어려운 일이다. 적어도 나에게는 그렇다. 하지만 이 것이 마음속에 완벽하게 새겨지지 않는다면 자연의 전체 경제(whole economy of nature), 즉 분포, 희귀성, 풍성함, 멸종, 그리고 변이에 대한 모든 사실들은 희미하게 보이거나 완전히 오해될 것이라고 나는 확신한다. 우리는 반짝이는 자연의 얼굴을 기쁘게 본다. 때로는 엄청나게 풍부한 양의 먹이를 보기도 한다. 그러나 우리는 주변에서 부질없이 울어 대는 새들이 대개 곤충이나 씨앗을 먹고살면서 계속해서 생명을 파괴하고 있다는 사실을 간과하거나 망각한다. 또한 이 명금

(鳴禽. 고운 소리로 우는 새. — 옮긴이)들과 그들의 알, 그리고 그들의 둥지가 또 다른 새나 맹수에 의해 얼마나 많이 파괴되는지도 기억하지 못한다. 게다가 현재로서는 먹이가 엄청나게 풍부하지만 매년 매 시기마다 그런 것은 아니라는 사실을 잊고는 한다.

여기서 내가 생존 투쟁이라는 용어를 넓은 의미로 그리고 비유적 의미로 사용하고 있음을 전제할 필요가 있겠다. 즉 이 용어에는 한 존재가 다른 존재에 의존한다는 뜻도 포함되며, (이것이 더 중요한 사실인데) 개체의 생존뿐만 아니라 자손을 남기는 성공 또한 포함된다. 예컨대 기근이 왔을 때 갯과(canine)의 두 동물이 먹이를 찾아 생존하려고 서로 투쟁한다고 말할 수 있을 것이다. 하지만 사막 한구석에 있는 식물은 가뭄에 대항해 생존 투쟁을 하고 있다고 할 수 있다. 물론, 더 정확히 말하면 그것은 습기에 의존한다고 말해야 할 것이다. 매년 수천 개의 씨앗을 생산하지만 평균적으로 그중 단 하나만이 성숙기에 이르게 되는 식물은 동종의 식물 또는 이미 땅을 뒤덮은 다른 종류의 식물들과 경쟁한다고 말하는 편이 더 정확할 것이다. 겨우살이는 사과나무를 비롯한 몇몇 다른 나무들에 의존하지만, 그 나무들과 경쟁한다고 말하는 것은 다소 억지스럽다. 이 기생 식물이 하나의 나무에 너무 많이 번식하게 되면 그 나무는 시들어 죽어 버리게 되기 때문이다. 그러나 발아하는 몇몇 겨우살이들이 같은 가지 위에서 가까이 함께 자라는 상황이라면, 그것들이 서로 경쟁한다고 보는 편이 더 옳을 것이다. 겨우살이는 새를 통해 씨가 퍼지는 종이기 때문에 그 생존은 새에 의존한다. 그리고 비유적으로 말해 겨우살이의 경우는 새를 끌어들여 열매를 먹게 한 후 그 새가 씨앗을 뿌리는 식이기 때문에 그것이 다른 과실 식물과 경쟁한다고도 할 수 있을 것이다. 이런 여러 가지 의미에서 나는 편의상 생존 투쟁이라는 일반적인 용어를 사용하도록 하겠다.

모든 유기체들은 빠르게 증가하는 경향이 있기 때문에, 자연스럽게 생존 투쟁이 뒤따를 수밖에 없다. 살아 있는 동안 여러 개의 알이나 씨를 만들어 내는 모든 유기체는 생의 어떤 기간 동안, 그리고 어떤 계절이나 특별한 시기에 필연적으로 소멸의 위기를 맞는다. 그렇지 않다면 기하 급수적인 증가 원리에 따라 개체수가 너무나도 빠르게 증가해 그 어떤 지역에서도 그 많은 개체들을 수용하기가 힘들어질 것이다. 이처럼 생존할 수 있는 수보다 더 많은 개체들이 생겨나기 때문에 동종이나 타종의 개체와, 혹은 물리적 생활 조건들과의 생존 투쟁은 언제나 존재할 수밖에 없다. 이것은 바로 동물계와 식물계 전체에 적용 가능한 맬서스의 원리다. 이것은 상당히 설득력이 있는데, 자연 상태에서는 먹이가 인위적으로 증가하거나 짝짓기가 의도적으로 억제될 수 없기 때문이다. 비록 몇몇 종들이 지금은 다소 빠르게 증가할 수도 있겠지만, 이 세계가 그것들을 전부 수용할 수는 없으므로 모든 종들이 그렇게 증식할 수는 없다.

모든 유기체가 빠른 속도로 증가하는 것은 자연스러운 현상이다. 따라서 중간에 파멸이 일어나지 않는다면 단 한 쌍의 부모의 후손들로도 금방 지구가 꽉 찰 것이라는 법칙에는 예외가 없다. 번식 속도가 느린 인간의 경우에도 25년 내로 인구가 두 배가 되는데, 이런 속도라면 몇 천 년도 못 되어서 문자 그대로 후손들은 설 공간조차 없게 될 것이다. 칼 폰 린네(Carl von Linné)의 계산법에 따르면, 만일

일년생 식물 한 개체가 단지 두 개의 씨앗만 생산하고 — 물론 이 정도로 비생산적인 식물은 실제로 없다. — 그 묘목이 다음 해에 두 개의 씨앗을 생산하는 식으로 반복된다고 했을 때, 20년 내로 100만 개체의 식물이 생겨난다. 코끼리는 모든 동물들 중에서 번식 속도가 가장 느리다고 알려져 있는데, 나는 그것의 최저 자연 증가율을 구하는데 꽤나 골치가 아팠다. 30세에 번식을 시작하고 90세까지 번식을 계속하며 그 번식기 사이에 세 쌍의 새끼를 낳는다고 가정해 보자. 이런 방식으로 계산을 한다면 처음 한 쌍으로부터 1500만 마리의 코끼리가 생겨나려면 5세기 정도가 걸릴 것이다.

하지만 이 주제에 대해서는 단지 이런 이론적인 계산보다 더 좋은 증거들이 있다. 즉 계절이 두세 번 바뀌는 동안 유리한 외부 환경 덕분에 자연 상태에서 엄청난 속도로 증가한 동물들에 대한 수많은 사례가 기록되어 있다. 이보다 더 놀라운 증거도 있다. 원래 세계 곳곳의 야생에서 살았던 많은 종류의 사육 동물들로부터 얻을 수 있는 증거들이 바로 그것이다. 느리게 번식하는 소와 말이 남아메리카, 그리고 최근 오스트레일리아에서 얼마나 빨리 증가했는지에 대해서 실제로 확인해 보지 않았다면, 우리는 빠른 증가란 말을 잘 실감하지 못했을 것이다. 식물의 경우도 마찬가지다. 새로 도입된 종이 10년도 못 되어 섬 전체로 확산한 경우도 있다. 현재 라플라타(La Plata)의 넓은 평야에서 다른 어떤 식물 종에게도 들어설 자리를 내어 주지 못할 정도로 엄청난 속도로 증가하는 식물들 중 일부는 유럽에서 도입된 것인데, 이제는 인도에까지 퍼진 식물들도 있다. 휴 팰코너(Hugh Falconer) 박사에게 듣기로는 지금 인도의 케이프 코모린(Cape

에서 히말라야까지 뒤덮은 식물들은 미국이 발견된 이후에 미국으로부터 수입된 종들이다. 이러한 무한히 많은 사례들을 고려할 때 동식물의 생식 능력(fertility)이 갑자기 그리고 일시적으로 우리가 감지할 수 있을 정도로 증가했다고는 할 수 없다. 오히려 환경 조건이 생존에 매우 유리했고, 따라서 젊은 세대와 늙은 세대가 소멸되는 일이 지속적으로 일어나지 않았으며, 거의 모든 젊은 세대가 번식을 할 수 있었다고 해야 분명히 설명된다. 이러한 경우 기하 급수적 증가율만이 그 놀랍도록 빠른 증가와 귀화한 생물이 새 서식지로 넓게 확산되는 현상을 제대로 설명할 수 있다.

자연 상태에서는 거의 모든 식물들이 씨앗을 생산하며, 짝짓기를 매년 하지 않는 동물들도 소수에 불과하다. 따라서 우리는 확신을 가지고 다음과 같이 주장할 수 있다. 모든 동식물은 기하 급수적으로 증가하는 경향이 있으며 존재할 수 있는 모든 공간에서 급속하게 증가하기 때문에, 이런 식의 기하 급수적 증가 경향은 동식물이 어느 시기에 소멸됨으로써 저지되어야 한다. 내 생각에 우리는 가축들의 규모가 커지는 경향에 익숙하기 때문에 착각하게 되는 것 같다. 즉 우리는 그것들이 대규모로 소멸되는 광경을 보지 못한다. 그리고 우리의 먹거리를 위해 매년 수천 마리가 도축되며, 자연 상태에서도 어떻게든 대략 그 정도가 사라진다는 사실을 우리는 망각한다.

알이나 씨앗을 매년 수천 개씩 생산하는 유기체들과 극소수만을 생산하는 유기체들 간의 유일한 차이는, 번식 속도가 느린 개체들은 아직도 서식지가 넓은 상태를 유지하고 있는 좋은 환경 아래서 몇 년을 더 살 수 있다는 점뿐이다. 콘도르(condor)는 한 쌍의 알을 낳고 타조는 20개의 알을 낳지만 같은 나라에서 콘도르의 수가 더 많을 수도 있다. 그리고 풀머슴새(Fulmar petrel)는 단지 한 개의 알을 낳지만 세상에서 가장 개체수가 많은 새로 알려져 있다. 보통 파리는 한 마리가 수백 개의 알을 낳는다. 반면, 히포보스카(hippobosca)와 같은 또 다른 파리류는 단 하나의 알을 낳는다. 하지만 이 차이는 이 두 종의 개체 중 얼마나 많은 개체들이 어떤 한 지역에서 살아남을 수 있을지를 결정하지 않는다. 급격하게 요동치는 먹이량에 의존적인 종들에게는 많은 수의 알이 다소 중요할 수 있다. 알의 수가 많으면 개체들의 수가 급증하기 때문이다. 그러나 알이나 씨앗의 수가 많다는 것이 중요한 진짜 이유는 바로 어떤 시점에서 벌어지는 대량 파멸을 만회할 수 있다는 점이다. 그런데 대부분의 경우에 그런 시기는 제법 일찍 찾아온다. 만일 어떤 동물이 어떤 식으로든 자신의 알이나 어린 후손을 보호할 수 있다면, 적은 수의 알이 생산된다 하더라도 평균적으로 필요한 개체수는 충분히 유지할 수 있다. 그러나 많은 수의 알이나 어린 후손들이 파괴되는 경우에는 많은 수의 알이 생산되어야 하는데 그렇지 못하면 그 종은 멸절할 것이다. 만일 평균적으로 1,000년을 사는 나무가 그 생애 동안에 딱 한 번만 한 개의 씨앗을 산출하지만 그 씨앗이 결코 파괴되지 않고 적당한 곳에서 싹이 튼다고 가정하면, 한 그루의 나무만 잘 보존하는 것으로도 충분하다.

자연에 대해 고찰할 때 지금까지의 논의를 늘 염두에 두어야 한다. 그리고 우리 주위에 있는 어떤 개체라도 종국에는 지구를 뒤덮을 정도로 그 수가 증가할 수도 있다는 사실을 잊지 말아야 한다. 또한 각 개체들이 생의 어느 시점에서는 생존 투쟁을 하면서 살아가게 된다는 사실, 그리고 각 세대에서 혹은 세대와 세대 사이에서, 어린 개체에게든 늙은 개체에게든 엄청난 파멸이 몰아닥치는 것은 불가피하다는 점을 명심해야 한다. 개체수가 억제되는 것을 저지하고 아주 조금만 파멸되도록 한다면 종의 수는 거의 순식간에 엄청난 양으로 증가해 버릴 것이다. 자연의 얼굴은 1만 개의 뾰족한 쐐기가 빼곡히 박혀 있는 표면에 비유할 수 있다. 그 쐐기들은 표면 안쪽으로 끊임없이 두들겨지는데 때때로 한 쐐기가 타격을 받으면 다른 쐐기가 더 큰 힘을 받게 된다.

각각의 종들이 수적으로 증가하는 자연스러운 경향을 저지시키는 것이 무엇인지는 매우 불분명하다. 가장 왕성한 종을 살펴보자. 개체들이 꽉 차면 그만큼 증가하려는 경향 또한 훨씬 더 커질 것이다. 우리는 단 하나의 사례에서조차도 그 증가를 막는 원인이 정확히 무엇인지를 알지 못한다. 심지어 다른 동물들에 비해 상대적으로 더 잘 알려진 인류의 사례에서조차 이 부분에 대해서는 매우 무지하다. 그동안 여러 학자들이 이 주제에 대해 심도 있게 다루었다. 나 또한 나중에 내 책에서 증가를 억제하는 몇 가지 요인들에 대해 상당히 자세하게 다룰 것인데, 특히 남아메리카의 맹수들에 관해 자세히 논의하고 싶다. 여기서는 독자들에게 몇 가지 핵심을 상기시키기 위해서 몇 가지만 지적할 것이다. 가령, 알이나 매우 어린 동물들이 일반적으로 가장 쉽게 소멸할 것처럼 보이지만 항상 그렇지는 않다. 식물의 경우에 상당량의 씨앗이 파괴되기는 하지만, 내가 관찰한 바로는 이미 다른 식물들로 빽빽하게 채워진 땅에서 발아하는 경우에 제일 많이 소멸되는 것으로 여겨진다. 싹이 난 식물들은 다양한 적들에 의해서도 상당량 파괴된다. 가령 나는 땅 한쪽을 길이 3피트에 폭 2 피트로 깔끔하게 파서 다른 식물로부터 훼손당하지 않도록 한 후 그 안에 뿌리를 박고 있는 357개의 싹에 전부 표시를 했는데 그중 295개 이상이 주로 민달팽이와 곤충에 의해 파괴되었다. 짐승들이 뜯어먹은 잔디밭의 경우도 마찬가지겠지만 오랫동안 손질해 온 잔디밭도 그냥 놔두면 원기왕성하게 잘 자라는 식물들이 자신들보다 덜 잘 자라는 식물을 차츰 죽여 버린다. 다 자란 식물인 경우에도 말이다. 가령, 작은 잔디밭(길이 3피트에 폭 4피트)에서 자라던 스무 종 중에서 아홉 종이 자유롭게 자라난 다른 종들로 인해 소멸되었다.

물론 각각의 종에게 주어진 먹이의 양은 그 종이 증가할 수 있는 최고치를 결정한다. 그러나 어떤 종의 평균 개체수를 결정하는 것은 먹이를 얼마나 얻을 수 있느냐보다 다른 동물들에게 얼마나 많이 잡아먹히느냐에 달린 경우가 훨씬 더 많다. 따라서 넓은 땅에 사는 자고새(partridge), 뇌조(grouse), 산토끼(hares)의 개체수가 그 주변에 그들에게 해를 입히는 동물들이 얼마나 많이 존재하느냐에 주로 의존한다는 사실은 의심의 여지가 없다. 만일 영국에서 향후 20년 동안 한 마리의 짐승도 사냥용으로 사살하지 않으면서, 동시에 그들에게 해로운 동물들도 파괴하지 않는다면, 현재 매년 사냥용으로 엄청나게 많은 동물들이 사살되고 있음에도 지금보다 더 적은 수의 사냥 동물이 남아 있을 확률이 높다. 반면 코끼리나 코뿔소처럼 그것을 파괴할 포식자가 없는 경우도 있다. 인도에서는 호랑이조차도, 무리로부터 보호받고 있는 어린 코끼리는 감히 공격하지 못한다.

기후는 한 종의 평균 개체수를 결정하는 데 중요한 역할을 담당하는데, 나는 극한의 추위와 건조한 계절의 주기적 반복이 개체수의 증가를 막는 데 가장 효과적이라고 생각한다. 내 땅에 살았던 새들 중 5분의 4 정도가 1854~1855년 겨울 동안 죽은 것으로 추산된다. 전염병으로 인한 사망률이 10퍼센트인 경우를 인간에게 매우 심각한 수준이라고 한다면 이것은 엄청난 파멸이다. 언뜻 보면 기후는 생존 투쟁하고는 별 상관이 없는 듯이 보인다. 하지만 기후는 먹이량을 줄이는 주요 변인이며, 그렇기 때문에 같은 종류의 먹이를 먹고사는 동종 혹은 타종의 개체들 간의 경쟁을 가장 심화시키는 요인이기도 하다. 기후가 직접적으로 작용할 때, 예를 들어 극도로 추운 경우에 가장 심각한 피해를 입는 개체는 가장 약하거나 겨우내 먹이를 가장 조금 먹은 개체다. 남에서 북으로, 습한 곳에서 건조한 곳으로 여행을 하다 보면 우리는 늘 일부 종들이 점차 줄어들다가 끝내 사라지는 것을 볼 수 있다. 기후 변화라는 것은 뚜렷이 나타나는 것이기 때문에 우리는 모든 결과를 기후의 직접적인 영향 탓으로 생각하기 쉽다. 하지만 그건 매우 잘못된 생각이다. 종들은 아무리 크게 번성한 지역에서도 생의 어떤 시점에서는 천적들로 인해, 또는 동일한 서식지나 먹이를 두고 경쟁하는 경쟁자들로 인해 엄청난 파괴를 겪을 위험에 늘 노출되어 있다. 만일 이러한 천적들이나 경쟁자들이 미세한 기후 변화에 조금이라도 더 선호된다고 해 보자. 그들의 수는 증가할 것이며 그들로 인해 서식지가 꽉 차 버리게 되면 다른 종들의 수는 감소할 것이다. 우리가 남쪽으로 여행하면서 어떤 종의 수가 줄어들고 있는 현상을 관찰한다면 아마도 우리는 그 종이 피해를 입은 만큼 다른 종에게는 이익이 되는 어떤 원인이 존재한다는 사실을 확실히 느낄 것이다. 이런 느낌은 우리가 북쪽으로 여행할 때도 마찬가지인데 정도만 조금 약할 뿐이다. 북쪽으로 갈수록 종의 수가 줄어들면서 그로 인해 경쟁자들의 수 또한 줄어들기 때문이다. 북쪽으로 가거나 산을 오르는 경우에는 남쪽으로 가거나 산을 내려올 때의 경우보다 왜소한 형태들을 훨씬 더 자주 볼 수 있는데, 그것은 기후가 직접적으로 미치는 해로운 작용 때문이다. 북극 지방이나 눈 덮인 산꼭대기 혹은 완전한 사막에 가 보면 생존 투쟁은 거의 기후 요인으로 인한 것임을 알 수 있다.

기후는 주로 다른 종들에게 혜택을 줌으로써 간접적인 방식으로 작용한다. 가령 정원에 있는 수많은 종들이 그 기후에 완전히 적응할 수 있음에도 불구하고, 토종 식물과 경쟁할 수 없거나 토종 동물이 가하는 파괴로부터 저항할 수 없기 때문에 야생에 퍼질 수 없는 것을 보면 기후의 간접적 작용 방식을 분명하게 알 수 있다.

어떤 종이 아주 좋은 환경 때문에 좁은 지역에서 이례적으로 그 수가 증가하게 되면 — 적어도 사냥 동물의 경우에 이런 현상들이 종종 일어나는 듯이 보인다. — 종종 전염병이 발생한다. 이것은 생존 투쟁과 상관없는 억제처럼 보인다. 하지만 이러한 이른바 전염병조차도 일부는 기생충 때문에 발생한다. 이때 기생충은 밀집한 동물들 사이에서 쉽게 확산되기 때문에 비정상적으로 선호된 것일 수 있다. 즉 기생충과 희생자 사이에서 일종의 투쟁이 일어난 경우이다.

한편, 동종의 개체수가 적의 수보다 상대적으로 많은 경우에는 대개 그 개체가 잘 보존된다. 따라서 우리는 곡물과 유채(rape seed)를 먹고사는 새의 수보다 그 곡물과 유채가 월등히 많기 때문에 그것들을 우리 밭에서 쉽게 기를 수 있다. 이번 한철에 먹이량이 굉장히 풍부하더라도 씨앗이 공급되는 것에 비례해 새의 수가 증가하지는 않는다. 겨울 동안 새들의 개체수가 억제되는 것을 보면 알 수 있듯이 말이다. 하지만 정원에다 심은 약간의 밀이나 그와 비슷한 식물로부터 씨앗을 얻는다는 것이 얼마나 어려운지는 해 본 사람이라면 모두 알 것이다. 나도 시도해 보았지만 단 하나의 씨앗도 얻지 못했다. 종이 보존되기 위해서는 그 종의 개체수가 많아야 한다는 견해는, 자연계에서 매우 희귀한 식물이 때로는 몇몇 장소에서 엄청나게 많은 개체수로 서식하는 현상을 잘 설명한다. 또한 사회성 식물(social plants)이 자신의 서식지의 말단 경계 부분에서도 군집을 형성, 다시 말해 많은 수의 개체들이 한데 모여 산다는 사실도 잘 설명하는 것으로 보인다. 우리는 이런 사례들로부터 식물들은 생활 환경 조건이 좋아서 많은 개체들이 함께 살 수 있고 따라서 철저한 파괴로부터 서로를 구할 수 있는 환경에서만 생존할 수 있다는 사실을 믿을 수 있을 것이다. 다만 나는 아마도 잦은 상호 이종 교배의 좋은 효과와 근친 교배(close interbreeding)의 나쁜 효과가 이런 사례들 중 일부에 작용할 것이라는 사실을 덧붙여 말하고 싶다. 하지만 이 주제는 복잡하므로 여기서는 자세히 다루지 않겠다.

한 나라 안에서 서로 경쟁해야만 하는 유기체들 사이의 대립 관계와 상호 관계가 얼마나 복잡하고 예측 불가능한지에 대해서 많은 사례들이 보고된 바 있다. 단순하지만 나의 호기심을 자극한 사례 하나만 이야기해 보겠다. 내가 연구할 때 여러 방도로 이용했던, 스태퍼드셔(Staffordshire)에 있는 내 친척의 소유지에서는 사람의 손이 닿지 않았던 넓은 황무지가 있다. 한편 그곳과 토양의 성질은 똑같지만 25년 동안 울타리가 쳐지고 유럽소나무(scotch fir)가 심어진 몇 에이커의 땅이 있다. 그런데 이후 두 땅에서 생겨난 토종 식물들은 아주 다른 토양에서 자란 것들보다도 더 현저하게 서로 달랐다. 황무지 식물의 수가 전적으로 변했을 뿐만 아니라, 열두 종의 식물(잔디와 사초를 제외하고)이 농장에서 번성했는데 이는 황무지에서는 발견될 수 없는 것이었다. 곤충에 미친 효과는 훨씬 더 컸음이 분명하다. 세 종의 곤충을 먹는 새가 식림지에 매우 흔하게 나타났기 때문이다. 반면 황무지에는 두세 종의 새만이 출입하고는 했다. 울타리를 쳐서 소의 출입을 막은 것 외에 한 일이라고는 한 종의 나무를 심었던 것뿐인데, 우리는 여기에서 그 효과가 얼마나 대단한지를 볼 수 있다. 울타리를 치는 것이 얼마나 중요한 일인지는 판햄(Farnham) 근처의 서리(Surrey) 지방에서 쉽게 볼 수 있다. 그곳에는 멀리 떨어진 몇몇 언덕에 몇 그루의 유럽 소나무가 있는 황무지가 있었다. 그런데 10년쯤 전에 넓은 공간에 울타리가 쳐졌고, 스스로 돋아난 소나무가 빽빽하게 자라 서로 비집고 들어갈 공간이 없을 정도가 되었다. 이 젊은 나무가 스스로 싹트지도, 심어지지도 않았음에도 그 수가 엄청나게 많은 것에 놀란 나는, 울타리가 쳐지지 않은 황무지 수백 에이커를 살펴볼 수 있는 몇몇 지점으로 가 보았다. 그런데 거기에는 문자 그대로 오래전에 심어진 나무들을 제외하고는 단 한 그루의 유럽 소나무도 찾아볼 수 없었다. 하지만 황무지의 나무들 사이를 자세히 살펴보니 소들이 뜯어먹은 흔적이 있는 많은 싹과 작은 나무들을 발견할 수 있었다. 오래된 숲에서 수백 야드 떨어진 지점에 있는 1제곱야드의 땅에서 나는 작은 나무 32그루가 있다는 사실을 발견했다. 그중 하나는 나이테로 미루어 보건대, 26년 동안이나 황무지의 위를 향해 머리를 들려고 애썼지만 실패했다. 땅에 울타리가 쳐지자마자 그곳이 왕성하게 자라는 어린 소나무들로 빽빽하게 덮였다는 것은 전혀 이상하지 않다. 하지만 소들이 먹이를 찾아 극히 메마르고 광대한 황무지를 헤맸으리라고는 그 누가 상상이나 했겠는가?

여기서 우리는 소가 유럽 소나무의 생존에 절대적인 영향을 미치는 사례를 보았다. 그러나 세계의 여러 곳에서는 곤충이 소의 생존을 좌지우지하는 경우도 있다. 아마도 파라과이는 이에 관한 가장 신기한 사례를 제공할 것이다. 여기에서는 소, 말, 개 중 어느 것도 야생화된 예가 없었지만, 파라과이에서 그 동물들은 사람의 손에서 벗어나 북쪽으로 또는 남쪽으로 무리지어 다닌다. 펠릭스 데 아자라(Félix de Azara)와 요한 루돌프 렝거(Johann Rudolf Rengger)에 따르면 이것은 파라과이에 특정한 파리가 많기 때문이다. 이 파리는 앞에서 말한 동물들이 태어나면 그 배꼽 위에 알을 낳는다. 이 파리의 개체수가 지금처럼 많아지면 이들은 틀림없이 어떤 방식을 통해, 아마도 새들에 의해 상습적으로 증식이 억제될 것이다. 따라서 어떤 곤충을 먹고사는 새가(그 새의 개체수는 매나 맹수에 의해 조절될 것이다.) 파라과이 내에서 증가한다면 파리의 수는 감소할 것이다. 그러면 소나 말은 야생화될 것이며, 이것은 분명히 (내가 실제로 남아메리카의 일부 지역에서 관찰했던 것처럼) 식물상에 엄청난 변화를 몰고 올 것이다. 이것은 다시 곤충에게 지대한 영향을 미칠 것이고, 우리가 방금 스태퍼드셔에서 본 것처럼 곤충을 잡아먹는 새에게 영향을 줄 것이며, 이런 복잡한 연쇄는 계속될 것이다. 이 연쇄는 곤충을 먹고사는 새에서 시작해서 그것들과 함께 끝난다. 물론 자연계에서 벌어지는 연쇄는 지금 이야기한 것처럼 그렇게 단순하지 않다. 전투 내에서의 전투가 승패를 달리하며 늘 계속된다. 그리고 장기적으로는 절묘한 힘의 균형이 생겨서 비록 극미한 승리가 종종 한쪽에 주어진다 하더라도, 길게 보면 마치 자연의 표정에는 변한 것이 없는 것처럼 보인다. 그럼에도 우리는 너무나도 무지하고 억측에 빠져 있기 때문에 어떤 유기적 존재의 멸절에 대한 이야기를 듣고 경탄해 마지않는다. 그리고 그 원인을 모르기 때문에 세계를 싹 쓸어 간 대홍수를 끌어들이거나 생명체의 수명에 대한 법칙들을 발명해 내고는 한다!

자연의 위계(scale of nature) 속에서 매우 멀리 떨어져 있어서 서로 연관이 없어 보이는 동식물이 실제로는 복잡한 관계망으로 서로 밀접하게 연결되어 있는 경우들이 있는데, 이에 대한 한 가지 사례만 언급하고자 한다. 그것은 내가 사는 지역에 있는 외래 식물인 로벨리아 풀겐스(*Lobelia fulgens*)에 곤충이 한번도 날아들지 않았고, 결과적으로 그 독특한 구조 때문에 씨를 내보낼 수 없다는 사실인데, 이에 대해 지금부터 설명해 보겠다. 많은 난초과(orchidaceous) 식물들의 경우에 수정이 일어나기 위해서는 꽃가루를 옮기는 나방이 반드시 필요하다. 또한 삼색제비꽃(heartsease, *Viola tricolor*)의 수정을 위해서는 땅벌(humble-bee)들이 필수적인데, 이는 다른 벌들은 이 꽃에 날아들지 않기 때문이다. 내가 한 실험에서는 토끼풀의 수정을 위해 벌이 꼭 날아들었어야 했던 것은 아니지만, 적어도 벌이 날아드는 것이 토끼풀의 수정에 매우 이롭다는 사실이 밝혀졌다. 붉은토끼풀(*Trifolium pratense*)에 날아들 수 있는 것은 땅벌뿐이다. 왜냐하면, 다른 종의 벌은 화밀(花蜜, nectar)에까지 이를 수 없기 때문이다. 따라서 만약 영국 내에서 땅벌의 속 전체가 멸절하거나 매우 희귀해지면 삼색제비꽃과 붉은토끼풀도 매우 희귀해지거나 완전히 사라져 버릴 것이라는데에는 거의 의심의 여지가 없다. 어떤 구역이건 땅벌의 수는 벌집을 파괴하는 들쥐(field mice)의 수에 상당히 의존한다. 땅벌의 서식지를 오랫동안 관찰해 온 H. 뉴먼(H. Newman) 씨는 "영국 내에 있는 벌집의 3분의 2 이상이 파괴되었다."라고 믿는다. 그런데 우리 모두가 알고 있듯이 쥐의 수는 고양이의 수에 상당히 의존한다. 그래서 그는 "땅벌집은 다른 어느 곳보다 마을이나 작은 도시 근처에서 더 많이 발견되는데 이것은 들쥐를 없애는 고양이의 수가 더 많기 때문이다."라고 말한다. 따라서 어떤 지역에 고양잇과 동물의 수가 많으면 우선은 쥐에 의해서, 그다음으로는 벌이 개입함으로써, 그 지역에 있는 특정 꽃의 생존이 결정된다는 것은 상당히 신빙성 있는 설명이다.

　　모든 종에 있어 개체수 증가를 방해하는 다양한 요인들이 생의 여러 시기에, 그리고 여러 계절들과 여러 해 동안에 작용한다. 일반적으로 한 가지 혹은 몇 가지 방해 작용이 특히 강력한 영향을 미치겠지만 모든 방해 요인들은 종의 평균 개체수나 종의 존폐 여부를 결정하는 데 일조할 것이다. 어떤 경우에는 다른 지역에서 사는 같은 종에게 상당히 다른 종류의 방해 작용이 일어나는 것을 볼 수 있다. 강둑을 뒤덮은 식물이나 덤불을 볼 때, 우리는 그 수와 종류가 그저 우연에 기인한 것이라고 단정짓기 쉽다. 하지만 그것은 얼마나 잘못된 생각인가! 미국에서 숲이 벌채된 이후에 매우 다른 식물들이 갑자기 생겨났지만, 현재 미국 남부 지역의 고대 인디언의 무덤에서 자라고 있는 나무들에는 처녀림 주위에서 볼 수 있는 것과 같은 매우 다양한 종류의 종들이 포함되어 있다는 이야기를 모두들 들어 본 적이 있을 것이다. 수 세기 동안 매년 각자 수천 개의 씨앗을 퍼트리면서 벌였던 나무들 사이의 투쟁을 보라. 곤충들 간의 전쟁은 또 어떤가? 곤충, 달팽이, 그리고 새를 포함한 다른 동물들과 맹수들 간의 전쟁도 있다. 이 모두는 수를 늘리기 위해 애를 쓰고, 서로가 서로를 먹고살거나, 나무나 그 씨앗이나 그 싹을, 또는 처음에 지면을 덮고 있어서 나무들의 성장을 방해했던 다른 식물들을 먹고 살지 않는가! 한 움큼의 깃털을 던져 보면 정해진 법칙에 따라 모두 땅에 떨어질 것임이 분명하다. 현재, 옛 인디언의 폐허에서 자라고 있는 나무들의 수와 종류를 지난 수세기 동안 결정해 온 이 무수한 동식물의 작용과 반작용을 떠올려 보라. 그에 비하면 깃털의 낙하 문제는 얼마나 단순한가!

기생자와 희생자의 의존 관계처럼 한 유기체와 다른 유기체의 의존 관계는 일반적으로 자연의 위계에서 멀리 떨어진 존재들 간에 놓여 있다. 이것은 가령 메뚜기와 초식 동물의 경우처럼 말 그대로 생존을 위해 서로 투쟁한다고 할 수 있는 경우일 때가 많다. 하지만 이 투쟁은 거의 언제나 동종의 개체들 사이에서 가장 심하게 일어날 것이다. 그들은 동일한 지역을 점유하고 동일한 먹이를 필요로 하며 동일한 위험에 노출되어 있기 때문이다. 하나의 종에 속하는 변종들의 경우에 일반적으로 이 투쟁은 거의 동일한 정도로 심한데, 때로는 승패가 곧바로 결정되기도 한다. 가령 밀의 여러 변종들이 함께 뿌려지고 다시 혼합된 씨앗들이 뿌려지면, 토양이나 기후에 가장 적합하거나 자연적으로 가장 생산력이 높은 몇몇 변종들이 다른 것들을 물리치고 더 많은 씨앗을 산출하며, 결국에는 몇 해 만에 다른 변종들을 완전히 대체할 것이다. 다양한 빛깔의 완두콩처럼 아주 유사한 변종들의 혼합 비율을 적절히 유지하기 위해서 그 변종들은 매년 따로 수확된 후 그 씨앗이 적절한 비율로 섞여야 한다. 그렇지 않다면 연약한 종은 계속 감소하고 마침내 사라질 것이다. 양의 변종도 마찬가지다. 어떤 야생 변종은 다른 야생 변종을 굶어 죽게 만들 수 있기 때문에 같이 키워서는 안 된다는 주장이 있었다. 똑같은 결과가 의료용 거머리의 다양한 변종을 함께 기를 때에도 나온다. 사육 및 재배 동식물들 중 어느 하나의 변종들이 똑같은 힘, 습성, 체질을 갖고 있어서 이들의 혼합 비율이 5~6세대 동안 원래대로 유지될 수 있다는 주장은 의심스럽다. 특히 그 변종들을 자연 상태에 있는 것들처럼 서로 투쟁하도록 내버려 두었을 때, 그리고 씨앗이나 어린 개체가 매년 분류되지 않았을 때는 더욱 그렇다.

동일한 속의 종들은 대개 다소 비슷한 습성과 체질을 가지며 구조 면에서는 항상 유사점을 가지기 때문에, 동일한 속에 속하는 종들 간의 투쟁은 다른 속에 속한 종들 간의 투쟁보다 일반적으로 더 치열하다. 이것은 최근 미국에서 서식하는 한 종의 제비가 널리 퍼지면서 다른 (제비) 종들의 수가 줄어든 사례에서도 알 수 있다. 최근 스코틀랜드의 어떤 지방에서 개똥지빠귀(missel thrush)의 수가 증가했는데 이것은 노래지빠귀(song thrush)의 수를 감소시키는 원인이 되었다. 매우 다른 기후 아래서 쥐의 종 하나가 다른 종의 쥐를 내몰았다는 이야기를 우리는 얼마나 자주 듣는가! 러시아에서는 작은 아시아산 바퀴벌레가 가는 곳마다 큰 바퀴벌레를 몰아냈다. 들갓(charlock)의 한 종은 다른 종을 몰아낼 것이다. 그 밖에도 유사한 사례들이 많다. 우리는 왜 자연의 경제에서 거의 똑같은 위치를 점유하고 있는 근연 형태들 사이에서 경쟁이 가장 치열한지를 어렴풋이는 알 수 있다. 하지만 엄청난 생존 투쟁에서 왜 어떤 종이 다른 종들보다 우위를 점하는지를 우리에게 명확하게 보여 주는 사례는 아마도 없는 듯하다.

지금까지의 논의로부터 가장 중요한 결론이 연역될 수 있다. 그것은 유기체 하나하나의 구조가 모든 다른 유기체의 구조와 가장 본질적으로, 하지만 보통은 보이지 않는 방식으로 연결되어 있다는 것이다. 가령, 먹이나 거주지를 차지하기 위해 서로 경쟁하기도 하고 도망 다니거나 잡아먹기도 하면서 말이다. 이 점은 호랑이의 이빨과 발톱의 구조에서도 분명하게 나타나고, 호랑이의 몸에 난 털에 딱 달라붙어 있는 기생충의 다리와 발톱의 경우에서도 볼 수 있다. 그런데 아름다운 깃털이 달린 민들레 씨앗과 톱니 모양을 한 물방개의 납작한 다리의 경우에는 언뜻 그 관계가 공기와 물의 요소로 한정된 것처럼 보인다. 하지만 깃털 달린 씨앗의 이점은 이미 다른 식물들로 빽빽이 덮인 대지와 밀접하게 관련되어 있다. 그 구조 덕분에 씨앗은 더 넓게 분산되어 다른 식물이 없는 땅에 떨어질 수 있기 때문이다. 물방개의 경우에 그 다리의 구조는 잠수하는 데에 딱 맞게 적응되어 있어서, 다른 수중 곤충들과 경쟁하거나 먹이를 사냥할 때, 그리고 다른 동물의 먹잇감이 되지 않도록 도망갈 때 유리하다.

많은 식물의 씨앗 속에 저장되어 있는 영양 창고는 언뜻 보면 다른 식물들과 관련이 없어 보인다. 그러나 이런 씨앗들(콩과 완두콩 같은)이 긴 풀 사이에 뿌려졌을 때 어린 식물들이 강하게 성장하는 것을 보면, 그 씨앗 속에 있는 영양 물질은 대개 사방에서 왕성하게 자라나는 다른 식물들과 투쟁하는 과정에서 어린 싹의 성장을 이롭게 하는 데에 쓰이는 것이 아니겠느냐 하는 생각이 든다.

분포상 중간쯤에 있는 식물을 보자. 왜 그들은 그 수가 두 배나 네 배로 증가하지 않을까? 그 식물이 약간 더 덥거나 춥거나, 혹은 더 눅눅하거나 건조한 다른 지역으로 퍼져 나갈 수 있는 것으로 보아, 그것이 조금 더 덥거나 추운 것을, 혹은 습하거나 건조한 것을 완벽하게 견딜 수 있다는 사실을 우리는 알고 있다. 이 경우를 통해 우리는, 만일 그 식물에게 수를 늘릴 수 있는 능력을 주고자 한다면, 그것의 경쟁자나 포식자를 능가하는 어떤 이점을 줘야만 한다는 사실을 명확히 볼 수 있다. 지리적 분포의 경계에서 기후에 따라 체질을 변화시키는 것은 분명 식물에게 이득을 가져다줄 것이다. 하지만 그렇게 넓은 분포 영역을 가지는 식물 혹은 동물은 별로 없기 때문에 대다수는 기후의 혹독함 하나만으로도 말살된다고 보아야 한다. 북극 지방이나 황량한 사막처럼 생명이 존재하기 힘든 극한에 다다라서야 비로소 경쟁은 멈출 것이다. 땅이 극도로 차가워지거나 건조해질 수 있지만, 일부 종들 혹은 동종의 개체들은 그중 가장 따뜻하거나 촉촉한 부분을 놓고 경쟁할 것이다.

또한 이런 이유로 동식물이 새로운 지역의 새로운 경쟁자들 사이에 놓이게 되면, 비록 기후가 이전 지역과 정확히 같더라도 일반적으로 생활 환경 조건이 본질적으로 변화할 것임을 알 수 있다. 만일 새로운 지역에서 평균 개체수를 늘리고 싶다면 이전 지역에서 했던 것과는 다른 방식으로 그것을 변화시켜야 한다. 왜냐하면, 이전이 아닌 현재의 경쟁자들이나 포식자들을 능가하는 뭔가를 그들에게 줘야 하기 때문이다.

그러므로 어떤 형태에게만 이로울 만한 몇 가지 특징들을 상상해 보는 일은 좋은 시도다. 하지만 우리는 단 하나의 사례에서조차도 대체 무엇을 해야 할지 잘 모를 것이다. 그런 시도를 통해 확실히 알게 되는 한 가지 사실은, 모든 유기체들의 상호 관계에 대해 우리가 얼마나 무지한가일 것이다. 이런 확신은, 얻기는 힘들어 보이지만 우리에게 반드시 필요하다. 우리가 할 수 있는 것은 다음과 같은 사실들을 한시라도 잊지 않는 것뿐이다. 각 유기체들은 기하 급수적인 비율로 개체수를 증가시키려 애쓰고 있고, 각 세대 동안이나 세대 사이의 특정 시기에 생존을 위한 투쟁을 해야 하며, 파멸의 위기를 겪어야 한다는 사실 말이다. 이러한 생존 투쟁에 대해 곰곰이 생각해 볼 때 우리는 다음과 같은 사실들로 스스로를 위로할 수 있다. 자연의 전쟁이 쉴 새 없이 일어나지는 않고, 죽음은 대개 순간적이며, 어떤 두려움도 느끼지 않고 왕성하고 건강하며 행복한 자가 살아남아 번영한다는 사실 말이다.

4장

자연 선택

앞 장에서 간략하게 논의했던 생존 투쟁은 변이에 대해 어떻게 작용할 것인가? 인간의 수중에서는 너무나도 강력하게 작용했던 선택의 원리가 자연계에서도 과연 적용될까? 나는 이 원리가 매우 효율적으로 작용한다는 사실을 우리가 곧 알게 될 것이라고 생각한다. 사육 및 재배 품종에서 발생하는 무수히 많은 희한한 특이성과 그보다는 덜하지만 자연계에 존재하는 수많은 변이들에 대해 생각해 보자. 그리고 대물림의 성향이 얼마나 강한지에 대해서도 생각해 보라. 사육 및 재배 하에서 모든 유기체는 어느 정도 가변적이라고 분명히 말할 수 있다. 모든 유기체 간의 상호 관계, 그리고 각 유기체와 물리적 환경 간의 상호 관계가 얼마나 복잡하면서도 딱 들어맞는가도 생각해 보라. 그렇다면 인간에게 유용한 변이들이 발생한다는 것에는 의심의 여지가 없다고 볼 때, 대단히 복잡한 생존 투쟁을 벌이는 각 개체들에게 어떤 식으로든 유용한 변이들이 수많은 세대를 거치는 과정 속에서 발생할 수밖에 없다는 생각이 과연 터무니없는 것일까? 만일 그런 변이가 발생한다면, 사소하기는 하지만 다른 것들에 비해 이점을 가진 개체는 더 높은 생존 기회를 부여받고 번식에 더 성공적(생존할 수 있는 수보다 더 많은 개체가 태어난다는 사실을 기억하면)이라는 것을 의심할 수 있을까? 한편, 아무리 작은 변이라도 유해한 것은 틀림없이 상실될 것이라는 점을 독자들은 느낄 수 있을 것이다. 이러한 유리한 변이의 보존과 유해한 변이의 배제를 나는 자연 선택이라 부른다. 유용하지도 않고 유해하지도 않은 변이들은 자연 선택의 영향을 받지 않을 것이고, 다형적이라 일컬어지는 종에서 볼 수 있듯이 상황에 따라 변화할 수 있는 요소로 남겨질 것이다.

자연 선택의 작용 과정을 제대로 이해하기 위해서는 물리적 변화(가령, 기후 변화)를 겪고 있는 지역의 사례를 생각해 보는 것이 가장 좋다. 그 지역에서 서식하는 동식물들의 상대적인 수는 거의 곧바로 변화할 것이고 어떤 종들은 멸절하게 될지도 모른다. 여기서 우리는 각 지역의 서식 생물들이 밀접하고 복잡한 방식으로 서로 연결되어 있다는 사실로부터, 기후 변화 자체와는 상관없이 구성원의 비율 변화가 다른 구성원들에게 심각한 영향을 준다고 결론 내릴 수 있을 것이다. 만일 그 지역의 경계가 개방되면 새로운 생물들이 이주해 올 것이고, 이 또한 이전 서식 생물들의 관계를 심각하게 교란할 것이다. 단 한 그루의 나무 또는 단 한 마리의 포유류가 유입되는 것이 얼마나 큰 영향을 주는지를 상기해 보자. 그러나 더 잘 적응된 새로운 생물들이 자유롭게 진입할 수 없는, 장벽으로 일부 둘러싸인 지역이나 섬의 경우에는 원래 서식하고 있던 생물들 중 일부에서 어떤 식으로든 변이가 일어난다면, 우리는 자연의 경제 내에 빈자리(언젠가는 더 나은 생물로 채워질 자리)를 만들어 놓아야 할 것이다. 만약 그 지역으로의 유입이 자유로워진다면, 그 자리는 침입자가 차지할 것이기 때문이다. 이 경우에 성장 과정에서 일어난, 그리고 어떤 종의 개체에게 이익이 되는 방향으로 일어난 모든 미세한 변화는, 바뀐 환경에 그 개체들을 더 잘 적응시킴으로써 보존될 것이다. 또한 여기서 자연 선택은 개선 작업을 수행할 충분한 기회를 가질 것이다.

1장에서 언급했다시피 생활 환경 조건의 변화는 특히 생식계에 어떤 영향을 줌으로써 변이를 유발하거나 증가시킨다고 볼 수 있다. 앞서 말한 경우에서 생활 환경 조건은 변화를 겪게 될 것이고, 유익한 변이들이 발생할 좋은 기회를 제공함으로써 자연 선택이 작용하기에 유리한 상황이 될 것임이 분명하다. 만약 유익한 변이가 생겨나지 않는다면 자연 선택은 아무런 영향도 끼칠 수 없을 것이다. 내가 생각하기에 변이가 지나치게 많이 일어날 필요는 없다. 인간이 어떤 일정한 방향으로 단지 개체 차이를 조금씩 더해 나가는 것만으로도 엄청난 결과물을 얻어 낼 수 있듯이, 자연 또한 그러할 것이다. 다만 자연은 비교할 수 없을 정도로 오랜 시간 작용할 수 있기 때문에 훨씬 더 쉽게 결과를 얻어 낼 뿐이다. 또한 나는 기후 변화와 같은 엄청난 물리적 변화나 이주를 막는 특수한 고립을 통하지 않고도, 자연 선택이 가지각색의 서식 생물을 개선하고 변화시킴으로써 임자 없는 새로운 자리를 만들어 낼 수 있다고 생각한다. 왜냐하면, 각 지역에서 서식하는 모든 생물은 힘의 균형을 유지하면서 생존 투쟁을 하고 있으므로, 어떤 서식자의 구조 또는 습성의 아주 미세한 변화는 종종 다른 서식자들보다 앞설 수 있는 이점을 제공하기 때문이다. 같은 종류의 변화가 더 많이 일어날수록 이점 또한 증가할 것이다. 토종 서식 생물들이 서로 그리고 외부 환경에 완벽하게 적응되어 있어서 더 이상 개선이 필요 없는 그런 지역은 없다. 지금까지 모든 지역에서 토착 생물들은 외부에서 도입된 생물에 의해 정복되었고, 그 외래 생물들이 그 땅을 확고히 차지하는 것을 허용할 수밖에 없었기 때문이다. 외래 생물은 어디에서나 토착 생물들을 물리쳐 왔다. 이러한 사실들을 통해 우리는 토착 생물들이 침입자들에게 더 잘 저항할 수 있게끔 유리하게 변화되어 왔을 수도 있다는 결론을 조심스럽게 내릴 수 있을 것이다.

인간이 체계적인 선택과 무의식적인 선택의 방법을 통해 위대한 결과를 만들어 낼 수 있고 실제로도 그랬다면, 하물며 자연이 그리하지 못할 이유가 어디 있겠는가? 인간은 눈에 보이는 외부 형질에만 영향을 줄 수 있다. 반면 자연은 외부 요소들이 그 유기체에 유용한 경우를 제외하고는 외양에 대해 신경 쓰지 않는다. 자연은 생명의 전체 조직 내의 모든 내부 기관과 모든 미묘한 체질적 차이에 작용한다. 인간은 자기 자신의 이득만을 위해 선택하지만 자연은 자신이 돌보는 존재의 이득을 위해서만 선택한다. 선택된 모든 형질은 자연에 의해 완전히 단련되며 그 유기체는 적절한 생활 환경 조건 아래 놓인다. 인간은 동일 국가의 다양한 기후 속에서 토종 생물들을 기르지만, 선택된 각 형질들을 어떤 특정한 방식 그리고 그 생물에 적당한 방식으로 단련시키는 경우는 거의 없다. 가령, 인간은 부리가 긴 비둘기든 짧은 비둘기든 같은 먹이를 먹인다. 또한 등이 길거나 다리가 긴 네발 동물을 각기 특유의 방식으로 단련시키지는 않는다. 인간은 긴 털을 가진 양이나 짧은 털을 가진 양이나 같은 기후에서 키운다. 인간은 매우 혈기왕성한 수컷들이 암컷들을 위해 서로 싸우는 것을 허락하지 않는다. 생산성이 있고 통제 가능한 동물이라면, 우리는 그것이 열등한 동물이라도 엄격하게 제거하지 않고 여러 시기 동안 보호해 준다. 인간은 반(半)기형적인 생물을 시작으로, 혹은 적어도 눈에 띄기에 충분하거나 인간에게 유용할 것임이 분명해 보일 정도로 두드러진 어떤 변화를 시작으로 선택을 행하는 경우가 많다. 반면 자연계에서는 구조 또는 체질상의 미묘한 차이가 잘 균형 잡힌 자연의 계층을 생존 투쟁의 장으로 전환시킬 것이고, 이로써 그 차이는 보존될 것이다. 인간의 바람과 노력은 얼마나 순간적인가! 그로 인한 인간의 결과물은 지질 시대 전체에 걸쳐 자연에 의해 누적되어 온 결과에 비한다면 얼마나 보잘 것 없는가! 그렇다면 자연의 산물이 인간의 산물에 비해 훨씬 '더 진정한' 것임은 당연하지 않은가? 즉 자연의 산물들은 너무나도 복잡한 생존 조건에 한없이 잘 적응되어 있으며, 훨씬 더 위대한 솜씨의 흔적을 지니고 있음이 분명하지 않은가?

자연 선택은 매일 그리고 매시간 전 세계 구석구석의 모든 변이들을, 심지어 아주 미세한 것이라 하더라도 세심히 살피면서 나쁜 것은 버리고 좋은 것은 보존하고 있다고 할 수 있다. 그것은 어디건 어느 때건 기회만 주어지면, 소리 없이 눈에 띄지 않을 정도로 서서히 유기적 또는 무기적 생활 환경 조건에 있는 각 유기체들을 개량하는 일에 힘쓰고 있다. 우리는 시간의 손(hand of time)이 시대의 오랜 경과를 나타내는 흔적을 남기기 전까지는 그 과정에서 일어나는 그토록 느린 변화를 볼 수 없다. 게다가 아주 먼 과거의 지질 시대에 대한 우리의 지식은 너무나도 불완전하기 때문에, 우리가 알 수 있는 것이란 단지 현재의 생명 형태가 예전의 그것과 다르다는 사실뿐이다.

비록 자연 선택이 각 개체의 이익을 위해 그 개체를 통해서만 작용할 수 있지만, 흔히 별 중요성이 없는 것으로 여겨지는 형질과 구조도 자연 선택의 작용을 받을 수 있다. 잎을 먹는 곤충은 초록색을 띠고 나무껍질을 먹는 동물은 얼룩덜룩한 회색을 띠는 것, 높은 산에 사는 뇌조(ptarmigan)는 겨울에 흰색을 띠고 붉은뇌조는 헤더(heather)의 색을 띠며 검은뇌조(black-grouse)은 토탄질(土炭質) 땅의 색을 띠는 것을 생각해 볼 때, 우리는 이런 색깔들이 그 새와 곤충들을 위험으로부터 보존하는 데 필요하다는 사실을 믿어야 한다. 뇌조는 생애의 어떤 시점에서 죽지 않는다면 셀 수 없을 정도로 그 수가 증가할 것이다. 그런데 그들은 맹금류의 공격에 시달린다고 알려져 있다. 매는 뛰어난 시력을 이용해서 먹잇감을 찾는다. 그로 인해 대륙의 어느 지방에 사는 사람들은 흰 비둘기를 기르지 말라고 경고를 받을 정도인데, 흰 비둘기는 너무나도 쉽게 공격받을 수 있기 때문이다. 이렇게 자연 선택은 뇌조가 각기 종류에 맞게 적절한 색깔을 띠도록 하며, 일단 그 색을 획득하면 그것을 계속 똑같이 유지하게끔 효과적으로 작용한다. 우리는 특정 색깔을 띤 동물이 말살되는 일이 별로 대수롭지 않다고 생각해서는 안 된다. 흰 양들의 무리에서 희미한 검은색 흔적을 가진 양들을 모두 말살하는 것이 얼마나 중요한 것인지를 기억해야 한다. 식물학자들은 과일의 솜털과 과육의 색깔을 그다지 중요하지 않은 형질로 간주한다. 하지만 탁월한 원예학자인 앤드루 잭슨 다우닝(Andrew Jackson Downing)에 따르면 미국에서 부드러운 껍질을 가진 과일은 솜털이 난 과일보다 딱정벌레와 바구미로부터 훨씬 더 많은 피해를 입는다. 또한 자줏빛 자두는 노란 자두보다 특정 병충해로 인해 훨씬 더 많은 피해를 입는다. 반면, 또 다른 어떤 병충해는 다른 색깔의 복숭아보다 노란색 과육을 가진 복숭아를 훨씬 더 많이 공격한다. 만일 이런 기술 덕분에 미세한 차이가 몇몇 변종 식물들을 재배함에 있어 엄청난 차이를 만들어 낸다면, 그 차이는 나무가 다른 나무들 및 천적들과 투쟁을 벌여야만 하는 자연 상태에서 어떤 변종이 성공할 것인지를 효과적으로 결정지을 것이다. 그 변종이 부드럽건 털이 나 있건 노랑 과육이건 자줏빛 과육이건 간에 말이다.

정확히는 모르지만 그다지 중요하지 않아 보이는, 종들 간의 많은 사소한 차이점들을 관찰할 때 우리가 잊어서는 안 되는 사실이 있다. 그것은 기후와 먹이 등은 경미하기는 하지만 직접적인 영향을 줄 수 있다는 점이다. 하지만 더욱 염두에 두어야 할 사실은 우리가 잘 알지 못하는 많은 연관 성장의 법칙이 있다는 것이다. 이 법칙으로 인해 유기체 조직의 어떤 부분이 변이에 의해 변화되고 그 변화들이 그 유기체의 이득을 위한 자연 선택을 통해 누적될 때, 생각지도 못했던 성질을 가진 또 다른 변화들이 생겨날 수 있다.

우리는 사육 및 재배 하의 특정 시기에 발생하는 변이들이 자손들에게도 같은 시기에 또다시 나타나는 경향이 있다는 사실을 알고 있다. 예를 들어, 많은 야채 및 농식물 변종들의 씨앗, 그리고 누에 변종의 애벌레와 고치 단계, 가금류의 알과 닭의 털 색깔, 거의 다 자란 양과 소의 뿔에서 그런 현상을 볼 수 있다. 이와 마찬가지로 자연 상태에서 자연 선택은 어느 시기에서든 유기체에 작용해 그것을 변화시킬 수 있을 것이다. 그 시기에 유익한 변이가 축적됨으로써, 그리고 그에 상응하는 시기에 변이들이 대물림됨으로써 말이다. 만약 식물의 씨앗이 바람으로 인해 널리 퍼지는 것이 그 식물을 이롭게 한다면, 자연 선택이 그런 씨앗을 선택하는 것은 목화 재배자가 솜털의 수를 증가시키고 질을 향상시키기 위해 목화나무의 꼬투리에 있는 솜털을 선택하는 것보다 그리 어려운 일은 아닐 것이다. 자연 선택은 곤충의 성체가 겪는 것과는 전혀 다른 사건들에 의해서 유충을 적응시키고 변화시킨다. 그리고 이런 변화는 연관 성장의 법칙을 통해 성체의 구조에 영향을 줄 것임이 분명하다. 그리고 단 몇 시간밖에 살지 못하며 먹이를 먹지 않는 성체의 구조에서 상당 부분은 단순히 유충의 구조로부터 연속적으로 일어난 변화와 연관된 결과일 것이다. 반대로 성체에서 일어난 변화는 틀림없이 종종 유충의 구조에 영향을 줄 것이다. 하지만 이 모든 경우에 자연 선택은 다른 시기에 일어난 변화의 결과로 나타난 변화들이 적어도 해롭지는 않다는 것을 보증할 것이다. 만일 그 변화들이 해로웠다면 그 종은 멸절해 버렸을 것이기 때문이다.

자연 선택은 부모의 구조와 관련 있는 유년의 구조를 변화시킬 것이고, 유년의 구조와 관련 있는 부모의 구조도 변화시킬 것이다. 사회성 동물에서 자연 선택은 전체 군집(community)의 이익을 위해 각 개체의 구조를 조정할 것이다. 물론 그 선택된 변화가 결과적으로 각 개체에게 이익이 되는 경우에 말이다. 자연 선택이 할 수 없는 일은 어떤 종이 이득도 없는데 다른 종을 위해 자신의 구조를 변경하는 것이다. 비록 박물학 연구에서 그런 일에 관한 언급이 있을지도 모르지만 탐구할 만한 사례는 한 건도 보지 못했다. 어떤 동물의 일생에서 단 한 번만 사용되는 구조라도 그것이 아주 중요하다면 자연 선택을 통해 어느 정도 변화될 수 있다. 가령, 어떤 곤충의 커다란 아래턱은 오직 고치를 여는 데만 사용되고, 부화 직전의 새의 부리에 있는 딱딱한 끝은 알을 깨는 데 사용된다. 최상의 품질을 가진 짧은부리공중제비비둘기(short-beaked tumbler-pigeon)는 알을 깨고 나오는 것보다 알을 깨지 못하고 그 속에서 죽는 경우가 더 많아서 사육사들이 부화를 도와준다고 알려져 있다. 만일 자연이 성체 비둘기의 부리를 비둘기 자체의 이득을 위해 짧게 만들어야 했다면 그 변화의 과정은 매우 느리게 진행되었을 것이다. 이와 동시에 자연 선택은 매우 강력하고 딱딱한 부리를 가진, 알 속의 어린 새들을 철저하게 선별해 낼 것이다. 연약한 부리를 가진 개체들은 사라질 수밖에 없기 때문이다. 그것이 아니라면 더 예민하고 더 쉽게 깨지는 껍데기가 선택될 수도 있는데, 껍데기의 두께는 모든 다른 구조들처럼 다양하다고 알려져 있다.

성 선택

사육 및 재배 하에서 흔히 어떤 특이한 형질이 한쪽 성에서 나타나 대물림됨으로써 그 성에만 고착된다는 사실을 고려하면 자연 상태에서도 그와 같은 일이 일어날 것이라 생각할 수 있다. 만약 그러하다면 곤충의 경우에서 종종 관찰되듯이, 자연 선택은 기능적으로나 습성 측면에서 다른 방식으로 양성을 변화시킬 수 있다. 이것이 내가 성 선택(sexual selection)이라 일컫는 것인데, 여기에 대해 몇 가지 말하고자 한다. 성 선택은 생존을 위한 투쟁이 아니라 암컷을 차지하기 위한 수컷 간의 투쟁에 달려 있으며, 그 결과는 패배자의 죽음이 아니라 그가 자손을 조금밖에 남기지 못하거나 전혀 남기지 못하는 것이다. 그러므로 성 선택은 자연 선택보다는 덜 가혹하다. 일반적으로는 자연계에서 가장 힘이 센 수컷, 즉 그 지위를 차지하기에 가장 적합한 수컷이 가장 많은 자손을 남길 것이다. 그러나 많은 경우에 승리를 결정하는 것은 수컷이 가지고 있는 전신(全身)의 힘이 아니라 그 수컷만이 가지고 있는 어떤 특별한 무기다. 뿔이 없는 수사슴이나 발톱이 없는 수탉은 자손을 남길 기회가 별로 없을 것이다. 성 선택은 언제나 승리자에게 번식을 하도록 허락함으로써 불굴의 용기, 긴 발톱, 발톱 달린 다리를 공격하는 강한 날개의 힘을 갖도록 한다. 가장 힘센 수탉을 잘 선택하면 수탉의 품종 개량이 가능하다는 것을 잘 알고 있는 잔인한 닭싸움꾼처럼 말이다. 이러한 투쟁의 법칙이 자연의 위계에서 어디까지 내려가는지 나는 알지 못한다. 수컷 악어는 마치 인디언들이 전쟁 춤을 추는 것처럼 암컷을 소유하기 위해 괴성을 지르면서 주위를 빙빙 돌며 싸운다고 한다. 수컷 연어는 하루 종일 싸우는 것으로 관찰되며, 사슴벌레는 다른 수컷의 거대한 턱 때문에 상처를 입는 경우가 많다. 이러한 전쟁은 일부다처인 동물의 수컷 사이에서 가장 심하게 일어나며, 이 수컷들은 특별한 무기를 가지고 있는 경우가 많은 것처럼 보인다. 육식 동물의 수컷들은 이미 충분한 무기로 잘 무장되어 있다. 그러나 그것들과 그 밖의 다른 동물들은 성 선택을 통해 얻은 특별한 방어 수단 ― 예를 들어 사자의 갈기, 수 돼지의 어깨패드(shoulder-pad), 수컷 연어의 갈고리 모양의 턱 — 을 가지고 있다. 방패는 칼이나 창만큼 승리를 위해 중요하기 때문이다.

조류의 경우 이러한 경쟁은 종종 더 평화롭다. 이 주제에 관심 있는 이들은 많은 종의 수컷들이 암컷을 유혹하기 위한 노래 부르기 경쟁을 매우 심하게 벌인다고 믿는다. 기아나의 바다지빠귀(rock-thrush), 극락조(bird of paradise) 및 그 밖의 일부 새들은 한데 모여 암컷들 앞에서 수컷들이 차례대로 자신의 아름다운 깃털을 펼쳐 보이고 이상야릇한 연기를 한다. 암컷들은 관중으로서 지켜보다가 마침내 가장 마음에 드는 수컷을 선택한다. 새들을 새장 안에서 길러 본 사람들은 그것들이 종종 다른 개체에 대한 애정 또는 반감을 내색한다는 사실을 잘 안다. R. 헤론(R. Heron) 경은 어떤 얼룩무늬 수컷 공작이 암컷들로부터 얼마나 많은 인기를 독차지하고 있는지를 표현하기도 했다. 언뜻 봐서는 별 볼 일 없는 것 같은 수단들이 효과가 있다고 여기는 것은 바보 같아 보일 수도 있다. 여기서 이 견해를 뒷받침하기 위해 필요한 세부 사항을 논하지는 않겠다. 그러나 인간이 자신의 미의 기준에 따라 자기가 기르는 밴텀 닭에게 우아한 행동거지와 멋진 외모를 부여할 수 있다면, 그와 마찬가지로 암탉도 수천 세대에 걸쳐 자신의 기준에 따라 가장 목소리가 좋고 아름다운 수컷을 선택함으로써 어떤 가시적 효과를 얻을 수 있을 것이다. 나는 조류의 깃털이 번식기에 작용하는 성 선택을 통해 변화된다는 견해가 성체 조류의 깃털에 관해 잘 알려진 몇몇 법칙들을 잘 설명한다고 생각한다. 그리고 성 선택을 통해 일어난 변화는 그와 동일한 연령 또는 시기에 수컷에만 혹은 암수 모두에 대물림된다고 생각한다. 하지만 여기서는 이 주제에 대해서 충분히 논의할 여유가 없다.

따라서 나는 어떤 동물의 암수가 동일한 일반적인 생활 습성을 가지지만 구조나 털의 색, 장식 등의 측면에서 차이를 보이는 경우에 그 차이는 주로 성 선택에 의한 것이라고 믿는다. 즉 개개의 수컷들은 연이은 여러 세대 동안 다른 수컷에 비해 무기나 방어 수단 또는 매력 등 약간의 장점을 가졌고, 이러한 장점들이 수컷인 자손에게도 전달된 것이다. 그러나 나는 그런 모든 암수의 차이가 이러한 작용을 통해서만 일어나는 것이라 단정짓고 싶지는 않다. 왜냐하면, 우리는 일부 수컷 가축들에게 나타나 점점 고착화되는 이상한 형질들(수컷 전령비둘기의 육수, 일부 가금류 수컷에서 나타나는 뿔처럼 난 돌기 등)을 볼 수 있는데, 이것들은 수컷이 투쟁하는 데도 유용하지 않을뿐더러 암컷을 유혹하는 데도 별로 소용없어 보이기 때문이다. 우리는 이와 유사한 사례를 자연계에서도 볼 수 있다. 예를 들어, 야생칠면조의 가슴에 난 털 다발은 이 새에게 유용하지도 않고 장식으로서의 가치도 없다. 만일 사육 하에서 이 털 다발이 실제로 나타났다면 그것은 아마 기형이라고 불렸을 것이다.

자연 선택의 작용에 대한 설명

자연 선택이 어떠한 방식으로 작용하는지를 확실히 설명하기 위해 가상의 상황 한두 가지를 언급하고자 한다. 다양한 동물을 먹잇감으로 삼는 늑대 한 마리를 예로 들어 보자. 이 동물의 먹잇감 중 일부는 교묘한 술책으로, 일부는 힘으로, 일부는 빠른 질주력으로 자신을 보호한다. 그렇다면 이중 가장 빠른 질주력을 가진 먹잇감, 가령 사슴이 우연히 한 지역에서 개체수가 증가하거나 다른 먹잇감이 수적으로 감소했다고 해 보자. 그것도 늑대가 먹이를 구하기 가장 힘든 계절에 말이다. 이러한 상황에서 재빠르고 날씬한 늑대들이 생존할 가능성이 가장 크다는 것은 당연한 사실이다. 따라서 그러한 늑대들은 선택되거나 보존될 것이다. 이것들이 1년 중 그 계절 또는 다른 계절에, 즉 다른 동물들을 잡아먹어야 할 시기에 그들의 먹잇감을 정복할 수 있는 힘을 가지고 있다면 말이다. 이것은 마치 인간이 세심하고 체계적인 선택의 과정을 통해, 또는 품종을 변화시켜야겠다는 생각을 일부러 한 것이 아니라, 가장 품질 좋은 개를 보유하기 위해 노력한 결과로 나타난 무의식적인 선택을 통해, 그레이하운드의 질주력을 향상시킬 수 있었던 것과 마찬가지로 의심의 여지가 없는 사실이다.

늑대의 먹잇감이 되는 동물들의 상대적인 수가 변화되지 않은 상황에서조차도, 새끼는 특정 종류의 먹잇감을 더 선호하는 기질을 가진 채 태어날 수 있다. 우리가 사육하고 있는 동물들이 엄청나게 다른 선천적인 기질을 가지고 있다는 것을 우리는 알고 있기 때문에, 이 사실 또한 불가능한 것으로 여겨지지는 않는다. 예를 들어, 어떤 고양이는 쥐를 잡고 어떤 다른 고양이는 생쥐를 잡는다. 세인트 존(St. John) 씨에 따르면 어떤 고양이는 엽조(winged game)를 집으로 가져오고, 또 다른 고양이는 토끼를 가져온다. 진흙 땅에서 사냥을 하는 것도 있는데 대부분은 밤마다 멧도요(woodcock)나 도요새(snipe)를 잡는다. 생쥐가 아니라 쥐를 사냥하는 기질은 타고난 것으로 알려져 있다. 만일 습성 또는 구조가 약간 변하는 것이 개개의 늑대에 이익을 준다면, 그 늑대는 생존 확률이나 자손을 남길 확률이 더 높아질 것이다. 그리고 그 늑대의 새끼들 중 일부는 동일한 습성이나 구조를 물려받을 것이고, 이러한 과정이 반복됨으로써 부모 형태를 대체하거나 부모 형태와 공존하는 새로운 변종이 생겨날 것이다. 한편, 산악 지대에 서식하는 늑대와 저지대에 자주 출몰하는 늑대들은 선천적으로 앞서 언급한 것과는 다른 먹잇감을 사냥하도록 자연적으로 만들어졌을 것이다. 그리고 그 두 장소에 가장 잘 적응한 개체들이 계속해서 보존됨으로써 두 개의 변종이 서서히 형성될 것이다. 이 변종들은 서로 만나서 교배하고 섞일 수 있을 것이다. 그러나 교잡과 관련한 이 주제에 대해서는 머지않아 다시 언급하도록 하겠다. 덧붙여 말하자면, 피어스(Pierce) 씨에 따르면 미국 캐츠킬 산맥에는 두 늑대 변종이 서식하고 있는데, 하나는 그레이하운드와 약간 닮은 형태로 주로 사슴을 잡아먹지만, 좀 더 몸집이 크고 짧은 다리를 가진 다른 변종은 양 떼를 공격하는 경우가 많다고 한다.

이제 좀 더 복잡한 사례를 들어 보겠다. 수액에서 유해한 성분을 제거하려는 양 달콤한 액을 분비하는 어떤 식물이 있다고 해 보자. 이 액은 일부 콩과 식물에 있는 턱잎(stipule)의 기저부에 있는 분비샘 또는 흔히 볼 수 있는 월계수의 잎 뒷부분에서 나오는 것이다. 곤충들은 소량만 나오는 이 액을 찾으려고 몹시 애쓴다. 이 소량의 달콤한 액 또는 꿀이 꽃잎의 안쪽 기저부에서 분비된다고 가정해 보자. 이 경우 꿀을 찾고 있는 곤충은 꽃가루를 덮어쓰고 대개 다른 꽃의 암술머리로 그 꽃가루를 운반할 것임이 분명하다. 동종에 속한 서로 다른 두 개체의 꽃들은 그런 방법을 통해 교배하게 된다. 이러한 교배 행위는 매우 생명력이 강한 묘목을 생산할 테고 결과적으로 이 묘목은 매우 높은 생존 확률을 가지고 번성하게 될 것임은 충분히 예상 가능하다. (이에 대해서는 나중에 더 자세히 설명할 것이다.) 이 묘목들 중 일부는 아마도 꿀을 분비하는 능력을 물려받을 것이다. 매우 거대한 분비샘이나 꿀샘을 가지고 있어서 다량의 꿀을 분비하는 꽃들에게는 곤충들이 더 자주 찾아올 것이다. 따라서 그 꽃들은 매우 빈번히 교배될 것이며 이와 같은 일이 계속 반복되면 결국은 우위를 점할 것이다. 또한 꽃가루가 이 꽃에서 저 꽃으로 운반되는 데 유리하게끔 자신을 찾아오는 특정 곤충의 크기 및 습성 측면에서 수술과 암술이 잘 배치된 꽃도 마찬가지로 이익을 얻거나 선택을 받을 것이다. 우리는 꿀이 아닌 꽃가루를 먹기 위해 꽃을 찾는 곤충들에 대한 예도 생각해볼 수 있다. 꽃가루는 오직 수정이라는 목적을 위해서 만들어진 것이므로 꽃가루가 파괴된다는 것은 그 식물에게 순전히 손실만 안겨 주는 것으로 보인다. 하지만 꽃가루가 그것을 먹는 곤충에 의해 처음에는 우발적으로, 나중에는 습성에 의해 이 꽃에서 저 꽃으로 운반되어 교배가 일어난다면, 이는 그 식물에게 더 큰 이득일 수 있다. 비록 꽃가루가 십중팔구는 파괴된다 하더라도 말이다. 꽃가루를 점점 많이 생산하는 이런 식물들은 더 큰 꽃밥을 가지게 될 것이며 결국 선택될 것이다.

점점 더 많은 매력적인 꽃들이 계속해서 보존되는 과정(다시 말해 자연 선택의 과정)을 통해 식물들이 곤충을 강하게 끌어들이는 능력을 가질 때, 곤충은 자신이 전혀 의도하지 않았지만 정기적으로 꽃에서 꽃으로 꽃가루를 운반하게 된다. 나는 곤충들이 이러한 일을 매우 효과적으로 할 수 있다는 사실을 놀랍도록 다양한 사례를 통해 쉽게 보여 줄 수 있다. 한 가지 예만 들어 보겠다. 이는 매우 놀라운 예이기도 하지만 지금 언급하고자 하는 식물에서 암수의 분리 과정을 설명해 주는 것이기도 하다. 일부 호랑가시나무(holly-tree)는 수꽃만을 피우는데, 이 수꽃은 아주 소량의 꽃가루를 생산하는 네 개의 수술과 제대로 발달하지 못한 암술을 가진다. 또 다른 종류의 호랑가시나무는 암꽃만을 피우는데, 이 암꽃은 큰 암술과 꽃가루는 단 한 알도 못 만들어 내는 위축된 꽃밥을 가지고 있다. 나는 수나무와 정확히 60야드 떨어진 곳에서 암나무를 발견한 후, 각기 다른 나뭇가지에서 난 20송이의 꽃에서 암술머리를 뽑아 현미경으로 관찰했다. 단 하나의 예외도 없이 모든 암술머리에는 꽃가루 입자가 있었고 그중 일부에는 다량의 꽃가루가 관찰되기도 했다. 바람이 며칠 동안 암나무에서 수나무 쪽으로만 불었기 때문에 바람을 통해서는 꽃가루가 옮겨질 수 없었다. 날씨가 춥고 폭풍우가 일었기 때문에 벌들이 활동하기에 어려웠지만, 내가 관찰했던 모든 암꽃들은 우연히 꽃가루를 뒤집어쓴 채 꿀을 찾으려고 이 나무 저 나무를 날아다니던 벌들에 의해 완벽하게 수정이 일어났다. 이쯤에서 다시 앞서 언급했던 가상의 상황으로 되돌아가자. 어떤 식물이 곤충을 강하게 유인해 꽃가루가 정기적으로 꽃에서 꽃으로 운반되면 이내 또 다른 과정이 개시된다. 이른바 '생리적 분업(physiological division of labour)'의 이점에 대해 의문을 품는 박물학자는 없다. 따라서 우리는 하나의 꽃에서 또는 식물 하나를 통틀어 수술만을 혹은 암술만을 생산하는 식물이 유리하다는 것을 인정할 수 있다. 새로운 생활 환경에서 경작되는 식물에 존재하는 수 기관 또는 암기관은 가끔 다소 생식 불능 상태가 될 때가 있다. 만약 이러한 현상이 아주 조금이나마 자연계에서도 일어난다고 가정하면, 꽃가루는 이미 꽃에서 꽃으로 정기적으로 운반되고 있으며, 분 업 원리를 기초로 생각해 볼 때 식물에서 암수가 좀 더 완벽하게 나뉘는 것이 더 유리하므로 이러한 기질이 점점 더 강해지는 경향을 가진 개체들은 계속해서 이익을 얻거나 선택될 것이다. 그 결과 마침내는 암수가 완벽하게 분리될 것이다.

이제 꿀을 먹는 곤충에 대한 가상의 이야기로 돌아가도록 하겠다. 지속적인 선택을 통해 조금씩 꿀 분비량을 늘려 나가는 식물이 우리가 흔히 볼 수 있는 보통 식물이라고 가정해 보자. 또한 그 식물의 꿀을 주식으로 삼는 어떤 곤충들이 있다고 가정해 보자. 나는 시간 절약에 대한 벌들의 열망이 얼마나 큰지를 보여 주는 많은 사례들을 제시할 수 있다. 예를 들어 어떤 벌은 꽃의 밑바닥에 구멍을 뚫어 꿀을 빨아먹는 습성이 있는데, 만일 이 벌이 아주 약간의 수고만 더 보탠다면 주둥이를 이용해 그 꽃 속으로 들어갈 수도 있다. 이러한 점들을 염두에 둔다면 다음과 같은 사실에는 의심의 여지가 없을 것이다. 즉 우연히 크기 및 형태상의 변이가 생겨난 것이나 또는 주둥이 등의 굽은 정도나 길이가 우리가 알아채지 못할 정도로 아주 미세하게 변화된 것은 벌이나 다른 곤충들에게 이득이 될 것이다. 따라서 그러한 특성을 가진 개체는 음식을 더 빨리 획득해 생존 가능성 및 자손을 남길 가능성이 더욱더 높아질 것이다. 아마 그 자손들도 마찬가지로 구조상으로 약간 변이된 그러한 경향을 물려받을 것이다. 보통 붉은토끼풀과 진홍토끼풀(*Trifolium incarnatum*)의 꽃부리관(tubes of the corollas)은 얼핏 보아서는 길이가 다른 것 같지 않다. 그러나 꿀벌은 보통 붉은토끼풀이 아니라 진홍토끼풀에서 꿀을 빨아 먹는다. 붉은토끼풀을 찾아오는 것은 땅벌뿐이다. 따라서 아무리 드넓은 붉은토끼풀 밭이 펼쳐져 있어도 꿀벌은 그 귀중한 많은 꿀을 제공받지 못한다. 그러므로 꿀벌이 약간 더 긴 혹은 약간 다른 구조를 가진 주둥이를 갖추고 있다면 엄청난 이익이 될 것이다. 한편, 나는 실험을 통해 토끼풀의 암술머리 표면에서 꽃가루를 밀어 넣기 위해 꽃부리 부분을 이동하는 벌에 의해 그 토끼풀의 수정 능력이 좌지우지된다는 사실을 발견했다. 따라서 만일 어떤 지역에서 땅벌이 희귀해지면, 붉은토끼풀은 더 짧거나 더 깊게 갈라진 꽃부리관을 가지게 되어 꿀벌이 자신을 찾아올 수 있게 하는 편이 훨씬 유리할 것이다. 이로써 나는 약간이나마 서로에게 유리한 구조상의 변이를 나타내는 개체들이 계속 보존됨으로써 꽃과 벌이 어떻게 동시에 또는 잇따라 서로서로에게 가장 완벽한 방식으로 변화되고 적응되는지를 이해할 수 있게 되었다.

나는 앞서 가상의 예를 들어 설명했던 이 자연 선택이라는 원리가 찰스 라이엘 경의 "최근 지구의 변화에 대한 지질학적 설명"처럼 처음부터 반론에 부딪히게 되리라는 사실을 잘 알고 있다. 그러나 이제는 해변의 파도가 거대한 협곡의 침식 과정이나 내륙의 긴 절벽의 형성 과정에 별 영향을 미치지 않았다고 말하는 사람이 거의 없다. 자연 선택은 오직 극히 소량의 대물림된 변이의 축적과 보존을 통해서만 작용하며, 이 변이들 각각은 보존된 유기체에게 이득을 준다. 거대 협곡의 탄생이 한차례 대홍수의 물결 때문이라는 주장을 근대 지질학이 일소했듯이, 자연 선택은 새로운 생명체가 계속해서 창조된다든가 생명체의 구조가 갑작스러운 거대한 변화를 겪는다는 식의 믿음을 일소할 것이다. 만약 자연 선택이 진정한 의미의 원리라면 말이다.

개체 간의 교배에 관하여

나는 여기서 잠시 본론에서 벗어나 여담을 하려 한다. 암수로 성이 나뉜 동식물의 경우, 새끼가 태어나려면 반드시 두 개체가 교배해야 한다는 것은 두말할 여지가 없다. 하지만 암수한몸의 경우는 반드시 그렇지 않다. 그럼에도 나는 모든 암수한몸인 생물이 자손을 낳기 위해 우연히 혹은 습성적으로 교배를 한다고 본다. 덧붙여 설명하자면 이러한 견해는 앤드루 나이트가 처음으로 제기했다. 그렇다면 이 견해가 얼마나 중요한지에 대해서 알아보자. 나는 이에 대해 충분히 토론할 수 있을 만큼 준비된 자료를 가지고 있지만, 여기서는 매우 간략히 설명할 것이다. 모든 척추동물과 곤충, 그리고 일부 다른 큰 동물군은 새끼를 낳기 위해 교배를 한다. 최근의 연구를 통해 우리가 암수한몸이라고 생각했던 생물의 수는 상당히 감소했다. 또한 암수한몸이 확실한 것들 중 상당수가 교배를 한다는 것을 알게 되었다. 즉 두 개체가 번식을 위해 정기적으로 교배를 한다는 것이며, 이 부분이 바로 우리가 관심을 가지는 것이다. 하지만 습성적으로 교배를 절대 하지 않는 암수한몸인 동물들도 여전히 많이 있으며, 식물의 대다수는 암수한몸이다. 암수한몸의 경우에 "번식을 위해 두 개체가 교배할 만한 이유가 도대체 무엇인가?"라는 의문을 제기할 수 있다. 더 자세한 이야기까지 언급하는 것이 여기서는 불가능하므로 그저 일반적인 고려 사항 몇 가지를 소개하는 것으로 대신하고자 한다.

우선 나는 동식물의 서로 다른 변종들 사이에서, 또는 동일한 변종이지만 혈통이 다른 개체들 사이에서 이루어지는 교배가 자손에게 활력과 생식 능력을 제공하는 반면, 근친 교배는 활력과 생식 능력을 감소시킨다는 사실을 보여 주는 방대한 양의 자료들을 모았다. 이 사실은 거의 대부분의 사육자들이 보편적으로 가지고 있는 믿음에도 부합하는 것이다. 나는 이러한 사실만 보더라도 혈통을 영원히 이어 가기 위해 자가 수정을 하는 생물은 없으며, 다른 개체와의 교배가 우발적으로 — 아마도 오랜 시간 간격을 두고 — 일어나는 것이 필수불가결한 요소라는 것이 일반적인 자연의 법칙(우리가 법칙의 의미에 대해서는 완전히 무지한 수준이기는 하지만)이라고 생각한다.

이것이 자연의 법칙이라고 믿을 때 우리는 다른 견해로는 설명하기 힘든 다음과 같은 여러 종류의 사실들을 이해할 수 있다. 잡종을 길러 본 사람이라면 누구나 습기에 노출되는 것이 꽃의 수정에 얼마나 해로운지를 알고 있을 것이다. 하지만 암술머리와 꽃밥을 습한 날씨에 노출시키는 꽃이 얼마나 많은가! 우발적으로 교배가 일어나는 것이 필수적이라면, 꽃밥과 암술이 너무 가까이 있어 자가 수정이 반드시 일어날 것으로 보이는 식물임에도 꽃이 외부로 노출되어 있는 이유가 다른 개체로부터 온 꽃가루가 자유롭게 출입할 수 있게 하기 위해서라고 설명할 수 있다. 반면 규모가 큰 과(科)인 콩과 식물의 경우처럼 단단히 에워싸인 결실 기관(organs of fructification)을 가지고 있는 꽃들도 많이 있다. 그러나 이러한 꽃들 중 일부 혹은 어쩌면 전부에서 꽃의 구조와 벌이 꿀을 빠는 방식 사이에는 놀라울 정도의 적응이 일어난 것을 관찰할 수 있다. 이 적응을 통해 벌은 꽃의 암술머리에다 그 꽃 자체의 꽃가루를 집어넣을 수도 있고 화분을 다른 꽃으로 날라 줄 수도 있다. 나는 다른 나라에서 발표된 실험 결과를 통해 벌을 꽃들에게 접근하지 못하게 할 경우 그 식물의 생식 능력이 상당히 감소했음을 알 수 있었는데, 이로 미루어 보아 벌들이 콩과 식물 꽃을 찾아오는 일은 반드시 필요하다. 벌들이 이 꽃 저 꽃으로 날아다니면서 여기저기로 꽃가루를 옮기지 않는 것은 거의 불가능할뿐더러 내가 믿기로는 그것이 식물에게도 무척이나 이롭다. 벌들은 마치 낙타 털로 만든 붓과 같은 작용을 할 것이다. 즉 수정이 확실히 일어나도록 하기 위해서 벌은 단지 어떤 꽃의 꽃밥을 살짝 건드린 다음, 다른 꽃의 암술을 건드리기만 하면 되는 것이다. 그러나 벌이 이를 통해 서로 별개인 종 사이의 잡종을 수없이 많이 만들어 낸다고 생각해서는 안 된다. 왜냐하면, 똑같은 붓을 가지고 그 식물 자체의 꽃가루와 다른 종에서 나온 꽃가루를 암술에 가져다가 놓을 경우, 그 식물의 자체의 꽃가루가 훨씬 강한 생식 능력을 가지므로, 게르트너가 증명한 것처럼 외부에서 온 꽃가루는 절대로 영향력을 행사할 수 없기 때문이다.

어떤 식물의 경우에 수술이 갑자기 암술 쪽으로 구부러지거나 천천히 차례차례 암술 쪽으로 이동하는데, 이런 놀라운 능력은 단순히 자가 수정이 확실히 일어나도록 하기 위해 적응된 것으로 보인다. 물론 이것이 그 목적에 유용하다는 것에는 의심의 여지가 없다. 하지만 요제프 코틀리프 쾰로이터(Joseph Gottlieb Kölreuter)가 유럽매자나무(barberry)를 통해 증명했듯이, 수술을 앞으로 구부러지게 만들려면 대개 곤충의 매개가 필요하다. 흥미롭게도 자가 수정을 위한 특별한 장치를 가지고 있는 것처럼 보이는 바로 이 속(屬)에서 매우 근연인 종이나 변종을 서로 가까이에 심으면, 자연히 그것들 사이의 많은 교배가 일어난다는 것이 잘 알려져 있다. 순종의 묘목을 길러 내는 것이 거의 불가능할 정도로 말이다. 자가 수정을 위한 기구를 거의 가지고 있지 않은 다른 많은 경우에는, 암술이 그 식물 자신의 화분을 받아들이는 것을 효과적으로 막는 특별한 장치가 있다. 이에 대해서는 C. C. 슈프렝겔(C. C. Sprengel)의 저서에서도 볼 수 있고 내 스스로가 관찰한 결과로도 알 수 있었다. 예를 들어, 로벨리아 풀겐스는 정말이지 아름답고 정교한 장치를 가지고 있는데, 이 장치를 통해 하나로 붙어 있는 꽃밥에서 무수히 많은 꽃가루 알갱이들이 하나도 남김없이 쓸려 떨어진다. 그 꽃의 암술이 그 꽃가루들을 미처 받아들일 준비도 하기 전에 말이다. 또한 적어도 내 정원에서는 이러한 꽃에는 곤충들이 날아오지 못하게 했는데, 그것은 씨앗을 전혀 만들어 내지 못했다. 내가 어떤 꽃의 암술에다가 다른 꽃의 화분을 올려놓은 경우에는 많은 묘목을 얻을 수 있었지만 말이다. 반면 벌이 날아드는 곳에서 로벨리아속의 다른 종들이 서로 근처에서 자라는 경우에는 자유롭게 씨를 맺는다. 그 밖에도 꽃의 암술이 자신의 화분을 받아들이는 것을 방지하는 일종의 특별한 기계적인 장치를 가지고 있는 것은 아니지만, 슈프렝겔이 보여 주었을 뿐만 아니라 나 또한 확인했던 것처럼 암술이 수분될 준비가 되기 전에 꽃밥이 터져 버리거나, 그 꽃의 꽃가루가 준비가 되기 전에 암술이 먼저 성숙해서 사실상 암수가 분리된 것과 마찬가지가 되어 습성적으로 교배가 되어야만 하는 경우도 많다. 이 얼마나 놀라운 사실인가! 동일한 꽃 내에 있는 꽃가루와 암술머리 표면이 마치 자가 수정을 목적으로 한 것처럼 그토록 가까이에 위치하고 있음에도 서로 어떤 역할도 못하는 경우가 너무나도 많다는 점은 참으로 기이한 일이다. 하지만 우발적으로 다른 개체와 교배가 일어나는 것이 유리하다거나 필수적이라는 관점으로 이러한 사실들을 설명하면 이 문제는 너무나도 간단하게 해결된다!

만일 양배추, 무, 양파 그리고 일부 다른 식물들의 여러 변종이 자신들의 씨를 서로 근접한 곳에서 뿌리내릴 경우, 그렇게 자라난 묘목들 중 대다수가 잡종이 되어 버린다는 것을 나는 확인했다. 예를 들어 나는 서로 근접한 곳에서 자라고 있는 여러 변종들로부터 얻은 양배추의 종묘 233개를 길러 보았는데, 이들 중 78개만이 원래의 종을 유지하고 있었으며, 심지어 이들 중 일부는 원래의 모습과 완전히 달랐다. 각각의 양배추 꽃의 암술은 그 꽃 고유의 여섯 개의 수술로만 둘러싸인 것이 아니라, 동일한 식물에서 자란 다른 꽃들의 수술로 둘러싸여 있는 것도 존재했다. 그렇다면 어떻게 해서 이 많은 수의 종묘가 잡종이 되었을까? 내가 추측하기로는 이것이 그 식물 자체의 꽃가루보다도 더 큰 생식 능력을 가진 다른 변종의 꽃가루로부터 나온 것이기 때문임이 분명하다. 이것은 우량한 생명체가 동종에 속한 다른 개체 간의 교배를 통해 유래된다는 일반적인 법칙의 한 부분을 구성한다. 별개의 종이 서로 교잡한 경우는 이와 정반대가 되는데, 이는 그 식물 자체의 꽃가루가 다른 종에서 온 외부 꽃가루보다는 항상 더 강한 생식 능력을 가지기 때문이다. 이 문제에 대해서는 차후에 다른 장에서 언급하겠다.

셀 수 없이 많은 꽃으로 뒤덮인 거대한 나무의 경우에 나무에서 나무로 꽃가루가 운반되는 경우는 극히 드물다. 대신 기껏해야 그 나무 내에 있는 다른 꽃으로 옮겨지는 것이 가능한데, 이 때문에 동일한 나무에서 나온 꽃들을 다른 개체라고 보는 것은 좁은 의미에서만 가능한 것이 아니냐는 반론을 제기할 수 있다. 나는 이 반론의 타당성은 인정하는 바이나, 이는 잘못된 의견이다. 왜냐하면, 자연은 나무가 암수로 분리된 꽃들을 가지도록 하는 강한 성향을 부여했기 때문이다. 암꽃과 수꽃이 동일한 나무에서 자란다고 해도 암수가 분리되어 있으면, 꽃가루는 꽃에서 꽃으로 정기적으로 운반되어야만 한다. 따라서 꽃가루가 이 나무에서 저 나무로 우발적으로 운반될 기회 역시 늘어날 것이다. 모든 목(目, order)에 속한 나무들은 다른 식물들에 비해 암수가 분리된 경우가 더 많은데, 나는 이 사실을 영국에서 발견했다. 또한 나의 요청에 따라 후커 박사는 뉴질랜드의 나무를, 아사 그레이(Asa Gray) 박사는 미국의 나무를 표로 정리해 주었는데, 그 결과는 역시 나의 예상과 딱 들어맞았다. 한편 후커 박사가 최근에 나에게 알려 준 바에 따르면, 그 규칙이 오스트레일리아에서는 잘 적용되지 않는다고 한다. 이상으로 나는 이 문제에 대한 주의를 환기시키기 위해 나무의 암수와 관련한 몇 가지 사실을 언급해 보았다.

잠시 동물들에 대해 돌이켜 생각해 보자. 육지에는 연체동물이나 지렁이와 같은 암수한몸인 동물이 있지만 이들은 모두 짝짓기를 한다. 나는 여태껏 자가 수정을 하는 육상 동물의 사례에 대해서는 단 한 번도 들어보지 못했다. 우리는 이따금 교배가 반드시 일어나야 한다는 견해 — 육상 동물이 생활하고 있는 환경에서 수정을 위한 매개체가 무엇이 될지, 그리고 수정 요소(fertilising element)의 특성이 무엇인지를 고려해 볼 때, 이 견해에 동의할 수 있다. — 를 통해 육지 식물과 뚜렷한 대조를 이루는 이 주목할 만한 사실을 이해할 수 있다. 왜냐하면, 우리가 알다시피 식물에 대한 곤충이나 바람의 작용과 같은 것이 육상 동물에서는 없어서, 두 개체가 교미를 하는 것 외에는 교배가 일어날 방법이 없기 때문이다. 수중 동물의 경우에는 자가 수정을 하는 암수한몸 생물이 많이 있을 뿐만 아니라, 교배가 일어날 수 있게 해 주는 확실한 수단인 흐르는 물이라는 매질이 존재한다. 이 분야에서 최고 권위자 중 한 사람인 헉슬리 교수의 자문을 받기도 했지만, 나는 꽃의 경우와 마찬가지로 체내의 생식 기관이 완전히 폐쇄되어 있어서 외부로부터의 접촉 또는 다른 개체로부터 어떤 영향을 받는 것이 물리적으로 불가능할 것으로 보이는 암수한몸 동물은 여태 단 하나도 보지 못했다. 이런 관점으로 생각해 볼 때 만각류(cirripedes, 만각류는 소악강에 속하는 만각하강 갑각류의 총칭이다. 껍데기가 몸과 발 등을 완전히 덮어 주머니 모양의 외투를 만들며 여섯 쌍의 흉부 부속지인 '만각'을 가지는데, 이것을 움직여 먹이를 모은다. 모두 바다에 살며, 주로 바위, 산호, 조개, 배 등에 붙어살지만 일부는 공생하거나 기생을 하기도 한다. 암수한몸으로 따개비, 거북손, 검은큰따개비, 조무래기따개비, 주머니벌레 등이 이에 속한다. — 옮긴이)의 경우는 오랫동안 해결하기 곤란한 난제로 여겨졌다. 그러나 나는 다행히 자가 수정을 하는 암수한몸이라 하더라도 때때로 그 암수한몸들끼리 서로 교배를 한다는 것을 증명할 기회를 얻게 되었다.

동물이건 식물이건 간에 동일한 과, 더 나아가 동일한 속에 속한 종들이 전체적인 구조의 측면에서는 거의 동일하지만 암수한몸인 것도 있고 단성(unisexual)인 것도 있다는 사실은 일종의 변칙으로서 틀림없이 박물학자들에게 엄청난 충격을 주었을 것이다. 그렇다면 모든 암수한몸들이 사실상 가끔 다른 개체들과 교배를 한다면, 암수한몸과 단성인 종들은 기능적인 측면에 관한 한 큰 차이가 없다고 할 수 있다.

이상으로 말한 여러 사항들과 내가 수집했으나 여기에서는 언급하지 않은 여러 특이한 사실들을 통해 미루어 보건대, 동물계든 식물계든 서로 다른 개체들 간에 우발적으로 일어나는 교배는 자연의 법칙임이 분명하다고 생각한다. 이 견해에 따를 경우 이해하기 어려운 사례도 많이 있음을 나는 잘 알고 있다. 그러므로 나는 최종적으로 다음과 같은 결론을 내리고 싶다. 많은 유기체에서 두 개체 사이의 교배는 번식을 위해 반드시 필요하다. 또 어떤 경우에는 긴 시간 간격을 두고 교배가 일어나기도 한다. 그러나 그 어떤 유기체에서도 자가 수정이 영원히 일어나리라고는 생각지 않는다.

자연 선택에 유리한 환경

이것은 매우 복잡한 주제다. 대물림되는 변이가 다양하다는 점은 확실히 유리하다. 나는 단순한 개체적 차이만으로도 충분하다고 생각하지만 말이다. 개체수가 많다는 점은 한정된 시간 내에 이로운 변이가 나타날 기회를 늘리는 것이기 때문에 각 개체에게 변이가 조금만 일어나는 것을 보충해 줄 수 있다. 따라서 나는 이 점이 성공의 매우 중요한 요소라고 믿는다. 비록 자연계는 자연 선택의 작용이 일어날 수 있도록 엄청나게 오랜 시간을 제공해 주지만 그 시간이 무한하지는 않다. 왜냐하면, 모든 유기체가 자연의 경제 내에서 각자 자신의 자리를 차지하기 위해 고군분투하는 상황에서, 만약 어떤 종이 경쟁자들과 비슷한 속도로 변화 또는 개선되지 못한다면 그 종은 이내 멸절할 것이기 때문이다.

인간의 체계적인 선택이 일어날 때 사육자는 몇 가지 뚜렷한 목적을 위해 선택을 행한다. 이때 교잡이 제멋대로 일어난다면 그의 일은 완전히 망할 것이다. 그러나 품종을 바꾸려는 의향이 없는 많은 사람들이 완벽한 품종의 기준을 거의 동일하게 설정한 후, 모두 최상품의 동물을 얻어 그것을 번식시키고자 노력하는 경우는 다르다. 이때에는 열등한 동물들과의 교배가 많이 이루어짐에도 무의식적인 선택의 과정을 통해 천천히, 그러나 확실하게 많은 변화 및 품종 개량이 일어난다. 이와 동일한 일이 자연계에서도 일어날 것이다. 자연의 조직 구조 내에서 아직 완전히 점령되지 않은 빈자리가 있는 한정된 공간 내에서는 자연 선택이 빈자리를 잘 채우기 위해서 올바른 방향으로 변이하고 있는 ─ 변이되는 정도는 각기 다르다고 하더라도 ─ 모든 개체들을 보존시키는 경향이 늘 있기 때문이다. 그러나 그 공간이 넓어지면 다른 곳과는 생활 환경 조건이 다른 지역이 분명히 일부 존재하게 될 것이다. 이러한 경우 만약 자연 선택이 그 지역에 있는 어떤 한 종을 변화시키고 개량한다면 그 종에 속한 다른 개체들 간의 교배가 그 지역의 경계 각각에서 일어날 것이다. 그리고 이러한 경우, 각각의 환경 조건에 따라 정확히 동일한 방식으로 각 지역에서 서식하는 모든 개체들을 변화시키려는 경향이 있는 자연 선택이 교배의 영향에 균형을 맞춰 줄 가능성은 거의 없다. 왜냐하면, 한 지역에서 다른 지역으로 이어지는 부분에서는 대체로 환경 조건이 눈에 띄지 않을 정도로 점차적으로 변화하기 때문이다. 교배는 새끼를 낳기 위한 목적으로 짝짓기를 하는 동물, 많이 돌아다니는 동물, 번식이 매우 빠른 속도로 일어나지는 않는 동물에게 가장 큰 영향을 미칠 것이다. 따라서 이러한 성질을 가진, 가령 새와 같은 동물들 가운데 변종은 일반적으로 각기 떨어진 지역에서 한정적으로 서식할 것이며, 실제로 그러하다고 나는 믿고 있다. 교배가 우발적으로만 일어나는 암수한몸인 유기체, 그리고 번식을 위해서만 짝짓기를 하지만, 별로 돌아다니지 않고 매우 빠른 속도로 개체수를 늘리는 동물의 경우, 어떤 한 지역에서 새로이 개량된 변종이 빠르게 생겨날 수 있다. 그리고 그곳에서 한 덩어리가 되어 살아가면서 교배는 주로 그 새로운 변종에 함께 속하는 개체들 간에 이루어질 수도 있다. 이런 식으로 일단 형성된 국지적인 변종은 서서히 다른 지역으로 퍼져 나갈 것이다. 이상의 원리에 의거해 식물 재배자들은 언제나 같은 변종에 속한 대규모의 식물들로부터 씨앗을 얻기를 원한다. 이를 통해 다른 변종과의 교잡이 일어날 기회를 줄일 수 있기 때문이다.

번식을 위해서 잠시 짝을 이루고 번식 속도가 느린 동물이라 할지라도 자연 선택을 지연시키는 교배의 영향을 과대 평가해서는 안 된다. 나는 한 지역 내에서 동일한 동물의 변종들이 다음과 같은 이유로 인해 오랫동안 별개의 변종으로 남아 있을 수 있다는 사실을 보여 주는 근거들을 상당히 많이 열거할 수 있다. 그 이유란 바로 그 변종들이 서로 다른 지역에서 돌아다니고 약간씩 다른 계절에 번식하거나 동일한 종류의 변종들끼리 짝짓기를 하는 것이 더 선호되기 때문이라는 것이다.

자연계에서 교배는 동일한 종 또는 동일한 변종의 개체들로 하여금 그들의 형질을 변화시키지 않고 균일하게 유지하도록 만드는 데 매우 중요한 역할을 담당한다. 이것은 분명히 번식을 위해서만 짝짓기를 하는 동물들의 경우에 훨씬 더 효과적으로 작용할 것이다. 하지만 나는 앞에서 모든 동물과 모든 식물에서 이따금 일어나는 교배에 대해서도 신뢰할 만한 증거들을 제시하려고 노력했다. 비록 이것이 긴 시간 간격을 두고 일어나기는 하지만 이를 통해 태어난 자손들은 오랫동안 자가 수정을 계속해 태어난 자손들에 비해 훨씬 더 강한 생명력과 생식 능력을 가질 것이라 확신한다. 그리하여 그 자손들은 생존 및 번식에 있어서 더 좋은 기회를 가질 것이다. 이런 식으로 가면 결국 교배의 영향은 강력한 힘을 가진다. 교배가 자주 일어나지 않는 경우에도 말이다. 만일 교배를 전혀 하지 않는 유기체가 존재한다면, 대물림의 원리를 통해서 그리고 제대로 된 형태가 아니면 어떤 것이든 없애 버리는 자연 선택을 통해서 형질의 통일성이 그들 내에 유지될 수 있을 것이다. 물론 그들의 생활 환경 조건이 동일한 상태를 유지하는 한 말이다. 그러나 만일 생활 환경 조건이 변화해 그것들이 변화를 겪게 된다면, 변화된 자손들은 똑같은 이로운 변이들을 보존시키는 자연 선택을 통해서만 형질의 통일성을 물려받을 수 있을 것이다.

격리 또한 자연 선택의 과정에서 중요한 요소다. 한정된 지역 또는 격리된 지역이 그리 넓지 않을 경우, 대개는 유기적, 무기적인 생활 환경의 조건이 매우 비슷할 것이다. 따라서 자연 선택은 그 지역 전체를 통틀어 변이하고 있는 종들의 모든 개체를 그 동일한 환경 조건과 관련해서 똑같은 방식으로 변화시키는 경향이 있다. 또한 만약 그것들이 격리되지 않았다면 서로 다른 환경으로 둘러싸인 지역에서 살았을 동일한 종에 속한 개체들 간의 교배에도 지장이 생긴다. 그러나 격리는 기후의 변화 또는 토지의 융기 등과 같은 물리적인 환경 변화가 일어난 이후에 그 변화에 더 잘 적응한 유기체의 이주를 억제하는 데에 효과적으로 작용하는 것으로 보인다. 그리고 그 지역의 자연 경제에서 새로 생겨난 자리는, 서로 차지하려고 투쟁하는, 그리고 구조 및 체질상의 변화를 통해 그 자리에 적응하게 될 예전부터 서식했던 생물들을 위해 채워지지 않은 채 남을 것이다. 마지막으로 격리는 이주를 억제해 결국은 경쟁을 억제함으로써 새로운 변종이 서서히 개량할 수 있는 시간을 제공할 수 있다. 이러한 사실은 새로운 종의 탄생에 있어 때로 중요한 요소가 된다. 하지만 만약 격리된 지역이 장벽으로 둘러싸이거나 아주 특수한 물리적 조건 아래 놓임으로써 매우 협소할 경우에는, 필연적으로 그곳에서 생존하는 총 개체수 또한 매우 적을 것이다. 개체수가 적으면 유리한 변이가 나타날 기회가 줄어들기 때문에 자연 선택을 통한 새로운 종의 탄생 또한 매우 지연될 것이다.

이와 같은 설명이 과연 옳은지를 시험하기 위해 자연으로 눈을 돌려 대양도(oceanic island)와 같이 격리된 좁은 지역을 살펴보자. 나중에 지리적 분포에 관한 장에서 자세히 알아보겠지만, 그곳에서 서식하는 종들의 총 수는 얼마 되지 않을지도 모른다. 그러나 이러한 종들 중 그 지역의 고유종 ─ 다른 어떤 곳에서도 아닌 그곳에서만 생겨난 종 ─ 이 차지하는 비율은 매우 높다. 따라서 언뜻 보기에 대양도라는 곳은 새로운 종의 탄생에 매우 유리한 것처럼 보인다. 그런데 여기에는 오해의 소지가 다분하다. 격리된 좁은 지역과 대륙처럼 넓고 개방된 지역 중 어디가 새로운 유기체의 형성에 더 이로운 곳인지를 확인하기 위해서 우리는 똑같은 시간을 적용해서 비교해야 하는데, 이것은 불가능하다.

나는 새로운 종의 탄생에 격리가 상당히 중요한 요소라는 점을 의심하지 않는다. 다만, 전반적으로 봤을 때 지역의 크기가 얼마나 큰지가 더 중요한 요소라는 생각이 들었다. 특히나 장기간에 걸쳐 존속하며 넓은 범위로 퍼져 나갈 수 있음을 보여 줄 종의 탄생에서는 더욱 그러하다. 개방된 넓은 지역에서는 그곳에서 살아가는 동종의 수많은 개체들에서 이로운 변이가 생겨날 기회가 도처에 깔려 있을 뿐만 아니라, 이미 존재하고 있는 종이 상당히 많기 때문에 생활 환경의 조건 또한 상당히 복잡하다. 만일 이러한 수많은 종들 중 일부가 변화되어 개량된다면 다른 것들 또한 그에 상응하는 정도로 개량되어야만 할 것이다. 그렇지 않으면 그것들은 멸절할 것이기 때문이다. 또한 새로운 형태들 각각은 그것들이 충분히 개량된 직후에 개방된 넓은 공간을 통해 멀리 퍼져 나갈 수 있을 것이고, 그로 인해 많은 다른 생물들과 경쟁할 것이다. 따라서 더 많은 새로운 자리가 형성되며 그 자리를 차지하기 위한 경쟁은 격리된 좁은 지역에 비해 더욱 치열할 것이다. 게다가 지면의 높이 변동으로 인해 지금은 이어져 있는 넓은 지역은 단절된 상태로 존재했던 적이 있었을 것이므로 격리의 긍정적인 영향을 대체로 어느 정도 받을 수 있었을 것이다. 결론적으로 말해 격리된 좁은 지역이 여러 측면에서 새로운 종의 탄생에 매우 유리했을 것으로 생각되지만, 변화의 과정은 일반적으로 넓은 지역에서 보다 빠르게 일어났을 것이다. 그리고 더욱더 중요한 사실은 넓은 지역에서 탄생한 새로운 형태들 — 이미 많은 경쟁자들을 제친 — 은 매우 넓은 영역으로 확산될 것이며 많은 새로운 변종과 종을 탄생시킬 뿐만 아니라 이로써 유기체 세상의 역사를 변화시키는 데 중요한 역할을 할 것이라는 점이다.

이러한 견해를 통해 아마 우리는 나중에 지리적 분포에 관한 장에서 다시 언급할 몇 가지 사실들을 이해할 수 있다. 가령 오스트레일리아라는 작은 대륙의 생물들은 이전에 유럽-아시아라는 거대한 대륙의 생물들 앞에 굴복했는데 지금도 그렇다. 그와 더불어 대륙의 생물들은 섬에 가서도 그곳 어디에서나 토착화된다. 작은 섬에서는 생존 투쟁이 그리 심하지 않아서 변화가 적게 일어날 뿐만 아니라 멸절되는 경우도 별로 없다. 이로써 오스발트 헤어(Oswald Heer)가 마데이라의 식물상이 더 이상 존재하지 않는 유럽의 제3기 식물상과 유사하다고 말했던 것을 이해할 수 있을 것이다. 모든 담수 유역을 다 합친다고 해도 그 크기는 바다나 육지에 비하면 턱없이 작다. 따라서 담수 생물상들 사이의 경쟁은 다른 지역에서의 경쟁에 비해 덜 심할 것이며, 새로운 형태들은 훨씬 더 천천히 형성되고 오래된 형태들은 더 천천히 멸절할 것이다. 한때 우세했던 목의 일부 잔존 생물인 경린어류(硬鱗魚類, Ganoid fishes, 철갑상어나 동갈치처럼 피부가 단단한 비늘로 덮여 있는 물고기. ─ 옮긴이)의 일곱 가지 속을 발견할 수 있는 곳이 바로 담수다. 또한 오리너구리(Ornithorhynchus)나 레피도시렌(Lepidosiren, 폐어(肺魚)목에 속하는 담수어로 겉모양이 장어와 비슷하다. ─ 옮긴이)처럼 현재 세계에서 가장 희한한 생물이라고 알려진 것들도 담수에서 발견할 수 있다. 이들은 마치 화석처럼 자연의 계층 구조에서 다소 멀리 떨어져 있는 목들을 서로 연결시켜 준다. 이러한 희한한 형태들은 거의 살아 있는 화석이라고 해도 좋을 것이다. 그것들은 한정된 지역에서만 서식하기 때문에 심한 경쟁에 노출되지 않음으로써 오늘날까지 살아남을 수 있었던 것이다.

자연 선택에 유리한 환경과 불리한 환경이라는 매우 복잡한 주제에 대해 가능한 한 잘 요약해 보자. 나는 앞날을 생각하면서 다음과 같은 결론을 내렸다. 육상 동물에게 있어서 광활한 대륙 지역 ─ 아마 이 지역은 지면의 높이 변동이 수차례 일어날 것이고, 그로 인해 오랜 기간 동안 단절된 상태로 존재하게 될 것이다. ─ 은 많은 새로운 생명 형태들 ─ 오랫동안 살아남아 넓은 영역으로 확산해 나갈 가능성이 높을 것으로 보이는 형태들 ─ 이 탄생하는 데 가장 유리한 조건일 것이다. 이러한 지역은 처음에는 하나의 대륙으로 존재해서, 그 시기에 그곳에서 서식하는 생물들은 개체수뿐만 아니라 그 종류 또한 상당히 많을 것이며, 따라서 매우 심한 경쟁이 불가피할 것이다. 그 대륙이 침강함으로써 각기 분리된 몇 개의 섬으로 쪼개질 때에도 그 각각의 섬에는 여전히 동종의 많은 개체들이 존재할 수 있을 것이며, 따라서 각 종들이 존재하는 영역의 경계에서 상호교잡은 잘 일어나지 못할 것이다. 어떤 물리적인 변화가 일어난 후 이주가 일어나지 못하게 되면, 각 섬의 생태계에서 새롭게 형성된 자리는 이미 그곳에서 서식하고 있었던 생물들이 변화를 겪음으로써 채우게 될 것이다. 이때 각 섬에서는 변종이 잘 변화되어 자리 잡을 때까지 필요한 시간이 충분히 있을 것이다. 지면이 또다시 융기하면 섬은 다시 하나의 대륙으로 합쳐질 것이고 또다시 심한 경쟁이 일어날 것이다. 이때 가장 유리한 또는 가장 개량된 변종은 널리 퍼져 나가는 반면, 덜 개량된 형태들은 대량으로 멸절할 것이다. 또한 새로 합쳐진 이 대륙에서 서식하게 된 다양한 생물들의 상대적인 비율은 예전과 달라질 것이므로 자연 선택이 그 서식 생물들을 한층 더 발전시켜 새로운 종을 탄생시킬 공정한 경기가 다시 한번 펼쳐질 것이다.

　　나는 진정으로 자연 선택이 언제나 매우 느린 속도로 작용한다고 생각한다. 자연 선택의 작용은 그 지역의 자연의 계층 구조 내에 공석이 있을 경우에만, 즉 일종의 변화를 겪고 있는 서식자들 중 일부가 점령하게 될 빈자리가 있을 경우에만 작동한다. 그러한 공석의 존재는 흔히 물리적 변화 — 이 물리적 변화는 대개 매우 느리게 일어난다. — 에 의해, 그리고 더 잘 적응한 형태들의 이주가 저지되는 것에 의해 좌우된다. 그러나 자연 선택은 천천히 변화하고 있는 일부 서식 생물들에 의해 좌우되어 작용하는 경우가 훨씬 더 많을 것이며, 그로 인해 다른 많은 서식 생물과의 상호 관계는 교란된다. 만약 이로운 변이가 일어나지 않는다면, 그 어떤 결과도 초래되지 않을 것이다. 변이 그 자체는 언제나 매우 느리게 일어나는 과정임이 틀림없다. 그 과정은 자유로운 상호 교배를 통해 상당히 지연되는 경우가 많을 것이다. 이러한 몇 가지 원인만으로도 자연 선택의 작용을 완전히 멈추는 것이 충분히 가능하다고 주장하는 사람들도 많겠지만, 나는 그렇게 생각지 않는다. 다만 나는 자연 선택이 언제나 매우 느린 속도로 오랜 시간 간격을 두고, 일반적으로는 같은 지역에서 함께 서식하는 생물들 중 극소수에게만 작용할 것이라 믿는다. 더 나아가 나는 이렇게 서서히 간헐적으로 일어나는 자연 선택의 작용이 전 지구 생명체들의 변화 속도와 방식에 대한 지질학적 사실들과 완벽하게 잘 부합한다고 생각한다.

연약한 인간이 인위적 선택의 능력으로 많은 일들을 할 수 있었던 것을 보면, 비록 서서히 진행되는 선택 과정일지라도 자연의 선택 능력에 의해 일어난 그 변화의 양은 한계조차 파악하기 힘들 것이다. 오랫동안 지속된 자연 선택 과정의 결과로써 나타나는 모든 유기체들 간의 상호 적응 및 물리적 생활 환경 조건에 대한 적응은 얼마나 복잡하고 아름다운가? 여기에도 한계는 없을 것이다.

멸절

이 주제에 대해서는 지질학에 관한 장에서 더 자세히 다룰 것이다. 다만 이 문제가 자연 선택과도 직접적으로 연관되어 있기 때문에 여기에서도 잠시 다루지 않을 수 없다. 자연 선택은 어떤 측면이 유리하기 때문에 견딜 수 있었던 변이들의 보존을 통해서만 작용한다. 그러나 모든 유기체들은 기하 급수적으로 증가하기 때문에 모든 지역은 이미 그곳에서 서식하는 생물들로 가득 차 있다. 따라서 유리한 형태가 선택되어 그 수가 증가하면 덜 유리한 형태는 수가 감소해서 희귀해진다. 지질학이 우리에게 말해 주듯이 희귀성은 멸절로 나아가는 전조다. 개체수가 얼마 되지 않는 어떤 형태는 계절 또는 천적의 수가 일시적으로 변하는 시기에 멸절의 위기에 빠지게 된다는 사실을 우리는 알고 있다. 그러나 우리는 이보다 더 나아가 멀리 내다봐야 한다. 새로운 형태가 계속해서 서서히 생겨날 경우에 특정 형태가 계속해서 거의 무한히 그 수를 늘릴 수는 없다는 것을 우리가 아는 이상, 다수는 필연적으로 멸절하지 않으면 안 되기 때문이다. 특정 형태의 수는 무한히 증가하지 않는다. 지질학이 명백히 보여 주는 것처럼 말이다. 우리는 그 이유를 확실히 알 수 있다. 그것은 바로 자연의 위계 질서에서 공석의 수가 무한정 늘어나지는 않기 때문이다. 우리는 어떤 지역이 수용 가능한 종의 최대치에 도달했는지 아닌지를 알지 못한다. 아마 그 어떤 지역도 아직 완전히 채워진 것은 아닐 것이다. 예컨대 우리가 아는 한, 전 세계 그 어느 지역보다도 더 많은 식물종이 함께 자라고 있는 희망봉에서조차도 일부 외래 식물들은 토종 생물을 멸절시키지 않은 채 귀화하고 있다.

더구나 개체수가 가장 많은 종은 한정된 기간 내에 이로운 변이를 만들어 낼 확률이 가장 높다. 이미 2장에서 살펴본 바대로 흔한 종이야말로 확인된 변종 또는 발단종을 가장 많이 만들어 낼 수 있다는 사실로부터 앞의 사실을 입증할 수 있다. 따라서 희귀한 종들은 한정된 시간 동안 덜 빠르게 변화 또는 개량될 것이며, 결국 그것들은 그보다 더 흔한 종들의 변화된 자손들에 의해 생존 투쟁에서 패배할 것이다.

이러한 몇 가지 사항들을 통해 나는 다음과 같은 생각을 하지 않을 수 없다. 즉 시간이 흐름에 따라 새로운 종이 자연 선택을 통해 형성되었고 그렇지 못한 것들은 점점 더 희귀해져 결국은 멸절했다. 변이와 개량을 거듭하고 있는 것들과 가장 가까이에서 경쟁하고 있는 형태들이 당연히 가장 많은 영향을 받을 것이다. 우리는 생존 투쟁에 관한 앞의 장에서, 가장 심각한 경쟁은 일반적으로 가장 가까운 관계에 있는 근연 형태들 — 동일한 종에 속한 변종들, 동일한 속 또는 동족인 속에 속한 종들 — 간에 일어나는 경쟁이라는 것과 이는 그들이 거의 유사한 구조, 체질 그리고 습성을 갖고 있기 때문이라는 것을 살펴보았다. 결과적으로 새로운 변종 또는 종 각각은 대개 그것이 형성되는 과정에서 그것들과 가장 가까운 다른 종들을 심하게 압박하고, 나아가 그것들을 전멸시켜 버리는 경향이 있다. 인위적 선택 과정을 통해 우리는 가축에게서 일어나는 그와 동일한 전멸 과정을 확인할 수 있다. 소, 양, 그 밖의 다른 동물들의 새로운 품종 그리고 꽃의 변종들이 열등하고 오래된 것들의 자리를 얼마나 빠른 속도로 차지하는지를 보여 주는 흥미로운 예들은 얼마든지 있다. 요크셔 지방에서는 예전에 살았던 검은 소가 긴 뿔을 가진 소로 인해 사라졌고, 그 긴 뿔을 가진 소는 (어떤 농학자의 말을 인용하자면) "마치 무시무시한 전염병에 걸린 것처럼 짧은 뿔을 가진 소들에 의해 몰살되었다."

형질 분기

내가 형질 분기라는 용어로 이름 붙인 이 원리는 내 이론에서 매우 중요하다. 나는 이것이 여러 중요한 사실들을 설명할 수 있다고 믿는다. 우선 변종은 특징이 뚜렷이 드러난다 할지라도 그 종의 형질을 다소 가지고 있다. 변종들을 어떻게 분류해야 좋을지 판단하기 어려운 경우가 많다는 것을 보면 알 수 있듯이 말이다. 변종들이 완전히 별개인 종들보다는 상호 차이가 덜 심하다는 점은 확실하다. 그럼에도 내 이론에 따르면 이런 변종은 만들어지고 있는 종 또는 내가 말한 발단종이다. 그렇다면 변종들 사이의 사소한 차이가 어떻게 해서 종들 간의 큰 차이로 늘어났을까? 다음과 같은 사실로부터 이러한 차이의 증가가 늘 일어난다는 것을 추론해야 한다. 그것은 자연계의 수많은 종들은 대부분 뚜렷한 차이를 드러내는 반면, 나중에 뚜렷한 특징을 가지게 될, 종들의 조상이면서도 가상적 원형(supposed prototype)이라 할 수 있는 변종들은 뚜렷하지 않고 경미한 차이를 나타낸다는 것이다. 이른바 단순한 우연은 어떤 변종이 몇 가지 형질적인 측면에서 그들의 부모 종과 차이를 만드는 원인이 된다. 그리고 이 변종의 자손은 바로 그 동일한 형질 면에서 또다시 그것의 부모와 상당히 다르게 될 것이다. 그러나 이것만으로는 동일한 종에 속한 변종들과 동일한 속에 속한 종들 사이에 거의 언제나 나타나는 엄청난 차이를 설명할 수가 없다.

늘 그랬듯 우리가 기르는 생물들로부터 이 문제에 대한 단서를 찾아보도록 하자. 우리는 여기서 무언가 유사한 것을 발견할 수 있다. 어떤 애조가는 약간 짧은 부리를 가진 비둘기를 매우 좋아한다. 더 긴 부리를 가진 비둘기를 좋아하는 애조가도 있다. "애조가들은 어중간한 것을 싫어하고 극단적인 것을 좋아하며 앞으로도 그럴 것이다."라는 널리 인정되는 원리에 따라 그들은 (실제로 공중제비비둘기의 경우에서 그러했듯이) 점점 더 긴 부리 혹은 점점 더 짧은 부리를 가진 새들을 선택해 번식시키는 일을 계속 해 나간다. 우리는 고대에 어떤 사람은 빨리 달리는 말을, 또 어떤 사람은 힘세고 더 몸집이 큰 말을 선호했으리라 추측할 수 있다. 그 말들 간의 차이는 처음에는 아주 미미했을 것이다. 그러나 시간이 경과하면서 어떤 사육자는 더 빠른 말을, 또 다른 사육자는 힘센 말을 계속해서 선택함으로써 그 차이는 점점 더 커져서, 결국 두 개의 아품종이 생겨나게 되었을 것이다. 마침내, 몇 세기가 흘러 그 아품종은 두 개의 별개 품종으로 정착되었을 것이다. 차이가 서서히 늘어나면, 빠르지도 않고 힘이 세지도 않은 중간 형질을 가지고 있는 열등한 동물들은 도외시되어 사라질 것이다. 여기서 우리는 인간이 소유하는 생물들에도 이른바 형질 분기의 원리라 불리는 것이 작용함을 볼 수 있다. 이것은 처음에는 거의 눈에 띄지 않다가 점차 늘어나서 나중에는 그 품종으로 하여금 서로 그리고 그들의 공통 부모로부터 형질을 분기시키도록 만드는 차이점을 야기한다.

하지만 여기서 이와 같은 원리가 자연계에서도 적용될 수 있는지를 물을 수 있다. 나는 그것이 가능할 뿐만 아니라 실제로 매우 효율적으로 적용될 수 있다고 믿는다. 어떤 하나의 종에서 나온 자손들이 구조, 체질 및 습성에서 더욱더 다양해질수록 그것들은 자연의 계층 구조 안에서 더 많고 다양한 자리를 차지하게 될 것이고 따라서 그 수를 늘려나갈 수 있을 것이라는 단순한 정황을 생각해 보면 그러한 믿음에는 신빙성이 있다.

우리는 단순한 습성을 가진 동물들의 사례를 통해 이를 분명하게 볼 수 있다. 가령, 어느 지역에서 이미 오래전부터 서식해 그 지역이 수용할 수 있는 평균 개체수에 도달한 육식 동물의 경우를 생각해 보자. 만일 그 동물의 자연적 증식 능력이 작동하는 것이 허용된다면, 그 동물은 (그 지역이 어떤 생활 환경의 변화를 겪지 않을 때) 변이하는 자손들이 현재 다른 동물에 의해 점령된 자리를 차지함으로써만 개체수를 늘리는 데 성공할 수 있을 것이다. 예를 들어, 그들 중 일부는 죽은 것이든 산 것이든 간에 새로운 종류의 먹이를 먹게 되고, 일부는 새로운 땅에서 서식하게 되거나 나무에 올라가고, 수중으로 들어가기도 하며, 일부는 육식성이 감소하게 될 가능성도 있다. 육식 동물의 자손들이 습성 및 구조적인 면에서 더 다양해질수록 그들은 더 많은 자리를 차지할 수 있을 것이다. 어떤 한 동물에 적용할 수 있는 것은 언제든지 모든 동물 ― 말하자면, 그것들이 변이하는 경우에 ― 에게 적용할 수 있다. 변이가 없다면 자연 선택은 아무것도 할 수 없다.

식물의 경우에도 마찬가지다. 한 구획의 땅에 한 종의 풀씨를 뿌리고 비슷한 크기의 땅에 몇 가지 다른 속의 씨를 뿌리면, 더 많은 양의 식물과 건초가 자라나게 된다는 것은 실험적으로 증명된 바 있다. 처음에는 밀의 변종 하나의 씨를, 다음에는 여러 밀 변종의 씨를 함께 섞어서 같은 면적의 땅에 뿌릴 때에도 똑같은 결과가 나온다는 것을 알수 있다. 그러므로 만일 어떤 하나의 풀 종이 변이를 계속하고 그 변종들 — 서로 다른 종이나 속의 풀이 서로 다른 것처럼, 서로 다른 변종들 — 이 계속해서 선택된다면, 이 풀 종에 속한 많은 개개의 식물들 — 그들의 변화된 자손들도 포함해서 — 은 같은 지역에서 살 수 있게 될 것이다. 우리는 각각의 풀 종과 변종의 씨가 해마다 거의 셀수 없을 정도로 많이 뿌려진다는 사실을 알고 있다. 따라서 그것들은 개체수를 증가시키기 위해 최선을 다해 고군분투하고 있다고 볼 수있다. 결과적으로 나는, 수천 세대를 지나오는 동안에 어느 풀 종의 변종들 중 가장 뚜렷한 특징을 가진 것이 생존해 그 수를 늘릴 기회를 가지게 되고, 이로써 특징이 덜 뚜렷한 다른 변종들은 없어진다는 사실, 그리고 변종들이 서로 매우 다른 특징을 가지게 되었을 때 종의 지위를 차지하게 된다는 사실을 믿어 의심치 않는다.

구조가 다양할수록 생물의 수가 더 많다는 이 원리의 진실성은 많은 자연 환경 속에서 확인될 수 있다. 극도로 좁은 지역, 특히 이주가 자유롭게 일어나고 개체 간의 경쟁이 치열하지 않을 수 없는 곳에서 우리는 언제나 그곳의 서식 생물들이 상당히 다양하다는 것을 발견할 수 있다. 예를 들어, 나는 가로 3피트, 세로 4피트 크기의 작은 잔디밭을 발견했는데, 그곳은 수년간 동일한 환경에 노출되어 있었다. 또한 거기에는 식물 20종이 있었는데, 그것들은 열여덟 개의 속, 여덟 개의 목에 속한 것이었다. 이 사실은 이 식물들이 서로 얼마나 다른가를 보여 준다. 작고 균일한 섬, 작은 민물 연못에 있는 식물들과 곤충에서도 마찬가지다. 농부들은 매우 별개인 목에 속한 식물들을 윤작(輪作)함으로써 최대 생산량을 얻을 수 있다는 사실을 알아냈는데, 말하자면 자연은 동시적인 윤작을 하고 있는 셈이다. 어떤 작은 땅 근처에서 살고 있는 동식물들 중 대다수는 그 땅(땅의 성질이 그리 특별하지 않은 경우에)에서 살 수 있으며, 아마 그곳에서 살아남기 위해 최대한 노력한다고 할 수 있다. 그러나 그것들이 서로 치열한 경쟁을 하게 되는 곳에서 습성 및 체질의 차이와 더불어 구조의 다양성이 주는 이점은 그곳에서 함께 서식하면서 서로 가장 격렬하게 다투는 동물들이 대개는 소위 다른 속이나 다른 목에 속하도록 만든다는 것을 알 수 있다.

이와 같은 원리는 인간의 개입을 통해 외국 땅에 귀화하게 된 식물의 경우에서도 찾아볼 수 있다. 어떤 땅에서든 쉽게 귀화하는 식물은 그 땅의 원산종과 매우 가까운 근연 관계일 것이라 여겨졌다. 흔히 원산종은 특별하게 창조되어 그 지역 고유의 땅에 적응된 것이라 생각했기 때문이다. 또한 귀화 식물은 아마 새로운 지역의 특정한 장소에 특히 더 잘 적응한 얼마 되지 않는 집단에 속하는 것이라 여겨지기도 했다. 그러나 사실은 이와 다르다. 알퐁스 드 캉돌은 그의 훌륭한 저서에서, 토착 식물이 속한 속과 종의 수를 비교해 볼 때 귀화를 통해 얻어진 식물상은 새로운 종에 비해 새로운 속이 훨씬 더 많다는 사실을 잘 언급한 바 있다. 한 가지 예를 제시해 보겠다. 아사 그레이 박사의 『미국 북부의 식물상 편람(*Manual of the Flora of the Northern United States*)』을 보면 260가지의 귀화된 식물이 열거되어 있는데, 이들은 162개의 속에 속해 있다. 이를 통해 우리는 이러한 귀화 식물들이 매우 다양화된 성질을 가짐을 알 수 있다. 게다가 그것들은 원산종(indigene)들과도 상당히 다른데, 162개 속 가운데 자그마치 100개의 속이 원산종에는 없었던 것이며, 이에 따라 미국에는 비교적 많은 수의 속이 추가되었다.

어떤 지역에서 원산종들과 용케도 잘 싸워 나가 결국 귀화된 동식물의 특성을 고려할 때, 우리는 토착종들 중 일부가 다른 토착종들에 비해 우위를 점하기 위해 어떻게 변화되었는지에 대한 몇 가지 단서를 얻을 수 있다. 나는 새로운 속이 될 정도로 큰 차이가 생긴 다양화된 구조가 그것들에게 유리하게 작용했을 것이라 추론해도 괜찮다고 생각한다.

같은 지역에서 서식하는 생물들에게 있어 다양성의 이점은 한 개체 내의 기관들이 가지는 생리적 분업의 이점과 사실상 동일하다. 이 주제에 대해서는 밀른 에드워즈(Milne Edwards)가 매우 잘 설명했다. 그 어떤 생리학자도 식물성 물질만을 또는 육류만을 소화하는 데에 적응한 위가 그 각각의 물질로부터 가장 많은 영양소를 흡수한다는 사실을 의심하지는 않는다. 어떤 지역의 일반적인 경제에 있어서도 마찬가지다. 동물과 식물이 다른 생활 습성을 가지기 위해 더 많이 그리고 더 완벽하게 다양화되어 있을수록 더 많은 수의 개체들이 그 지역에서 그들 자신을 부양할 수 있다. 조직이 단순한 일군의 동물들은 구조의 다양화가 훨씬 더 잘 일어난 다른 동물군과 경쟁하기가 거의 불가능할 것이다. 예를 들어 오스트레일리아의 유대류(marsupial)는 서로 약간씩 다른 집단 몇 개로 나뉘어 있다. 또한 그것은 조지 로버트 워터하우스(George Robert Waterhouse) 씨를 비롯한 여러 사람들이 지적한 바와 같이 육식 동물, 반추동물, 설치류의 모습을 약간씩 가지고 있는데, 이 유대류가 과연 확연한 특징을 가지는 여러 목들과의 경쟁에서 살아남을 수 있을지는 의문이다. 오스트레일리아의 포유류에서 우리는 초기의 불완전한 발달 단계에서의 다양화 과정을 볼 수 있다.

앞서 언급한 내용에 대해서 더 자세한 설명이 필요하지만, 내가 생각하기에 우리는 어떤 한 종의 변화된 자손들이 구조상 더 다양화되어 다른 유기체가 차지하고 있는 자리를 잠식할 수 있게 될 때 훨씬 더 잘 생존할 것이라고 추정해도 좋을 것 같다. 이제 형질 분기를 통해 유기체가 많은 이익을 얻는다는 이 원리가 자연 선택의 원리 그리고 멸절의 원리와 더불어 어떻게 작용하는가를 살펴보자.

다음의 도표는 꽤나 까다로운 이 주제를 이해하는 데 도움이 될 것이다. (186~187쪽 참조) A에서 L까지는 각각 본국에 있는 큰 속의 종들을 나타낸다. 이러한 종들 사이의 유사성은 자연계에서 흔히 그러하듯이 저마다 다른데, 도표에서 글자가 제각각 다른 거리를 두고 나타나 있다는 점이 바로 그것을 의미한다. 2장에서 살펴봐서 알겠지만, 나는 큰 속의 종들이 작은 속의 종들에 비해 평균적으로 더 많이 변이하며, 큰 속에 속한 변이 중인 종들이 더 많은 변종을 탄생시킨다고 말한 바 있다. 또한 우리는 더 흔하고 넓은 영역으로 확산되는 종들이 제한된 분포 영역을 가지는 희귀한 종들에 비해 더 많이 변이한다는 것을 살펴보았다. 만일 A를 넓은 영역으로 확산되는 흔한 종으로서 본국에서 큰 속에 속하는 변이하는 종이라고 해 보자. A로부터 나와 서로 다른 길이를 가진 점선으로 갈라져서 생겨난 작은 부채 모양은 변이하고 있는 자손을 표현한다. 그 변이는 매우 경미하지만 상당히 다양한 성질을 가지는 것이라 가정하자. 그것들은 모두가 동시에 나타나는 것은 아니며 긴 시간 간격을 두고 나타나는 경우가 많다. 또한 그것들이 모두 동일한 기간 동안 생존하는 것도 아니다. 다만 어떤 측면으로든 유리한 변이들만이 보존되거나 자연적으로 선택될 것이다. 그리고 바로 이 대목에서 형질 분기로부터 비롯된 이득의 원리의 중요성이 드러난다. 왜냐하면, 그 원리를 통해 결국 (도표에서 바깥의 점선들로 표현한) 변이들이 자연 선택을 통해 보존되고 축적되면서 처음과는 상당히 달라지기 때문이다. 여기서 점선이 가로선들 중 하나에 닿을 정도로 뻗어 나간 후 거기에 조그만 숫자가 붙은 문자로 표시되면, 우리는 그것이 분류학 문헌에 기록되어도 손색이 없다고 여겨질 정도로 뚜렷한 특징을 가진 하나의 변종이 형성되기에 충분한 변이들이 누적된 경우라고 생각할 수 있다.

도표에서 가로선 사이의 간격은 각각 1,000세대를 나타내는 것이라 할 수 있다. 아니 어쩌면 1만 세대를 나타내는 것이라 생각해도 좋겠다. 1,000세대가 흐른 후, 종 A는 뚜렷한 특징을 가진 두 개의 변종, 즉 a^1과 m^1을 만들어 냈다고 하자. 이 두 변종은 대개 여전히 조상을 변이시킨 것과 동일한 환경에 계속해서 노출되어 있을 것이다. 그리고 가변성의 경향 그 자체는 대물림되는 것이기 때문에, 그 자손들 또한 변이되는 경향을 가질 것이다. 따라서 대개 그들은 그들의 조상

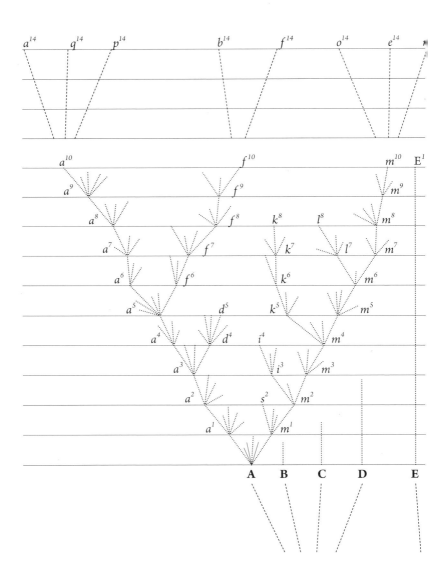

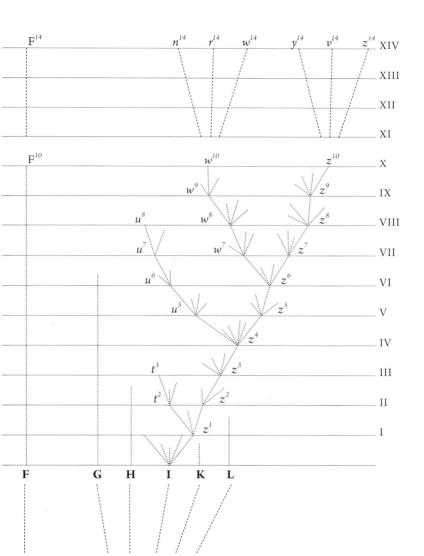

이 변이했던 방식과 거의 똑같은 방식으로 변이할 것이다. 게다가 아주 약간만 변화된 형태인 이 두 변종은 그들의 공통 조상인 A가 같은 지역에서 서식했던 대부분의 다른 생물들에 비해 더 많이 존재할 수 있도록 만들어 준 그 이점들을 물려받는 경향을 가질 것이다. 그뿐만 아니라 이것들은 조상 종이 속한 속을 그 나라에서 거대한 속으로 만들어 준, 보다 일반적인 이점도 가질 것이다. 우리는 이러한 상황들이 새로운 변종을 탄생시키는 데 이로운 조건임을 알고 있다.

만약 이 두 변종에 변이가 일어난다면, 대개의 경우 그들에게 일어난 변이 중 가장 두드러진 것이 다음 1,000세대 동안 보존될 것이다. 1,000세대의 시간이 지난 후 도표 속에 있는 변종 a^1은 변종 a^2를 만들어 낸다. 형질 분기의 원리 때문에 a^2와 A 사이의 차이는 a^1과 A 사이의 차이에 비해 더 크다. 한편, 변종 m^1이 m^2와 s^2라는 서로 다른, 그리고 공통 조상인 A와는 상당한 차이를 보이는 두 변종을 탄생시켰다고 하자. 우리는 일정 시간 간격 동안 일어나는 유사한 단계를 통해 이 과정을 계속할 수 있다. 그 변종들 중 일부는 1,000세대가 지난 뒤에 단 하나의 변종만을 탄생시킬 수도 있고, 환경이 더 많은 변화를 겪는 경우에는 두 개 혹은 세 개의 변종을 탄생시킬 수도 있다. 또 어떤 경우에는 변종을 전혀 만들어 내지 못할 수도 있다. 이런 식으로 해서 공통 조상인 A로부터 이어진 변종들, 즉 변화된 자손들은 대개 계속해서 그 수를 늘려 나가고 형질을 다양하게 만들 것이다. 도표에서는 이러한 과정을 1만 세대(1,000세대가 10번 거듭된 경우)까지 표시했으며, 간결하게 단순화한 형태로는 1만 4,000세대까지 나타냈다.

여기서 한 가지 짚고 넘어갈 사항은 이 과정이 도표에서 나타난 것처럼 규칙적으로(도표 자체도 약간 불규칙적이기는 하지만) 영원히 진행되는 것은 아니라는 점이다.

　나는 가장 많이 분기된 변종이 반드시 우세하고 자손을 많이 낳을 것이라 생각지는 않는다. 때로는 중간적인 형태가 가장 오래 살아남을 수도 있고, 하나 이상의 변화된 자손을 탄생시키거나 그렇지 않을 수도 있다. 왜냐하면, 자연 선택이라는 것은 언제나 다른 생물에 의해 아직 완전히 점령되지 않았거나 전혀 점령되지 않은 자리의 특성에 따라서 작동하기 때문이다. 그러나 어떤 종으로부터 구조상 더 많은 변화가 일어난 자손이 더 많은 자리를 차지할 수 있고 더 많은 변화된 자손을 가질 수 있다는 것이 일반 원리다. 앞의 도표에서 나타낸 계통선은 조그만 숫자가 붙은 문자 — 변종으로 기록될 만큼 충분히 뚜렷한 특성을 가지게 된 형태를 나타내는 것 — 에 의해 규칙적인 간격을 두고 끊어져 있다. 그러나 이 끊어진 선은 가상적인 것으로, 분기한 변이가 상당히 많은 양으로 축적될 만큼 긴 시간이 지났다면 어느 곳에다가 끼워 넣어도 상관없을 것이다.

　흔히 볼 수 있고 분포 영역이 넓은 단일 종 — 큰 속에 속하는 종 — 에서 나온 모든 변화된 자손들은 그들의 조상이 성공적으로 생존할 수 있게 해 주었던 것과 똑같은 이점들을 가지는 경향이 있을 것이므로, 일반적으로 그것들은 계속해서 형질을 다양화할 뿐만 아니라 그 수를 늘릴 것이다. 이 내용을 도표에서는 A로부터 갈라져 나온 여러 개의 가지로 표현했다. 여러 계통선에서 나중에 등장하는, 상당히 개량된 가지에서 나온 변화된 자손은 아마 그보다 이전에 나왔던 덜 개량된 가지의 것들을 대신하고 결국 그것들이 사라지게 만드는 경우가 많을 것이다. 도표에서는 이 내용을 아래쪽에 있는 가지의 일부가 위에 있는 가로선까지 도달하지 못한 것으로 표현했다. 어떤 경우에는 변화의 과정이 단 하나의 계통선에만 한정해서 일어나서, 이어지는 다음 세대들에서 다양화된 변이의 양이 늘어남에도, 자손들의 수가 늘어나지 않기도 한다. 도표에서 a^1부터 a^{10}까지만 제외하고 A로부터 나온 모든 선이 다 제거될 때가 바로 그 경우다. 영국산 경주마와 영국산 포인터의 사례가 바로 이와 같은 경우인데, 이 둘은 모두 새로운 가지 혹은 새로운 품종을 만들지 않은 채 그것들의 원종으로부터 형질을 서서히 분기시키고 있다.

10번의 1,000세대가 지난 후, 종 A는 a^{10}, f^{10}, 그리고 m^{10}이라는 세 형태를 만들어 냈다. 여러 세대에 걸쳐 형질 분기가 계속되었기 때문에 이 세 형태는 아마도 제각기 그 정도는 다르겠지만 서로 매우 달라질 것이며, 그들의 공통 부모와도 상당히 달라질 것이다. 도표에서 각각의 가로선 사이에 존재하는 변화의 양이 매우 적었다면, 이 세 형태는 아마 여전히 그저 뚜렷이 구별되는 변종들에 불과했거나, 아종으로 분류되기에 애매한 위치에 있었을 것이다. 이때 만일 이 세 형태를 명백히 확립된 종으로 바꾸고 싶다면, 우리는 그저 변이의 과정에서 나타나는 단계를 수적으로 또는 양적으로 더 늘려서 생각하면 된다. 이 도표는 변종을 구별하는 작은 차이점들이 종을 구별하는 더 큰 차이점들로 늘어나는 단계들을 보여 주고 있다. 수많은 세대에 걸쳐 이와 동일한 과정을 계속해 나가면, (도표에서 단순화해 간략한 방식으로 나타낸 것처럼) A에서 나온 종은 a^{14}와 m^{14} 사이에 문자로 표시한 여덟 개가 남게 된다. 나는 이와 같은 방식으로 종 또한 점차 증가해서 속이 형성된다고 믿는다.

큰 속에서 하나 이상의 종이 변이하는 것은 가능한 일이다. 나는 도표에서 두 번째 종인 I가 유사한 단계를 통해 열 번의 1,000세대를 거친 이후 뚜렷한 특징을 가진 두 개의 변종(w^{10}과 z^{10}) 또는 두 개의 종을 만들어 낸 것을 표현했다. 여기서 변종인지, 종인지는 가로선 사이의 간격으로 나타낸 변화의 양에 따라 다르다. 열네 번의 1,000세대가 지나면, n^{14}에서 z^{14}까지 문자로 표시한 여섯 개의 새로운 종이 탄생할 것이다. 각각의 속에서, 이미 형질 면에서 상당히 달라진 종들은 일반적으로 아주 많은 수의 변화된 자손을 만들어 내는 경향을 가질 것이다. 이것들은 자연적 체계에서 완전히 다른 새로운 공석을 채울 기회를 많이 가질 수 있기 때문이다. 그러므로 나는 도표에서 극단적인 종인 A와 거의 극단에 가까운 종인 I를 선택해, 이것들에게 매우 많은 변이가 일어나 새로운 변종들과 종들이 탄생했음을 표현했다. 원래의 속에 있던 (대문자로 표현된) 그 밖의 아홉 종은 오랜 시간 동안 계속해서 변하지 않은 자손들을 낳았다고 할 수 있다. 이는 도표에서 지면에 공간이 부족해서 위쪽까지 도달하지 못한 점선으로 표시되어 있다.

한편 도표에 나타난 변화의 과정이 진행되는 동안, 또 다른 원리 중 하나인 멸절의 원리가 중요한 역할을 담당한다. 여러 생물들로 꽉 차 있는 지역에서 자연 선택은 반드시 생존 투쟁에서 뭔가 유리한 점을 가진 형태를 선택함으로써 작용한다. 따라서 어떤 하나의 종에서 나온 개량된 자손들이 각 세대마다 전임자와 조상을 물리쳐 그 자리를 차지하는 경향이 변함없이 존재할 것이다. 우리는 경쟁이 일반적으로는 습성, 체질 그리고 구조 면에서 가장 가깝게 관련된 형태들 사이에서 가장 심하게 일어난다는 것을 잊어서는 안 된다. 원 부모 종 그 자체뿐만이 아니라 이전 상태와 나중 상태 사이, 즉 종에서 덜 개량된 상태와 더 많이 개량된 상태 사이에 있는 모든 중간적인 형태들은 일반적으로 멸절되는 경향이 있다. 많은 방계(collateral. 개체를 기준으로 상하 직계(조부모, 부모, 자식, 손자)를 제외한 좌우 관계(형제자매, 삼촌, 이모, 조카 등)를 일컬음. ─ 옮긴이)의 계통선 전체도 이에 해당하는데, 이것들은 나중에 나온 개량된 계통선에 의해 정복될 것이다. 그러나 만일 어떤 종의 변화된 자손이 다소 떨어진 지역으로 들어가게 되거나 부모와 자손이 경쟁을 벌이지 않아도 되는 상당히 새로운 지역에 빠르게 적응한다면, 이 두 가지 경우 모두에서 그것들은 계속 생존할 수 있다.

만약 도표가 상당히 많은 양의 변화가 일어났음을 나타내고 있다고 가정한다면, 종 A와 모든 초기 변종들은 여덟 가지 새로운 종(a^{14}에서 m^{14}까지)에 의해, I에서는 여섯 가지 새로운 종(n^{14}에서 z^{14}까지)에 의해 대체되면서 멸절할 것이다.

여기에서 한 발짝 더 나아가 생각해 보자. 같은 속에 속한 원래의 종들은 각기 다른 정도로 서로 닮아 있었을 것이다. 자연계에서 대개 그렇듯이 말이다. 종 A는 다른 종들보다 B, C, D와 더 가까운 관계에 있었고, 종 I는 다른 것들 보다 G, H, K, L과 더 가까운 관계에 있었다. A와 I, 이 두 종은 매우 흔한 종이고 분포 영역이 넓은 종이어서 같은 속에 속한 대부분의 다른 종들에 비해 몇 가지 유리한 점을 원래부터 가지고 있었음이 분명하다고 해 보자. 열네 번째 1,000세대에서 이들의 변화된 자손인 열네 개 집단은 아마 그 유리한 점들 중 일부를 물려받았을 것이다. 또한 그것들은 각각의 세대에서 자손들이 그러했던 것처럼 다양한 방식으로 변화되고 개량되었을 것이다. 그들이 사는 지역의 자연 경제에서 많은 관련 자리에 적응하기 위해서 말이다. 그러므로 나는 그것들이 그들의 조상인 A나 I뿐만 아니라 그들의 조상과 가장 밀접하게 관련된 원종들 일부 또한 밀어내 멸절시켰을 가능성이 매우 크다고 본다. 이로 인해 극소수의 원종들만이 열네 번째 1,000세대까지 자손을 남길 수 있었을 것이다. 나머지 아홉 개의 원종과 관련이 적은 두 개의 종 가운데 단지 F 하나만이 마지막 단계까지 자손들을 남길 수 있었다고 생각할 수 있다.

도표에서 열한 개의 원종에서 나온 새로운 종들의 수는 이제 열다섯 개라고 할 수 있다. 자연 선택의 분기하는 경향으로 인해, a^{14}와 z^{14} 사이에서 나타나는 엄청난 형질적인 차이는 열한 가지 원종들 중에서 가장 심한 차이를 보이는 것들 사이의 차이를 능가할 것이다. 더구나 새로운 종들은 상당히 다른 방식으로 상호 관계를 가질 것이다. A에서 나온 여덟 종류의 자손들 중 a^{14}, q^{14}, p^{14}는 a^{10}로부터 최근에 갈라져 나왔기 때문에 가까운 친척 관계라 할 수 있다. 한편 b^{14}와 f^{14}는 이른 시기에 a^5로부터 분기되었기 때문에, 앞서 언급한 세 종(a^{14}, q^{14}, p^{14})과는 어느 정도 차이를 보일 것이다. 마지막으로 o^{14}와 e^{14} 그리고 m^{14}는 변화의 맨 처음 단계부터 이미 분기되었기 때문에 다른 다섯 개의 종들과 상당한 차이를 보일 것이다. 이 경우 이들은 하나의 아속이나 심지어 다른 속을 형성할지도 모른다.

I로부터 나온 여섯 종류의 자손들은 두 개의 아속 또는 속을 형성할 것이다. 그러나 원종인 I가 A와 상당히 다른 것처럼 ― 원속(源

屬)에서 거의 가장 멀리 떨어진 지점에 있다. — 대물림으로 인해서 I로부터 나온 여섯 종류의 자손들은 A에서 나온 여덟 종류의 자손들과 엄청난 차이를 보일 것이다. 게다가 이 두 집단은 다른 방향으로 분기되었다고 볼 수 있다. 또한 원종 A와 I를 연결하는 중간적인 종들은 F만 제외하고 모두 멸절할 것이며 어떠한 자손도 남기지 못할 것이다. (이것은 매우 중요한 고려 사항이다.) 그러므로 I에서 나온 여섯 개의 새로운 종, 그리고 A에서 나온 여덟 개의 종은 매우 다른 속으로 분류되어야만 할 것이며, 심지어 다른 아과로 분류될 가능성도 있다.

이것이 바로 변화를 동반한 계승(descent with modification)에 의해 동일한 속에 속하는 두 개 이상의 종에서 두 개 이상의 속이 생성되는 원리라고 생각한다. 두 개 이상의 부모 종은 그 이전의 속의 종들 중 어느 하나에서 유래된 것으로 여겨진다. 이 내용을 도표에서는 대문자 아래에 있는 끊어진 선으로 표시했는데, 이 선은 어떤 한 점을 향해 아래로 내려가 그 점에서 만나게 된다. 이 점은 하나의 종을 나타내는 것으로, 여러 새로운 아속과 속의 단일 조상이라고 볼 수 있다.

(이 장에서 처음 등장한 'descent with modification'은 'evolution'에 대응되는 용어로서 『종의 기원』 초판 전체를 통틀어 가장 중요한 전문 용어라 할 수 있다. 그동안 국내에서 이 용어는 '변형(변화/변이)을 동반(수반)한 유래(계통/유전/대물림)'로 번역되어 왔으나 옮긴이는 여기서 '변화를 동반한 계승'으로 통일하기를 제안한다. 이유는 다음과 같다. 우선, 'modification'의 경우, '변형'은 형태의 변화만을 의미하는 것처럼 느껴지고, '변이'는 'variation'의 번역어로 고착되어 있다. 반면 '변화'는 가장 중립적인 의미의 변화 그 자체를 뜻한다고 할 수 있다. 'descent'의 경우, 사전적으로는 '이어져 내려감'을 의미하는데, '계승'이 '계통'이나 '유래'에 비해 사전적으로 더 가까운 의미를 담고 있다. 일상 용법으로도

'변화를 동반한 계통(또는 유래)'보다는 '변화를 동반한 계승'이 일반 독자들에게 훨씬 더 이해하기 쉽게 느껴진다. '수반'이라는 단어는 어려울 뿐만 아니라 철학적인 전문 용어이기도 해서 배제했다. — 옮긴이)

여기서 잠시 새로운 종 F^{14}의 특질에 관해 고찰해 보는 것이 좋겠다. F^{14}는 형질 면에서 그다지 다양화되지 않은 대신 F의 형태를 변함없이, 혹은 아주 조금만 변화된 상태로 유지해 왔다. 이 경우, 다른 열네 개의 새로운 종과 F^{14}의 유연 관계는 특이하고 우회적인 성질을 가질 것이다. F^{14}는 F, 즉 A와 I라는 두 부모 종 사이에 있었으며 지금은 멸절했거나 이름이 없어진 것으로 알려진 형태로부터 온 자손이기 때문에, 형질적인 측면에서 A와 I로부터 나온 두 자손 집단 사이의 다소 중간적인 특질을 가질 것이다. 그러나 이 두 집단은 그들의 부모 종의 유형과는 다르게 형질이 분기했기 때문에, 새로운 종 F^{14}는 그들 사이에서 직접적으로 중간적인 것이 아니라 그 두 집단의 유형 사이에서 중간적인 것이리라. 모든 박물학자들은 이와 같은 예를 떠올릴 수 있을 것이다.

지금까지 도표에 나오는 각각의 가로선은 1,000세대를 의미한다고 가정했다. 그러나 이 가로선은 100만, 또는 1억 세대를 의미할 수도 있다. 뿐만 아니라 멸절한 생물의 유해를 간직하고 있는 지각의 순차적인 층을 보여 주는 단면이라고 생각해도 좋다. 이후 지질학에 관한 장에서 우리는 이 주제에 대해 다시 언급할 예정이다. 그때가 되면 이 도표가 동일한 목 또는 과 또는 속에 속한 멸절된 것들과 현존하는 집단들 간의 중간적 형질을 다소 가지는 경우가 많은, 현재도 존재하는 것들 사이의 유연 관계에 대해 이해할 수 있는 실마리를 던져 주고 있음을 알게 될 것이다. 우리는 이 사실을 이해할 수 있는데, 이는 멸절된 종은 계통선이 별로 분기되지 않았던 아주 오래전 먼 옛날에 살았기 때문이다.

방금 설명한 바와 같이, 나는 이 변이의 과정을 속의 형성에만 한정할 이유가 없다고 생각한다. 도표에서 점선으로 분기되어 나온 잇따른 집단 하나하나에 의해 표현된 변화의 양이 상당히 컸다고 가정한다면, a^{14}에서 p^{14}, b^{14}와 f^{14}, 그리고 o^{14}에서 m^{14}로 표시된 형태들은 세 개의 각기 다른 속을 형성한다고 할 수 있다. 마찬가지로 I에서 시작된 것으로는 두 개의 다른 속을 만들 수 있을 것이다. 이 두 속(n^{14}에서 w^{14}까지와 y^{14}에서 z^{14}까지)은 A에서 시작되어 나온 세 개의 속과는 다른 공통 조상으로부터 이어졌고 계속해서 형질 분기가 일어났기 때문에 서로 상당히 다르다. 따라서 속으로 구성된 이 두 집단은 도표에서 표현하고자 한 분기된 변화의 양에 따라 두 개의 서로 다른 과 혹은 더 나아가 목을 형성할 것이다. 이 두 개의 새로운 과 혹은 새로운 목은 원속의 두 종으로부터 내려온 것이다. 또한 이 두 종은 아주 먼 옛날, 우리가 알지 못하는 속에 속한 하나의 종으로부터 내려왔다고 생각된다.

우리는 각 지역에서 가장 빈번하게 변종 또는 발단종을 만들어 내는 것은 큰 속의 종이라는 사실을 살펴본 바 있다. 사실 이것은 예상 가능한 것일지도 모른다. 자연 선택은 생존 투쟁에서 다른 형태들보다 약간의 유리한 점을 가지고 있는 어떤 형태를 통해 작동하므로, 이미 여러 가지 이점을 가지고 있는 것들에게 주로 작용할 것이다. 한편 어떤 집단의 규모가 크다는 것은 그 집단의 종들이 단일 조상으로부터 몇 가지 유리한 점을 공통으로 물려받았다는 것을 보여 주는 것이라 할 수 있다. 따라서 새로운 변이된 자손들을 생산하기 위한 투쟁은 주로 개체수를 늘리기 위해 노력하고 있는 큰 집단 사이에서 일어날 것이다. 어떤 큰 집단은 서서히 다른 큰 집단을 정복해서 그 수를 감소시킬 것이고, 결국 정복당한 집단은 그 후로 변이와 개량이 일어날 기회가 줄어들 것이다. 같은 큰 집단 내에서 더 나중에 생겨나서 더욱 완벽해진 아집단은 자연의 계층 구조에서 많은 새로운 자리들을 차지하며 가지를 뻗어 나감으로써, 끊임없이 자신들보다 일찍 출현했던 덜 개량된 아집단들의 자리를 빼앗고 그들을 없애는 경향을 보일 것이다. 이들에 의해 자리를 빼앗긴 작은 아집단들은 마침내 사라질 것이다. 미래를 생각해 볼 때, 현재 주도권을 잡고 있는 규모가 큰 유기체 집단, 다시 말해 가장 조금 망가진 혹은 아직 별로 소멸을 겪지 않은 집단이 오랜 기간 계속해서 그 수를 늘려 나갈 것이라 예상할 수 있다. 그러나 그 누구도 어떤 집단이 가장 최후에 우세를 점하게 될지를 장담할 수 없다. 왜냐하면, 예전에 아주 널리 발달했던 많은 집단이 지금은 소멸해 없어졌음을 우리는 알고 있기 때문이다. 훨씬 더 먼 미래를 생각해 보자면, 우리는 아마 다음과 같은 일이 일어날 것이라 예상할 수 있다. 즉 큰 집단이 계속해서 꾸준히 증가함에 따라 결국 다수의 소집단들은 완전히 전멸할 것이고 변이된 자손을 전혀 남기지 못할 것이다. 또한, 그 결과 어떤 같은 시기에 살았던 종들 중 극소수만이 아주 먼 미래에까지 자손을 남겨 이어질 수 있을 것이라는 것도 예상할 수 있다. 이 주제에 대해서는 분류에 관한 장에서 다시 언급하도록 하겠다. 다만 여기서 좀 더 덧붙이자면,

과거의 종들 중 극소수만이 계속해서 자손을 남기고 있다는 관점, 그리고 동일한 종의 자손들 모두가 하나의 강을 형성한다는 관점을 통해, 동식물계를 크게 분류할 때 어째서 그렇게 소수의 강밖에 존재하지 않는지를 이해할 수 있을 것이다. 비록 대다수의 예전 종들 중 극소수만이 현재도 살아 있는 변이된 자손을 가지고 있지만, 지질학적으로 매우 먼 과거의 시대에서도 지구는 지금처럼 많은 속, 과, 목, 강에 속한 수많은 종들로 가득 차 있었을 것이다.

요약

논란의 여지조차 없겠지만, 만약 기나긴 시간이 흐르는 동안 생활 환경이 다양하게 변화하는 가운데 생물의 조직 일부에서 어쨌든 변화가 일어났다고 해 보자. 이 역시 논란의 여지가 없다는 것이 확실하지만, 만약 각 종이 기하 급수적으로 증가하는 매우 강력한 힘으로 인해 어떤 시기, 계절 또는 어느 해에 심한 생존 투쟁을 겪었다고 해 보자. 그리고 개체 상호 간, 개체와 환경 간에 존재하는 극도로 복잡한 관계가 개체의 구조, 체질, 습성을 극도로 다양하게 만들어 개체들에게 이득을 주는 경우를 생각해 보자. 이 모든 상황을 고려할 때, 인간에게 유용한 변이가 여러 차례 발생했던 것과 마찬가지의 방식으로 개체 자신의 생존에 도움이 될 만한 변이가 단 한 번도 나타나지 않았다고 한다면, 그것이야말로 참으로 이상한 일이라고 할 수 있다. 만일 어떤 개체들에게 유용한 변이들이 실제로 발생한다면, 그로 인해 그 개체들은 생존 투쟁에서 살아남을 좋은 기회를 가질 것이 분명하다. 또한 대물림의 강력한 원리를 통해 그것들은 유사한 특징을 가진 자손들을 생산할 것이다. 나는 이런 보존의 원리를 간략히 **자연 선택**이라고 불렀다. 개체의 특성이 해당 시기에 대물림된다는 원리에 따라, 자연 선택은 성체와 마찬가지로 수정란, 씨앗 또는 어린 새끼를 쉽게 변화시킬 수 있다. 성 선택은 많은 동물들 중에서 활력이 강하고 가장 잘 적응한 수컷이 가장 많은 수의 자손을 남기는 것을 보장함으로써 보편적인 선택에 도움을 줄 것이다. 또한 성 선택은 수컷에게만 유용한 형질을 가져다주는데 이것은 다른 수컷들과의 투쟁에 사용된다.

자연계에서 정말 이런 식으로 여러 생명체들이 그들의 생활 환경 조건과 서식지에 적응하고 변화하도록 자연 선택이 작용하는지의 여부는, 후속 장들에서 제공될 증거들의 전반적인 취지와 그 중요성을 통해 판단되어야 할 것이다. 그러나 우리는 이미 자연 선택이 어떻게 멸절을 야기하는지를 살펴보았다. 게다가 멸절이 지구 역사에 얼마나 많은 영향을 끼쳤는지는 지질학이 분명히 보여 준다. 자연 선택은 형질 분기가 일어나도록 만든다. 동일한 지역에서 서식하는 생명체가 많으면 많을수록 그들은 구조, 습성, 체질적인 면에서 더 많이 달라지는데, 우리는 어떤 좁은 지역에서 서식하는 생물들이나 귀화한 생물들을 살펴봄으로써 이를 확인할 수 있다. 그러므로 어떤 하나의 종에서 시작되어 나온 자손들이 변이하는 동안, 그리고 모든 종이 개체수를 늘리기 위해 끊임없이 애를 쓰는 동안, 그들이 더 많이 변화할수록 생존 전투에서 성공할 확률은 더욱 높아질 것이다. 동일한 종 내에서 변종들을 구별 짓는 작은 차이들은 그것들이 동일한 속, 심지어는 다른 속에 속하는 종들 사이에서 나타나는 엄청난 차이와 동등해질 때까지 계속해서 늘어나는 경향이 있을 것이다.

우리는 가장 큰 변화를 겪는 종들이, 흔하고 넓은 영역으로 확산되며 넓은 분포 영역을 갖는, 큰 속에 속하는 종들이라는 사실을 검토했다. 이 종들은 자신을 현재 그 지역의 우점종으로 만들어 준 우월성을 그들의 변화된 자손들에게 전승시켜 주는 경향을 가진다. 방금 언급한 바와 같이, 자연 선택은 형질 분기와 덜 개량된 생명체 혹은 중간적인 생명체의 대량 멸절을 야기한다. 나는 이러한 원리들을 통해 모든 유기체 사이에 존재하는 유연 관계의 본성을 설명할 수 있으리라고 본다. 모든 시공간에 존재했던 모든 동식물들은 우리가 어디서나 볼 수 있는 방식 — 동일한 종에 속하는 변종들이 서로 가장 가까운 유연 관계를 가지고, 동일한 속에 속한 종들은 그보다 덜 가까운 서로 동등하지 않은 유연 관계를 가지며 절이나 아속을 형성하고 있고, 다른 속에 속하는 종들은 더 먼 유연 관계를 가지고, 서로 다른 정도의 유연 관계에 있는 속은 아과, 과, 목, 아목, 그리고 강을 형성한다. — 대로, 집단 내의 아집단 속에서 서로 관계를 맺는다. 이 점은 너무 익숙해서 간과되기 쉽지만 참으로 놀라운 사실이다. 어떤 강 내에서 일부 하부 집단들은 일렬로 분류하기가 불가능하다. 대신 몇 개의 점 주위에 모여 무리를 형성하고 이 무리들이 또 다른 점 주위로 모여 더 큰 무리를 형성하는 것이 계속해서 끊임없이 되풀이된다고 여겨진다. 종이 제각각 독립적으로 창조되었다는 견해로는 모든 유기체의 분류에 관한 이 엄청난 사실을 설명할 수가 없다. 그러나 도표에서 도식화한 것을 봐서 알겠지만, 내가 판단하기로는 대물림 그리고 멸절과 형질 분기를 수반하는 자연 선택의 복잡한 작용을 통해서는 그 사실을 설명할 수 있다.

동일한 강에 속한 모든 유기체들의 유연 관계는 때때로 하나의 거대한 나무로 표현되기도 한다. 나는 이 비유가 진실을 상당히 잘 보여 준다고 생각한다. 싹이 튼 초록빛 잔가지는 현존하는 종을 나타내는 것이라 할 수 있고, 과거에 해마다 자라났던 잔가지는 지금은 멸절된 종들이 한때 오랫동안 계속 존재했음을 표현한다. 성장기가 될 때마다 자라나는 모든 잔가지들은 사방으로 뻗어 나가 주위에 있는 다른 잔가지들 및 가지들을 능가하며 그들을 없애 버리기 위해 노력한다. 종과 종들의 집단이 생존을 위한 대전투에서 다른 종들을 압도하려 애쓰는 것과 똑같은 방식으로 말이다. 거대한 가지는 비교적 큰 가지들로 나뉘고, 또 이 큰 가지들은 점점 더 작은 가지들로 나뉜다. 거대한 가지는 그 자체가 한때, 즉 어린 나무였을 때에는 싹이 막 튼 잔가지였다. 이렇게 가지들이 갈라짐으로써 예전의 싹과 현재의 싹이 연결되는 방식은 모든 멸절된 종과 살아 있는 종이 집단 내의 집단들에 속하는 방식으로 분류되는 모습을 잘 나타낸다고 할 수 있다. 이 나무가 그저 관목에 지나지 않았을 때 막 자라났던 수많은 잔가지들 중에서, 두 개 혹은 세 개의 잔가지들만이 살아남아 다른 모든 가지들을 싹트게 만들었다. 그리고 이 잔가지들은 현재 거대한 가지로 자라났다. 이와 마찬가지로, 아주 오랜 지질 시대에 살았던 종들 중에서도 변화된 현존 자손들이 있는 경우는 극소수에 지나지 않는다. 이 나무가 처음에 자라난 이래로 많은 나뭇가지들이 시들어 결국 떨어져 나갔다. 이런 온갖 크기의 사라진 가지들은 지금은 없어진 대표 종들이 속한 목, 과, 그리고 속 전체 ─ 우리는 이들을 화석 상태로 발견된 것으로부터 알 수 있을 따름이다. ─ 를 의미한다고 할 수 있다. 우리는 제멋대로 자란 얇은 가지가 이 나무의 아랫부분에 있는 분기점에서 불쑥 튀어나오는 것을 여러 군데에서 볼 수 있다. 이 가지는 어쩌다가 우연히 좋은 조건을 만나 꼭대기에서 여전히 살아남아 있다. 이러한 경우를 우리는 오리너구리 또는 레피도시렌 같은 동물에서 볼 수 있다. 이들은 두 개의 거대한 생명의 가지와는 조금 연결되어 있으며 안전한 장소에서 서식함으로써 치명적인 경쟁으로부터 스스로를 지켜 나갈 수 있었던 것으로 보인다. 싹은 성장하면서 새로운 싹을 자라나게 만든다. 또한 만일 이 싹이 강한 생명력을 가지는 경우에는 사방팔방으로 가지를 뻗어 다른 많은 연약한 가지들이 자라지 못하게 만든다. 나는 거대한 생명의 나무도 이와 마찬가지라고 믿는다. 그 나무에서도 세대가 거듭되면서 시들어 떨어진 나뭇가지들은 지표를 뒤덮는 반면, 계속해서 갈라져 나가는 아름다운 나뭇가지들은 그 나무를 뒤덮고 있다.

5장

변이의 법칙들

나는 지금까지, 사육 및 재배 하의 유기체에게 매우 자주 다양하게 나타나며, 자연 상태에서는 그보다 덜 나타나는 변이가 마치 우연히 생겨나는 것처럼 말한 적이 가끔 있었다. 물론 이것은 결코 정확한 표현은 아니다. 다만 이 표현은 특정 변이 하나하나가 일어난 원인에 대한 무지를 우리가 솔직히 인정하도록 만드는 데에 기여한다. 일부 학자들은 개체 차이 혹은 구조상의 아주 미세한 편차(deviation)를 만들어 내는 것이, 자식이 어버이를 닮게 만드는 것과 마찬가지로 생식계의 기능 때문이라고 믿고 있다. 하지만 자연 상태보다는 사육이나 재배 상황에서 기형이 훨씬 자주 나타난다는 점, 뿐만 아니라 가변성이 훨씬 크다는 점으로 볼 때, 구조상의 편차라는 것이 어떤 측면에서는 수많은 세대에 걸쳐 그것들의 부모, 더 나아가 먼 옛날의 조상들에게 노출되었던 생활 환경 조건의 특성으로 인해 나타난 것이 아닐까 하는 생각이 든다. 나는 1장에서 생식계가 생활 환경 조건의 변화에 상당히 민감하다는 것을 언급한 바 있다. 여기서 언급하기는 불가능하지만, 이 말의 진실성을 보여 주기 위해 몇 가지 사실들을 나열할 필요가 있다. 나는 부모의 생식계가 기능적으로 손상을 입은 것이 바로 자손이 변이하게 만드는 혹은 변화가 일어나기 쉬운 상태를 야기하는 주된 원인이라고 본다. 수컷과 암컷의 생식 요소는 새끼를 낳기 위한 짝짓기가 일어나기 전에 영향을 받는 것으로 보인다. '기형' 식물의 경우에 영향을 받는 것은 초기 상태에는 배주와 외견상 다른 것이 없는 것으로 여겨지는 싹 하나뿐이다. 그러나 우리는 생식계에 일어난 문제가 도대체 왜 이러저러한 부분에 다소 변이를 일으키는지 그 이유에 대해서는 전혀 아는 바가 없다. 그럼에도 우리는 여기저기에서 희미하나마 한 줄기 약한 빛을 발견할 수가 있는데, 이를 통해 우리는 조그마한 변화라 할지라도 구조상의 편차가 나타나게 만드는 몇 가지 원인이 존재한다는 것을 확신할 수 있을 것이다.

기후, 음식 및 기타 등등의 차이가 유기체에게 얼마나 많은 직접적인 영향을 초래하는지에 대해서는 매우 불확실하다. 내가 생각하기로는 동물에 있어서 그 영향은 극히 미미한 반면, 오히려 식물에서 더 커 보인다. 적어도 그러한 영향이 자연계를 통틀어 어디에서나 볼 수 있는 유기체들 사이의 복잡하고도 놀라운 구조상의 상호 적응을 만들어 내지는 못한다고 봐도 무방하다. 어떤 경우에는 기후나 음식 등이 경미한 영향을 불러일으킬 수도 있다. 이와 관련해 에드워드 포브스(Edward Forbes)는 확신에 찬 목소리로 남방 해안의 얕은 물속에 사는 조개류는 그 보다 북방 혹은 깊은 물속에 사는 동종의 것들보다 더 밝은 색을 띤다고 말한 바 있다. 존 굴드(John Gould)는 동종의 새가 섬이나 해안 근처에서 살 때에 비해 깨끗한 대기 환경에서 살 때, 더 밝은 색을 띤다고 믿는다. 울러스턴은 곤충에서도 마찬가지로 바닷가 가까이에서 서식하는 것이 색에 영향을 끼친다고 확신하고 있다. 크리스티안 호라스 베네딕트 알프레드 모켕탕동(Christain Horace Benedict Alfred Moquin-Tandon)은 해변 근처에서 자랄 경우 잎이 약간 두꺼워지지만 다른 곳에서는 그런 일이 전혀 일어나지 않는 식물들을 열거해 보여 주었다. 그 밖에도 이와 유사한 사례들이 여럿 존재한다.

어떤 종에 속한 변종들이 다른 종의 서식 지역에 들어가게 되었을 때 그 종의 형질 일부를 약간 얻는 경우가 종종 있다는 사실은 모든 종류의 종은 그저 명확히 구별되는 영속적인 변종에 불과하다는 견해에 잘 부합한다. 조개류 중에서 열대 지방의 얕은 바다에서만 한정되어 서식하는 종은 추운 지방의 깊은 바다에서만 한정되어 서식하는 것들보다 일반적으로 더 밝은 색을 띤다. 굴드 씨에 따르면 대륙에서만 제한적으로 서식하는 조류는 섬에서 사는 것들보다 더 밝은 색을 띤다. 해안에만 사는 곤충 종은 모든 수집가들이 아는 바와 같이 황동색 또는 타는 듯한 붉은색을 띤다. 오로지 바닷가에서만 살아가는 식물들은 두꺼운 잎을 가지는 경향이 매우 강하다. 각각의 종이 창조되었다고 믿는 사람은 가령, 이 조개가 따뜻한 바다에 살기 위해 밝은 색으로 만들어졌지만, 다른 조개들도 더 따뜻한 혹은 얕은 물로 들어가면 변이에 의해 밝은 색을 띤다고 말해야 할 것이다.

어떤 변이가 그 유기체에게 주는 이점이 아주 조금뿐이라면, 우리는 그 변이의 원인 중 자연 선택의 누적적인 작용으로 인한 것이 어느 정도이고 생활 환경 조건으로 인한 것이 어느 정도인지를 말하기가 어렵다. 모피를 가공하는 사람들은 동종의 동물들이 더 혹독한 기후 속에 살수록 더 두껍고 좋은 털을 가진다는 사실을 잘 알고 있다. 그러나 수많은 세대를 거치면서 가장 따뜻한 털로 덮이게 된 동물에서 생존에 유리해서 보존됨으로 인해 생긴 차이가 어느 정도인지 그 누가 말할 수 있을까? 또한, 기후는 우리가 키우는 가축의 털에도 어떤 직접적인 작용을 하는 것으로 보이는데, 혹독한 기후의 직접적인 작용으로 인한 차이가 어느 정도인지를 그 누가 말할 수 있을까?

확연히 다른 생활 환경 조건 아래서 탄생한 동일한 변종, 반대로 동일한 환경 속 같은 종에서 탄생한 다른 변종들에 대한 사례가 있다. 이러한 사실들은 생활 환경 조건이 얼마나 간접적으로 작용하는지를 보여 준다. 또한 완전히 정반대로, 모든 박물학자들은 다른 기후에서 살고 있음에도 그 모습 그대로를 유지하는, 즉 전혀 변이하지 않는 종들에 관한 수많은 예를 알고 있다. 이러한 점들을 고려할 때, 나는 생활 환경 조건의 직접적인 작용이라는 요소에는 별로 무게를 두고 싶지 않다. 이미 언급했듯이, 간접적으로는 그러한 요소가 생식계에 중요한 영향력을 행사해 결국 변이를 유도하는 것으로 보인다. 이후 자연 선택은 모든 유리한 변이들을 아무리 사소하더라도 누적해 나갈 것이다. 그 변이가 충분히 발달해 우리의 주목을 끌 때까지 말이다.

사용 및 불용의 결과

1장에서 언급했던 사실들로 비추어 볼 때, 가축들의 경우 어떤 부분을 사용하는 것은 그 부분을 강하고 크게, 사용하지 않는 것은 약하게 만들며, 그로 인한 변화가 대물림된다는 데는 의심의 여지가 거의 없을 것이라 생각한다. 자유로운 자연 상태에서는 부모형을 모르기 때문에 오랫동안 계속된 사용과 불용의 결과를 판단하기 위한 비교 기준이 없다. 그러나 많은 동물들이 불용의 결과라고 설명할 수 있는 구조를 가진다. 리처드 오언(Richard Owen) 교수가 언급한 것처럼 자연계에서 날지 못하는 새의 경우보다 더 큰 변칙 사례는 없는데, 사실 그러한 사례가 적지 않다. 남아메리카의 먹통오리(logger-headed duck)는 수면을 따라 날개를 퍼덕이는 것밖에 못하는데, 그것은 에일스버리(Aylesbury)라는 가축용 오리와 거의 동일한 상태의 날개를 가지고 있다. 땅에서 먹이를 구하는 새들은 위험을 피하는 경우 외에는 거의 날지 않는다. 나는 맹수가 거의 살지 않는 대양도에서 현재 살고 있거나 최근까지 살아 왔던 일부 조류가 거의 날개가 없는 상태인 것은 불용의 결과라고 믿는다. 타조는 대륙에 서식하기 때문에 사실상 나는 것으로는 위험을 피하기가 어렵지만 작은 네발 동물처럼 발길질을 해서 적으로부터 스스로를 지킬 수가 있다. 우리는 다음과 같이 생각해 볼 수가 있는데, 타조의 옛 조상은 느시(bustard)와 유사한 습성을 가지고 있다가 세대를 거듭하면서 자연 선택이 타조의 크기와 몸무게를 점점 증가시켰고, 그에 따라 다리는 더 많이 사용하게 되는 반면 날개는 덜 사용하게 되면서 결국 날지 못하게 되었다는 것이다.

윌리엄 커비(William Kirby)는 많은 수컷 쇠똥구리에서 전부척골(前跗蹠骨, anterior tarsi) 혹은 앞발이 떨어져 나가 없어진 경우가 매우 흔하다는 이야기를 한 적이 있다. (나 또한 똑같은 현상을 관찰한 바 있다.) 그는 그가 수집했던 것 가운데 열일곱 개의 표본을 살펴보았지만, 흔적이나마 발견할 수 있는 것이 단 하나도 없었다. 오니테스 아펠레스 (*Onites apelles*)에는 부척골을 가지고 있지 않은 경우가 하도 많아서 아예 부척골을 가지고 있지 않은 곤충으로 묘사될 정도다. 일부 다른 속에서는 부척골이 있기는 하나 제대로 발달하지 못한 상태이다. 이집트 사람들이 성스러운 딱정벌레로 생각하는 아테우커스(Ateuchus)는 부척골이 전혀 없다. 불구가 된 것이 대물림된다고 납득할 만한 충분한 증거는 없다. 따라서 나는 아테우커스에서 전부척골이 존재하지 않으며 일부 다른 속에서도 제대로 발달하지 못한 상태로 존재하는 이유가 그것들의 조상에서부터 오랫동안 계속된 불용의 결과라고 설명하는 것이 더 좋을 것이라 생각한다. 수많은 쇠똥구리에서 부척골이 거의 언제나 존재하지 않는 것으로 보아 부척골은 생애의 초기에 없어졌음이 분명하고, 따라서 이 곤충들은 그것을 사용하지 못했을 것이기 때문이다.

전적으로 혹은 주로 자연 선택으로 인해 일어나는 구조상의 변화를 불용의 탓으로 쉽게 판단할 수 있는 경우도 있다. 울러스턴 씨는 마데이라에서 서식하는 딱정벌레 550종 가운데 200종이 날개가 너무나도 쇠퇴해 날 수 없다는 놀라운 사실을 발견했다. 스물아홉 개의 토착속 중에서 자그마치 스물세 개의 속이 이러한 상태에 있는 종들로만 구성되어 있다. 여러 가지 사실들, 즉 전 세계적으로 딱정벌레가 바다로 날려 와 목숨을 잃는 경우가 너무나도 흔하다는 점, 울러스턴 씨가 관찰한 바에 따르면 마데이라의 딱정벌레는 바람이 잠잠해지고 햇빛이 나기 전까지는 잠자코 숨어 있다는 점, 날개가 없는 딱정벌레의 비율이 마데이라 자체보다 (비바람에) 노출된 데저타스

(Dezertas) 지방에서 더 많다는 점, 그리고 특히 울러스턴 씨가 강하게 주장했던 너무나도 특이한 사실로, 다른 곳에서는 그 수가 매우 많고 거의 절대적으로 나는 것이 필요한 생활 습성을 가진 어떤 거대한 딱정벌레 무리가 이 지방에는 거의 없다는 점 등을 미루어 생각해 볼 때 나는 너무나 많은 마데이라의 딱정벌레가 날개가 없는 상태에 있는 것은, 주로 자연 선택의 작용 때문이기는 하지만 아마 불용이라는 요소도 함께 작용했을 것이라 믿는다. 수천 세대가 이어져 오는 동안에, 날개가 너무나도 잘 발달되지 않았거나 게으른 습성으로 인해 거의 날지 않았던 딱정벌레 각 개체는 바다로 휘날려 가지 않아야만 생존할 수 있었을 것이다. 반대로 쉽사리 날 수 있었던 것들은 번번이 바다로 날아갔을 것이고 그에 따라 죽을 수밖에 없었을 것이다.

땅에서 먹이를 구하지 않고 꽃에서 먹이를 구하는 초시류나 인시류 같은 마데이라의 곤충들은 먹이를 구하기 위해 으레 날개를 사용해야 했을 것이다. 따라서 울러스턴 씨가 추측했듯이 그들의 날개는 전혀 위축되지 않았을뿐더러 오히려 커지게 되었다. 이는 자연 선택의 작용과도 맞아 떨어지는 내용이다. 왜냐하면, 새로운 곤충이 맨 처음 이 섬에 도착했을 때 날개를 커지게 혹은 작아지게 만드는 자연 선택의 경향은 수많은 개체들이 바람과의 투쟁에서 성공적으로 살아남았는지 혹은 투쟁을 포기하고 거의 혹은 전혀 날지 않는지에 따라 달라질 것이기 때문이다. 마치 해안 근처에서 배가 난파된 경우 헤엄을 잘 치는 사람이라면 더 멀리까지 헤엄쳐 가는 것이 좋지만 전혀 수영을 못하는 사람이라면 헤엄치는 대신 그 난파선에 매달려 있는 편이 더 좋은 것과 마찬가지다.

땅속에 구멍을 파고 사는 일부 설치류나 두더지의 눈은 크기상 제대로 발달하지 못했고 어떤 경우에는 완전히 피부나 털로 덮여 있기도 하다. 눈이 이러한 상태가 된 것은 아마도 사용하지 않아 차츰 작아졌기 때문일 것이나, 자연 선택의 도움도 있었을 것이다. 남아메리카에서 땅속에 구멍을 파고 사는 설치류인 투코투코(tuco-tuco), 즉 크테노미스(Ctenomys)는 두더지보다도 더 깊은 땅속에서 사는 습성을 가지고 있다. 나는 투코투코를 자주 잡는 스페인 사람에게 그것들이 눈이 멀어 있는 경우가 많다는 사실을 확실히 들을 수 있었다. 내가 키우던 것 또한 눈이 멀어 있었는데, 해부를 해 본 결과 그 원인은 순막(瞬膜, nictitating membrane, 대부분의 파충류와 조류의 눈에 있는 얇은 결막의 주름으로서 눈꺼풀 안쪽에 있는 제3의 눈꺼풀이다. ― 옮긴이)의 염증 때문인 것으로 밝혀졌다. 눈에 감염이 자주 일어나면 동물에게 해로운 것임이 틀림없다. 한편, 땅속에 사는 습성을 가진 동물에게 눈이란 필수불가결한 존재가 아니다. 따라서 눈꺼풀이 들러붙고 그 위에 털이 자라서 눈의 크기가 작아지는 것이 이러한 경우에는 오히려 이로울 수 있다. 또한 만일 그렇게 된다면 자연 선택은 계속해서 이러한 불용의 효과를 도울 것이다.

전혀 별개인 강에 속하면서 스티리아(Styria)나 켄터키의 동굴에서 서식하는 여러 동물들은 눈이 멀어 있는 것으로 잘 알려져 있다. 어떤 게는 눈은 사라졌지만 눈을 지지하는 돌기는 남아 있는데, 이는 렌즈가 달린 망원경은 없어지고 망원경의 대만 남은 것과 마찬가지다. 눈이 어둠 속에서 사는 동물들에게 아무리 필요가 없다 하더라도 그들에게 해롭다고 생각하기는 힘들다. 따라서 나는 눈이 없어진

종의 기원

것이 전적으로 불용으로 인한 것이라고 생각한다. 눈이 먼 동물들 중 하나인 굴쥐(cave-rat)는 어마어마한 크기의 눈을 가지고 있다. 벤저민 실리먼(Benjamin Silliman) 교수는 굴쥐가 며칠 동안 밝은 곳에서 생활하고 나면 약간의 시력을 회복한다고 생각했다. 마데이라에서 일부 곤충의 날개는 크기가 커진 반면, 크기가 작아진 경우도 있었는데, 이것은 사용과 불용의 효과와 함께 자연 선택의 작용으로 일어난 결과다. 이와 마찬가지 방식으로 굴쥐의 경우도 자연 선택이 빛이 점점 줄어드는 것에 대항해 눈의 크기를 점점 크게 만든 것으로 보인다. 이에 반해 동굴에서 서식하는 다른 모든 동물들은 눈을 사용하지 않은 그 자체로 인해 눈이 제 역할을 못 하게 된 것으로 여겨진다.

거의 유사한 기후 조건을 가진 석회 동굴만큼 생활 환경 조건이 비슷한 곳도 없을 것이다. 눈이 먼 동물들이 아메리카와 유럽의 동굴에서 각기 따로 창조되었다는 통설에 따르게 되면, 그 동물들의 유기적 체제와 유연 관계에는 상당히 닮은 점이 많을 것이라 기대할 수 있다. 그러나 예르겐 마티아스 크리스티안 시외테(Jørgen Matthias Christian Schiødte) 등이 언급한 바와 같이 실제로는 그렇지가 않다. 또한 이 두 대륙의 동굴에 사는 곤충이 북아메리카와 유럽에서 서식하는 다른 곤충들이 가지는 일반적인 유사성으로부터 짐작할 수 있는 것에 비해서 더 큰 연관성을 가지는 것은 아니다. 나의 견해에 따르면 우리는 평범한 시력을 가지고 있는 아메리카의 동물들이 수세대에 걸쳐 서서히 외부로부터 켄터키의 후미진 동굴 속으로 점점 더 이주해 들어온 것이라 추정하는 것이 옳다. 유럽의 동물들이 유럽의 동굴로 들어왔듯이 말이다. 이러한 습성의 단계적인 차이를 보여 주는 여러 증거들이 존재한다. 시외테가 언급했던 바와 같이 "원래의 형태에 크게 벗어나지 않는 동물들은 밝은 곳에서 어두운 곳으로 이동할 준비를 한다. 그 후 이것들은 약간 어두운 곳에서 살기에 적합한 구조를 갖추고, 끝내 완전한 어둠에서 살아가는 운명이 된다." 이 견해에 비추어 생각해 보건대, 수없이 많은 세대를 거쳐 어떤 동물이 가장 깊은 구석에 도달하게 되면, 불용이라는 요소는 눈의 흔적을 거의 없애게 될 것이다. 이때 자연 선택은 눈이 머는 것에 대한 보상으로 더듬이나 촉수의 길이를 증가시키는 등, 빈번히 다른 변화들에 영향을 미친다. 이러한 변화에도 불구하고 우리는 여전히 아메리카에서(또는 유럽에서) 동굴 생활을 하는 동물들이 그 대륙(또는 유럽 대륙)에서 서식하는 다른 것들과 유연 관계를 보일 것이라 기대할 것이다. 제임스 드와이트 데이나(James Dwight Dana) 교수로부터 들은 바에 따르면, 미국에서 동굴 생활을 하는 동물들 중 일부에서 실제로 그러한 사실을 볼 수 있다고 한다. 또한 유럽에서 동굴 생활을 하는 곤충들 중 일부는 그 주변 지역에서 서식하는 것들과 매우 가까운 유연 관계를 가진다. 눈이 먼 동굴 동물들이 이 두 대륙에서 서식하는 다른 동물들과 유연 관계를 가진다는 사실을, 그들이 독립적으로 창조되었다고 하는 일반적인 시각을 통해 합리적으로 설명하기란 너무나도 어려운 일이다. 구대륙과 신대륙의 동굴 서식 생물 중 일부는 가까운 유연 관계를 가지고 있음이 분명한데, 우리는 이를 이 두 대륙에서 서식하는 대다수 다른 생물들 사이의 익히 알려져 있는 관계성을 통해 예상해 볼 수 있다. 장 루이 루돌프 아가시(Jean Louis Rodolphe Agassiz)가 눈먼 물고기인 암블리옵시스(Amblyopsis)에 대해서 언급한 것을 볼 때,

또 유럽의 파충류 중에서 눈먼 프로테우스(Proteus)의 경우를 볼 때, 동굴 동물들 중 일부가 매우 이례적인 특성을 가진다는 사실은 그리 놀라울 것이 없다. 그러나 이러한 어두운 곳에서 사는 생물들이 훨씬 경쟁이 덜한 환경에 노출되었을 것임에도 고대 생명의 흔적을 별로 가지고 있지 않다는 점은 매우 놀랍다.

풍토화

예를 들어, 개화 시기, 종자가 싹트기 위해 필요한 비의 양, 휴면 시간 같은 식물의 습성은 대물림되는데, 나는 이러한 풍토화(acclimatisation)에 대해 언급하고자 한다. 어떤 종들이 동일한 속에 속하면서도 매우 더운 지역에서 서식하기도 하고 매우 추운 지역에서 서식하기도 하는 것은 너무나도 흔한 일이다. 나는 동일한 속의 종들이 단일 조상으로부터 이어져 내려왔다고 믿기 때문에, 만약 나의 견해가 옳다면 오랜 시간 혈통이 이어져 오는 동안 풍토화는 아주 쉽게 일어났을 것임이 틀림없다. 각각의 종이 고향의 기후에 적응해 왔다는 사실은 익히 알려져 있다. 북극이나 온대 지방에서 온 종은 열대 지방에서 살아가기 힘들며 그 반대의 경우도 마찬가지다. 이와 마찬가지로 많은 다육 식물들은 습한 기후에서는 잘 살지 못한다. 그러나 서식하고 있는 지역의 기후에 종이 적응하는 정도는 과대 평가되는 경우가 많다. 이것은 수입된 식물이 우리의 기후에 잘 적응할 것인지 아닌지를 우리가 예측하지 못하는 경우가 많다는 점과, 온난한 지역에서 왔지만 여기에서도 건강하게 자라는 동식물들의 수를 통해 추론할 수 있다. 자연 상태에 있는 종이 제한된 분포 영역을 갖게 되는 이유는 특수한 기후에 적응해야 하기 때문인데, 그와 마찬가지로 중요한 이유 혹은 그보다 더 중요한 이유는 다른 유기체들과 경쟁해야 하기 때문이라는 점을 믿을 만한 근거가 있다. 그러나 일반적으로 적응이 철저히 일어나든 아니든 간에, 몇몇 소수의 식물들이 어느 정도까지는 온도가 다른 기후에서도 자연적으로 길들여진다는, 즉 풍토화된다는 증거가 있다. 후커 박사가 히말라야에서 서로 다른 높이에서 자라고 있는 나무로부터 모은 종자를 가지고 재배한 소나무와 진달래(rhododendron)가 잉글랜드에서 자랄 때는 원래와 다른 방식의 추위를 이겨 내는 체질적인 능력을 가지게 되었음이 관찰된 것이다. 조지 헨리 켄드릭 스웨이츠(George Henry Kendrick Thwaites) 씨는 나에게 그가 실론(Ceylon, 현재 스리랑카. ― 옮긴이)에서 그와 유사한 사실을 관찰한 바 있다고 알려 주었다. 왓슨 씨 또한 아조레스에서 잉글랜드로 가져온 식물들 중 유럽 종에서 유사한 점을 관찰한 적이 있었다. 동물과 관련해서는 유사 이래 온대에서 한대로 또는 그 역으로 분포 영역을 크게 확장했던 종들에 대한, 출처가 확실한 실례들이 여럿 있다. 그러나 이러한 동물들이 그 향토의 기후에 완전히 적응했는지의 여부는 잘 알지 못한다. 다만 전반적으로는 그러했으리라 추정할 뿐이다. 또한 우리는 그것들이 나중에 새로운 서식지의 풍토에 차츰 익숙해졌는지 어떤지도 알 수가 없다.

　　나는 현재 우리가 기르고 있는 가축들이 아주 먼 지역으로 옮길 수 있어서가 아니라 그 가축들이 유용했고 갇힌 공간에서 쉽게 번식했기 때문에 과거에 미개인에 의해 선택받았다고 생각한다. 따라서 나는 가축들이 매우 다른 기후 환경에서도 잘 견뎌 낼 뿐만 아니라, 그런 기후 아래서도(이는 매우 혹독한 시련이다.) 생식 능력을 완벽하게 유지하는 아주 대단한 능력을 공통적으로 가진다는 사실을 다음과 같은 견해의 논거로 사용할 수 있다고 생각한다. 즉 현재 자연 상태에 있는 대다수의 다른 동물들을 지극히 다른 기후에 쉽게 적응시킬 수 있다는 것이다. 그러나 우리는 이 견해를 너무 강하게 주장해서는 안 되는데, 이는 가축들 중 일부는 그 기원이 아마도 여러 야생종인 것으로 여겨지기 때문이다. 예를 들어 열대와 극지의 늑대 혹은 야생개의 피는 가축 품종들에도 섞여 있는 것으로 생각된다. 쥐와 생쥐는 가축으로 여겨지지는 않지만 인간에 의해 세계 곳곳으로 옮겨져 왔다. 그리하여 현재는 북쪽으로는 페로(Faroe), 남쪽으로는 포클랜드의 한랭한 기후에서 열대 지방의 수많은 섬에 이르기까지, 이 지역들에서 자유롭게 살면서 다른 어떤 설치류보다도 더 넓은 분포 범위를 가지고 있다. 따라서 나는 어떤 특수한 기후에 대한 적응은 동물들 대부분이 공통적으로 타고난 체질의 유연성에 접목된 특성이라고 생각한다. 이러한 견해에 입각하면, 인간 자신과 가축들이 매우 다른 기후에도 견딜 수 있는 능력, 그리고 코끼리와 코뿔소 현생 종은 열대 혹은 아열대의 습성을 가지는 반면 그것들의 예전 종은 빙하기 기후를 견딜 수 있었던 것과 같은 사실은, 일종의 변칙이 아니라 단지 특이한 환경 아래서 지극히 흔히 나타나는 체질의 유연성이 작동한 하나의 예로 여기는 것이 옳다.

종으로 하여금 어떤 특수한 기후에 순응하도록 만드는 요인 중 단순한 습성으로 인한 것과 다른 체질을 타고난 변종이 자연 선택되는 것, 그리고 이 두 가지 경우가 모두 결합된 것의 영향이 각각 어느 정도인가 하는 것은 매우 어려운 문제다. 습성 또는 습관이 어떤 영향력을 발휘한다는 것은 유추를 통해 생각해 보아도, 그리고 농업 서적에서 끊임없이 등장하는 충고 — 어떤 지역에서 다른 지역으로 동물들을 이동시킬 때에는 매우 주의해야 한다는 충고로 고대 중국의 백과사전에도 나와 있을 정도이다. — 를 통해 생각해 보아도 틀림없는 사실이다. 인간이 그들이 사는 지방에 딱 적합한 체질을 가진 수많은 품종 또는 아품종을 언제나 성공적으로 선택했을 리는 없으므로, 습성이라는 요인이 그 결과를 불러일으킨 것이 틀림없다고 생각한다. 한편, 자연 선택이 그들의 본국에 더할 나위 없이 적합한 체질을 가지고 태어난 개체들을 보존하는 경향이 있었을 것이라는 점은 의심의 여지가 없다고 본다. 수많은 종류의 경작 식물에 관한 논문을 보면, 다른 식물들보다 특정 기후에 더 잘 견디는 어떤 변종이 있음을 알 수 있다. 미국에서 출간된 과수(果樹)에 관한 저서는 이를 아주 분명히 다루고 있다. 이 서적에는 어떤 변종이 습성적으로 북쪽에 있는 주(州)들에 적합한지, 또 어떤 변종이 남쪽에 있는 주들에 적합한지를 추천하고 있다. 이러한 변종의 대부분이 최근에 새로이 생겨난 것들이기 때문에 그것들의 체질적인 차이는 습성으로 인한 것이라 볼 수 없다. 씨앗을 통해 번식하지 않기 때문에 새로운 변종이 생겨날 수 없는 뚱딴지(Jerusalem artichoke)의 경우는 예나 지금이나 연약하기 때문에 풍토화가 일어나지 않는 경우도 있음을 보여 주는 예로 인용된다! 강낭콩 또한 이와 비슷한 목적으로 인용되며 훨씬 더 중요한 것으로 여겨진다. 그러나 어떤 사람이 강낭콩을 서리로 인해 대부분 죽어 버릴 만큼 이른 시기에 심은 후, 잡종이 우연히 생겨나는 것을 방지하도록 주의를 기울이면서 얼마 되지 않은 살아 있는 것에서 씨를 거둔 다음, 다시 거기서 나온 모종들로부터 앞서와 같이 주의를 기울이면서 씨를 모으는 것을 20세대 정도 반복하기 전까지는 실험을 했다고 인정할 수 없다. 우리는 강낭콩 모종의 체질에 어떠한 변화도 일어나지 않았다고 가정해서는 안 된다. 어떤 모종이 다른 것들에 비해 얼마나 더 큰 내한성을 가지는지에 대한 글이 발표된 적도 있기 때문이다.

대체로 우리는 다음과 같은 결론을 내릴 수 있을 것이다. 즉 습성, 사용 및 불용은 체질이나 여러 기관의 구조상의 변화에 중요한 영향을 끼쳤지만, 사용과 불용의 결과는 종종 선천적인 차이를 만들어 내는 자연 선택과 결합되어 나타났고 때로는 자연 선택이 이를 압도했다.

연관 성장

나는 유기체의 전체 조직은 그것이 성장하고 발달하는 동안에 매우 긴밀하게 연관되어 있어서 어떤 한 부분에 조그마한 변이가 일어나면 그리고 이것이 자연 선택을 통해 누적되면, 다른 부분 또한 변화하게 된다는 의미로 이 표현을 사용한다. 이는 매우 중요한 주제인 동시에 제대로 이해하지 못하는 경우가 많은 주제이기도 하다. 이

것을 가장 분명하게 보여 주는 것은 오로지 유생 또는 유충의 이익을 위해서 누적된 변화가 성체의 구조에도 영향을 줄 것이라는 점이다. 초기 배에 영향을 끼치는 어떤 기형은 마찬가지로 성체의 유기 조직 전체에 심각한 영향을 끼친다. 상동적이면서도 초기 배 시기에 비슷한 모습이었던 일부 신체 조직들은 서로 연관되어 변이하는 것으로 보인다. (여기서 '상동적(homologous)'이란 '기능은 다를 수 있으나 발생 기원이 같은'의 의미다. 반면 '상사적(analogous)'이란 '발생 기원은 다르나 기능이 유사한'의 뜻이다. ─ 옮긴이) 우리는 신체의 좌우 양쪽이 동일한 방식으로 변이하고, 앞다리와 뒷다리 그리고 심지어 턱과 사지가 함께 변이한다는 점 ─ 아래턱은 사지와 상동인 것으로 여겨진다. ─ 을 통해 이러한 사실을 이해할 수 있다. 나는 자연 선택이 거의 전적으로 이러한 경향을 지배한다는 사실을 믿어 의심치 않는다. 예를 들어 예전에 한쪽에만 뿔이 난 사슴이 속한 어떤 과가 있었는데, 만약 그 뿔이 그 사슴 품종에게 뭔가 이익을 가져다주었다면 아마도 그것은 자연 선택을 통해 영원히 남게 되었을 것이다.

몇몇 학자들이 언급했던 바와 같이, 상동적인 부분은 서로 긴밀한 연관성을 가지는 경향이 있다. 일부 기형 식물들을 보면 이를 잘 알 수 있다. 꽃잎이 한데 모여 관을 형성해 화관이 되는 것처럼, 정상적인 구조에서 상동적인 부분들이 집합적으로 기능하는 것은 매우 흔하다. 딱딱한 부위는 그것과 인접한 부드러운 부위의 형태에 영향을 주는 것처럼 보인다. 일부 학자들은 조류의 골반의 형태가 다양한 것이 콩팥의 형태를 놀라울 정도로 다양하게 만드는 원인이 된다고 생각한다. 인간의 경우 산모의 골반의 형태가 압력을 받은 아이의 두상에 영향을 준다고 믿는 학자들도 있다. 헤르만 슐레겔(Hermann Schlegel)에 따르면, 뱀의 경우 몸 전체의 형태와 먹이를 삼키는 방식에 따라 가장 중요한 내장들 중 일부의 위치가 결정된다고 한다.

이러한 긴밀한 상관 관계는 그 성질이 매우 모호한 경우가 많다. 조프루아 생틸레르 씨는 매우 빈번하게 같이 나타나는 기형이 있는 반면 무슨 이유에서인지는 모르지만 거의 같이 나타나지 않는 기형도 있다는 점을 강조했다. 다음은 아마도 상동 관계가 작용하는 것으로 보이는 예시들이다. 고양이에서 볼 수 있는 푸른색 눈과 난청 사이의 관계, 암컷 고양이에만 나타나는 삼색 털 얼룩무늬, 비둘기에서 볼 수 있는 깃털이 난 발과 바깥쪽으로 향한 발톱 사이에 있는 피부, 갓 부화한 어린 새에 다소간 나 있는 솜털의 유무와 미래의 깃털 색깔, 그리고 털이 없는 터키 개에서 털과 치아 사이의 관계 등이 그렇다. 이러한 것들보다 더 기괴한 경우도 드물 것이다. 마지막 예와 관련해 나는, 포유류 중에서 겉피부가 가장 희한한 두 가지 목을 꼽는다면 고래목(Cetacea)과 빈치목(Edentata, 아르마딜로, 천산갑 등)을 꼽을 수 있다는 사실과 이것들이 매우 독특한 이빨을 갖고 있다는 사실이 결코 우연이 아니라고 생각한다.

유용성과는 관계없이, 그러니까 자연 선택과는 관계없이 연관 성장의 법칙이 중요한 구조를 변화시키는 데 큰 영향력을 행사한다는 것을 보여 주는 예로, 나는 일부 국화과와 미나릿과 식물에서 나타나는 겉꽃과 안꽃 사이의 차이보다 더 적절한 예를 알지 못한다. 가령, 데이지의 주변화(ray florets)와 중앙화(central florets)가 다르다는 것은 누구나 아는 사실이다. 이러한 차이는 꽃의 발육 부진과 함께 나타나는 경우가 많다. 일부 국화과 식물에서는 씨앗에서도 모양과 무늬의 차이가 관찰된다. 알렉상드르 앙리 가브리엘 드 카시니 (Alexandre Henri Gabriel de Cassini)가 묘사한 바에 따르면 부속 기관과 씨방 자체도 서로 다르다. 학자들은 이러한 차이가 압력으로 인한 것이라고 주장하는데, 일부 국화과 식물의 주변화 내에 있는 씨앗의 모양을 보면 그 주장이 옳음을 알 수 있다. 그러나 후커 박사가 나에게 알려준 바에 따르면 미나릿과 식물의 꽃부리의 경우 아주 빽빽한 꽃을 가진 종들이 항상 안꽃과 겉꽃의 두드러진 차이를 나타내는 것은 결코 아니다. 주변 꽃잎은 꽃의 다른 특정 부분들로부터 영양 물질을 끌어오기 때문에 주변 꽃잎의 발달이 꽃의 발육 부진을 야기한다고 생각된다. 그러나 일부 국화과 식물에서 꽃부리의 차이가 없음에도 겉꽃과 안꽃의 종자가 차이를 보이는 경우가 있다. 아마도 이러한 여러 차이점들은 꽃의 중앙부에서 바깥쪽으로 영양분이 흐르는 것에 차이가 있다는 점과 관련되어 있는 것일 수도 있다. 적어도 우리는 불규칙적으로 피는 꽃에서 축에 가장 가까이 있는 부분이 정화(正化, peloria. 본래는 부정형(不整形)인 꽃이 정형으로 피는 현상. ─ 옮긴이)의 대상이 되어 규칙적인 것으로 바뀐다는 것을 알고 있다. 이러한 예처럼 연관 성장에 관한 놀라운 예를 하나 더 들어 보겠다. 이는 내가 최근 일부 제라늄에서 관찰한 것인데, 트러스(truss)의 중앙화 위쪽에 있는 두 장의 꽃잎에서 어두운 색 부분이 없어지는 경우가 종종 있었다. 그런 일이 일어나고 나니, 거기에 붙어 있던 꿀샘은 제대로 발육하지 못했다. 또한 위쪽의 꽃잎 두 장 가운데 한 장에만 색이 없어진 경우에는 꿀샘의 크기가 줄어드는 것에 그쳤다.

줄기 끝에 있는 꽃송이의 가운데 꽃과 바깥쪽 꽃의 꽃부리 또는 산형 꽃차례(umbel. 꽃대의 꼭대기 끝에 여러 개의 꽃이 방사형으로 달린 무한꽃차례의 하나로 산형화서(傘形花序)라고도 한다. — 옮긴이)에서 나타나는 차이점과 관련해, 나는 주변화가 곤충들을 유인하고 그 곤충들의 매개가 이 두 목에 속한 식물들의 수정에 매우 유리하게 작용한다는 슈프렝겔의 생각에 동의하지 않는다. 그것은 언뜻 보기에 전혀 설득력이 없다. 만약 그것이 정말 유리하다면 자연 선택이 거기에 작동했을 것이다. 그러나 꽃의 차이와 항상 상관있지는 않은, 씨의 내부 및 외부 구조 둘 모두의 차이점과 관련해서 그 구조들의 차이가 식물에게 어떤 측면에서 유리하다고 말하는 것은 어렵다. 다만 미나릿과 식물에서 이러한 차이는 너무나도 중요한 것이어서 — 이그나즈 프리드리히 타우슈(Ignaz Friedrich Tausch)에 따르면, 경우에 따라 씨앗이 겉꽃에서는 직선형(orthospermous)이고, 안꽃에서는 구형(coelospermous)이다. — 드 캉돌은 이러한 상사적 차이를 기준으로 목을 크게 분류하는 토대를 마련했을 정도다. 따라서 분류학자들이 매우 중요하게 여기는 구조상의 변화가 우리가 잘 알지 못하는 연관 성장의 법칙에 따라 일어나는 것이며, 우리가 볼 수 있는 한 그 종에게 별 이익을 주지 않는다고 본다.

우리는 종들의 집단 전체에서 공통적으로 나타나는 구조가 실제로는 단순히 대물림에 의한 것인데 연관 성장 때문인 것으로 잘못 생각하는 과오를 범하는 경우가 많다. 먼 옛날의 조상은 자연 선택을 통해 구조상의 변화를 획득했고, 그 이후 수천 세대가 지나면서 다른 부분들도 그와는 별개로 변화되었다. 이러한 두 변화는 여러 다양한 습성과 더불어 자손들 집단 전체에 전승되었을 것이므로, 이는 자연히 그 사이에 어떤 필연적 관계가 있다고 생각될 수도 있을 것이다. 그러나 외관상 연관된 것으로 보이는 것이 어떤 목에 속한 모든 생명체에서 나타난다면, 이는 전적으로 자연 선택의 작용에 의한 것임이 틀림없다. 예를 들어, 알퐁스 드 캉돌은 날개가 있는 씨앗은 개열과(開裂果, 성숙하게 자라면 과피(果皮)가 터져 튀어나오는 열매)가 아닌 과실에서는 절대로 발견되지 않는다고 말했다. 나는 자연 선택을 통해 개열과 과실을 제외한 나머지 과실에서는 씨앗이 점차로 날개를 가질 수 없게 되었기 때문에 이러한 규칙성이 나타난 것이라 설명하는 것이 옳다고 생각한다. 따라서 더 멀리까지 퍼져 나가는 데 적합한 종자를 생산해 내는 그 개개의 식물들은 분산에 덜 적합한 종자를 생산하는 식물보다 조금 더 우위를 점하게 된 것이고, 이러한 과정이 개열과가 아닌 과실에서는 일어날 수 없었던 것이다.

조프루아와 요한 볼프강 폰 괴테(Johann Wolfgang von Goethe)는 거의 같은 시기에 성장의 균형(balancement of growth) 또는 보상의 법칙(law of compensation)에 관한 이론을 제시했다. 즉 괴테는 "자연은 한쪽에서 지출을 하기 위해 다른 쪽에서는 절약을 하도록 강요받는다."라고 표현했는데, 나는 이것이 사육 및 재배 하에 있는 생물들에게 어느 정도 해당되는 말이라고 생각한다. 만일 영양 물질이 어떤 부분, 즉 어떤 조직으로 과도하게 흘러들면, 다른 부분으로는 덜 흘러들게 되며 적어도 많이 들어가는 일은 없을 것이다. 이러한 맥락에서 젖소가 젖을 많이 분비하게 하면서 살도 찌도록 만드는 것은 어려운 일이다. 마찬가지로 양배추 변종이 영양분이 풍부한 잎을 많이 가지고 있는 동시에 막대한 양의 기름진 씨앗을 생산하는 것은 불가능하다. 우리가 먹는 과실에 들어 있는 씨가 작아지면, 그 과실 자체는 양적으로나 질적으로나 우수해진다. 가금류의 경우에는 머리 위에 난 깃털 다발의 크기가 크면 대개 볏이 작아지고, 수염이 길면 육수가 작아진다. 자연 상태에 있는 종들의 경우에는 이 법칙이 보편적으로 적용된다고 말하기 어렵다. 그러나 많은 훌륭한 관찰자들 특히 식물학자들은 이 법칙이 옳다고 믿고 있다. 그러나 여기서 나는 그와 관련된 사례를 제시하지 않겠다. 이러한 일이 일어나는 이유가 어떤 부분은 자연 선택을 통해 크게 발달한 반면, 인접한 다른 부분은 자연 선택 혹은 불용으로 인해 축소된 효과 때문인지 아니면, 다른 인접한 부분에 과도한 성장이 일어나서 정작 그 부분에는 영양 물질이 잘 들어오지 못하게 된 효과 때문인지를 구별할 수 있는 방법을 나는 모르기 때문이다.

또한, 나는 앞서 언급한 보상에 관한 사례들 및 그 밖의 여러 사실들이 좀 더 일반적인 원리, 즉 자연 선택이 유기 조직의 모든 부분에서 소비를 아끼려는 노력을 계속하고 있다는 원리와 어우러져 나타나는 것이 아닐까 생각한다. 만일 변화된 생활 환경 조건 속에서 이전에는 유용했던 구조가 덜 유용하게 되었다면, 그 구조를 조금이나마 덜 발달시키는 것이 자연 선택을 통해 채택될 것이다. 쓸모가 없어진 구조를 만드는 데 들어가는 영양분을 낭비하지 않아도 되므로 개체에게 이익이 될 것이기 때문이다. 내가 만각류를 조사하고 있었을 때 나를 너무나도 놀라게 만들었던 사실 ― 만각류가 다른 만각류 안에 기생함으로써 보호를 받게 되면, 그 만각류는 자신의 껍질,

그러니까 등딱지를 거의 완전히 잃게 된다는 것 — 을 비롯해 그 밖에 제시할 수 있는 많은 실례들은 이러한 맥락에서 이해할 수 있을 것이다. 이블라(Ibla)의 수컷이 바로 이러한 경우에 해당하며, 프로테올레파스(Proteolepas)의 경우에는 정말이지 극단적인 방식으로 나타난다. 다른 모든 만각류에서 등껍질은 큰 신경 및 근육 다발이 발달한 거대한 머리의 앞부분에 있는, 매우 중요한 세 개의 체절로 구성되어 있다. 그런데 다른 만각류에 기생하며 보호를 받는 프로테올레파스는 머리의 앞부분 전체가 극히 작은 흔적으로 퇴화해서 포식용 더듬이 기저부에 붙어 있을 정도다. 프로테올레파스가 기생하는 습성을 가짐으로써 불필요하게 된 크고 복잡한 구조를 절약하는 것은 비록 서서히 일어나는 단계적 변화를 겪어야 하지만, 그 종에 속한 모든 후손들에게 확실한 이점을 가져다줄 것이다. 모든 동물들이 맞닥뜨려야 하는 생존 투쟁에서 프로테올레파스에 속한 각 개체들은 이제는 필요 없게 된 구조를 발달시키는 데 영양 물질을 소모하지 않아도 됨으로써 그 자신을 존속시킬 기회가 늘어날 것이기 때문이다.

나는 생체 조직의 어느 부분이 불필요하게 될 경우, 자연 선택은 어떻게 해서든 다른 부분을 그에 해당하는 만큼 더 많이 발전시키는 것이 아니라 궁극적으로는 불필요하게 된 그 부분을 축소해서 성공적으로 절약을 할 것이라 생각한다. 그리고 역으로 자연 선택은 필수적인 보상으로써 다른 인접한 부분의 축소를 요구하지 않고, 어떤 기관을 발달시키는 데에 완벽한 성공을 거둘 것이라 믿는다.

조프루아 생틸레르가 언급했던 바와 같이, 변종이든 종이든 간에 어느 부분 혹은 어느 조직이 하나의 개체 내에 있는 구조 속에서 여러 번 반복될 때에는 (뱀의 등뼈, 수술 많은 꽃의 수술처럼) 그 반복되는 수가 다양하다. 반면, 동일한 부분 혹은 기관이 덜 반복되어 나타나는 경우에는 그 수가 일정한데, 이는 일종의 규칙인 것으로 보인다. 더 나아가 생틸레르 및 일부 식물학자들은 다발성으로 나타나는 부분은 구조상으로 변이하는 경향 또한 강하다고 말했다. 오언 교수가 사용한 표현인 이른바 "식물성 반복(vegetative repetition)"은 유기적 구조의 하등함을 나타내는 것이다. 이는 박물학자들이 지지하는 매우 일반적인 의견인, 자연의 계층 구조에서 하위에 있는 것들은 그보다 상위에 있는 것에 비해 더 잘 변이하는 경향이 있다는 것과 일맥상통한다고 보인다. 여기서 하등하다는 것은 그 유기체의 여러 부분에 어떤 특정 기능을 수행하기 위한 전문화가 미흡하다는 뜻으로 간주할 수 있다. 우리는 동일한 부분이 여러 가지 기능을 수행해야 하는 한, 왜 그 부분이 변이하기 쉬운지를 이해할 수 있다. 다시 말해서, 우리는 왜 자연 선택이 어떤 특수한 목적 하나만을 수행할 때보다 형태상의 작은 편차 하나하나를 덜 세심하게 보존하거나 제거했어야 하는지를 이해할 수 있을 것이다. 이는 모든 종류의 물건을 잘라야 하는 칼은 어떤 형태여도 상관없지만, 어떤 특수한 목적을 위해 쓰이는 칼은 특정한 모양을 갖고 있는 편이 더 좋은 것과 동일한 원리다. 우리는 자연 선택이 각각의 유기체의 조직 하나하나에 이익이 되기 위해서, 그리고 이익이 되는 것을 통해서만 작용할 수 있다는 점을 절대 잊어서는 안 된다.

일부 학자들은 제대로 발달하지 못한 부분은 매우 잘 변이하는 경향을 가진다고 언급하고 있으며, 나 또한 그것이 사실이라고 믿는다. 이러한 흔적 기관과 발육이 부진한 기관에 관한 전반적인 내용은 나중에 다시 설명해야 할 것 같다. 다만 여기서는 이 가변성이 그러한 기관들이 쓸모없기 때문에, 또한 그로 인해 자연 선택이 그 구조의 변이를 저지할 만한 능력을 발휘할 수 없기 때문에 나타나는 것이라는 점을 덧붙여 말해 두고 싶다. 결국 제대로 발달하지 못한 부분들은 성장에 관한 여러 법칙들의 작용과, 오랜 기간 계속된 불용의 효과 및 격세 유전되는 경향에 무방비로 노출된 것이다.

어떤 종에서 독특한 방식으로 혹은 비범한 정도로 발달된 부분은 근연인 종이 가지고 있는 동일한 부분과 비교할 때 변이 가능성이 매우 높은 경향이 있다

몇 해 전 나는 워터하우스 씨가 이 제목과 흡사한 취지의 말을 하는 것에 엄청난 충격을 받았다. 게다가 오언 교수도 오랑우탄의 팔 길이에 대한 관찰을 통해 거의 유사한 결론에 도달한 것으로 보인다. 여기에서는 일일이 소개하는 것이 불가능하겠지만, 내가 수집해 온 수많은 사실들을 제시하지도 않고 이 문제의 사실 여부를 누군가에게 확신시키려 해 봐야 아무런 소용이 없을 것이다. 다만 나는 이것이 지극히 일반적인 규칙이라는 확신을 가지고 있다는 것을 말하고 싶을 뿐이다. 나는 차이를 만드는 여러 원인들에 대해서도 알고 있지만, 내가 그것들에 대해서 적절히 감안해 왔기를 희망한다. 어떤 부분이 아무리 특이하게 발달했다 하더라도 근연종의 동일한 부분에 비해서는 별로 특이하지 않을 경우, 이 규칙은 절대로 적용할 수 없다는 점을 명심해야 한다. 이를테면 박쥐의 날개는 포유강으로서는 매우 이례적인 구조지만 박쥐류 전체가 날개를 가지고 있기 때문에 여기서 이 규칙은 적용되지 않는다. 대신 만일 박쥐류의 어느 한 종이 같은 속의 다른 종들에 비해 현저하게 발달한 날개를 가지고 있는 경우에는 적용될 수 있을 것이다. 이 규칙은 이차 성징(性徵)이 다소 특이한 방식으로 나타나는 경우에 매우 잘 적용된다. 헌터(Hunter)에 의해 사용된 이차 성징이라는 용어는 한쪽 성에만 나타나는 것으로 번식 행위와는 직접적인 관련이 없는 형질을 의미한다. 이 규칙은 수컷과 암컷 모두에 적용되지만, 암컷은 이차 성징이 뚜렷이 드러나는 경우가 드물기 때문에 사실상 암컷에 적용되는 일은 별로 없다. 이 규칙이 이차 성징의 경우에 딱 들어맞게 적용될 수 있는 것은, 이차 성징으로 나타나는 형질들이 가지고 있는 엄청난 변이 가능성 때문이라 할 수 있다. 이 형질들이 어떤 특별한 방식을 드러내 보이는지 아닌지에 관계없이 말이다. 이 사실에 대해서는 의심의 여지가 거의 없다고 생각한다. 한편 이 규칙이 이차 성징에만 한정적으로 적용되는 것은 아니라는 점을 암수한몸인 만각류의 경우를 통해 확실히 볼 수 있다. 여기에 덧붙이자면, 나는 이 만각목에 대해 조사하는 동안 특히 워터하우스가 했던 말에 주목한 결과, 이 규칙이 만각류의 경우 거의 예외 없이 적용된다는 점을 확신하게 되었다. 나는 나중에 출간할 책에서 좀 더 명확한 예시들을 열거할 예정이다. 여기에서는 간단히 이 규칙이 가장 폭넓게 적용될 수 있는 예 하나만 언급하고자 한다. 착생 만각류(sessile cirripedes, 따개비류)의 숨문 뚜껑 밸브(opercular valves)는 모든 의미에서 가장 중요한 구조라 할 수 있는데, 심지어 속이 다른 경우에도 거의 차이가 없는 구조를 가진다. 그러나 피르고마 (Pyrgoma)라는 속에 속한 여러 종들에서는 이 밸브가 믿을 수 없을 정도로 많이 다양화되어 있다. 다시 말해, 각각의 종에서 밸브에 해당하는 것들이 형태상 완전히 다른 모습을 하고 있는 경우가 많다는 것이다. 게다가 그 종 일부에 속한 개체들에게서 나타나는 변이의 양은 실로 엄청나서, 이토록 중요한 밸브라는 형질이 다른 속에 속한 별개의 종들에서보다 변종들 사이에서 더 큰 차이를 보인다고 해도 과장이 아닐 정도다.

나는 같은 지역에서 서식하는 조류들 내에서는 변이의 정도가 매우 적다는 점을 특히 주목해 왔는데, 앞서 언급했던 규칙은 확실히 조류강의 경우에도 잘 적용된다. 나는 이 규칙이 식물에서도 적용되는지는 증명할 수 없다. 하지만 만일 식물의 엄청난 변이성 때문에 변이의 상대적인 정도를 비교하는 것이 그토록 어려워지지 않았더라면, 이 규칙이 사실이라 생각하는 나의 믿음은 심각하게 흔들렸을 것이다.

우리가 어떤 종에서 나타나는, 보기 드문 정도로 혹은 보기 드문 방식으로 발달된 어떤 부분 내지는 어떤 조직에 대해 생각해 볼 때, 그 조직이 매우 변이하기 쉬운데도 그 종에게는 매우 중요한 가치를 가진다고 보는 것은 올바른 추정이다. 그 까닭은 무엇일까? 종들이 제각각 현재 우리가 볼 수 있는 모든 부분들을 갖춘 채 독립적으로 창조되었다는 견해로는 그 까닭을 설명할 방법이 없다. 하지만 종들이 다른 종으로부터 유래되어 자연 선택을 통해 변화되었다는 견해를 따른다면 이 설명이 가능해진다. 가축의 경우에 만일 어느 부분이 혹은 그 동물 전체가 별다른 관심을 받지 못해 선택되지 않았다면, 그 부분(이를테면 도킹(Dorking) 종에 속하는 닭의 볏) 내지는 그 품종 전체는 거의 동일한 형질을 갖지 못하게 되었을 것이다. 이 경우 그 품종은 퇴화된다고 말할 수 있다. 흔적 기관, 어떤 특수한 목적을 위한 전문화가 거의 일어나지 않은 기관, 그리고 여러 형태를 가지는 것으로 보이는 기관들을 보면 자연의 경우에도 이와 거의 유사한 일이 일어난다는 사실을 알 수 있다. 이 경우들에서는 자연 선택이 완전히 작용을 하지도 않고 작용하는 것이 가능하지도 않으므로, 그 유기 조직은 유동적인 상태로 남겨질 것이기 때문이다. 그런데 여기서 특히 더욱 관심을 가질 만한 점은, 가축에서 계속되는 선택을 통해 현재 급격한 변화를 겪고 있는 부분들은 변이하는 경향 또한 강하다는 것이다. 비둘기의 품종들을 살펴보자. 여러 품종의 공중제비비둘기들의 부리, 전령비둘기들의 부리와 육수, 공작비둘기의 자세와 꽁지 등이 서로 얼마나 많은 차이를 보이는지를 알 수 있다. 영국의 사육자들이 요즘 주목하고 있는 부분이 바로 이러한 점들이다. 단면공중제비비둘기와 같은 아품종에서조차도 완벽하게 닮은 새끼가 태어나도록 만드는 것은 어려운 일이며, 표준에서 상당히 벗어난 것들이 태어나는 경우도 흔하다. 한편으로는 변화가 덜 일어난 상태로 복귀하는 경향과 모든 종류에서 변이성이 더욱더 진행되도록 만드는 본질적인 경향, 다른 한편으로는 그 품종을 원래 모습 그대로 유지하기 위한 선택이 꾸준히 일어나도록 하는 힘, 이 둘 사이에서 끊임없는 투쟁이 일어나고 있다고 말하는 것이 맞을 것이다. 오랜 시간이 흐르게 되면 결국 선택이 이긴다. 따라서 우리는 단면공중제비비둘기라는 좋은 품종에서 그냥 일반적인 공중제비비둘기와 같은 보잘것없는 새가 태어나게 되는 일이 일어날 것이라고는 생각지 않는다. 그러나 선택이 급속하게 진행되는 한, 변화가 진행되고 있는 구조에는 늘 상당한 변이가 일어날 것으로 예상된다. 다음과 같은 점들도 주목할 가치가 있다. 즉 인간의 선택을 통해 생겨난 다양한 형질들은 우리가 잘 알지 못하는 원인들에 따라 암수 중 어느 하나의 성에만 — 대개는 수컷에만 — 나타나게 된다는 것이다. 전령비둘기의 육수와 파우터의 큰 모이주머니가 바로 이러한 경우다.

이제 자연으로 눈을 돌려보자. 어느 한 종이 같은 속에 속한 다른 종들에 비해 아주 특이한 방식으로 발달된 부분을 가지게 된 경우, 종이 속의 공통 조상으로부터 갈라져 나오기 시작한 이래로 그 부분은 실로 엄청난 양의 변화를 겪었다는 결론을 내릴 수 있을 것이다. 이 갈라져 나온 시기가 대단히 먼 과거일 리는 없을 것이다. 그 이유는 종이 한 지질 시대보다도 오랫동안 존속하는 경우는 극히 드물기 때문이다. 보기 드물 정도로 많은 변화라는 말에는 그 종의 이익을 위해 엄청난 양의 변이가 자연 선택을 통해 오랜 기간 동안 지속적으로 일어났다는 의미가 내포되어 있다. 그런데 아주 특이하게 발달된 부분 혹은 기관의 가변성이 대개는 그리 오래지 않은 기간 동안에 너무나도 크고 지속적이었기 때문에, 훨씬 더 오랜 시간 동안 거의 변함없이 유지해 온 유기 조직의 다른 부분에 비해 더 많은 변이성이 발견될 것이라는 예상을 할 수 있다. 나는 실제로 그러할 것이라 확신한다. 한편으로는 자연 선택, 다른 한편으로는 격세 유전과 가변성 이들 둘 사이의 투쟁은 충분한 시간이 지나고 나면 끝이 날 것이라는 점, 그리고 매우 비정상적으로 발달한 기관은 불변적인 것이 될 것이라는 점은 의심할 여지가 없는 사실이다. 따라서 내 이론에 따르면 어떤 기관이 아무리 비정상적이라 해도 거의 동일한 상태로 많은 변화된 자손에게 대물림된다면 ─ 박쥐의 날개처럼 ─ 그것은 틀림없이 엄청나게 오랜 시간 동안 거의 동일한 상태로 존재하게 될 것이다. 그 기관은 다른 어떠한 구조보다도 많은 변이가 일어나지는 않을 것임이 분명하다. 이른바 "발생적 가변성(generative variability)"이 여전히 엄청나게 많이 존재함을 발견할 수 있는 것은, 비교적 최근에 그리고 이상하리만치 엄청난 변화가 일어난 경우에만 한해서이다. 이러한 경우, 그 개체에게 필요한 방식과 정도로 변이하고 있는 개체들이 계속적으로 선택되는 것과 이전의 덜 변화된 상태로 복귀하는 경향을 가진 개체들이 배제되는 것을 통해서 가변성이 고정되는 일이 아직은 거의 없기 때문이다.

이상과 같은 설명에 내포되어 있는 원리는 다음의 경우에도 확대해 적용할 수 있다. 종의 형질이 속의 형질보다 변이가 더 잘 일어난다는 것은 익히 알려진 사실이다. 이것이 의미하는 바가 무엇인지 간단한 예를 들어 설명해 보겠다. 만일 식물의 큰 속에서 어떤 종들은 푸른색 꽃을 피우고 어떤 종들은 붉은 꽃을 피우는 경우, 꽃 색은 단지 종의 형질에 지나지 않는다. 푸른색 꽃을 피우는 종들 중 하나가 붉은색 꽃을 피우게 되거나 혹은 그 반대의 일이 일어난다 해도 그리 놀라는 사람은 없을 것이다. 그러나 만일 그 모든 종이 푸른색 꽃을 피우게 될 경우 꽃의 색은 속의 형질이 될 것이고, 이때의 변이는 이상한 것으로 여겨지게 될 것이다. 내가 이러한 사례를 든 이유는 대부분의 박물학자들이 제시하는 다음의 설명이 이 사례에는 적용되지 않기 때문이다. 그 설명은 바로, 종의 형질은 흔히 속을 분류하는 데 사용되는 형질보다는 생리학적인 중요성을 덜 가진 부분에서 나오기 때문에, 종의 형질은 속의 형질보다 변이가 더 심하다는 것이다. 나는 이러한 설명이 부분적으로는, 다시 말해 간접적으로는 옳다고 생각한다. 이 문제에 대해서는 분류에 관한 장에서 다시 다루어야 할 것 같다. 종의 형질이 속의 형질보다 더 많이 변이한다는 앞의 주장을 지지하는 증거를 제시하는 것은 쓸데없는 일일 것이다. 하지만 나는 박물학에 관한 저서를 쓴 사람이 많은 종들이 속한 군 전체를 통틀어 대개 변함없이 유지되고 있는 일부 중요한 기관 혹은 부분이 근연종에서는 상당히 다르다는 점을 경탄하며 언급하는 경우, 그 종에 속한 일부 개체에서도 그 기관은 변이하기 쉽다는 사실을 여러 번 발견했다. 이러한 사실은, 일반적으로 속의 형질로 여겨지던 것이 종의 형질인 것으로 그 가치가 하락한 경우, 생리학적 중요성은 그대로임에도 불구하고 변이하기 쉬워지는 경우가 많다는 것을 보여 준다. 이와 같은 설명은 기형에도 적용된다. 적어도 조프루아 생틸레르 씨는, 동일한 군에 속하는 서로 다른 종에서 기관이 정상적이지만 더 많은 차이점을 보일 경우 개체에 이상 현상이 더 많이 나타나게 된다는 사실을 전혀 의심하지 않는 듯 보인다.

각각의 종이 독립적으로 창조되었다는 일반적 견해에 따르면, 도대체 왜 독립적으로 창조된 같은 속의 다른 종에서 거의 유사하게 나타나는 부분보다 그 부분과 차이를 보이는 구조에 변이가 더 심하게 일어나는 것일까? 아마 그에 대한 대답을 하기가 곤란할 것이다. 그러나 종이라는 것이 뚜렷한 특징을 가진 고착화된 변종이라는 견해에 입각한다면, 우리는 비교적 최근에 변화되어 온 부분에 구조상 여전히 변화가 계속되고 있는 경우가 많아서 결국 차이점을 보이게 되는 것이라고 확실히 예상할 수 있다. 이를 다른 방식으로 설명해 보자. 어떤 속에 속한 모든 종들은 서로 유사하다는 점과 다른 속에 속한 종들과는 다르다는 점은 이른바 속의 형질이라고 할 수 있다. 나는 이러한 형질들이 공통으로 나타나는 이유가 그것들이 공통 조상으로부터 대물림된 것이기 때문이라 생각한다. 자연 선택이 제각기 상당히 다른 습성에 길들여진 여러 종들을 정확히 똑같은 방식으로 변화시키는 일은 거의 일어나지 않기 때문이다. 또한 이러한 속의 형질들은 아주 먼 과거부터 — 종들이 그들의 공통 조상으로부터 처음으로 분기되었던 시절 이래로 — 대물림된 것이고, 그 이후에도 변이하지 않아 어떠한 차이도 나타나지 않았거나 아주 약간의 차이만이 나타났기 때문에, 그것들이 오늘날 변이하는 일은 없다고 여겨진다. 반면, 어떤 종이 동일한 속의 다른 종들과 다르다는 점은 종의 형질이라 할 수 있다. 이러한 종의 형질은 공통 조상으로부터 종이 분기하는 시기에 변이하고 달라진 것이기 때문에 여전히 어느 정도 — 적어도 매우 오랜 시간 동안 변함없이 남아 있던 유기 조직 부분보다는 더 많이 — 변이할 가능성이 있을 것이다.

지금 주제와 관련해서 나는 두 가지만 더 언급하려 한다. 이차 성징의 변이 가능성이 매우 높다는 점에 대해서는 세부적인 내용을 일일이 말하지 않아도 모두들 인정할 것이라 생각한다. 동일한 군집에 속한 종들은 그들의 유기 조직에서 다른 어떤 부분보다도 이차 성징의 측면에서 서로 더 많은 차이를 나타낸다는 점 또한 수긍할 것이라 생각한다. 예를 들어, 가금류의 수컷들 사이에서 나타나는 이차 성징과 관련한 차이가 암컷들 사이에서 나타나는 차이에 비해 얼마나 많은지 비교해 보면 그 말이 진정 참임을 알게 될 것이다. 이차 성징이 기본적으로 가지고 있는 가변성의 원인에 대해서는 알려진 바가 별로 없다. 하지만 우리는 이차 성징이 왜 유기체의 다른 부분에서만큼 동일함을 유지하지 않았는지 알 수 있다. 그것은 이차 성징은 성 선택을 통해 누적되는 것인데, 성 선택은 보통의 선택보다 덜 엄격하게 작용하며 멸절을 수반하지는 않은 채 단지 별다른 장점이 없는 수컷에게는 적은 자손을 안겨 줄 뿐이기 때문이다. 이차 성징의 변이성을 유도하는 원인이 무엇이든 간에 이차 성징이라는 형질은 변이하기가 매우 쉽기 때문에, 성 선택이 광범위하게 작용할 것이다. 그에 따라 동일한 집단에 속한 종에게 구조상의 다른 부분보다는 성적 형질 면에서 더 많은 차이를 쉽게 제공할 수 있었을 것이다.

일반적으로 같은 속에 속한 종들이 서로 차이를 보이는 유기 조직 부분, 바로 그 부분에서 동일한 종의 암수에서 나타나는 이차 성징의 차이를 볼 수 있다는 것은 주목할 만한 사실이다. 이 사실에 대해 두 가지 예를 들어 설명하려 하는데, 첫 번째 예는 내가 작성했던 목록에 있는 것이다. 이 두 가지 예에서 볼 수 있는 차이점들은 매우 특이한 성질을 가진 것들이기 때문에 그 상관 관계가 단순히 우연에 의한 것이라고 할 수 없다. 부척골에서 관절의 수가 동일하다는 점은 딱정벌레류의 매우 큰 무리에서 대개 공통적으로 나타나는 형질이지만, 웨스트우드의 언급에 따르면 버섯벌레류(Engidae)에서는 그 수가 제각기 다를 뿐만 아니라 동일한 종이라 할지라도 암수 간에 차이가 있다. 다음으로, 굴을 파고 사는 막시류(hymenoptera)의 곤충에서 날개에 있는 시맥(neuration)의 생김새는, 그 거대한 집단에서 공통적으로 나타나는 매우 중요한 형질이다. 그러나 어떤 속에서는 시맥이 종에 따라 다르며 동일한 종에서도 암수에서 다르게 나타난다. 여기서 나타난 상관 관계의 의미는 이 문제에 대한 나의 견해에 입각해 생각해 보면 명확해진다. 나는 동일한 속에 속한 모든 종들은 공통 조상으로부터 내려온 것들임이 확실하다고 본다. 어느 하나의 종이 두 개의 성을 가지고 있듯이 말이다. 따라서 공통 조상의 구조에서 혹은 공통 조상의 초기 자손들의 구조에서 어느 부분이 변이가 잘 일어나게 되었든지 간에, 이 부분의 변이들은 자연 선택과 성 선택을 통해 이용되었을 가능성이 매우 높다. 각각의 종들을 자연의 경제에 존재하는 여러 자리에 적합한 것으로 만들기 위해서, 뿐만 아니라 동일한 종의 암수를 서로에게 적합하도록 만들기 위해서, 또는 암컷과 수컷을 서로 다른 생활 습성에 적합하도록 만들거나, 암컷을 소유하기 위해 다른 수컷과 투쟁을 벌이는 수컷들을 적응시키기 위해서 말이다.

　　나는 마침내 다음과 같은 결론에 도달했다. 종의 형질 — 종과 종을 구별하는 형질 — 이 속의 형질 — 종들이 공통적으로 가지고 있는 형질 — 보다 가변성이 더 크다는 점, 같은 속의 다른 종들이 가지는 동일한 부분과 비교할 때, 어떤 종에서 이례적인 방식으로 발달한 부분이 엄청나게 변이한 경우가 많다는 점, 어떤 부분이 얼마나 이례적으로 발달되었던 간에 만일 그것이 어떤 집단에 속한 모든 종에서 공통적으로 나타난다면 변이의 정도는 별로 크지 않다는 점, 이차 성징의 변이성은 매우 크며, 근연종 간에 나타나는 이차 성징도 많은 양의 차이를 보인다는 점, 이차 성징의 차이와 보통의 종간 차이는 일반적으로 유기체의 동일한 부분에 나타난다는 점 ― 이러한 모든 원리들이 서로 긴밀하게 관련되어 있다는 것이다. 이 원리들은 모두, 주로 하나의 집단에 속한 종들은 공통 조상으로부터 내려온 것이기 때문에 많은 형질들을 공통으로 대물림받았다는 점, 최근에 많은 변이를 겪은 부분이 오랫동안 전해 내려오면서 변이되지 않은 부분보다 더 많은 변이를 계속 겪게 될 것이라는 점, 자연 선택이 시간이 경과함에 따라 격세 유전되는 경향과 더 많이 변이하려는 경향을 어느 정도 완전히 저지해 왔다는 점, 성 선택이 보통의 선택보다 덜 엄격하게 작용한다는 점, 그리고 동일한 부분에 일어난 변이는 자연 선택과 성 선택을 통해 누적된 것이어서 이차 성징과 관련된 목적 및 종과 관련된 보통의 목적에 알맞게 적응해 왔다는 점에서 기인한다.

별개의 종이 유사한 변이를 나타내고,
어떤 종의 변종이 근연종의 형질을 지니거나
옛 조상의 형질 중 일부로 복귀하는 현상이 종종 일어난다

우리가 기르고 있는 품종들을 살펴보면 이 문제에 대해 가장 쉽게 이해할 수 있을 것이다. 상당히 멀리 떨어져 있는 지역에서 살고 있는, 서로 상당히 다른 비둘기 품종들에게서 거꾸로 난 깃털이 있는 머리와 깃털이 난 발 — 이러한 형질은 원래의 바위비둘기들은 가지고 있지 않은 형질이다. — 을 가지고 있는 아변종이 생겨났다. 이러한 형질은 둘 이상의 서로 다른 품종에서 나타나는 유사한 변이다. 파우터에서 흔히 나타나는 열네 개 혹은 더 나아가 열여섯 개의 꽁지깃은 다른 품종인 공작비둘기의 정상적인 구조를 보여 주는 변이로 간주할 수 있다. 이렇게 유사한 변이들이 나타난 이유는 비둘기 품종 각각이 알려지지 않은 유사한 종류의 영향으로 인해 공통 조상으로부터 동일한 체질과 변이하는 경향성을 물려받았기 때문일 것이다. 이를 의심하는 사람은 아무도 없을 것이라 생각한다. 식물계에서는 스웨덴무(Swedish turnip), 즉 루타바가(Rutabaga)라는 식물 — 일부 식물학자들은 이를 경작에 의해 공통 부모로부터 탄생한 변종으로 분류한다 — 의 거대해진 줄기, 그러니까 우리가 흔히 뿌리라고 부르는 부분에서 유사한 변이의 예를 볼 수 있다. 만일 변종이 아니라면 이것은 소위 별개인 두 종에서 나타난 일종의 유사한 변이라고 봐야 한다. 여기에 제3의 무, 즉 보통 순무를 추가할 수 있다. 각각의 종이 독립적으로 창조되었다는 일반적 견해에 따른다면, 이 세 식물의 거대해진 줄기에서 이러한 유사성이 나타나는 원인을, 그저 관련성이 매우 깊은 세 번의 창조가 따로따로 일어났기 때문이라고 설명해야만 한다. 그것들이 동일한 조상으로부터 내려온 자손들이어서 결과적으로 유사한 방식으로 변이하는 경향을 가지게 되었기 때문이라는 진정한 이유(vera causa)를 제시하지 못하면서 말이다.

이제 비둘기에 관해 또 다른 예를 살펴보자. 그것은 바로 비둘기 품종들 중에 두 개의 검은 줄무늬가 있는 날개, 흰색의 둔부, 꽁지 끝쪽의 줄무늬, 그리고 바깥 날갯죽지 가까운 곳에 흰 테두리를 가진 회청색의 새가 가끔 출현한다는 것이다. 이러한 특징들은 모두 부모 종인 바위비둘기 특유의 것이다. 따라서 그 누구도 이것이 여러 품종에서 유사한 변이가 새로이 나타난 것이 아니라 격세 유전의 예라는 사실을 의심하지 않을 것이다. 우리가 봐 왔던 것처럼 이러한 색깔과 관련한 것들은 색깔이 서로 다른 별개의 두 품종을 교잡해 나온 자손에서 대단히 나타나기 쉬운 특징들이다. 또한 외부적인 생활 환경의 조건에서는, 교배 작용이 대물림의 법칙에 미치는 단순한 영향 외에는 이러한 여러 특징들을 동반한 회청색이 다시 나타나도록 만드는 요인이 없으므로, 우리는 이상의 결론에 도달할 수 있을 것이라 확신하는 바이다.

　　어떤 형질이 수많은 세대, 어쩌면 수백 세대 정도가 될지도 모르는 시간에 걸쳐 사라졌다가 다시 나타나는 것은 매우 놀라운 사실임이 틀림없다. 그러나 어떤 품종이 다른 품종과 단 한 번 교배되었을 경우, 그 자손에게서 수많은 세대 동안 — 어떤 이의 말을 빌리자면, 10여 세대에서 많게는 20여 세대 동안 — 외래 품종의 형질로 복귀하려는 경향이 나타나는 경우가 가끔 있다. 12세대가 지난 후에는, 흔히 쓰는 말로 표현해서 하나의 조상으로부터 물려받은 피는 비율상 겨우 2,048분의 1이 된다. 그러나 우리가 알고 있는 것처럼 일반적으로 격세 유전의 경향은 아주 적은 양의 외래 혈통에 의해서도 유지될 수 있다고 여겨진다. 교잡이 이루어지지 않았지만 양쪽 부모가 그들의 조상이 가지고 있던 어떤 형질을 잃어버린 품종에서는, 잃어버린 형질을 다시 드러나게 하는 이러한 경향성 — 그것이 강하든 약하든 간에 — 이 앞서 언급한 바와 같이, 정반대로 생각할 수도 있음에도 거의 무한한 세대로 전승될지도 모른다. 어떤 품종에서 사라졌던 형질이 상당히 많은 세대가 지난 후에 다시 나타났을 경우, 이를 설명하기 위한 가장 적절한 가설은 자손이 수백 세대나 떨어진 조상을 갑자기 닮게 된다는 것이 아니다. 그것은 계속해서 이어지는 각각의 세대에서 그 해당하는 형질이 다시 나타나는 경향이 숨어 있었는데, 알수는 없으나 유리한 조건을 만나 마침내 활성화된다는 것이다. 예컨대 푸른색이면서 검은색 줄무늬가 있는 새가 거의 나오지 않는 바브비둘기에서 이러한 색을 띠는 깃털을 가지는 경향은 각 세대마다 존재하는 것으로 생각된다. 이 견해는 아직 가설이기는 하나 이를 뒷받침하는 근거가 여럿 있다. 게다가 어떤 형질이든 그것이 수없이 많은 세대에 걸쳐 대물림될 경향성은 전혀 쓸모없는 혹은 흔적뿐인 기관이 대물림될 경향성에 비해 더 낮을 것이다. 실제로, 대물림되는 흔적 기관이 나타나는 경향이 가끔 관찰되기도 한다. 예를 들면, 보통 금어초(snapdragon, Antirrhinum)에서는 제대로 발달하지 못한 다섯 번째 수술을 자주 볼 수 있는데, 이를 보면 금어초에는 그것이 나타나는 경향이 대물림되었음이 틀림없다.

나의 이론에 따르면 동일한 속에 속한 모든 종들은 하나의 공통 부모로부터 내려온 자손들이기 때문에, 그것들은 가끔 유사한 방식으로 변이를 겪었을 것이라는 점을 예상할 수 있다. 그러므로 어떤 종의 변종들은 다른 종의 형질 중 일부를 닮기도 한다. 여기서 다른 종이란 나의 견해에 따르자면, 그저 뚜렷이 구별되는 영속적인 변종에 지나지 않는다. 그러나 그런 식으로 얻은 형질은 그다지 중요하지 않은 성질을 가질 것이다. 모든 중요한 형질의 존재는 각각의 종들이 가지는 다양한 습성에 따라 자연 선택을 통해 지배를 받을 것이며, 물려받은 유사한 체질과 생활 환경 조건의 상호 작용에 맡겨지지 않을 것이기 때문이다. 우리는 더 나아가 동일한 속의 종들이 사라진 줄로 알았던 조상의 형질로 복귀하는 경우가 때때로 존재할 것이라는 예상도 해 볼 수 있다. 하지만 우리는 그 집단의 공통 조상이 가졌던 정확한 형질이 무엇이었는지를 모르기 때문에, 유사한 형질과 복귀된 형질을 구별하기는 힘들 것이다. 예를 들어, 바위비둘기가 털이 있는 발을 가지지 않았고 거꾸로 선 볏도 없었다는 점을 우리가 몰랐다고 해 보자. 아마 우리는 사육 품종이 가진 이러한 형질들이 복귀된 형질인지 아니면 그저 유사한 변이인지를 단언할 수 없었을 것이다. 그러나 푸른색이라는 형질은 복귀된 형질이라는 추론이 가능한데, 그 이유는 무늬의 수가 푸른색과 상관이 있을 뿐만 아니라 단순한 변이를 통해 이 무늬들이 모두 함께 나타날 가능성은 희박해 보이기 때문이다. 더 나아가 다양한 색을 지닌 서로 다른 품종들을 교배시켰을 때 푸른색과 이 무늬들이 종종 나타난다는 점을 통해서도 이 사실을 추론할 수 있다. 이런 맥락에서 나의 이론에 따르면, 우리는 때때로 어떤 종의 변이하는 자손 중에는 그 집단의 다른 구성원에서 이미 나타난 형질(그것이 복귀된 형질이든 유사한 변이든)을 지니고 있는 경우가 있음을 발견할 수 있어야 한다. 자연계에서는 어떤 경우가 예전에 존재했던 형질로의 복귀인지, 또 어떤 경우가 유사한 새로운 변이인지 분명히 알 수 없다 하더라도 말이다. 자연계에서 실제로 이러한 경우가 발견되는 것은 틀림없는 사실이기도 하다.

우리가 분류 작업을 하는 데 변이가 심한 종을 인식하기가 어려운 주된 이유는 변종이 동일한 속의 다른 종들 일부를 닮기 때문이다. 게다가 변종으로 분류해야 할지 종으로 분류해야 할지가 명확하지 않은 두 형태의 중간적인 형태들도 상당히 많이 존재한다. 이러한 사실은 만약 이 모든 형태들이 각기 독립적으로 창조된 종이라고 간주되지 않는 한, 변이하는 도중에 다른 종의 형질을 일부 가지게 되어 중간적인 형태가 탄생했을 것이라는 점을 시사한다. 이 점에 대한 가장 적절한 증거는 근연종의 동일한 부분 혹은 기관의 형질을 어느 정도 획득하기 위해서 간간이 변이하고 있는 일정하고 중요한 성질을 가진 부분 혹은 기관에서 볼 수 있다. 나는 이와 관련된 수많은 예를 수집했다. 그러나 유감스럽지만 지금까지처럼 여기에서는 그것들을 일일이 설명할 수가 없다. 다만, 그러한 예들이 실제로 존재한다는 것은 확실하며 나에게는 매우 주목할 만한 것임을 거듭 말하고 싶을 뿐이다.

나는 사실상 어떤 중요한 형질에 실제로 영향을 주는 것은 아니지만, 부분적으로는 사육 및 재배 하에서, 또 일부는 자연계에서 존재하는 동일한 속에 속한 여러 종에서 나타나는 기묘하면서도 복잡한 예를 하나 제시하려 한다. 이것은 분명히 격세 유전의 예인 것으로 보인다. 얼룩말의 다리에서 볼 수 있는 것과 같은 매우 뚜렷한 가로줄무늬가 당나귀의 다리에 있는 것을 흔히 볼 수 있다. 이러한 줄무늬는 망아지에서 가장 확실히 볼 수 있다고 하는데, 나의 조사를 통해서도 그것이 사실임을 알 수 있었다. 또한 어깨의 줄무늬가 두 줄로 나타나는 경우도 가끔 있다고 한다. 이 어깨 줄무늬는 길이와 모양 측면에서 매우 다양하다. 백색 변종(albino)은 아니지만 흰색인 당나귀는 등이나 어깨에 줄무늬가 없는 것으로 묘사된다. 이러한 줄무늬는 어두운 색의 당나귀에서 간혹 불분명하게 나타나거나 완전히 없는 경우도 있다. 팔라스(Pallas) 씨의 쿨란(koulan) 당나귀는 어깨 줄무늬가 이중으로 되어 있었다고 한다. 헤미오누스(hemionus) 당나귀는 어깨 줄무늬가 없지만 블라이스 씨 및 여러 사람들이 언급한 바에 따르면, 어깨 줄무늬의 흔적이 나타나는 경우도 종종 있다고 한다. 또한 풀(Poole) 대령은 헤미오누스 종의 새끼 당나귀는 일반적으로 다리에 줄무늬가 있고 어깨에도 어렴풋이 줄무늬가 있다고 알려주었다. 콰가(quagga)는 얼룩말처럼 몸 전체에 아주 선명한 줄무늬가 있지만 다리에는 없다. 그러나 그레이 박사는 뒷다리에 얼룩말에서와 유사한 뚜렷한 줄무늬가 있는 표본 하나를 기록한 적이 있다.

말과 관련해서, 나는 잉글랜드에 있는 특징이 매우 뚜렷한 품종들 가운데 등에 줄무늬가 있는 것과 각양각색의 색깔을 띠는 것들의 사례를 수집했다. 다리에 있는 가로줄무늬는 회갈색이나 암갈색을 띤 회색 말에 드물지 않게 나타나며, 적갈색 말 중에서 나타나는 경우도 한번 있었다. 회갈색 말에는 간혹 어깨 줄무늬가 희미하게 나타나며, 암갈색 말에서도 그러한 흔적을 본 적이 있다. 내 아들은 나에게 양쪽 어깨에 줄무늬가 이중으로 있고 다리에도 줄무늬가 있는 회갈색의 벨기에산 짐마차 말을 자세히 관찰해 나에게 스케치해 주었다. 또한 내가 절대적으로 신뢰하고 있는 어떤 사람은 나를 위해 양쪽 어깨에 짧고 평행한 줄무늬가 세 개 있는 작은 회갈색 웨일스산 조랑말을 조사해 주었다.

인도 북서부의 캐티워(Kattywar)라는 품종의 말은 보편적으로 줄무늬가 있으며, 인도 정부를 위해 이 품종을 조사한 적이 있는 풀 대령에게 들은 바에 따르면, 줄무늬가 없는 말은 순종으로 볼 수 없다고 한다. 등에는 예외 없이 줄무늬가 있고 대개 다리에도 있다. 어깨 줄무늬는 어떤 경우에는 이중으로 어떤 경우에는 삼중으로 있는데, 이것 또한 흔하다. 게다가 얼굴 옆면에 줄무늬가 있는 경우도 많다. 이러한 줄무늬는 새끼 당나귀에서 가장 선명하게 나타난다. 반면 늙은 말에서는 거의 사라진 경우도 가끔 볼 수 있다. 풀 대령은 회색 캐티워와 암갈색 캐티워 모두에서 말이 갓 태어났을 때 줄무늬가 있는 것을 봤다고 한다. 또한 W. W. 에드워즈(W. W. Edwards) 씨에게서 얻은 정보에 따르면, 잉글랜드산 경주마에서 등에 있는 줄무늬는 성장이 끝난 말에서보다 망아지에게서 훨씬 더 흔하다고 추측할 만한 이유가 있다. 여기에서는 더 이상 자세히 설명하지 않겠지만, 나는 영국에서 중국의 동부에 이르기까지, 그리고 북쪽으로는 노르웨이에서 남쪽으로는 말레이 제도에 이르기까지 수많은 지역에서 다리와 어깨에 줄무늬를 가진 서로 다른 품종의 말들에 관한 예를 수집했다는 점을 언급하고 싶다. 세계 어느 곳을 막론하고 이러한 줄무늬는 회갈색과 암갈색을 띤 회색 말에서 가장 빈번하게 나타난다. 이때, 회갈색이라는 용어에는 갈색과 흑색의 중간색에서 크림색에 가까운 색에 이르기까지 넓은 범위의 색이 포함된다.

이 주제로 책을 쓴 적이 있는 해밀턴 스미스(Hamilton Smith) 대령은 여러 말의 품종이 여러 토착종으로부터 내려왔다고 믿고 있다. 또한 그가 그 토착종 중 하나인 회갈색 말은 줄무늬가 있었고, 앞에서 묘사했던 외양은 모두 예전에 회갈색 품종과의 교잡을 통해 나타난 것이라고 생각하고 있다는 사실도 나는 알고 있다. 그러나 나는 그의 이론에 동의하지 않는다. 서로 완전히 동떨어진 지역에서 서식하고 있는 무게가 많이 나가는 벨기에산 짐마차 말, 웨일스산 조랑말, 콥종의 말(cobs), 멀쑥한 캐티워 품종 등과 같이 서로 너무나도 다른 품종을 그러한 이론에 적용하기란 결코 쉽지 않음이 분명하다.

　이제, 말속에서 여러 종들을 교배한 결과에 대해 살펴보자. 롤랭(Rollin)은 당나귀와 말의 교배로 생겨난 보통 노새(mule)는 특히 다리에 줄무늬가 나 있는 경향이 있다고 주장한다. 나는 언젠가 다리에 너무나도 많은 줄무늬가 있는 노새를 본 적이 있는데, 이를 처음 본 사람이라면 누구나 노새가 얼룩말의 자손이었으리라고 생각하는 것을 당연하게 여길 정도였다. W. C. 마틴(W. C. Martin) 씨는 말에 관한 훌륭한 논문에서 이러한 노새의 삽화를 실어 보여 주었다. 나는 당나귀와 얼룩말 간의 잡종이 4색으로 그려진 그림을 본 적이 있는데, 거기에는 다리에 말의 그 어느 부분보다도 훨씬 더 선명한 줄무늬가 있었다. 또한 그것들 중 하나에는 이중으로 그려진 어깨 줄무늬가 있었다. 적갈색 암말과 수컷 콰가의 교잡으로 생겨난 유명한 잡종인 모턴(Moreton) 경 소유의 잡종과, 검은색의 아라비아산 종마(種馬, sire)로부터 태어난 순종 망아지의 다리에는 순종 콰가보다도 더 많은 선명한 줄무늬가 있었다. 마지막으로, 이 또한 매우 주목할 만한 사례인데, 당나귀와 헤미오누스 사이에서 태어난 잡종을 그레이 박사가 그려 놓은 것이 있다. (그는 나에게 다른 예도 알고 있다고 말했다.) 당나귀가 다리에 줄무늬를 가지는 경우가 거의 없고, 헤미오누스는 다리뿐만 아니라 어깨에도 줄무늬가 없음에도, 이 잡종은 네 다리 모두에 줄무늬가 있었다. 또한 이 잡종은 회갈색의 웨일스산 조랑말에서 볼 수 있는 짧은 세 개의 어깨 줄무늬도 가지고 있으며, 심지어 얼굴 옆면에는 얼룩말과 유사한 줄무늬도 여러 개 있었다. 가장 마지막에 제시한 사실과 관련해서 나는 줄무늬의 색 하나조차도 흔히 하는 말로 우연히 나타난 것은 아니라는 점을 확신한다. 따라서 나는 당나귀와 헤미오누스 사이의 잡종에서 얼굴의 줄무늬가 나타났다는 사실을 알게 된 후, 풀 대령에게 줄무늬가 있는 것이 확실한 캐티위 품종의 말에서도 그런 얼굴의 줄무늬가 있는지의 여부를 물어보았다. 그의 답변은 우리가 지금껏 살펴보았던 것과 마찬가지로 긍정적이었다.

그렇다면 우리는 이런 여러 사실들을 어떻게 설명해야 할까? 우리는 말속에서 단순한 변이를 통해 얼룩말처럼 다리에 줄무늬를, 혹은 당나귀처럼 어깨에 줄무늬를 가지게 된 여러 종류의 각기 다른 종들을 볼 수 있다. 또한 말에서 회갈색 — 이 색은 이 속의 다른 종들이 가지고 있는 일반적인 색깔에 가깝다. — 이 나타날 때는 언제나 이러한 경향이 강한 것을 볼 수 있다. 줄무늬는 어떤 형태상의 변화나 어떤 다른 새로운 형질과 함께 나타나지 않는다. 우리는 줄무늬가 나타나는 이러한 경향이 서로 상당히 다른 여러 종 사이에서 탄생한 잡종에서 가장 확연하게 나타남을 볼 수 있다.

이제 비둘기의 여러 품종에 대해 살펴보자. 이것들은 줄무늬를 비롯한 여러 특징을 가진 푸르스름한 색의 한 비둘기(이것은 두 개 혹은 세 개의 아종 혹은 지리적 품종들을 포함한다.)에서 기원한 것들이다. 어떤 품종이 단순한 변이를 통해 푸르스름한 색을 띠게 되었을 때, 이 줄무늬 및 그 외 특징들은 언제나 다시 나타난다. 그러나 그 밖의 형태나 형질의 변화를 수반하지는 않는다. 가장 오래되고 가장 순수한 혈통을 가졌으며 여러 가지 색깔을 띤 품종들이 교배되었을 때, 우리는 그 잡종에서 푸른색과 줄무늬 그리고 여러 특징들이 다시 출현하는 강력한 경향성이 존재함을 볼 수 있다. 나는 매우 오래된 형질이 다시 나타나는 현상을 설명하는 가장 그럴듯한 가설은 다음과 같은 것이라 언급한 적이 있다. 즉 오랫동안 사라졌던 형질이 각각의 후손 세대에서 다시 나타나는 경향이 있으며, 알 수는 없지만 어떤 원인에 의해 가끔 이 경향이 지배적으로 작용한다는 것이다. 또한 우리는 말속의 여러 종에서 늙은 말에서보다는 어린 말에서 줄무늬가 더 흔하게 혹은 더 선명하게 나타난다는 점을 방금 살펴보았다. 몇 세기 동안 순수한 혈통을 유지한 채 번식해 온 일부 비둘기의 품종을 종이라고 부른다면, 이는 말속의 종과 너무나도 정확하게 딱 들어맞는다! 나는 확신을 가지고 과감히 몇 천, 몇 만 세대 전을 되돌아본 후, 얼룩말처럼 줄무늬는 있으나 다른 점에서는 무척 다른 구조를 지닌 동물을 우리가 기르는 말 — 그것이 하나나 그 이상의 야생 원종에서 내려온 자손이든 아니든 간에 — 인 당나귀, 헤이오누스, 콰가, 그리고 얼룩말의 공통 조상이라 생각하게 되었다.

가정하건대, 말의 종이 하나하나 독립적으로 창조되었다고 믿는 사람은, 자연계에서나 가축화된 경우에서나 각각의 종은 모두 그속의 다른 종들과 같은 줄무늬를 가지기 위해 특정한 방식으로 변이하는 경향을 가지고 창조되었다고 주장할 것이다. 그리고 그는 그 각각의 종이 세계적으로 멀리 떨어진 지역에서 서식하는 종과 교배되었을 때, 그것들의 부모가 아니라 그 속의 다른 종들에게서 나타나는 줄무늬를 닮은 잡종을 낳는 경향이 강하게 창조되었다고 주장할 것이다. 내가 보기에 이 견해를 인정하는 것은 비현실적인 원인을 위해, 적어도 우리가 알지도 못하는 원인을 위해 현실을 부정하는 것이다. 그것은 신이 행하는 과업을 단순한 모방과 속임수로 만들어 버린다. 차라리 늙고 무지한 우주 창조론자들처럼 화석화된 조개가 실제로 예전에 살았던 것이 아니라 현재 해변에서 살고 있는 조개를 흉내 내기 위해 돌 속에서 창조된 것이라 믿는 게 나을지도 모른다.

요약

변이의 법칙에 대해 우리는 너무나도 무지하다. 100가지 사례 중 하나도 왜 이런저런 부분이 부모의 동일한 부분과 다소 다른지 그 이유를 알지 못한다. 그러나 우리가 비교를 할 수 있는 경우에는 언제나, 어느 한 종의 변종들 사이에서 비교적 적게 나타나는 차이점들과 같은 속의 종들 사이에서 나타나는 많은 차이점들이 동일한 법칙의 작용을 통해 생기게 된다는 사실을 알 수 있다. 기후나 음식 등 생활 환경의 외부적인 조건은 일부 사소한 변화만을 일으키는 것으로 보인다. 체질적인 차이를 발생시키는 습성과 기관을 강화시키는 사용, 기관을 약화시키고 축소시키는 불용은 아주 강력한 힘을 발휘해 온 것으로 보인다. 상동적인 부분은 동일한 방식으로 변이하는 경향이 있고, 서로 일관성을 가지는 경향이 있다. 단단한 부분과 바깥쪽 부분의 변화는 때로 부드러운 부분, 안쪽 부분에 영향을 준다. 어떤 부분이 상당히 발달하게 되면 그것은 그 인접한 부분으로부터 영양분을 빼앗는 경향이 있는 것 같다. 또한 개체에 손상을 초래하지 않고 절약될 수 있는 구조상의 모든 부분은 절약될 것이다. 초기에 일어나는 구조상의 변화는 일반적으로 이후에 발달되는 부분들에 영향을 끼친다. 그 밖에도 매우 많은 연관 성장이 있는데, 이것의 본질에 대해서 우리는 전혀 이해하지 못하는 상태다. 중복되어 나타나는 부분은 수적으로나 구조적으로나 잘 변이한다. 그러한 부분에서 변이가 잘 일어나는 이유는 아마도 어떤 특수한 기능을 수행하기 위한 특수화가 일어나지 않아, 변화가 자연 선택을 통해 엄밀하게 감시되지 않았기 때문인 것으로 보인다. 자연의 계층 구조에서 낮은 단계에 있는 유기체가 더 특수화되어 높은 위치를 차지한 유기체보다 더 잘 변이하는 것도 마찬가지의 원인에 의한 것인 듯하다. 흔적 기관은 쓸모가 없어서 자연 선택을 통한 작용을 받지 않을 것이며, 결국 변이가 잘 일어날 수 있을 것이다. 종의 형질 — 동일한 속에 속한 여러 종들이 하나의 공통 조상으로부터 분기해 나온 이래로 서서히 달라진 형질 — 은 속의 형질 혹은, 오랫동안 대물림되었고 대물림되는 동안에 달라지지 않은 형질보다 변이하기가 더 쉽다. 이러한 설명을 통해 우리는 최근에 겪은 변이로 인해 서로 달라졌기 때문에 여전히 변이가 일어나기 쉬운 특수한 부분 혹은 기관에 대해 알아보았다. 그런데 우리는 2장에서도 이와 동일한 원리가 모든 개체에 적용된다는 점을 알 수 있었다. 왜냐하면, 어떤 속의 종들이 많이 발견되는 별개 지역 — 이전에 많은 변이와 분화가 있었던 곳, 혹은 새로운 종이 활발하게 생산되었던 곳 — 에서는 대체로 많은 변종, 즉 발단종들이 지금도 발견되기 때문이다. 이차 성징은 매우 변이하기 쉽고, 동일한 집단의 종에서도 상당히 다르게 나타난다. 유기 조직의 동일한 부분들에서 나타나는 가변성은 일반적으로 같은 종 내의 암수의 성적인 차이와 동일한 속에 속한 여러 종들의 특별한 차이를 만들어 내는 데 이용되었다. 이례적으로 크게, 혹은 이례적인 방식으로 발달된 어떤 부분 내지는 조직은 근연종의 동일한 부분 혹은 조직과 비교할 때 그 속이 생겨난 이후로 상당히 많은 양의 변화를 겪어왔음이 틀림없다. 이런 맥락에서 우리는 왜 이 부분이 다른 부분들에 비해 훨씬 높은 정도로 여전히 변이하는 경우가 많은지를 이해할 수 있다. 그 이유는 바로 변이는 오랫동안 계속되며 서서히 일어나는 과정인데, 여기서 자연 선택은 변이가 더 진행되는 경향 그리고 덜 변화된 상태로 복귀하는 경향을 극복할 만한 충분한 시간을 갖지 못했기 때문이다. 그러나 이례적으로 발달된 기관을 가지고 있는 어떤 종이 수많은 변화된 자손들의 조상이 되면 — 내 이론에 따르면, 이는 매우 서서히 일어나는 과정이며 아주 오랜 시간이 소요된다. — 자연 선택은 기관이 얼마나 비범한 방식으로 발달되었던 간에 그 기관에 일정한 형질을 쉽게 부여할 수 있을 것이다. 공통 부모로부터 거의 동일한 체질을 물려받고 유사한 환경에 노출된 종은 당연히 유사한 변이를 탄생시키는 경향이 있을 것이다. 그리고 동일한 종은 때때로 그들의 옛 조상의 형질 중 일부를 다시 선보이기도 한다. 비록 새로우면서도 중요한 변화가 격세 유전이나 유사한 변이를 통해서 생겨나는 것은 아니지만, 이러한 변화는 자연의 아름답고 조화된 다양성을 증가시킬 것이다.

자손과 부모 간의 경미한 차이를 만들어 내는 원인 — 이러한 차이 하나하나는 그 원인이 존재하기 마련이다. — 이 무엇이든 간에, 구조상의 모든 더 중요한 변화를 만들어 내는 것은 개체에게 이득이 되는 그런 차이에 대한 자연 선택의 꾸준한 축적이다. 지구상의 수많은 개체들이 서로 투쟁할 수 있도록 하고 그 가운데 최고가 생존하도록 적응시키는 것이 바로 이 자연 선택을 통한 변화다.

6장

이론의 난점

독자들은 이 책을 여기까지 읽어 오면서 이미 한참 전부터 수많은 어려움과 맞닥뜨렸을 것이다. 그중 일부는 너무나 심각해서 지금까지도 나를 당혹스럽게 만든다. 그러나 신중을 기해 언급하건대 그런 난점들 대부분은 피상적인 것에 불과하며, 정말로 문제인 것이 있다 해도 나의 이론에 치명적일 만큼은 아니라고 생각한다.

이러한 난점과 반론은 다음과 같은 몇 가지 항목으로 분류할 수 있을 것이다. 첫째, 만일 종이 눈에 띄지 않을 만큼 미세한 점진적인 과정을 통해 다른 종으로부터 생겨난 것이라면, 우리는 왜 셀 수 없을 만큼 많이 존재해야 할 전이 형태를 우리 주위에서 볼 수 없는가? 어째서 종은 우리가 보는 바와 같이 아주 뚜렷하게 구별되며, 자연은 혼란에 빠져 있지 않은 것일까?

둘째, 예를 들면, 박쥐와는 완전히 다른 습성을 지닌 어떤 동물이 변화를 통해 박쥐와 같은 구조와 습성을 획득하는 것이 가능한가? 자연 선택이 파리를 쫓는 데 사용되는 기린의 꼬리처럼 그다지 중요하지 않은 기관을 만들어 내는 한편, 눈과 같이 경탄하지 않을 수 없을 정도로 훌륭하고 완벽한 구조로 된 기관 또한 만들어 낼 수 있다는 것을 믿을 수 있겠는가?

셋째, 본능은 자연 선택을 통해 획득되거나 변화될 수 있는가? 마치 뛰어난 수학자의 발견을 예견이라도 한 듯이 벌로 하여금 벌집을 짓게 하는 이 너무나도 경탄할 만한 본능을 우리는 어떻게 설명해야 할까?

넷째, 종의 교배로는 자손을 생산하지 못하거나 불임인 자손을 생산한 반면, 변종의 교배의 경우에는 생식 능력에 손상을 받지 않은 것은 어떻게 설명할 수 있을까?

처음의 두 항목에 대해서는 이번 장에서 설명을 하겠다. 그리고 본능과 교배 및 잡종에 대해서는 다음에 이어질 두 개의 장에서 각각 다루도록 하겠다.

과도기적 변종의 부재 혹은 희소성에 대하여

자연 선택은 이로운 변화의 보존을 통해서만 작용한다. 그러므로 생물이 풍부한 지역에서 새로운 형태들 각각은 그들과 경쟁 관계에 있는 덜 개량된 부모 종 혹은 불리한 조건을 가진 다른 형태의 자리를 차지하고 마침내 그들을 멸절시키는 경향이 있을 것이다. 따라서 멸절과 자연 선택은 우리가 살펴본 바와 같이 밀접한 관련을 가진다. 이런 맥락에서 각각의 종을 어떤 알 수 없는 다른 형태로부터 내려온 자손이라고 간주한다면, 일반적으로 부모나 모든 과도기적 변종들은 전부 다 새로운 형태가 형성 및 완성되는 과정에 의해 소멸되어 버릴 것이다.

그렇다면 이 이론에 의해서 과도기적 형태들이 수없이 많이 존재해야 함에도, 왜 우리는 지각 속에 이것들이 무수히 매몰되어 있는 것을 발견하지 못할까? 이 문제에 대해서는 지질학적 기록의 불완전함에 대해 설명한 장에서 다루는 쪽이 더 좋을 것으로 판단된다. 대신 여기서는 기록이 일반적인 생각보다 훨씬 더 불완전하다는 점만을 언급하고 넘어가겠다. 사실, 기록이 잘 남으려면 훗날 이어질 수많은 침식을 견디고 깊은 바다에 서식해 충분히 넓고 두꺼운 침전물에 둘러싸일 필요가 있는데, 그런 조건을 만족하기란 쉽지 않기 때문이다. 화석을 함유한 덩어리는 많은 양의 침전물이 바다의 얕은 바닥에 퇴적될 경우에만 쌓일 수 있다. 이러한 우연이 같이 일어나는 일은 아주 드물 것이고, 아주 기나긴 시간 간격을 두고서만 그런 일이 일어날 수 있다. 바다의 바닥이 정지한 상태에 머물거나 혹은 융기하는 동안, 또는 매우 적은 양의 침전물이 쌓이는 동안, 그 시간은 지질학상으로 공란이라고 할 수 있다. 지각은 하나의 거대한 박물관과 같다. 그러나 거기에 진열되는 것들은 아주 오랜 시간 간격을 두고서만 만들어질 수 있다.

그러나 여러 근연종들이 동일한 영역에서 서식하는 경우에는 많은 과도기적 형태들이 반드시 발견되어야 한다고 주장할 수 있다. 간단한 예로, 우리가 어떤 대륙을 북에서 남으로 가로질러 여행하고 있다고 해 보자. 이때 우리는 일반적으로 근연종 혹은 대표 종들이 연이어 그 지역의 자연의 경제에서 거의 동일한 위치를 차지하고 있다는 사실을 알게 될 것이다. 이러한 대표 종들이 서로 만나거나 맞물리는 경우도 많다. 따라서 어떤 종이 수가 줄어 희귀종이 되면 다른 종은 점점 더 그 수가 늘어나게 되어 마침내 대표 종이 된다. 그러나 그들이 뒤섞여 사는 곳에서 이러한 종들을 비교해 보면, 대체로 그것들은 세부적인 구조에 있어서도 서로 상당히 다르다. 각각의 종이 주로 서식하는 지역에서 각기 수집한 표본에서와 마찬가지로 말이다. 내 이론에 따르면, 이러한 근연종들은 하나의 공통 부모로부터 내려왔고, 변화가 일어나는 동안 각기 그들이 사는 지역의 생활환경 조건에 적응하면서 부모인 원종과 모든 과도기적 변종들 ─ 예전 상태와 현 상태 사이의 모습을 한 변종들 ─ 을 멸절시키고 그 자리를 차지했다. 이런 맥락에서 우리는, 현재 각지에서 수많은 과도기적 변종들을 볼 수 있을 것이라 기대해서는 안 된다. 물론 그것들이 예전에 거기에 존재했고, 화석 상태로 묻혀 있을 것이지만 말이다. 하지만 왜 우리는 생활 조건이 중간인 지역에서도 서로 밀접한 관련을 맺고 있는 중간적인 변종을 찾을 수 없는 것일까? 이 문제는 오랜 시간 나를 당혹스럽게 만들었다. 그러나 나는 이제 이 문제에 대한 대략적인 설명이 가능하다고 생각한다.

우선, 우리는 어떤 지역이 연속적이라는 이유로 오랜 시간 동안 계속 그 상태를 유지해 왔을 것이라 별생각 없이 추론해서는 곤란하다. 지질학은 제3기 후기에도 거의 모든 대륙이 섬으로 쪼개져 있었을 것이라는 믿음을 준다. 그러한 섬들에서 별개의 종들은 중간대(intermediate zones)에서 중간적인 변종이 존재할 가능성 없이 제각기 따로 형성되었을 것이다. 지형과 기후의 변화로 인해 현재 이어져 있는 해안은, 최근까지도 이어져 있지 않은 채 지금보다 덜 일정한 상태로 존재하는 경우가 많았을 것이다. 그런데 나는 이 어려운 문제를 이런 식으로 도피하다시피 대하지는 않을 것이다. 나는 완벽하게 잘 확립된 종은 확실히 이어져 있는 지역에서 형성되었다고 믿는다. 현재는 이어져 있지만 예전에는 서로 동떨어진 상태에 있었던 지역이 새로운 종의 형성 특히, 자유롭게 교배하거나 이동하는 동물의 형성에 중요한 역할을 했다고 생각하기는 하지만 말이다.

현재 넓은 지역에 분포해 있는 종을 보면, 대개 넓은 영역에 걸쳐 꽤나 많은 개체들이 있지만 경계부에서는 갑자기 격감하다가 결국 사라지고 만다는 사실을 발견할 수 있다. 두 대표 종이 서식하는 두 지역 사이의 중립적인 영토는 대개 그 종들 각각의 서식지에 비해 좁은 경우가 대부분이다. 우리는 이와 동일한 사실을 산을 오를 때에도 발견할 수 있는데, 드 캉돌이 관찰한 것처럼 보통의 고산성 종이 얼마나 갑작스럽게 사라지는가를 보면 상당히 놀랍다. 포브스 또한 준설기(dredge)를 사용해 바다의 깊이를 측정하면서 이러한 사실에 대해 알게 되었다고 한다. 기후와 고도 혹은 깊이는 감지하기 힘들 정도로 점차로 변하기 때문에 기후와 물리적인 생활 환경 조건이 분포에서 가장 중요한 요소라고 생각하는 사람들이 이러한 사실을 알게 되면 매우 놀랄 것이다. 그러나 거의 모든 종들은 그들의 주요 서식지에서조차도 다른 경쟁 상대가 존재하지 않을 경우에는 엄청난 수로 증가한다는 점, 거의 모든 종은 다른 것을 먹이로 삼거나 그 자신이 먹이가 된다는 점, 간단히 말해 각각의 개체들은 직간접적으로 다른 개체들과 아주 중요한 방식으로 관련을 맺고 있다는 점을 염두에 둔다면, 우리는 다음과 같은 사실을 볼 수 있을 것이다. 즉 어떤 지역에서 서식 생물들의 분포 영역은 결코 물리적 조건의 미세한 변화를 통해서만 달라지는 것은 아니며 다른 종 — 해당 서식 생물이 의존하는 종 혹은 이 서식 생물을 멸망시키는 종 혹은 이 서식 생물과 경쟁하는 종 — 의 존재에 의해 상당 부분 달라진다는 것이다. 또한 이러한 종들은 이미 명확하게 구별되어 있어서(어떻게 해서 그리 되었든 간에) 하나의 종이 눈에 띄지 않게 다른 종의 무리 속으로 차츰 섞여 들어가는 일은 없다. 그러므로 어느 한 종의 분포 지역은 다른 종들의 분포 영역에 의존하면서 차츰 확실하게 결정되는 경향이 있을 것이다. 게다가 분포 지역의 경계부 — 존재하는 개체들의 수가 더 적어진 부분 — 에 있는 종들은 천적이나 먹잇감의 수가 변화하거나 계절이 바뀌는 동안에 완전히 멸절해 버리는 일도 일어나기 쉬울 것이다. 이런 식으로 해서 지리적인 분포 영역은 훨씬 더 명확한 경계를 가지게 되는 것이다.

내 생각이 옳다면 근연종이나 대표 종이 이어져 있는 지역에서 서식하는 경우, 그 각각의 종은 넓은 지역에 걸쳐 분포하는 것이 일반적일 것이다. 그리고 그 사이에 있는 비교적 좁은 중립 지대에서 그들의 개체수는 급격하게 감소할 것이다. 변종들은 본질적으로 종과 다르지 않기 때문에 동일한 규칙을 둘 모두에 적용할 수 있다. 만일 변이하고 있는 어떤 종이 매우 넓은 지역에 적응하는 경우를 상상한다면, 아마 우리는 두 개의 변종은 두 개의 넓은 지역에, 제3의 변종은 좁은 중간 지대에 적응시켜야 할 것이다. 따라서 중간적인 변종은 좁은 지역에서 서식함으로 인해 개체수가 적은 상태로 존재할 것이다. 그리고 내가 아는 한 이 법칙은 실제로 자연에 존재하는 변종들에 잘 부합된다. 나는 따개비속(*Balanus*)에 속한 뚜렷한 특징을 가진 변종들 사이의 중간적인 변종에서 이 규칙에 딱 들어맞는 사례를 발견했다. 왓슨 씨와 그레이 박사, 울러스턴 씨로부터 전해 들은 정보에 따르면, 일반적으로 어떤 두 형태 사이에서 중간적인 변종이 생겨날 때, 대개 그 변종은 그것들이 서로 연결되어 있는 두 형태들에 비해 훨씬 더 적은 개체수를 가지는 것으로 보인다. 이제, 이러한 사실들과 추론을 믿고 다른 두 변종과 연결되어 있는 변종들은 일반적으로 그 두 변종들에 비해 더 적은 수로 존재한다는 결론을 내려 보자. 이 결론을 통해 비로소 우리는 왜 중간적인 변종들이 오랜 시간을 견뎌내지 못했는지, 왜 그것들이 원래 연결되어 있었던 형태들보다 더 빨리 멸절하여 사라져 버리는 것이 일반적인 규칙처럼 남았는지를 이해할 수 있을 것이라 생각한다.

이미 언급한 것과 마찬가지로, 더 적은 수로 존재하는 형태가 많은 수로 존재하는 것에 비해 멸절할 가능성이 더 높다. 더욱이 이러한 경우에 중간적인 형태는 그것의 양쪽에 존재하는 근연 형태들의 침입을 받기가 매우 쉽다. 그러나 내가 생각하기로 여기서 훨씬 더 중요하게 고려해야 할 점이 있다. 그것은, 내 이론에 따르면 많은 변화가 계속해서 일어나는 과정을 통해 두 변종이 별개의 종으로 변환되는 동안, 좁은 중간 지대에서 적은 수로 존재하는 중간적인 변종에 비해 더 넓은 지역에서 서식하면서 더 많은 수로 존재하는 두 형태는 훨씬 유리한 이득을 취할 것이라는 점이다. 많은 수로 존재하는 형태들은 적은 수로 존재하는 희귀한 형태들보다 주어진 시간 동안에 자연 선택이 포착할 수 있는 이로운 변이를 만들어 낼 기회가 언제나 더 많을 것이기 때문이다. 그러므로 더 흔하게 볼 수 있는 형태는 생존 투쟁에서 덜 흔한 형태들을 이겨 그들을 대체하는 경향이 있다. 덜 흔한 형태들은 변화하고 개량되는 속도가 더 느리기 때문이다. 내가 생각하기에 이것은 2장에서 설명했던 내용인, 어느 지역이든 흔한 종이 희귀한 종들보다 평균적으로 훨씬 더 많은 수의 뚜렷한 특징을 가진 변종들을 만들어 낸다는 것과 동일한 원리다. 내가 말하고자 하는 바를 설명하기 위해 다음과 같이 세 종류 양의 변종을 사육한다고 가정해 보자. 하나는 매우 넓은 산악 지대에 적응한 것이고, 두 번째는 비교적 좁은 구릉 지대에, 나머지 하나는 넓은 산기슭 평원 지대에 적응한 것이라고 해 보자. 또한 그곳에서 사는 주민들은 모두 하나 같이 그들의 가축을 선택해 개량하기 위한 기술과 끈기를 가지고 노력하고 있다고 하자. 이 경우, 산악 지대나 평원 지대에서 대규모로 사육하는 사람이 중간에 있는 좁은 구릉 지대에서 소규모로 사육하는 사람에 비해 그들의 품종을 더 빨리 개량하는 데 훨씬 유리할 것이다. 따라서 개량된 산악 품종과 평원 품종들은 덜 개량된 구릉 품종의 자리를 이내 차지하게 될 것이다. 이렇게 해서 원래부터 많은 수로 존재했던 이 두 품종은 밀려난 중간적인 구릉 변종의 중재 없이도 서로 친밀하게 접촉할 수 있을 것이다.

　이상을 요약해 보건대, 나는 종이 웬만큼은 잘 정의된 대상이며, 끊임없이 변하는 중간 고리들의 뒤얽힌 혼돈을 겪지는 않는다고 믿는다. 그 이유는 우선, 새로운 변종은 매우 천천히 형성되며 — 변이란 매우 천천히 일어나는 과정이기 때문에 — 자연 선택은 이로운 변이가 나타나기 전까지는, 그리고 하나 또는 그 이상의 서식 생물들에게서 일어난 변화를 통해 그 지역의 자연의 계층 구조에서 생긴 빈자리가 더 잘 채워지기 전까지는 아무런 작용도 하지 못하기 때문이다. 그 새로운 빈자리는 서서히 변화하는 기후나 가끔 일어나는 새로운 서식 생물의 이주의 영향을 받을 것이다. 그러나 아마도 더 중요한 것은 오랫동안 서식했던 일부 생물들이, 서서히 변화를 겪음으로 인해 생겨난 새로운 형태들과 서로 영향을 주고받는 것이다. 따라서 그 어떤 시기에 그 어떤 지역에서도 어느 정도 영속적인 구조상의 변화를 나타내고 있는 종은 별로 없을 것이라 추측할 수 있으며, 실제로도 그러하다.

두 번째로, 현재 이어져 있는 지역이 가까운 과거에는 고립된 채로 존재하는 경우가 많았으며, 거기에서 많은 형태들 특히 번식을 위해 교배를 하고 이동성이 강한 강에 속한 것들은 제각각 대표 종으로 분류되는 데 충분할 만큼 뚜렷한 특징을 지니게 되었을 것이다. 이경우 몇몇 대표 종과 그들의 공통 조상 사이에 위치한 중간 변종들은 예전에는 각각 나뉘어 있던 지역에서 살았음이 틀림없다. 그러나 이러한 연결 고리들은 자연 선택이 작용하는 과정에서 멸절되어 다른 것들에 의해 대체되었을 것이므로 더 이상 살아 있는 상태로는 존재하지 않게 된 것이다.

세 번째로, 확실하게 이어져 있는 지역의 서로 다른 부분에서 둘 이상의 변종이 형성되었을 때, 아마도 처음에는 중간적인 변종이 중간 지대에서 만들어졌을 것이다. 그러나 그들의 존속 기간은 그리 길지 않았을 것이다. 그 까닭은 이러한 중간적인 변종들은 이미 설명했던 이유들(즉 근연종이나 대표 종. 그뿐만 아니라 변종으로 인정되는 것들의 실제 분포에 대해 우리가 알고 있는 사실들)로 인해 중간 지대에서 그들과 연결되어 있는 변종들에 비해 더 적은 수로 존재했기 때문이다. 이러한 원인에 의해 중간적인 변종은 돌연히 멸절되기가 쉬웠을 것이다. 또한 그것들은 더 많은 변화가 진행되는 동안 자연 선택의 작용을 받아 그들과 연결되어 있는 형태들에게 패배한 후 대체되었을 것임이 거의 확실하다. 왜냐하면, 후자는 개체수가 많고 전체적으로 더 많은 변이를 탄생시킴으로써 자연 선택을 통해 더 많이 개량되어 더욱 유리해졌을 것이기 때문이다.

마지막으로 어느 한 시기를 보는 것이 아니라 모든 시기를 통틀어 봤을 때, 나의 이론이 옳다면 동일한 집단의 종 모두와 긴밀하게 연결된 수없이 많은 중간적인 변종들은 확실히 존재했을 것이다. 그러나 지금껏 몇 번이고 설명한 것처럼 자연 선택의 과정은 끊임없이 부모 형태와 중간적인 연결 고리들을 멸절시키는 경향이 있다. 그러므로 결국은 그들이 예전에 존재했었다는 증거는 오직 보존되어 있는 화석 속에서만 찾아볼 수 있다. 이러한 화석이 극도로 불완전하고 간헐적인 기록으로 남게 된 연유는 나중에 가서 설명하겠다.

특이한 습성과 구조를 가진 개체의 기원과 전이에 관하여

나의 견해에 반대하는 사람들은 이를테면 육지에서 서식하던 육식 동물이 어떻게 물속에서 사는 습성을 가지는 것으로 변환되었으며,

변화하는 상태에 있던 동물들이 어떻게 생존할 수 있었는가 하는 의문을 제기했다. 같은 집단 내부에 정말로 수생인 것과 완전히 육생인 것 사이의 모든 중간적인 단계를 가지는 육식 동물이 존재한다는 것을 보여 주는 것은 어렵지 않다. 이러한 것들은 생존 투쟁을 겪으면서도 존속하고 있기 때문에, 이들 각각이 자연계 내에서 자기 서식지에 잘 적응된 습성을 가지고 있다는 점은 분명하다. 발에 물갈퀴가 있고 털이나 짧은 다리, 꼬리의 형태가 수달과 유사한 북아메리카산 밍크(Mustela vison)를 보자. 이 동물은 여름에 물고기를 잡기 위해 물속에 들어가지만 긴 겨울 동안에는 얼어붙은 물가를 떠나 다른 족제비들처럼 생쥐나 육서 동물을 잡아먹는다. 또 다른 경우를 보자면, 곤충을 잡아먹는 네발 동물이 어떻게 날 수 있는 박쥐로 변할 수 있었는가 하는 질문도 있었다. 이는 훨씬 더 어려운 문제로 그에 대해 나는 대답을 내놓지 못했다. 그러나 나는 이와 같은 난점이 그다지 중요한 문제는 아니라고 생각한다.

다른 경우들처럼 이 문제에 관해서도 나는 매우 불리한 입장에 처해 있다. 왜냐하면, 내가 수집해 온 수많은 놀라운 사례들 중에서, 동일한 속에 속한 근연종에서 나타나는 전이 단계에 있는 습성 및 구조에 관한 예와 동일한 종에서 일정하게 혹은 우발적으로 나타나는 다양한 습성에 관한 예는 한두 개 정도밖에 없기 때문이다. 나는 박쥐처럼 어떤 특수한 예에서 나타나는 난점을 줄이는 위해서는 그야말로 그와 유사한 예를 길게 나열하는 것이 좋다고 생각한다.

다람쥣과를 살펴보자. 여기에는 꼬리가 아주 약간 납작해진 것과 J. 리처드슨(J. Richardson) 경이 언급했던 것처럼 몸의 뒷부분이 상당히 넓은 것, 그리고 옆구리의 뱃가죽이 불룩 튀어나온 것부터 소위 날다람쥐라고 불리는 것에 이르기까지 매우 다양한 점진적 단계가 있다. 날다람쥐의 경우, 사지는 물론 꼬리의 기저부에 이르기까지 피부가 넓게 이어져 있는데, 이는 낙하산과 같은 역할을 하며 날다람쥐가 나무에서 나무로 놀라울 만큼 먼 거리를 공기를 가로질러 활공할 수 있게 해 준다. 이러한 구조는 자신을 먹잇감으로 노리는 새나 짐승으로부터 도망치거나 좀 더 빠르게 먹이를 모을 수 있게 해 주며, 때때로 일어날 수 있는 추락의 위험을 줄여 준다. 이 점에 대해서는 믿을 만한 근거가 있다. 따라서 제각기 자신의 서식지에 있는 모든 종류의 다람쥐에게 그 구조가 유용하다는 점에는 의심의 여지가 없다. 하지만 이러한 사실로부터 각 다람쥐가 가진 구조가 모든 자연 발생적인 상황에서 생각할 수 있는 최상의 것이라는 결론을 이끌어 낼 수 있는 것은 아니다. 기후와 식생이 변하거나 경쟁자인 다른 설치류나 새로운 맹수가 이주해 온 경우, 또는 옛날부터 있던 것이 변화된 경우를 가정해 보자. 이때 만일 다람쥐 스스로도 유사한 방식으로 변화 또는 개량되지 않을 경우 적어도 그들 중 일부는 개체수가 감소해 멸절할 것이라는 사실을 믿지 않을 수 없다. 그러므로 특히 생활 조건이 변화하는 상황에서는 다음과 같은 생각에 별문제가 없다고 생각한다. 그것은 점점 더 두꺼운 옆구리 피부막을 가진 개체들이 계속해서 보존되어 ― 이 변화는 유용하며 이 개체들은 번식된다. ― 자연 선택의 과정을 통해 누적된 결과에 의해 이른바 날다람쥐라고 불리는 완벽한 것이 생성된다는 것이다.

이제 갈레오피테쿠스(Galeopithecus), 즉 예전에는 박쥐류로 잘못 분류되었던 여우원숭이에 대해 살펴보자. 그것은 턱밑에서 꼬리에 이르기까지 옆구리 피막이 아주 넓게 펼쳐져 있다. 또한 이 옆구리 피막은 사지와 긴 발가락도 감싸고 있으며 신근이 발달해 있다. 비록 현재 갈레오피테쿠스와 다른 여우원숭잇과 동물을 연결하는, 공기 중에서 활주하기에 적합한 구조의 점진적인 연결 고리는 없다. 하지만 그러한 연결 고리가 예전에는 존재했고 그것들 각각은 덜 완벽하게 활주하는 다람쥐의 경우에서와 마찬가지의 단계를 통해 형성되었으며, 그 구조는 모두 다람쥐에게 쓸모 있는 것이었다고 가정하는 것은 그리 어렵지 않다. 또한 나는 피막으로 연결된 갈레오피테쿠스의 발가락과 앞발이 자연 선택을 통해 상당히 길어졌으며, 비행 기관에 관한 한 이것에 의해 박쥐로 변환되었을 가능성이 높다는 사실을 받아들이는 것도 극복할 수 없을 만큼 어려운 것은 아니라고 생각한다. 뒷다리를 포함하여 어깨 위에서 꼬리까지 이어진 날개막을 가지고 있는 박쥐에서, 아마도 우리는 비행을 위해서라기보다 원래는 공기 중을 활공하기 위해서 만들어진 장치의 흔적을 찾을 수 있을 것 같다.

만약 조류의 속 대략 10여 개가 멸절되거나 알려지지 않았다면, 먹통오리처럼 그저 펄럭거리는 데에만 날개를 사용하는 새, 펭귄처럼 물속에서는 지느러미로 육지에서는 앞다리로 사용되는 날개를 가진 새, 타조처럼 날개를 돛으로 사용하는 새, 그리고 키위새처럼 기능적으로 아무 역할도 못 하는 날개를 가진 새가 존재했을 것이라 그 누가 감히 추측할 수 있었을까? 그러나 이러한 새들 각각의 구조는 그들이 직면한 생활 조건 아래에서는 자신에게 유리한 것이다. 그것들은 각자 투쟁을 벌이면서 생존해야 하기 때문이다. 그러나 이것이 가능한 모든 상태 중에서 꼭 최선의 것일 필요는 없다. 이러한 설명으로부터 여기서 말한 날개 구조 — 아마도 불용의 결과로 나타난 것이라 생각된다. — 의 어떤 단계든 그것은 새들에게 완전한 비행 능력을 가져다준 자연스러운 단계를 나타내는 것이라고 추론해서는 안 된다. 하지만 이러한 구조는 최소한 전이의 수단이 얼마나 다양할 수 있는가를 보여 준다.

갑각류나 연체류처럼 물속에서 호흡하는 몇몇 동물이 육지에서의 생활에도 적응했다는 점, 그리고 하늘을 나는 조류와 포유류, 아주 다양한 유형으로 날아다니는 곤충류, 또한 날아다니는 파충류가 예전에 있었다는 점을 생각해 보자. 우리는 이를 통해 지느러미를 퍼덕거려서 물 위로 뛰어오른 후 회전하면서 공기 중으로 높이 활공하는 날치가 완전한 날개를 가진 동물로 변화할 수 있을지도 모른다는 상상도 충분히 할 수 있다. 만약 그러한 일이 실제로 일어난다면, 전이 상태의 초기에 개방된 해양에서 서식하고 있던 동물이 이제 막 발달하기 시작한 비행 기관을 우리가 아는 한 다른 물고기에게 잡아먹히지 않기 위한 용도로만 사용했을 것이라고 생각할 사람이 누가 있겠는가?

비행을 위한 새의 날개처럼 어떠한 특수한 습성을 위해 아주 완벽하게 만들어진 구조를 볼 때, 그 구조가 점진적으로 변이하는 초기 단계에 있는 동물들이 오늘날까지 계속해서 존속하고 있는 경우는 거의 없다는 점을 염두에 두어야 한다. 그러한 동물들은 자연 선택을 통해 일어나는 완성화 과정에 의해 도태되기 때문이다. 더 나아가 우리는 매우 다른 생활 습성에 적응한 여러 구조들 사이에서 나타나는 점진적인 전이 단계들이, 초기에 많은 개체에서 수많은 부수적인 형태를 탄생시키면서 발달한 경우는 극히 드물다는 결론을 내릴 수 있다. 이런 맥락에서 아까 설명했던 날치에 대한 가상적인 예를 다시 생각해 보면, 정말로 날 수 있는 어류가 수많은 부수적인 형태 — 육지에서나 수중에서나 갖가지 종류의 먹이를 여러 방법으로 잡기 위한 형태 — 를 탄생시키면서, 생존 투쟁에서 다른 동물에 비해 우위를 점하기 위해서 그들의 비행 기관이 매우 완벽해진 단계에 이르기까지 발달해 왔을 가능성은 별로 없다고 여겨진다. 따라서 화석 상태로 있는 것에서 점진적으로 변이하는 구조를 가진 종들은 별로 많이 존재하지 않았을 것이고, 그러므로 그것들을 발견할 수 있는 확률은 완전히 발달된 구조를 가진 종들의 경우에 비해 언제나 더 적을 것이다.

이제 동일한 종의 개체들 사이에서 나타나는 다양화된 습성 및 변화된 습성에 관한 예를 두세 가지 들어 보겠다. 어느 쪽이든 자연 선택은 구조의 일부를 변화시킴으로써 그 동물을 변화된 여러 습성에, 아니면 여러 다른 습성들 중 단 하나에 쉽게 적응시킬 수 있다. 일반적으로 습성이 먼저 변화되고 구조의 변화가 그다음에 뒤따르는 것인지, 아니면 경미한 구조의 변화가 습성을 변화시키는 것인지를 판단하기는 어렵지만, 이는 우리에게 그다지 중요한 문제는 아니라고 본다. 아마도 이 둘은 거의 동시에 일어나는 것이 아닐까 싶다. 변화된 습성에 관한 예로는, 외래 식물을 먹거나 인공적인 먹이만 먹는 많은 영국산 곤충들에 대해 언급하는 것만으로도 충분할 것이다. 다양화된 습성에 대해서는 수많은 예를 들 수 있다. 나는 남아메리카에서 타이런트 플라이캐쳐(tyrant flycatcher, *Saurophagus sulphuratus*)라는 새가 어떤 때는 황조롱이처럼 한곳에서 서성이다가 다른 데로 이동하고, 또 어떤 때는 물가에 가만히 서 있다가 물총새처럼 쏜살같이 물속으로 들어가 물고기를 잡는 것을 종종 보았다. 영국에서는 박새(larger titmouse, *Parus major*)가 마치 곤충처럼 나무 위를 기어오르는 것을 보았다. 그것은 종종 때까치처럼 작은 새의 머리를 쳐서 죽이기도 했다. 동고비처럼 나뭇가지 위에서 주목나무의 열매를 쪼아서 깨뜨리는 것도 여러 번 보고 들었다. 새뮤얼 헌(Samuel Hearne)은 북아메리카에서 흑곰이 입을 커다랗게 벌리고 몇 시간이나 헤엄치다가 마치 고래처럼 물속에 있는 곤충들을 잡는 것을 본 적이 있다고 한다. 이처럼 꽤나 극단적인 경우조차도, 만약 곤충들이 늘 일정하게 공급되고 더 잘 적응한 경쟁자들이 더 이상 그 지역에 존재하지 않는다면, 어떤 종의 곰은 고래처럼 거대한 생물로 거듭날 때까지 자연 선택을 통해 더 큰 입을 갖게 되고 그들의 구조 및 습성이 점점 더 수중에 적합한 것으로 바뀐다고 봐도 별 무리가 없을 것 같다.

우리는 어떤 종의 개체들이 그 종에 속한 다른 개체들이나 같은 속의 다른 종들과 상당히 다른 습성을 가지는 경우를 가끔 볼 수 있다. 따라서 나의 이론에 따르면 우리는 그러한 개체들이 원래의 형태와 약간 혹은 상당히 다른 구조를 가지며, 이례적인 습성을 가지고 있는 새로운 종을 낳는 경우가 가끔 있을 것이라 기대할 수 있다. 그러한 일은 자연계에서 실제로 일어난다. 나무에 기어올라 나무껍질 틈에 낀 곤충들을 잡아먹기 위해 적응해 온 딱따구리보다 더 놀라운 적응의 예가 또 있을까? 북아메리카에는 열매를 주로 먹고사는 딱따구리와 날개 위에 앉은 곤충을 사냥하기 위해 길어진 날개를 가진 딱따구리가 있다. 그리고 나무가 한 그루도 자라지 않는 라플라타의 평원에 있는 딱따구리는 유기 조직의 모든 주요 부분에서, 뿐만 아니라 색깔이라든지 날카로운 목소리 톤 그리고 파상형으로 나는 것 등으로 미루어 보건대, 확실히 우리가 흔히 볼 수 있는 딱따구리 종과 가까운 혈연 관계에 있음을 알 수 있다. 그러나 그 딱따구리는 절대로 나무에 오르지 않는다!

　　슴새(petrel, 바다제비)는 조류 중에서 가장 공중과 바다 생활에 익숙한 종이다. 하지만 티에라 델 푸에고의 조용한 해협에서 푸피누리아 베라르디(*Puffinuria berardi*)가 가진 일반적인 습성들, 그것의 놀라운 잠수 능력, 수영 방법, 무심코 날 때의 비행 방법을 본다면, 누구든 그것을 바다쇠오리(auk)나 논병아리(grebe)로 착각할 것이다. 그럼에도 이 새는 본질적으로는 슴새이며, 다만 생체 조직의 많은 부분이 극도로 많은 변화를 겪었을 뿐이다. 한편, 물까마귀(water-ouzel)의 경우, 아무리 명석한 관찰자라 하더라도 그 사체만 조사해 보고 그것이 반수생(半水生)인 습성을 가졌을 것이라 추측하지는 못할 것이다. 그러나 완전히 육생인 개똥지빠귓과에서 이례적인 이 새는 물속에 잠수하여 돌을 발로 딛고 날개를 사용하여 먹이를 잡아먹고 산다.

　　개체 각각이 현재 우리가 볼 수 있는 모습 그대로 창조되었다고 믿는 사람은 간혹 전혀 일치되지 않는 습성과 구조를 가진 동물들을 보고 깜짝 놀랄 것이다. 오리와 거위의 물갈퀴발이 수영을 위해 형성되었다는 사실보다 더 명백한 것이 어디 있겠는가? 하지만 물갈퀴발을 가지고 있으면서도 거의 혹은 절대로 물 근처에도 가지 않고 고지대에 사는 거위도 존재한다. 또한 존 제임스 오듀본(John James Audubon) 이외에는 네 발가락에 모두 물갈퀴가 있는 군함조(frigate-bird)가 해수 면 위에 내려앉는 것을 본 사람이 아무도 없다. 반면, 논병아리와 검 둥오리는 발가락에 막으로 된 테두리가 둘러쳐져 있을 뿐이지만 완 전히 수생이다. 섭금류(涉禽類, wading birds. 해안가의 밀물과 썰물을 따라 이동하 면서 갯벌에 서식하는 동물을 포식하는 조류의 총칭. — 옮긴이)의 긴 발가락이 늪이 나 부유 식물 위를 걸어 다니기 위한 용도로 형성되었다는 것보다 더 분명한 사실이 또 있을까? 그러나 쇠물닭(water-hen)은 검둥오리와 마 찬가지로 거의 수생에 가깝다. 그리고 흰눈썹뜸부기(landrail)는 메추 라기나 자고새처럼 거의 육생이다. 이보다 더 많은 예도 제시할 수 있는데, 이러한 경우들에서 습성은 그에 상응하는 구조의 변화를 수 반하지 않고도 변화한다. 고지대 거위의 물갈퀴발은 구조상으로는 아니지만 기능상으로는 흔적 기관이 되었다고 말할 수 있다. 군함조 에서 발가락 사이에 있는 깊게 파인 막은 구조가 변화되기 시작했음 을 보여 준다.

개별적으로 무수히 많은 창조 행위가 일어났다고 믿는 사람은 이러한 경우 개체가 가졌던 어떤 형태가 다른 것으로 바뀌는 것이 창 조자의 뜻이라고 말할 것이다. 그러나 그런 설명은 어떤 사실을 그 럴싸한 언어로 바꿔 말하는 것에 지나지 않는 것이라 생각한다. 생 존 투쟁과 자연 선택의 원리를 믿는 사람은 모든 개체가 끊임없이 그 개체수를 늘리기 위해 고군분투하고 있다는 사실을 인정한다. 그리 고 만일 어떤 개체가 습성이나 구조적인 면에서 아주 조금이라도 변 이해 그 지역에서 서식하는 일부 다른 것들에 비해 우위를 점하게 된 경우, 그 개체가 ― 원래 자신의 자리가 아니라 하더라도 ― 다른 개체들의 자리를 빼앗을 것이라는 것 또한 알고 있다. 그러므로 그는 마른 땅에서 살거나 또는 아주 드물게 물 위로 내려앉는데도 물갈퀴 발을 가진 거위와 군함조, 습지가 아니라 목초지에서 살고 있는데도 긴 발가락을 가진 흰눈썹뜸부기, 나무가 자라지 않는 곳에서 사는 딱따구리, 잠수하는 개똥지빠귀, 그리고 바다쇠오리와 똑같은 습성을 가진 슴새가 존재한다는 사실을 알게 되더라도 그리 놀라지 않을 것이다.

극도로 완벽하고 복잡한 기관

서로 다른 다양한 거리에 초점을 맞추는 장치, 경우에 따라 다른 양의 빛을 받아들이며 구면수차(球面收差)와 색수차(色收差)를 교정하는 장치 등 여러 독창적인 장치들로 구성된 눈이 자연 선택을 통해 형성되었다고 가정하는 것이 너무나도 터무니없어 보인다는 점을 나는 인정하지 않을 수 없다. 완전하고 복잡한 눈에서 매우 불완전하고 단순한 눈에 이르기까지 수많은 점진적인 단계가 그 소유자에게 유용하다는 것이 입증된다고 해 보자. 나아가 눈은 굉장히 조금씩 변이하며 그 변이가 대물림된다고해 보자. ― 실제로 대물림된다. ― 그리고 생활 조건이 변화함에 따라 일어나는 기관의 어떠한 변이나 변화도 동물에게 유용하다면 이성적으로 사고해 보건대, 완벽하고 복잡한 눈이 자연 선택을 통해 형성되었다는 설명이 얼토당토않다고 여겨지지만은 않는다. 설령 얼핏 생각하기에는 극복할 수 없을 정도로 믿기 어려울지라도 말이다. 어떻게 신경이 빛을 감지할 수 있게 되었는가 하는 문제는 생명이 맨 처음 어떻게 탄생했는가 하는 질문에 비해서는 별로 중요하지 않게 여겨진다. 그러나 나는 여러 사실로 미루어 보아 어떤 예민한 신경이 빛뿐만 아니라 소리를 만들어 내는 공기 중의 약하고 부정확한 진동에 민감하게 반응하게 되었을지도 모른다고 생각한다.

어떤 종에서 어느 조직이 완성되어 가는 점진적인 변화를 연구하려면 우리는 반드시 그 종의 직계 조상들을 살펴보아야 한다. 하지만 이것은 거의 불가능한 일이다. 어떤 점진적인 변화가 가능한지를 살펴보려면, 그리고 달라지지 않았거나 약간만 달라진 환경 조건에서 초기 단계의 조상으로부터 전승된 여러 점진적인 변화의 가능성을 알아보려면, 각각의 사례에서 동일한 집단에 속한 종들에 대해, 즉 동일한 부모 형태로부터 나온 방계 자손들에 대해서 조사해야 한다. 현존하는 척추동물 ― 화석화된 종이 아니라 ― 들 가운데에서 발견할 수 있는, 눈의 구조에서 나타나는 소량의 점진적인 변화를 제외하면, 이 내용을 뒷받침할 만한 사례는 단 하나도 없다. 아마 척추동물이라는 이런 거대한 강에서 눈이 완성된 초기 단계를 발견하기 위해서는 화석을 함유한 지층 중에서 가장 낮은 곳으로 알려져 있는 데까지 내려가야만 할 것이다.

체절동물은 다른 메커니즘이 없이 단순히 색소 물질로만 덮인 시신경을 가지고 있는데, 이를 시작으로 눈의 발달이 이어진다. 이러한 낮은 단계에서 적절히 완성된 높은 단계에 이르기까지, 기본적으로 두 개의 선으로 분기하는 수많은 구조의 점진적인 변화들이 존재한다는 것을 보여 줄 수 있다. 또한 그 원추세포의 아랫부분 끝에는 불완전한 유리 같은 물질이 있는 것으로 보인다. 너무 간단하게 대충 설명하기는 했지만, 이러한 여러 사실들 — 현생 갑각류의 눈이 점차적으로 변화하는 상당한 다양성을 보인다는 점을 말해 주는 사실들 — 과 더불어 멸절한 것들에 비해 살아 있는 동물들의 비율이 얼마나 낮은지를 염두에 둔다면, 다음과 같은 사실을 그리 어렵지 않게 믿을 수 있으리라 생각한다. 즉 자연 선택이 단순히 색소 물질로 덮여 있고 투명한 막으로 싸여 있는 시신경이라는 단순한 장치를, 체절동물이라는 거대한 강의 일부 구성원이 가지고 있는 것과 같은 완벽한 시각 기관으로 변화시켰다는 것이다.

이 책을 끝까지 읽게 된 독자가 계승 이론을 통해서는 달리 설명할 길이 없는 많은 사실을 설명할 수 있다는 점을 이 책의 끝부분에서 알게 되었다고 해 보자. 그는 주저 없이 거기서 한 걸음 더 나아가 독수리의 눈처럼 완벽한 구조는 — 비록 그가 독수리의 사례에서 과도기적 단계들에 대해 전혀 모른다고 하더라도 — 자연 선택을 통해 형성되었을 것이라는 점을 인정해야 할 것이다. 그의 이성은 그의 착각을 물리쳐야 한다. 그러나 나는 그것이 어렵다는 점을 너무나도 잘 알고 있기 때문에, 자연 선택의 원리를 이렇게까지 넓은 범위로 확대해서 생각하는 것을 다소 주저한다고 해도 그리 놀라지 않을 것이다.

눈을 망원경과 비교하는 것은 필수적이다. 우리는 망원경이 인간이 가지고 있는 최고의 지적 능력이 맺은 결실로 완성된 것임을 알고 있다. 따라서 우리는 자연스럽게 눈은 이 기계와 어느 정도 유사한 과정을 통해 탄생했을 것이라 추론할 수 있다. 그러나 이러한 추론이 너무 지나친 것은 아닐까? 창조자가 인간처럼 지력을 가지고 만물을 창조했다고 가정할 권리가 우리에게 있을까? 만일 우리가 눈을 광학 기계와 비교한다면, 우리는 빛을 감지하는 신경 위에 투명한 조직으로 된 두꺼운 층이 있다고 상상해야 한다. 또한 이러한 층을 이루는 모든 부분의 밀도가 계속해서 서서히 변하다 보니 밀도와 두께가 각기 다른 여러 개의 층으로 분리되며, 층간 사이의 거리도 서로 달라져서 그 각 층의 표면 형태 또한 변화될 것이라 상상하지 않으면 안 된다. 더 나아가 우리는, 이 투명한 층에서 우연히 일어나는 매우 사소한 변이들을 예의주시하는 힘, 변이하는 상황에서 어떤 방식으로든 또는 어떤 정도로든 더 뚜렷한 이미지를 만들어 내는 경향을 가진 것을 주의 깊게 선택하는 힘이 항상 존재한다는 것을 가정해야만 한다. 우리는 이 장치가 수없이 많은 새로운 상태들로 거듭나며 각각의 상태들은 더 나은 것이 나타날 때까지 보존되고 이후 옛것들은 파기된다고 가정해야 한다. 살아 있는 생명체에서 변이는 사소한 변화들을 만들어 낸다. 세대를 거듭할수록 그 변이들은 무한대로 증가하며, 자연 선택은 언제나 정확한 기술을 가지고 각기 개량된 것들을 골라낼 것이다. 이러한 과정이 무수히 많은 세월 동안, 해마다 온갖 종류의 무수히 많은 개체들에게 계속해서 일어난다고 생각해 보자. 과연 우리는 창조자의 작품이 인간의 것보다 우수한 것과 마찬가지로, 생명체의 광학 기계가 유리로 만들어진 광학 기계보다 더 우수하게 만들어졌다고 믿어서는 안 되는 것일까?

만약 수많은 연속적인 사소한 변화들을 통해서는 형성될 수 없는 어떤 복잡한 기관이 존재했다는 것을 증명할 수 있다면, 나의 이론은 완전히 뒤엎어질 것이다. 그러나 나는 그러한 경우를 단 하나도 보지 못했다. 우리가 그 중간 단계를 잘 알지 못하는 많은 기관들이 존재한다는 것은 의심의 여지가 없다. 특히 내 이론에 따르면 더 고립된 종을 살펴볼수록 그 주위에 더 많은 멸절이 있을 것이다. 그리고 규모가 큰 강의 모든 구성원들이 공통적으로 가지고 있는 기관을 봐도 알 수 있는데, 그 기관은 매우 먼 과거 ─ 그 강의 수많은 구성원들 모두가 발달하기 시작한 이래로 ─ 에 맨 처음으로 형성된 것임이 틀림없기 때문이다. 또한 그 기관이 거쳐 온 초기의 전이 단계들을 발견하기 위해서는 이미 오래전에 멸절한 매우 먼 과거의 조상 형태를 살펴봐야 한다.

어떤 기관이 몇몇 종류의 점진적인 변화의 단계를 통해 형성되지 않았다는 결론을 내리려면 매우 신중을 기해야 한다. 하등 동물의 경우 같은 기관이지만 그와 동시에 완전히 다른 기능을 수행하는 경우가 수없이 많다. 예를 들어, 잠자리의 유충이나 반줄무늬미꾸라지(fish Cobites)에서는 소화관이 호흡, 소화, 그리고 배설까지 담당한다. 히드라과(Hydra)의 자포동물은 몸의 안쪽을 바깥으로 뒤집는데, 이때 바깥쪽 표면에서 소화가 일어나고 위에서는 호흡이 일어난다. 이러한 경우에 어떤 이익이 생기게 되면, 자연 선택은 분명 두 가지 기능을 수행하는 어느 부분 혹은 기관을 한 가지 기능만을 수행하는 것으로 전문화시켜 눈에 띄지 않을 정도로 점차 그것의 성질을 완전히 바꿀 것이다. 전혀 별개인 두 기관이 동일한 개체 내에서 똑같은 기능을 동시에 수행하는 경우도 종종 있다. 한 가지 예를 들면, 아가미로 물에 녹아 있는 공기를 마시면서 동시에 부레로 유리된 기체를 호흡하는 물고기가 있는데, 이때 부레는 공기를 공급하는 호흡관을 갖추고 있으며 혈관이 매우 발달한 격벽으로 나뉜다. 이 경우 두 기관 중 하나는 쉽사리 변형되며, 이 변형이 일어나는 동안 다른 기관의 도움을 받아 스스로 모든 일을 수행할 수 있도록 완성될 것이다. 그후 다른 기관은 완전히 다른 목적을 위해 변형되거나 완전히 소멸될 것이다.

물고기의 부레가 이 주제에 대한 가장 좋은 예인 것은, 원래 부레는 물속에서 뜨기 위한 목적만을 위해 만들어진 기관이지만 완전히 다른 목적인 호흡을 위한 것으로 변형되었다는 매우 중요한 사실을 분명하게 보여 주기 때문이다. 어떤 물고기에서는 부레가 청각 기관의 보조 업무를 담당하는 경우도 있다. 현재 일반적으로 어떤 견해가 받아들여지는지 잘 모르겠으나, 어쩌면 청각 기관이 부레의 보조 역할을 할 수도 있다. 모든 생리학자들은 부레가 구조상으로 보나 위치상으로 보나 고등한 척추동물의 허파와 상동이거나 '완벽하게 닮았음'을 인정하고 있다. 따라서 자연 선택이 실제로 부레를 허파 또는 호흡에만 사용되는 기관으로 변환시켰다는 점은 별 무리 없이 받아들여질 수 있는 사실이라고 생각한다.

사실상 나는 진짜 허파를 가지고 있는 모든 척추동물이, 부유 장치, 즉 부레를 가지고 있었던 알 수 없는 고대의 원형으로부터 일반적인 세대 교체를 통해 이어져 내려왔다는 사실을 믿어 의심치 않는다. 이런 맥락에서 나는 오언 교수가 이러한 부분에 관해 흥미롭게 서술한 글을 통해 추론한 바, 우리가 먹는 음식물의 모든 입자가 허파 속으로 들어갈 위험 — 후두가 닫히게 만드는 교묘한 장치가 있기는 하지만 — 이 있음에도 기도의 입구 위를 통과해야만 하는 이상한 사실을 이해할 수 있을 것이라 본다. 고등 척추동물의 아가미는 완전히 사라지고 없으나, 배(胚)에서 나타나는, 목 양쪽으로 난 갈라진 틈과 고리 모양으로 형성된 동맥은 지금도 예전에 아가미가 존재했던 위치를 보여 주고 있다. 그러나 지금은 완전히 사라진 아가미가 전혀 다른 목적을 위해 자연 선택을 통해 서서히 변했다는 것은 가능한 일이다. 일부 박물학자들은 아가미와 환형동물의 등에 있는 비늘은 곤충의 날개 및 겉날개와 상동이라는 견해를 가지고 있다. 그러한 견해와 마찬가지로 매우 먼 과거에는 호흡 기관으로서 기능했던 것이 사실상 비행 기관으로 변환되었다는 것은 가능한 이야기다.

기관의 점진적인 전이에 대해 고찰할 때, 어떤 기능에서 다른 기능으로 전환될 가능성이 존재한다는 점을 염두에 두는 것이 매우 중요하다. 따라서 그에 관한 예를 하나 더 제시하도록 하겠다. 유병 만각류(pedunculated cirripedes)는 두 개의 미세한 피부 주름을 가지고 있는데, 나는 이를 '알을 싸는 주름껍질(ovigerous frena)'이라고 부른다. 이것은 끈적끈적한 물질을 분비함으로써 알이 그 주머니 속에서 부화될 때까지 그 알을 붙잡아 둔다. 이러한 만각류는 아가미가 없는 대신이 작은 피부 주름을 포함하여 몸과 주머니의 전체 표면이 호흡 기능을 담당한다. 반면 따개빗과(Balanidae), 즉 고착성 만각류는 알을 싸는 주름껍질을 가지고 있지 않으며, 잘 닫힌 껍질 속에 있는 주머니의 바닥에 알이 흩어져 있다. 그러나 그것들은 거대한 주름진 아가미를 가지고 있다. 따라서 나는 특정 과에서 발견되는 알을 싸는 피부 주름이 다른 과에서 볼 수 있는 아가미와 상동이라는 점에 대해 이의를 제기할 사람이 더 이상 없으리라 생각한다. 실제로 그 두 부분은 서로 연차적인 변화를 거듭하고 있다. 그러므로 원래 알을 싸는 피부 주름의 역할을 수행하는 동시에 약간이나마 호흡 기관을 돕는 작용을 했던 작은 피부 주름이, 자연 선택을 통해서 단지 크기가 늘어나고 점착성 물질을 분비하는 샘이 소멸됨으로써, 차츰 아가미로 바뀌게 되었다는 사실을 믿어 의심치 않는다. 만일 모든 유병 만각류가 멸절되었고, 고착성 만각류보다도 먼저 훨씬 심각한 멸절 위기에 처하게 되었다면, 그 누가 고착성 만각류과의 아가미가 원래는 알이 주머니에서 씻겨 나가는 것을 방지하기 위한 기관으로 존재했다고 상상이나 하겠는가?

어떤 기관이 연속적으로 일어나는 점진적인 변화 과정에 의해 생겨나는 것은 아닐 것이라는 결론을 내리면 안 된다. 하지만 여전히 중대한 문제가 난점으로 남아 있다. 이중 일부는 나중에 발간될 나의 책에서 다루도록 하겠다.

그 중대한 난점 중 하나가 바로 중성(neuter) 곤충에 관한 것인데, 이 곤충은 수컷 또는 생식 능력이 있는 암컷 모두와 매우 다른 구조를 가지고 있는 경우가 많다. 이 사례에 대해서는 다음 장에서 논의하도록 하겠다. 어류의 발전(發電) 기관은 또 다른 예다. 어떠한 단계에 의해 이런 기관이 만들어졌는지 도무지 상상할 수조차 없을 정도로 경이롭다. 그러나 오언 및 다른 학자들이 언급하기를, 그 상세한 구조는 보통 근육과 매우 유사하다고 한다. 또한 가오리류가 발전 장치와 매우 유사한 기관을 가지고 있지만 카를로 마테우치(Carlo

Matteuchi)가 주장한 바에 따르면, 그 기관은 전기를 방출시키지 않는다는 사실이 최근에서야 밝혀졌다고 한다. 따라서 우리는 어떤 종류의 전이도 불가능하다고 논증하기에는 우리가 너무나도 무지하다는 점을 인정해야 한다.

발전 기관은 이보다 더 심각한 또 다른 난점을 제시한다. 왜냐하면, 그 기관은 약 10여 종의 어류에서만 나타나며, 그중 일부는 상당히 먼 유연 관계에 있기 때문이다. 동일한 기관이 동일한 강의 많은 구성원에서 나타나는 경우, 특히 매우 다른 생활 습성을 가진 구성원들에게서 나타나는 경우, 우리는 대개 그 기관이 존재하는 것이 공통 조상으로부터 대물림되었기 때문이라고 생각한다. 그리고 그 기관이 일부 구성원에서는 나타나지 않는 것은 불용 또는 자연 선택을 통해 그것이 상실되었기 때문이라고 생각한다. 그러나 만일 발전 기관이 하나의 공통 선조로부터 대물림되어 생긴 것이라면, 모든 전기어들은 서로 특별한 관계를 맺고 있다고 기대해도 좋을 것이다. 그러나 지질학은 예전에 존재했던 대부분의 어류가 발전 기관을 가지고 있었으며 그 어류의 변이된 자손들 중 상당수가 그 기관을 상실했다는 믿음을 주지 못한다. 서로 다른 과나 목에 속한 소수의 곤충들이 발광(發光) 기관을 가진다는 사실은 그와 유사한 난점을 제시하는 사례다. 그 밖에도 여러 가지 예를 들 수가 있다. 식물에서는 꽃자루 끝부분에 점착성의 분비샘이 있어서 꽃가루 입자가 달라붙게 만드는 아주 놀라운 장치가 있다. 그런데 이는 난초속(Orchis)과 아스클레피아스속(Asclepias) ― 현화식물에서 관계가 거의 가장 멀다고 할 수 있는 속들 ― 에서 동일하게 나타난다. 서로 매우 다른 두 종에서 겉보기로는 동일한 이례적인 기관이 있음을 볼 수 있는 것이다. 이러한 모든 경우에서 우리는, 비록 그 기관의 전반적인 외관과 기능은 동일하다 하더라도 일부 근본적인 차이점이 발견되는 경우가 많다는 사실을 눈여겨봐야 한다. 나는 각각의 개체의 이익을 위해 작용하며 유사한 변이를 이용하는 자연 선택이 때로는 두 생물 ― 공통 조상으로부터 물려받은 동일한 구조를 거의 갖고 있지 않은 개체들 ― 이 각각 가지고 있는 두 부분을 매우 유사한 방식으로 변화시켰다고 믿는다. 마치 두 사람이 각기 독자적으로 완전히 똑같은 물건을 발명하는 경우가 종종 발생하는 것과 마찬가지의 방식으로 말이다.

대부분의 경우, 어떤 기관이 현 상태에 이르기까지 어떤 과도기적 변화를 겪었는지를 추측하는 것은 너무나도 어려운 일이다. 그러나 살아 있는 생물과 알려져 있는 생물의 비율은 멸절한 생물과 알려지지 않은 생물에 비해 매우 적다는 것을 감안한다 하더라도, 실마리가 될 어떠한 과도기적 변화의 단계에 관하여 명명되는 기관이 매우 적다는 것에 나는 놀라움을 금치 못했다. 내 말이 진실이라는 것은 박물학에서 오래전부터 인용되고 있는 "자연은 도약하지 않는다."라는 명제를 통해 사실상 밝혀진 것이나 다름없다. (*Natura non facit saltum.* 이 명제는 자연 철학의 중요한 원리로서 철학자 고트프리트 빌헬름 폰 라이프니츠 (Gottfried Wilhelm von Leibniz)는 일종의 공리로 받아들였다. ― 옮긴이) 풍부한 경력을 가진 거의 모든 박물학자들의 저서에서 이것이 인정된다는 사실을 찾아볼 수 있다. 밀른 에드워즈가 잘 표현했던 것처럼, 자연은 변이를 일으키는 데는 너그럽지만, 혁신을 일으키는 데는 인색하다. 창조설로 그 이유를 어떻게 설명할 수 있을까? 자연계에서 제각기 알맞은 자리를 차지하려고 별도로 창조되었다고 여겨지는 독립적인 개체들이 가지는 모든 체부와 기관은 왜 그렇게 끊임없이 점진적인 변화의 단계들에 의해 서로 연결되어 있는 것일까? 대체 왜 '자연'은 구조에서 구조로 도약하지 않았던 것일까? 자연 선택에 관한 이론을 바탕으로 두면 우리는 그 이유를 제대로 이해할 수 있다. 자연 선택은 오직 끊임없이 이어지는 사소한 변이들을 취함으로써만 작용할 수 있기 때문이다. 자연은 절대로 도약할 수 없으며, 다만 짧고 느리게 한 걸음 한 걸음을 내딛으며 전진할 뿐이다.

별다른 중요성이 없는 것으로 보이는 기관들

자연 선택은 삶과 죽음을 통해 — 어떤 이로운 변이를 가진 개체들을 보존하고, 이롭지 못한 구조상의 일탈을 가진 것들은 없애 버림으로써 — 작용한다. 따라서 나는 계속해서 변이하는 개체들을 보존하기에는 별다른 중요성이 없는 것으로 보이는 단순한 부분들의 기원을 어떻게 이해해야 할지에 대해 어려움을 느낀 적이 종종 있었다. 내가 이 문제에 대해 느낀 어려움은, 종류가 다르기는 하지만, 눈처럼 완벽하고 복잡한 기관의 경우에서 느낀 것과 비슷할 정도였다.

우선, 어떠한 사소한 변화가 중요한지 또는 그렇지 않은지를 판단하기에 앞서 우리는 어떤 한 개체의 전체 경제에 관해 너무나도 무지하다. 나는 앞의 장에서 너무나도 사소한 형질에 관한 예를 제시했다. 이를테면 과실의 솜털, 과육의 색과 같은 것들인데, 이것은 곤충의 공격을 좌우하거나 체질적 차이와 관련되어 있어서 자연 선택의 작용을 받을 것임이 분명하다. 기린의 꼬리는 인공적으로 설계된 파리채와 비슷하게 생겼다. 파리를 쫓아내는 것과 같은 너무나도 사소한 목적을 위한 작은 변화들이 계속해서 생겨남으로써 차츰차츰 개량되어 현재의 목적에 맞게 적응하게 되었다는 것을 처음에는 믿기 어려울 것이다. 그러나 이 경우에도 믿기 어렵다는 것을 너무 단정지어서는 곤란하다. 우리는 남아메리카에 있는 소 및 그 밖의 동물들의 분포와 존재가 곤충의 공격에 저항하는 능력에 달려 있음을 알고 있기 때문이다. 어떤 수단을 써서든 그러한 조그마한 적으로부터 자신을 방어할 수 있었던 개체는 새로운 목초지로 분포 영역을 넓힐 수 있었고 그로 인해 엄청난 이득을 얻었을 것이다. 실제로 몸집이 큰 네발 동물이 파리 때문에 멸절한 경우는 없지만(아주 드문 경우를 제외하면), 끊임없이 귀찮게 시달리다가 체력이 약해져서 병에 걸리기 쉬워질 수 있다. 또한 먹을 것이 부족한 시기가 왔을 때 먹잇감을 제대로 구하지 못하게 되고, 맹수로부터 잘 달아나지 못하게 될 수도 있다.

지금은 그다지 중요하다고 여겨지지 않는 기관들이 초기 조상에게는 매우 중요한 것이어서 초기에 서서히 완성되어 지금까지 거의 동일한 상태로 전해져 온 경우도 아마 존재할 것이다. 지금은 쓰임새가 별로 없음에도 말이다. 이러한 구조에 해로운 일탈이 실제로 생겨나면, 그것은 언제나 자연 선택을 통해 제거될 것이다. 대다수 수생 동물에게 꼬리가 얼마나 중요한 운동 기관인지를 살펴보면, 폐나 변형된 부레로부터 그 기원이 수생임을 알 수 있는 수많은 육서동물들이 일반적으로 꼬리를 가지고 있고, 그 꼬리를 여러 용도로 사용하고 있다는 사실을 설명할 수 있을 것이다. 수생 동물일 때 형성된 잘 발달된 꼬리는 나중에 파리를 잡거나 뭔가를 움켜쥐거나 개의 경우처럼 방향 전환을 돕는 역할 ― 다만 토끼에게는 꼬리가 별 도움이 안 되는데, 토끼는 꼬리가 거의 없음에도 개보다 두 배나 빠르게 방향 전환을 할 수 있다. ― 을 수행하는 등 다양한 목적에 사용되었을 것이다.

두 번째로, 우리는 가끔 정말 별로 중요하지 않은 형질, 그리고 자연 선택과는 무관한 상당히 부차적인 원인에 의해 발생한 형질을 중요하다고 여기기도 한다. 우리는 기후, 먹이 등등이 개체에게 다소 직접적인 영향을 끼칠 수 있다는 것을 기억해야 한다. 또한 형질들이 격세 유전의 법칙에 따라 다시 나타난다는 점, 연관 성장이 다양한 구조를 변화시키는 데 상당한 영향력을 가진다는 점도 기억해야 한다. 마지막으로 어떤 수컷이 다른 수컷과 싸울 때나 암컷을 유혹할 때 보다 유리하도록, 성 선택이 종종 그 동물의 외부 형질을 상당히 변화시킨다는 점 또한 기억해야 한다. 더욱이, 구조의 변화가 주로 앞에서 설명한 것과 같은 이유나 잘 알려지지 않은 다른 이유로 인해 일어나게 되면 처음에는 종에게 아무런 이익도 못 줄지 모르지만, 나중에는 새로 획득된 습성과 새로운 생활 환경 아래에서 그 종의 후손들에게 유리하게 작용할 것이다.

이에 대해 설명하기 위해 몇 가지 예를 들어 보겠다. 초록색 딱따구리만 존재했기 때문에 검은색 또는 얼룩무늬인 종류도 있는지를 우리가 몰랐다고 해 보자. 우리는 초록색이라는 색이 나무에서 자주 볼 수 있는 이 딱따구리를 적으로부터 숨기기 위한 아름다운 적응이며, 따라서 그것은 중요한 형질인 동시에 자연 선택을 통해 획득된 것이라고 생각할 것이다. 그러나 나는 딱따구리의 털색이 이와는 상당히 다른 원인인 성 선택을 통해 생겨난 것이라 본다. 말레이 제도에 서식하는 덩굴대나무(trailing bamboo)는 매우 절묘한 구조를 가진 갈고리 — 가지의 끝부분마다 무리를 이루고 있다. — 의 도움을 받아 매우 높은 나무를 기어오른다. 이러한 절묘한 장치가 이 식물에게 엄청나게 쓸모 있는 것이라는 사실에는 의심의 여지가 없다. 그러나 우리는 덩굴성이 아닌 수많은 나무에서 그와 유사한 갈고리를 발견할 수 있다. 그러므로 덩굴대나무에 있는 그 갈고리는 알 수 없는 성장의 법칙에 따라 생겨났고, 나중에 그 식물이 더 많은 변화를 겪어 덩굴 식물이 되면서 유리하게 이용되었을 것이다. 독수리의 머리가 대머리인 것은 일반적으로 부패물 속을 뒹굴며 다니기 위한 적응으로 여겨진다. 그것이 사실일 수도 있겠지만 썩은 물질의 직접적인 작용으로 인한 것일 수도 있다. 그러나 깨끗한 먹이를 먹는 수컷 칠면조의 머리도 독수리처럼 벗겨져 있다는 사실을 생각해 볼 때, 우리는 그러한 추론을 끌어내는 데 매우 신중해야 한다. 포유류 새끼의 머리뼈 구조는 분만을 돕기 위한 아름다운 적응이라는 이론이 제기되었다. 그것이 분만을 쉽게 해 주거나 분만에 꼭 필요하다는 것은 두말할 나위가 없다. 그러나 머리뼈의 봉합선은 깨진 알을 뚫고 나오기만 하면 되는 조류나 파충류 새끼의 머리뼈에도 존재한다. 따라서 우리는 이 구조가 성장의 법칙을 통해 생겨나 고등 동물의 분만에 이용되기에 이르렀다고 추론할 수 있다.

우리는 중요하지 않은 경미한 변이를 일으키는 원인들에 대해 너무나도 무지하다. 다른 지역 — 특히, 인위 선택이 거의 안 일어나는, 문명화가 덜 된 지역 — 에 있는 가축의 품종에서 나타나는 차이점을 떠올려 보면 그 점을 즉시 인지할 수 있다. 주의 깊게 관찰한 사람이라면 눅눅한 기후가 털의 성장에 영향을 주며 뿔은 털과 연관성이 있다고 확신할 것이다. 산악 지대의 품종은 언제나 저지대의 품종과는 다르다. 산악 지대가 많은 나라에서는 뒷다리가 더 단련되므로 아마도 뒷다리가 영향을 받을 것이고, 어쩌면 골반의 형태 또한 영향을 받을지도 모른다. 나아가 상동 변이의 법칙에 따라 앞다리와 심지어 머리 부분도 영향을 받게 될 것이다. 또한 골반의 형태는 자궁 내 새끼의 머리에 압박을 주어 그 머리 모양에 영향을 끼칠 수도 있다. 우리는 몇 가지 이유로부터 고지대라면 피할 수 없는 호흡 곤란이 가슴 크기를 확대할 것이라 믿을 수 있다. 여기에도 마찬가지로 연관 관계가 중요한 역할을 한다. 여러 지역에서 미개인들이 기르고 있는 동물은 종종 생존을 위해 투쟁을 해야 하며, 자연 선택에 어느 정도 노출되어 있다. 약간씩 다른 체질을 지닌 개체들은 각자 다른 기후 조건에서 가장 번성할 것이고, 이는 체질과 털의 색이 서로 관련되어 있다고 믿을 수 있는 이유가 된다. 어떤 훌륭한 관찰자는 소의 경우 날벌레의 공격에 대한 민감도가 털의 색과 관련 있다고 언급했는데, 이는 날벌레가 특정 식물에 중독을 일으키기 때문이다. 그러므로 이런 맥락에서 털의 색은 자연 선택의 작용을 받게 되는 것이다. 그러나 우리는 너무나 무지해서 변이에 관한 몇 가지 알려진, 혹은 알려지지 않은 법칙의 상대적인 중요성을 짐작하기 힘들다. 내가 여기서 이러한 점을 언급하는 것은 그저, 우리가 가축 품종들 — 이것들이 세대 계승을 통해 생겨났다는 것을 우리는 대체로 인정함에도 — 의 특징적 차이를 설명하지 못한 경우, 종들 간에 비슷하지만 미묘한 차이가 발생하는 진정한 원인이 무엇인지를 모른다는 것에 너무 지나치게 중점을 두어서는 안 된다는 것을 보여 주고자 함이다. 내가 너무나도 뚜렷한 특징을 가지는 인종 간의 차이에 대해서 제시했던 것은, 이와 동일한 목적을 염두에 두고 한 일일지도 모르겠다. 덧붙이자면, 이러한 차이들의 기원에 대해 해결의 실마리를 던져 주는 것은 주로 어떤 특정한 종류의 성 선택이다. 그러나 나의 추론이 하찮아 보일 수도 있기 때문에 여기에서는 그 방대한 세부 사항을 언급하지는 않겠다.

지금껏 언급한 내용을 토대로 최근 일부 박물학자들이 구조의 모든 세세한 부분들은 소유자의 이익을 위해 만들어진 것이라는 공리주의에 대해 제기한 몇 가지 반론에 관해 설명하겠다. 그들은 매우 많은 구조들이 인간의 눈으로 보기에 아름답기 때문에, 또는 단순히 다양성을 위해 창조되었다고 믿는다. 만일 이러한 생각이 옳다면 나의 이론은 완전히 치명타를 입는다. 그러나 나는 많은 구조들이 그것의 소유자에게 직접적인 이익을 가져다주지 못한다는 사실을 잘 안다. 물리적인 조건들은 아마 얻을 수 있는 이점과는 무관하게 구조에 다소 영향을 주었을 것이다. 연관 성장이 매우 중요한 역할을 담당한다는 것에는 두말할 나위가 없다. 또한 어떤 부분에서 유용한 변화가 발생하면 다른 부분에서도 여러 가지 변화들이 수반된다. 직접적으로 유용한 것은 아닐지라도 말이다. 그러므로 예전에 유용했던 형질들 또는 예전에 연관 성장이나 다른 알 수 없는 원인으로 인해 발생겼던 형질들이 현재에까지 직접적인 유용성을 제공해 주는 것은 아닐지라도, 격세 유전의 법칙으로 인해 다시 나타날 수도 있다. 암 컷을 유혹하기 위해 아름다움을 과시할 때, 특정한 경우에 한해서만 성 선택의 결과는 유용하다고 할 수 있다. 단연코 가장 중요한 고려 사항은 모든 개체의 유기 조직에서 주요한 부분은 단순한 대물림으로 인해 존재한다는 점이다. 따라서 각각의 개체가 자연계에서 자신의 위치에 알맞게 적응하고 있는 것이 분명하다 해도, 많은 구조들은 현재 각 개체의 생활 습성과는 직접적인 연관 관계가 없다. 이런 점에서 육지에 사는 거위나 군함조의 물갈퀴발이 이러한 새들에게 특별히 유용한 것이라 하기는 어렵다. 또한 우리는 원숭이의 팔, 말의 앞다리, 박쥐의 날개, 바다표범의 지느러미에 있는 똑같은 뼈가 이들 동물에게 특별히 쓸모 있다는 점을 믿을 수 없다. 이러한 구조는 대물림으로 인한 것이라고 여기는 것이 안전할 것이다. 그러나 물갈퀴발이 현존하는 수생 조류에게 유용한 것과 마찬가지로 육지에 사는 거위와 군함조의 조상들에게도 물갈퀴발이 유용했을 것이라는 점은 의심의 여지가 없다. 우리는 바다표범의 조상에게는 지느러미가 없었고, 다섯 개의 발가락이 달린 발이 걷거나 물건을 집는 데 적합했을 것이라는 점도 믿을 수 있다. 더 나아가 우리는 공통 조상으로부터 물려받은 원숭이, 말, 박쥐의 팔다리 혹은 날개에 있는 여러 뼈들이 현재 너무나도 다양한 습성을 가지게 된 이 동물들에게 유용한 것보다, 과거 그 조상이나 조상의 조상에게 훨씬 더 특별하게 유용했으리라는 점도 생각해 볼 수 있다. 그러므로 우리는 지금과 마찬가지로 예전에도 대물림, 격세 유전, 연관 성장 등 여러 법칙의 적용을 받아 이러한 여러 뼈들이 자연 선택을 통해 획득되었을 것이라 추론할 수 있다. 따라서 모든 살아 있는 생명체가 가지는 구조의 세세한 부분들은 (물리적 조건의 직접적인 작용을 다소 감안해) 일부 조상형에게 특별히 유용한 것이었기 때문에, 혹은 현재 자손들에게 특별히 유용한 것 ― 직접적으로든 간접적으로든 ― 이어서 복잡한 성장의 법칙을 통해 나타난 것이라 볼 수 있을 것이다.

다른 종의 이익을 위한 목적만으로 자연 선택이 어느 종에 어떠한 변화를 일으키는 것은 도저히 불가능한 일이다. 어떤 종이 다른 종의 구조를 계속해서 이용하고 그로부터 이득을 얻는 것은 자연계 도처에서 일어나지만 말이다. 반면 자연 선택은 다른 종에게 직접적인 해를 입힐 수 있는 구조를 만들어 낼 수 있고, 실제로도 그러한 경우가 종종 있다. 살무사의 송곳니나 맵시벌(ichneumon)의 산란관 ― 맵시벌의 알은 이 산란관을 통해 살아 있는 다른 곤충의 몸 안에 들어가게 된다. ― 에서 볼 수 있듯이 말이다. 만약 어떤 한 종의 어느 구조 부분이 다른 종의 이익을 위해서만 형성되었음이 증명된다면, 내 이론은 완전히 박살날 것이다. 그러한 일은 자연 선택을 통해서는 일어날 수 없기 때문이다. 비록 이와 관련된 내용이 박물학에 관한 저서에서 여러 차례 언급되었지만, 여태껏 눈여겨볼 만한 내용은 없었다. 방울뱀이 독니를 가지고 있는 것은 방어 수단으로, 또 먹잇감을 죽이기 위해서라는 점은 널리 인정되는 바다. 그러나 이와 동시에 일부 학자들은 방울뱀이 소리를 내는 기관을 가지는 것은 자신이 끼치게 될 해를 경고하기 위해, 즉 먹잇감에게 도피하도록 알려 주기 위해서라는 생각도 가지고 있다. 그게 사실이라면 고양이가 쥐에게 덤벼들 때 꼬리 끝을 마는 것은 불운한 쥐에게 경고를 하기 위함이라는 점을 믿어도 좋다는 이야기가 된다. 그러나 다른 유사한 사례 등 이러한 내용에 관해 다루기에는 여유가 없으므로 이에 관해서는 여기서 마치겠다.

자연 선택은 오로지 그 개체의 이익에 의해서만, 또 이익을 위해서만 작용하므로 절대로 그 개체에게 해로운 것은 만들어 내지 않을 것이다. 윌리엄 페일리(William Paley)가 언급했듯이 어떠한 기관도 고통을 야기하기 위한 목적으로 또는 그 소유자에게 해를 가하기 위한 목적으로 형성되지는 않는다. 각 부분이 야기하는 선과 악을 공정하게 평가해 보면, 그것들은 모두 전체적으로는 이익이 된다는 점을 발견할 수 있을 것이다. 변화된 생활 환경 아래서 오랜 시간이 경과한 이후에 만일 어떤 부분이 해로운 것이 되었다면 그것은 변화할 것이다. 만일 변화가 일어나지 않는다면, 그 개체는 이미 무수히 많은 생물이 멸절된 것과 마찬가지로 멸절을 겪을 것이다.

자연 선택은 동일한 지역에서 서식하면서 서로 생존 투쟁을 벌여야 할 다른 개체들만큼 혹은 그보다 조금 더 각각의 개체들을 완전하게 만드는 경향이 있다. 우리는 이것이 자연계 내에서 얻을 수 있는 완벽함의 정도라는 것을 알고 있다. 예를 들어, 뉴질랜드의 토착 생물들은 그곳의 다른 것과 비교해 볼 때 완전하다고 할 수 있지만, 지금 현재는 유럽에서 도입된 거대한 동식물 무리의 진격 앞에 빠르게 굴복하고 있다. 자연 선택은 절대적인 완벽성을 산출해 내지는 못한다. 또한 우리가 판단할 수 있는 한, 우리가 자연계에서 이런 높은 수준을 늘 볼 수 있는 것도 아니다. 전문가의 말에 따르면 가장 완전한 기관인 눈에서조차 광행차(光行差)의 보정이 완벽하게 일어나지는 않는다고 한다. 만일 우리의 이성이 자연계에 존재하는 많은 독창적인 장치에 대해 한없이 찬양한다면, 그와 동시에 그 이성은 어떤 다른 장치는 그보다 완벽하지 못하다는 점 또한 말하고 있는 것이다. 다만 우리가 이런 사항들을 지나치는 경우가 많을 뿐이다. 말벌이나 벌의 침은 동물을 공격할 때 사용된다. 이 침에는 역방향으로 나 있는 갈퀴 모양의 구조가 있는데, 벌이 박힌 침을 도로 빼내려면 결국 내장이 밖으로 끌려나오기 때문에 결국 벌은 죽고 만다. 이러한 상황에서 우리는 과연 이 장치를 완벽한 것이라 말할 수가 있을까?

이 벌의 침을, 원래는 먼 조상들이 — 그 거대한 목에 속하는 수많은 구성원들에서와 마찬가지로 — 구멍을 뚫는 톱니 모양의 도구로 가지고 있던 것이, 현재의 목적을 위해서 완성된 것은 아니지만, 본래 담즙을 만들어 낼 목적이었던 독샘이 점차 강화되면서 변화된 것이라고 간주해 보자. 그렇다면 우리는 아마도 그 침을 사용하는 것이 어째서 그렇게도 자주 곤충 자신을 죽음으로 몰아넣는지를 이해할 수 있을 것이다. 침을 쏘는 능력이 대체로 그 집단에 유용하다면, 비록 그 구성원들 중 일부가 죽임을 당할지라도, 이는 자연 선택이 요구하는 조건을 만족시키는 것이기 때문이다. 우리는 많은 수컷 곤충이 암컷을 찾는 데 사용하는 실로 놀랄 만한 후각에 대해 찬탄한다. 만약 그렇다면 우리는 단지 이 한 가지 목적만을 위해 수천 마리의 수벌들이 생겨나는 것에 대해서도 찬탄할 수 있을 것인가? 그 수벌들은 자신이 속한 집단에서 다른 목적으로는 전혀 쓸모가 없는데도, 그리고 결국은 부지런하고 불임인 일벌들에게 살육되는데도 말이다. 여왕벌이 자신의 딸인 어린 여왕벌을 태어나자마자 죽게 만들거나, 어린 여왕벌과 싸워서 스스로 죽음을 자초하는 야만적이고 본능적인 증오를 찬양하기란 쉽지 않다. 하지만 우리는 이를 찬양할 필요가 있는데, 그 이유는 그것이 그 집단의 이익을 위해서는 유익한 것임이 확실하며, 모성애와 모성 증오 — 다행스럽게도 모성 증오는 상당히 드물게 나타난다. — 모두가 자연 선택이라는 냉혹한 원리에 따른 것이기 때문이다. 우리가 난초나 그 밖의 많은 식물의 꽃에서 곤충을 매개로 한 수정이 이루어지는 데 쓰이는 여러 기발한 장치를 보고 감탄을 한다고 해 보자. 그렇다면 과연 우리는 전나무가 소수의 꽃가루를 밑씨로 우연히 날려 보내기 위해 수많은 꽃가루를 공들여 만드는 것도 똑같이 완전한 것이라 간주할 수 있을까?

요약

우리는 이번 장에서 나의 이론을 반박하기 위해 제기될 수 있는 몇 가지 난점 및 이의에 대해 다루어 보았다. 그러한 점들 중 상당수는 매우 중대한 것이다. 하지만 나는 앞서 다룬 내용들을 통해 독립적으로 일어나는 창조 행위에 관한 이론으로는 제대로 설명하기 힘든 여러 문제들에 대한 해결의 실마리를 찾았다고 생각한다. 우리는 어떠한 경우라도 종이 무한정 변이할 수 없고 수많은 중간적인 변화 단계에 의해 서로 연결되어 있지도 않다는 것을 살펴봤다. 이는 부분적으로는 자연 선택의 과정이 언제나 매우 천천히 일어날뿐더러 언제나 매우 극소수의 형태에만 작용하기 때문이다. 또한 자연 선택의 과정 바로 그 자체가 먼저 나타난 중간적인 단계들을 끊임없이 대체하고 멸절시킨다는 것을 의미하는 것이기도 하기 때문이다. 현재 연속적인 지역에서 살고 있는 근연종들은 많은 경우 그 지역이 연속적이지 않았을 때, 그리고 생활 조건이 감지하지 못할 정도로 어느 한 부분에서 다른 부분으로 변화하고 있지 않았던 당시에 형성되었을 것이다. 두 변종이 연속된 지역의 서로 다른 구역에서 형성될 때, 그 중간 지대에 적합한 중간적인 변종 또한 종종 생겨날 것이다. 그러나 앞서 언급한 여러 이유들로 인해 그 중간적인 변종은 보통 자신들이 연결하는 두 형태에 비해서는 더 적은 수로 존재한다. 따라서 그 두 형태는 더 많은 수로 존재하는 덕분에 변화가 더 진행되는 과정에 더 적은 수로 존재하는 중간적인 변종에 비해 훨씬 더 크게 우위를 점할 것이다. 그리하여 결국 그 중간적인 변종들은 다른 것으로 대체되면서 멸절되는 것이 일반적으로 나타나는 현상일 것이다.

우리는 이번 장에서 매우 다른 생활 습성이 서로를 향해 점진적으로 변화하는 것은 불가능하다는 결론을 내리는 데 얼마나 신중을 기해야 하는지에 대해서도 알아보았다. 예를 들어, 처음에는 단순히 공중을 활주하는 것만 가능했던 동물로부터 자연 선택을 통해 박쥐가 만들어지는 것은 불가능하다는 것이다.

우리는 어떤 종이 새로운 생활 습성을 변화시키거나 더 다양화된 습성 ─ 일부 습성은 가장 근연 관계에 있는 동종의 습성과도 상당히 다를 것이다. ─ 을 가지게 될 수도 있다는 것을 살펴보았다. 따라서 모든 개체는 그들이 생존할 수 있는 곳 어디에서든 살아가기 위해 노력하고 있다는 점을 염두에 둔다면, 우리는 물갈퀴발을 가진 고지대의 거위, 땅에서 생활하는 딱따구리, 잠수하는 지빠귀, 그리고 바다쇠오리와 같은 습성을 가진 슴새가 어떻게 생겨나게 되었는지를 이해할 수 있다.

눈처럼 너무나도 완벽한 기관조차도 자연 선택을 통해 형성될 수 있었다는 믿음은 그 누구에게도 큰 충격을 주는 것, 그 이상이다. 그러나 우리가 어떤 기관의 경우 복잡하게 변이해 온 일련의 과정에서 각 단계가 그 소유자에게 각각의 변화하는 생활 조건에서 유리한 경우를 안다면, 자연 선택을 통해서 우리가 상상할 수 있는 한 완전한 기관을 얻을 수 있다는 것이 논리적으로 불가능한 일은 아니다. 중간적인 또는 과도기적인 상태에 대해 모르고 있는 경우에도, 우리는 그러한 상태가 존재할 수 없다는 결론을 내리는 것에 매우 신중해야 한다. 왜냐하면, 많은 상동 기관과 그것들의 중간적인 상태는 적어도 기능적으로 놀라운 형태 변화가 가능하다는 점을 보여 주기 때문이다. 예를 들어, 부레는 공기 호흡을 하는 허파로 변형되었음이 분명하다. 여러 가지 기능을 동시에 수행하고, 이후 한 가지 기능만을 위해 특성화된 기관, 그리고 동일한 기능을 동시에 수행하는 매우 다른 두 기관 ― 하나가 다른 하나의 도움을 받아 완벽한 기능을 수행한다. ― 은 그러한 전이를 상당히 촉진했음이 틀림없다.

우리는 거의 모든 사례에 관해 너무나도 무지하다. 그래서 우리는 그 종의 생존에 별로 중요하지 않아 그 구조의 변화가 자연 선택을 통해 서서히 축적되지 못하는 부분 혹은 기관이 어떤 것인지를 확언할 수가 없다. 그러나 우리는 전적으로 성장의 법칙에 따라 일어났으며 처음에는 그 종의 이익과는 상관없었던 많은 변화가 차츰차츰 그 종의 더욱더 변화된 자손들에 의해 이용되어 왔다는 사실에 대해서는 확신할 수 있을 것이다. 또한 우리는 예전에 매우 큰 중요성을 가졌던 어떤 부분이 (수서 동물의 꼬리가 육서 생활을 하는 자손들에게 아직도 나타나는 것처럼) 유지되는 경우가 많다는 것을 믿을 수 있다. 비록 그것의 중요성이 너무나도 줄어들어서 현재 상태로는 자연 선택 — 오직 생존 투쟁에서 이로운 변이를 보존함으로써 작용하는 일종의 힘 — 에 의해 획득될 수 없을 테지만 말이다.

자연 선택은 오로지 다른 종에게 이익을 주거나 다른 종에게 손해를 끼칠 목적만으로 어떤 종에게 영향을 주지는 않는다. 비록 자연 선택이 다른 종에게 매우 유용하거나 나아가 없어서는 안 되는, 또는 다른 종에게 너무나도 해가 되는 부분, 기관 그리고 분비물을 곧잘 생성해 낸다 하더라도 그것은 항상 동시에 그 소유자에게도 유용하다. 풍부한 생물들이 서식하고 있는 지역에서 자연 선택은 주로 그 생물들 간에 일어나는 경쟁을 통해 작용하는 것임이 틀림없다. 그리하여 결과적으로 그 지역의 기준에 따라 생각해 봤을 때 완벽한 것을 만들어 내거나 혹은 생존 투쟁에서 쓰일 힘을 길러 낸다. 그러므로 우리가 실제로 그러함을 볼 수 있듯이, 일반적으로 더 좁은 지역에서 서식하는 생물들은 더 넓은 지역에서 서식하는 또 다른 생물들에게 굴복하는 경우가 많을 것이다. 더 넓은 지역에는 더 많은 개체들, 더 다양한 형태들이 존재할 것이므로 생존 투쟁이 더욱더 치열해서 완벽함의 기준 자체가 더 높을 것이기 때문이다. 자연 선택이 필연적으로 절대적인 완벽성을 만들어 내는 것은 아니다. 뿐만 아니라 우리가 우리의 한정된 능력으로 판단할 수 있는 한, 그 어디에서도 절대적인 완벽성은 찾아볼 수가 없다.

자연 선택에 관한 이론을 토대로 우리는 "자연은 도약하지 않는다."라는 박물학에 등장하는 오래된 명제의 의미를 명확하게 이해할 수 있다. 만약 우리가 현재 이 세상에 존재하는 생물들만 살펴본다면, 이 명제가 정확히 옳은 것은 아니다. 그러나 만약 우리가 과거에 존재했던 것들까지도 포함해서 모두 살펴본다면, 나의 이론에 따라 이 명제는 정확하게 진실임이 틀림없다.

모든 개체가 유형의 통일성(Unity of Type)과 생존 조건이라는 두 가지 위대한 법칙에 따라서 탄생되어 왔다는 사실은 일반적으로 인정되고 있다. 유형의 통일성이라는 것은 같은 강에 속하는 개체들 사이에는 각각의 생활 습성과는 상관없이 기본적으로 구조적 일치가 나타나는 것을 의미한다. 나의 이론에서 유형의 통일성은 유래의 동일성으로 설명된다. 자연 선택의 원리는 저명한 학자인 조르주 퀴비에(Georges Cuvier)가 자주 언급했던 생존 조건이라는 표현을 완전히 아우른다. 자연 선택은 개체가 가지고 있는 변이하는 부분을 유기적 또는 무기적 생활 조건에 현재 적응시키든지, 아니면 과거에 오랫동안 적응시켜 옴으로써 작용하기 때문이다. 적응은 어떤 경우에는 사용 및 불용의 도움을 받고, 외적인 생활 환경 조건의 직접적인 작용을 통해 약간의 영향을 받으며, 항상 여러 성장 법칙의 대상이 된다. 그러므로 사실 생존 조건의 법칙은 과거에 일어난 적응의 대물림을 통해 유형의 통일성까지 아우르는 더 고차원적인 법칙이다.

7장

본능

본능이라는 주제를 지난 장에서 다루어야 했을지도 모르겠다. 하지만 나는 이 주제를 따로 다루는 것이 더 편하겠다고 생각했다. 특히 꿀벌이 방을 만드는 것과 같은 놀라운 본능은 많은 독자들에게 나의 이론 전체를 전복시킬 정도로 어렵게 받아들여질 것이기 때문이다. 그 전에 우선, 생명 그 자체에 대해서 논하지 않았던 것처럼, 기본적인 정신력의 기원에 대해서는 다루지 않을 것임을 짚어 둔다. 우리는 단지 같은 강에 속하는 동물들의 본능 및 다른 정신적인 특성의 다양성에 대해서만 관심을 가질 뿐이다.

여기서 본능을 정의하지는 않겠다. 몇몇 서로 다른 심적 작용이 일반적으로 본능으로 여겨진다는 것을 보여 주는 것은 어렵지 않다. 가령, 뻐꾸기가 본능에 따라 이주를 하고 다른 새의 둥지에 알을 낳는다고 말할 때, 여기서 본능이라는 말이 무엇을 의미하는지는 누구나 이해할 수 있다. 이전에 겪어 보았어야만 할 수 있는 행위를, 특히 전혀 경험이 없는 아주 어린 동물이 행했을 때, 그리고 수많은 개체들이 목적도 모르는 채 같은 방식으로 그 행위를 행했을 때, 그런 행위를 보통 본능적이라고 일컫는다. 그렇지만 본능의 이러한 특성들 중 그 어떤 것도 보편적인 것이라 할 수 없다. 피에르 위베(Pierre Huber)의 말마따나, 심지어 자연의 계층 구조에서 대단히 하등한 지위에 있는 동물들조차 때로는 판단력이나 이성을 약간은 사용할 줄 알기 때문이다.

프레데릭 퀴비에(Frederick Cuvier)와 예전의 몇몇 형이상학자들은 본능을 습성과 비교했다. 내 생각에 그러한 비교는 본능적인 행위를 하게 만드는 심적 상태에 대한 개념을 이해하는 데는 상당히 도움이 되지만, 그 기원에 대해서는 그렇지 않다. 많은 습성적인 행동들이 얼마나 무의식적으로 행해지는가! 사실 그런 습성적인 행동은 의지나 이성을 통해 제어될 수 있음에도 우리의 의식적인 의지와 정반대로 나타나는 경우도 드물지 않다. 습성은 필히 다른 습성, 그리고 생애 중 어떤 시기 및 몸의 상태와 연관되어 있다. 일단 습성이 몸에 배면 평생 가는 경우도 적지 않다. 그 외에도 우리는 본능과 습성 간에 존재하는 여러 가지 유사점들을 지적할 수 있다. 잘 알고 있는 노래를 되풀이할 때처럼, 본능에서도 일종의 리듬과 같은 흐름에 따라 어떤 행위가 다른 행위로 이어질 수 있다. 즉 어떤 사람이 노래를 부르거나 기계적으로 뭔가를 반복하던 중에 방해를 받으면, 습관적으로 이어지는 사고의 궤적을 회복하기 위해 다시 앞 단계로 되돌아가는 경향이 있는 것이다. 위베는 복잡한 그물을 만드는 애벌레에서 그런 현상을 발견했다. 예를 들어, 그물을 구축하는 단계의 마지막인 6단계까지 완성한 애벌레를 가져다가 3단계까지밖에 만들어지지 않은 그물에 놓자 애벌레는 4, 5, 6단계를 다시 작업했다. 하지만 3단계까지

만들어진 그물에 있던 애벌레를 집어다가 6단계까지 만들어진 그물에 놓았더니, 애벌레는 횡재했다고 느끼기는커녕 어찌할 바를 몰라 하는 것 같았다. 애벌레는 그물을 완성하기 위해 3단계부터 다시 작업을 하려는 것처럼 보였고, 그런 식으로 이미 끝난 일을 완성하기 위해 애썼다.

만약 우리가 어떤 습성적인 행동이 대물림된다고 가정한다면 — 그리고 나는 이러한 일들이 실제로 일어난다는 것을 보여 줄 수 있다고 생각하는데 — 원래 습성이었던 것과 본능은 서로 구분하기가 어려울 정도로 상당히 유사해진다. 만약 볼프강 아마데우스 모차르트(Wolfgang Amadeus Mozart)가 세 살 때 연습을 별로 하지 않고도 피아노를 칠 수 있었던 것이 아니라, 연습을 전혀 하지 않고도 어떤 곡을 연주했다면, 그는 진정 본능적으로 피아노를 연주했다고 말해도 무리가 없으리라. 그러나 어떤 한 세대가 습성을 통해 수많은 본능을 획득했고, 그런 본능들이 그 후에 대물림을 통해 후손들에게 전달되는 것이라고 가정하는 것보다 더 심각한 오해는 아마 없을 것이다. 우리가 알고 있는 가장 탁월한 본능들, 말하자면, 꿀벌과 수많은 개미들의 본능이 그렇게 획득되었을 리가 없다는 것은 명확히 입증할 수 있는 사실이다.

현재의 생활 조건에서, 각 종의 안녕에 본능이 신체 구조 못지않게 중요한 역할을 한다는 사실은 보편적으로 받아들여지는 듯하다. 생활 조건이 변화하는 경우라면 본능을 약간 변화시키는 것이 종에게 이득이 될 수 있다. 그리고 만약 본능이 조금이나마 변해 간다는 것이 증명된다면, 본능의 변화가 이익이 되는 한 자연 선택은 그것을 보존하고 계속해서 축적한다는 사실을 무난히 인정할 수 있다. 나는 너무나도 복잡하고 놀라운 모든 본능이 이런 식으로 유래했으리라고 믿는다. 신체적인 구조에서 어떤 변화가 일어나고, 그것이 사용이나 습성을 통해 확대되고, 쓰지 않으면 줄어들거나 사라지듯이, 본능 또한 마찬가지의 변화를 겪을 것이라는 사실을 나는 의심하지 않는다. 그러나 나는 습성의 영향은 본능의 우발적인 변이 ─ 즉 신체 구조에 약간의 변이를 초래하는 것과 동일하게, 알 수 없는 원인에 의한 변이 ─ 라고 할 수 있는 자연 선택의 영향에 비해서는 부차적인 중요성을 갖는다고 생각한다.

조금씩이라 해도 많은 이로운 변이들이 서서히 점차적으로 축적되지 않고서는, 자연 선택을 통해 복잡한 본능이 만들어진다는 것은 절대 불가능한 이야기다. 따라서 우리는 복잡한 본능들 각각을 야기한 실질적인 단계적 변화를 찾을 것이 아니라 ─ 그것은 각 종의 직계 조상에게서만 찾을 수 있기 때문이다. ─ 신체 구조의 경우처럼 보다 현실적인 방법을 찾아야 한다. 즉 방계의 후손들에게서 그런 단계적 변화의 증거들을 찾아야 한다. 그럴 수 없다면, 적어도 몇 가지 종류의 단계적 변화가 가능하다는 것 정도는 보여 줄 수 있어야 하는데, 이것은 확실히 가능하다. 유럽과 북아메리카를 제외한 다른 지역에서는 동물의 본능에 대한 관찰이 그다지 많이 이루어지지 않았다는 점, 그리고 멸종된 종의 본능은 전혀 알려져 있지 않다는 점을 참작할 때, 최고로 복잡한 본능들을 만드는 단계적 변화들이 그렇게도 일반적으로 발견될 수 있다는 사실에 나는 놀라움을 금치 못했다. "자연은 도약하지 않는다."라는 명제는 신체 기관뿐만 아니라 본능에도 동일한 효력을 가진 채 적용된다. 동일한 종이 일생 중 서로 다른 시기에, 또는 같은 해의 서로 다른 계절에, 혹은 서로 다른 환경에 처했을 때 서로 다른 본능을 가지게 됨으로써 본능의 변화가 촉진될 수 있다. 이 경우, 그중 어느 한 본능이 자연 선택을 통해 보존될 수 있을 것이다. 같은 종 내에서 본능의 다양성을 보여 주는 이러한 예들은 자연계 내에서 얼마든지 찾아볼 수 있다.

우리가 판단할 수 있는 한, 각 종의 본능은 그 자신에게 이로운 것이지 순전히 다른 개체의 이익을 위해 생겨나지는 않았다. 이는 신체 구조의 경우를 봐도 알 수 있고 나의 이론과도 부합하는 사실이다. 내가 알기로, 겉보기에 순전히 다른 동물의 이득을 위해 행위를 하는 것 같은 동물에 관한 가장 적절한 예 중 하나는 바로 개미에게 자발적으로 달콤한 분비물을 제공하는 진딧물이다. 진딧물들이 그 일을 자발적으로 한다는 것은 다음의 사실들이 잘 보여 준다. 나는 실험실에서 열두 마리 정도의 진딧물 무리와 함께 있던 개미들을 모조리 내쫓고 몇 시간 동안 진딧물 근처에 가지 못하게 했다. 얼마쯤 후, 나는 진딧물이 분비물을 분비하고 싶어 할 것이라 확신했다. 그런데 렌즈를 통해 꽤 오랫동안 그들을 지켜봤지만 단 한 마리도 분비를 하지 않았다. 이윽고 나는 개미들이 더듬이로 그렇게 하듯이, 머리카락으로 가능한 한 섬세하게 진딧물들을 간질이고 건드려 봤지만, 단 한 마리도 분비를 하지 않았다. 그 후에 나는 개미 한 마리를 들여놓았는데, 그것이 진딧물에게로 맹렬히 돌진하는 모습을 보니 자기가 얼마나 풍요로운 목장을 발견했는지를 즉각적으로 알아차린 모양이었다. 개미는 더듬이로 진딧물의 배를 한 마리씩 간질이기 시작했다. 그리고 진딧물은 더듬이의 촉감을 느끼자마자 복부를 들어 올리고 달콤하고 맑은 즙을 방울방울 분비했는데, 개미는 그것을 게걸스럽게 먹어치웠다. 심지어 무척 어린 진딧물들도 이와 똑같은 방식으로 행동했다. 이를 통해 그 행위가 본능이지 경험의 결과는 아님을 알 수 있다. 그런데 분비물은 너무나 끈적거리기 때문에, 아마도 개미가 그걸 닦아 주는 것이 진딧물로서는 편할 듯했다. 따라서 아마도 진딧물들은 순전히 개미들만 좋으라고 본능적으로 분비를 하는 것은 아닐 것이다. 비록 나는 이 세상에 자기와 상관없이 오로지 다른 종의 개체를 위해서 어떤 행위를 수행하는 동물은 없다고 생각하지만, 어떤 개체가 다른 개체의 신체 구조상의 약점을 이용하려 하듯이, 종이 다른 종의 본능을 이용하려 한다는 것은 사실이다. 따라서 다시 한번 말하지만, 어떤 경우에는 본능을 절대적으로 완벽한 것으로 간주할 수 없다. 그렇지만 이러한 점들에 대한 세부 사항을 꼭 여기에서 다루어야 하는 것은 아니므로, 이 정도로 하고 넘어가도록 하겠다.

자연 선택이 작용하기 위해서는 본능의 변이가 자연 상태에서 어느 정도 일어나고, 그러한 변이가 대물림되는 것이 필수적이다. 여기서 본능의 변이와 관련한 가능한 한 많은 예를 보여 주는 것이 좋을 것이나, 유감스럽게도 지면이 부족하다. 나는 그저, 본능이 상황에 따라 달라지는 것만은 확실하다는 주장을 할 수 있을 따름이다. 이주 본능을 예로 들자면, 동물마다 이주 거리나 방향이 서로 다르고, 전혀 이주 본능이 없는 경우도 있다. 새들이 둥지를 트는 것은 선택된 상황에 따라, 그리고 거주하는 지역의 특성과 기온에 따라 부분적으로 달라지지만, 우리가 전혀 알지 못하는 원인이 작용할 때도 많다. 오듀본은 미국 북부와 남부에 사는 동일한 조류 종의 둥지에서 그 거주지에 따라 나타나는 현저한 차이점 몇 가지를 예시했다. 둥지를 트는 새들에게서 볼 수 있듯이, 어떤 특정한 천적에 대한 공포는 확실히 본능적인 성질이다. 이러한 공포는 경험을 통해, 그리고 다른 동물들이 동일한 천적에게 공포를 느끼는 모습에 의해 강화되기는 하지만 말이다. 그런데 내가 앞서 보여 주었듯이, 무인도에 사는 다양한 동물들은 인간에 대한 공포를 재빨리 습득하지 못한다. 심지어 잉글랜드에서도 그러한 예를 볼 수 있다. 잉글랜드에 사는 대형 조류들은 소형 조류들보다 더 사나운데, 이는 인간이 대형 조류들을 더 많이 괴롭혔기 때문이다. 무인도에 사는 것들의 경우에는 대형 조류들이 소형 조류들보다 더 사납지 않다. 그렇기 때문에 영국의 대형 조류들이 더 사나운 이유는 인간의 괴롭힘 때문이라고 봐도 무리가 없을 것이다. 또한 잉글랜드에서는 무척 경계심이 많은 까치가 노르웨이에서는 온순하며, 이집트의 뿔까마귀(hooded crow)도 마찬가지다.

자연 상태에서 태어난 동일한 종에 속하는 개체들의 일반적인 성향이 엄청나게 다양하다는 사실은 수많은 실례를 통해 보여 줄 수 있다. 또한, 일부 종에서 가끔 나타나는 이상한 습성들에 대해서도 몇 가지 예를 들어 보일 수 있는데, 그러한 습성이 종에 이로울 경우에는 자연 선택을 통해 완전히 새로운 본능이 생길 수도 있다. 나는 이런 일반적인 진술들이 상세한 설명 없이는 독자의 마음에 그저 미미한 인상밖에 줄 수 없음을 잘 안다. 하지만 거듭 말하건대, 나는 확실한 증거 없이는 함부로 말하지 않는다.

　자연 상태에서 본능의 변이가 대물림될 가능성 혹은 개연성에 대해서는 단순히 가축화된 동물에 관한 사례 몇 가지만 생각해 보아도 납득할 수 있다. 그로써 우리는 습성 그리고 이른바 우연적인 변이의 선택, 이 둘 각각이 가축의 정신적 특질을 변화시키는 데 어떤 역할을 했는지를 알 수 있을 것이다. 또한 온갖 기질과 취향, 그리고 어떤 마음의 상태나 특정 시기와 연관된 독특하고 교묘한 속임수의 대물림에 대해 무척 흥미로우면서도 딱 적합한 사례를 얼마든지 들 수 있다. 그중에서 우리에게 친숙한 개 품종 몇 가지를 살펴보자. 사냥에 처음 나간 어린 포인터들이 가끔 사냥감을 가리키거나 심지어 다른 개들을 도와주기도 한다는 것은 의심할 여지 없는 사실이다. (나는 이런 놀라운 예를 직접 목격했다.) 리트리버(retriever)들이 사냥감을 물어 오는 행위는 확실히 어느 정도 대물림되며, 목양견(shepherd-dog)들이 양 떼에게 덤벼드는 게 아니라 양 떼 주위를 도는 성향 역시 대물림되는 것이다. 나는 경험이 없는 어린 개들이 모두 거의 같은 방식으로 목적도 모른 채 — 자기가 왜 양배추 잎에 알을 낳는지를 모르는 흰나비와 마찬가지로, 어린 포인터는 자기가 주인을 돕기 위해 사냥감을 가리키고 있다는 것을 모른다. — 열심히 수행한 이런 행위들이, 근본적으로 진정한 본능과 다르지 않다고 생각한다. 어떤 종류의 늑대는 아무런 훈련도 받지 않은 어린 늑대일 때도 먹이 냄새를 맡자마자 조각상처럼 꼼짝 않고 멈춰 서 있다가, 특이한 걸음걸이로 천천히 기어간다. 또 다른 종류의 늑대는 사슴 떼를 향해 덤벼드는 대신, 그 주위를 이리저리 뛰어다니며 그들을 먼 곳으로 몰아넣는

데, 이러한 행위들은 확실히 본능적인 것이라고 할 수 있다. 길들여진 본능은(그렇게 부를 수 있다면) 확실히 자연적인 본능보다 훨씬 덜 고정적이거나 변동 가능하다. 길들여진 본능은 덜 고착된 생활 조건에서 훨씬 덜 엄격한 선택의 영향을 받으며, 비교할 수 없을 만큼 더 짧은 기간 동안에 전해 내려왔다.

이런 길들여진 본능, 습성 그리고 성향이 얼마나 강하게 대물림되며 이것들이 얼마나 정교하게 뒤섞이느냐 하는 것은 다른 품종의 개들이 서로 교배한 경우를 보면 잘 확인할 수 있다. 불도그와의 교배가 그레이하운드의 용기와 고집에 여러 세대 동안 영향을 준다는 것이 알려져 있다. 그리고 그레이하운드와 교배한 목양견들의 후손은 토끼를 사냥하는 성향을 갖게 된다. 교배를 통해 검증된 가축의 본능은 자연적인 본능과 같은 방식으로 정교하게 뒤섞여 오랜 기간 양쪽 부모에게서 물려받은 본능의 흔적을 내보인다는 점에서 유사하다. 예를 들어 샤를조르주 르로이(Charles-Georges Le Roy)가 이야기한, 증조부가 늑대였던 어떤 개는 오로지 한 가지 면에서만 야생 혈통의 흔적을 보였는데, 주인이 부르면 곧장 달려가지 않는다는 것이었다.

길들여진 본능이라는 것이 순전히 오랫동안 지속된 강제적인 습관으로부터 대물림되는 행위라고 여겨지는 경우도 가끔 있지만, 내 생각에 그것은 사실이 아니다. 공중제비비둘기에게 공중제비 넘는 법을 가르치려고 생각한 사람도 없거니와, 그것을 가르칠 수 있는 사람도 없다. 내가 목격한 바에 따르면, 비둘기가 공중제비를 넘는 것을 한번도 본 적이 없는 어린 새들도 공중제비를 넘는 행동을 할 수 있다. 우리는 어떤 한 비둘기가 이런 이상한 버릇을 하는 경향을 보였고 이후에도 여러 세대를 통해 가장 뛰어난 비둘기들이 오랫동안 계속해서 선택됨으로써 공중제비비둘기들이 지금의 모습을 갖게 되었을 것이라 생각할 수 있다. 브렌트(Brent) 씨에게서 들은 바에 따르면, 글래스고 근처에 사육 공중제비비둘기들이 있는데, 이 새들은 공중제비돌기를 하지 않고서는 18인치 높이도 날아오르지 못한다고 한다. 마찬가지로 개가 선천적으로 사냥감을 지목하는 성향을 보이지 않았더라면, 애초에 그 누가 개에게 사냥감을 가리키도록 가르칠 생각을 할 수 있었을지 의심스럽다. 나는 순종 테리어가 그런 행동을 하는 것을 한 번 본 적이 있는데, 사실 이런 일이 드물지 않게 일어난다고 한다. 사냥감을 가리키는 최초의 성향이 일단 선을 보이고 난 이후, 각 세대가 이어지는 동안 체계적인 선택과 강제적 훈련의 효과가 대물림되면서 그런 행위가 이내 완성된 것이다. 그리고 사람들이 굳이 품종을 향상시키고자 하는 의도 없이 그냥 말을 잘 듣고 사냥을 가장 잘 하는 개들을 얻으려고 노력하는 것에서 볼 수 있는 것과 같은 무의식적 선택 역시 작용한다. 한편, 어떤 경우에는 오로지 습성만으로도 충분할 때도 있다. 야생 토끼 새끼보다 더 길들이기 힘든 동물은 없다. 반면, 집토끼 새끼보다 더 유순한 동물은 찾기 어렵다. 하지만 애초에 집토끼가 유순했기 때문에 선택받았을 것 같지는 않으며, 극도의 야생성에서 극도의 유순함으로 전적인 대물림된 변화가 일어난 것은 단순히 오랫동안 지속된 감금과 습성 때문일 것이다.

가축화되면 동물의 자연적인 본능은 사라진다. 이 사실을 현저히 보여 주는 예로는 거의 혹은 절대로 '알을 품지 않는' 가금류를 들 수 있는데, 말하자면 이들은 절대로 알 위에 앉으려 하지 않는다. 가축들의 정신이 가축화에 의해서 얼마나 많이 변화해 왔는가를 우리가 잘 알아보지 못하는 것은 단지 가축에 너무 익숙해 있기 때문이다. 인간에 대한 사랑이 개에게는 본능이 되었다는 것은 거의 의심할 수 없는 사실이다. 모든 늑대, 여우, 자칼, 그리고 고양이속의 종은 길들여진 다음에도 가금류나 양, 돼지를 맹렬히 공격한다. 그리고 가축을 키우지 않는 지역인 티에라 델 푸에고나 오스트레일리아와 같은 지역에서 어릴 때 데려온 개들에게서 발견되는 이러한 성향은 고치기가 힘들다. 한편 우리의 문명화된 개들은, 심지어 아주 어릴 때도 가금, 양, 그리고 돼지들을 공격하지 않도록 가르칠 필요가 거의 없다! 우리 개들도 가끔은 그런 공격을 해서 얻어맞기도 한다. 그리고 끝내 고쳐지지 않으면 죽임을 당한다. 그러니 그 습성은 어느 정도의 선택과 더불어 아마도 대물림을 통해 우리 개들을 문명화하는 데 부응했을 것이다. 다른 한편, 병아리들은 전적으로 습성으로 인해 개와 고양이에 대한 공포심을 잃었다. 어린 꿩들의 경우에는 비록 암탉 밑에서 자랐다 해도 개와 고양이에 대한 공포심을 보이는데, 이를 보면 병아리들도 원래는 틀림없이 그런 공포심을 본능으로 가지고 있었을 것이라고 예측할 수 있다. 닭들은 모든 공포를 잃어버린 것이 아니라 오로지 개와 고양이에 대한 공포만 잃었을 뿐이다. 왜냐하면, 암탉이 위험 신호를 보내면 새끼들은(특히 칠면조 새끼들은) 암탉에게서 떨어진 후 도망쳐서 주위에 있는 목초나 덤불에 숨기 때문이다. 이것은 우리가 야생의 땅새들(ground-birds)에게서 보았듯이, 어미로 하여금 날아서 도망치게 만든다는 본능적인 목표를 위해 행해지는 행위임이 분명하다. 그렇지만 우리의 닭들이 가진 이 본능은 가축화됨으로써 거의 쓸모가 없게 되어 버렸는데, 그 이유는 비행 능력을 사용하지 않은 어미 닭들이 그 능력을 거의 잃었기 때문이다.

따라서 우리는 우연히(우리는 그 원인을 모르므로 우연이라고 할 수밖에 없다.) 처음 나타난 특정한 정신적 습성이나 행위들이 일부는 습성에 의해, 일부는 인간에 의해 선택되고 축적된 것이 여러 세대를 거쳐 계승되면서 가축의 본능은 습득되고 자연적인 본능은 상실되었다는 결론을 내릴 수 있다. 일부 경우에는 강제적인 습성만으로도 충분히 그런 대물림된 정신적 변화를 만들 수 있다. 강제적인 습성은 아무런 영향도 미치지 않고, 모든 것이 체계적으로나 무의식적으로 추구된 선택의 결과로 나타나는 경우도 있다. 그렇지만 아마도 대다수의 경우 습성과 선택이 동시에 작용했을 것이다.

자연 상태의 본능이 어떻게 선택을 통해 변화되었는가를 가장 잘 이해하려면 몇 가지 예를 살펴보는 것이 좋을 듯하다. 차후에 나올 내 책들에서 논할 몇 가지 예 중에서 여기서는 단 세 가지만 보여주고자 한다. 말하자면, 뻐꾸기가 다른 새의 둥지에 알을 낳게 만드는 본능, 노예를 만드는 몇몇 개미들의 본능, 그리고 꿀벌의 벌집을 만드는 힘이다. 박물학자들은 대체로 셋 중에서 뒤의 두 가지 본능을 모든 알려진 본능 중에서 가장 놀라운 것으로 꼽는데, 마땅히 그럴 만하다고 본다.

뻐꾸기의 본능에 대한 좀 더 직접적이고 결정적인 이유로, 암컷이 알을 하루 만에 낳지 않고 이틀이나 사흘 간격을 두고 낳기 때문이라는 설명이 현재 일반적으로 받아들여지고 있다. 만약 암컷이 직접 둥지를 튼 후에 알들을 동시에 품으려면, 맨 처음 낳은 알은 얼마간 품지 못한 채로 내버려 두어야 할 것이다. 그렇지 않으면 서로 생일이 다른 알들과 새끼들이 같은 둥지에 함께 있는 상황이 초래될 것이고, 알을 낳고 깨는 과정이 길어져 불편해질 것이다. 특히 뻐꾸기가 아주 이른 시기에 이주해야 한다면 더욱 그렇다. 그리고 맨 처음 깬 새끼는 아마도 아비가 물어다 주는 먹이만 먹어야 할 것이다. 아메리카산 미국 뻐꾸기는 암컷이 직접 둥지를 틀고 알을 낳는데 새끼들이 차례로 깨어나기 때문에 실제로 이런 불편을 겪는다. 아메리카산 뻐꾸기가 가끔은 다른 새들의 둥지에 알을 낳는다는 주장도 있었다. 하지만 최고 권위자인 토머스 메이오 브루어(Thomas Mayo Brewer) 박사의 말에 따르면 이 주장은 잘못된 것이라고 한다. 그렇기는 하지만 이따금 다른 새들의 둥지에 알을 낳는다고 알려진 다양한 새들에 대한 예는 얼마든지 들 수 있다. 이제 유럽산 뻐꾸기의 고대 조상이 아메리카산 뻐꾸기처럼 직접 둥지를 틀고 알을 낳았으며, 가끔은 다른 새들의 둥지에 알을 낳기도 했다고 가정해 보자. 만약 그 새가 이런 습성으로 인해서 이득을 보았다면, 다시 말해 나이가 다 다른 새끼들을 보살피는 동시에 알도 낳느라 분명히 여유가 없을 진짜 어미의 보살핌보다 자기 새끼인 줄로 잘못 판단한 다른 새의 모성 본능을 이용한 덕분에 새끼들이 더욱 잘 살아남게 되었다면, 그 새나 입양된 새끼들은 이득을 얻었을 것이다. 추론해 보건대, 그렇게 길러진 새끼가 대물림을 통해 어미의 우연적이고 비정상적인 습성을 따르게 되어 자신이 알을 낳을 차례가 되었을 때 다른 새들의 둥지에 알을 낳으려 하는 성향이 생기고, 그리하여 새끼들을 키우는 데 성공을 거두게 되었다고 여겨진다. 나는 뻐꾸기의 이상한 본능이 이런 연속된 자연적인 과정을 통해 발생할 수 있으며, 실제로 그렇게 되어 왔다고 믿는다. 여기에 덧붙이자면, 그레이 박사를 비롯한 몇몇 관찰자들의 말에 따르면 유럽산 뻐꾸기들이 자기 새끼들에 대한 모성애와 보살핌을 완전히 잃지는 않았다고 한다.

새들이 자기와 같은 종인지 다른 종인지를 막론하고 더러 다른 새들의 둥지에 자기 알을 낳는 습성은 가금류에게는 드문 것이 아닌데, 이것은 아마도 연합한 타조들의 무리에서 보이는 독특한 본능의 기원을 설명할지도 모른다. 몇몇 암컷 타조들은, 적어도 아메리카 종들의 경우에는, 연합해서 한 둥지에 먼저 알 몇 개를 낳고 그다음 알들은 다른 둥지에 낳는다. 그리고 수컷이 이 알들을 품는다. 이러한 본능의 원인에 대해서는 다음의 사실을 바탕으로 설명할 수 있을지도 모른다. 즉 타조들은 많은 알을 낳지만, 뻐꾸기의 경우처럼 이틀이나 사흘 간격으로 낳기 때문이라는 것이다. 그렇지만 아메리카산 타조의 이런 본능이 아직까지 완벽하게 자리 잡은 것은 아닌 모양이다. 왜냐하면, 평원에 흩어진 채로 놓여 있는 타조 알의 수가 놀라울 정도로 많아서, 내가 하루를 헤집고 다닌 끝에 유실되거나 버려진 알들을 스무 개 정도나 찾은 적이 있기 때문이다.

벌 중에는 자기의 알을 항상 다른 종류의 벌의 둥지에 낳는 기생종이 많이 있다. 이 벌들은 그저 그런 본능만 가지고 있는 것이 아니라, 자기들의 기생적인 습성에 걸맞도록 변형된 신체 구조까지 가지고 있는데, 이런 점에서 뻐꾸기의 경우보다 더 주목할 만한 가치가 있다. 이 벌들은 자기들의 새끼를 위해 식량의 저장에 필요한 꽃가루를 모으는 기관조차 가지고 있지 않다. 구멍벌(Sphegidae, 말벌과 유사한 벌 종류)의 몇몇 종도 마찬가지로 다른 종에 기생을 한다. 그리고 최근에 장앙리 파브르(Jean-Henri Fabre)는 비록 검정구멍벌(Tachytes nigra)이 대체로는 직접 구멍을 파고 거기에 자기 애벌레에게 먹일 마비된 먹이를 저장하지만, 다른 조롱박벌(sphex)이 미리 파서 먹이를 저장해 놓은 굴을 찾았을 경우에는 그 전리품을 이용하면서 일시적으로 기생 생활을 한다고 믿을 만한 충분한 근거를 제시했다. 앞서 뻐꾸기의 경우에 대해 추정한 것처럼 이 경우에도, 종이 이득을 얻는 한 그리고 둥지와 저장된 식량을 불법으로 전용당한 곤충이 그로 인해 멸종하지 않는 한, 나는 자연 선택이 우연적인 습성을 영구적으로 고착화한다는 이론에 전혀 문제가 없다고 본다.

노예를 만드는 본능

저명한 선친보다도 더 탁월한 관찰자라 할 피에르 위베는 무사개미(Formica (Polyerges) rufescens)에게서 이 놀라운 본능을 처음 발견했다. 이 개미는 노예들에게 절대적으로 의존하는데, 노예들의 도움 없이는 1년 안에 멸종할 것임이 분명할 정도다. 이 개미의 수컷과 생식 능력 있는 암컷은 일을 하지 않는다. 일개미나 불임 암컷은, 비록 노예들을 사로잡는 일에는 매우 활기차고 용감하지만 그 밖의 다른 일은 전혀 하지 않는다. 이들에게는 직접 자기들의 둥지를 만들거나 자기들의 애벌레를 먹일 능력이 없다. 낡은 둥지가 불편해졌다 싶으면 이주를 하는데, 이주를 결정하고 실제로 주인들을 턱에 물고 나르는 일을 하는 것은 노예들이다. 위베는 이 개미 서른 마리를 한 마리의 노예도 없이 가두고, 스스로 일을 하지 않을 수 없도록 유충과 번데기를 데려다 놓았다. 그리고 가장 좋아하는 먹이를 풍족히 주었는데, 너무나도 무력한 이 주인 개미들은 아무 일도 하지 않았고, 심지어 자기 밥도 스스로 찾아 먹지 못해 여러 마리가 굶어 죽었다고 한다. 그 뒤에 위베는 노예 한 마리(F. fusca)를 들여놓았는데, 그 노예는 즉각 노동에 착수했다. 그것은 생존자들에게 먹이를 먹여 목숨을 구했고 방 몇 칸을 만들어 애벌레를 보살피고 모든 것을 정상으로 되돌려 놓았다. 확실히 입증된 이러한 사실들보다 더 놀라운 것이 또 있을까? 만약 우리가 노예 만드는 개미들에 대해 전혀 몰랐더라면, 본능이 얼마나 놀랍도록 완벽할 수 있는지를 추측하는 것은 가망 없는 일이었을 것이다.

위베는 분개미(Formica sanguinea) 역시 노예를 만드는 개미라는 사실을 처음 밝혀냈다. 이 종은 잉글랜드 남부에서 발견되는데, 이 개미의 습성을 주목한 사람은 나에게 이것을 비롯한 다른 주제들에 대한 정보를 많이 제공했던 영국 박물관(British Museum)의 프레더릭 스미스(Frederick Smith)다. 비록 위베와 스미스 씨의 보고서에 대해서는 전혀 의심이 없지만, 나는 회의적인 시각으로 그 주제에 접근하려고 노력했다. 노예를 만드는 본능처럼 특이하고 경이로운 사실을 의심하는 것이 용납될 수 있다면 말이다. 따라서 나는 내가 직접 발견한 관찰 결과 몇 가지를 상세하게 제시하고자 한다. 나는 분개미의 둥지 열네 곳을 텄고, 모든 둥지에서 노예 몇 마리를 발견했다. 노예 종의 수컷과 생식 능력이 있는 암컷들은 자기들이 원래 있어야 할 무리에서만 발견되었고, 분개미의 둥지에서는 한번도 발견된 적이 없었다. 몸 색깔이 검은 노예들은 붉은색인 주인들에 비하면 몸집이 절반도 안 되어서 양쪽의 외모는 극명히 대조되었다. 둥지를 약간 파헤치자 노예들이 이따금 밖으로 나왔고, 자기 주인들처럼 몹시 동요되어서 둥지를 방어했다. 둥지가 많이 침탈되고 유충과 번데기가 외부에 노출되자 노예들은 자기 주인들을 도와 열심히 그것들을 안전한 장소로 옮겼다. 이런 점에서, 노예들이 그곳을 자기 집처럼 여긴다는 것이 분명해 보인다. 나는 3년 연속으로 6월과 7월 두 달 동안 서리와 서섹스 지방에서 둥지 여러 곳을 몇 시간씩 지켜보았는데, 둥지를 떠나거나 둥지로 들어가는 노예 개미는 한 마리도 보지 못했다. 3년간의 이 두 달 동안 노예들은 무척 수가 적었기 때문에, 나는 어쩌면 그들의 수가 좀 더 많으면 다르게 행동할지도 모른다는 생각이 들었다. 하지만 스미스 씨가 알려준 바에 따르면 그는 5월, 6월, 8월에 서리와 햄프셔 각각에서 하루 중 시간을 달리하면서 둥지들을 지켜보았는데, 둥지를 떠나거나 들어가는 노예는 한 마리도 보지 못했다고 했다. 특히 8월에는 노예들이 아주 많이 있기도 했지만 말이다. 따라서 스미스 씨는 그 노예들이 오로지 집 안에서만 일하는 것들이라 여긴다. 다른 한편, 둥지를 짓기 위한 재료들과 온갖 종류의 음식을 들여오는 주인들의 모습은 끊임없이 보였다. 그렇지만 그해 7월에, 나는 비정상적으로 많은 수의 노예 무리가 있는 공동체를 우연히 발견했고, 노예들이 주인들과 섞여서 둥지를 떠나는 것을 보았다. 그리고 25야드 거리에 있는 키 큰 구주소나무(Scotch fir-tree)를 향해 같은 길을 행군해서 함께 나무에 오른 후, 진딧물이나 깍지벌레(aphides of cocci)를 수색하는 것으로 판단되는 행동도 관찰했다. 이 개미를 관찰할 기회가 많았던 위베에 따르면, 스위스에서 노예들은 둥지를 만들 때 그 습성에 따라 주인들과 더불어 나란히 일하고 아침저녁으로는 노예들만이 둥지의 문을 여닫는다고 한다. 그리고 위베가 확실히 진술하듯이, 노예들의 주된 임무는 진딧물을 찾는 것이다. 두 나라에서 이처럼 주인들과 노예들의 일상 습성이 다른 것은 어쩌면, 잉글랜드보다는 스위스에서 노예들이 더 많이 포획되기 때문이라는 단순한 이유 탓인지도 모른다.

어느 날 나는 운 좋게도 분개미들이 한 둥지에서 다른 둥지로 이주하는 것을 목격했는데, 위베가 묘사한 것처럼 주인이 턱을 이용해 조심스레 노예를 운반하는 광경은 굉장히 흥미로운 볼거리였다. 다른 날에는 같은 장소에 계속 출몰하는 스무 마리쯤 되는 한 무리의 노예잡이(slave-maker)가 내 눈길을 끌었는데, 이들이 먹이를 찾고 있는 것이 아님은 명확했다. 이들은 한 노예종 흑개미(F. fusca)의 독립적인 무리에 접근했으나 맹렬한 저항을 받았다. 더러는 세 배나 많은 노예종 개미들이 노예를 사냥하는 분개미들의 다리에 매달렸다. 분개미들은 이 왜소한 적들을 무자비하게 죽였고, 그 사체를 먹이로 삼기 위해 29야드 떨어진 자기네들의 둥지로 그것들을 날랐다. 그렇지만 노예로 키울 번데기를 얻는 데는 장애가 따랐다. 그때 나는 다른 둥지에서 흑개미 번데기 한 무더기를 조금 파내 전투 장소 근방에 있는 맨땅에 내려놓았다. 독재자들은 사납게 달려들어 그것을 낚아채 운반했는데, 아마도 그들은 자기들이 결국은 마지막 전투에서 승리를 거두었다고 생각하고 있었으리라.

동시에 나는 같은 장소에다가 또 다른 종인 황풀개미(*F. flava*) 번데기의 작은 한 무더기를 놔두었는데, 이 노란 개미들 중 몇 마리는 여전히 자기들의 둥지 파편에 매달려 있었다. 이 종은 스미스 씨가 설명한 대로, 자주는 아니지만 가끔은 노예로 만들어진다. 이 종은 비록 덩치는 작아도 매우 용감한데, 실제로 나는 이 종의 개미가 다른 개미들을 잔인하게 공격하는 것을 본 적이 있다. 한번은 놀랍게도 노예를 만드는 분개미의 둥지 아래의 돌 밑에서, 황풀개미 무리가 독립적으로 있는 것을 발견한 적이 있다. 내가 우연히 둥지를 건드렸을 때, 그 조그만 개미들은 놀라운 용기를 발휘해 덩치 큰 이웃을 공격했다. 이제 나는 분개미가 자기들이 으레 노예로 만드는 흑개미의 번데기를, 그들이 포획하는 일이 거의 없는 조그맣고 사나운 황풀개미와 구분할 수 있는지를 확실히 알아보고 싶은 호기심이 들었다. 관찰 결과, 그 구분은 즉각적으로 이루어지는 것이 분명했다. 그들이 흑개미의 번데기는 맹렬히 그리고 즉각적으로 포획하는 반면, 황풀개미의 경우에는 번데기나 심지어 그 둥지에서 나온 흙만 보아도 무척 겁을 먹고 재빨리 도망갔던 것이다. 그렇지만 그로부터 대략 15분쯤 후에 조그만 노란 개미들이 모두 기어가 버리자, 그들은 곧바로 용기를 내 번데기를 운반했다.

어느 날 저녁 나는 또 다른 분개미 군집을 찾아내 이 개미들 여러 마리가 흑개미의 사체(이것을 보면 이 이동의 목적이 이주가 아님을 알 수 있다.)와 수많은 번데기들을 싣고 둥지로 들어가는 것을 보았다. 나는 이 노획물을 지고 귀환하는 행렬을 대략 40야드 정도 추적해 매우 무성한 히스(heath) 덤불까지 이르렀는데, 거기서 마지막 분개미가 번데기 하나를 들고 나오는 것을 보았다. 하지만 나는 그 무성한 히스 덤불 속에서 황폐하게 버려진 둥지를 찾을 수는 없었다. 하지만 흑개미 두세 마리가 엄청나게 흥분해 바삐 오가고 있었고, 한 마리는 그 파괴된 집 위에 있는 히스 가지의 꼭대기에서 입에 번데기를 문 채 꼼짝 않고 도사리고 있었던 것을 보면 그 둥지는 틀림없이 가까이 있었을 것이다.

비록 나의 확인을 필요로 하는 것은 아니지만 노예를 만드는 놀라운 본능에 관련된 이런 사실들은 모두 진실이다. 앞에서 제시한 분개미의 본능적인 습성이 무사개미의 그것과 얼마나 대조를 이루는가를 살펴보자. 무사개미는 자기 둥지를 스스로 만들지 않고, 이주를 스스로 결정하지 않는다. 게다가 자신이나 새끼를 위한 먹이도 스스로 채집하지 않고, 심지어 스스로 먹이를 먹는 것조차 하지 못한다. 이 개미들은 수많은 노예들에게 절대적으로 의존한다. 다른 한편, 분개미는 소유하는 노예 수가 그보다 훨씬 적고, 특히 초여름에는 극히 적다. 분개미는 새로운 둥지를 언제 어디에 만들어야 할지를 결정하며, 이주를 할 때도 직접 노예를 운반한다. 스위스에서나 잉글랜드에서나 마찬가지로 노예들은 애벌레를 보살피는 일을 집중적으로 하는 듯하며, 노예를 획득하기 위한 원정을 떠나는 것은 주인들뿐이다. 한편 스위스에서는 노예와 주인이 함께 일을 하고, 둥지를 짓기 위한 재료들을 함께 만들고 나른다. 진딧물을 보살피고, 소위 단물을 짜는 것은 주인과 노예 양측이 하기는 하지만 주로 노예의 업무다. 그러니 양쪽이 공동으로 군집 사회를 위한 식량을 채집한다고 할 수 있다. 잉글랜드에서는 보통 주인들만이 둥지 바깥으로 나가 자기들, 노예들, 애벌레들이 먹을 식량과 건축 자재를 채집한다. 그러니 이 나라의 주인들은 스위스의 주인들보다 노예들로부터 봉사를 훨씬 덜 받는다고 할 수 있다.

분개미의 본능이 어떤 단계를 거쳐 기원했는지를 나는 감히 추측할 마음이 없다. 그렇지만 내가 본 바에 따르면 노예를 만들지 않는 개미들이라도 자기 둥지 근처에 다른 종들의 번데기가 흩어져 있는 것을 보면 그것을 자기 둥지로 가져온다. 때문에 원래 식량으로 저장되었던 번데기가 그런 식으로 발전한다는 것도 가능할 법한 이야기다. 그리고 애초에 그런 의도 없이 키워진, 외부에서 온 개미들이 그 이후에 자기들의 타고난 본능을 따라서 자기들이 할 수 있는 일을 하게 되었을지도 모른다. 만약 포획한 종들이 포획당한 개미들의 존재가 유용하다는 것을 알게 되었다면 ─ 만약 이 종이 자손을 낳는 것보다 일꾼을 포획하는 것이 더 이득이 되었다면 ─ 원래는 식량으로 이용하기 위해 번데기를 모았던 습성이 자연 선택을 통해 강화되어, 노예를 키우기 위함이라는 매우 다른 목적으로 영구적으로 변했을 수도 있다. 노예를 키우는 본능의 획득으로 인한 변화가 늘 그 종에게 유용했다고 가정한다면, 영국의 분개미 ─ 앞서 본 것처럼, 이들은 스위스의 동종에 비해서도 노예에 덜 의존적이다. ─ 보다 그러한 본능이 훨씬 덜 발달된 개미라 하더라도, 그 개미

종이 무사개미처럼 노예들에 전적으로 의존하게 될 때까지 자연 선택이 그 본능을 확대하고 변화시키는 것도 그다지 어려울 것이 없다고 본다.

꿀벌의 방 만드는 본능

나는 여기서 이 주제에 관해 일일이 세세하게 설명하지 않고, 다만 내가 도달한 결론에 대한 개요만을 제공하겠다. 그토록 훌륭하게, 목적에 딱 맞도록 만들어진 정교한 벌집의 구조를 살펴보고도 감탄이 솟구치지 않는 사람은 분명히 무척 둔한 사람일 것이다. 수학자들에 따르면 벌들은 난해한 문제를 실질적으로 해결했으며, 귀중한 밀랍을 가능한 한 덜 소비하면서 가장 많은 양의 꿀을 담을 수 있도록 최적화된 모양으로 방을 만든다고 한다. 아무리 적합한 도구와 측정기구를 가진 노련한 일꾼이라 해도, 밀랍으로 실물 모양의 벌집을 만드는 것은 어려운 일이다. 어두운 벌통 안에서 일하는 벌 무리들은 완벽하게 그 일을 해 내지만 말이다. 벌들이 어떻게 그 모든 필요한 각도나 면들을 만들 수 있는지, 심지어 어떻게 그것들이 정확하게 만들어졌는지를 인식할 수 있는지는, 그 어떤 본능을 생각하든 처음에는 상상조차 힘들 정도다. 하지만 처음 생각했던 것만큼 그 어려움이 대단한 것은 아니다. 내가 생각하기에 이 모든 아름다운 작업은 사실 무척 간단한 본능 몇 가지를 바탕으로 이루어진다는 점을 입증할 수 있을 것 같다.

나로 하여금 이 주제를 살펴볼 마음이 들게 만들어 준 사람은, 벌집의 방의 형태가 서로 인접한 방들의 존재와 무척 밀접한 관계를 가지고 있다는 것을 보여 준 워터하우스 씨였다. 어쩌면 다음에 제시되는 견해는 워터하우스의 이론을 약간만 조정한 것으로 보일 수도 있다. 이제 점진적 이행이라는 대원칙을 살펴보고, 대자연이 그 작업 방식을 우리에게 드러내는지 아닌지를 생각해 보자. (벌집의 방의 형태에 따라 벌들을 계열화했을 때) 그 계열의 한쪽 끝에는 땅벌이 있는데, 이 벌들은 꿀을 담는 데 낡은 고치를 사용한다. 그리고 가끔 거기에 짧은 밀랍관을 부착해서 각각 분리되어 있고 매우 불규칙한, 모서리가 둥근 밀랍 방을 만든다. 그 계열의 다른 쪽 극단에는 꿀벌이 있는데, 꿀벌의 방은 2층으로 되어 있고, 잘 알려져 있듯이 각 방은 육각 기둥 모양이다. 또한 육면의 바닥 쪽 모서리는 기울어져 세 개의 마름모로 형성된 삼각뿔 형태를 이룬다. 이 마름모꼴은 일정한 각도를 가지고 있는데, 벌집의 한 면에서 한 방의 삼각뿔의 바닥 면을 구성하는 세 마름모는 서로 반대편에 있는 세 개의 인접한 방들의 바닥 면을 구성한다. (꿀벌의 방에 대한 설명: 꿀벌의 집은 이중층으로 되어 있으며, 각 층은 잘 알려져 있듯이 육각 기둥 형태의 방들로 이루어져 있다. 방의 바닥 쪽에는 기둥의 인접한 두 면이 비스듬히 맞닿아 경사진 마름모를 이루는데, 총 세 개의 마름모꼴이 육각 기둥의 하단부에 가운데로 모이는 역삼각뿔을 형성한다. 따라서 위층의 하나의 방은 아래층의 세 방과 맞붙은 이중층을 이룰 수 있다. ─옮긴이) 이 계열에서 극한의 완벽성을 갖춘 꿀벌의 방과 단순해 보이는 땅벌의 방의 중간에는 멕시코산 마야벌 (*Melipona domestica*)의 벌집이 있다. 이것에 대해서는 피에르 위베가 세밀하게 기술했고, 그림으로도 그려 놓았다. 마야벌 그 자체는 꿀벌과 땅벌 사이의 중간적인 구조를 가지지만 땅벌과 더 가까이 연관되어 있다. 마야벌은 원통형 방으로 이루어진 거의 규칙적인 모양의 밀랍 벌집을 만드는데, 그 안에서 새끼들이 부화된다. 더불어 꿀을 저장하기 위한 커다란 밀랍 방도 만들어진다. 꿀을 저장하는 방들은 거의 구형이고 크기도 거의 동일하지만, 불규칙한 형태로 모여 있다. 여기서 주목해야 할 중요한 점은, 이러한 방들은 늘 서로 너무 가까이 만들어지기 때문에, 완벽한 구형이 되었다면 서로 침범하거나 깨지지 않을 수 없었으리라는 점이다. 그렇지만 벌들은 서로 교차할 것 같은 구들 사이에 완벽하게 평평한 밀랍벽을 구축하기 때문에, 절대로 깨지는 일이 없다. 따라서 각 방은 인접한 방들이 두 개나 세 개, 또는 그 이상일 경우 거기에 따라 두세 개나 그 이상의 완벽하게 평평한 표면과 바깥의 구형부로 구성된다. 하나의 방은 거의 동일한 크기의 구들로 된 다른 세 방과 인접하게 될 때가 아주 흔하며, 이럴 경우에는 필연적으로 세 개의 평평한 표면이 결합해 하나의 삼각뿔을 형성한다. 그리고 이 삼각뿔은, 위베도 주목했듯이, 꿀벌의 벌집에서 볼 수 있는 삼면으로 된 삼각뿔의 바닥 면과 매우 비슷하다. 그러니 여기서는 꿀벌의 방들에서처럼, 한 방에 있는 세 평면들이 인접한 세 방의 구축에 필수적으로 들어간다. 마야벌이 이런 건축 방식으로 밀랍을 절약한다는 것은 명백한 사실이다. 인접한 방들 사이의 평평한 벽은 이중으로 되어 있지 않고, 바깥쪽의 구형 부분과 두께가 동일하며, 각 평면 부분이 두 방의 한 부분을 이루고 있기 때문이다.

　나는 만약 마야벌이 구 모양의 방들을 서로 어느 정도의 일정한 거리를 두고 만들고 크기도 동일하게 만들며, 대칭적으로 두 줄로 배

치했다면, 그 결과로 나온 구조물은 아마도 꿀벌의 벌집처럼 완벽했을 것 같다는 생각이 들었다. 그리하여 나는 케임브리지 대학교의 윌리엄 핼로스 밀러(William Hallowes Miller) 교수에게 서신을 보냈는데, 이 기하학자는 다음과 같은 내 기술을 기꺼이 읽어 주었고, 그가 가지고 있던 정보를 바탕으로 이 기술은 엄밀하게 옳다고 이야기해 주었다.

같은 크기의 구 여러 개를 평행한 두 층 위에 중심이 오도록 놓아 보자. 각 구의 중심을 같은 층에 있는 주변 여섯 구들의 중심으로부터 반지름 × $\sqrt{2}$ 또는 반지름 × 1.41421의 거리(또는 그 이하)에 놓고, 그것과 평행한 다른 층에 있는 인접한 구들의 중심과도 동일한 거리에 놓는다. 이렇게 하면 두 층의 여러 구형 사이에 교차면이 형성되고 그 결과로 세 개의 마름모꼴로 이루어진 삼각뿔의 바닥 면에 의해 연결된 육각 기둥의 이중층이 생긴다. 그러면 그 육각 기둥의 마름모꼴과 측면들의 각도는 꿀벌의 방에서 가장 정확하게 측정된 것과 정확히 동일할 것이다.

따라서 우리는 마야벌이 이미 가지고 있는, 그 자체로는 그다지 경이롭지 않은 본능들을 약간만 변화시킬 수 있다면, 이 벌은 꿀벌의 벌집과 마찬가지로 경이롭도록 완벽한 구조물을 만들 수 있을 것이라고 결론을 내려도 무리가 없다. 우리는 마야벌이 자기 방들을 정확히 구형으로, 그리고 동일한 크기로 만든다고 생각할 수밖에 없다. 마야벌이 이미 어느 정도까지는 그렇게 했다는 것과 많은 곤충들이 나무에 하나의 정점을 중심으로 빙 도는 방식으로 완벽하게 원통형인 구멍을 파는 것을 보면, 이것이 아주 놀라운 일은 아닐 수도 있다. 그리고 마야벌이 이미 그러하듯이, 원통형의 방들을 수평 층으로 배

열할 것이라 생각해야 한다. 무척 어려운 일이기는 하지만, 우리는
또한 마야벌이 여럿이서 함께 구를 만들고 있을 때 동료들로부터 어
느 정도 거리를 두어야 하는가를 정확히 판단할 수 있다고 가정해야
한다. 어떤 방법으로 아는지는 모르지만 말이다. 그렇지만 마야벌은
이미 거리를 판단하는 능력을 잘 갖추고 있어서, 늘 자기의 구들을
어느 정도 서로 교차하도록 만든 후 두 방의 교차 지점에 완벽하게
평평한 벽면을 만든다. 여기서 더 나아가, 우리는 같은 층에서 인접
한 구들이 교차함으로써 육각 기둥이 형성된 후에, 마야벌이 꿀을 저
장해 두기 위해 육각 기둥을 필요한 길이까지 늘릴 수 있으리라고 가
정해야 하는데, 그것은 충분히 납득할 수 있다. 이는 땅벌이 낡은 고
치의 둥근 입구에 밀랍으로 만든 원기둥을 덧붙이는 것과 동일한 방
식이다. 꿀벌의 본능 변화 자체는 그리 경이롭지는 않은데, 새가 둥
지를 만들도록 이끄는 본능보다 하등 경이로울게 없지만, 나는 꿀벌
이 자연 선택을 통해 아무도 흉내 낼 수 없는 그러한 건축 능력을 얻
었다고 믿는다.

　　그런데 이 이론은 실험으로 확인 가능하다. 윌리엄 번하트 테게
트마이어(William Bernhardt Tegetmeier) 씨의 예를 본받아, 나는 벌집 두 개
를 갈라놓고, 그 사이에 기다랗고 두툼하고 네모난 밀랍 조각을 넣어
두었다. 벌들은 즉각 거기에 작고 둥근 구멍을 파기 시작했다. 이 조
그만 구멍은 깊이 파 들어갈수록 점점 넓어져서 얕은 그릇처럼 되었
는데, 이 구멍은 눈으로 보기에 완벽한 구 또는 구의 일부처럼 보였
고, 벌집의 방 하나의 지름 정도 크기였다. 내가 가장 흥미로웠던 것
은 몇몇 벌들이 가까이 모여 이 그릇을 파기 시작한 위치가 어디인가

에 관계없이, 서로 거리가 일정하다는 점이었다. 즉 그릇의 크기가 앞에서 제시한 넓이(보통 방의 넓이 정도)가 되고 그 그릇들의 깊이는 그것들이 일부를 이루는 구의 지름의 6분의 1 정도가 되어, 그릇의 가장자리가 서로 교차하거나 서로 관통하게 되는 거리만큼 떨어져서 일을 시작하는 것이었다. 벌들은 이런 상태가 되자마자 파는 것을 그만두고 그릇들 사이의 교차선 위에다가 밀랍으로 평평한 벽들을 짓기 시작했다. 이때, 각각의 육각 기둥이 보통 방의 경우처럼 삼면 삼각뿔의 똑바른 테두리 위가 아니라 부드러운 그릇의 부채꼴 테두리 위에 구축되도록 만들었다.

그러고 나서 나는 벌집 안에 두껍고 네모난 밀랍 조각을 넣는 대신, 칼날같이 생겼으며 주황색으로 도색한 얇고 좁은 밀랍 조각을 넣었다. 벌들은 즉각 이전에 했던 것과 동일한 방식으로 서로 가까이 붙어 서서 양쪽에서 작은 그릇을 파고들었다. 그렇지만 밀랍 조각은 너무나 얇아서, 만약 벌들이 이전 실험에서와 같은 깊이로 파고들었다면 그릇의 밑바닥은 서로 반대편에서 관통하고 말았을 것이다. 그러나 벌들은 이런 일이 일어나지 않도록 제때 굴착을 멈추었다. 그리하여 그릇은 약간 깊어지자마자 평평한 바닥을 갖게 되었다. 또한 파이지 않고 남겨진 주황 밀랍의 얇고 작은 판들로 형성된 이 납작한 바닥들은, 밀랍의 서로 마주보는 면에 놓인 그릇 사이의 상상의 교차 평면을 따라 눈으로 판단할 수 있는 한 정확하게 놓였다. 부자연스러운 작업 상태 때문에 일이 깔끔하게 마무리되지 못한 나머지, 마주보는 그릇들 사이의 일부분에는 마름모꼴 평면의 작은 조각들이, 다른 부분에는 큰 부분들이 남겨졌다. 벌들은 양쪽 면의 그릇을 원형으로 깊이 파고들면서, 틀림없이 밀랍의 맞은편과 거의 동일한 속도로 작업을 했을 것이다. 그리고 중간의 평면들이나 교차하는 평면들을 따라 작업을 멈춤으로써, 그릇들 사이에 평평한 평면을 남기는 데 성공할 수 있었을 것이다.

　　얇은 밀랍이 얼마나 유연한가를 감안하면, 벌들이 밀랍 조각 양면에서 작업을 하는 동안 적당한 두께로 밀랍을 갉아냈을 때를 알아차리고 적당한 선에서 작업을 멈추는 것이 어려운 일은 아니라고 본다. 내가 보기에, 보통 벌집에서는 마주보는 면부터 정확히 동일한 속도로 작업하는 것을 벌들이 항상 성공하는 것은 아닌 듯하다. 왜냐하면, 막 작업이 시작된 방의 밑면에서 절반쯤 완성된 마름모꼴들을 보았는데, 한 면은 약간 오목했고, 그 반대편은 볼록했기 때문이다. 내가 생각하기로 오목한 부분은 벌들이 너무 빨리 굴착을 했고, 반대편은 더 느리게 일을 했기 때문인 듯하다. 이 사실을 잘 보여 주는 예를 들자면, 나는 그 벌집을 벌통에 도로 가져다 놓고 잠시 동안 벌들이 작업에 착수할 수 있도록 해 준 다음 다시 벌집을 살펴보았는데, 그 마름모 판이 거의 완성되었으며 완벽하게 평평해졌다는 것을 알 수 있었다. 그 작은 마름모꼴 판이 극도로 얇은 것을 보면, 벌들이 볼록한 면을 갉아 냄으로써 이런 결과를 얻는다는 것은 절대로 불가능했다. 그런 경우라면 벌들이 마주보는 양편 방에 서서 그 부드럽고 따뜻한 밀랍을 밀고 구부려서 정확히 중간 면에 오게 해서 평평하게 만들지 않았을까 싶다. (내가 직접 해 보았더니 쉽게 되었다.)

　　우리는 주황색 밀랍 실험을 통해, 벌들이 밀랍을 가지고 스스로 얇은 벽을 만들려고 할 때면, 서로에게서 적절한 거리를 두고 서서 동일한 속도로 굴착함으로써, 그리고 똑같은 구형의 구멍을 파려고 노력하지만 절대로 구들이 서로 관통하도록 만들지는 않음으로써 자기 방들을 적절한 모양으로 만들 수 있음을 명확히 볼 수 있었다. 만들어지고 있는 벌집의 가장자리를 살펴보면 명확하게 알 수 있듯이, 벌들은 벌집 전체에 걸쳐 주변을 둘러싸는 거친 벽이나 테두리를 만든다. 그리고 각각의 방을 깊게 팔 때는 늘 원형으로 작업을 하면서 서로 맞은편부터 파고든다. 벌들은 그 어떤 방이든 피라미드의 삼면의 기저부를 동시에 만들지 않는다. 그리고 커지고 있는 가장자리 위에 있는 마름모꼴 판은 특히 한 번에 하나씩, 경우에 따라서는 두 개까지 만든다. 또한, 육각 기둥 벽을 만들기 시작하기 전까지는 절대로 마름모꼴 판의 위쪽 가장자리를 완성하지 않는다. 지금 서술한 것들 중 일부는 마땅히 찬사를 받을 만한 아버지 위베의 진술과는 다르지만, 나는 이 설명이 정확하다고 확신한다. 지면만 허락했다면 나는 이 설명이 내 이론에 상응한다는 것을 보여 줄 수도 있었을 것이다.

내가 본 바에 따르면 밀랍에 평행한 쪽 벽면부터 첫 번째 방이 굴착된다는 위베의 진술은, 엄밀히 말해 옳지 않다. 처음에는 늘 조그만 밀랍 갓(hood)으로 시작한다. 그렇지만 여기서 이런 세부 사항들을 언급하지는 않겠다. 우리는 방의 건축에서 부분 굴착이 얼마나 중요한 역할을 하는지를 안다. 그렇지만 벌들이 거친 밀랍 벽을 정확한 위치에, 다시 말해 두 인접한 구 사이의 교차면을 따라서 구축할 수 없다고 생각하는 것은 엄청난 오류다. 나는 벌들이 이 일을 할 수 있음을 명확히 보여 주는 표본 몇 가지를 가지고 있다. 심지어 한창 만들어지는 중인 벌집 주위에 있는 대충 만들어진 원형 밀랍 테두리나 벽에서도 이따금 굴곡이 발견된다. 이것은 앞으로 만들어질 방들의 마름모꼴 기저판 면들의 위치에 상응한다. 그렇지만 거친 밀랍벽은 어떤 경우든 양면에서 상당히 많이 파내야만 마무리된다. 벌들이 집을 건축하는 방식은 매우 흥미롭다. 벌들은 늘 완성된 다음에 궁극적으로 남게 될 얇은 방벽보다 열 배에서 스무 배는 더 두꺼운 거친 벽을 맨 먼저 만든다. 석공들이 처음에는 시멘트를 넓게 쌓고 나서 중간에 부드럽고 매우 얇은 벽이 남을 때까지 지표면 근처에서 양쪽으로 똑같이 깎아 내는 것을 생각하면 벌들이 일하는 방식을 이해할 수 있다. 석공들은 늘 깎여 나간 시멘트를 다시 쌓아올리고, 시멘트 더미의 꼭대기에 새 시멘트를 얹는다. 따라서 얇은 벽은 거대한 덮개를 쓴 모양을 하며 점점 위로 자라게 된다. 막 만들어지기 시작된 방이든, 완료된 방이든, 모든 방은 이렇게 견고한 밀랍 덮개를 쓰고 있다. 그렇기 때문에 벌들은 두께가 400분의 1인치밖에 안 되는 연약한 육각 기둥 벽들을 망가뜨리지 않고 벌집 위로 모여들거나 기어 올라갈 수 있다. 피라미드의 기저판은 두께가 대략 그 두 배쯤 된다. 이 독특한 건축 방식을 통해, 벌집은 점점 더 견고해지며, 밀랍은 가능한 한 극도로 절약된다.

다수의 벌들이 모두 함께 일한다는 점 때문에, 처음에는 방이 만들어지는 방식을 이해하기가 더 어렵게 느껴진다. 위베가 말했듯이, 벌 한 마리는 한 방에서 잠깐 동안 작업을 한 다음에 다른 방으로 가기 때문에, 맨 처음 방을 만들 때도 스무 마리의 벌이 똑같은 작업을 한다. 나는 어떤 방의 육각 기둥 벽의 가장자리나, 만들어지고 있는 벌집의 주변을 둘러싸는 가장자리의 가장 끝부분을 극도로 얇은 액상의 주황색 밀랍 층으로 덮어 봄으로써 이 사실을 실제로 시연해 볼 수 있었다. 이 경우 벌들은 예외 없이 색깔을 아주 정교하게 ― 화가가 붓을 가지고 하는 것만큼이나 섬세하게 ― 분산시켰다. 착색된 밀랍의 작은 조각들이 원래 놓인 장소로부터 옮겨져서 모든 주위의 방들의 커져 가는 테두리들에 이용된 것이다. 건축 작업은, 본능적으로 모두가 서로에게서 동일한 거리에 위치해 모두 똑같은 크기의 구를 파고, 그 구들 사이의 교차면들을 구축하거나 파내지 않은 상태로 놔두는, 벌들 사이의 일종의 균형인 것으로 보인다. 벌집의 두 조각이 한 모서리에서 부딪칠 위험에 처했을 때, 벌들이 같은 방을 몇 차례나 완전히 무너뜨리고 다른 방식들로 다시 만드는 모습이나, 때로는 처음에는 거부했던 모양으로 되풀이해서 짓기도 하는 모습을 주목해보니 정말이지 놀라움을 금할 수가 없었다.

벌들이 작업을 하기에 적절한 위치에 설 수 있는 장소가 있을 때 ― 예를 들어, 아래로 자라는 벌집의 중앙 바로 아래에 나무 조각이 있어서, 벌집이 그 조각의 한쪽 표면 위에 지어져야 할 때 ― 벌들은 완성된 다른 방부터 툭 튀어나온 새로운 육각 기둥의 한 벽의 기초를 올바른 장소에 세울 수 있다. 벌들은 서로에게서, 그리고 마지막으로 완성된 방들의 벽들로부터 상대적으로 적절한 거리에 설 수 있으면 충분하고, 그다음에는 가상의 구들을 떠올림으로써, 두 인접한 구 사이의 중간 벽을 구축할 수 있다. 그렇지만 내가 지금까지 본 바로는, 벌들은 그 방과 인접한 방들 모두가 대부분 구축되기 전까지는 방의 모서리들을 갈아 완성하지 않는다. 어떤 특정 상황에서, 막 작업이 시작된 두 방 사이의 적절한 위치에 두꺼운 벽을 두는 벌들의 이 능력은 중요한 것이다. 그것은 앞서 말한 이론을 처음에는 전복하는 것처럼 보이는 사실, 즉 말벌집의 제일 가장자리에 있는 방들이 가끔은 엄밀한 육각 기둥이라는 사실에 기반을 두기 때문이다. 아쉽지만 여기서 그 주제를 논하기에는 지면이 부족하다. 한편, 한 곤충(여왕 말벌의 경우에서처럼)이 동시에 작업이 시작된 두 방이나 세 방의 내외부에서 교대로 일을 하고, 항상 막 작업이 시작된 방들의 일부분으로부터 적절한 상대적 거리에 서서, 구와 원통을 파서 중간 면들을 만들어 간다고 하면, 육각 기둥 방들을 만들기가 그리 어려울 것 같지도 않다. 한 마리의 곤충이, 방을 만들기 시작할 지점을 정한 다음에 바깥을 향해 우선 한 지점으로, 이어서 중심과 다른 지점들로부터 상대적으로 적절한 거리에 있는 다른 다섯 지점으로 이동해서 교차 면들을 만들고, 그리하여 독립적인 육각 기둥을 만드는 것도 심지어 가능하지 않을까 생각해 볼 수 있다. 그렇지만 나는 그런 경우가 발견되었다는 이야기는 듣지 못했다. 그리고 원통형보다 건축 자재가 더 많이 드는 육각 기둥 단 하나를 구축한다고 해서 그다지 이로운 점이 있을 것 같지도 않다.

자연 선택은 오로지 개체가 처해 있는 생활 조건에서 그것들에게 이로운 구조나 본능의 사소한 변화가 축적되는 것을 통해서만 작용한다. 그러므로 오랫동안 점차 이어져 내려오며 현재의 완벽한 건축 계획을 지향하는 경향에 따라 변화된 집짓기 본능이 어떻게 꿀벌의 조상들에게 이득이 될 수 있었겠는가 하는 질문은 적절한 질문이다. 나는 그에 대한 대답이 어렵지 않다고 생각한다. 벌들이 충분한 양의 꿀을 얻기 어려울 때도 더러 있다는 사실은 익히 알려져 있다. 그리고 테게트마이어 씨에게 들은 바에 따르면, 밀랍 각 1파운드를 분비하려면 한 벌집의 꿀벌들이 건조 설탕을 무려 12에서 15파운드까지 소비해야 한다는 것이 실험을 통해 밝혀졌다고 한다. 그러니 한 벌집에 있는 벌들이 벌집 구축에 필요한 밀랍을 분비하려면 분명 엄청난 양의 액상 꿀을 수집하고 소비해야 한다. 게다가, 밀랍을 분비하는 절차가 이루어지는 여러 날 동안은 많은 벌들이 일을 하지 않는다. 겨우내 대규모의 벌떼를 유지하려면 반드시 엄청난 양의 벌꿀 저장량이 필요하다. 그리고 벌집이 안전하게 유지되려면 벌의 수가 많아야 한다고 알려져 있다. 따라서 대개 밀랍을 절약함으로써 벌꿀을 절약하는 것은 과를 막론하고 모든 벌에게 가장 중요한 성공의 요소이다. 물론 어떤 종인지를 막론하고 벌의 성공 여부는, 그것에 기생하는 동물이나 적의 수나 매우 다른 요인에 좌우될 것이고, 이 모든 요인은 벌들이 모으는 꿀의 양과는 전적으로 독립적일 것이다. 그렇지만 꿀의 양이라는 이러한 조건이 한 지역에 존재할 수 있는 땅벌의 수를 결정한다고 생각해 보자. (아마도 그런 일은 실제로도 흔할 것이다.) 그리고 더 나아가 그 무리가 겨우내 생존했고, 그로 인해 상당량의 꿀을 필요로 했다고 생각해 보자. 이때 만약 본능의 미세한 변화가 땅벌로 하여금 밀랍 방들을 서로 가깝게 만들어 약간씩 교차하도록 한다면, 의심할 바 없이 땅벌에게는 그것이 이로울 것이다. 왜냐하면, 인접한 두 방이 벽 하나를 공유하고 있으면 밀랍이 약간은 절약될 터이기 때문이다. 따라서 땅벌이 자기 방들을 점점 더 규칙적으로, 더 인접하게 만들 수 있다면, 그리고 마야벌의 방들처럼 더욱 근접하게 집적시킬 수 있다면, 땅벌에게는 그것이 더욱더 이로울 것이다. 이런 경우에 각 방의 경계면의 대부분은 다른 방들을 연결해 주는 역할도 할 테고, 밀랍은 더 많이 절약될 것이기 때문이다. 다시, 동일한 이유로, 마야벌이 만약 자기 방들을 서로 가깝게 만든다면, 그리고 현재보다 모든 면에서 더 규칙적으로 만든다면 그것은 자신에게 이로울 것이다. 우리가 보았듯이, 그렇게 되면 구형 표면들은 완전히 사라져 평면으로 대체되고, 마야벌은 꿀벌의 벌집처럼 완벽한 벌집을 만들 수 있을 것이다. 자연 선택은 건축에 있어서 이 정도 수준 이상의 완벽성을 끌어낼 수는 없다. 왜냐하면, 꿀벌의 벌집은, 우리가 볼 수 있는 한, 밀랍을 절감한다는 면에서 절대적으로 완벽하기 때문이다.

따라서 내가 믿는 바, 알려져 있는 모든 본능 중에서도 가장 경이로운 꿀벌의 본능은, 단순했던 수많은 본능들이 자연 선택을 통해 계승되고 약간씩 변화하면서 완성된 것으로 설명할 수 있다. 자연 선택은 두 층에서 서로 일정한 거리만큼 떨어져 똑같은 크기의 구들을 파고, 교차면들을 따라 밀랍을 쌓아올리고 파내도록 아주 서서히, 점점 더 완벽하게 벌들을 이끌어 왔다. 물론 벌들은 육각 기둥이나 마름모꼴 기저판들이 이루는 여러 각도를 알지 못한다. 마찬가지로 자기들이 각자의 구를 서로로부터 일정한 거리에서 파고들었다는 것 또한 전혀 알지 못한다. 자연 선택 절차의 원동력은 밀랍 절감이었다. 밀랍 분비에서 꿀 낭비를 최소화하는 무리가 가장 잘 살아남았고, 대물림을 통해 그들이 새롭게 얻은 경제적 본능을 새로운 무리에게 전했는데, 이 새로운 무리는 다시금 자기들이 생존 투쟁에 처했을 때 성공할 가능성이 가장 높았을 것이다.

자연 선택 이론에 맞설 수 있는, 설명하기가 무척 어려운 본능들이 있다는 것은 의심할 여지가 없다. 어떤 한 본능이 어떻게 유래했는가를 알 수 없는 경우, 어떤 중간 단계의 점진적 변화가 전혀 알려지지 않은 경우, 중요성이 너무나 적어서 자연 선택이 작용했을 리가 거의 없다고 생각되는 경우가 그런 경우다. 또한 어떤 본능이 자연의 계층 구조에서 너무나 멀리 떨어져 있는 동물들에게서도 거의 정확히 똑같이 나타나서, 공통 조상에게서 내려온 대물림으로는 그 유사성을 설명할 수 없는, 따라서 그 본능이 개별적인 자연 선택의 작용을 통해 획득되었다고 믿어야 하는 경우들 또한 그렇다. 나는 여기서 이런 경우들을 세세히 살펴보지는 않을 것이나, 다만 한 가지 특별한 난제를 살펴보고자 한다. 이 문제는 처음에는 극복할 수 없을 것처럼 보였고, 실제로 내 전체 이론에 치명적으로 보이기도 했다. 내가 말하려는 것은 곤충 사회에서의 중성, 즉 생식이 불가능한 암컷의 경우다. 이런 중성 곤충들은 본능과 구조라는 측면에서 수컷과도, 생식이 가능한 암컷과도 크게 다르다. 또한 불임이기 때문에 그들의 종을 번식시킬 수도 없다.

　이 주제는 상세하게 논의할 만한 자격이 충분하지만, 여기서는 단 한 가지 예로 일개미, 즉 생식이 불가능한 개미만을 다루기로 한다. 일개미들이 어떻게 해서 생식 불가능하게 되었는가 하는 것은 어려운 문제다. 그렇지만 구조상으로 나타나는 두드러진 변화에 대한 문제보다 더 곤란하지는 않다. 왜냐하면, 몇몇 곤충들을 비롯한 체절동물들이 더러 자연적으로 불임이 되는 경우를 제시할 수 있기 때문이다. 그리고 만약 그런 곤충들이 사회성 곤충이고, 매년 생식은 할 수 없되 노동은 할 수 있도록 태어나는 곤충의 수가 많은 것이 그 곤충 사회에 이로웠다면, 자연 선택을 통해 이런 결과가 빚어진다고 이야기하는 것이 그리 어려울 것도 없다. 따라서 이런 기본적인 문제에 대해서는 그냥 무시하고 넘어가도록 하겠다. 진정 어려운 점은 일개미들이 구조상 수컷은 물론, 생식이 가능한 암컷들과 무척 다르다는 데 있다. 이들은 가슴의 모양이 다르고, 날개가 없거나 가끔은 눈이 없거나 하는, 구조나 본능의 차이를 보인다. 오로지 본능에 관해서만 이야기한다면, 일개미와 완전한 암개미 사이의 가장 큰 차이점은 꿀벌을 예로 듦으로써 가장 잘 보여 줄 수 있다. 만약 일개미나 다른 중성 곤충이 정상적인 상태에 있는 동물이었다면, 나는 망설임 없이 그것의 모든 형질이 자연 선택을 통해 서서히 획득되었다고 가정했을 것이다. 말하자면, 한 개체가 약간 이로운 방향으로 변화한 구조를 가지고 태어난 다음에, 그 후손들이 그 구조를 물려받고, 그것이 다시 다양화되고 다시 선택되는 식으로 계속 이어진다는 것이다. 그렇지만 일개미는 자신의 부모와 무척 다르면서 절대적으로 불임이다. 그러므로 자기가 습득한 구조나 변화된 본능을 자손에게 전달하는 데 성공했을 리가 없다. 그렇다면 자연 선택 이론으로 대체 이 현상을 어떻게 설명할 수 있는가를 묻는 것이 당연하지 않을까?

우선 사육되는 상태에서나 자연 상태에서나, 동일한 동물이 특정한 연령이나 성별과 관련해 온갖 종류의 구조적인 차이를 가진다는 것을 보여 주는 수많은 사례가 존재한다는 사실을 잊지 말자. 여러 조류의 생식깃이나 수컷 연어의 굽은 턱처럼, 단순히 한쪽 성에게만 관련되는 차이점뿐만 아니라 생식계가 활성화되는 짧은 시기와도 관련 있는 차이점 또한 존재한다. 심지어 인위적으로 불완전해진 수컷의 상태와 관련해, 여러 소 품종들의 뿔에서도 약간의 차이점들을 볼 수 있다. 즉 같은 품종의 (거세하지 않은) 황소나 암소의 뿔과 비교했을 때, 몇몇 품종의 (거세된) 역우(役牛, 농사를 짓거나 수레에 짐을 실어 나르는 노역 따위에 사용하는 소. ─ 옮긴이)들은 다른 품종들보다 더 긴 뿔을 가지고 있다는 것이다. 따라서 나는 곤충 사회의 일부 구성원들이 가지고 있는 어떤 형질이 생식 불가능이라는 조건과 관련되었다는 점에서는 전혀 문제점을 느끼지 못한다. 어려운 문제는 관련된 구조의 변화가 어떻게 해서 자연 선택을 통해 서서히 축적되었는가를 이해하는 데 있다.

　개체뿐만 아니라 과(科, family)에도 선택이 적용될 수 있고, 그럼으로써 원하는 목적을 얻을 수 있다는 것을 상기하면, 극복 불가능해 보이는 이 어려운 문제는 줄어들거나, 내가 믿는 바처럼 사라진다. 예를 들어, 유독 향이 좋은 채소는 식탁에 오르고, 그 개체는 파괴된다. 그렇지만 원예가는 같은 품종의 씨를 뿌리고, 확신을 가지고 거의 동일한 품종을 얻기를 기대한다. 소를 사육하는 사람은 살코기와 지방이 잘 어우러지기를 희망한다. 동물은 도축되지만, 그는 확신을 가지고 같은 과를 계속 번식시켜 이어 나간다. 나는 이처럼 선택의 힘을 믿기 때문에, 늘 유달리 긴 뿔을 가진 수소가 태어나는 어떤 소 품종이, 그 자손이 거세되더라도 각 수소와 암소가 짝짓기를 해서 가장 긴 뿔을 갖는 자손을 낳도록 주의 깊게 관리됨으로써 서서히 형성되었음을 의심하지 않는다. 하지만 거세된 수소는 자신과 같은 종류를 한 마리도 번식시키지 못했을 것이다. 따라서 나는 사회성 곤충에게도 마찬가지의 일이 일어났으리라고 믿는다. 무리 내의 몇몇 일원의 불임 상태와 관련이 있는, 구조나 본능에 일어난 약간의 변화는 무리 전체에 이로웠을 것이다. 그리하여 결과적으로 같은 무리의 생식 능력 있는 수컷들과 암컷들이 번성했고, 생식 가능한 후손들에게 동일하게 변화된 구조나 본능을 가진 생식 불가능한 일원들을 생산하는 성향을 물려주었던 것이다. 그리고 나는 같은 종 내의 생식 가능한 암컷과 생식 불가능한 암컷 사이에 엄청난 차이가 생길 때까지 (우리는 그것을 많은 사회성 곤충들에게서 볼 수 있다.) 이 절차가 반복되었다고 믿는다.

그렇지만 우리는 아직, 가장 어려운 문제에는 그 근처에도 가지 못했다. 말하자면, 일부 개미의 중성이, 그저 생식이 가능한 암컷이나 수컷과만 다른 것이 아니라 자기들끼리도 다르다는, 때로는 거의 믿을 수 없을 정도로 많이 다르다는 사실 말이다. 이들은 두 계급이나 심지어 세 계급으로까지 나뉜다. 게다가 그 계급들은 대개 단계적으로 조금씩 다른 것이 아니라 완전히 구분된다. 같은 속에 속한 두 종이나, 더 정확히 말하면 같은 과에 속한 두 속처럼 서로 완전히 뚜렷이 구별되는 것이다. 군대개미(Eciton)에는 중성인 일개미와 병정개미가 있는데, 이들은 턱과 본능이 서로 유별나게 다르다. 크립토세루스(Cryptocerus)의 경우에는 어떤 한 계급의 일개미들만이 머리에 희한한 종류의 방패를 가지고 있는데, 그 용도는 전혀 알려져 있지 않다. 멕시코산 꿀단지개미(Myrmecocystus)에는 절대로 둥지를 떠나지 않는 어떤 계급의 일개미들이 있다. 이들은 다른 계급의 일개미들에게 먹이를 받아먹고 일종의 꿀을 분비하는 비대하게 발달된 복부를 가지고 있다. 이 발달된 복부는 우리 유럽 개미들이 지키거나 감금하는 진딧물, 즉 이렇게 불러도 된다면 '가축(domestic cattle)'에 의해 분비된 꿀을 저장하는 장소를 제공한다.

　이토록 경이롭고 확실히 입증된 사실들이 내 이론을 한순간에 무너뜨릴 수 있다는 사실을 인정하지 않는다면, 내가 자연 선택의 원리를 지나치게 확신하는 것으로 보일 것이다. 중성 곤충에 있어 단순한 경우, 한 계급이나 동일한 종류의 모든 성원이 자연 선택을 통해 생식 가능한 수컷 그리고 암컷과 다르게 변화되었을 것이고, 나는 이것이 가능하다고 믿는다. 이 경우에 우리는 일반적인 변이들로부터 유추해서, 다음과 같은 결론을 내려도 무방할 것이다. 즉 유리한 방향으로 잇따라 이루어진 각각의 미세한 변화들은 아마도 처음에는 같은 둥지의 모든 중성 개체들에게 나타난 것이 아니라 단지 몇몇에게만 일어났다. 그리고 유리하게 변화된 구조를 지닌 대다수 중성들을 생산한 생식 가능한 부모가 오랫동안 선택되면서 궁극적으로는 모든 중성들이 바람직한 특성을 갖게 되었다는 것이다. 이러한 시각에서 우리는, 같은 둥지에 있는 같은 종의 중성 곤충의 구조가 점진적인 차이를 가짐을 보여 주는 예를 찾아내야 하는데, 우리는 실제로 이것을 찾아낼 수 있다. 유럽의 얼마 안 되는 중성 곤충들 중에 주의 깊게 관찰된 경우가 거의 없다는 것을 감안하면, 그러한 예는 꽤나 자주 나타난다고 할 수 있을 것이다. F. 스미스 씨는 몇몇 영국 개미들의 중성의 경우, 크기 그리고 때로는 몸 색깔이 놀랍게도 서로 얼마나 다른가를 보여 주었다. 그리고 그는, 극단적인 형태들이 때로는 같은 둥지에서 나온 개체들에 의해 완벽하게 서로 연결될 수도 있다는 사실도 보여 주었다. 나 자신도 이러한 종류의 완벽한 단계적 차이를 비교한 적이 있다. 더 크거나 더 작은 크기의 일개미들 중 어느 한쪽이 대다수인 경우도 종종 있고, 아니면 크고 작은 것 양쪽 모두가 다수이고, 중간 크기들은 드문 경우도 있다. 황풀개미는 더 큰 일개미도 있고 더 작은 일개미도 있으며, 중간 크기도 약간 있다. 그리고 F. 스미스 씨가 관찰한 바, 이 종의 더 큰 일개미들은 작지만 확실히 구분될 수 있는 홑눈이 있는 반면, 더 작은 일개미들은 홑눈이 제대로 발달하지 않았다. 이 일개미들의 표본 몇 마리를 자세히 해부해 본 결과, 나는 작은 일개미들의 홑눈이 단지 몸에 비례해서 작은 정도를 넘어 훨씬 더 단순하다는 사실을 확신할 수 있다. 그리고 중간 크기의 일개미들의 홑눈은 정확히 그 중간 상태에 있다고, 확정적으로 주장하기는 힘들어도 나 자신은 그렇게 믿고 있다. 따라서 우리는 여기서 동일한 둥지에 있으면서 크기만 다른 것이 아니라 시각 기관도 다른, 그러면서도 중간 상태에 있는 몇몇 개체들에 의해 서로 연결되어 있는 불임 일개미의 두 무리를 생각할 수 있다. 본론에서 다소 벗어나기는 하지만, 더 작은 일꾼들이 무리에 가장 유용했고, 그 수컷들과 암컷들이 계속적으로 선택되어 모든 일개미들이 이런 상태가 될 때까지 더 작은 일개미들을 점점 더 많이 생산했다면, 미르미카 속(Myrmica)의 그것과 거의 동일한 조건에 있는 중성들을 가진 개미 종이 생겨났을 것이라고 덧붙일 수 있다. 미르미카 속의 일개미들은 심지어 홑눈의 흔적조차 가지고 있지 않지만, 이 속의 수컷과 암컷 개미들은 잘 발달된 홑눈을 가지고 있기 때문이다.

다른 예를 하나 더 제시하겠다. 나는 서아프리카의 동일한 둥지에서 나온 군대개미(driver ant)의 다양한 표본을 제공하겠다는 F. 스미스 씨의 제안을 반갑게 받아들였다. 동일한 종에 속한 서로 다른 계급의 중성들이 가진 구조가 중요한 점에서 점진적으로 변화했다는 것을 발견할 수 있으리라는 기대가 강했기 때문이다. 내가 실제로 측정했던 수치를 말해 주지 않더라도 정확한 묘사를 제공하면 독자 여러분은 아마도 이 일개미들의 차이가 어느 정도인지를 잘 인식할 수 있을 것이다. 그 차이라 함은, 마치 키가 5피트 4인치인 사람들도 많고 키가 16피트인 사람들도 많은, 일군의 노동자들이 집을 짓는 것을 보는 것과 같다. 그렇지만 더 큰 노동자들이 작은 노동자들보다 세 배가 아니라 네 배 더 큰 머리를 갖고 있으며, 턱은 거의 다섯 배나 더 크다고 생각해야 한다. 게다가 다양한 크기의 일개미들의 턱들은 모양이나 형태나 이빨의 숫자가 놀랍도록 제각각이다. 하지만 우리에게 중요한 사실은, 비록 일개미들이 크기를 기준으로 여러 계급으로 구분될 수 있다 하더라도, 그들의 크기는 눈에 띄지 않을 정도로 서로 조금씩 다르며, 매우 큰 차이를 보이는 그들의 턱 구조도 마찬가지라는 것이다. 나는 이 사실을 확신을 가지고 말할 수 있는데, 내가 여러 크기의 일개미들의 턱을 해부한 것을 러벅 씨가 카메라 루시다(camera lucida. 프리즘, 거울, 현미경 등을 이용한 실물 사생 장치. ─ 옮긴이)를 가지고 그림을 그려 주었기 때문이다.

이런 사실들을 바탕으로, 나는 자연 선택이 생식이 가능한 부모들에게 작용함으로써, 어떤 형태의 턱을 가진 대형의 중성이나, 전혀 다른 턱을 지닌 소형의 중성 중 어느 한쪽을 주기적으로 만들어 내는 종을 형성한 것이라 믿고 있다. 마지막으로, 서로 크기와 구조가 다른 두 무리의 일개미가 동시에 존재하는 경우가 있는데, 이것이 설명하기 가장 어려운 부분이다. 이 경우에 군대개미에서처럼 처음에는 크기와 구조가 조금씩 다른 무리가 형성되다가 나중에 극단적 형태들이 만들어질 수 있는데, 만일 그것들이 집단에 가장 유용하다면 자연은 그 형태들을 낳는 부모들을 선택할 것이고, 그 결과 그런 형태들의 수는 점점 더 증가할 것이며 최종적으로 중간 형태들은 더 이상 생겨나지 않을 것이다.

나는 서로 다를뿐더러 부모와도 매우 다른, 생식 기능이 없는 일개미의 두 가지 계급이 같은 둥지 내에 명확히 구분되어 존재한다는 놀라운 사실이 그런 식으로 유래된 것이라 믿는다. 우리는 노동 분업이 문명화된 인간에게 유용하다는 점과 동일한 원리에 의거해서, 그들의 생산이 곤충의 사회적 공동체에 얼마나 유용했을지 이해할 수 있다. 습득된 지식이나 제조된 도구가 아니라 대물림된 본능이나 대물림된 도구, 혹은 기관들을 지닌 채 일하는 개미들에게, 완벽한 노동 분업을 실현할 수 있는 방법은 일개미들이 불임이 되는 것뿐이었으리라. 그들이 생식이 가능했다면 교미를 했을 테고 따라서 그 본능과 구조는 섞여 버렸을 것이기 때문이다. 그리고 자연이 자연 선택이라는 방법을 통해 개미 사회에 이런 감탄스러운 노동 분업을 낳았다고 나는 믿는다. 그렇지만 내가 고백하지 않을 수 없는 사실은, 비록 내가 이 원리를 전적으로 믿기는 하지만, 이 중성 곤충들이 내게 그 사실을 확신시켜 주지 않았더라면 자연 선택이 그처럼 고도로 효율적일 수 있다고는 결코 기대하지 못했으리라는 점이다. 나는 자연 선택의 힘을 보여 주기 위해, 또 이것이 단연코 내 이론이 직면한 가장 심각한 어려움이었기 때문에 이 예를 논했지만, 여기서 이야기한 분량은 너무나 적고 불충분하다. 이 예가 무척이나 흥미로운 이유는 이뿐이 아니다. 이 예는 식물과 마찬가지로 동물에 있어 많은 구조의 변화가 경미하고 무수한, 그리고 우연이라고밖에 부를 수 없는 변이들(어떤 방식으로든 유용하고, 연습이나 습성이 전혀 개입하지 않은 변이들)의 축적을 통해 이루어질 수 있음을 입증하는 것이기도 하다. 한 공동체에서 생식이 전혀 불가능한 일원들의 연습이나 습성, 혹은 자유 의지는, 후손을 남길 수 있는 생식 가능한 일원들의 구조나 본능에 아무런 영향도 끼칠 수가 없었다. 나는 라마르크의 유명한 학설에 맞서 이토록 명시적인 중성 곤충의 예를 제기한 사람이 아무도 없다는 사실이 그저 놀라울 따름이다.

요약

나는 이번 장에서 우리 가축들의 정신적 특질이 변이하며, 변이들이 대물림된다는 것을 짤막하게나마 보여 주고자 노력했다. 또한 그보다 더욱 간단하게, 자연 상태에서 본능이 약간씩 변이한다는 사실을 보여 주려 했다. 각 동물에게 본능은 너무나도 큰 중요성을 가진다는 사실을 반박할 사람은 아무도 없으리라. 따라서 나는 변화하는 생활 조건에서 자연 선택이 경미한 본능의 변화를 어떤 유용한 방향으로, 어느 정도까지 축적해 나간다고 주장하는 데 전혀 문제가 없다고 본다. 몇몇 경우에는 아마도 습성이나 용불용(用不用)이 작용을 했을 것이다. 이 장에서 제시한 사실들이 내 이론을 대단히 강화한다고 말하지는 않겠지만, 내가 판단하는 한 그 어떤 난점도 내 학설을 무너뜨리지는 못한다. 다른 한편, 본능들이 늘 절대적으로 완벽한 것은 아니며 오류도 있다는 사실, 오로지 다른 동물들을 위해 만들어진 본능은 없고 각 동물은 다른 동물들의 본능을 이용한다는 사실, "자연은 도약하지 않는다."라는 박물학의 근본 원리는 신체 구조와 마찬가지로 본능에도 적용할 수 있으며, 앞서 말한 관점에 따르면 명확히 설명이 가능하지만, 그렇지 않고서는 설명이 불가능하다는 사실, 이 모든 사실들이 자연 선택 이론을 확실히 지지한다.

또한 이 이론은, 본능에 관련된 몇몇 다른 사실들을 통해 강화된다. 가까운 관계에 있지만 확연히 구분되는 종들이 지구상에서 멀리 떨어진 곳에서 서로 매우 다른 생활 조건에서 살고 있을 때도 거의 동일한 본능을 유지하는 경우는 흔하다. 가까운 관계에 있지만 확연히 구분되는 종들의 예를 흔히 볼 수 있다는 것 역시 이 이론을 강화해 준다. 예를 들어, 우리는 대물림의 원리에 의거해, 어떻게 남아메리카의 개똥지빠귀가 영국의 개똥지빠귀가 하는 것과 같은 독특한 방식으로 자기 둥지에 진흙으로 테두리를 두르는지를 이해할 수 있다. 북아메리카의 수컷 굴뚝새(Troglodytes)가 그것과는 확실히 구분되는 영국의 키티굴뚝새(Kitty-wrens)의 수컷처럼 홰를 칠 '수컷의 둥지(cock-nests)'를 짓는 것 ─ 이는 지금까지 알려진 바로는 다른 조류들과는 완전히 다른 습성이다. ─ 도 마찬가지다. 마지막으로, 이는 논리적인 추론이 아닐 수도 있지만, 어린 뻐꾸기가 의붓형제들을 밀어내거나, 개미가 노예를 만들거나, 맵시벌과(ichneumonidae)의 유충이 살아 있는 애벌레의 몸을 파먹는 것 같은 그런 본능들을 특별히 주어지거나 만들어진 본능들이 아니라, 말하자면 배가시키고, 다양화하고, 강한 것을 살리고 약한 것을 죽이면서 모든 유기체의 진보를 이끌어 내는 일반 법칙의 작은 결과들로 보는 편이 나로서는 한결 만족스럽다.

8장

잡종

박물학자들은 일반적으로 이종 교배된 종들이 불임이라는 형질을 부여받는 것은 모든 생물들이 서로 뒤섞이는 것을 막기 위해서 특별히 안배된 것이라는 견해를 가지고 있다. 한 나라 안에서 종들이 자유롭게 교배할 수 있었다면 지금처럼 그렇게 서로 뚜렷하게 구분될 리가 없으므로, 이 시각은 얼핏 보면 확실히 그럴싸하다. 내가 생각하기에 최근 일부 연구자들은 잡종이 전반적으로 상당한 불임성을 보인다는 사실의 중요성을 평가 절하했다. 잡종의 불임성은 당사자들에게 전혀 이로울 리가 없다. 따라서 불임성이 이롭기 때문에 계승되고 보존되어 그런 성질이 획득되었을 리 없다는 점을 고려하면, 자연 선택 이론에서 이러한 예는 특히 그 중요성이 크다. 그렇지만 나는 불임성이 특별히 획득되거나 부여된 형질이 아니라, 획득된 다른 차이들에 의해 부수적으로 딸려온 특성임을 보여 줄 수 있기를 희망한다.

　이 주제를 논하는 과정에서 근본적으로 상당히 다른 두 가지 사실이 흔히 혼동되어 왔다. 즉 두 종이 처음 교배했을 때의 불임성, 그리고 두 종의 교배를 통해 태어난 잡종의 불임성 말이다.

물론 순종들은 완벽한 상태의 생식 기관을 가지고 있지만, 이종 교배될 경우 후손을 거의 혹은 전혀 생산하지 않는다. 한편 잡종의 생식 기관은 비록 현미경으로 보면 구조상으로는 완벽하지만 기능적으로는 불임인데, 그 사실은 동식물 모두 수컷에서 명확하게 관찰할 수 있다. 전자의 경우에는 배를 형성하는 암수의 생식 요소가 완벽한 반면, 후자의 경우에는 전혀 발달하지 않거나 불완전하게 발달한다. 두 경우에 공통으로 나타나는 불임성의 원인을 살피고자 할 때 이 구분은 중요하다. 그런데 아마도 양쪽 모두에 발생하는 불임이 우리의 사고력의 범위를 넘어서는 특별히 부여받은 성질로 간주되면서 그러한 구분이 흐릿해진 듯하다.

변종들, 즉 공통의 조상에게서 내려왔다고 알려지거나 믿어지는 형태들이 교배했을 때의 생식 능력과 그 변종들의 잡종 후손들의 생식 능력은, 내 이론에 따르면 종의 불임성과 맞먹는 중요성을 가진다. 왜냐하면, 그것이 변종과 종 사이에 존재하는 광범위하고 명료한 차이를 만드는 요소인 듯 보이기 때문이다.

우선, 이종 교배 시의 종의 불임성과 그 잡종 후손의 불임성에 대해 살펴보자. 이 주제에 거의 온 평생을 바치다시피 한 성실하고 감탄스러운 관찰자인 쾰로이터와 게르트너의 회상록과 저술을 연구하다 보면, 어느 정도의 불임은 꽤나 일반적이라는 데 깊은 인상을 받지 않을 수 없다. 쾰로이터는 그 규칙을 보편적인 것으로 여긴다. 하지만 그는 대다수 학자들이 별개의 종으로 여기는 두 종이 교배했을 때 높은 생식 능력을 보인 열 가지 사례를 찾아냈다. 그런데 그는 그 사례들 모두를 망설임 없이 변종들로 규정함으로써 그 문제를 해소해 버렸다. 게르트너 또한 그러한 규칙을 보편적인 것으로 여기기는 했으나, 쾰로이터의 열 가지 사례에서 생식 능력 자체를 논박했다. 게르트너는 그 사례들을 비롯해 그 밖의 많은 경우에서, 어떤 정도로든 불임성이 존재함을 보여 주기 위해 신중을 기해 씨앗의 수를 세는 일을 했다. 게르트너는 교배된 두 종과 그 잡종 후손들이 생산한 씨앗들의 최대수를, 자연 상태에서 양쪽 모두 순종인 부모 종이 생산한 씨앗의 평균적인 개수와 비교했다. 그런데 내가 판단하기에 여기에는 심각한 오차의 원인이 있는데, 그것을 짚고 넘어가야 할 것 같다. 그것은 바로, 교배되는 식물은 반드시 제웅(除雄, 식물이 교배를 할 때 자화 수분을 방지하기 위해서 꽃이 피기 전 꽃봉오리일 때에 수술의 꽃밥을 제거하는 일. ─ 옮긴이)을 해야 한다는 점이다. 더러 그보다 더 중요한 유의점도 있는데, 곤충들이 다른 식물들의 꽃가루를 해당 식물로 옮기는 것을 막도록 해당 식물을 격리해야 한다는 것이다. 게르트너가 실험 대상으로 사용한 거의 모든 식물은 화분에서 키워졌고, 분명히 게르트너의 자택 실내에 두었던 듯하다. 이 절차가 식물의 생식 능력을 저하시키기 쉽다는 사실은 의심할 여지가 없다. 게르트너는 본인이 직접 제웅을 한 식물들 대략 스무 가지의 예를 표로 제시하고 있는데, 자체의 꽃가루를 가지고 인공 수분을 한(다루기가 어렵다고 인정받은 콩과 식물 같은 경우들은 모두 배제하고) 이 스무 가지 식물들 가운데 절반이 생식 능력에 어느 정도 손상을 입었다. 게다가 게르트너는 변종이라고 믿을 만한 충분한 근거가 있는 앵초와 노란구륜앵초를 수년간 반복해서 교배했는데, 생식 능력이 있는 씨앗을 한두 번밖에 얻지 못했다. 또한 일류 식물학자들이 변종으로 여기는 흔한 붉은뚜껑별꽃 (pimpernels)과 푸른뚜껑별꽃을 교배했을 때도 그들이 완벽하게 불임이 된다는 것을 발견했다. 그는 다른 몇몇 유사한 사례들에서도 동일한 결론에 도달했다. 그러니 나로서는 게르트너가 믿는 것처럼 많은 다른 종들이 그렇게 교배되면 정말로 불임이 되는지에 의심을 품는 것도 당연하다고 생각한다.

한편으로는 다양한 종을 교배했을 때 그 불임성이 정도의 차이가 있고, 또 그 차이가 눈에 띄지 않을 만큼 점진적이라는 것은 확실하지만, 다른 한편으로는, 순종들의 생식 능력 역시 다양한 상황에 따라 너무나 쉽게 영향을 받는다는 것도 분명한 사실이다. 따라서 어떤 실제적인 목적으로든, 완벽한 생식 능력과 불임성을 가르는 지점을 파악하는 것은 무척이나 어렵다는 점은 분명하다. 이에 대해, 이 분야에 있어 경험이 가장 풍부한 두 관찰자, 다시 말해 쾰로이터와 게르트너가 똑같은 종들을 가지고 180도로 정반대 결론에 도달했다는 것보다 더 좋은 증거가 과연 필요할까 싶다. 지면이 부족한 탓에 여기서는 자세히 다룰 수 없지만, 어떤 불확실한 종류를 종으로 분류해야 하느냐 아니면 변종으로 분류해야 하느냐 하는 문제에 대해 최고의 식물학자들이 내놓은 증거를, 다른 교배자에 의해 이루어진 실험이나, 동일한 관찰자가 여러 해 동안에 걸쳐 시행한 실험을 바탕으로 내놓은 생식 능력의 증거와 비교해 보는 것이 무엇보다 더 유익할 것이다. 그러면 가임성과 불임성 중 어떤 것도 종과 변종 사이의 어떤 명확한 차이점을 제시해 주지는 못한다는 사실을 알 수 있을 것이다. 그러나 이러한 근거로부터 나온 증거들이 다 제각각이기 때문에, 다른 체질적이고 구조적인 차이들에서 유도할 수 있는 증거들과 마찬가지로 다소 그 진위 여부가 의심스럽다.

　　연이은 세대에서 나타나는 잡종의 불임성에 대해 살펴보자. 게르트너는 몇 가지 잡종들을, 순종인 부모들과 교배하지 않도록 주의 깊게 관리하면서 6세대나 7세대, 그리고 한번은 10세대까지 키워 보았다. 하지만 그는 그것들의 생식 능력이 높아지는 일을 한번도 목격하지 못했고, 대체로 그 가능성이 상당히 줄어들었다고 강력하게 주장했다. 나는 실제로 그랬을 것이라 생각하며, 종종 잡종의 첫 몇 세대에서 생식 능력이 갑자기 크게 감소한다는 사실을 의심하지 않는다. 그럼에도 나는 이런 모든 실험들에서 생식 능력이 감소한 이유가 별개의 원인, 즉 근친 교배 때문이라고 본다. 나는 근친 교배가 생식 능력을 감소시킨다는 것을, 그리고 다른 한편으로는 완전히 다른 개체나 변종과의 교배가 때로는 생식 능력을 증가시키기도 한다는 것을 보여 주는 사실들을 너무나 많이 수집했다. 그렇기 때문에, 교배자들 사이에 거의 보편적으로 퍼져 있는 이 믿음의 진실성을 의심할 도리가 없다. 실험가들이 잡종을 대량으로 육성하는 일은 거의 없다. 그리고 그들은 꽃이 피는 계절에 곤충들이 찾아오는 것을 주의 깊게 막는다. 일반적으로 잡종이 같은 정원에서 부모 종이나 다른 동류(同類)의 잡종들과 함께 자라기 때문이다. 이런 이유로 잡종은 각 세대에 걸쳐 그들 자신의 꽃가루에 의해 수정되는 것이 일반적이다. 나는 이러한 사실이 잡종이기 때문에 이미 낮아진 그들의 생식 능력에 더욱 해로운 영향을 줄 것이라고 확신한다. 나는 게르트너가 반복적으로 제시한, 다음과 같은 특기할 만한 진술을 바탕으로 더욱 굳건히 그렇게 확신하게 되었다. 그 진술이란, 심지어 생식 능력이 떨어진 잡종들이라 해도 동종의 잡종 꽃가루와 인위적으로 수정되면, 조작의 악영향이 잦음에도 불구하고, 때로는 그 생식 능력이 확실히 증가하고, 그 증가가 계속된다는 것이다. 그리하여 인공 수정에서, 꽃가루는 수정될 그 꽃 자체의 수술에서 취해지는 것 못지않게 다른 꽃의 수술로부터 우연히 취해지는 일도 많다. (이것은 내 자신의 경험에 비추어 알고 있는 사실이다.) 그러니 두 꽃 사이의 교배는 같은 식물에서라 해도, 그런 식으로 영향을 받을 수 있다. 게다가 게르트너처럼 세심한 관찰자라면 복잡한 실험을 실시할 때 반드시 잡종에 제웅을 실시했을 터이므로, 각 세대는 확실히 같은 식물이나 동일한 잡종 성질을 지닌 다른 식물에 핀 별개의 꽃에서 나온 꽃가루와 교배되었을 것이다. 따라서 인공 수정된 잡종들이 낳은 이후의 세대들의 생식 능력이 증가하는 이상한 현상은, 내가 믿기로는 근친 교배를 피할 수 있었던 덕분으로 설명할 수 있을 듯하다.

이제 세 번째로 많은 경험을 가진 다른 잡종 교배자인 W. 허버트 씨가 도달한 결론으로 고개를 돌려 보자. 허버트 씨는 일부 잡종들이 완벽한 — 순종 부모 종들과 마찬가지로 — 생식 능력을 보인다는 자신의 결론을 단호하게 제시했다. 별개 종들 사이에서는 어느 정도 불임성이 나타나는 것이 보편적인 자연의 법칙이라는 쾰로이터와 게르트너의 주장 못지않게 말이다. 허버트 씨는 게르트너가 사용한 바로 그 종들 몇 가지를 가지고 실험을 실시했다. 두 사람의 결론이 그처럼 차이를 보이는 것은, 내가 생각하기로는, 허버트 씨의 탁월한 원예 기술과 그가 마음대로 쓸 수 있는 온실이 있다는 사실 덕인 것

같다. 허버트 씨가 기술한 많은 중요한 문장들 중에서 나는 여기에 한 가지 예만을 제시하고자 한다. "크리눔 레볼루툼(*C. revolutum*)에 의해 수정된 크리눔 카펜스(*Crinum capense*)의 꼬투리에서는 모든 밑씨가 식물을 생산했는데, 나는(허버트 씨를 말한다.) 자연 수정의 경우에는 한 번도 그런 일이 일어나는 것을 본 적이 없다." 그러니 우리는 여기서 별개의 두 종 사이의 1세대 이종 교배에서 완벽한, 심지어 일반적인 경우보다도 더 완벽한 생식 능력의 예를 볼 수 있는 것이다.

이 문주란속(*Crinum*)의 경우를 바탕으로 나는 다음과 같은 아주 특이한 사실을 언급하지 않을 수 없다. 그 사실인즉 로벨리아속(*Lobelia*)의 특정 종 그리고 히페아스트룸속(*Hippeastrum*)의 모든 종처럼, 자기 종의 꽃가루보다는 다른 종의 꽃가루를 사용했을 때 수분하기가 훨씬 더 쉬운 식물들이 있다는 것이다. 이런 식물들이 자기 꽃가루로 다른 종들을 수정시킬 수 있는 것을 보면 그들 자신의 꽃가루는 완벽하게 아무런 문제가 없다는 게 확실하다. 그럼에도 이들은 다른 종의 꽃가루로는 수정이 되면서도 자신의 꽃가루로는 수정되기 어렵다. 몇몇 식물들과 어떤 종의 모든 개체는 실제로 자가 수정되는 것보다 교잡되는 편이 훨씬 더 쉽다! 예를 들어, 히페아스트룸 아울리쿰(*Hippeastrum aulicum*)의 구근은 네 송이의 꽃을 피우는데, 세 송이는 허버트 씨에 의해 그것들 자신의 꽃가루로 수정되었고, 나머지 한 송이는 차후에 다른 세 종에서 나온 혼성 잡종의 꽃가루로 수정되었다. 결과는 이러했다. "처음 핀 세 송이는 꽃들의 씨방이 곧 성장을 멈추고 그 며칠 후에는 완전히 시들어 버린 반면, 잡종의 꽃가루로 수정된 깍지는 활기차게 성장하고 급속히 성숙해서 좋은 종자를 생산했고, 종자는 자유롭게 발아했다." 1839년에 내게 보낸 서신에서 허버트 씨는 자기가 그때까지 5년간 그 실험을 실시했고, 그 후로도 몇 년간 계속해서 해 보았는데 늘 같은 결과가 나왔다고 알려 주었다. 또한 히페아스트룸과 그것의 아속, 뿐만 아니라 로벨리아, 파시플로라(Passiflora)와 베르바스쿰(Verbascum) 같은 몇몇 다른 속을 관찰한 다른 관찰자들 역시 그러한 결과를 다시금 확인해 주었다. 이들의 실험에서 식물들은 완벽하게 건강해 보였고, 동종 꽃의 씨방과 꽃가루 모두 다른 종들에게 적용했을 때는 완벽하게 기능했다. 그럼에도 자기들끼리 상호 작용시켰을 때는 불완전하게 기능했기 때문에, 우리는 그 식물들이 부자연적인 상태에 있었다고 추론해야만 한다. 그렇기는 하지만, 이러한 사실들은 어떤 종이 교배된 경우, 자가 수정되었을 때와 비교해서 그 종의 생식 능력이 더 줄어드느냐 더 늘어나느냐를 좌우하는 미묘하고 신비로운 원인들을 보여 준다.

원예가들이 실제로 수행한 실험들은, 비록 과학적인 정밀성을 확보한 채로 실시된 것은 아니지만 어느 정도 주목할 가치가 있다. 펠라르고늄속(Pelargonium), 수령초속(Fuchsia), 칼세올라리아속(Calceolaria), 페튜니아속(Petunia), 진달래속(Rhododendron) 등의 종들이 얼마나 복잡한 방식으로 교배되는가는 익히 알려져 있지만, 그래도 이들의 잡종 중 다수가 자유롭게 종자를 생산한다. 예를 들어, 허버트 씨는 칼세올라리아속에서 전반적인 습성이 가장 차이나는 인테그리폴리아종(Calceolaria integrifolia)과 플란타기네아종(C. plantaginea) 사이에서 나온 한 잡종이, "마치 칠레의 산에서 온 자연적인 종처럼 완벽한 생식 작용을 했다."라고 주장했다. 나는 진달래속의 복잡한 교배에서 나온 잡종들 중 일부가 지닌 생식 능력의 정도를 확인하기 위해 노력을 기울였다. 그 결과, 그들 중 다수가 완벽한 생식 능력을 가지고 있다는 사실을 확신하게 되었다. C. 노블(C. Noble) 씨는, 그가 진달래속의 폰티쿰종(R. ponticum)과 카타우비엔세종(R. catawbiense) 간 잡종을 접목해서 몇 종류를 키워 보았는데, 이 잡종이 "상상할 수 있는 한 자유롭게 종자를 낳는다."라고 내게 알려 주었다. 만약 게르트너가 믿는 것처럼, 적절한 관리를 받고 있는 잡종들이 매 후속 세대들마다 생식 능력이 감소되었다면, 그 사실은 묘목 상인들에게 악명이 높았을 것이다. 원예가들이 같은 잡종을 대량으로 키운다는 사실만으로도 그들이 적절한 관리를 한다고 말할 수 있다. 곤충의 매개 덕분에 동일한 잡종 변종들의 몇몇 개체들이 서로와 자유롭게 교배할 수 있고, 따라서 그것을 통해 동계 교배의 해로운 영향을 막을 수 있기 때문이다. 꽃가루를 전혀 생산하지 않는, 다시 말해 한층 생식 능력이 낮은 잡종 진달래속의 꽃들을 살펴본다면, 누구나 곤충에 의한 매개가 효율적이라는 사실을 확신하게 될 것이다. 그들의 암술머리에서 다른 꽃들로부터 온 수많은 꽃가루들을 보게 될 테니까 말이다.

식물에 비해 동물에 대해서는 주의 깊은 실험이 이루어진 경우가 훨씬 적다. 만약 우리의 분류법에 근거한 배열을 신뢰할 수 있다면, 즉 동물의 속이 식물의 속처럼 명확하게 구분된다면, 동물들이 식물에 비해 자연의 계층 구조에서 더 멀리 떨어져 있는 것끼리도 더 쉽게 교배할 수 있다고 추론할 수 있으리라. 그렇지만 내가 생각하기에 잡종들 그 자체는 불임성이 좀 더 높지 않을까 싶다. 나는 어떤 잡종 동물의 생식 능력이 완벽하다고 할 때, 그것이 철저히 사실로 입증되었다고 확언할 수 있느냐에 의심을 품는다. 그렇지만 갇힌 상태에서는 자유롭게 번식하는 동물들이 거의 없기 때문에, 공정하게 실험이 이루어진 경우가 드물다는 사실을 염두에 두어야 한다. 예를 들어, 카나리아(canary-bird)는 다른 아홉 종의 되새류와 교배되었지만, 이 아홉 종들 중 갇힌 상태에서 자유롭게 번식하는 것은 하나도 없었다. 따라서 우리는 그 되새류와 카나리아 사이의 1세대 이종 교배에서나, 혹은 그 잡종들이 완벽한 생식 능력을 보일 수 있다고 기대할 근거가 없다. 다시금, 생식 능력이 비교적 높은 잡종 동물들의 후속 세대들이 가진 생식 능력과 관련해서, 나는 같은 잡종의 두 집단이 근친 교배의 악영향을 피하기 위해 동시에 다른 부모들로부터 길러진 예를 거의 들어 본 적이 없다. 그와는 반대로 아무리 모든 교배자들이 끊임없이 주의를 기울여도, 보통 각 세대마다 그 형제자매들이 서로 교배하는 일이 발생했다. 이 경우에 그 잡종들의 선천적인 불임성이 계속해서 증가했다는 것은 전혀 놀라운 사실이 아니다. 만약 우리가 그런 식으로 한다면, 그리고 어떤 이유로든 불임성을 발전시킬 확률이 가장 낮은 그 어떤 순종 동물이라도, 형제들과 자매들이 서로 짝을 짓는다면, 그 품종은 확실하게 몇 세대 안 가서 사라지고 말 것이다.

나는 잡종 동물들이 완벽하게 생식 가능하다고 입증된 경우를 전혀 알지 못한다. 그렇기는 하지만 세르불루스속의 바기날리스종(*Cervulus vaginalis*)과 리비지종(*C. reevesii*) 사이의 잡종과, 파시아누스속의 콜키쿠스종(*Phasianus colchicus*)과 토르쿠아투스종(*P. torquatus*), 그리고 베르시콜로르종(*P. versicolor*) 사이의 잡종들이 완벽하게 가임이라고 믿을 만한 몇 가지 이유가 있다. 서로 너무나 달라서 일반적으로 다른 속으로 규정되는 일반 거위와 중국거위(A. cygnoides)의 잡종은 대개 영국에서 순종 부모와 함께 자랐다. 그들끼리만 자란 경우는 한 가지 예밖에 없었다. 그 예는 토머스 캠벨 이튼(Thomas Campbell Eyton) 씨로부터 나온 것인데, 그는 동일한 부모에게서 나왔지만 따로따로 부화시킨 잡종 두 마리를 키웠다. 그리고 그는 자신이 키운 이 두 마리로부터 한 둥지에서 여덟 마리나 되는 잡종(순종 거위의 손자)을 키워 냈다. 그러나 인도에서는 틀림없이 이 교배로 태어난 거위의 생식 능력이 훨씬 더 높을 것이다. 그 이유는, 대단히 유능한 감식가인 블라이스 씨와 토머스 허턴(Thomas Hutton) 대위가 알려준 이야기를 통해 알 수 있다. 즉 그런 식으로 교배한 거위들이 인도의 곳곳에서 무리로 사육되고 있으며, 경제적 이익을 위해 순종 부모가 존재하지 않는 곳에서 사육되고 있는 만큼 이들은 생식 능력이 탁월할 수밖에 없기 때문이다.

팔라스가 처음 제시한 설명은 현대 박물학자들에게 널리 받아들여졌다. 즉 우리 가축들 대다수가 둘이나 그 이상의 토착종으로부터 내려왔고 상호 교잡을 통해 혼합되어 왔다는 것이다. 이런 시각을 바탕으로 보면, 반드시 토착종들이 처음에는 무척 생식 능력이 높은 잡종들을 낳았거나, 아니면 잡종들이 가축화되면서 이후 세대에서 생식 능력이 높아졌어야 한다. 내게는 후자의 설명이 더 그럴듯해 보이고, 사실 비록 그 설명을 뒷받침하는 직접적인 근거는 전혀 없지만, 나는 그 설명이 진실이라고 믿는 편이다. 예를 들어 나는 우리의 개들이 몇몇 야생종들의 자손들이라고 본다. 그렇지만 아마도 남아메리카의 몇몇 토착 견종들을 제외하고 모든 개들은 생식 능력이 매우 높을 것이다. 이러한 유추를 바탕으로 나는 몇몇 야생 원종들이 처음에 서로 자유롭게 짝짓기를 했고 무척 생식 능력이 높은 잡종들을 낳지 않았을까 하는 의혹을 품게 되었던 것이다. 그러니 다시금 유럽의 일반 소와 혹이 있는 인도 소는 교배했을 때 생식 능력이 높으리라고 믿을 만한 이유가 있다. 그렇지만 블라이스 씨가 내게 알려준 사실들을 바탕으로, 나는 그 두 종을 별개의 종들로 여겨야 한다고 생각한다. 우리 가축들 다수의 기원에 대한 이런 시각을 바탕으로, 우리는 서로 다른 동물 종들이 교배했을 때 거의 보편적으로 불임성을 가지게 된다는 믿음을 포기하든가, 아니면 불임을 지울 수 없는 특질로 보지 않고 사육을 통해 제거할 수 있는 특질로 보는 쪽을 택해야 한다.

마지막으로, 식물과 동물 들의 교배에 대한 확인된 사실들을 모두 종합해 보면, 이종 교배에서나 그 잡종에서나, 어느 정도의 불임성은 전반적으로 나타나는 결과라는 결론을 내릴 수 있다. 그렇지만 현재의 지식 상태에서는, 그것을 절대적으로 나타나는 보편적인 현상으로 여길 수는 없다.

1세대 이종 교배의 불임성 및 잡종의 불임성을 지배하는 법칙

우리는 이제 1세대 이종 교배의 불임성 및 잡종의 불임성을 지배하는 환경과 법칙에 대해 좀 더 자세히 살펴볼 것이다. 우리의 주된 목표는 그런 법칙들이 완전히 무질서한 가운데 교배해서 서로 뒤섞이는 것을 방지하기 위해 종들이 특별히 이런 성질을 부여받도록 만드는 지침인지 아닌지를 알아내는 것이 되리라. 다음 법칙들과 결론들은 주로 게르트너의 식물 교배에 대한 탁월한 실험으로부터 도출된 것이다. 나는 그 법칙들이 동물들에게 어느 정도로까지 적용될 수 있는가를 확실히 밝히기 위해 고생을 했는데, 잡종인 동물에 대한 우리의 지식이 얼마나 부족한가를 감안할 때, 동일한 법칙들을 동식물계에 모두 적용할 수 있다는 것을 깨닫고 놀라지 않을 수 없었다.

1세대 이종 교배의 생식 능력 및 잡종의 생식 능력 정도가 0에서 완벽한 가임성에 이르기까지 점진적인 차이를 보인다는 사실은 이미 언급했다. 이 차이가 얼마나 많은 기이한 방식으로 존재하는지를 보면 놀라지 않을 수 없다. 그렇지만 여기서는 그 사실들의 가장 기본적인 윤곽밖에 제공할 수 없다. 어떤 과에 속하는 한 식물의 꽃가루가 다른 과에 속하는 식물의 암술머리에 묻는 것은 무기물인 먼지가 묻은 것과 전혀 차이가 없다. 어떤 한 종의 암술머리에 같은 속에 속하는 다른 종의 꽃가루가 묻으면, 절대적인 0에 해당하는 생식 능력부터 거의 완전한 생식 능력이나 심지어 완벽한 생식 능력까지, 생산되는 씨앗의 숫자는 점진적인 차이를 보여 준다. 또한 우리가 보았듯이 몇몇 비정상적인 경우, 심지어 식물 그 자신의 꽃가루로 수정된 경우를 넘어서는 과도한 생식 능력까지 보이기도 한다. 마찬가지로 잡종 그 자체들로는, 심지어 순수한 부모의 꽃가루를 사용한다 해도, 생식 가능한 씨앗을 절대로 단 하나도 생산하지 않거나 아마도 생산하지 않을 것으로 보이는 종류도 있다. 그렇지만 이런 경우들 중 일부에서 생식 능력의 최초의 흔적을 검출할 수 있을지도 모른다. 꽃이 일찍 시드는 것은 수정이 막 시작되었다는 신호로 잘 알려져 있는데, 순종 부모 중 한쪽의 꽃가루를 그 잡종 꽃에 묻히면 그렇게 하지 않은 경우보다 더 일찍 시드는 경우가 있기 때문이다. 자가 수정된 잡종의 생식 능력은 극도의 불임성에서 생산되는 씨앗이 점점 더 많아져 완벽한 가임성에 이르기까지 매우 다양하다.

교배하기가 무척 어렵고 거의 새끼를 낳지 않는 두 종의 잡종은 전반적으로 매우 높은 불임성을 보인다. 그렇지만 첫 번째 잡종 생산의 어려움과, 첫 번째 잡종으로부터 태어난 잡종의 불임성이 — 이 두 부류의 사실들은 흔히 혼동되기 쉽지만 — 늘 나란히 가는 것은 결코 아니다. 두 순종이 유달리 쉽게 교배되고 수많은 잡종 후손을 생산했지만, 그 생산된 잡종들이 유달리 불임성이 높은 경우도 많다. 다른 한편, 무척 드물게 혹은 극도로 어렵게만 교배되는 종들의 잡종이, 결국 태어났을 때는 생식 능력이 높은 경우도 있다. 예를 들어 패랭이속(*Dianthus*)처럼, 심지어 같은 속의 범위 내에서도 이런 두 가지 정반대 사례가 일어난다.

순종의 생식 능력에 비해 1세대 이종 교배에서와 후대 잡종의 생식 능력은 불리한 환경의 영향을 더욱 쉽게 받는다. 그렇지만 생식 능력의 정도는 선천적으로 서로 다르다. 동일한 두 종이 같은 조건에서 교배되었을 때에도 생식 능력이 늘 동일하지는 않으며, 일부는 그 실험을 위해 선택된 개체들의 체질에 의존하기 때문이다. 이는 잡종도 마찬가지인데, 같은 깍지에서 나온 씨앗에서 키워지고 정확히 동일한 조건에 노출된 몇몇 잡종 개체들에서도 생식 능력 정도가 엄청나게 다르다는 사실이 종종 발견되기 때문이다.

분류학적 유사성이라는 용어는 종들 사이에 구조와 체질의 유사성, 특히 생리학적으로 매우 중요한 부분과 근연 관계에 있는 종들에서 거의 차이가 없는 부분의 유사성을 의미한다. 이종 간의 1세대 교배의 생식 능력과 그들로부터 태어난 잡종의 생식 능력은 그 종들의 계통적 유연 관계에 따라 크게 좌우된다. 이것은 분류학자가 확실히 다른 과로 규정한 종 사이에서는 잡종이 만들어진 적이 없다는 사실에 의해, 그리고 다른 한편으로는 유연 관계가 대단히 가까운 종은 쉽게 교배하는 것이 보통이라는 사실을 통해 명확히 볼 수 있다. 그렇지만 계통적 유연 관계와 교배의 용이성이 엄밀히 상응하는 것은 결코 아니다. 매우 가까운 종이지만 절대로 교배하려 하지 않거나 극히 어렵게만 교배하는 종들, 그리고 다른 한편으로는 완전히 별개의 종이지만 극히 쉽게 교배되는 종들에 대한 다양한 사례들이 존재한다. 같은 과 내에서 매우 많은 종들이 쉽게 교배되는 패랭이 같은 속도 있고, 극도로 가까운 종들 사이에서 아무리 끈기 있게 노력해도 단 하나의 잡종도 못 만들어 내는 장구채속(Silene)과 같은 속도 있을 수 있다. 심지어 같은 속의 범위 내에서도 우리는 이와 같은 차이들을 볼 수 있다. 예를 들어, 담배속(Nicotiana)의 많은 종들은 거의 모든 다른 속들의 종들보다 더 폭넓게 교배해 왔다. 하지만 게르트너는 별개의 종이 아닌 담배속의 아쿠미나타종(N. acuminata)이 담배속의 무려 여덟 개나 되는 다른 종들과는 수정을 하는 것도, 수정이 되는 것도 도저히 불가능하다는 사실을 발견했다. 이 밖에도 이와 비슷한 매우 많은 사실들을 제시할 수 있다.

  이처럼 두 종이 교배하는 것을 막는 역할을 하는 어떤 식별 가능한 형질의 차이가 어떤 종류인지, 혹은 어느 정도인지를 파악한 사람은 아무도 없었다. 그리고 습성과 전반적인 외양이 가장 동떨어진, 그리고 꽃의 모든 부분, 심지어 꽃가루, 과육, 떡잎에서조차 현저한 차이를 보여 주는 식물들이 서로 교배될 수 있다는 사실이 발견되었다. 일년생 식물과 다년생 식물들, 낙엽수와 상록수처럼 다른 서식지에 살고 극도로 다른 기후에 적응해 사는 식물들을 쉽게 교배할 수 있는 경우도 의외로 많다.

두 종 사이의 상반 교잡(reciprocal cross)이란, 예컨대 암탕나귀와 수말을 처음 교배시키고, 그 후 암말과 수탕나귀를 교배시키는 경우를 뜻한다. 그러면 이 두 종이 이제 상반 교잡되었다고 말할 수 있다. 이런 상반 교잡은 쉽게 되는 경우도 있지만 전혀 그렇지 않은 경우도 있다. 이 사실은 매우 중요한데, 그것은 어떤 두 종의 교배 가능성이 그 두 종의 계통적 유연 관계, 또는 그들의 전체 개체에 존재하는 그 어떤 인식 가능한 차이점과는 완전히 독립적일 수도 있다는 사실을 증명하기 때문이다. 한편으로는, 이 경우들을 통해 교배 능력이 우리로서는 알 수 없는 체질적인 차이와 관련이 있으며, 생식계에 국한되어 있다는 사실을 명확하게 할 수 있다. 동일한 두 종 사이의 상반 교잡의 결과에서 나타나는 이런 차이는 오래전에 쾰로이터가 관찰한 바 있다. 한 가지 예를 들어 보자. 미라빌리스 잘라파(*Mirabilis jalappa*)는 미라빌리스 롱기플로라(*M. longiflora*)의 꽃가루로 쉽게 수정할 수 있고, 그렇게 생산된 잡종은 충분한 생식 능력을 가진다. 그렇지만 쾰로이터는 그 후로 8년간 200번도 더 넘게 미라빌리스 롱기플로라를 미라빌리스 잘라파의 꽃가루로 상반 교잡하는 시도를 했는데, 완전히 실패했다. 이처럼 놀라운 사례를 몇 가지나 제시할 수 있다. 귀스타브 아돌프 튀레(Gustave Adolphe Thuret)는 몇몇 해조나 푸쿠스(Fuci, 푸쿠스속의 녹갈색 갈조. ─ 옮긴이)에서 동일한 사실을 관찰했다. 게다가 게르트너는 이 상반 교잡 시의 생식 용이성의 차이가, 그렇게 심하지는 않더라도 매우 흔하게 나타난다는 사실을 발견했다. 그는 심지어 많은 식물학자들이 변종으로만 규정할 정도로 서로 너무나 가까운 관계에 있는 종류 ─ 매티올라 아누아(Matthiola annua)와 글라브라(glabra) 같은 ─ 사이에서도 그런 현상을 관찰했다. 또한 상반 교잡으로 태어난 잡종이 어느 정도, 그리고 더러는 상당한 정도로 제각각의 생식 능력을 가진다는 점 역시 특기할 만한 사실이다. 물론 비록 한 종이 처음에는 아버지로 사용되었고 그러고 나서 어머니로 사용된 동일한 두 종의 복합이기는 하지만 말이다.

게르트너에 따르면 몇몇 다른 독특한 법칙들이 존재한다. 예를 들어, 어떤 종들은 다른 종들과 교배할 수 있는 뛰어난 능력을 가지고 있고, 그것과 같은 속의 다른 종들은 잡종 새끼들이 자신들을 닮게 만드는 능력이 탁월하다. 하지만 이 두 능력이 반드시 같이 가는 것은 절대 아니다. 보통 그렇듯이 양쪽 부모가 가진 특질의 중간치를 나타내는 대신, 늘 어느 한쪽만 빼닮는 몇몇 잡종들이 있다. 그리고 그런 잡종들은 비록 외적으로는 순수한 부모 종의 어느 한쪽과 너무나 비슷해 보이지만, 거의 예외 없이 극도의 불임성을 보인다. 또한 양쪽 부모의 중간을 취하는 것이 보통인 잡종들 사이에서, 예외적이고 비정상적인 개체들이 태어나는 경우가 이따금 있는데, 이들은 순종 부모의 어느 한쪽과 가깝게 닮은 모습을 보인다. 그리고 심지어 동일한 깍지로부터 나온 다른 씨앗에서 자라난 다른 잡종들이 상당한 정도의 생식 능력을 갖는다 하더라도 이런 잡종들은 거의 늘 완전히 불임이다. 이런 사실들은 잡종의 생식 능력이 어느 쪽을 막론하고 순종 부모와의 외적인 유사성과는 아무런 관련이 없음을 보여 준다.

지금까지 제시한 1세대 교배의 생식 능력과 후대 잡종의 생식 능력을 지배하는 몇 가지 법칙들을 감안할 때, 우리는 명확히 별개 종으로 간주되어야 하는 종류들이 서로 결합할 때, 그들의 생식 능력은 0에서 완벽한 정도까지, 어떤 상황에서는 지나친 생식 능력까지, 점진적 차이를 보인다는 것을 알 수 있다. 그들의 생식 능력은, 우호적이거나 비우호적인 상황에 상당히 민감할뿐더러 원래 타고나기를 제각각으로 태어났다. 즉 1세대 이종 교배와 이 잡종으로부터 태어난 잡종들에서 그 정도가 늘 같지 않다는 것이다. 잡종들의 생식 능력은 외양상 양쪽 부모를 닮은 정도와 전혀 상관이 없다. 그리고 마지막으로, 어떤 두 종 사이의 첫 번째 잡종을 만드는 작업의 용이성이 그 둘의 계통적 유연 관계나 서로의 닮은 정도에 늘 지배되지는 않는다. 이 마지막 주장은 동일한 두 종 사이의 상반 교잡을 통해 명확히 입증 가능하다. 한 종이나 다른 종이 아버지로 사용되느냐 어머니로 사용되느냐에 따라, 그 결합의 용이성이 보통은 약간의 차이를, 그리고 때로는 엄청나게 큰 차이를 보이기 때문이다. 게다가 상반 교잡에서 태어난 잡종들은 종종 제각각의 생식 능력을 보인다.

이런 복합적이고 독특한 법칙들은 종들이 그저 자연계에서 뒤섞이는 것을 막기 위해 불임성을 부여받았음을 의미하는 것일까? 나는 그렇게 생각지 않는다. 그렇다면 서로 섞이는 것을 방지하는 것이

다른 것들에 비해 덜 중요하다고 생각할 이유가 없는 다양한 종들이 교배될 때, 그렇게 불임성의 정도가 극히 제각각이어야 할 이유가 없지 않은가? 왜 같은 종의 개체들이 각각 다른 정도의 불임성을 타고 나야 하는가? 왜 몇몇 종은 쉽게 교배되었는데도 불임성을 가진 잡종을 낳는 반면, 다른 종들은 극도로 어렵게 교배되었는데도 생식 능력이 매우 높은 잡종을 낳는 것일까? 왜 같은 두 종 사이의 상반 교잡이 그토록 큰 차이를 보이는 결과를 내는 경우가 많을까? 심지어 이렇게도 물을 수 있는데, 왜 애초에 잡종이 태어나는 일이 가능한가? 종들에게 일단 잡종을 생산하는 특별한 능력을 부여하고, 그다음에 그 잡종에게 그 부모 사이의 첫 결합의 용이성과는 그다지 관련 없이 서로 다른 정도의 불임성을 부여해서 더 이상 잡종이 퍼지는 것을 막는 것은 실로 이상한 안배로 보인다.

　다른 한편, 내가 보기에는 앞서 말한 법칙들 및 사실들은 1세대 이종 교배의 불임성 및 잡종의 불임성이 그저 우연이거나, 주로 교배되는 종들이 가진 알 수 없는 생식계의 차이에 의존한다는 사실을 명확히 시사하는 듯하다. 이러한 차이점들은 매우 별나고 제한적인 성질을 가지고 있는데, 두 종 간 상반 교잡에서 한쪽의 웅성 요소는 종종 다른 쪽의 자성(雌性) 요소에 자유롭게 작용을 할 수 있지만, 역방향으로는 그렇지 않다. 내가 불임성이 특별히 부여된 특질이 아니라 다른 차이점들에 부수하는 것이라고 말할 때 그것이 무슨 뜻인가를 예를 들어 좀 더 자세히 설명하는 편이 좋을 듯하다. 한 식물이 다른 식물에 접목 또는 눈접(芽接)되는 능력은 자연 상태에서 그것의 안녕에 전혀 중요하지 않다. 그러므로 나는 이런 능력이 특별히 부여된 특질이라고 생각하는 사람은 아무도 없을 테고, 그것이 두 식물의 성장 법칙의 차이에 부수되는 것이라는 사실을 독자들이 납득하리라 생각한다. 우리는 이따금 어떤 나무가 다른 나무에 접목되려 하지 않는 이유를 그 나무 고유의 성장 속도, 재질의 단단함, 수액이 흐르는 기간이나 수액 성질 등의 차이로부터 찾을 수 있다. 그렇지만 대부분의 경우, 우리는 그것에 대해 아무런 이유도 들지 못한다. 두 식물의 크기가 엄청나게 다르더라도, 하나는 나무고 다른 하나는 풀이거나 하나는 상록수고 다른 하나는 낙엽수라 할지라도, 그리고 매우 다른 기후에 적응했다 할지라도, 그런 요소들이 그 둘의 접목을 막지는 못한다. 교배에서 그렇듯이 접목에서도 마찬가지로, 그 능력을 제약하는 것은 계통적 유연 관계다. 서로 동떨어진 과에 속하는 나무들을 접목하는 데 성공한 사람은 아무도 없기 때문이다. 그리고 다른 한편, 가까운 근연종이나 같은 종 내의 변종들은 예외가 없는 것은 아니지만 흔히 쉽게 접목된다. 그렇지만 교배에서도 그렇듯이 이러한 능력이 무조건 계통적 유연 관계의 지배를 받는 것은 아니다. 비록 같은 과에 속하는 많은 서로 다른 속들이 서로 접목된 사례가 많기는 하지만, 같은 속의 종들이 서로를 받아들이려 하지 않는 경우도 존재한다. 배는 같은 속의 일원인 사과보다는 다른 속으로 규정되는 마르멜로(quince)에 훨씬 쉽게 접목될 수 있다. 심지어 배의 다양한 변종들을 마르멜로에 접목할 때, 그것이 쉽고 어려운 정도 역시 제각각이다. 살구나무와 복숭아나무의 다양한 변종들을 자두의 몇몇 변종에 접목하는 경우도 마찬가지다.

게르트너가 교배에서 동일한 두 종의 다른 개체들이 차이점을 타고나는 일이 가끔 있음을 발견했듯이, 오귀스탱 사게레(Sageret)는 이것이 서로 접목된 동일한 두 종의 다른 개체들 사이에서도 마찬가지라고 믿는다. 상반 교잡에서 결합의 용이성이 제각각이듯이, 접목에서도 그러한 경우가 더러 있다. 예컨대 흔히 보는 구스베리는 까치밥나무속(currant)의 어떤 종에 접목할 수 없지만, 까치밥나무속의 다른 종은 구스베리에 접목할 수 있다. 비록 쉽지는 않지만 말이다.

우리는 불완전한 상태의 생식 기관을 가진 잡종들의 불임성이, 완벽한 생식 기관을 가지고 있는 두 순종을 결합시키는 어려움과는 그다지 상관이 없지만 이 두 별개의 사례가 어느 정도 병행하는 경향이 있다는 사실을 앞서 살펴보았다. 접목을 할 때에도 이와 비슷한 일이 일어났는데, 앙드레 투앵(Andrè Thouin)은 자기 뿌리에서는 자유롭게 씨앗을 생산했고, 전혀 어려움 없이 다른 종에 접목할 수 있었던 로비니아(Robinia)의 세 종이 접목되었을 때 불임으로 변했다는 사실을 발견했다. 다른 한편, 마가목속(Sorbus)의 어떤 종은 다른 종에 접목되었을 때, 자기들의 뿌리에 접목되었을 때보다 두 배나 많은 열매를 맺었다. 우리는 이 후자의 사례를 통해, 자기 꽃가루로 자가 수정되었을 때보다 다른 종의 꽃가루로 수정되었을 때 더 자유롭게 씨앗을 맺은 히페아스트룸속이나 로벨리아속 같은 특별한 경우를 상기할 수 있다.

따라서 우리는 비록 접목된 두 식물의 단순한 유착(癒着, adhesion)과, 웅성 요소와 자성 요소의 생식적 결합 사이에는 명확하고도 근본적인 차이가 있기는 하지만, 서로 다른 종들을 접목하는 것과 교배하는 데서 나타나는 결과에 예상치 못했던 정도의 유사성이 존재한다는 사실을 알 수 있다. 그리고 나는 1세대 교배의 용이성을 지배하는 훨씬 더 복잡한 방식들이, 주로 그들의 생식 기관에 있는 알려지지 않은 차이들에 의해 부수적으로 나타나는 현상이라고 믿는다. 우리가 나무들이 서로 접목될 때의 용이성을 지배하는 기묘하고 복잡한 법칙들을 그들의 생장과 관련된 기관에 있는 알려지지 않은 차이점들의 부수적인 산물로 보아야 하는 것처럼 말이다. 예상했겠지만 양쪽의 경우에서 이런 차이점들은 어느 정도 계통적 유연을 따른다. 우리는 이 계통적 유연성을 통해 개체들 사이에 나타나는 모든 종류의 유사점과 차이점을 설명할 수 있다. 나는 결코 그 사실이 다양한 종들을 접목 혹은 교배하기가 더 어렵거나 더 쉬운 것이 특별히 부여받은 특질임을 보여 준다고 생각지 않는다. 접목의 경우에는 그 용이성이 그들의 안녕에 중요하지 않은 것과는 달리, 교배에서는 그 용이성이 특정 종류의 존속과 안정에 중요하지만 말이다.

1세대 이종 교배 및 잡종의 불임성의 원인들

우리는 이제 1세대 이종 교배 및 잡종의 불임에 대한 가능한 원인들을 더 자세히 살펴볼 것이다. 두 경우는 근본적으로 서로 다른데, 앞서 말한 바와 같이 두 순종이 결합할 때는 웅성과 자성 요소들이 완벽한 반면 잡종에서는 그 요소들이 불완전하기 때문이다. 심지어 1세대 교잡에서도, 결합이 쉽거나 어려운 정도는 분명히 몇몇 별개 요인들에 따라 달라진다. 때로는 꽃가루관이 씨방에 미치지 못할 만큼 너무 긴 암술을 가진 식물의 경우처럼, 웅성 요소가 물리적으로 밑씨에 닿지 못하는 경우가 있을 수 있다. 또한 한 종의 꽃가루가 유연 관계가 먼 종의 암술머리에 놓이면, 비록 꽃가루관이 돌출되더라도, 암술머리의 표면을 꽃가루가 뚫고 들어가지는 못하는 경우도 관찰되었다. 다시금, 튀레가 푸쿠스를 가지고 실험한 경우에서 보았듯이, 웅성 요소가 자성 요소에 닿기는 해도 배가 발생하지 못하는 경우도 있다. 왜 어떤 나무들은 다른 나무들에 접목되지 않느냐 하는 질문에서와 마찬가지로, 이런 사실들을 설명하는 것은 불가능하다. 마지막으로, 배 발생은 일어났지만 초기 단계에서 죽을지도 모른다. 이 맨 마지막 경우는 지금까지 충분히 주목을 받지 못했다. 그렇지만 가금류 교배에 상당한 경력을 가진 에드워드 휴이트(Edward Hewitt) 씨가 알려준 관찰들을 바탕으로 생각해 볼 때, 이와 같은 배의 조기 사멸은 1세대 이종 교배에서 흔히 나타나는 불임의 원인인 것으로 보인다. 처음에 나는 이런 시각을 받아들이기가 힘들었다. 노새의 경우에서 볼 수 있듯이, 잡종들은 일단 태어난 다음에는 일반적으로 건강하고 장수하기 때문이다. 그렇지만 잡종은, 태어나기 전과 태어난 다음의 상황이 다르다. 부모 양쪽과 살 수 있는 나라에서 태어나서 살고 있으면, 잡종들은 대체로 적절한 생활 조건에 놓여 있는 것이다. 그렇지만 잡종은 그 어미의 본성과 체질을 절반밖에 갖고 있지 않으므로, 태어나기 전에 어미의 자궁 안에서나 어미가 낳은 알 또는 씨앗 속에서 영양분을 얻고 있는 한, 어느 정도 부적절한 조건에 노출될 수 있다. 따라서 초기 단계에서 죽기 쉽다. 모든 매우 어린 개체들은, 해롭거나 부자연스러운 삶의 조건에 훨씬 더 민감할 것이기 때문에 특히 더 그렇다.

　생식 요소들이 불완전하게 발달하는 잡종들의 불임성과 관련해서는, 그 경우가 매우 다르다. 나는 내가 동식물들이 자연적인 환경에서 격리되면 생식계에 심각한 손상을 입기 쉬워진다는 것을 보여 주는 많은 사실들을 수집했음을 여러 차례 암시했다. 사실 이것은 동물 가축화의 커다란 장애다. 그렇게 얻은 불임성과 잡종의 불임성 사이에는 많은 유사점이 존재한다. 양쪽의 경우 모두 불임은 전반적인 건강 상태와는 상관이 없으며, 종종 몸집이 너무 큰 자손을 낳거나 다산하는 현상을 동반하기도 한다. 두 경우 다 불임성의 정도는 제각각이다. 양쪽 중 웅성 요소가 더 영향을 입기 쉽지만, 가끔은 웅성보다 자성이 더 영향을 받는 경우도 있다. 양쪽에서 그 경향은 계통적 유연 관계와 어느 정도 나란히 간다. 모든 동식물 집단은 동일한 부자연적인 조건에서 불임으로 변하는 경향이 있고, 모든 종 집단은 불임인 잡종을 낳는 경향이 있다. 반면에 어떤 분류군의 어떤 종은 엄청난 상황 변화에 맞서 생식 능력에 전혀 장애를 입지 않는 강인함을 보여 주기도 한다. 그리고 어떤 분류군의 종들은 희한할 정도로 생식 능력이 높은 잡종들을 낳기도 한다. 직접 시도해 보기 전에는 아무도 어떤 특정한 동물이 사육 하에서 새끼를 낳을지, 어떤 식물이 재배 하에서 자유롭게 씨를 맺을지 알 수 없다. 또한 한 속에 속하는 어떤 두 종이 낳은 잡종이 가임성이 더 높을지 불임성이 더 높을지, 직접 시도하기 전에는 알 수 없다. 마지막으로, 개체들이 몇 세대에 걸쳐 자기들에게 부자연스러운 환경에 놓였을 때, 이들은 극도로 변이하는 경향이 있다. 내가 믿기로 그것은 그들의 생식계가 불임을 초래할 정도까지는 아니라 할지라도 어떤 영향을 받았기 때문이다. 그것은 잡종들 역시 마찬가지인데, 모든 실험가들이 관찰한 것처럼 후속 세대들에서 잡종들은 매우 다양하게 변이하는 경향이 있기 때문이다.

따라서 우리는 개체들이 낯설고 부자연적인 환경에 놓였을 때, 그리고 두 종의 부자연적인 교배로 잡종이 태어났을 때, 전반적인 건강 상태와는 상관없이 생식계가 매우 유사한 방식으로 불임성의 영향을 받게 된다는 것을 알 수 있다. 어떤 경우에는, 비록 우리가 제대로 알아볼 수 없을 정도로 미미한 정도이기는 했지만, 생활 조건에 방해 요소가 생겼다. 그리고 다른 경우에는, 즉 잡종의 경우에는 외부 조건은 변하지 않았지만, 구조와 체질이 다른 두 개체가 하나로 합쳐지면서 장애를 입었다. 두 개체가 하나로 합쳐질 때 그 발달 과정이나 주기적인 행동 또는 서로 다른 부분이나 조직의 연관 관계, 생활 조건에서 그 어떤 장애물도 맞닥뜨리지 않는 것은 거의 불가능하기 때문이다. 잡종들은 자기들끼리 교배할 수 있을 때, 후손들에게 세대에서 세대로 똑같은 혼합된 조직을 물려준다. 그러므로 우리는 그들의 불임성이, 비록 일부는 정도의 차이를 보이지만, 거의 줄어들지 않는다는 데 그리 놀랄 필요가 없다.

그렇지만 막연한 가설을 제외하면 불임성과 관련해 몇 가지 도저히 이해할 수 없는 사실이 있다는 점을 털어놓지 않을 수 없다. 예를 들어, 상반 교잡에서 태어난 잡종들의 생식 능력이 제각각인 것, 혹은 이따금 순종 부모의 어느 한쪽을 예외적으로 빼닮은 잡종들에게서 불임이 증가한 사실 등이 그렇다. 나는 앞서 말한 논점이 문제의 핵심에 도달했다고 주장할 수 없다. 왜 한 개체가 부자연적인 상황에 놓이면 불임이 되는가는 설명되지 않았기 때문이다. 내가 보여주려 하는 것은, 그저 어떤 점에서 서로 연관되어 있는 두 경우 모두에서 공통적으로 불임이라는 결과가 나타난다는 것이다. 즉 하나는 생활 환경이 교란된 경우이고, 다른 경우는 두 개체가 하나로 합쳐지는 것에 의해 구조가 장애를 입은 경우다.

막연한 공상처럼 들릴지는 몰라도, 나는 서로 연관되어 있기는 하지만 종류가 완전히 다른 사실들에까지 이와 비슷한 유사성을 확장할 수 있지 않을까 하는 생각을 품고 있다. 그것은 매우 오래된 거의 보편적인 믿음으로, 생활 조건에서 일어나는 약간의 변화는 모든 생물들에게 이롭다는 것이다. 내가 알기로 이 사실은 상당한 양의 증거를 기반으로 하고 있다. 우리는 특정 토양이나 어떤 기후에서 씨앗과 덩이줄기 등을 키우다가 다른 곳으로 옮겼다가, 다시 반대로 되돌리는 일을 자주 되풀이하는 농부들과 정원사들을 통해, 실제로 그러함을 알 수 있다. 동물들의 회복기 동안에는 생활 습성의 거의 모든 변화가 엄청난 이로움을 준다는 점을 명백히 볼 수 있다. 다시금, 식물이나 동물이나 마찬가지로, 같은 종에 속하는 매우 다른 개체들, 즉 다른 혈통이나 아품종 사이의 교배로 태어난 잡종들은 활력과 높은 생식 능력을 얻는다는 많은 증거가 있다. 사실, 4장에서 시사한 사실들을 바탕으로, 나는 어느 정도의 교배가, 심지어 암수한몸에게도 반드시 필요하다고 생각한다. 그리고 가장 가까운 친척들 사이에서 몇 세대 동안 동계 교배가 지속되면, 특히 동일한 생활 조건에서 지속되면, 항상 나약하고 불임성이 높은 후손이 태어난다고 믿는다.

따라서 약간의 생활 조건 변화는 모든 개체들에게 이로우며, 다른 한편으로, 약간의 교배, 즉 같은 종에서 변이해서 약간 달라진 암수 사이의 교배는 더욱 활력 있고 생식 능력이 높은 후손을 낳는 듯하다. 그렇지만 우리는 그보다 더 큰 변화 혹은 특정한 성질의 변화가 개체들을 어느 정도 불임으로 만들며, 더 심한 교배, 즉 명확하게 다른 웅성과 자성 사이의 교배는 전반적으로 어느 정도 불임성을 가진 잡종을 낳는다는 것을 알고 있다. 나는 도저히 이 유사성이 우연이거나 환상이라고 생각할 수 없다. 내게는 두 일련의 사실들이 생명의 법칙과 근본적으로 관련된 어떤 알 수 없는 공통의 끈으로 엮여 있는 듯 보인다.

변종이 교배했을 때 생식 능력, 그리고 그들의 잡종 자손들의 생식 능력

가장 설득력 있는 논박으로서 다음과 같이 역설할 수 있을지도 모른다. 즉 종과 변종 사이에는 몇 가지 근본적인 구분점이 존재하며, 그렇기 때문에 앞서 말한 모든 주장에는 약간의 오류가 있음이 틀림없다고 말이다. 변종들은 아무리 외양상으로는 서로 다르다 하더라도, 완벽하게 교배할 수 있고 완벽한 생식 능력을 갖춘 자손들을 출산하기 때문이다. 나는 이것이 거의 예외 없이 사실임을 충분히 인정한다. 하지만 만약 우리가 자연 상태에서 태어난 변종들을 본다면, 우리는 곧바로 해결하기 힘든 난관에 부딪히게 될 것이다. 왜냐하면,

여태까지 변종으로 알려졌던 두 개체가 결합했을 때 어느 정도로 불임성을 보이는 것이 발견될 경우, 대다수 박물학자들은 즉각 그 둘을 별개의 종으로 분류할 것이기 때문이다. 예를 들어, 우리의 최고 식물학자들 다수는 푸른뚜껑별꽃과 붉은뚜껑별꽃, 앵초와 노란구륜앵초를 변종으로 간주한다. 그러나 게르트너는 이들이 교배되면 생식 능력이 떨어지기 때문에, 그들을 별개 종으로 분류한다. 만약 우리가 순환 논법으로 그렇게 주장한다면, 자연 상태에서 태어난 모든 변종들은 틀림없이 생식 능력을 가진다고 여길 수밖에 없다.

가축화된 상태에서 태어났거나 태어난 것으로 여겨지는 변종들로 방향을 틀어 보면 아직도 의문점이 많이 남는다. 예를 들어, 독일산 스피츠(Spitz)가 다른 개들보다는 오히려 여우와 더 쉽게 짝짓기를 한다거나, 몇몇 남아메리카 토착 집개들이 유럽 개들과 짝짓기를 하지 않으려 한다는 진술이 제기되었다고 해 보자. 이에 대해 아마도 옳은 설명은 이 개들이 원래부터 별개였던 종들의 후손이라는 것이리라. 그럼에도, 예를 들어 비둘기의 경우나 양배추의 경우처럼 외양상으로는 상당히 다른, 사육 및 재배 하에 있는 많은 품종들이 완벽한 생식 능력을 보인다는 것은 특기할 만하다. 특히 서로 아주 많이 닮았지만 교배하면 철저히 불임이 되는 종들이 얼마나 많은가를 생각해 보면 더욱 그렇다. 그렇지만 몇 가지 사항을 고려해 보면 가축 변종들의 생식 능력은 처음 생각했던 것만큼 그렇게 이상해 보이지는 않는다. 우선, 단지 두 종이 갖고 있는 외적인 차이는 그들이 교배했을 때 불임 정도가 커지느냐 작아지느냐를 결정하지 않는다는 것을 명확하게 보여 줄 수 있는데, 사육 변종에도 이와 동일한 법칙을 적용하는 것이 가능하다. 둘째로, 몇몇 저명한 박물학자들은 가축화의 오랜 과정이 처음에는 약간밖에 나타나지 않았던 불임성을 잡종의 자손 세대들에서 제거하는 경향이 있다고 믿는다. 그리고 이 것이 사실이라면, 우리는 응당 거의 동일한 생활 조건에서 나타나기도 하고 사라지기도 하는 불임성을 찾아낼 수 있기를 기대하지 말아야 한다. 마지막으로, 인간의 필요와 즐거움을 위해서 새로운 동식물 종들이 인간의 체계적이거나 무의식적인 선택 능력에 따라 사육 및 재배 하에 생산되고 있다는 것이다. 내가 생각하기에 이 사실은 단연코 가장 중요하게 고려해야 할 사항으로 보인다. 인간은 생식계의 미세한 차이나 생식계와 관련된 다른 체질적인 차이를 선택하기를 원한 것도 아닐뿐더러 선택할 수 있는 것도 아니다. 인간은 자기가 키우는 몇몇 변종들에게 동일한 먹이를 제공하며 거의 동일한 방식으로 취급하고, 전반적인 생활 습성을 바꾸기를 원하지도 않는다. 반면, 자연은 전체 개체에, 그 생물 자신의 이득에 도움이 되는 어떤 방식으로, 방대한 기간에 걸쳐 서서히 일관적으로 작용한다. 따라서 자연은 직접적으로나 좀 더 가능성이 높게는 간접적으로, 상호 연관을 통해서, 어떤 한 종의 일부 후손들의 생식계를 변화시킨다. 인간이 수행하는 선택 과정과 자연이 수행하는 선택 과정의 이러한 차이점을 보면, 그 결과가 약간 다르다는 게 그리 놀랄 일은 아니다.

나는 지금까지 같은 종의 변종들이 상반 교잡되었을 때 예외 없이 가임이 되는 것처럼 이야기했다. 하지만 앞으로 간단히 요약할 몇 가지 경우에서, 어느 정도 불임이 일어난다는 증거에 저항하는 것이 나로서는 불가능해 보인다. 그 증거는 적어도 우리가 무수한 종의 불임성을 믿는 증거만큼이나 확실하다. 또한 그 증거는 다른 모든 경우에는 가임과 불임을 구체적인 종 구분의 확실한 기준으로 여기는 반대편의 증인으로부터 나온 것이기도 하다. 게르트너는 노란 씨앗을 맺는 키가 작은 종류의 옥수수와 붉은 씨앗을 맺는 키가 큰 변종의 옥수수를 몇 해에 걸쳐 자기 정원에서 키웠다. 서로 근처에서 자란 이 식물들은 비록 암수딴몸이었지만 자연적으로는 절대 교배하지 않았다. 그리하여 게르트너는 한 종류의 꽃 열세 송이를 다른 쪽의 꽃가루로 수정시켜 보았다. 하지만 오로지 하나의 꽃만이 씨앗을 맺었고, 이 유일한 꽃은 씨앗을 겨우 다섯 개밖에 맺지 않았다. 식물들은 암수딴몸이었으니 이 경우에는 인위적인 조작이 해로웠을 리가 없다. 내가 믿기로, 이 옥수수 변종들이 서로 다른 종이 아닌가 하고 의심하는 사람은 아무도 없을 것이다. 그리고 여기서 주목해야 할 것은, 그렇게 키워진 잡종 식물들 그 자체는 완벽한 생식 능력을 보인다는 점이다. 따라서 심지어 게르트너조차 그 두 변종을 다른 종이라고 말하려는 모험은 하지 않는다.

지루 드 뷔자랑그(Girou de Buzareingues)는 옥수수처럼 암수딴몸인 박(gourd)의 세 변종을 교배시켰고, 그들은 차이가 큰 만큼 그들의 상호 수정이 더 어려웠다고 주장한다. 이런 실험들을 어느 정도까지 신뢰할 수 있는지를 나는 알지 못한다. 하지만 분류 기준을 주로 불임 테스트로 결정하는 사게레는 실험 대상인 그 식물들을 변종으로 분류했다.

다음 사례는 훨씬 더 놀랍고, 처음에는 거의 믿기 어려워 보일 정도다. 하지만 수년에 걸쳐 놀랄 만큼 많은 실험이 베르바스쿰속 아홉 종에 대해 실시되었는데, 그것을 실시한 사람은 게르트너 못지않은 훌륭하고 철저한 관찰자다. 베르바스쿰속의 같은 종에 속한 노란 변종과 흰색 변종은 교배했을 때 각자 동일한 색깔의 꽃에서 나온 꽃가루로 수정되었을 때보다 씨를 덜 맺었다. 게다가, 그는 한 종의 노란 변종과 흰색 변종을 다른 종의 노란 변종, 흰색 변종과 교배할 경우, 다른 색 꽃들을 교배했을 때보다는 같은 색 꽃들을 교배했을 때 씨를 더 많이 맺는다고 주장한다. 그렇지만 베르바스쿰속의 이런 변종들은 꽃 색깔 말고는 다른 차이를 전혀 보여 주지 않는다. 그리고 때때로 한 변종이 다른 변종의 씨앗에서 생겨나는 경우도 있다.

접시꽃(hollyhock)의 몇몇 변종들을 대상으로 한 관찰을 바탕으로, 나는 그들 역시 비슷한 사실들을 보여 준다고 생각하는 편이다.

쾰로이터는 일반적인 담배의 한 변종이 다른 변종보다는 오히려 완전히 다른 종과 교배했을 때 더욱 높은 생식 능력을 보인다는 놀라운 사실을 증명했는데, 그 정확성은 그 이후의 모든 관찰자들이 확인해 주었다. 쾰로이터는 대체로 변종으로 여겨지는 다섯 가지 종류를 대상으로 실험을 했다. 그리고 가장 엄격한 실험인 상반 교잡을 실시해 그들의 잡종 후손이 완벽한 생식 능력을 보인다는 사실을 밝혀냈다. 하지만 이 다섯 가지 변종들 중 하나는, 어미나 아비로서 담배속의 글루티노사종(Nicotiana glutinosa)과 교배되면, 늘 다른 네 가지 변종이 글루티노사와 교배되었을 때보다 불임성이 낮은 잡종 후손들을 생산했다. 따라서 이 한 변종의 생식계는 틀림없이 어떤 면으로든, 그리고 어느 정도로든 변화되었을 것이다.

다음의 사실들을 감안한다면, 즉 변종으로 여겨지던 것이 어느 정도로든 불임성을 보이면 대개는 종으로 규정되므로 자연 상태에서 변종의 불임성을 확인하는 것은 너무나 어렵다는 사실, 그리고 인간이 전혀 별개의 사육 변종들을 생산할 때는 오로지 외적인 형질만을 선택하며, 생식계의 기능적이고 드러나지 않은 차이점들을 생산하기를 바라지 않는 것은 물론, 그럴 수도 없다는 사실을 감안할 때, 나는 변종들에게서 일반적으로 나타나는 가임성이 보편적인 현상이거나, 혹은 변종과 종 사이의 근본적인 차이점을 나타내는 요소임이 입증될 수 있다고 생각지 않는다. 변종들의 전반적인 가임성이 꽤 일반적이기는 하지만 예외가 없지는 않다는 사실은 1세대 교배(1세대 이종 교배)와 그 잡종들의 불임성과 관련해서 내가 취한 시각, 즉 그것이 특별히 부여된 것이 아니라 교잡된 형태들에게 — 특히 그들의 생식계에서 — 서서히 일어난 변화들에 부수적으로 따라온 것이라는 시각을 뒤집어엎기에 충분해 보이지는 않는다.

생식 능력 측면과는 별도로 비교한 종 간 잡종과 변종 간 잡종

생식 능력 문제와는 별도로, 종 간 잡종과 변종 간 잡종은 몇 가지 다른 점들을 가지고 비교할 수 있다. 종과 변종 사이에 뚜렷한 구분선을 긋기를 강력하게 바랐던 게르트너는 이른바 종 간 잡종과 변종 간 잡종 사이의 차이점을 매우 조금밖에, 그것도 내가 보기에는 그다지 중요하지 않은 것밖에 발견하지 못했다. 게다가 그 둘은 무척 많은 중요한 측면에서 일치한다.

나는 여기서 이 주제를 극도로 간략하게만 다룰 것이다. 가장 중요한 구분은, 변종 간 잡종의 1세대는 종 간 잡종보다 더 다양한 변이를 보인다는 것이다. 그렇지만 게르트너는 오랫동안 사육되어 온 종 간 잡종에서도 1세대에서 다양한 변이를 보인다는 것을 인정한다. 그리고 이 사실을 입증하는 놀라운 예들은 내가 직접 목격한 사실이다. 게르트너는 더 나아가 무척 가까운 근연종들 사이의 잡종은 멀리 떨어진 종들 사이의 잡종보다 더 다양한 변이를 나타낸다는 사실을 인정한다. 그리고 이것은 다양성의 정도가 점진적인 차이를 보인다는 사실을 보여 준다. 변종 간 잡종과 좀 더 생식 능력이 높은 종 간 잡종이 여러 세대에 걸쳐 번식되면 그 후손들은 극도로 다양한 변이를 보여 준다는 것은 익히 알려진 사실이다. 그렇지만 한결같은 형질을 오랫동안 유지하고 있는 종 간 잡종과 변종 간 잡종의 사례도 몇 개 제시할 수 있다. 하지만 변종 간 잡종이 세대를 이어 가는 동안 드러내는 다양성은 아마도 종 간 잡종의 경우보다는 더 클 것이다.

나는 이처럼 변종 간 잡종의 변이성이 종 간 잡종보다 더 크다는 사실이 전혀 놀랍지 않다. 왜냐하면, 변종 간 잡종의 부모는 변종이었고, 대개 사육 변종이었으며(자연적인 변종에 대해서 실험이 실시된 경우는 거의 없었다.), 이는 대개 그 변이성이 최근에 생겼다는 것을 시사하기 때문이다. 따라서 우리는 그러한 변이성이 계속되어 단지 교배의 작용만으로 발생한 변이성에 덧붙여진 것이라고 예상할 수 있다. 1세대 이종 교배나 1세대 종 간 잡종들에서 나타나는 변이성의 미미한 정도는, 이후 세대들에서 나타나는 극도의 변이성과 대조를 이룬다는 점에서 흥미롭고 주의를 끌 만하다. 왜냐하면, 그것은 내가 일반적인 변이성의 원인에 대해 가지고 있는 시각과 관련이 있고 그 시각을 확증해 주기 때문이다. 내 견해에 의거하면 변이성의 원인은, 생식계가 생활 조건의 어떤 변화에 대단히 민감한 나머지 불임이 되거나 아니면 적어도 부모 형태와 동일한 자손을 생산하는 적절한 기능을 잃게 되기 때문이다. 이제 정리를 해 보자면, 종 간 잡종의 1세대는 어떤 식으로든 생식계가 영향을 받은 적이 없는 종의 후손이므로 (오랫동안 사육된 경우는 제외하고) 변이하지 않는다. 그렇지만 잡종 그 자체는 생식계가 심각하게 영향을 받았으므로, 그 후손들은 높은 변이성을 보인다.

종 간 잡종과 변종 간 잡종에 대한 비교로 다시 돌아가 보자. 게르트너는 변종 간 잡종이 종 간 잡종보다 부모 중 어느 한쪽으로 복귀하기가 더 쉽다고 생각한다. 하지만 그 주장은 그것이 사실이라 해도, 그저 정도 차이에 불과하다. 게르트너는 더 나아가, 만약 어떤 종에 속한 아주 먼 두 변종이 또 다른 종과 교배되면 그 잡종들은 그리 크게 차이 나지 않는 반면, 서로 아무리 가까운 근연종이라고 해도 임의의 두 종이 제3의 종과 교배되는 경우에 그 잡종들은 서로 크게 다르다고 주장한다. 그렇지만 내가 아는 한 이 결론은, 단 1회의 실험만을 바탕으로 하고 있을 뿐만 아니라 쾰로이터의 몇 차례 실험의 결과들과는 정반대되는 것처럼 보인다.

게르트너는 그저 종 간 잡종과 변종 간 잡종 사이에서 이처럼 그다지 중요하지 않은 차이점들만을 짚어낼 수 있었을 뿐이다. 한편, 게르트너에 따르면, 변종 간 잡종과 종 간 잡종, 특히 근연종에서 나온 잡종이 각각의 부모를 닮는 정도는 동일한 법칙을 따른다. 두 종이 교배하면, 하나는 가끔 자신을 빼닮은 잡종을 찍어 내는 우위성을 가진다. 그리고 나는 그것이 식물의 변종도 마찬가지일 것이라고 믿는다. 동물의 경우에는 한 변종이 확실히 다른 변종보다 이 힘을 더 강하게 갖는 경우가 자주 있다. 전반적으로, 상반 교잡에서 나온 종 간 잡종 식물들은, 서로 굉장히 유사하다. 그것은 상반 교잡에서 나온 변종 간 잡종의 경우에서 또한 마찬가지다. 종 간 잡종과 변종 간 잡종은 둘 다 대대로 어느 한쪽 부모와 반복 교배함으로써 순종인 부모 형태 중 어느 한쪽으로 되돌아갈 수 있다.

이런 몇 가지 견해는 확실히 동물의 경우에도 적용 가능해 보인다. 하지만 동물에서는 이 주제가 지나치게 복잡해지는데, 부분적으로 제2차 성징의 존재 때문이기도 하다. 하지만 그보다 더 중요한 요인은 한 종이 다른 종과 교배하거나 한 변종이 다른 변종과 교배하는 경우 모두, 한 성이 다른 성보다 더 강력하게 닮는 성질을 전달할 수 있는 우위성 때문이다. 예를 들어, 당나귀가 말에 비해 우위성이 더 강해서, 노새와 버새(hinny) 모두 말보다는 당나귀를 더 닮는다. 그렇지만 우위성이 암탕나귀보다는 수탕나귀에게서 더 강력하게 흐르므로, 나는 수탕나귀와 암말의 후손인 노새가 암탕나귀와 수말의 후손인 버새보다 더 당나귀를 닮는다고 주장하는 사람들의 생각이 옳다고 본다.

일부 학자들은 변종 간 잡종인 동물들만이 부모 중 한쪽과 상당히 유사한 모습으로 태어난다는 사실을 강조하고 있다. 하지만 이 일이 때로는 종 간 잡종에서도 일어난다는 사실을 보여 줄 수 있다. 하지만 종 간 잡종은 변종 간 잡종보다 그런 경우가 훨씬 드물다는 것은 인정한다. 한쪽 부모를 빼닮은, 이종 교배로 태어난 동물들에 대해 내가 수집한 사례들을 보면, 그 닮음은 주로 그들의 본성에서 거의 기형적으로 갑자기 나타난 형질들 — 말하자면 선천성 색소 결핍증, 흑색소증, 꼬리나 뿔의 결함, 혹은 손가락이나 발가락이 더 많은 — 에 한정되는 것 같아 보이고, 선택을 통해 서서히 획득된 성질들과는 관련이 없어 보인다. 따라서 어느 한쪽 부모의 완벽한 형질들로의 급작스러운 복귀는 자연적으로 서서히 발생한 종들에서 나온 종 간 잡종의 경우보다, 갑자기 발생하는 경우가 많고 형질이 반쯤 기형인 변종에서 나온 변종 간 잡종의 경우에 더 나타나기 쉬울 것이다. 전체적으로 나는 프로스퍼 루카스 박사의 의견에 전적으로 동의하는데, 그는 동물들과 관련된 방대한 사실들을 정리해서, 같은 변종, 다른 변종, 혹은 별개의 종들의 개체의 결합으로부터 나온 자식이 부모를 닮는 법칙은 두 부모가 서로 많이 다른지 조금 다른지에 상관없이 동일하다는 결론에 도달했다.

가임, 불임 문제는 잠시 제쳐두고, 다른 모든 점에서, 종이 교배해서 태어난 자손과 변종이 교배해서 태어난 자손들 사이에는 일반적이고 밀접한 유사성이 존재하는 것으로 보인다. 만약 우리가 종을 특수하게 창조된 것으로 보고 변종을 이차적인 법칙에 따라 생긴 것으로 본다면, 이 유사성은 실로 믿기 어려운 사실일 것이다. 그렇지만 그것은 종과 변종 사이에 본질적인 차이가 전혀 존재하지 않는다는 시각으로 보면 완벽하게 이해 가능한 현상이다.

요약

다른 종으로 분류될 만큼 충분한 차이를 보이는 형태들 사이의 1세대 교배와 그 잡종들은, 비록 보편적인 것은 아니지만 꽤나 일반적으로 불임성을 보인다. 그러나 그 불임성의 정도는 제각각이고, 더러는 극히 경미해서, 역사상 가장 세심한 두 실험자가 불임 시험에 따라 분류를 시도한 결과에서도 정반대의 결론에 이르렀다. 불임성은 동종의 개체들 사이에서도 본질적으로 가변적이고, 외적 조건이 우호적이냐 그렇지 않으냐에 따라서도 대단히 민감하다. 불임성의 정도는 계통적 유연 관계를 엄격하게 따르지 않지만, 몇몇 흥미롭고 복잡한 법칙들의 지배를 받는다. 그것은 두 동종 사이의 상반 교잡에서도 전반적으로 다르고, 때로는 엄청난 차이를 보인다. 또한, 1세대 교배에서의 불임성 정도와 그 교배를 통해 태어난 잡종에서의 불임성의 정도 또한 늘 동등하지는 않다.

어떤 종이나 변종이 다른 종의 나무에 접목될 수 있는 능력이 그 식물계에서 대개는 알 수 없는 차이에 기인하는 우연인 것과 마찬가지로, 교배에서 어떤 종이 다른 종과 교배하기 쉬운가 어려운가 하는 것은 생식계의 알 수 없는 차이에 기인하는 부수적인 것이다. 자연계에서 종들끼리의 교배와 혼합을 막기 위해 불임의 정도가 특별히 다르게 부여된다고 생각할 이유는 없다. 이는 나무가 숲에서 저절로 접붙여지는 것을 막기 위해 서로 접목되는 것에 어느 정도의 다양한 어려움이 특별히 부여된다고 생각할 이유가 없는 것과 마찬가지다.

완벽한 생식계를 갖춘 순종들이 1세대 교배할 때의 불임성은 몇 가지 상황에 달려 있는 것처럼 보인다. 어떤 경우에는 배가 일찍 사멸하는 것이 주로 문제가 된다. 서로 다른 두 종의 혼합으로 인해 생식계 및 유기 조직 전체가 교란됨으로써 생식계가 불완전해진 잡종의 불임성은, 순종 역시 자연적인 삶의 조건이 교란되었을 때 불임성에 영향을 받기 쉽다는 사실과 밀접하게 연관된 것처럼 보인다. 이 시각은 또 다른 종류의 유사성에 의해 지지되는데, 즉 아주 조금밖에 다르지 않은 형태들 사이의 교배는 그 자손의 활력과 생식에 유리하며, 생활 조건의 경미한 차이들 또한 모든 개체의 활력과 생식에 확실히 유리하다는 것이다. 두 종이 결합할 때 존재하는 어려움의 정도가 비록 별개의 원인들 때문이라 해도, 전반적으로는 그 잡종 자손들의 불임성의 정도와 조응한다는 사실은 그다지 놀랍지 않다. 왜냐하면, 양쪽 모두 교배된 종들 사이에 존재하는 어떤 차이점의 양에 의존하기 때문이다. 또한 1세대 이종 교배의 용이성과, 그로부터 생산된 잡종의 가임성, 그리고 접목되는 능력 — 비록 이 후자의 능력은 명확히 다른 상황들에 달려 있기는 하지만 — 은 실험에 사용된 형태들의 계통적 유연 관계와 어느 정도는 나란히 갈 것이라는 사실도 놀랍지 않다. 계통적 유연 관계는 모든 종들 간에 존재하는 온갖 종류의 유사성을 나타내기 때문이다.

변종들로 알려진, 혹은 변종으로 여겨질 만큼 충분히 닮은 형태들 사이의 교배와 그 변종 간 잡종의 자손들은 반드시 보편적이지는 않지만 전반적으로 상당히 생식 능력이 높다. 우리가 자연 상태에서의 변종들과 관련해 순환 논법으로 논의하기가 얼마나 쉬운가를, 그리고 생식계의 차이가 아니라 단순히 외적인 차이들을 기준으로 인간들이 선택한 변종들의 엄청난 수를 떠올려 보면, 이런 거의 전반적이고 완벽한 생식 능력은 별로 놀라운 것도 아니다. 생식 능력을 제외한 모든 다른 측면에서는, 종 간 잡종과 변종 간 잡종은 전반적으로 유사점이 많다. 따라서 최종적으로, 이 장에서 간략하게 제시된 사실들은 내가 보기에는 종과 변종 사이의 근본적인 차이점이 존재하지 않는다는 시각에 반대되기는커녕 그 시각을 지지하는 것처럼 보인다.

9장

지질학적 기록의 불완전함에 관하여

오늘날 중간 변종들의 부재에 관하여
|
멸절된 중간 변종들의 본성과 그들의 수에 관하여
|
퇴적과 침식의 속도로 추정한
방대한 시간의 경과에 대하여
|
우리의 고생물학 수집 표본의 빈약함에 관하여
|
지층의 단속성에 관하여
|
어떤 한 지층 내에서의 중간 변종들의 부재에 관하여
|
종들의 집단이 갑작스럽게 출현하는 것에 관하여
|
최하부로 알려진 화석층에서 그들이 갑작스럽게 출현하는 것에 관하여

나는 이 책에서 견지하는 시각들에 맞서 응당 제기될 수 있는 주된 반박들을 6장에서 열거했다. 그 반박들 중 대부분은 이미 논의했다. 그중 하나, 즉 특정 생명체들의 독특함과 그들이 무수한 중간 연결 고리들에 의해 서로 섞일 수 없다는 사실은 특히 해결하기 어려운 난점이다. 나는 왜 오늘날 생존에 가장 바람직한 환경, 다시 말해 점진적으로 변화하는 물리적 조건을 갖춘 넓게 이어진 지역에서 그런 연결 고리들이 흔히 나타나지 않는가 하는 이유 몇 가지를 설명했다. 나는 기후보다는 이미 확립된 다른 유기체의 존재가 더 중요한 방식으로 각 종의 생존을 결정한다는 것을 보여 주려 노력했다. 진정으로 삶의 조건을 지배하는 요소들은 열이나 습기처럼 눈에 띄지 않게 점차적으로 달라지는 것이 아니다. 나는 또한 중간적인 변종들은 그와 유사한 형태들보다 더 적은 수로 존재하기 때문에, 추가적인 변화와 개량이 일어나는 동안 일반적으로 패배해서 소멸할 것임을 보여 주고자 노력했다. 그렇지만 셀 수 없이 많은 중간 연결 고리들이 현재 자연계 전역에 걸쳐 모습을 보이지 않고 있는 주된 원인은 자연 선택의 과정 바로 그 자체에 의존한다. 즉 새로운 변종들은 자연 선택의 과정을 통해 그들의 부모 형태들을 끊임없이 대체하고 소멸시킨다. 그러나 이러한 소멸의 과정이 거대한 규모로 작용하는 것과 비례해, 이전에 지구상에 존재했던 중간 변종들의 수 또한 실로 어마어마해야 한다. 그렇다면 왜 모든 암석층이나 모든 지층은 그와 같은 중간 연결 고리로 가득 차 있지 않는 것일까? 지질학은 촘촘하게 연결되어 있는 유기체의 사슬을 전혀 보여 주지 않는다. 아마도 이것은 내 이론에 맞서 제기할 수 있는 가장 명확하고 가장 심각한 반박일 것이다. 그에 대한 해명은 바로, 지질학적 기록이 극도로 불완전하다는 것에 있다고 나는 믿는다.

우선, 내 이론에 따르면 이전에 어떤 종류의 중간 형태들이 존재했는가 하는 것을 늘 염두에 두어야 한다. 나 자신도 어떤 두 종을 보면 흔히 그것들을 직접적으로 연결하는 중간 형태를 떠올리려는 유혹을 받는다. 그렇지만 이것은 완전히 틀린 시각이다. 우리는 늘 각각의 종들과 알려져 있지 않은 공통 조상 사이의 중간 형태를 찾아야 한다. 일반적으로 그 공통 조상은 변화된 그의 모든 자손들과 몇몇 측면에서 다를 것이다. 단순하게 설명해 보자면 이렇다. 공작비둘기와 파우터는 둘 다 바위비둘기의 자손이다. 만약 우리가 지금까지 존재했던 모든 중간 변종들을 갖고 있다면, 그 둘과 바위비둘기 사이에는 극도로 가까운 계열들이 있을 것이다. 하지만 우리는 공작비둘기와 파우터 사이의 직접적인 중간 변종을 하나도 가지고 있지 않다. 예를 들어 두 품종의 특색인 약간 펼쳐진 꼬리와 약간 커진 모이주머니를 모두 가지고 있는 비둘기는 전혀 발견되지 않는다. 게다가 이 두 품종은 너무나 많이 변화되어서, 만일 그들의 기원에 대한 역사적이거나 간접적인 증거는 단 하나도 없이 단순히 바위비둘기의 구조와 그 둘의 구조만을 비교했다면, 그 두 종이 바위비둘기의 후손인지 분홍가슴비둘기(C. oenas)와 같은 다른 근연종의 후손인지를 판단하는 것이 불가능했을 것이다.

그러니 자연계에 있는 종들에서, 예를 들어 말과 맥(tapir, 중남미와 서남아시아에 사는, 코가 뾰족한 돼지 비슷하게 생긴 동물. — 옮긴이)같이 잘 구별되는 형태들을 보았다면, 그들 사이에 직접적인 중간 고리가 존재했다고 가정할 이유가 전혀 없는 것이다. 그 형태들 각각과 미지의 공통 부모 사이라면 몰라도 말이다. 공통 부모는 전체적으로 구조상 맥이나 말과 상당히 유사했을 것이다. 그렇지만 구조상의 몇 가지 점에 있어서는 양쪽 모두와 상당히 달랐을 수 있고, 그 차이점은 맥과 말 사이의 차이점보다 더 컸을지도 모른다. 따라서 그런 모든 경우들을 감안할 때, 우리가 중간 고리들의 거의 완벽한 사슬을 함께 가지고 있지 않는다면, 어떤 둘이나 그 이상의 종들의 부모 형태를 인식하는 것은 불가능할 수밖에 없다. 심지어 변화된 자손의 구조를 그 부모의 구조와 밀착 비교하더라도 말이다.

내 이론에 따르면, 예를 들어 맥에게서 말이 나왔다는 식으로, 두 생명체 중에서 어느 하나가 다른 하나의 자손이었으리라는 가설은 얼마든지 가능하다. 이 경우에는 **직접적인 중간 고리**가 둘 사이에 존재했을 것이다. 그렇지만 그런 사례는 한쪽 형태가 매우 오랜 기간 동안 바뀌지 않고 그대로였던 반면, 그 자손들은 엄청나게 많은 변화를 겪었을 것임을 시사한다. 그리고 유기체와 유기체 사이 또는 아이와 부모 사이에 경쟁이 일어난다는 원리를 생각하면 이것은 무척 희귀한 사건일 것이다. 왜냐하면, 어느 경우에나 개량된 새로운 생명 형태들은 낡고 개량되지 않은 형태들을 대체하는 경향이 있기 때문이다.

자연 선택 이론에 따르면, 현존하는 모든 종은 각 속의 모든 종들과 연결되어 있는데, 현존 종과 부모 종 사이의 차이는 오늘날 동종의 변종들 사이에서 볼 수 있는 것보다 더 크지 않다. 그리고 일반적으로 지금은 멸종한 이런 부모 종들 역시 그와 유사하게 더 고대의 종들과 연결되며, 이 같은 방식으로 거슬러 올라가 보면 각각 거대한 규모의 강을 거느리는 공통 조상으로 수렴된다. 그러니 모든 현생 종과 멸종한 종들 사이의 중간적이고 과도기적인 고리들의 수는 틀림없이 상상할 수 없을 만큼 많았을 것이다. 또한 만일 이 이론이 옳다면, 그것들은 틀림없이 지구에 존재했다고 말할 수 있다.

시간차에 대하여

우리가 그처럼 끝도 없이 많은 연결 고리들의 화석 유해를 찾지 못하는 것과는 별개로, 자연 선택을 통해 매우 서서히 나타난 그 모든 엄청난 양의 생체 조직적 변화가 일어나기에는 시간이 불충분했으리라는 반박이 있을 수 있다. 나로서는 사실상 지질학자가 아닐 독자들에게 시간의 경과라는 것을 어렴풋하게나마 이해할 수 있도록 해줄 사실들을 상기시키는 것조차 거의 불가능하다. 미래 역사가들에게 자연 과학의 혁명으로 인정받을, 찰스 라이엘 경의 『지질학의 원리(Principles of Geology)』라는 위대한 저술을 읽고 난 후에도 이 지구가 이해할 수조차 없을 정도로 방대한 시간을 겪었음을 받아들이지 못하는 이는 당장 이 책을 덮어도 좋다. 『지질학의 원리』를 연구하는 것이나, 서로 다른 관찰자들이 개개의 암석층에 대해 쓴 전문적인 논문 몇 편을 읽는 것, 혹은 학자들이 각 암석층이나 심지어 각 지층의 존속 햇수에 대해 얼마나 부정확한 개념을 제시하고 있는가에 유의하는 것만으로는 충분하지 않다. 시간의 경과에 대해서, 그리고 우리 주위에서 볼 수 있는 기념비적인 것들에 대해서 조금이라도 이해하기를 희망하는 이는, 반드시 그 전에 수년간 직접 거대한 퇴적층을 검토해 보아야 하며, 오래된 바위들을 깔아뭉개고 새로운 침전물을 만드는 작업을 하는 바다를 살펴보아야 한다.

적당히 단단한 암석들로 형성된 해안선을 따라 걸으며 붕괴의 과정을 살펴보는 것도 좋은 방법이다. 대개의 경우, 조류는 하루에 두 번 그것도 아주 잠시 동안만 절벽에 닿는다. 그리고 파도는 모래나 자갈을 실어올 때만 바위를 깎는다. 순수한 물만으로는 바위를 갈아 없애는 데 거의 혹은 전혀 영향을 미치지 못할 것이라고 믿을 만한 근거는 충분히 많기 때문이다. 마침내 암벽의 아랫부분이 깎여나가고, 거대한 조각들이 떨어진다. 그리고 그곳에 남은 잔해들은 굴러다닐 수 있는 크기로 줄어들 때까지 입자 하나하나가 파도에 의해 깎여 나간다. 그러고 나서는 자갈로, 모래로, 혹은 진흙으로 더욱 빠르게 깎여 나간다. 그렇지만 우리는 후퇴해 가는 암벽의 아랫부분에서 온통 해산물로 두껍게 뒤덮인 채, 그들이 거의 마멸되지 않았으며 굴러다니지도 않았다는 것을 보여 주는 둥근 돌들을 얼마나 자주 볼 수 있는가! 게다가, 침식을 겪고 있는 어떤 바위투성이 절벽을 몇 마일쯤 따라가 보면, 그 절벽이 현재 깎여 나가고 있는 곳은 한 곳(串)의 짧은 부분 혹은 곶 주변뿐임을 알 수 있다. 그 곶을 따라 드문드문 깎여 나갈 뿐이다. 표면의 모양과 식생은 다른 곳에서 물이 그 아랫부분을 씻어 낸 이래로 오랜 시간이 경과했음을 보여 준다.

해변에 작용하는 바다의 영향을 매우 면밀하게 연구하는 사람은 바위투성이 해변이 닳아 가는 그 느린 속도에 아주 깊은 인상을 받을 것이라고 나는 믿는다. 이 주제에 대해서는 휴 밀러(Hugh Miller)와 탁월한 관찰자인 조던 힐의 스미스(Smith of Jordan Hill) 씨의 관찰이 가장 인상 깊다. 그 인상을 마음 깊이 새긴 채, 두께가 수천 피트나 되는 역암층들을 살펴보자. 역암층은 비록 많은 다른 매장층보다 더 빠른 속도로 형성되었을지는 몰라도, 닳아서 둥글게 된 시간의 흔적을 품고 있는 자갈들로 형성되어 있기 때문에 그 덩어리가 얼마나 느리게 축적되었는가를 보여 주기에는 적격이다. 퇴적물의 두께와 규모는 다른 곳에서 지각이 겪은 삭마(削磨, 해면보다 높은 지면이 점차 침식되어 낮아지는 현상. ─ 옮긴이)의 결과와 정도라는 라이엘의 심오한 언급을 떠올려 보라. 그리고 수많은 지역에서의 퇴적 광상(堆積鑛床, 퇴적 작용 과정에서 쓸모 있는 광물이 모여 생긴 광상. ─ 옮긴이)이 시사하고 있는 삭마되는 양은 얼마나 어마어마한가! 앤드루 크롬비 램지(Andrew Crombie Ramsay) 교수는, 대개는 실제로 측정한 결과로부터 얻었고 일부는 추정에서 나온, 대영제국 각지에 있는 암층의 최대 두께를 나에게 알려 주었다. 그 결과가 바로 여기에 있다.

고생대 층(화성암층 제외)	57,154피트
제2기 층	13,190피트
제3기 층	2,240피트

다 합치면 72,584피트다. 즉 영국 마일로 거의 13과 4분의 3마일이 된다. 영국에서 얇은 층으로 나타나는 이 지층 중 일부는 그 두께가 대륙에서는 수천 피트나 된다. 게다가 대다수 지질학자들의 견해에 따르면, 겹쳐져 있는 각 암층 사이에는 긴 공백기가 있다. 그러니 영국에서 퇴적암의 높이가 아무리 높아도 그것이 퇴적되는 동안에 경과한 시간에 대해서는 정확한 개념을 제공하지 못한다. 그렇지만 여기에 얼마나 긴 시간이 소모되었겠는가! 훌륭한 관찰자들은 퇴적물이 거대한 미시시피 강에 10만 년에 겨우 600피트의 속도로 쌓인다고 추정해 왔다. 이 추정치에는 오류가 있을 수 있지만, 그토록 미세한 퇴적물이 바다의 해류를 통해 얼마나 넓은 공간으로 이동되었는가를 감안하면, 어떤 한 지역에 축적되는 과정은 틀림없이 극도로 느릴 것이다.

삭마된 물질의 축적률과는 별도로, 여러 부분에서 지층들의 표면이 침식되는 양은, 아마도 시간의 경과에 대한 최고의 증거를 제공할 것이다. 나는 파도에 씻겨 내려가서 어느 모로 보나 높이가 1,000~2,000피트쯤 되는 수직 절벽으로 깎여 버린 화산섬들을 볼 때, 그 침식의 증거에 너무나도 큰 충격을 받았던 기억이 난다. 왜냐하면, 용암류의 완만한 경사는, 이전에는 액체 상태였기 때문에 그 단단한 암상이 한때 대양으로 얼마나 멀리까지 뻗어 있었는가를 한 눈에 보여 주기 때문이다. 한쪽이 수천 피트 높이로 융기되거나 다른 쪽이 수천 피트 깊이로 내려앉은 지층을 따라 형성된 거대한 틈새인 단층을 예로 들면 그와 동일한 이야기를 더 분명히 할 수 있다. 그 딱딱한 표면이 깨진 이래 지표면은 바다의 작용으로 인해 너무나 완벽하게 평평해져서, 외적으로는 그런 광대한 단층의 흔적이 전혀 보이지 않기 때문이다.

예를 들어, 크레이븐(Craven) 단층은 위쪽으로 30마일이나 뻗어 있는데, 이 선을 따라 그 지층의 수직 변위는 600피트에서 3,000피트까지 제각각이다. 램지 교수는 앵글시(Anglesea) 섬에 존재하는 규모 2,300피트의 지층 함몰에 대해 설명한 글을 발표했다. 또한 그는 1만 2000피트의 함몰이 메리오네스셔(Merionethshire)에서 일어난 것으로 생각한다고 말했다. 그렇지만 이런 경우들에서, 그런 엄청난 움직임을 시사하는 것은 아무것도 없다. 바위들의 더미는 어느 쪽에 있든 간에 부드럽게 쓸려갔기 때문이다. 이런 사실들을 생각하면, 내가 마치 영원이라는 개념을 가지고 씨름하기 위해 허무한 노력을 하고 있는 것 같다는 느낌이 든다.

또 다른 예를 하나 더 제시하고 싶은데, 이는 윌드(Weald) 지방의 침식에 대한 예로 잘 알려져 있다. 이 주제에 대해 거장이라 할 램지 교수의 회고록에서 시사되었듯이, 부분적으로 두께가 1만 피트나 되는 고생대(palaeozoic) 지층의 덩어리들을 제거한 침식에 비하면 윌드 지방의 침식은 그저 하찮은 것에 지나지 않음을 인정해야 한다. 그렇지만 구릉지의 가운데에 서서 한편으로는 노스 다운스를 바라보고, 또 다른 한편으로는 사우스 다운스를 바라보면 감탄할 만한 교훈을 얻을 수 있다. 북쪽 급경사면과 남쪽 급경사면이 서쪽으로 얼마 안 가서 서로 만나고 합쳐지는 것을 상기하면, 우리는 후기 백악층 이래의 짧은 기간 내에 윌드를 뒤덮었을 것임이 틀림없는 바위들의 거대한 돔을 별 무리 없이 그려 볼 수 있기 때문이다. 내가 램지 교수에게 들은 바에 따르면 다운스의 북쪽에서 남쪽까지의 거리는 대략 22마일이고, 몇몇 지층들의 두께는 평균 1,100피트이다. 그렇지만 몇몇 지질학자들이 상정하는 대로, 만약 퇴적 침적물들이 다른 곳에서보다 측면에서 더 얇은 덩어리로 축적되었을 수도 있는 윌드의 기저부를 일련의 오래된 바위들이 구성하고 있다면, 앞의 추정치는 착오일 것이다. 그렇지만 이러한 의심이 서부의 맨 끝 구역에 적용되는 것만큼 그 추정치에 큰 영향을 미치지는 않을 것이다. 만약 바다가 어떤 주어진 높이의 절벽의 가장자리를 보통 어느 정도의 속도로 닳게 하는지를 안다면, 우리는 윌드 지방을 침식하는 데 필요한 시간을 측정할 수 있으리라. 물론 이것은 사실상 불가능한 일이다. 그렇지만 그 물음에 대해 대충 어림짐작을 해 보고자, 바다가 1세기에 1인치의 속도로 높이 500피트의 절벽을 깎아 낸다고 가정해 볼 수 있다. 언뜻 보기에는 이것이 너무 적게 잡은 것으로 보일지도 모른다. 그렇지만 이것은 1야드 높이의 절벽이 거의 22년에 1야드의 속도로 해안선 전체를 따라 깎여 나간다고 상정하는 것과 마찬가지다. 나는 어떤 바위든, 심지어 그것이 분필처럼 부드럽다 해도, 가장 노출된 해변을 제외하고는 과연 이런 속도로 깎여 나갈 수 있을지 의심스럽다. 비록 높은 절벽은 떨어진 파편들의 파손으로 삭마가 더욱 빠를 것이라는 데는 의심할 여지가 없지만 말이다. 다른 한편, 나는 길이가 10

에서 20마일 되는 어떤 해안선이 그 들쭉날쭉한 전체 길이를 따라 같은 속도로 삭마 작용을 받을 것이라고는 생각지 않는다. 그리고 우리는 거의 모든 지층은 오랫동안 깎여 내려가지 않고 기저부에 방파제를 형성하는 더 단단한 층이나 단괴(團塊, 퇴적암 속에 들어 있는 덩어리로 주위 암석보다 단단한 자생 광물의 집합체를 총칭. — 옮긴이)를 포함한다는 것을 기억해야 한다. 따라서 나는 일반적인 상황에서 높이 500피트의 절벽에, 전체 길이를 따라 1세기당 1인치의 침식이라면 넉넉히 잡은 추정치라고 결론을 내린다. 앞의 자료에서 이런 속도라면, 윌드가 침식하는 데는 틀림없이 3억 666만 2400년 내지는 3억 년 정도가 필요했을 것이다.

완만한 경사를 이룬 윌드 지역이 융기했을 때에는, 그곳에 작용한 담수가 앞의 추정치를 그리 크지는 않았겠지만 다소 줄여 주었을 것이다. 한편, 이 지역이 겪었던 것으로 알고 있는 높이의 변동 시기에 그 표면은 수백만 년 동안 육지로 존재했을지도 모르고, 따라서 해식 작용을 피했을 수도 있다. 혹은 오랜 기간 동안 깊이 가라앉아 있어서 해안 파도의 작용을 피했을 수도 있다. 그러니 제2기의 후반부 이래로 3억 년보다 훨씬 오랜 시간이 경과했을 수도 있는 일이다.

내가 이 몇 가지 사실을 언급한 것은, 불완전하더라도 시간의 경과에 대한 개념을 약간이나마 잡는 것이 우리에게 매우 중요하기 때문이다. 그렇게 한 해 한 해가 지나는 동안, 전 세계의 육지와 바다는 수많은 생명체로 채워졌다. 얼마나 무한한 수의 세대들이 그 긴 시간의 흐름 속에서 서로를 계승하며 이어 나갔을지 우리가 상상이나 할 수 있을까! 이제 가장 풍부한 자료를 보유하고 있다는 지질 박물관으로 한번 가 보자. 그곳에 전시된 것들이 너무나도 보잘것없지 않은가!

우리의 고생물학적 수집품의 빈약함에 대하여

우리의 고생물학적 수집품이 상당히 불완전하다는 것은 누구나 인정한다. 탁월한 고생물학자인 에드워드 포브스의 언급을 잊어서는 안 되는데, 그는 다수의 화석 종들이 유일한 표본, 때로는 파손되었거나 어떤 한 지역에서 수집된 단 몇 개의 표본들을 바탕으로 알려지고 명명되었다고 말했다. 지구 표면에서 지질학적으로 탐험된 부분은 극히 일부에 지나지 않는다. 또한 충분한 주의가 기울여진 경우가 거의 없었는데, 이는 유럽에서 매년 이루어지는 중요한 발견들이 입증해 주는 사실이다. 완전히 부드러운 조직체는 전혀 보존되지 못한다. 껍데기와 뼈 또한 침전물이 쌓이지 않는 바다의 밑바닥에 남겨진다면 부패해 사라질 것이다. 침전물이 화석 유해를 파묻고 보존하기에 충분히 빠른 속도로 해저의 거의 전역에 축적되고 있다는 생각을 암묵적으로 허용한다면, 우리는 계속해서 잘못된 시각을 취하고 있는 것이다. 엄청나게 넓은 대양의 전 지역에서 물이 밝은 파란색을 띠고 있는 것은 그 물이 깨끗하다는 사실을 시사한다. 어느 지층이 막대한 시간이 지난 후 나중에 생긴 다른 지층으로 알맞게 덮이고, 그 아래에 있는 층이 그 기간 동안 아무런 마멸을 겪지 않았다는 기록이 많다는 사실은, 해저가 오랜 세월 동안 변함없는 상태를 유지했다는 시각을 취해야만 설명이 가능할 것으로 보인다. 모래에든 자갈에든, 실제로 매몰되는 유해들은 지층이 융기하면 전반적으로 빗물의 침투에 의해 용해될 것이다. 나는 고조선(高潮線, 만조선, 즉 해수면이 하루 중에서 가장 높아졌을 때의 바다와 땅의 경계선. — 옮긴이)과 저조선(低潮線, 간조선, 즉 해수면이 하루 중에서 가장 낮아졌을 때의 바다와 땅의 경계선. — 옮긴이) 수위 사이의 해변에서 사는 매우 많은 동물들 중에서 보존되는 것은 거의 없으리라고 생각한다. 예를 들어, 착생 만각류의 아과인 크타말리니 속(Chthamalinae)의 일부 종은 무한히 많은 숫자로 번식해서 온 세계의 바위들을 뒤덮고 있다. 깊은 물에 살며 시칠리아에서 화석으로 발견된 지중해산 종 하나만 제외하면, 그들은 모두 연안에서 서식하지만 지금까지 그 어떤 제3기 암층에서도 발견된 적이 없다. 그렇지만 이제는 크타말리니 속이 백악기 동안에 존재했다는 사실이 알려져 있다. 연체동물속인 딱지조개류(Chiton)의 경우에도 부분적으로 유사한 사실을 보여 준다.

제2기와 고생대에 살았던 육지 생물들과 관련해서, 화석 유해에서 나온 증거들이 극도로 단편적이라는 사실은 언급할 필요조차 없다. 예를 들어, 북아메리카의 석탄기 층에서 라이엘 경에 의해 발견된 종 하나 — 최근에 와서야 몇몇 표본이 수집되었다. — 를 제외하면, 이런 방대한 두 시기에 속해 있는 육서 패류는 단 하나도 알려져 있지 않다. 포유류의 유해와 관련해서는, 라이엘 경의 『지질학의 원리 편람(A Manual of Elementary Geology)』(라이엘의 『지질학의 원리』에 삽화를 넣어 보기 편하게 만든 책을 말한다. — 옮긴이)에 딸린 부록에 있는 연대표를 한번 보기만 하면 그들이 보존되는 것이 얼마나 우연적이고 드문 사건인가 하는 점을 깨닫게 될 것이다. 몇 쪽에 걸친 자세한 설명을 보는 것보다도 훨씬 더 확실히 말이다. 그렇지만 제3기 포유동물들의 뼈가 동굴이나 호성층(湖成層, lacustrine deposits. 호수의 밑바닥에 퇴적한 지층. — 옮긴이)에서 발견되는 비율이 얼마나 큰가를 떠올려본다면, 그리고 그어떤 동굴이나 호성층도 제2기 층이나 고생대 층의 시기에 속하는 것이 아니라는 점을 떠올린다면 그런 희귀함이 반드시 놀라운 것만도 아니다.

그렇지만 지질학적 기록의 불완전함은 앞서 말한 그 어떤 것보다도 더 중요한 다른 원인으로 인한 결과다. 즉 여러 지층이 긴 시간 간격을 두고 서로 분리되어 있기 때문에 나타나는 결과인 것이다. 책에 암층들이 표로 정리되어 있는 것을 보면, 아니면 자연계에서 그 암층들을 살펴보면, 그들이 서로 얼마나 밀접하게 연속해 있는가를 믿지 않을 도리가 없다. 그렇지만 예를 들어 R. 머치슨(R. Murchison) 경의 훌륭한 연구에 따르면, 러시아의 겹쳐진 지층들 사이에 얼마나 긴 시간 간격이 있었는지를 알 수 있다. 이는 북아메리카에서도 마찬가지고, 그 밖의 많은 나라들에서도 마찬가지다. 아무리 노련한 지질학자라도, 만약 그가 배타적으로 이런 거대한 지역들에만 한정해서 관심을 가졌다면, 자기 나라에서는 공백기였던 시기에 다른 모든 곳에서는 새롭고 특수한 형태의 생명체들로 가득한 거대한 침전물이 축적되었다고는 절대로 생각하지 못했을 것이다. 그리고 만약 각기 떨어져 있는 지역 내에서 연속된 지층 사이에 존재했던 시간의 경과에 대해서 어떤 개념도 갖지 못했다면, 이것은 그 어떤 곳에서도 확인할 수 없을 것이라고 추론해도 무방할 것이다. 연속된 지층이 광물학적 구성 측면에서 커다란 변화를 자주 보이는 것은, 일반적으로 침전물들이 나온 곳을 둘러싼 육지의 지형에 거대한 변화가 일어났음을 암시한다. 또한 그것은 각 지층 사이에 방대한 시간이 경과했다는 믿음과 상응하는 것이다.

그렇지만 나는 우리가 왜 각 지역에 있는 암석층이 거의 예외 없이 단속적인지를, 즉 왜 정확한 순서대로 이어져 있지 않은지를 알 수 있다고 본다. 최근에 수백 피트나 융기한 남아메리카 연안 수백 마일을 조사했을 때 무엇보다도 나를 놀라게 한 것은, 최근의 침전물이 얼마 되지 않는 지질학적 기간 동안에는 충분히 많이 남아 있을 법한데도, 전혀 존재하지 않았다는 사실이었다. 특정한 해양 동물상이 서식하는 서해안 전역에 걸쳐, 제3기 층은 너무나 잘 발달되지 못했기 때문에 연속적이고 특정한 몇몇 해양 동물상의 기록은 아마도 먼 훗날까지 보존되지 못할 것이다. 약간만 생각해 보면, 오랜 세월에 걸쳐 들어온 침적물의 양은 틀림없이 어마어마했을 텐데도 왜 남아메리카 서쪽의 융기된 해변을 따라가 보아도 최근 혹은 제3기의 잔해들의 대규모 형성물을 찾을 수 없는가를, 해변 암석들의 거대한 붕괴 작용과 바다로 들어가는 강의 탁류 탓이라고 설명할 수 있을 것이다. 의심할 바 없이 그 설명은, 연안성 및 아연안성 침전물은 육지가 점차적으로 서서히 융기했기 때문에 해변 파도의 파쇄 작용 범위 내에 들어오자마자 계속 깎여서 사라졌으리라는 것이다.

내가 생각하기에는, 처음 융기했을 때와 차후에 그 높이가 오르락내리락 하는 동안 파도의 끊임없는 파쇄 작용을 견디기 위해서는 매우 두껍고 단단하거나, 대규모의 덩어리로 축적되었어야 했을 것이라고 결론을 내려도 무방할 것 같다. 그런 엄청난 양의 두꺼운 침적물의 퇴적은 두 가지 방식으로 형성되었을 수 있다. 하나는 엄청나게 깊은 해저에서인데, E. 포브스의 연구들을 바탕으로 판단하건대, 이 경우에 그 밑바닥에는 매우 적은 수의 생물들이 서식했을 것이다. 따라서 융기했을 때 그 덩어리는 당시에 존재했던 생물에 대한 기록을 불완전하게 가질 수밖에 없게 되었을 것이라는 결론을 내릴 수 있다. 다른 방식은 얕은 바다의 바닥이 계속해서 천천히 가라앉을 때 침전물이 어느 정도의 두께와 넓이로 축적되는 것이다. 이 후자의 경우에, 가라앉는 속도와 침전물의 공급이 서로 거의 균형을 유지하는 한, 바다는 여전히 얕고 생명체들이 살기 좋은 환경으로 남을 것이다. 따라서 융기했을 때 어느 정도의 붕괴가 일어나든 그것을 견디기에 충분히 두꺼운, 화석을 함유한 암층이 형성될 것이다.

나는 화석이 풍부한 고대의 암층은 모두 이런 식으로 가라앉는 동안 형성되었다고 확신한다. 1845년에 이 주제에 대한 내 견해를 발표한 이래, 나는 지질학의 진보를 지켜보았고, 이런저런 거대한 암층을 취급하는 학자들이 하나둘씩 그것이 가라앉는 동안 축적되었다는 결론을 내리는 것을 보고 놀랐다. 내가 한 가지 덧붙일 것은, 남아메리카 서해안에 있는 오래된 단 하나의 제3기 층은 지금 겪고 있는 삭마를 견디기에는 충분히 두껍지만, 지질학적으로 먼 후대까지 지속될 리는 거의 없어 보인다는 점이다. 이것은 틀림없이 아래쪽을 향해 침강하는 동안 퇴적되어 상당한 두께가 된 듯하다.

모든 지질학적 사실들은 우리에게, 지표의 높이가 천천히 오르락내리락하는 변동은 모든 지역에서 수없이 많이 일어났으며, 이러한 변동들이 광대한 지역에 걸쳐 영향을 미쳤음을 분명히 알려준다. 그 결과, 화석이 풍부하며 차후의 삭마 작용을 견디기에 충분할 정도로 두껍고 규모가 큰 암층들은 아마도 침강하는 기간 동안 넓은 공간에 걸쳐 형성될 수 있었을 것이다. 하지만 그것은 오로지 바다가 얕게 유지되고, 유해들이 부패될 시간이 없이 묻혀서 보존되기에 충분한 양의 침적물의 공급이 이루어지는 곳에 한해서이다. 한편, 바다 밑이 고정된 상태로 있는 한, 생명체가 살기에 가장 바람직한 바다의 얕은 부분에 두꺼운 침전물이 축적되었을 리는 없다. 하물며 이 작용이 융기 작용이 일어나는 동안 일어났을 가능성은 더더욱 희박하다. 좀 더 정확히 말해서, 퇴적이 일어난 지층들은 융기되어 해안의 작용 범위 안에 들어오게 됨으로써 파괴되었을 것이다.

따라서 지질학적 기록은 필연적으로 단속적인 것이 될 수밖에 없다. 나는 이런 시각이 사실이라는 데 강한 확신을 느끼는데, 그것은 찰스 라이엘 경이 강조한 원리들과 엄격하게 조응하기 때문이다. 그리고 에드워드 포브스 역시 이후에 독자적으로 비슷한 결론에 도달했다.

여기서 짚고 넘어갈 만한 가치가 있는 사실이 한 가지 있다. 융기하는 기간에는 그 육지와 인접한 바다의 해변 부분의 면적이 증가하여, 종종 새로운 서식지가 형성될 것이다. 이것은 앞서 설명했듯이, 새로운 변종과 종들이 형성되기에 바람직한 환경이 갖추어진 곳이다. 그렇지만 그런 기간 중에는 일반적으로 지질학적 기록에 공백이 생길 것이다. 반면, 침강하는 기간 동안에는 서식지와 그곳에 서식했던 수많은 생물들의 수가 줄어들 것이고(처음 대륙이 군도로 분열되었을 때 해안에 있던 생물들은 제외하고), 그 결과로 멸종은 많이 일어나겠지만, 새로운 변종들이나 종들이 형성되는 일이 적을 것이다. 풍부한 화석을 지닌 거대한 침적층이 축적되는 시기 또한 바로 이 침강기 동안이다. 어쩌면 자연이 과도기적인 형태들 혹은 연결 고리가 되는 형태들이 자주 발견되지 않도록 하려고 방어벽을 치는 것이 아닌가 하고 말해도 될 정도다.

앞서 말한 고려 사항들을 바탕으로, 전체적으로 보았을 때 지질학적 기록이 상당히 불완전하다는 것은 의심할 여지가 없는 사실이다. 만약 우리가 어떤 한 암층에만 주의를 제한한다면, 암층이 처음 형성된 시기와 형성이 끝난 시기에 살았던 근연종들 사이에 있었을, 점진적으로 변화된 변종들이 왜 그 암층 속에서 발견되지 않는가를 이해하기가 더욱 어려워질 것이다. 동일한 암층의 상부와 하부에 있으면서 동일한 종의 변종들임을 분명히 보여 주는 기록도 존재하기는 하지만, 이런 경우는 드물기 때문에 여기서는 넘어가도록 하겠다. 비록 각 암층이 퇴적되기 위해 어마어마한 세월이 필요했다는 것은 분명한 사실이지만, 나는 그 각각이 당시에 살았던 종들 사이의 일련의 점진적인 연결 고리들을 포함하고 있지 않는 이유 몇 가지를 짐작해 볼 수 있다. 그렇지만 나는 다음의 고려 사항들을 충분히 다루지는 못할 것이다.

비록 암석층이 아주 오랜 시간의 경과를 보여 준다 해도, 그 시간은 아마도 한 종이 다른 종으로 바뀌는 데 필요한 시간에 비하면 짧다고 할 수 있을 것이다. 나는 존중받을 가치가 충분한 의견을 제시한 고생물학자인 하인리히 게오르크 브론(Heinrich Georg Bronn)과 새뮤얼 피크위스 우드워드(Samuel Pickworth Woodward)가 암층의 평균 지속 햇수가 종의 평균 지속 햇수의 두 배 혹은 세 배라는 결론을 내린 것으로 알고 있다. 그렇지만 극복할 수 없는 난점들이 우리로 하여금 이 주제에 대해서 어떤 정확한 결론에 도달하지 못하도록 막고 있는 것 같다. 어떤 암층의 중앙부에 처음으로 나타난 어떤 종을 보고, 그것이 이전에 다른 어느 곳에도 존재하지 않았다고 단정짓는 것은 극도로 성급한 추론일 것이다. 마찬가지로, 가장 위의 층이 퇴적되기 전에 어떤 종이 사라진 것을 발견했을 때, 그것이 완전히 멸종했다고 가정하는 것 역시 성급한 일이다. 우리는 전 세계에 비하면 유럽이라는 지역이 얼마나 협소한가를 잊고 있다. 게다가 유럽 전역에서 동일한 암층 내의 여러 단계들이 완벽하게 연결되는 것도 아니다.

기후를 비롯해 여러 가지 변화가 일어나는 동안 거의 모든 종류의 해양 동물들이 대량으로 이주한다고 추론해도 무방할 것이다. 그리고 어떤 암층에서든 처음 나타난 종을 보았을 때, 그 종이 그때서야 처음 그 지역으로 이주했을 가능성이 있다는 추론을 할 수 있다. 예를 들어, 몇몇 종들이 유럽보다 북아메리카의 고생대 층에서 다소 일찍 나타났다는 사실은 잘 알려져 있다. 그들이 아메리카의 바다에서 유럽의 바다로 이주하는 데는 분명히 시간이 필요했다. 전 세계적으로 다양한 지역의 최근 퇴적층을 조사해 보면, 아직도 존재하고 있는 몇몇 종들이 그 퇴적층에 공통으로 존재하는 것을 확인할 수 있다. 그러나 이들은 바로 옆에 있는 인근 바다에서는 멸종했다. 아니면 역으로, 인근 바다에서 현재 서식하고 있는, 개체수가 풍부한 종들이 특정 퇴적층에서는 드물거나 전혀 없는 경우도 있다. 전체 지질 연대에서 겨우 한 부분만을 차지하는 빙하기 동안에 유럽에 서식했던 동물들이 얼마나 많이 이주했는지를 확인한 결과를 생각해 보면 탁월한 교훈을 얻을 수 있다. 그리고 그 동일한 빙하기 동안에 일어난 지표면 높이의 상당한 변화와 지나치게 큰 기후 변화와 그 엄청난 시간의 경과를 생각해 봐도 마찬가지다. 그렇지만 세계의 그 어느 지역에서든, 화석 유물들을 포함한 퇴적 광상이 그 기간 전체에 걸쳐 동일한 지역 내에서 계속 퇴적되었는지는 의심스럽다. 예를 들어, 미시시피 강 하구 근처, 해양 동물들이 잘 자랄 수 있는 깊이의 범위 안에서 침적물이 빙하기 전체에 걸쳐 퇴적되는 일이 가능할 것처럼 보이지는 않는다. 왜냐하면, 우리는 그 기간 동안 아메리카의 다른 부분에서 얼마나 막대한 지리적 변화가 일어났는지를 알고 있기 때문이다. 빙하기의 일부 시기에 미시시피 강 하구 근처의 얕은 물에 퇴적된 것과 같은 그런 지층이 융기했다면, 처음에는 유기체 유해들이 나타나겠지만 그 유기체 종의 이주와 지리적 변화 때문에 다른 층들에서는 사라지게 될 것이다. 그리고 먼 미래에 어떤 지질학자가 이런 지층을 조사하게 된다면, 그는 매장된 화석들의 평균 지속 기간이 빙기 이전부터 오늘날까지를 포괄하는 빙하기보다 훨씬 길기는커녕 짧다는 결론을 내리고 싶은 유혹을 느낄지도 모른다.

동일한 암층의 상부와 하부에 있는 두 형태 사이의 완벽한 단계적 변화를 알아내기 위해서는 변이 과정이 충분히 일어날 수 있는 시간을 확보할 수 있도록 반드시 매우 오랜 기간에 걸쳐 침전물이 끊임없이 축적되어야 한다. 따라서 그 침적물은 전반적으로 매우 두꺼워야 할 것이다. 그리고 생명체 종은 변이를 겪는 시간 내내 계속 같은 지역에서 살아야만 할 것이다. 그렇지만 우리는 화석을 함유한 두꺼운 암층은 침강하는 기간 동안만 축적될 수 있다는 사실을 봐 왔다. 그리고 동일한 공간에 같은 종이 살아가는 데 필수적인 조건인 거의 일정한 깊이를 유지하려면 침적물이 공급되는 양이 침강되는 양을 상쇄할 만큼이어야 한다. 그렇지만 침강의 움직임은 종종 침전물이 유래된 지역을 가라앉게 하는 경향이 있어서, 아래쪽으로 계속 움직이는 동안 침적물의 공급량을 줄이게 된다. 사실 침적물의 공급과 침강의 정도 간의 거의 정확한 균형은 아마 흔히 볼 수 없는 우연일 것이다. 아주 두꺼운 침전물은 상한이나 하한 부근을 제외하고는 보통 유기체의 잔해가 거의 없다는 사실이 여러 고생물학자들에 의해 관찰되었기 때문이다.

어느 나라에서 퇴적된 암층더미든 마찬가지겠지만, 전반적으로 암층은 단속적으로 퇴적된 것처럼 보인다. 종종 그렇듯이, 다양한 광물학적 조성으로 이루어진 암상으로 구성된 어떤 암층을 볼 때, 우리는 침전의 과정에서 중단이 자주 일어나지 않았나 하는 합리적인 추론을 할 수 있다. 해류의 변화와 각기 다른 성질을 가진 퇴적물의 공급은 일반적으로 많은 시간을 요하는 지리적 변화들에 기인하기 때문이다. 그렇지만 암층을 아무리 면밀하게 조사해 보아도, 그 침적물이 쌓이는 데 걸린 시간에 대한 개념을 얻기는 힘들 것이다. 어떤 부분에서는 두께가 수천 피트라서 축적되는 데 틀림없이 엄청난 시간이 필요했을 것이라 여겨지는 암층이, 다른 부분에서는 몇 피트 두께밖에 되지 않는 경우도 많다. 그렇지만 이 사실을 모르는 사람이라면 그 얇은 암층이 방대한 시간의 경과를 나타내고 있다고는 생각지 못할 것이다. 어떤 암층의 아래쪽 지층이 융기되고, 침식되고, 침수된 다음, 같은 암층의 위쪽 지층으로 다시 덮인 예 또한 많이 볼 수 있다. 이는 흔히 간과되기 쉽지만, 축적되는 동안 얼마나 긴 시간의 공백이 있었는가를 보여 주는 것이다. 자라고 있을 때처럼 아직도 똑바로 서 있는 화석화된 거대한 나무들로부터, 침적되는 동안 있었던 오랜 시간의 공백과 높이의 변화를 가장 똑똑히 보여 주는 증거를 얻을 수 있는 경우도 있다. 이런 나무들이 우연히 보존되지 않았더라면 그런 사실을 추측조차 하지 못했으리라. 라이엘과 존 윌리엄 도슨(John William Dawson)은 노바 스코샤(Nova Scotia)에서 1,400피트 두께의 석탄기 지층이 뿌리가 묻혀 있는 아주 오래된 지층과 위아래로 놓인 것을 자그마치 예순여덟 군데의 서로 다른 높이에서 찾아냈다. 따라서 동일한 종이 한 암층의 하부와 중부와 상부에 출현하면, 그들은 전체 침적 기간 동안 동일한 지역에 살았던 것이 아니라, 아마도 동일한 지질 시대 동안 여러 차례 사라졌다 나타났다 했을 가능성이 있다. 그러므로 그런 종이 어느 한 지질 시대 동안 상당히 많은 변화를 겪는다 해도, 암층의 한 부분은, 아주 약간뿐이더라도 형태의 갑작스러운 변화들만을 포함할 것이다. 내 이론에 따르면 그들 사이에 틀림없이 존재했을 미세한 중간적인 단계 변화들이 있었을 텐데 그것들은 모두 포함하지 않은 채 말이다.

박물학자들이 종과 변종을 구분하는 황금률을 가지고 있지 않다는 사실을 기억하는 것은 너무나 중요하다. 학자들은 종들이 약간의 다양성을 가지고 있다는 것은 인정한다. 하지만 어떤 두 형태 사이의 차이가 어느 정도 이상으로 커지게 되면, 중간적 단계들로 그 둘을 한데 이을 수 없는 한, 그 둘을 다른 종으로 분류한다. 그리고 방금 제시한 이유로 우리가 어떤 지질학적 단면에서도 그렇게 양쪽을 잇는 것은 거의 불가능하다. B와 C가 각기 다른 종이라고 가정하고, 또 다른 A가 아래쪽에 있는 암상에서 발견되었다고 생각해 보자. A가 아무리 B와 C 사이의 중간 형태가 분명하다 할지라도, 동시에 중간 단계 변종들에 의해 어느 한쪽이나 양쪽 형태와 밀접하게 연결될 수 없는 한, A는 단순히 제3의 종으로 구분되어 분류된다. 그렇다고 해서, 앞서 설명했듯이, A가 실제로 B와 C의 시조일지도 모른다는 것을 잊어서는 안 된다. 그리고 구조상 모든 측면에서 반드시 그들 둘 사이의 중간 형태일 것이라 생각할 필요도 없다. 그러므로 우리는 한 암층의 하부와 상부로부터 부모 종과 그것의 변화한 자손 종 몇몇을 얻는다 해도, 수많은 점진적 단계들을 확보하지 못하는 한 그들 사이의 관계를 규정해서는 안 된다. 그러므로 결국은 그들을 모두 별개의 종들로 분류할 수밖에 없다.

수많은 고생물학자들이 얼마나 작은 차이들을 바탕으로 종을 구분하느냐 하는 것은 익히 알려진 사실이다. 그리고 만약 그 표본들이 동일한 지층의 다른 아층(亞層)들로부터 온 것이라면 더욱 그러하다. 오늘날 경험이 풍부한 몇몇 패류학자들은 알시드 도르비니(Alcide d'Orbigny)나 다른 과학자들이 세밀하게 종으로 분류한 많은 것들을 변종의 범주로 떨어뜨리고 있다. 이러한 시각을 바탕으로 우리는 내 이론상 응당 찾아내야 하는 변화의 증거를 발견하게 된다. 게다가 만약 우리가 다소 더 긴 시간 간격들, 다시 말해 동일한 거대한 암층 내에 있는 별개이지만 이어져 있는 여러 단계들로 고개를 돌린다면, 우리는 매장된 화석들이 더 멀리 떨어진 암층 속에서 발견된 종들보다는 훨씬 더 서로 밀접한 관계라는 사실을 알 수 있다. 비록 그것들이 다른 종으로 규정되는 것이 거의 보편적이기는 하지만 말이다. 이 주제에 대해서는 다음 장에서 다시 언급하도록 하겠다.

또 다른 주안점이 있다. 우리가 이전에 보았듯이, 급속히 번식할 수 있고 이동성이 크지 않은 동식물들의 경우, 일반적으로 그 변종들이 처음에는 국지적으로 분포한다고 여길 만한 이유가 있다. 그리고 그런 국지적 변종들은 상당한 정도로 변화되고 완성되기 전까지는 멀리 확산되거나 부모 종을 대체하지 않는다. 이 시각에 따르면, 한 지역에 있는 어떤 암층에서 어떤 두 형태 사이의 모든 초기 전이 단계를 발견할 기회는 얼마 되지 않는다. 계속되는 변화들이 국지적이었거나 어떤 한 지점으로 한정되었을 것이기 때문이다. 대다수 해양 생물들은 넓은 분포 영역을 가진다. 그리고 우리는 식물의 경우에 가장 넓은 분포 영역을 갖는 것이 가장 자주 변종을 발생시킨다는 사실을 보아 왔다. 그러니 패류를 비롯한 해양 생물들 중에서 넓은 분포 — 유럽에 있는 잘 알려진 암석층의 경계를 훨씬 초과하는 분포 — 영역을 지닌 것들은, 아마 처음에는 국지적인 변종들을 그리고 종국에는 새로운 종들을 가장 많이 내놓은 것들이었을 것이다. 그리고 다시금 이것은 우리가 어떤 한 지층에서 전이 단계들의 흔적을 추적할 수 있는 기회를 상당히 떨어뜨릴 것이다.

오늘날 완벽한 표본을 가지고 검토해 보더라도, 수많은 표본들이 여러 장소에서 수집되기 전에는 두 형태가 중간 단계의 변종을 통해 연결되어 동일한 종으로 입증되는 경우가 거의 없다는 사실을 잊어서는 안 된다. 그리고 화석 종의 경우에 고생물학자들이 그러한 일을 한다는 것은 거의 불가능하다. 예를 들어, 미래의 어떤 시기에 지질학자들이 각기 다른 품종인 우리의 소, 양, 말, 그리고 개가 하나나 그 이상의 토착 동물로부터 내려왔음을 입증할 수 있을 것인가를 자문해 보면, 수많은 확실한 중간 단계의 화석 연결 고리에 의해 종들을 연결할 수 있을 가능성이 얼마나 되는가를 가장 잘 파악할 수 있으리라. 아니면, 몇몇 패류학자들은 유럽의 것들과 다른 종으로 규정하고, 다른 패류학자들은 그저 변종으로만 규정하는 북아메리카의 해변에 살고 있는 몇몇 해양 조개들이 정말로 변종인가, 아니면, 이른바 다른 종인가를 자문해 보는 것도 괜찮은 방법이다. 이것은 미래의 지질학자들이 화석 상태에서 수많은 중간적 단계들을 발견해야만 가능한 일이다. 따라서 나는 그 일이 성공하기란 거의 불가능하다고 본다.

비록 수많은 종들이 지질학적 연구를 통해 현존하는 속이나 멸절한 속에 보태지기는 했지만, 그리고 몇몇 그룹들 사이의 거리를 좁히기는 했지만, 수많은 확실한 중간 단계의 변종들과 함께 연결됨으로써 종들 사이의 구분을 깨뜨리는 데는 거의 아무런 기여도 하지 못했다. 이것은 아마도 내 견해에 맞서 제기할 수 있는 수많은 반박들 중에서 가장 심각하고 분명한 반박일 것이다. 이에 대해 지금부터 가상의 예증을 바탕으로 앞서 언급한 것들을 요약해 보는 것이 좋을 것 같다. 말레이 제도는 유럽으로 치자면 대략 노스 케이프(North Cape)에서 지중해까지 또는 영국에서 러시아까지에 해당하는 크기다. 이는 아메리카의 지층을 제외하면 정확하게 조사된 모든 지층의 크기와 맞먹는다. 나는 헨리 하버샴 고드윈오스틴(Henry Haversham Godwin-Austen) 씨의 의견에 전적으로 동의하는데, 넓고 얕은 바다들로 분리된 수많은 커다란 섬들을 가진 말레이 제도의 현재 상태는, 아마도 지층 대다수가 퇴적하고 있던 유럽의 옛날의 상태를 보여 주리라는 것이다. 말레이 제도는 전 세계에서 유기체가 가장 풍부한 지역 중 하나로 손꼽힌다. 그렇지만 그곳에서 살았던 모든 종들이 수집된다 한들 세계의 자연사를 표상하기에는 얼마나 부족하겠는가!

우리는 말레이 제도의 육서 생물이 우리가 퇴적되어 있으리라고 가정하는 지층 속에서 극히 불완전하게 보존되어 있음이 분명하다고 믿을 만한 충분한 이유가 있다. 나는 연안에서만 서식하는 동물들이나, 노출된 해저 암석 위에 사는 동물들의 다수가 거기에 매장되었으리라고는 생각지 않는다. 그리고 자갈이나 모래에 매장된 것들은 기나긴 세월을 견디지 못했을 것이다. 바다 밑에 퇴적물이 쌓이지 않은 곳이나 퇴적물이 쌓이는 속도가 유기체를 부패로부터 보호하기에 충분하지 않았던 곳에서는 아무런 잔해도 보존될 수 없었을 것이다.

나는 말레이 제도에서 화석을 함유한 암층이 먼 미래의 어느 시대까지 지속되기에 충분한 두께로 형성될 수 있는 것은 오로지 침강하는 기간 동안이라고 믿는다. 과거에 제2기 층이 그랬듯이 말이다. 이런 침강기들은 서로 엄청난 시간 간격을 두고 존재할 것이고, 그동안 그 지역은 정지해 있거나 융기할 것이다. 우리가 지금 남아메리카의 해안에서 볼 수 있듯이, 융기하는 동안 각 화석 함유층은 끊임없는 해안의 작용 때문에 거의 축적되자마자 붕괴할 것이다. 아마도 침강하는 기간에는 수많은 생명체가 멸종을 겪을 것이고, 융기하는 기간 동안에는 수많은 변이들이 일어날 테지만 그 시간 동안의 지질학적 기록은 정확도가 상당히 떨어질 것이다.

말레이 제도의 전체나 일부에서 침전물의 퇴적과 동시에 일어나는 침강의 엄청난 지속 기간이 과연 특정 동일 종들의 평균 지속 기간을 **초과할지**에 대해서는 의문의 여지가 있다. 침강하는 기간이 종의 평균 지속 기간을 초과하는 것은 두 종 이상의 종들 사이의 모든 점진적 전이 단계를 보존하는 데 필수적이다. 만약 그런 전이 단계들이 충분히 보존되지 않는다면, 전이 단계의 변이들은 단순히 별개 종들로 간주될 것이다. 또한 각 대(大)침강기가 지표면 높낮이의 변동에 의해 중단될 수도 있고, 경미한 기후적 변화가 그 긴 기간 동안 개입할 수도 있는 일이다. 이런 경우에, 그 제도에 서식하는 생물은 이주를 해야 할 테고, 결국 단계적인 변이 과정에 대한 자세한 일련의 기록은 그 어떤 암층에도 보존될 수 없게 되는 것이다.

말레이 제도의 해서 생물들 다수의 서식 영역은 이제, 그 경계를 넘어 수천 마일까지 뻗어 있다. 그리고 유추하건대 나는, 새로운 변종을 가장 자주 내놓는 것은 주로 이런 넓은 영역에 거주하는 종들일 것이라고 생각한다. 그리고 일반적으로 그 변종들은 처음에는 국지적이거나 어떤 한 장소에 제한될 수 있지만, 만약 어떤 결정적인 이점을 갖게 될 때, 아니면 더욱 변화하고 향상되었을 때에는 점차 확산되어 부모 종을 대신할 것이다. 그런 변종들이 예전의 고향으로 돌아오면, 이전 형태와 거의 동일하되 아마도 극히 경미한 정도로 다를 것이다. 따라서 많은 고생물학자들은 그들이 떠받드는 원칙에 따라 그것들을 새로운 별개 종으로 분류할 것이다.

만약 이런 설명이 어느 정도 진실이라면, 내 이론에 따르면 분명 동일한 군에 속하는 과거와 현재의 모든 종들을 하나의 긴, 가지가 난 생명의 사슬로 연결하는 전이 형태들을 우리의 지층에서 무한정 찾아낼 수 있을 것이라 기대하는 것은 곤란하다. 우리는 그저 일부는 서로에 더 밀접하게, 일부는 그보다 덜 밀접하게 연결된 연결 고리 몇 가지를 찾기만 하면 된다. 그 고리들이 아무리 서로 가깝다 하더라도, 동일한 암석층의 서로 다른 단계에서 발견된다면, 대다수 고생물학자들은 서로 다른 종으로 분류할 것이다. 각 지층의 시작과 끝에서 나타난 종들 사이의 셀 수 없이 많은 과도기적 연결 고리가 지질학적으로 상당히 잘 보존된 부분에서도 잘 발견되지 않는다는 난점이 내 이론을 그토록 심각하게 압박하지 않았더라면, 나는 생명체의 변이에 대한 기록이 얼마나 빈약한가에 대해서 굳이 이렇게까지 논하지는 않았을 것이다.

전체 근연종 집단의 갑작스러운 출현에 대하여

몇몇 고생물학자들 — 예를 들어, 아가시, 프랑수아 쥘 픽테 드 라 리브(François Jules Pictet de la Rive), 그리고 가장 강력하게 반박한 애덤 세지윅(Adam Sedgwick) 교수 — 은 종 변환(transmutation)을 주장하는 믿음에 대한 치명적인 반박이자 문제 제기로서 모든 종 집단이 어떤 지층에서 갑자기 출현하는 양상을 들었다. 만약 같은 속이나 과에 속하는 수많은 종들의 생명이 정말로 모두 동시에 시작되었다면, 그 사실은 자연 선택을 통해 느린 변화가 대물림된다는 이론에 치명적이었을 것이다. 동일한 한 시조로부터 내려온 한 무리의 형태들의 발달은 극도로 느린 과정이었을 것이고, 시조들은 변화한 후손들보다 훨씬 오래전에 살았음이 틀림없다. 그렇지만 우리는 끊임없이 지질학적 기록의 완벽성을 과대 평가하며 잘못된 추론을 하고 있다. 잘못된 추론이란 바로 몇몇 속이나 과들이 한 특정한 단계에서 발견되지 않았다면 그것은 그 단계 전에 존재하지 않았다는 것이다. 우리는 지층이 주의 깊게 조사된 지역은 얼마 되지 않으며 그에 비해 이 세상이 얼마나 큰지를 계속해서 잊고는 한다. 또한 우리는 종들의 무리가 다른 곳에서 오랫동안 존재했다가 유럽과 미국의 고대 제도들로 침범해 오기 전에 서서히 그 수가 늘었을지 모른다는 사실을 잊는다. 우리는 아마도 연속된 지층들 사이에 존재했을 막대한 시간적 간격을 — 아마도 대부분의 경우에 각 암석층의 축적에 요구되었을 시간보다 더 길었을 그 시간을 — 감안하여 생각지 않는다. 이 간격은 하나 이상의 부모 종들에게 종의 증식을 위한 시간적 여유를 주었을 것이다. 그리고 이어진 지층들에서 그런 종들은 마치 갑자기 생겨난 것처럼 나타날 것이다.

여기서 이전에 했던 언급, 말하자면 한 유기체가 하늘을 난다든가 하는 새롭고 특정한 생활 방식에 적응하려면 여러 대에 걸쳐 오랜 세월이 필요하다는 언급을 상기시켜야 할지도 모르겠다. 그렇지만 결국 그런 결과가 나타나고, 그로 인해 몇몇 종들이 다른 유기체들보다 훨씬 큰 이점을 얻은 다음이라면, 그것이 전 세계적으로 널리, 그리고 급속히 퍼질 수없이 갈라진 형태들을 낳는 데는 그리 긴 시간이 필요치 않을 것이다.

나는 이제 이런 주장을 해설하고, 우리가 모든 종 집단이 갑자기 나타났다고 가정하는 실수를 저지르기가 얼마나 쉬운가를 보여 주기 위해 몇 가지 예들을 제시하겠다. 나는 출간된 지 그리 오래지 않은 지질학 논문들에서는 늘 포유류라는 거대한 강이 제3기 층의 초기에 불쑥 나타난 것처럼 나온다는 널리 알려진 사실을 상기시키고자 한다. 화석 포유류들이 가장 풍부하게 축적된 것으로 알려진 지층은 제2기의 중반에 속한 것이다. 그리고 실제로 어떤 포유류는 이 거대한 제2기의 거의 초기에 신적사암(新赤砂巖, new red sandstone, 영국에서 석탄을 포함하는 고생층 위에 발달하는 후기 이첩기(二疊紀) 또는 삼첩기(三疊紀)의 역암이 많은 붉은 사암. ― 옮긴이)에서 발견된 바 있다. 퀴비에는 제3기 층에서는 원숭이가 한 마리도 나타난 적이 없다고 주장하고는 했다. 하지만 지금 인도, 남아메리카, 그리고 유럽에서, 멸종된 종들이 심지어 시신세(Eocene)처럼 먼 옛날 시대의 층에서 발견된다. 그러나 무엇보다도 가장 놀라운 예는 고래류에서 볼 수 있다. 이 고래류는 거대한 뼈를 가지고 있고, 해양 생물이며 전 세계에 걸쳐 서식한다. 그렇기 때문에 제2기 층의 그 어떤 곳에서도 고래의 뼈가 단 하나도 발견되지 않았다는 사실은, 거대한 규모를 자랑하며 뚜렷이 구별되는 이 목이 제2기 층의 마지막과 제3기 층의 초기 사이의 기간에 갑자기 생성되었다는 믿음을 충분히 정당화하고 있는 것으로 보인다. 그러나 이제 우리는 1858년 출판된 라이엘의 『지질학의 원리 편람』에 있는 부록에서, 제2기가 끝나기 얼마 전에 녹색사암(greensand)의 상층에서 고래들이 존재했음을 보여 주는 확실한 증거를 볼 수 있다.

　　바로 내 눈으로 목격해서 큰 충격을 받았던 또 다른 예를 제시할까 한다. 나는 착생 만각류의 화석 기록에 현존하거나 멸종한 제3기의 종들이 많다는 것, 극 지방에서 적도까지 전 세계에 걸쳐 조수 상한선과 50패덤(fathoms, 바다의 깊이나 줄의 길이 등을 재는 데 쓰이는 단위로 1패덤은 1.83미터다. ─ 옮긴이) 사이에 살고 있는 수많은 종들이 유별나게 풍부한 개체수를 자랑한다는 것, 가장 오래된 제3기 층에 완벽하게 보존된 상태의 표본들이 존재한다는 것, 심지어 껍질의 조각 하나하나까지 쉽게 알아볼 수 있다는 것 등, 이 모든 조건을 바탕으로 만약 착생 만각류가 제2기에 존재했다면 확실히 보존되었고 발견되었을 것이라고 추론했다. 그리고 제2기 층에서는 착생 만각류에 속한 종이 단 하나도 발견되지 않았기 때문에, 나는 이 거대한 무리는 제3기의 초기에 갑자기 발생했을 것이라는 결론을 내렸다. 거대한 종들의 집단이 급작스럽게 출현하는 사례가 하나 더 보태졌으니, 이 문제는 나로서는 골칫거리였다. 그렇지만 내 저술이 발표되자마자 노련한 고생물학자인 M. 보스케(M. Bosquet)가 벨기에의 백악층에서 직접 채집한 착생 만각류임이 확실한 완벽한 표본의 그림을 보내왔다. 더욱더 놀라운 점은 이 착생 만각류는 무척 흔하고 크기가 크며 어디에서나 볼 수 있는 크타말루스속(Chthamalus)에 속한 것이었는데, 그것의 표본은 지금껏 그 어떤 제3기에서도 발견된 적이 없었다는 사실이다. 따라서 우리는 이제 착생 만각류가 제2기 동안에 존재했다는 사실을 확실히 알게 되었다. 그리고 이 착생 만각류는 아마도 수많은 제3기 종과 현존 종들의 조상이었을 것이다.

종들 전체 집단의 갑작스러운 출현을 주장하기 위해 고생물학자들이 가장 자주 제기하는 예는 백악기 하부층에 있는 경골어류(teleostean fishes)다. 이 군에는 현존하는 종이 상당히 많이 포함되어 있다. 최근에 픽테 교수는 이것들이 한 아층 더 이전에 존재했다고 언급한 적이 있다. 그리고 일부 고생물학자들은 아직 그 연관성이 완전하게 알려지지 않은 훨씬 더 오래된 어류 몇 종이 실제로 경골어류라고 믿는다. 아가시가 믿듯이 그것들 전체가 백악층의 초기에 나타났다는 가정은 확실히 주목할 만한 가치가 있다. 하지만 나는 이 또한 마찬가지로 이 종들의 집단이 해당 시기에 전 세계적으로 갑자기, 그리고 동시에 나타났다는 것이 입증되지 않는 한, 그것이 내 이론에 극복할 수 없는 난제가 될 것이라 생각하지는 않는다. 적도 이남에서 그 어떤 화석 어류 하나도 발견되지 않았다는 사실은 굳이 언급할 필요조차 없을 정도이다. 그리고 픽테의 『고생물학(Traité de paléontologie)』을 훑어보면 유럽의 여러 지층에서는 밝혀진 종들이 거의 없다는 사실을 알 수 있을 것이다. 물고기의 몇몇 과들은 현재 제한된 영역에서 살고 있고, 어쩌면 경골어류 역시 과거에 비슷하게 제한된 영역에 살다가 어떤 한 바다에서 대거 발달한 다음, 멀리 퍼졌을지도 모른다. 그렇다고 우리는 지구의 바다들이 늘 지금처럼 남쪽에서 북쪽까지 트여 있었다고 가정할 권리는 없다. 심지어 오늘날에도, 만약 말레이 제도가 육지로 변한다면 인도양의 열대 부분은 거대하고 완벽하게 폐쇄된 분지를 형성할지도 모르고, 거기서 어떤 거대한 무리의 해서 생물들의 수가 늘어날지도 모른다. 그리고 그들은 그 제한된 영역에 남아 있다가, 그 종의 일부가 더 차가운 기후에 적응해 아프리카나 오스트레일리아의 남부 곳에서 개체수가 두 배로 많아진 후, 다른 먼 바다에까지 뻗어갈지도 모른다.

이런 사실들뿐만 아니라 유사한 사항들을 고려해 보면, 그리고 주로 유럽과 미국의 범위를 넘어서는 다른 나라들의 지질학에 대해 우리가 얼마나 무지한가를 생각해 보면, 그리고 심지어 최근 12년이라는 시간 동안 이루어진 발견들이 우리의 고생물학적인 개념의 얼마나 많은 부분들에서 혁명을 초래했는가를 생각해 보면, 전 세계에 있는 유기체들의 천이에 대해 독단을 내리는 것은 어떤 박물학자가 오스트레일리아의 어떤 황무지에 5분간 머물면서 그곳의 생물의 수와 분포 영역을 논하는 것만큼이나 성급해 보인다.

최하층으로 알려진 화석층에 근연종들의 집단이 갑작스레 출현하는 것에 대하여

지금까지 논의한 것보다 훨씬 더 심각한, 또 다른 관련 난제가 있다. 동일한 군집에 속한 수많은 종들이 이제껏 알려진 화석층의 최하층에서 갑자기 나타나는 양상이 바로 그것이다. 나로 하여금 동일한 집단의 모든 현생 종이 하나의 조상으로부터 내려왔다고 확신하게 만든 논거들의 대부분은, 최초로 알려진 종들에 대해서도 거의 똑같은 설득력을 가지고 적용할 수 있다. 예를 들어, 나는 모든 실루리아기 (Silurian)의 삼엽충류(trilobites)가 어떤 한 갑각류로부터 내려왔다는 사실을 의심할 수 없는데, 이 갑각류는 틀림없이 실루리아기 훨씬 이전부터 살았을 것이고, 아마도 알려져 있는 그 어떤 동물과도 무척 달랐을 것이다. 앵무조개(Nautilus)나 링굴라(Lingula) 등과 같은 가장 오래된 실루리아기 동물 중 일부는 현생 종들과 크게 다르지 않다. 그리고 내 이론에 따르면, 이런 오래된 종들이 그들이 속한 목의 모든 종들의 조상이라고 생각할 수는 없는데, 이들은 그들 사이를 매개하는 특질들을 전혀 보여 주지 않기 때문이다. 게다가 만약에 그들이 그 목의 조상이었다면, 개량된 그들의 수많은 후손들에 의해 이미 오래전에 대체되고 소멸되었을 것임이 거의 확실하기 때문이다.

따라서 내 이론이 옳다면, 실루리아기에서 현대에 이르는 시간 전체만큼, 어쩌면 그보다 더 긴 시간 간격이 최하부의 실루리아기층이 퇴적되기 전에 존재했다는 것, 그리고 이렇게 광대하지만 알려지지 않은 이 시기 동안 세계가 온갖 생물들로 들끓었다는 사실은 논박이 불가능하다.

왜 우리가 이런 방대한 태고의 시간들에 대한 기록을 발견하지 못하느냐 하는 질문에 대해서 나는 그 어떤 만족스러운 대답도 내놓을 수 없다. 가장 저명한 지질학자 가운데 몇 사람, 특히 우두머리급인 R. 머치슨 경은, 이 지구상의 생명의 시초를 실루리아기층의 최하부의 유기체 잔해에서 찾아볼 수 있다고 확신한다. 한편 그에 못지않은 경쟁력을 갖춘 라이엘과 E. 포브스와 같은 다른 전문가들은 이 결론에 대해 이의를 제기한다. 우리는 지구상에서 정확히 알려져 있는 부분은 아주 적은 부분에 지나지 않음을 잊어서는 안 된다. 최근 M. 배런드(M. Barrande)는 실루리아기에 새롭고 특별한 종들이 풍부하게 들어 있는 하부층 하나를 추가했다. 배런드가 발견한 이른바 태고 지대(primordial zone) 아래의 롱마인드 층(Longmynd beds)에서 생명의 흔적들이 나왔다. 최하부에 있는 무생물 시대(azoic) 암석의 일부에 인산염 덩어리들과 역청(瀝青. 석유. 석탄 또는 기타 유기물이 열변화해 생성될 수 있는 타르 상태인 물질로 아스팔트의 주성분. ─ 옮긴이) 같은 물질이 나타난 것은, 아마도 그 이전에 생명이 존재했음을 시사하는 것인지도 모른다. 그렇지만 내 이론에 따르면 틀림없이 실루리아기 이전의 어딘가에 축적되었을 방대한 화석 더미를 함유한 지층이 왜 실제로 보이지 않는가 하는 문제는 매우 이해하기 어려운 문제다. 만약 이런 가장 오래된 지층이 침식을 통해서 완전히 깎여 없어졌다면, 아니면 변형 작용을 통해서 소멸되었다면, 우리는 시대적으로 그들 다음으로 이어지는 암석층에서 그저 작은 잔해들만을 찾아낼 수 있어야 할 것이다. 그리고 일반적으로 이것들은 반드시 변형된 상태로 있어야 할 것이다. 그렇지만 러시아와 북아메리카의 어마어마한 영토에 걸친 실루리아 침전물에 대해 지금 우리가 갖고 있는 기록은 이러한 시각 즉 암석층이 더 오래될수록 더 많은 침식 작용과 변형을 겪는다는 사실을 지지해 주지 않는다.

현재로서는 이를 설명되지 않은 상태로 그냥 남겨둘 수밖에 없다. 그리고 여기서 제시된 시각들에 맞서는 실로 타당한 논박으로 간주할 수 있을 것 같다. 하지만 장차 그것에 대해서 얼마간 설명이 가능해질지도 모른다는 사실을 보여 주기 위해, 나는 다음과 같은 가정을 제시하고자 한다. 유럽과 미국의 여러 암석층에서 그다지 깊은 곳에 살았던 것으로는 보이지 않는 유기체 잔해의 성질을 바탕으로, 그리고 암석층들을 구성하는 두께가 수 마일이나 되는 퇴적물의 양을 바탕으로, 우리는 그 퇴적이 일어난 큰 섬들이나 육지들이 처음부터 끝까지, 현존하는 유럽과 북아메리카 대륙의 부근에 있었다고 추론할 수 있다. 그렇지만 우리는 연속적인 암석층 사이에 존재했던 시간 간격 동안 물질의 상태가 어땠는지, 유럽과 미국이 이 간격 동안 건조한 육지로 존재했는지 아니면 육지 근처에서 퇴적물이 쌓이지 않은 해저 표면으로 존재했는지, 혹은 방대하고 깊이를 잴 수 없는 깊은 해저로 존재했는지는 알 수가 없다.

육지보다 세 배나 넓은 현존 대양들을 보면서 우리는 거기에 수많은 섬들이 점점이 박혀 있는 것으로 생각한다. 하지만 지금까지 그 대양도 중에서 고생대나 제2기 층의 잔해 하나조차 발견된 곳이 없다. 따라서 우리는 어쩌면 고생대와 제2기 동안 현재의 대양이 존재하는 곳에는 그 어떤 대륙이나 대륙도(continental island)도 존재하지 않았으리라는 추론을 이끌어 낼 수 있을 것이다. 왜냐하면, 만약 그것들이 존재했다면, 그것들이 마멸되고 붕괴되어 나온 퇴적물들로 축적된 고생대와 제2기 층이 존재할 가능성이 매우 높기 때문이다. 그리고 표고의 변동으로 인해 최소한 부분적으로라도 융기되었을 것이기 때문이다. 우리는 이렇게 엄청나게 긴 시간 동안 틀림없이 높이의 변동이 일어났을 것이라는 결론을 확실히 내릴 수 있다. 만약 우리가 이런 사실들을 바탕으로 뭔가를 추론할 수 있다면, 다음과 같이 해석할 수 있을지도 모른다. 즉 대양들은 그것이 현재 펼쳐져 있는 곳에서 우리가 알고 있는 한 가장 먼 곳까지 뻗어 나갔을 것이고, 다른 한편으로는, 지금 대륙들이 존재하는 곳에 엄청나게 커다란 육지들이 존재했으며, 그것들은 의심할 바 없이 실루리아기의 가장 초기부터 엄청난 높이의 변동을 겪었으리라는 해석 말이다. 내 책인『산호초(Coral Reefs)』에 수록된 채색도를 보면, 그 거대한 대양들은 지금도 주로 침강되는 영역에 있고 거대한 군도들은 아직도 높이가 변동하는 영역에 있으며, 대륙들은 아직도 융기하는 영역에 있다는 결론을 내리지 않을 수 없다. 그렇지만 우리는 그것들이 이 세상이 시작될 때부터 이와 같은 상태였다고 가정할 권리가 있는가? 대륙들은 수차례 지표면 높이의 변동을 겪는 동안 융기의 힘이 우세했기 때문에 형성된 것처럼 보인다. 그렇지만 그처럼 우세한 운동이 일어난 지역들은 시대가 변하면서 바뀌지 않았겠는가? 실루리아기보다도 훨씬 더 오래전 어느 시기에는 대륙들이 지금 대양이 뻗어 있는 곳에 존재했고, 맑고 광활한 대양들은 지금 대륙이 있는 곳에 존재했을지도 모른다. 또한 가령, 태평양의 해저가 지금 대륙으로 바뀌었다고 해서 우리가 거기서 실루리아 지층보다 더 오래된 지층들을 찾아낼 수 있어야 한다고 주장하는 것은 정당하지 않다. 물론 그 지층들이 이전에 실제로 퇴적되었다고 가정한다면 말이다. 지구의 중심을 향해 몇 마일이나 더 깊이 가라앉아, 그 위에 있는 물의 막대한 무게에 압박을 받아 온 지층은 항상 표면 근처에 남아 있던 지층보다 훨씬 많은 변형 작용을 겪었을 것이기 때문이다. 나는 가령 남아메리카처럼, 틀림없이 엄청난 압력에서 가열되어 왔을 노출된 변성암들로 이루어진 전 세계 곳곳의 광활한 지역에 대해 특별히 설명할 필요가 있다고 생각했다. 그리고 우리는 어쩌면 이런 광활한 지역들에서 실루리아기에 훨씬 앞서는, 완벽하게 변화되어 버린 수많은 지층들을 볼 수 있을 것이라 생각해도 될 것이다.

여기서 언급된 몇 가지 어려움들, 이를테면 연속된 암석층들에서 지금 존재하거나 과거에 존재했던 수많은 종들 사이의 무한히 많은 과도기적 연결 고리들을 찾아내지 못하는 것, 우리 유럽의 지층에서 한 무리의 종들 전체가 급작스레 출현하는 것, 현재 알려진 바로는 실루리아 지층 아래에는 화석을 포함한 지층이 전혀 없다는 것과 같은 사실들은 모두 의심할 바 없이 심각한 문제이다. 말하자면 퀴비에, 아가시, 배런드, 펠코너, E. 포브스 등과 같은 저명한 고생물학자들과, 라이엘, 머치슨, 세지윅 등과 같은 위대한 지질학자들이 만장일치로, 때로는 격렬하게 종의 불변성을 주장했다는 사실은 그것을 가장 명확히 보여 준다. 그렇지만 나는 위대한 권위자인 찰스 라이엘 경이 심사숙고를 통해 이 주제에 대해 심각한 의혹을 품게 되었다고 믿는다. 나는 우리가 가진 모든 지식의 원천인 이런 위대한 권위자들과 의견을 달리하는 것이 경솔한 일이라 생각한다. 자연계에 있는 지질학적 기록이 어느 정도 완벽하다고 생각하는 이들, 그리고 이 책에서 제시한 다른 여러 종류의 사실 및 논쟁에 많은 무게를 부여하지 않는 이들은 틀림없이 내 이론을 즉각적으로 거부할 것이다. 라이엘 경의 비유를 따르자면, 나는 지질학적 기록이란 것은 마치 변화하는 방언으로 저술되었으며 불완전하게 남겨진 세계사와 같다고 생각한다. 이 역사에 대해서 우리는 겨우 두세 세기만을 다루는 마지막 책 한 권만을 가지고 있을 따름이다. 그리고 이 마지막 책 한 권조차도 여기저기에 짧은 장만이 남아 있을 뿐이며, 매 쪽마다 겨우 여기저기 몇 줄만이 남아 있다. 이 역사를 서술하고 있는, 점진적으로 변화하는 언어 속에서 각각의 단어들은 드문드문 이어진 장들에서 많이 다를 때도 혹은 조금 다를 때도 있다. 이 단어들은 이어져 있기는 하지만 멀찍이 떨어져 있는 지층들에 파묻힌, 급작스럽게 변화하는 생명체들을 표상한다. 이런 시각으로 보면 앞에서 논한 어려움들은 크게 감소하거나, 심지어 사라질 수도 있다.

10장

유기체들의 지질학적 천이에 대하여

새로운 종들이 서서히 계속하여
출현하는 것에 관하여

그들이 변화하는 속도의 차이에 대하여

한번 사라진 종들은 다시 출현하지 않는다.

종들의 집단은 출현과 소멸에 있어
단일종과 동일한 일반 법칙을 따른다.

멸절에 대하여

전 세계적으로 일어나는 생명 형태들의
동시적인 변화에 대하여

멸절종들 상호간의 유연 관계와 멸절종과 현생 종의
유연 관계에 대하여

여러 고대 형태들의 발달 상태에 대하여

동일한 지역 내에서 일어나는 동일한 유형들의 천이에 대하여

앞 장들과 현재 장의 요약

이제는 유기체들의 지질학적 천이와 관련된 몇 가지 사실과 법칙이 종은 불변한다는 일반적인 시각과 더 잘 조응하는지, 아니면 종은 대물림과 자연 선택을 통해 느리고 점진적인 변화를 겪는다는 견해와 더 잘 조응하는지를 살펴보자.

새로운 종들은 육지에서나 바다에서나 하나씩 하나씩 매우 서서히 나타났다. 라이엘은 제3기의 여러 층들을 보면 이 주제에 대한 증거를 무시하기가 거의 불가능하다는 것을 보여 주었다. 또한, 해마다 층과 층 사이의 공백을 채우는 경향과 실종된 형태 및 새로운 형태들의 비율이 좀 더 점진적으로 만들어지는 경향이 있다는 점을 보여 주었다. 가장 최근의 지층들 — 물론 연도로 계산해 보면 틀림없이 대단히 오래된 것이겠지만 — 중 일부에서 멸절된 종은 하나나 둘뿐이고, 새로이 나타난 종 역시 — 이 지역에 처음 나타난 것이든, 우리가 아는 한 지구상에 처음 나타난 것이든 — 하나나 둘뿐이다. 만일 우리가 루돌프 아만두스 필리피(Rudolph Amandus Philippi)의 시칠리아 섬에 대한 관찰을 신뢰한다면, 그 섬의 해양 생물들은 대단히 점진적으로 수많은 변화를 겪어 왔다. 제2기는 좀 더 단속적이지만, 브론이 언급했듯이, 그 각각의 분리된 암석층에 매장되어 있는, 멸절되어 지금은 볼 수 없는 많은 종들의 출현이나 소멸이 모두 동시적이지는 않다.

서로 다른 속이나 강의 종들이 같은 속도나 같은 정도로 변화하지는 않는다. 제3기의 가장 오래된 지층에서는 많은 멸절한 형태들 가운데 현생 패류 몇 가지를 발견할 수 있다. 팰코너는 이와 유사한 사실에 대한 놀라운 예를 보여 주었는데, 히말라야 산기슭의 퇴적층에 있는 특이하고 멸절된 많은 포유동물들 그리고 파충류들과 연관 관계에 있는 현생 악어가 그것이다. 실루리아기 링굴라는 이 속에 속한 현존 종들과 거의 같은 반면, 다른 실루리아기의 연체동물 대다수와 모든 갑각류는 엄청난 변화를 겪었다. 육상 생물들은 해양 생물들보다 더 빠른 속도로 변하는 것처럼 보인다. 최근에 스위스에서는 이들에 대한 놀라운 사례가 발견되었다. 자연의 계층 구조에서 상위에 있다고 여겨지는 유기체들이 하위에 있다고 여겨지는 유기체들보다 더 빨리 변한다고 믿을 만한 몇 가지 이유가 있다. 비록 이러한 규칙성에도 몇 가지 예외가 있기는 하지만 말이다. 픽테가 지적했듯이, 생체 조직적 변화의 정도는 암석층의 천이와 엄격하게 조응하지 않는다. 그래서 서로 이어지는 두 암석층 사이에서 생명 형태가 정확히 같은 정도로 변하는 일은 거의 없다. 그렇지만 만일 매우 긴밀하게 이어진 임의의 암석층들을 비교해 본다면, 모든 종들이 약간의 변화를 겪었다는 사실이 발견될 것이다. 한 종이 일단 지구 표면에서 사라졌을 때, 완전히 동일한 형태가 두 번 다시는 나타나지 않을 것이라고 믿을 만한 이유가 있다. 이 후자의 법칙에 대한 가장 강력한 예외처럼 보이는 사례는, 배런드 씨가 제시한 이른바 '식민지 (colonies)'다. 그것은 오래된 암석층의 한복판을 어느 기간 동안 침범한 후, 기존의 동물상이 재출현하도록 허용한다. 하지만 라이엘의 설명, 즉 그것이 지리적으로 다른 지역에서 일시적으로 이주해 온 경우라는 설명으로도 충분해 보인다.

이러한 몇 가지 사실들은 내 이론과 잘 부합한다. 나는 한 나라의 모든 서식 생물들을 급격히, 동시적으로, 혹은 동일한 정도로 변화하게 만드는 확고한 발달의 법칙이 있다고 생각지 않는다. 변화의 과정은 극도로 느릴 것이다. 각 종의 가변성은 다른 모든 종들의 가변성과 독립적이다. 자연 선택이 그런 가변성을 이용하는지, 그리고 변이들이 더 많이 축적되는지 아니면 적게 축적되는지, 그리하여 변이가 변화한 종들에게서 더 큰 변화를 초래하는지 아니면 더 적은 변화를 초래하는지의 여부는 많은 복잡한 우연적인 요소들에 달려 있다. 즉 그 변화가 이로운 성질인가의 여부, 교배하는 능력, 번식의 속도, 서서히 변화하는 그 나라의 물리적인 환경, 그리고 특히, 그 변화하는 종들이 경쟁하게 되는 다른 서식 생물들의 본성에 달려 있다는 것이다. 따라서 한 종이 다른 종들보다 훨씬 더 오랫동안 동일한 형태를 유지하거나, 변화한다 하더라도 상대적으로 적은 변화를 겪는 것도 그다지 놀라운 일이 아니다. 우리는 지리적 분포에서도 동일한 사실을 볼 수 있다. 이를테면 마데이라의 육서 패류들과 초시류 곤충들은 유럽 대륙에 있는 그들과 가장 가까운 근연 생물들로부터 상당히 달라진 반면, 해양 패류와 조류는 변화를 겪지 않은 상태로 남아 있다. 우리는 어쩌면 해양 생물이나 하등 생물과 비교했을 때 육상 생물이나 상대적으로 고등인 생물의 변화 속도가 명백히 더 빠른 이유를, 고등 생물일수록 유기적, 무기적인 생활 환경과 더욱 복잡한 관계를 맺고 있다는 사실을 바탕으로 이해할 수 있을지도 모른다. 앞 장에서 설명했듯이 말이다. 한 지역의 서식 생물들의 다수가 변화하고 개량되었을 때, 경쟁의 원리 및 유기체 대 유기체 사이에 작용하는 다수의 중요한 관계의 원리에 따르면 거의 변화되지 않거나 개량되지 않는 형태는 무엇을 막론하고 소멸할 가능성이 높다는 사실을 우리는 이해할 수 있다. 따라서 충분히 긴 시간 간격을 고려한다면, 왜 동일한 지역의 모든 종들이 결국은 변화를 겪는지를 이해할 수 있다. 변화하지 않는 것들은 멸절할 것이기 때문이다.

동일한 강에 속하는 일원들에게서 같은 기간 동안에 일어나는 변화의 평균량은 어쩌면 거의 비슷할 수도 있다. 그렇지만 화석 함유층에서 장기간에 걸쳐 일어나는 축적은 침강되는 동안에 그 지역에 퇴적되었던 거대한 침전물의 양에 의존하므로, 암석층들의 각 층은 거의 필수적으로, 불규칙적이며 단속적인 오랜 간격을 두고 축적되었을 수밖에 없다. 결과적으로 연이은 암석층에 매장된 화석들을 통해 볼 수 있는 유기체의 변화 정도는 동등하지 않다. 이 견해에 따르면 각 암석층은 새롭고 완벽한 창조의 행위를 담고 있는 것이 아니라, 그저 우연히 일어난, 서서히 변화하는 드라마의 장면들을 드문드문 기록할 따름이다.

우리는 유기적이든 무기적이든 똑같은 생활 환경이 다시 돌아온다 하더라도 왜 한 종이 일단 사라지면 다시는 나타나지 않는가를 명확하게 이해할 수 있다. 자연의 경제에서 어떤 한 종의 후손은 다른 종의 빈자리를 정확히 메우기 위해 적응하게 되고, (의심할 바 없이 이런 예가 일어난 경우는 셀 수 없을 만큼 많다.) 결국 그것을 대체할지도 모른다. 그렇지만 그 두 형태들 ― 구형과 신형 ― 이 전적으로 똑같지는 않을 것이다. 양쪽 다 각자의 먼 시조로부터 서로 다른 특질들을 물려받았을 것이기 때문이다. 그로 인해, 예를 들어 우리 세대의 공작비둘기들이 모두 멸절해 버렸다면, 애호가들이 동일한 목적을 위해 오랜 세대에 걸쳐 노력함으로써 현재의 공작비둘기들과 거의 구분이 불가능한 신품종을 만드는 것도 얼마든지 가능하다. 그렇지만 만약 부모 종인 바위비둘기들 역시 멸절해 버렸고, 자연 상태에서는 일반적으로 개량된 후손들이 그 부모 형태를 멸절시키고 그 자리를 대체할 것이라고 믿을 만한 충분한 이유가 있다고 해 보자. 그렇다면 현존 품종과 동일한 공작비둘기들을 어떤 다른 비둘기 품종이나 심지어 이미 정착된 집비둘기 품종으로부터 육종할 수 있다는 것은 무척 믿기 어려운 일이다. 새로 생긴 공작비둘기는 아마도 그 새로운 시조로부터 몇 가지 형질의 근소한 차이들을 물려받았을 것이 거의 확실하기 때문이다.

종들의 집단, 즉 속과 과는 단일종과 마찬가지로 그 출현과 소멸에 있어서 동일한 일반 법칙들에 따라 더 빨리 혹은 더 느리게 변하거나 더 많이 혹은 더 적게 변화한다. 하나의 집단은 일단 사라진 다음에는 다시 출현하지 않는다. 또한 그것의 존재는, 사라지기 전까지 계속 이어진다. 나는 이 법칙에 몇 가지 명확한 예외들이 있다는 것을 인식하고 있지만, 그 예외들은 놀라울 정도로 드물다. 사실, 너무 드물어서, E. 포브스, 픽테, 그리고 우드워드가 그 법칙이 사실임을 인정할 정도다. 셋 다 내가 가진 시각에 강력하게 반대되는 시각을 견지하는 사람들인데도 말이다. 그리고 그 법칙은 확실히 내 이론과 부합한다. 동일한 집단 내의 모든 종들은 동일한 한 종에서 내려온 것들이다. 그렇기 때문에 그 집단의 어떤 종이든 여러 시대에 걸쳐 계속해서 장기적으로 나타나는 한, 새롭고 변화한 형태들이나 옛 모습 그대로 변화하지 않은 형태들이 나타날 만큼 그 일원들이 오래 존속했다는 것은 명확한 사실이다. 이를테면 링굴라속의 종들은 실루리아기층의 최하층부터 오늘날까지 끊어지지 않고 그 세대를 이어가며 계속 존속했음이 틀림없다.

우리는 앞 장에서 어떤 집단의 종들이 이따금은 갑자기 나타나는 것처럼 보이는데, 그것은 사실 착각에 불과하다는 것을 보았다. 나는 만약 사실이라면 내 견해에 치명적일 수밖에 없을 그 착각에 대해 설명하기 위해 애썼다. 하지만 그런 경우는 확실히 예외적이다. 집단에 속하는 종의 수가 최대한에 도달할 때까지 점차로 늘다가, 그 뒤에는 이내 서서히 줄어드는 것이 일반적인 법칙이다. 만약 한 속의 종들의 수나 한 과의 속들의 수가, 종들이 발견되는 연속된 암석층들을 가로지르는 다양한 두께의 수직선으로 표시된다면, 그 선은 때때로 아래쪽 끝에서 하나의 작은 점으로부터 시작되는 것이 아니라 갑자기 시작되는 것처럼 잘못 보일 것이다. 그 선은 위쪽으로 갈수록 점점 두꺼워지면서, 얼마 동안은 동일한 두께를 유지하다가 결국 상층에서는 얇아질 텐데, 이는 그 종의 수가 감소하고 마침내 멸절함을 나타낸다. 한 집단의 종의 수가 이처럼 점차적으로 증가하는 것은 확실히 내 이론에 부합한다. 다시 말해 동일한 속의 종들 그리고 동일한 과의 속들이 천천히 그리고 점진적으로만 늘어날 수 있다는 것인데, 그 이유는 변화의 과정과 많은 근연종들의 출현은 반드시 천천히, 점차적으로 일어날 수밖에 없기 때문이다. 한 종이 처음에 두세 변종을 낳고, 이것들이 서서히 종으로 바뀌고, 그 종이 다시금 때가 오면 똑같이 느린 단계를 거쳐 다른 종들을 낳음으로써 그렇게 계속해서 그 집단을 키운다. 단 하나의 줄기에서 가지가 분지해서 거대한 나무가 되듯이 말이다.

멸절에 대하여

우리는 아직 종과 종들의 집단의 소멸에 대해서 부수적인 이야기밖에 하지 않았다. 자연 선택 이론에서, 오래된 종들의 멸절과 새롭고 개량된 종들의 발생은 밀접하게 관련되어 있다. 줄지어 일어난 천재지변으로 인해서 지구에 서식했던 모든 생명체들이 휩쓸려가 버렸다는 낡은 인식은 이제 대개는 폐기되어 버렸다. 심지어 당연히 이러한 결론을 내릴 수밖에 없는 견해를 가진 엘리 드 보몽(Elie de Beaumont), 머치슨, 배런드 등과 같은 지질학자들도 마찬가지로 이런 생각을 단념했다. 그와 반대로, 우리는 제3기 층에 대한 연구를 통해, 종과 종들의 집단이 하나씩 하나씩, 처음에는 한 지점부터, 그 후 다른 지점들에서, 그리고 끝내는 전 세계에서 점차적으로 사라졌다고 믿을 만한 충분한 이유가 있다. 단 하나의 종이든 종들의 집단 전체의 경우든, 그 존속 기간은 모두 다 제각각이다. 우리가 보았듯이 몇 몇 집단은, 생명이 시작된 시기로 여겨지는 매우 오래전부터 오늘날 까지 존속해 왔으며, 몇몇은 고생대가 끝나기 전에 사라졌다. 어떤 종이나 어떤 속들이 존속하는 기간의 길이를 결정하는 고정된 법칙 은 없는 듯해 보인다. 한편, 종이 완전히 멸절하는 과정이 그 종이 만 들어지는 과정보다 일반적으로 더 느리다고 믿을 만한 이유가 있다. 만약 일군의 종들의 출현과 소멸이 앞서와 마찬가지로 다양한 두께 의 수직선들로 표현된다면, 그 선은 그 종의 첫 출현과 수의 증가를 나타내는 아래쪽 끝보다 멸절의 진행을 나타내는 위쪽 끝으로 갈수 록 점점 더 가늘어질 것이다. 그렇지만 제2기 말기 부분에 있는 암모 나이트(ammonites)와 같은 몇몇 경우, 전체 집단의 소멸이 놀랍도록 급 작스럽게 일어나기도 한다.

종의 멸절이라는 주제는 불필요한 수수께끼에 둘러싸여 있었 다. 심지어 개체들이 일정한 수명을 가지듯이 종들에게도 일정한 존 속 기간이 있다고 주장하는 학자들도 있었다. 내가 생각하기에 멸절 에 대해 나보다 더 많이 경탄했던 사람은 없었을 것이다. 라플라타 에서 마스토돈(Mastodon)과 메가테리움(Megatherium)과 톡소돈(Toxodon) 을 비롯한 다른 멸절한 거대한 동물들과 함께 매장된 말의 이빨을 발 견했을 때, 나는 엄청난 경이로움에 휩싸였다. 함께 매장된 멸절 동 물들은 매우 최근의 지질 시대에 현존하는 조개들과 공존했던 것들 이다. 그 말이 스페인 사람에 의해 처음으로 남아메리카에 들어온 이 래, 나라 전역에서 제멋대로 날뛰고 따라잡을 수 없는 속도로 번식하 는 것을 보면서, 그토록 이로운 생활 조건에서 이전의 말들이 너무나 최근에 멸절한 이유가 도대체 뭘까 하는 의문을 품었기 때문이다. 그렇지만 이 놀라움의 근거는 정말이지 너무나도 빈약했다! 오언 교수는 그 이빨이, 비록 현존하는 말의 이빨과 상당히 닮기는 했지만, 어떤 멸절한 종의 것이라는 사실을 즉시 간파했다. 만약 이 말이 다소 드물지만 아직 현존해 있었다면, 그 어떤 박물학자도 그 희귀함에 전혀 놀라움을 느끼지 못했을 것이다. 왜냐하면, 희귀함이란 전 세계 모든 강에 속하는 방대한 수의 종들의 속성이기 때문이다. 만약 우리가 우리 자신에게 왜 이 종이나 저 종이 희귀하냐고 묻는다면, 우리는 그것의 생활 환경에 무언가 불리한 점이 있기 때문이라고 대답할 것이다. 그렇지만 그 불리한 무언가가 과연 무엇인지를 말하는 것은 거의 불가능하다. 그 화석 말이 희귀종으로 아직 현존해 있다고 가정할 때, 우리는 그 말이 좀 더 유리한 환경에서 살았다면 무척 짧은 시간 안에 대륙 전체를 점령했을 것이라고 느꼈을 것이다. 느리게 번식하는 코끼리를 포함한 모든 다른 포유류에 대한 유추와 남아메리카 사육마가 야생화된 역사를 바탕으로 말이다. 그렇지만 우리는 말의 수의 증가를 억제하는 그 불리한 조건들이 무엇이었는지, 어떤 불의의 위기가 한 번 있었는지 여러 번 있었는지, 그리고 그런 위기들 각각이 말의 삶에서 어느 시기에 어느 정도로 작용했는지를 확실히 말하지 못한다. 아무리 느리게라고 해도 만약 조건이 계속해서 점점 더 불리해진다면, 우리가 그 사실을 확실히 인식하지 못할지라도 그 화석 말은 틀림없이 점점 더 희귀해질 것이고, 마침내는 멸절할 것이다. 그리고 그 자리는 다른 더 성공적인 경쟁자가 차지할 것이다.

모든 생물들은 인식되지 않는 해로운 요인들에 의해 끊임없이 그 수의 증가를 방해받는다는 사실을, 그리고 그런 해로운 요인들이 종의 회소성을 초래하고, 결국에는 멸절을 초래하기에 충분하다는 것을 늘 염두에 두기는 어렵다. 우리는 그리 오래되지 않은 제3기 암석층에서 어떤 생물들이 멸절되기에 앞서 희귀해졌음을 보여 주는 많은 사례들을 발견할 수 있다. 그리고 우리는 국지적으로나 전체적으로나, 인간의 개입 때문에 멸절된 동물들이 이런 과정을 겪었다는 사실을 알고 있다. 내가 1845년에 발표한 바를 되풀이하자면, 한 종이 희귀해지는 것에는 전혀 놀라지 않으면서도 그것이 더 이상 존재하지 않게 될 때는 무척이나 경이로워하는 것은, 마치 죽음 전에 병이 온다는 것은 인정하면서도 사망의 경우에만 무척 놀라며 그 사람이 어떤 알 수 없는 상해를 입고 죽은 것이 아닌지 의심하는 것과 마찬가지다.

　　자연 선택 이론은 결국은 새로운 종이 될 모든 새로운 변종들이, 그것과 경쟁하는 다른 것들보다 약간의 이점을 가지는 것에 의해 탄생하고 유지된다는 믿음을 바탕으로 한다. 그 결과로 인해 일어나는 덜 유리한 형태들의 멸절은 거의 불가피하게 뒤따르는 현상이다. 사육 및 재배 하에 있는 동식물의 경우에도 마찬가지다. 약간 개량된 새로운 변종이 생겨날 때, 우선 그것은 동일한 지역에 있는 그보다 덜 개량된 변종들을 대체한다. 그리고 훨씬 더 개량되면, 단각우(short-horn cattle)처럼 각지로 수출되어 다른 나라에 있는 다른 품종들을 대체하게 된다. 따라서 자연적이든 인공적이든, 새로운 형태의 출현과 낡은 형태의 소멸은 한데 엮여 있다. 왕성하게 번식하는 집단에서, 주어진 시간 동안에 탄생한 새로운 형태의 수는 아마도 멸절한 구형의 수보다 더 많을 것이다. 그렇지만 우리는 적어도 지질 시대 후반부에는 종의 수가 무한정으로 계속 늘어나지 않았다는 사실을 알고 있다. 따라서 후반부를 생각해 보면 우리는 새로운 형태들의 탄생이 거의 비슷한 수의 낡은 형태들의 멸절을 초래했다고 생각할 수 있을 것이다.

앞서 예를 들어 설명하고 묘사한 바대로, 모든 측면에서 서로를 가장 닮은 형태들 사이에서 일반적으로 경쟁이 가장 심하게 일어난다. 따라서 개량되고 변화된 후손 종들이 일반적으로 부모 종의 멸절을 초래할 수 있는 것이다. 그리고 만약 새로운 많은 형태들이 어떤 종에서 발생했다면, 그 종과 가장 가까운 근연종, 즉 동일한 속에 속한 종들이 멸절할 가능성이 가장 클 것이다. 따라서 내가 믿기로는, 같은 과에 속한 오래된 속은 한 종에서 내려온 수많은 새로운 종들 즉 새로운 속으로 대체된다. 그렇지만 어떤 한 집단에 속하는 새로운 종이 다른 집단에 속한 종이 차지한 지역을 침략해서 그것의 멸절을 초래하는 일도 간혹 일어났음이 틀림없다. 그리고 만약 그 성공적인 침입자들로부터 많은 근연종들이 발생한다면, 다수가 자기들이 차지하고 있던 장소를 양보해야 할 것이다. 그리고 공통으로 물려받은 몇몇 열성 형질 때문에 피해를 입게 되는 것은 근연 형태들일 것이다. 그렇지만 변화되고 개량된 다른 종들에게 자기들이 차지하고 있던 지역을 양보하는 것이 같은 강에 속하는 종이든 다른 강에 속하는 종이든, 약자 쪽의 일부는 몇몇 특정한 생존 방법에 적응했기에, 혹은 극심한 경쟁을 피한 별개의 독립된 서식지에 살았던 덕분에 오랫동안 지속될 것이다. 예를 들어, 제2기 층에 있는 패류 중 거대한 규모의 속인 삼각패(Trigonia)의 한 종은 오스트레일리아 해양에 현존해 있다. 그리고 거대한 군을 형성했던 경린어류의 어떤 집단은 거의 멸절했지만 그 집단에 속한 일부 소수 일원들은 아직 민물에서 살고 있다. 따라서 우리가 보았듯이, 집단 하나가 완전히 멸절하는 것은 일반적으로 그것의 발생보다 더 느린 과정이다.

고생대 말의 삼엽충류 및 제2기 말의 암모나이트의 경우처럼 한 과나 목 전체가 갑자기 멸절하는 것처럼 보이는 것과 관련해서, 우리는 연속된 암석층들 사이에 있는 아마도 무척이나 길었을 시간의 공백에 대해서 앞에서 언급한 것들을 기억해야 한다. 이런 공백이 있었던 중에 수많은 생명체들이 서서히 멸절했을지도 모른다. 게다가 갑작스러운 이주나 전에 없이 급속하게 일어난 발달을 통해 새로운 집단의 수많은 종들이 새로운 지역을 차지했을 때, 그들은 그에 상응하는 급속한 방식으로 원래 서식하고 있던 생물들의 다수를 멸절시켰을 것이다. 그리고 그렇게 장소를 빼앗긴 형태들은 근연 관계에 있던 것이었을 텐데, 이는 그들이 몇 가지 열성 형질을 공통으로 가졌을 것이기 때문이다.

이처럼 한 종과 종들의 전체 집단이 멸절하는 방식은 자연 선택 이론과 잘 조화를 이루는 것처럼 보인다. 우리는 멸절에 대해서 경이로워할 필요가 없다. 굳이 경이로워할 만한 점이라면, 우리가 주제넘게도 각 종의 존재 여부를 결정하는 수많은 복잡한 만일의 사태들을 파악할 수 있다고 잠시나마 가정한다는 것일 것이다. 만약 우리가 각 종이 과도하게 증가하는 경향이 있다는 것을, 그리고 우리는 거의 인식하지 못하지만 몇 가지 방해 요인들이 늘 작용하고 있다는 것을 잠시라도 잊는다면, 온전한 자연의 경제를 이해하는 것은 완전히 불가능해지고 말 것이다. 어떤 종의 개체수가 왜 다른 종보다 더 풍부한지, 왜 하필이면 바로 이 종이 해당 지역에서 귀화되었는지를 정확히 말할 수 있을 때, 우리는 비로소 우리가 왜 이 특정한 종이나 종들의 집단의 멸절을 설명할 수 없는가에 대해 응당 놀라움을 느끼게 될 것이다.

전 세계를 통틀어 거의 동시적으로 변화하는 생명 형태들에 대하여

그 어떤 고생물학적인 발견도, 전 세계에서 생명의 형태들이 거의 동시적으로 변화한다는 사실보다 더 놀랍지는 않다. 따라서 이를테면 북아메리카, 적도의 남아메리카, 티에라 델 푸에고, 희망봉 그리고 인도 반도처럼 세계 각지에서, 백악(白堊, 백악계에서 나는 백색이나 담황색의 부드러운 석회질 암석. — 옮긴이)이라는 광물 그 자체는 파편 하나도 찾아볼 수 없는 완전히 다른 기후를 가진 곳에서도, 유럽의 백악층을 찾아볼 수 있다. 이처럼 먼 여러 지역들에서, 몇몇 층 속에 있는 유기체 잔해들은 백악기의 것들과 너무나 명백한 유사성을 보여 준다. 동일한 종들을 볼 수 있다는 이야기는 아니다. 왜냐하면, 똑같은 종이 단한 종도 발견되지 않을 때도 더러 있기 때문이다. 하지만 그들은 동일한 과, 속, 그리고 속 내의 같은 절에 속할 때도 있고, 단순히 표면의 무늬 같은 사소한 점에서 비슷한 특질을 갖고 있는 경우도 가끔 있다. 게다가 그 상부나 하부의 암석층에서는 발견되지만 유럽의 백악층에서는 발견되지 않는 어떤 다른 형태들은 세계의 이런 먼 지역들에서도 마찬가지로 찾아볼 수 없다. 여러 학자들은 러시아와 서유럽, 그리고 북아메리카의 몇몇 연속된 고생대 암석층들에서도 생명의 형태에 서로 유사한 점이 있다는 사실을 발견했다. 라이엘에 따르면, 몇몇 유럽과 북아메리카의 제3기의 퇴적물에서도 마찬가지라고 한다. 심지어 널리 분포된 고생대와 제3기의 여러 시기에서, 잇따라 나타나는 생명 형태들이 선보이는 전반적인 유사성 또한 분명할 것이고, 몇몇 암석층들은 쉽게 상호 연관될 수 있을 것이다. 구세계와 신세계에서 공통적으로 발견되는 소수의 화석 종들에 대해서는 고려하지 않는다고 해도 말이다.

그렇지만 이런 관찰 사실들은 해양 생물들에 해당하는 것이다. 우리는 육지와 담수의 생물들이 멀리 떨어진 지역에서 그와 유사한 방식으로 변화하는지 아닌지를 판단할 충분한 자료를 가지고 있지 않다. 심지어 그들이 그렇게 변화를 겪었는지 아닌지 또한 의심의 여지가 있다. 만약 그들의 지질학적 위치에 대한 정보가 전혀 제공되지 않은 채, 메가테리움과 밀로돈(Mylodon), 마크라우케니아(Macrauchenia)와 톡소돈이 라플라타에서 유럽으로 옮겨졌다고 한다면, 그 누구도 그들이 현존하는 해양 패류들과 공존했다는 생각을 떠올리지 못했을 것이다. 하지만 이런 이례적인 거대한 동물들이 마스토돈이나 말과 공존했다고 한다면, 적어도 그들이 제3기의 후기의 어떤 단계에 살았다고 추론하는 것은 가능하다.

해양 생물들이 전 세계적으로 '동시에' 변화했다는 말을 들을 때, 우리는 그런 표현이 똑같은 수천 년이나 수십만 년을 지칭한다고 믿어서는 안 되며, 심지어 그 단어가 엄밀한 지질학적 의미를 지닌다고 생각해서도 곤란하다. 왜냐하면, 만약 오늘날 유럽에 존재하는 모든 해양 생물들, 그리고 (빙하기 전체를 포함하고 지질학적으로는 가깝지만 햇수로 헤아리면 까마득하게 먼 시대인) 홍적세(洪積世, Pleistocene. 약 258만 년 전부터 1만 년 전까지의 지질 시대. 플라이스토세 또는 갱신세(更新世)라고도 한다. 오늘날과 같은 기후 상태와 대륙 빙하가 발달했던 시기가 교대로 나타나는 대단히 불안정한 기후를 특징으로 하는 시기이다. ― 옮긴이)에 유럽에 살았던 그 모든 해양 생물들을 지금 남아메리카나 오스트레일리아에서 살고 있는 생물들과 비교한다면, 제아무리 노련한 박물학자라 해도 유럽에 현존하는 서식 생물들과 홍적세의 해양 생물들 중 어느 쪽이 남반구의 그것들과 더 닮았는지를 판가름하기는 힘들 것이기 때문이다. 그래서 대단히 뛰어난 몇몇 관찰자들도 미국의 현생 생물들이 현재 여기에 살고 있는 것들보다 제3기 후반에 유럽에 살았던 것들과 더 밀접하게 관련되어 있다고 믿는다. 그리고 만약 그것이 사실이라면, 오늘날 북아메리카의 해변에 퇴적되어 있는 화석층이 훗날에는 다소 오래된 유럽의 지층과 함께 분류될 것임이 명백하다. 그럼에도 내가 생각할 때, 먼 미래를 내다본다면, 유럽과 북아메리카와 남아메리카와 오스트레일리아의 다소 최근에 형성된 해양 지층들, 말하자면, 상부 선신세(鮮新世, Pliocene. 플라이오세라고도 한다. 533만 년 전부터 258만 년 전까지의 지질 시대를 말한다. ― 옮긴이)와 홍적세와 정확히 말해 현대의 지층들은, 어느 정도 비슷한 화석 유물들을 갖고 있다는 점에서, 그리고 더 오래된 하부의 퇴적층에서만 찾을 수 있는 그런 형태들을 포함하고 있지 않다는 점에서, 지질학적 의미상으로는 동시대의 것으로 규정될 것이고, 또 그것이 올바르다는 사실은 거의 의심할 여지가 없다.

앞에서 설명한 바와 같이 넓은 의미에서 세계의 각지에 있는 생명 형태들이 동시적으로 변한다는 사실은 뛰어난 관찰자들인 에두아르 드 베르뇌유(Édouard de Verneuil)와 아돌프 다르시아크(Adolphe d'Archiac)에게 커다란 충격을 주었다. 이들은 유럽 각지의 고생대 생명 형태들로부터 볼 수 있는 유사성을 언급하고 나서, 다음과 같은 말을 덧붙였다. "이처럼 놀라운 사건에 충격을 받아서 우리가 북아메리카로 고개를 돌려 거기서 일련의 비슷한 현상들을 발견한다면, 종의 모든 변화, 그들의 멸절, 그리고 새로운 종의 발생이 단순히 해류의 변화나 다소 더 국지적이고 일시적인 원인들 때문이 아니라 전체 동물계를 지배하는 일반 법칙에 의존한다는 것이 확실해질 것이다." 배런드 씨는 정확히 동일한 효과를 발휘하는 강력한 주장을 내세웠다. 사실, 각기 너무나 다른 기후에 속해 있는 전 세계의 생명 형태들에서 일어나는 거대한 변이의 원인을 해류나 기후, 또는 다른 물리적인 조건들의 변화로 보는 것은 헛된 것으로 보인다. 우리는, 배런드가 언급했듯이, 어떤 특별한 법칙을 찾아야 한다. 그리고 현생 유기체들의 분포를 조사할 때, 그리고 각기 다른 나라의 물리적인 조건과 그곳에서 서식하는 생물들의 특성 사이의 관련성이 얼마나 적은가를 알아내려고 할 때, 이것을 좀 더 명확하게 알아야 한다.

전 세계적으로 생명 형태들이 이처럼 유사하게 천이하고 있다는 위대한 사실은 자연 선택 이론으로 설명할 수 있다. 새로운 종은 낡은 형태들보다 우월한 몇 가지 이점을 가진 새로운 변종들이 발생함으로써 형성된다. 그리고 이미 지배적인 위치를 차지했거나, 자기 나라에서 다른 형태들보다 우월한 몇 가지 이점을 가진 그 형태들은 당연히 새로운 변종이나 발단종을 가장 빈번히 탄생시킬 것이다. 이 변종과 새로운 종이 보존되고 살아남으려면 더 많은 승리를 거두어야만 하기 때문이다. 우리는 이 주제에 대해서 뚜렷한 증거를 가지고 있는데, 지배적인, 즉 자기들의 고향에서 가장 흔하고 가장 널리 퍼져 있는, 새로운 변종들을 엄청나게 많이 생산하고 있는 식물들이 바로 그 증거다. 이미 다른 종들의 영역까지 어느 정도 침범해 지배적인 위치를 점한 채 멀리 퍼지며 변이하는 종들이 더욱 멀리까지 퍼지고 새로운 지역에서 새로운 변종들과 종들을 탄생시킬 가능성이 가장 높다는 사실 역시 당연하다. 이와 같은 확산의 과정은 기후나 지리적 변화에 따라 혹은 예외적인 사건들에 따라 더러는 무척 느릴 수도 있다. 하지만 장기적으로 보았을 때 지배적인 형태들은 결국 성공적으로 확산될 것이다. 여기서 생각할 수 있는 것은, 서로 이어져 있는 바다에 사는 해양 생물들의 경우보다 서로 떨어져 있는 대륙에 사는 육상 생물의 경우에 확산이 더 느릴지 모른다는 것이다. 따라서 우리는 해양보다는 육지의 생물들에게서 천이의 유사함이 덜 엄밀하다는 사실을 발견하리라 예상할 수 있고, 실제로도 그런 사실을 발견할 수 있다.

어떤 지역에서 시작해서 확산 중인 지배적인 종은 더 지배적인 종들을 마주칠 가능성이 있다. 그럴 경우, 그들의 성공 가도 혹은 심지어 그들의 존재 자체가 거기서 멈출지도 모른다. 우리는 새롭고 지배적인 종들의 수가 증가하는 데에 가장 적합한 조건들이 무엇인지 정확히 알지 못한다. 그러나 내가 생각하기에 이로운 변이가 나타날 확률을 높여 주는 개체들이 많을 때, 그리고 기존의 여러 형태들과의 경쟁이 치열한 경우가 그 조건에 해당되며, 이것이 새로운 영토로 확산할 수 있는 힘이 된다는 사실을 분명히 확인할 수 있다. 또한 이전에 설명했듯이, 기나긴 시간 간격을 두고 되풀이되는 어느 정도의 고립도 이로울 수 있다. 전 세계의 4분의 1은 육지에서 새롭고 지배적인 종이 나타나기에 적합하고, 또 다른 부분은 해양 생물들에게 이롭다. 만약 이 두 거대한 영역이 오랜 기간 동안 동일한 정도로 좋은 환경 아래 있었더라면, 각각의 서식 생물들이 서로 만날 때마다 생존 투쟁은 길어지고 극심했을 것이다. 그리고 어떤 출생지 출신의 일부와 다른 출생지 출신의 일부가 승리를 거둘 것이다. 그렇지만 시간이 지나면서 가장 지배적 위치를 차지한 형태들은, 어디서 태어났든 간에 어디에서나 성공을 거두는 경향이 있을 것이다. 그리고 이들은 성공을 거두면서 그들보다 열등한 다른 형태들의 멸절을 초래할 것이다. 그리고 이런 열등한 형태들은 대물림에 따라 집단 내에서 서로 연결되어 있어서, 비록 여기저기에서 한 일원이 오랫동안 생존할 수는 있을지 몰라도 전체 집단은 서서히 사라지는 경향이 있을 것이다.

따라서 내가 보기에는 유사하고 넓은 의미에서 동시다발적인, 전 세계적으로 동일한 생명 형태들이 천이하는 것은, 널리 확산되고 변화하는 우세한 종에 의해 새로운 종이 형성된다는 법칙과 잘 조응한다. 그렇게 탄생된 새로운 종은 대물림으로 인해, 그리고 이미 그들의 부모나 다른 종들에 비해 유리한 몇 가지 이점을 갖추고 있음으로 인해 우세해지며, 다시금 널리 확산되고 변이하며 새로운 종들을 낳는다. 새롭고 더 우세한 형태들에게 패배해서 자기 자리를 빼앗긴 형태들은 몇 가지 열등한 형질들을 공통적으로 물려받았기에 일반적으로 집단으로 묶일 것이다. 따라서 새롭고 변화된 집단들이 전 세계로 퍼짐과 동시에, 오래된 집단들은 이 세상에서 사라질 것이다. 그리고 이 양 갈림길에서 형태들의 천이는 어디서나 서로 대응하는 경향이 있을 것이다.

이 주제와 관련해서 언급할 가치가 있는 또 다른 견해가 있다. 나는 화석이 있는 모든 거대한 암석층은 침강하는 기간에 퇴적되었으며, 엄청나게 오랫동안 지속된 공백기는 그 해양 층이 정지해 있거나 융기하던 시기에, 뿐만 아니라 퇴적물이 유기체 잔해를 매장하고 보존하기 충분할 만큼 천천히 침전되던 시기에 일어났다고 믿을 만한 이유들을 제시했다. 나는 이런 긴 공백기 동안 각지의 서식 생물들이 상당한 정도의 변화와 멸절을 겪었으며, 세계의 각지로부터 많은 이주가 이루어졌을 것이라고 생각한다. 거대한 지역들이 동일한 운동에 의해 영향을 받았다고 생각할 만한 근거가 있는 만큼, 동시 발생적인 암석층들이 세계의 동일한 지역에서 무척 넓은 범위에 걸쳐 자주 축적되었다는 추론이 가능하다. 그렇지만 우리는 이것이 예외 없는 사실이었다고, 그리고 그 거대한 지역들이 언제나 동일한 운동에 의해 영향을 받았다고 결론을 내릴 수는 없다. 두 암석층이 각각 다른 지역에서 정확히 동일하지는 않지만 서로 비슷한 시기에 퇴적되었을 때, 이전 문단들에서 설명한 원인들을 바탕으로 우리는 그 두 지역에서 생명 형태에 동일하게 일어난 일반적인 천이를 찾아낼 수 있어야 한다. 그렇지만 종들이 정확히 대응되지는 않을 것이다.

변화와 멸절, 그리고 이주에 걸리는 시간이 그 두 지역에서 다를 수 있기 때문이다.

　나는 이와 같은 성격의 사건들이 실제로 유럽에서 일어나지 않았을까 하는 의혹을 품고 있다. 조지프 프레스트위치(Joseph Prestwich) 씨는 영국과 프랑스의 시신세 퇴적층에 대한 탁월한 회고록에서, 양국에 있는 그 연속적인 층들 사이의 일반적이고 밀접한 유사성을 그려 냈다. 그는 영국의 어떤 층들을 프랑스의 그것들과 비교했을 때 양국에서 같은 속에 속하는 종들의 수가 놀랍게도 서로 일치한다는 사실을 찾아냈다. 하지만 두 지역이 근접해 있음을 감안할 때 ― 지협이 동시 발생적이지만 별개인 동물상이 거주하고 있는 두 바다를 실제로 가르고 있다고 가정하지 않는 한 ― 그 종들 자체는 설명하기 매우 어려울 정도로 서로 다르다는 사실 또한 발견했다. 라이엘은 제 3기 층 후기의 몇몇 암석층에 대해 비슷한 사실을 관찰했다. 배런드 또한 보헤미아와 스칸디나비아에서 발견된 실루리아기의 연속된 퇴적층에 놀랍도록 보편적인 유사성이 있다는 것을 보여 주었다. 그럼에도 그는 그 종들에게서 놀라울 정도로 많은 차이가 있음을 발견했다. 이런 지역에서 몇몇 암석층들이 정확히 동일한 기간 동안 퇴적되지 않았고, ― 어떤 지역의 특정 암석층은 종종 다른 지역의 공백기 간격과 맞아 떨어지며, ― 양쪽 지역 모두에서 종들이 몇몇 암석층의 축적 기간과 암석층들 사이의 긴 공백기 동안 서서히 변화를 겪어 왔다고 해 보자. 이런 경우, 두 지역에 있는 몇몇 암석층들은 생명 형태의 보편적인 천이에 부합하는 동일한 순서로 배열될 수 있으며, 그 순서는 마치 엄밀하게 평행한 것 같은 착시 현상을 초래할 것이다. 그럼에도 겉으로는 분명히 서로 맞아 떨어지는 것처럼 보이는 그 두 지역에 있는 암석층 내에서, 그 종들은 전혀 동일하지 않을 것이다.

멸절한 종들 사이의, 그리고 멸절한 종과 현생 종 사이의 유연 관계에 대하여

멸절한 종과 현생 종 사이의 상호 유연 관계를 살펴보자. 그들은 모두 하나의 거대한 자연계로 수렴되며, 이 사실은 계승의 원리(principle of descent)로 단번에 설명된다. 보편적인 법칙에 따르면, 어떤 형태든 좀 더 고대의 것일수록 현존 형태들과 더 큰 차이를 보인다. 그렇지만 프랜시스 트레블리언 버클랜드(Francis Trevelyan Buckland)가 오래전에 언급했듯이, 모든 화석들은 현존하는 집단에 속하거나, 집단과 집단 사이에 속하는 것으로 분류할 수 있다. 멸절한 생물들이 현존하는 속, 과, 그리고 목 사이의 넓은 간격을 메우는 데 도움이 된다는 것은 논박이 불가능한 사실이다. 왜냐하면, 우리가 현생 종이나 멸절한 종 어느 한쪽으로만 우리의 주의를 제한한다면, 양쪽을 하나의 공통되는 체제로 결합했을 때보다 훨씬 불완전할 것이기 때문이다. 위대한 고생물학자인 오언이 제공했던, 척추동물문(門)에서 멸절한 동물들이 현생 종의 집단들 사이사이에 올 경우 얼마나 잘 맞아 떨어지는가를 보여 주는 놀라운 삽화들은 책 전체를 가득 메울 수 있을 정도다. 퀴비에는 반추동물과 후피동물(Pachyderms)을 포유류와 가장 멀리 떨어진 두 목으로 분류했다. 그렇지만 오언은 그 두 목 사이의 너무나 많은 화석 연결 고리들을 발견했기 때문에 이 두 목의 전체 범주를 바꾸지 않을 수 없었고, 그리하여 몇몇 후피동물을 반추동물과 동일한 아목에 두었다. 이를테면 그는 돼지와 낙타 사이에 존재하는 외견상의 상당한 차이를 세세하고 점진적인 단계들로 해소시켰다. 무척추동물의 경우, 배런드와 이름을 밝힐 수 없는 더 높은 한 권위자는, 비록 고생대의 동물들이 오늘날에는 현생 동물들과 같은 목이나 과, 속에 속하지만, 그것들이 예전 그 시대에는 지금과 마찬가지로 서로 다른 무리들로 구분되지 않았음을 매일같이 깨닫게 되었다고 주장한다.

몇몇 학자들은 어떤 것을 막론하고 멸절한 종이나 멸절한 종들의 집단이 살아 있는 종이나 종 집단 사이의 중간 단계로 여겨지는 것을 반대해 왔다. 만약 멸절된 형태가 그것의 모든 형질 면에서 두 현존 형태들 사이의 직접적인 중간 단계라는 것을 의미한다면, 아마도 그들이 옳을 것이다. 그렇지만 지극히 자연스럽게 분류하자면, 수많은 화석 종들이 현생 종들 사이에, 몇몇 멸절한 속들은 현생 속들 사이에, 심지어 서로 다른 과에 속하는 속들 사이에 놓여야 할 것이라고 나는 생각한다. 특히 어류와 파충류처럼 서로 매우 다른 집단과 관련해서는, 그것들이 오늘날 수십 가지 특성에 따라 서로 구분된다고 가정할 때, 그 동일한 두 집단의 아주 예전 일원들은 그보다 다소 적은 수의 특질들에 따라 구분되었을 것이다. 따라서 두 집단이 예전에도 서로 다른 것으로 구별되었다 하더라도, 그때는 지금보다 더 유사했을 것이다.

어떤 종이 더 먼 옛날에 있었던 것일수록, 지금은 서로 동떨어져 분류되는 집단들이 몇 가지 형질을 통해 서로 연결되는 경향이 더 많다는 것이 일반적인 생각이다. 이런 생각은 여러 지질 시대들을 지나면서 많은 변화를 겪었던 집단에만 한정된 것이어야 한다. 이 진술의 진실성을 입증하는 것은 쉽지 않을 터인데, 왜냐하면, 레피도시렌처럼 정말 살아 있는 동물이라고 하더라도 서로 멀리 떨어진 집단과 직접적으로 이어지는 유연 관계를 가지는 경우가 가끔은 발견되기 때문이다. 만약 우리가 먼 옛날의 파충류와 양서류, 어류, 두족류(頭足類. Cephalopods. 커다란 눈과 턱이 있는 머리를 중심으로, 한 쪽엔 내장 기관이 들어 있는 복부가 있고, 다른 한 쪽엔 긴 촉수들이 뻗어 있는 독특한 신체 구조의 연체동물. ― 옮긴이) 와 시신세의 포유류를 동일한 강의 최근의 것들과 비교한다면, 우리는 그 진술에 일말의 진실성이 있음을 받아들이지 않을 수 없다.

이제 이 몇몇 사실들과 추론들이 변화를 동반한 계승 이론에 부합하는지를 확인해 보자. 이 문제는 다소 복잡하기 때문에, 나는 독자 여러분으로 하여금 4장의 도표를 다시 봐 주기 바란다. (186~187쪽 참조. ― 옮긴이) 여기서 번호가 매겨진 글자들은 속을 나타내고, 거기서 갈라져 나온 점선들은 각 속의 종을 나타낸다. 도표는 몹시 단순해서 아주 적은 수의 속과 종만을 보여 주고 있지만, 이는 중요하지 않다. 수평선은 연속된 암석층들을 나타내고, 맨 위에 있는 선 아래의 모든 형태들은 멸절한 것으로 보면 된다. 현존하는 세 가지 속인 a^{14}, q^{14}, p^{14}는 소규모의 과를 형성한다. b^{14}와 f^{14}는 근연과 또는 아과다. 그리고 o^{14}, e^{14}, m^{14}는 세 번째 과이다. 이 세 과는 부모형인 A에서 갈라져 나온 몇 가지 후손의 선상에 있는 많은 멸절한 속들과 더불어 하나의 목을 형성하게 된다. 이는 그들 모두의 공통 조상으로부터 공통된 무언가를 물려받았을 것이기 때문이다. 이전에 이 도표를 가지고 설명했던, 형질이 분기되는 지속적인 경향성의 원리에 따라, 어떤 형태가 더 근래의 것일수록 일반적으로 그것은 고대의 시조와 더 다를 것이다. 따라서 우리는 가장 고대의 화석들이 현존 형태와 가장 다르다는 법칙을 이해할 수 있다. 그러나 우리는 형질 분기를 필연적으로 일어날 수밖에 없는 것이라고 여겨서는 안 된다. 그것은 오직 자연의 경제에서 많은 다른 위치들을 점령할 수 있게 된 어떤 종의 후손들에 의존하기 때문이다. 따라서 우리가 몇몇 실루리아기 형태들의 경우에서 보았듯이, 어떤 종이 약간 변화한 생활 환경에 맞춰 계속해서 약간씩 변화하되, 오랜 기간 동안 보편적인 특징들을 계속 그대로 유지하는 것은 상당히 가능성 있는 일이다. 이것은 도표에서 F^{14}라는 글자가 나타내고 있다.

이전에 언급했듯이, 멸절한 것이든 현존하는 것이든 A로부터 유래된 모든 형태들은 하나의 목을 구성한다. 나는 이러한 목이, 계속해서 멸절과 형질 분기의 영향을 받음으로써 몇몇 아과와 과들로 분리되었고, 그중 몇몇은 제각각 다른 시기에 사라지게 된 반면, 몇몇은 오늘날까지 버텼을 것이라 생각한다.

우리는 도표를 통해, 연속된 암석층에 매장되어 있을 것으로 여겨지는 멸절한 종들의 다수가 아래쪽 암석층의 여러 지점에서 발견된 경우, 맨 위의 선상에 있는 현존하는 세 과는 상호 차이가 적어질 것임을 알 수 있다. 만약 예를 들어, $a^1, a^5, a^{10}, f^8, m^3, m^6, m^9$ 속이 발굴되었다면, 이 세 과는 서로 너무나 가깝게 연관될 것이므로 아마 하나의 거대한 과로 합쳐져야 할 것이다. 반추동물과 후피동물의 경우에 일어났던 것과 거의 같은 방식으로 말이다. 하지만 이로 인해 어떤 사람이, 세 과의 현생 속과 함께 연결되어 있었던 멸절된 속을 그 성격상 중간 단계라고 말하기를 거부한다고 해도 완전히 틀렸다고는 할 수 없을 것이다. 그도 그럴 것이, 그 속은 직접적인 중간 단계가 아니라 단순히 다수의 서로 멀리 떨어진 다른 형태들을 거치는, 길고 우회적인 경로상의 중간 단계이기 때문이다. 만약 다수의 멸절한 형태들이 중간의 수평선 위나 암석층 위에서는 발견되지만 — 예를 들어 VI의 선 위에서 — 그 선 아래에서는 하나도 발견되지 않는다면, 왼쪽 부분(말하자면, a^{14} 등과 b^{14} 등)에 있는 것들 가운데 두 과만이 하나의 과로 통합될 것이다. 그리고 두 다른 과(말하자면, 이제 다섯 속을 포함하게 된 a^{14}에서 f^{14}, 그리고 o^{14}에서 m^{14}까지)는 아직 별개로 남을 것이다. 그렇지만 이 두 과는 화석들이 발견되기 전보다는 서로 덜 떨어져 있을 것이다. 만약 우리가 예를 들어 두 과의 현존 속들 간에 수십 개의 형질적인 차이가 존재한다고 가정한다면, 이 경우에 VI라고 표시된 초기 단계에는 그 속들 간의 형질 차이가 그보다는 더 적을 것이다. 초기 단계에는 목의 공통 조상과 그들의 형질이, 차후에 달라진 것만큼 많이 다르지는 않았을 것이기 때문이다. 따라서 먼 옛날에 멸절한 속은 종종 어느 정도 변화한 그들의 자손들 사이 혹은 그들의 방계 혈연 사이의 중간적인 형질을 갖게 될 것이다.

실제 자연은 도표에 제시된 것보다 훨씬 복잡할 것이다. 왜냐하면, 집단의 수가 훨씬 많을 테고, 서로 극히 다른 시간 동안 존재했을 것이며, 각자 겪은 변화의 정도도 다 달랐을 것이기 때문이다. 우리는 지질학적 기록의 오로지 마지막 부분만을 알 수 있을 뿐이며 더구나 그마저도 매우 단편적인 상태다. 그렇기 때문에, 무척 희귀한 경우를 제외하고는 자연계에 존재하는 폭넓은 간격들을 메워서 서로 다른 과나 목을 통합할 수 있을 것이라고 기대하기는 힘들다. 우리가 기대할 만한 것은 오로지, 알려진 지질 시대 내에서 많은 변화를 겪은 집단이, 더 오래된 암석층들에서는 서로 좀 더 가까운 관계였을 것이라는 점뿐이다. 따라서 먼 옛날의 일원들은 몇 가지 형질에서 동일한 집단에 속하는 현존 일원들보다 서로 더 비슷했을 것이다. 그리고 우리의 최고의 고생물학자들이 공통으로 내놓는 증거에 따르면 그것은 사실이라고 여겨진다.

따라서 내가 생각하기에 멸절한 생명체들 상호 간의 관계를 비롯해 현존 형태들과의 상호 유연 관계와 관련한 중요한 사실들은 변화를 동반한 계승 이론을 바탕으로 충분히 만족스럽게 설명이 가능하다. 그러나 다른 시각을 통해서는 절대 설명할 수 없다.

동일한 이론을 바탕으로 생각해 볼 때, 지구 역사상 존재했던 어떤 기나긴 시기의 동물상은 보편 형질 면에서 그 선행 동물상과 후행 동물상들 사이의 중간 단계일 것임이 명백하다. 따라서 도표에서 여섯 번째 단계에 살았던 종들은 다섯 번째 단계에 살았던 것들의 변화된 후손이고, 더욱 변화된 일곱 번째 단계의 종들의 시조다. 결국 그들은 형질상 그 위와 아래에 있는 생명 형태들의 거의 중간 단계라고 보면 거의 틀림이 없다. 그렇지만 우리는 이어지는 암석층들 사이의 긴 공백기 사이에 몇몇 이전 형태들이 완벽하게 멸절했을 가능성, 그리고 이주에 의해 매우 새로운 형태들이 발생했을 가능성, 그리고 엄청나게 많은 변화가 일어났을 가능성을 염두에 두어야 한다. 이런 가능성을 염두에 두더라도, 각 지질학적 시대의 동물상은 의심할 바 없이 형질상 선대와 후대의 동물상의 중간 단계다. 여기에 대해서는 그저 한 가지 예만 제시하면 충분할 듯한데, 이를테면, 데본기(Devonian)가 처음 발견되었을 때, 그 화석들이 고생물학자들에 의해서 형질상 석탄기 위에 있는 화석들과 실루리아기 아래에 있는 화석 사이의 중간 단계로 즉각 인정되었다는 것이다. 그렇지만 잇따른 암석층들 사이에 동일한 시간의 간격들이 지나간 것은 아니므로, 각 동물상이 반드시 정확히 중간일 필요는 없다. 각 시대의 동물상이 전체적으로 형질상 그 이전과 이후의 동물상 사이의 중간 단계라는 법칙에 대한 예외로 어떤 속의 예를 제시하는 것이 그 주장의 진실성에 대한 진정한 반박이 될 수는 없다. 예를 들어, 펠코너 박사는 마스토돈과 코끼리를 처음에는 그들의 상호 연관성에 따라, 나중에는 존재 시기에 따라 두 계통으로 배열했지만, 실제로 그들은 그 배열에 부합하지 않는다. 형질상 극단적인 종이라고 해서 가장 오래된 종이거나 가장 최근의 종을 의미하지는 않는다. 그렇다고 형질상 중간인 종들이 시대적으로도 중간인 것도 아니다. 그렇지만 이런 경우든 다른 어떤 경우든, 종들의 첫 출현이나 소멸에 대한 기록이 완벽하다고 언뜻 생각해 보면, 우리는 잇따라 탄생한 형태들이 반드시 각각에 상응하는 기간 동안 지속되었을 것이라고 믿을 이유가 없다. 매우 먼 옛날의 한 형태가 때로는 그 후에 다른 곳에서 탄생한 어떤 형태보다 훨씬 오래 존속할 수도 있다. 특히 분리된 지역에 서식하는 육상 생물들의 경우에는 더욱 그럴 가능성이 높다. 작은 것들을 큰 것들과 비교해 보자. 만약 현생이거나 멸절한 주요 집비둘기 품종들이 계열적으로 연관된 것으로 배열된다면, 이 배열은 그들이 탄생한 시간의 순서와 긴밀히 상응하지 않을 것이고, 그들이 소멸한 순서와는 더욱더 상응하지 않을 것이다. 이것은 시조 바위비둘기들은 지금 살아 있고, 바위비둘기와 전령비둘기 사이의 많은 변종들은 멸절한 것을 보면 알 수 있다. 또한, 부리의 길이라는 중요한 형질 면에서 극단에 있는 전령비둘기는 그 형질에서 일련의 정반대 끝에 있는 짧은부리공중제비비둘기보다 더 옛날에 탄생했다는 점에서도 그러한 사실을 알 수 있다.

중간 암석층에서 나온 유기체 유해들의 형질이 어느 정도 중간적이라는 주장과 밀접히 연관된 사실로, 연이은 두 암석층 사이의 화석들은 멀리 떨어진 두 암석층들에서 나온 화석들보다 훨씬 더 가까운 연관 관계가 있다는 것을 들 수 있다. 이는 모든 고생물학자들이 주장하는 사실이다. 픽테는 잘 알려진 예로, 백악기 암석층의 몇몇 층에서 나온 유기체들이, 비록 종 자체는 각 층마다 다르기는 하지만 그 유해는 전반적으로 닮아 있다는 사실을 제기했다. 이 사실 하나만으로도, 그 일반성을 바탕으로, 종의 불변성에 대한 픽테의 굳은 믿음을 뒤흔들기에 충분했던 것으로 보인다. 전 지구적으로 종들이 어떻게 분포하고 있는지를 알고 있는 사람이라면, 가까이 잇달아 있는 암석층에서 별개 종들이 서로 유사성을 보인다는 사실을 먼 옛날 그 지역들의 물리적 환경이 거의 동일한 상태로 남아 있기 때문이라고 설명하려 하지는 않을 것이다. 생명 형태들이, 적어도 바다에 살고 있는 것들에 한해서는, 전 세계적으로 거의 동시에 변화했기 때문에, 결국 서로 가장 다른 기후와 환경 속에서 변화한 것이라는 점을 기억하자. 그리고 빙하기 전체를 포함해서 홍적세 때 기후가 얼마나 엄청나게 변화했는가를 감안했을 때, 그럼에도 해양 생물들의 특정한 형태들이 얼마나 조금밖에 영향을 받지 않았는가를 주목하자.

계승 이론을 토대로 연속된 암석층에서 나온 화석 유물들이, 비록 서로 다른 종으로 규정된다 하더라도, 밀접하게 연관되어 있다는 사실의 의의는 명확하다. 각 암석층의 퇴적은 종종 중단되었고 긴 공백기들이 잇따른 암석층들 사이에 개입했기 때문에, 내가 바로 앞 장에서 보여 주려고 시도했듯이, 우리는 어떤 하나나 둘의 암석층에서 그 시기의 시작과 끝에 나타났던 종들 사이의 모든 중간 변종들을 찾기를 기대해서는 안 된다. 그렇지만 우리는 햇수로 계산하면 무척 길지만 지질학적으로 생각할 때는 그리 길지 않은 시간 간격 이후에 나타난 가까운 연관 관계가 있는 형태들, 혹은 몇몇 학자들의 표현을 빌리자면 대표적인 종들을 찾아내야 한다. 그리고 실제로도 우리는 이것들을 확실하게 찾아내고 있다. 간단히 말해, 우리는 구체적인 형태들에게 서서히 일어난 거의 알아보기 힘든 변이의 흔적들을 찾아내기를 기대할 수 있는 동시에, 실제로 그것들을 찾아내고 있다.

고대 형태들의 발달 상태에 대하여

근대의 형태들이 고대의 형태들보다 더 많이 발달되었는가 아닌가에 대해서는 많은 논의가 있었다. 나는 여기서 이 주제에 대해 논의할 생각은 없는데, 아직 박물학자들은 고등한 형태와 하등한 형태라는 말이 무엇을 뜻하는가에 대해서 각자 만족할 만하게 정의 내리지 못했기 때문이다. 내 이론에 따르면, 보다 보편적인 의미에서 좀 더 근래의 형태들은 좀 더 고대의 형태들보다 더 고등하다. 새로운 종은 선행한 다른 형태들에 비해 생존 투쟁에서 이로운 몇 가지 특징들을 가지면서 탄생하기 때문이다. 만약 거의 동일한 기후에서 시신세에 지구상의 어느 지역에 서식했던 생물들이 동일한 지역이나 어떤 다른 지역의 현존하는 거주자들과 경쟁을 해야 했다면, 시신세의 동물상이나 식물상은 확실히 도태당하고 멸절했을 것이다. 시신세 동물상에 의해 제2기의 동물상이, 그리고 제2기의 동물상에 의해 고생대의 동물상이 그러했을 것처럼 말이다. 나는 고대의 도태된 형태들과 비교했을 때보다 근래의, 승리를 거둔 생명 형태들의 유기체에 이런 개량 과정이 눈에 띄고 알아볼 수 있는 방식으로 영향을 미쳤을 것이라 믿어 의심치 않는다. 비록 이런 종류의 진보들을 직접 시험해 볼 방법을 찾을 수는 없지만 말이다. 갑각류를 예로 들자면, 갑각류는 그것이 속한 강에서 가장 고등한 종류는 아니지만, 가장 고등한 종류인 연체동물류를 도태시켰을 수도 있다. 최근에 유럽의 생물들이 뉴질랜드로 전파되어, 이전에 토착 생물이 점령했을 것임에 틀림없는 장소들을 뒤덮은 그 놀라운 방식을 보면, 우리는 만약 대영제국의 모든 동물들과 식물들이 뉴질랜드에 방류된다면, 충분한 시간이 지난 뒤 영국산 형태들의 다수는 현지에 철저히 귀화되어 토착종들 다수를 멸절시킬 것이라는 생각을 할 만도 하다. 한편, 지금 뉴질랜드에서 일어나는 일들을 볼 때, 그리고 남반구의 서식 생물들 중 그 어떤 것도 유럽의 어느 지역에서 야생화된 경우가 없다는 사실을 바탕으로 생각해 볼 때, 만약 뉴질랜드의 모든 생물들이 대영제국에 방류된다면, 과연 얼마만큼의 생물들이 현재 우리의 토착 동식물들이 차지하고 있는 장소를 손에 넣을 수 있을지 의심스럽다. 이런 시각에서, 대영제국의 생물들은 뉴질랜드의 생물들보다 고등하다고 말할 수 있을지도 모른다. 그렇지만 지금껏 제아무리 노련한 박물학자라 해도, 두 나라의 종들을 조사해 이런 결과를 예측해 내지는 못했다.

아가시는 고대의 동물들이 동일한 강에 속하는 현생 동물들의 배아를 어느 정도 닮았다고, 혹은 멸절한 형태들의 지질학적 천이가 현존 형태의 발생학적 발달과 어느 정도 병행한다고 주장한다. 나는 이 주장의 진실성이 현재 입증된 것과는 무척 거리가 멀다는 픽테와 헉슬리의 생각에 동의하지 않을 수 없다. 그렇지만 앞으로, 적어도 비교적 근래에 서로로부터 분지된 하위 군들에 관해서는 그것이 사실로 확정되는 것을 보게 되기를 무척 기대하는 바다. 아가시의 이 학설은 자연 선택 이론에 잘 부합하기 때문이다. 나는 뒤이어 나올 장에서, 이르지 않은 연령에 발생해서 그에 상응하는 나이에 대물림되는 변이들 때문에 성체는 배와 다르다는 것을 보여 주려고 노력할 것이다. 이 과정은 배아에게는 거의 변화를 주지 않지만, 세대를 거듭하는 동안 성체에게는 계속해서 점점 더 많은 추가적인 차이점들을 부여하게 된다.

따라서 배아는 각각의 동물들이 덜 변이한 상태였던 먼 옛날을 담고 있으면서 자연에 의해 보존된 일종의 그림으로 남게 된다. 이런 시각이 사실이라 해도, 이를 완벽하게 입증한다는 것이 끝내 불가능할지도 모른다. 이를테면 지금까지 알려진 가장 오래된 포유류, 파충류, 그리고 어류들을 보면, 비록 이런 오래된 형태들 중 일부는 오늘날의 동일한 군의 전형적인 일원들에 비하면 서로의 차이가 약간 덜하기는 하지만 그래도 그들 각자 고유의 강에 속해 있다. 이러한 사실을 생각해 보면, 가장 하부의 실루리아기보다 훨씬 아래에 있는 지층이 발견되기 전에는 — 이런 발견이 이루어질 가능성은 무척 낮다. — 척추동물이 공통적으로 가지는 배아기의 특징을 가진 동물들을 찾으려는 노력은 모두 허사가 될 수도 있다.

제3기 후기 동안에 동일한 지역 내에서 일어난 동일한 형태들의 천이에 대하여

오래전 윌리엄 클리프트(William Clift) 씨는 오스트레일리아의 동굴에서 나온 화석 포유류들이 그 대륙의 현존 유대류와 가까운 유연 관계를 가진다는 사실을 보여 주었다. 남아메리카에서도 비슷한 관계가 언명되었는데, 라플라타의 여러 지역에서 발견된 아르마딜로의 것으로 여겨지는 거대한 갑옷 조각들을 보면 심지어 비전문가의 눈으로도 그 관계를 확실히 알 수 있다. 오언 교수는 거기에 그처럼 많이 매장되어 있는 대다수 화석 포유류가, 남아메리카의 형태들과 유연 관계가 있다는 것을 놀라운 방식으로 보여 주었다. 이 관계는 페테르 빌헬름 룬(Lund) 씨와 페테르 클라우센(Peter Clausen) 씨가 브라질 동굴들에서 수집한 놀라운 화석 뼈들에서 더욱 명확하게 볼 수 있다. 나는 이런 사실들에 너무나 깊은 인상을 받은 나머지 1839년과 1845년에 이 "형태 천이 법칙(law of the succession of types)", 달리 말하자면 "같은 대륙 내에서 멸절한 것과 현존하는 것 사이에 존재하는 이토록 놀라운 관계"에 대해 강력한 주장을 펼쳤다. 그 후 오언 교수는 구세계의 포유류에까지 이와 동일한 일반화를 확대했다. 우리는 그가 가지고 있는, 뉴질랜드에서 멸절한 거대 조류의 복원도에서도 동일한 법칙을 볼 수 있다. 또한 브라질의 동굴에 있는 조류에서도 이를 볼 수 있다. 우드워드 씨는 동일한 법칙이 해양 패류에도 잘 적용된다는 것을 보여 주었지만, 사실 대다수 연체동물들의 속은 넓은 지역에 분포하기 때문에 좋은 예가 되기는 어렵다. 마데이라의 멸절한 육서 패류와 현생 육서 패류 사이의 관계, 그리고 아랄-카스피 해의 염수에 사는 패류 가운데 멸절한 것과 현존하는 것 사이의 관계 같은 것들도 또 다른 사례로 보탤 수 있다.

그렇다면 동일한 지역 내의 동일 형태들의 천이라는 이 주목할 만한 법칙은 무엇을 의미하는 것일까? 동일한 위도에 있는 오스트레일리아와 남아메리카 지역의 현재 기후를 비교하고 나서, 한편으로는 이 두 대륙의 서식 생물들이 서로 다르다는 현상을 물리적인 조건의 차이점을 바탕으로 설명하려 하고, 다른 한편으로는 제3기의 후기에 동일한 형태가 나타나는 현상을 물리적인 조건의 유사성으로 설명하려고 시도하는 사람은 대담한 사람일 것이다. 그리고 유대류가 오스트레일리아에서 주로 혹은 전적으로 나타나야 한다거나, 혹은 빈치류 및 다른 아메리카의 형태들이 오로지 남아메리카에서만 나타나야 한다는 것을 불변의 법칙으로 주장해서는 안 될 것이다. 왜냐하면, 우리는 고대에 수많은 유대류가 유럽을 점령했다는 사실을 알고 있기 때문이다. 게다가 나는 앞에서 언급한 저술들에서 아메리카의 육상 포유류의 분포 법칙이 예전에는 지금과 달랐음을 보여 주었다. 예전의 북아메리카는 그 대륙의 남반부가 현재 가지고 있는 특성을 가지고 있었음이 확실하다. 그리고 남반부는 현재보다 예전의 북반부와 더 비슷했다. 비슷하게 우리는 팰코너와 프로비 토머스 코틀리(Proby Thomas Cautley)가 발견한 것들을 바탕으로, 포유류와 관련해서 현재보다 예전의 북인도가 아프리카와 더 가까운 관련이 있었음을 알고 있다. 해양 동물들의 분포에 관련해서도 유사한 사실들을 제시할 수 있다.

변화를 동반한 계승 이론을 바탕으로 하면, 동일한 지역 내에서 동일한 유형이 오래 지속되더라도 불변하는 것이 아니라 천이해 간다는 위대한 법칙을 쉽게 설명할 수 있다. 왜냐하면, 세계 각지에서 서식하는 생물들은 명백히, 다음으로 이어지는 시기 동안 그 지역에, 비록 어느 정도 변화되기는 했지만 그들과 유사한 후손들을 남기는 경향이 있기 때문이다. 만약 한 대륙에 서식하는 생물들이 이전에는 다른 대륙의 생물들과 크게 달랐다면, 그들의 변화된 후손들 또한 거의 동일한 방식과 정도로 달라질 것이다. 그렇지만 긴 시간의 공백과 거대한 지리적 변화가 일어난 후, 대량의 상호 이주가 시작되면서, 힘없는 것들은 더 지배적인 형태들에게 밀려날 것이고, 과거와 현재의 분포에 관한 법칙에서 불변하는 것은 아무것도 없을 것이다.

나를 골리기 위해, 나무늘보, 아르마딜로, 그리고 개미핥기가 메가테리움 및 그 밖의 그와 관련 있는 거대한 동물들이 남아메리카에 남겨 놓은 퇴화한 자손들이라고 생각하느냐고 묻는 이가 있을지도 모른다. 이러한 질문은 절대로 인정할 수 없다. 그 거대한 동물들은 완전히 멸절했고, 아무런 자손도 남기지 않았다. 그렇지만 브라질의 동굴들에는, 크기를 비롯한 여러 형질들과 관련해서 남아메리카의 현생 종들과 유연 관계인 멸절한 종들이 아직 많이 있다. 그리고 이런 화석들 중 일부는 실제로 현생 종들의 조상들이다. 내 이론에 따르면 동일한 속의 모든 종들은 동일한 하나의 종에서 내려온 것들이라는 사실을 잊어서는 안 된다. 따라서 만약 각각 여덟 개의 종을 포함한 여섯 개의 속이 한 암석층에서 발견될 경우, 그리고 바로 다음으로 이어진 암석층에는 같은 수의 종을 가진 다른 여섯 개의 유사한 대표 속이 있을 경우, 우리는 다음과 같은 결론을 내릴지도 모른다. 즉 어쩌면 오래된 여섯 속의 각각에서 한 종씩만이 변화된 후손을 남겨 여섯 개의 새로운 속을 형성했고, 오래된 속의 다른 일곱 종은 모두 죽어서 후손을 전혀 남기지 않았다는 것이다. 혹은, 이쪽이 훨씬 더 일반적인 경우일 듯한데, 오래된 여섯 속 중 두세 개 속의 두세 개 종이 새로운 여섯 속의 시조였고, 다른 오래된 종과 속은 완전히 소멸했으리라는 결론을 내릴 수도 있다. 남아메리카의 빈치류에서 틀림없이 그랬을 것이라 여겨지는 것처럼, 현대로 올수록 속과 종들의 수가 감소하면서 점점 더 적은 속과 종들이 변화된 혈손을 남겼을 것이다.

앞 장과 이 장의 요약

나는 지질학적 기록이 극도로 불완전하다는 사실, 전 지구적으로 지질학적으로 자세히 조사된 지역은 아주 일부분에 지나지 않는다는 것, 전체 유기체 중 다수가 화석 상태로 보존된 것은 오직 소수의 강뿐이라는 것, 우리의 박물관에 보존된 표본이나 종의 수는 단 하나의 암석층에서만 죽어서 사라졌을 수많은 세대들에 비하더라도 틀림없이 아무것도 아니라는 것, 화석을 함유한 퇴적물이 이후에 닥칠 풍화를 견디기에 충분할 정도로 두껍게 축적되려면 침강이 필요하기 때문에 잇따른 암석층들 사이에는 막대한 시간이 지나갔다는 것, 침강하는 동안에는 멸절이 더 많이 일어나고 융기하는 동안에는 변종이 더 많이 발생했을 것이며 융기 기간의 경우에 기록이 더욱 불완전하게 남아 있다는 것, 각각의 암석층이 계속적으로 연이어서 퇴적되지는 않았다는 것, 각 암석층의 지속 기간은 아마 개별 형태들의 평균 지속 기간에 비하면 짧으리라는 것, 어떤 지역과 암석층에서 새로운 형태가 처음 출현하는 데에 이주가 중요한 역할을 했으리라는 것, 널리 확산된 종들이 가장 많이 변한 종들이며 가장 자주 새로운 종을 탄생시켰다는 것, 그리고 변종들이 초기에는 국지적으로 존재했던 경우가 많았다는 것을 보여 주고자 노력했다. 이 모든 것의 공통 원인은 틀림없이 지질학적인 기록을 극도로 불완전하게 만드는 경향이 있었을 것이다. 그리고 그것은 왜 멸절했거나 현존하는 모든 생명 형태들을 점차적인 단계를 통해 한데 잇는 끝없이 많은 변이들을 우리가 찾아낼 수 없는가 하는 의문을 상당 부분 설명할 것이다.

지질학적 기록의 성질에 대한 이런 시각을 거부하는 이라면 응당 내 이론 전체를 거부할 것이다. 그는 틀림없이 예전에 매우 가까운 관계에 있었거나 대표적인 종들 — 하나의 거대한 암석층의 몇몇 층에서 발견되는 종들 ─ 을 연결했던 수많은 점진적 연결 고리들이 도대체 어디 있느냐 하는, 대답할 수 없는 질문을 던질 수도 있다. 그는 연속된 암석층들 사이에 막대한 시간적 공백이 있었다는 사실을 믿지 못할지도 모른다. 그리고 그는 유럽과 같은 어떤 거대한 단일 지역의 암석층들을 염두에 둘 때, 어떤 일부 생명체의 이주가 얼마나 중요한 역할을 했는지에 대해 간과할 수도 있다. 또한 그는 명확하게 보이나 사실은 명확하지 않은 경우가 많은 종 집단 전체가 갑작스레 출현하는 현상에 대한 설명을 요구할지도 모른다. 그는 실루리아기의 첫 번째 지층이 퇴적하기 오래전에 틀림없이 존재했을 무한히 많은 유기체들의 유해들이 도대체 어디에 있느냐고 물을지도 모른다. 나는 이 후자의 질문을 가설로 설명할 수밖에 없다. 우리의 대양은 그것들이 지금 뻗어 있는 곳을 향해 막대한 시간 동안 확장해 왔으며, 우리의 변동하는 대륙들은 실루리아기 이래로 계속 그곳에 존재했지만, 그보다 훨씬 이전의 세계는 아마도 전혀 다른 모습을 보이고 있었을지도 모른다는 것이다. 그리고 우리에게 알려진 그 무엇보다도 오래된 암석층으로 이루어진 오래된 대륙들은 모두, 변형된 상태로 있거나 혹은 대양 아래 묻혀 버렸을지도 모른다고 말이다.

이러한 난점들을 극복하고 나면, 내게는 고생물학의 다른 모든 거대하고 중요한 사실들이 단순히 자연 선택을 통한, 변화를 동반한 계승 이론을 따르는 것으로 보인다. 따라서 우리는 새로운 종들이 어떻게 해서 천천히 연속적으로 나타나는지를 이해할 수 있다. 그리고 다른 강의 종들이 반드시 함께, 혹은 동일한 속도로, 혹은 동일한 정도로 변화하지는 않지만, 장기적으로 보았을 때는 모두가 어느 정도 변화를 겪는다는 사실도 이해할 수 있다. 오래된 형태들의 멸절은 새로운 형태의 탄생이 가져온 거의 불가피한 결과다. 우리는 한 종이 일단 사라지면 왜 재등장하지 않는지를 이해할 수 있다. 종들의 집단은 그 수가 느리게 증가하고, 존속 기간이 서로 동일하지 않은데, 이는 변화의 절차가 필시 느리게 진행될 수밖에 없고, 많은 복잡하고 우발적인 사태들에 달려 있기 때문이다. 더 크고 우세한 집단에 속하는 지배적인 종들은 다수의 변화된 후손들을 남기는 경향이 있고, 따라서 새로운 아집단과 집단들이 형성된다. 이런 과정에서 생존력이 약한 무리의 종들은, 공통 조상으로부터 물려받은 열등함 때문에 함께 멸절되어 지구상에 변화된 자손들을 전혀 남기지 못하게 되는 경향이 있다. 그렇지만 어떤 집단에 속한 종 전체의 완전한 멸절은 종종 무척 느린 과정을 통해 일어난다. 그 이유는 자손들 중 일부가 고립되어 있고 보호받는 환경에서 근근이 생존할 수 있기 때문이다. 어떤 한 집단이 일단 완전히 사라지고 나면 다시는 나타나지 않는데, 그 까닭은 세대들의 연결 고리가 깨졌기 때문이다.

우리는 가장 자주 변종을 만드는 우세한 생명 형태들의 확산이 결국, 동종이지만 변화된 자손들로 세상을 가득 채운다는 사실을 이해할 수 있다. 그리고 일반적으로 이것들은 생존 투쟁에서 열등한 종들의 집단을 밀어낼 것이다. 따라서 기나긴 시간이 지난 후에는 세계의 생물들이 마치 동시에 변화한 것처럼 보이게 될 것이다.

우리는 어떤 방식으로 예나 지금이나 모든 생명 형태들이 함께 하나의 거대한 체제를 이루는가를 이해할 수 있다. 그들은 모두 세대에 의해 연결되어 있다. 우리는, 형질이 분기하는 지속적인 경향성을 바탕으로, 왜 어떤 형태가 더 고대의 것일수록 일반적으로 현존 형태들과 더 많이 다른가 하는 이유를 알 수 있다. 그리고 고대의 형태들과 멸절한 형태들이 더러 현존 형태들 사이의 간극을 메우면서 때로는 이전에 다른 무리로 분리되었던 집단들을 하나로 합치거나, 그보다 더 흔하게는, 그들을 서로 더 가까이 묶는 경향이 있는 이유를 알 수 있다. 확실히 더 먼 옛날의 형태일수록, 이제는 별개가 된 집단 사이의 중간적인 형질들을 더 자주 드러낸다. 어떤 형태가 더 먼 옛날의 것일수록, 나중에 널리 분지될 집단들의 공통 조상과 더 밀접하게 연관되어 결국 그것을 닮을 것이기 때문이다. 멸절한 형태들이 현존 형태들 사이의 직접적인 중간 단계인 경우는 거의 없다. 다만 그들은 상당히 다른 멸절한 많은 형태들을 통해 우회하는 긴 경로에 있는 중간 단계일 뿐이다. 우리는 가까이 이어진 암석층에 있는 생물 유해들이 왜 서로 먼 암석층에 있는 것들보다 서로 더 근연 관계에 있는지를 명확히 볼 수 있다. 그 이유는 바로, 그 형태들은 세대에 의해 서로 더욱 가까이 연결되어 있기 때문이다. 우리는 어떤 중간 암석층의 유해들이 왜 형질상 중간인가를 명확히 볼 수 있다.

세계 역사상 다른 시기에 연속해서 살았던 생물들은 생존 투쟁에서 자기들의 선임자들을 도태시켜 왔고, 그만큼 자연의 단계에서 더 높은 위치를 차지하게 되었다. 이것은 전반적으로 유기체가 진보했다는 모호하고 잘 정의되지 않은, 고생물학자들의 생각을 설명해 줄지도 모른다. 만약 앞으로, 먼 옛날의 동물들이 같은 강에 속한 좀 더 최근의 동물들과 배 발생 면에서 어느 정도 유사함이 입증된다면, 그 사실은 이해하기 쉬워질 것이다. 지질 시대 후기에 동일한 지역 내에서 동일한 유형의 천이가 나타나는 것은 더 이상 수수께끼가 아니라, 대물림을 통해 간단히 설명할 수 있는 내용이다.

만약 지질학적 기록이 내가 믿는 만큼 불완전하다면, 적어도 기록이 훨씬 더 완벽하다는 것을 입증하는 것이 불가능하다고 주장할 수 있다면, 자연 선택 이론에 대한 주된 반박들은 엄청나게 줄어들거나 사라질 것이다. 한편 고생물학의 모든 주된 법칙들은 다음과 같이 분명히 단언하는 것처럼 보인다. 즉 종이란 일반적인 세대 계승을 통해 탄생되었으며, 예전 형태들은 우리 주변에서 여전히 작용하고 있는 변화의 법칙들에 의해 탄생해서 자연 선택을 통해 보존된, 새롭고 향상된 생명체들에 의해 밀려나게 된다고 말이다.

11장

지리적 분포

물리적 환경의 차이를 통해서는
현재의 분포를 설명할 수 없다.
|
장애물의 중요성
|
동일한 대륙에 있는 생물들의 유연 관계
|
창조의 중심지
|
기후와 지표면 높이의 변화, 그리고 간헐적으로
일어난 요인들에 의한 확산의 방법
|
빙하기 동안 전 세계적으로 일어난 확산

지표면 위에 있는 유기체들의 분포를 감안할 때 가장 먼저 우리를 놀라게 하는 엄청난 사실은 기후 조건이나 물리적인 환경을 바탕으로 해서는 다양한 지역에 사는 생물들의 유사성이나 차이점을 설명하는 것이 불가능하다는 사실이다. 최근에 이 주제를 연구한 거의 모든 학자들이 그러한 결론에 도달했다. 아메리카 대륙의 경우만 보더라도 그 진실성을 입증하기에 충분하다. 만약 극지 부근의 땅이 거의 연속적으로 이어져 있는 북부 쪽을 배제하면, 지질학적 분포에서 가장 근본적인 구분은 구세계와 신세계 사이의 구분이라는 데 모든 학자들이 동의할 것이기 때문이다. 그렇지만 우리가 미국 중부부터 남쪽 극단까지 거대한 아메리카 대륙을 여행하게 된다면, 우리는 제각각 다른 온도 조건에서 상당히 다양한 환경들, 즉 매우 습한 지역, 건조한 사막, 높은 산맥, 초원, 숲, 늪지와 호수, 그리고 거대한 강 등을 볼 수 있을 것이다. 구세계에는 신세계와 유사하지 않은 기후나 조건이 거의 없다. 적어도 일반적으로 같은 종이 요구하는 정도로는 유사하다. 아주 약간 특이한 환경을 가진 어떤 좁은 지역에서만 제한적으로 살고 있는 유기체들의 무리를 발견하는 것은 상당히 드문 일이기 때문이다. 예를 들어, 구세계의 어떤 좁은 지역은 신세계의 그 어느 곳보다도 더운 지역으로 여겨지지만, 특수한 동물상이나 식물상이 살지는 않는다. 구세계와 신세계의 환경이 이처럼 유사함에도, 각각에 서식하는 생물들은 서로 너무나 다르다!

만약 우리가 남반구에 있는 위도 25도와 35도 사이의 오스트레일리아, 남아프리카, 그리고 서남아메리카의 거대한 육지들을 비교한다고 해 보자. 우리는 그 지역들이 모든 환경 조건의 측면에서 상당히 유사한 반면, 그 세 지역보다도 더 상이한 동식물상을 가지는 경우를 제시하기가 불가능하다는 사실을 알 수 있다. 아니면 비슷한 맥락에서 남아메리카에서 남반구의 위도 35도에서 서식하는 생물들과 북반구의 위도 25도에서 서식하는 생물들 — 따라서 이들은 상당히 다른 기후에서 서식한다. — 을 비교해 보자. 우리는 그들이 거의 동일한 기후 조건을 가진 오스트레일리아나 아프리카의 생물들과는 비교할 수 없을 정도로 훨씬 더 밀접하게 관련되어 있다는 사실을 발견할 수 있다. 따라서 생물들에 관련해서도 이와 비슷한 사실들을 제시할 수 있다.

전반적으로 조사해 보았을 때 우리를 놀라게 하는 두 번째로 엄청난 사실은, 자유로운 이주를 막는 어떤 장벽이나 장애물이 다양한 지역에 사는 생물들 사이의 차이점들과 중요한 방식으로 밀접하게 관련되어 있다는 것이다. 신세계와 구세계의 거의 모든 육서 생물들이 가지는 큰 차이점으로부터 그 사실을 알 수 있다. 다만 북부 쪽은 예외인데, 그곳은 육지가 거의 이어져 있고 거의 비슷한 기후여서 온대 생물들이 자유롭게 이주했을지도 모르기 때문이다. 지금 북극의 생물들이 딱 그러하듯이 말이다. 우리는 동일한 위도에 있는 오스트레일리아, 아프리카, 남아메리카에 서식하는 생물들이 보여 주는 서로의 엄청난 차이로부터 그와 동일한 사실을 볼 수 있다. 이 나라들은 서로에게서 매우 멀리 떨어져 있기 때문이다. 또한 우리는 각 대륙에서도 이와 동일한 사실을 발견할 수 있다. 이어져 있는 높은 산맥, 거대한 사막, 심지어 거대한 강의 양쪽에서도 서로 다른 생물들이 가끔 발견되기 때문이다. 비록 산맥이나 사막 등을 가로질러 통과하는 것이 불가능한 것은 아니고 대륙과 대륙을 갈라놓고 있는 해양만큼 오랜 시간 동안 그 상태를 계속 유지하는 것도 아니기 때문에, 생물상의 차이점들이 서로 동떨어진 대륙에서의 생물상의 형질들에 비해서는 그 정도가 훨씬 덜하기는 하지만 말이다.

바다 쪽으로 고개를 돌려 보아도 우리는 역시 동일한 법칙을 발견하게 된다. 그 어떤 두 해양의 동물상도 남아메리카와 중앙아메리카의 동부와 서부 해변의 동물상 — 어류, 패류, 게 어느 하나도 공통된 것이 거의 없다. — 보다는 덜 뚜렷한 차이를 보인다. 그렇지만 이런 거대한 동물상을 갈라놓은 것은 오로지 좁지만 통과할 수는 없는 파나마 지협일 뿐이다. 아메리카 해변의 서쪽으로는 광활한 바다가 펼쳐져 있는데, 그곳에는 이주자의 징검다리로 작용할 수 있는 섬이 하나도 없다. 이것이 우리가 발견한 또 하나의 장벽으로, 이 장벽을 지나자마자 우리는 태평양의 동쪽 섬들에서 또 하나의 완전히 다른 동물상과 만나게 된다. 여기서는 세 동물상이 먼 북쪽에서 남쪽 끝까지 각 지역의 기후 아래에서 서로 멀지 않은 거리를 두고 나란히 위치한다. 그렇지만 그 동물상들은 육지 혹은 광활한 대양이라는 통과 불가능한 장벽들로 서로 격리되어 있기 때문에 서로 완전히 구분된다. 한편, 태평양의 열대 지역에 있는 동쪽 섬들부터 서쪽으로 더 멀리 나아가면, 반구를 돌아 아프리카의 해변에 도달할 때까지 통과 불가능한 장벽은 없으며, 징검다리로 작용하는 셀 수 없이 많은 섬들을 볼 수 있다. 이 방대한 공간을 통틀어도 우리는 뚜렷이 구분되는 해양 동물상을 하나도 못 만난다. 비록 상기의 동부와 서부 아메리카, 그리고 동부 태평양 제도로 대략 구분되는 세 동물상에는 공통인 패류나 게, 어류가 거의 하나도 없지만, 많은 어류가 태평양에서 인도양까지, 많은 조개들이 태평양 동쪽의 섬들로부터 아프리카의 동부 연안까지 위도 상 자오선(子午線)의 거의 정반대에 위치함에도 불구하고 공통적으로 서식한다.

세 번째로 중요한 사실은, 앞서 말한 것들에 일부 포함되어 있었는데, 동일한 대륙이나 해양에서 서식하는 생물들끼리는 서로 유연 관계가 있다는 점이다. 물론 서로 다른 지점이나 장소에 있는 종들 자체는 서로 다르지만 말이다. 그것은 매우 일반적인 법칙이며 모든 대륙에서 이와 관련된 수많은 실례를 발견할 수 있다. 그럼에도 이를테면 어떤 박물학자가 북쪽에서 남쪽으로 여행을 한다면, 그는 서로 뚜렷이 구분되지만 명확히 연관 관계가 있는 생물군들이 서로를 대체하는 방식에 분명 충격을 받게 될 것이다. 그는 가까운 유연 관계에 있지만 종류가 서로 다른 새들이 무척 비슷한 음조를 내는 것을 듣게 될 것이다. 또한 그 새들의 둥지가 아주 똑같지는 않지만 비슷하게 지어져 있으며, 그 속에 거의 비슷한 색을 띤 알들이 있는 것을 보게 될 것이다. 마젤란 해협 근처의 평원에는 레아(Rhea, 아메리카 타조)의 한 종이 서식하고, 북쪽으로 라플라타의 평원에는 같은 속의 또 다른 종들이 서식한다. 동일한 위도 상에 있는 아프리카나 오스트 레일리아에서 발견되는 것들과 같은 진짜 타조나 에뮤(emeu)는 하나 도 없다. 그 라플라타의 평원에서, 우리는 들토끼나 집토끼와 거의 습성이 동일하며 같은 설치목에 속하는 동물인 아구티(agouti)와 비즈 카차(bizcacha)를 볼 수 있다. 하지만 구조를 보면 그것들이 아메리카 형임을 확실히 알 수 있다. 안데스 산맥의 높은 봉우리에 오르면 비 즈카차의 고산종을 발견할 수 있다. 물가를 살펴보면 비버(beaver)나 사향쥐(musk-rat)는 발견하지 못하지만, 아메리카형의 설치류인 누트 리아(coypu, 물가에 사는, 비버와 비슷한 남아메리카산 동물. — 옮긴이)나 카피바라 (capybara, 중남미의 강가에 사는 큰 토끼같이 생긴 동물로 설치류 중에서 몸집이 가장 크 다. — 옮긴이)를 발견하게 된다. 이와 비슷한 셀 수 없이 많은 다른 예들 을 제시할 수 있다. 아메리카 연안의 섬들을 살펴보면 그 서식 생물 들은 비록 모두 별개의 종일지언정 근본적으로는 아메리카의 것임 을 알 수 있다. 그 섬들이 아무리 다른 지질학적 구조를 가지더라도 말이다. 지난 장에서 보여 준 바와 같이 과거의 여러 시대를 돌아보 면, 당시에 아메리카 대륙과 아메리카 바다에서 아메리카형들이 우 세했다는 사실을 발견할 수 있다. 이런 사실들을 바탕으로 우리는 육 지 혹은 바다의 동일한 지역에서 물리적인 조건과는 무관하게 시공 간에 걸쳐 만연했던 깊은 유기적 유대를 생각해 볼 수 있다. 이 유대 가 무엇인가 하는 질문을 던질 마음이 들지 않는 박물학자는 호기심 이 거의 없는 사람이라고 봐도 무관할 것이다.

내 이론에 따르면 이 유대란 단순히 말해 대물림이다. 우리가 아는 한 이 대물림은 서로 상당히 유사한 혹은 변종의 경우처럼 거의 유사한 유기체들을 발생시키는 유일한 원인이다. 서로 다른 지역에서 살고 있는 생물들의 비유사성은 자연 선택을 통한 변화의 탓으로 돌려야 할 것이다. 그리고 부수적으로는 서로 다른 물리적 조건의 직접적인 영향 탓으로 돌려야 할지도 모른다. 비유사성의 정도는 좀 더 지배적인 생명 형태들이 시기에 따라 더 멀거나 가까운 다른 지역으로 이주할 때 그것을 더 쉽거나 더 어렵게 만드는 요인들이 있었느냐에 달려 있을 것이다. 또한 그 이전에 이주한 생물들의 특질과 수, 그리고 상호 생존 투쟁에서 그들이 행하는 작용과 반작용에 달려 있을 것이다. 앞서 몇 차례 언급했듯이 생물과 생물의 관계야말로 모든 관계들 중에서 가장 중요하다. 따라서 자연 선택을 통한 느린 변화의 과정에 있어서의 시간이라는 요소와 마찬가지로, 장벽은 이주를 방해한다는 점에서 매우 중요하다. 이미 자기들의 넓은 고향에서 많은 경쟁자들을 물리치고 승리를 거두어 개체수가 풍부해진 종들은 새로운 나라로 확산되었을 때 그 새로운 지역을 손에 넣을 가능성이 아주 높다. 그들은 새로운 고향에서 새로운 환경에 노출될 것이고 많은 변화와 개량을 겪게 될 것이다. 따라서 그들은 더욱더 승리를 거둘 것이고 변화된 후손들의 집단을 탄생시킬 것이다. 이 변화를 수반한 대물림의 법칙에서, 우리는 속의 절들, 속 전체, 그리고 심지어 과들이 어떻게 해서 흔히 알려져 있는 바와 같이 동일한 지역에 국한되는가를 이해할 수 있다.

바로 앞 장에서 언급했듯이 나는 어떤 필연적인 발달의 법칙이라는 것을 전혀 믿지 않는다. 각 종의 변이성은 독립적 속성으로서 복잡한 생존 투쟁에서 개체에게 이득을 주는 정도에 한해서만 자연 선택에 의해 이용될 것이므로, 다른 종에게서 나타나는 변화의 정도는 제각기 다를 것이다. 가령 서로 직접적인 경쟁 관계에 있는 수많은 종들이 새로운 나라에 집단으로 이주하고 이후에 그 나라가 격리된다면, 그 종들은 거의 변화를 겪지 않을 것이다. 왜냐하면, 이주도 격리도 그 자체로는 아무런 역할도 하지 못하기 때문이다. 이런 원리는 생물들을 새로운 상호 관계와, 그리고 그보다는 영향력이 덜하지만 물리적 조건과 엮음으로써만 작용한다. 우리가 지난 장에서 일부 형태들이 아득히 먼 지질 시대로부터 거의 동일한 형질을 계속 유지해 온 것을 보았듯이, 광활한 거리를 이주해 왔어도 별로 변화를 겪지 않은 종들도 있는 것이다.

이런 시각을 통해, 같은 속에 속한 몇몇 종들은 그들이 동일한 시조로부터 유래된 것처럼 원래는 틀림없이 같은 원산지에서 발달했음이 명확해 보인다. 비록 현재는 지구상에서 매우 먼 지역에서 각기 서식하고 있다고 하더라도 말이다. 전체 지질 시대에 걸쳐 그다지 큰 변화를 겪지 않은 이런 종들이 서로 동일한 지역에서 이주해 왔다는 사실을 인정하는 것은 그리 어렵지 않다. 왜냐하면, 고대 이래로 발생한 거대한 지리적, 기후적 변화를 겪는 동안에는 이주가 얼마든지 일어났을 수 있기 때문이다. 그렇지만 한 속의 종들이 비교적 최근에 나타났다고 믿을 만한 근거가 있는 다른 많은 경우에서는 이 사실을 믿기에는 상당한 어려움이 있다. 비록 지금은 동일한 종의 개체들이 멀리 떨어진 고립된 지역에 살고 있어도, 그들의 조상이 처음 생겨난 어느 한 지역에서 이주해 왔다는 사실 또한 명확하다. 왜냐하면, 바로 앞 장에서 설명했듯이 완전히 똑같은 개체들이 전혀 다른 시조들로부터 자연 선택을 통해 생산되었다는 것은 믿을 수 없기 때문이다.

　이렇게 해서 우리는 박물학자들이 중요하게 논의해 온 질문, 즉 종들이 지구 표면의 한 지점에서 창조되었는가 아니면 여러 지점에서 창조되었는가 하는 질문에 도달하게 된다. 어떻게 동일한 종이 어떤 한 지점에서 오늘날 살고 있는 여러 군데의 고립된 먼 지역들로 이주할 수 있었는가 하는 것을 이해하는 데 있어 대단히 어려운 점이 많다는 것은 의심의 여지가 없다. 하지만 각 종이 처음에는 어떤 한 지역에서 창조되었다고 하는 이 시각의 간명함은 우리의 마음을 사로잡는 면이 있다. 이런 시각을 거부하는 이는 일상적인 발생 이후에 이주가 뒤따른 것이 진정한 원인이라는 사실을 거부하면서 기적의 개입을 바라는 사람이다. 대부분의 경우에 어떤 한 종이 서식하는 지역은 연속적이라는 사실이 보편적으로 받아들여진다. 따라서 동일한 종류의 식물이나 동물이 서로 너무나 멀리 떨어져 있거나, 쉽게 이주해 지나갈 수 없는 성질을 가지는 공간을 사이에 둔 두 지점에서 서식할 때는 뭔가 주목할 만하고 예외적인 것으로 간주된다. 특히 육상 포유류의 경우는 바다를 가로질러 이주하는 능력이 그 어떤 다른 생물보다도 확실히 제한되어 있는 것으로 보인다. 따라서 우리는 이 지구상에서 멀리 떨어진 지역에 동일한 포유류가 서식한다는, 도저히 설명이 불가능한 사례를 전혀 발견하지 못하는 것이다. 과거에 유럽과 이어져 있었기 때문에 똑같은 네발 동물을 가지게 된 대영제국의 사례와 같은 것을 보고 곤란함을 느끼는 지질학자는 단 한 사람도 없을 것이다. 반면 만일 동일한 종이 두 별개의 지점에서 창조될 수 있다면, 왜 우리는 유럽과 오스트레일리아나 남아메리카에서 공통적으로 나타나는 포유류를 하나도 찾아 내지 못하는가? 유럽의 동물들 다수가 미국과 오스트레일리아에 귀화할 정도로 그 지역들의 생활 조건은 거의 동일한데 말이다. 그리고 어째서 이 먼 북반구와 남반구의 여러 지역에서 똑같은 토착 식물 일부를 발견할 수 있는가? 내가 믿기로 해답은 일부 식물들은 다양한 전파 수단들을 통해 광대하고 끊어진 간극을 가로질러 이주했던 반면, 포유류는 그럴 수 없었다는 것에 있다. 모든 종류의 장벽들이 생물의 분포에 거대하고 충격적인 영향력을 미쳤다는 것은 엄청나게 많은 종이 오로지 한 지역에서만 발생했고 다른 곳으로는 이주할 수 없었다는 시각을 바탕으로 해야만 이해 가능하다. 소수의 몇몇 과들, 많은 아과들, 매우 많은 속들, 그리고 그보다 더 많은 속 내의 절들이 단 한 지역에 제한되어 있다. 그리고 몇몇 박물학자들이 관찰한 바에 따르면, 가장 자연적인 속 혹은 매우 가까운 근연 관계에 있는 종들로 구성된 속은, 대체로 국지적이거나 한 지역에만 제한되어 있다. 만약 그 계열을 한 단계 더 내려갔을 때는 그와 정반대 원리의 지배를 받아, 종들이 국지적으로 발생한 것이 아니고 둘 이상의 별개의 지역들에서 발생했다면, 동일한 종의 개체들에게 그 얼마나 이상한 모순이겠는가!

따라서 다른 많은 박물학자들과 마찬가지로 나 역시 각 종은 한 지역에서 발생했고, 그 후에 과거와 현재의 이주력과 생존 능력이 허락하는 한 그 지역으로부터 멀리 이주해 나갔다는 시각이 가장 설득력이 있다고 생각한다. 동일한 종이 한 지점에서 다른 지점으로 어떻게 통과했는지를 설명할 수 없는 수많은 경우들이 나타난다는 것은 의심할 여지가 없는 사실이다. 그렇지만 최근의 지질 시대들 중에 일어났음이 분명한 지리적이고 기후적인 변화들은 이전에 연속된 영역을 차지하고 있던 많은 종들을 교란시키거나 불연속적으로 되도록 만들었을 것임이 틀림없다. 영역의 연속성에 대한 예외는 너무나 많고, 이것은 중대한 문제이기도 하다. 그렇기 때문에 우리는 각각의 종들이 하나의 동일한 지역에서 탄생한 후 거기서 갈 수 있는 한 멀리까지 이주했다는 믿음 — 전반적인 사실을 감안할 때 그럴듯한 믿음 — 을 포기해야 할지 말지를 고려하지 않을 수 없게 된다. 현재 각기 멀리 떨어진 분리된 지역에 살고 있는 동일한 종에 대한 모든 예외적인 사례들을 논하는 것은 절망적으로 지루한 일일 것이다. 그렇다고 그런 수많은 경우들을 설명할 수 있는 것처럼 속이고 싶지는 않다. 그렇지만 몇 가지 예비적인 설명들을 하고 나서, 나는 다음과 같은 몹시 충격적인 몇 가지 사실들을 논의할 것이다. 우선 멀리 떨어져 있는 산맥들의 정상에 있는, 그리고 서로 떨어진 북극과 남극 지역에 있는 동일한 종들의 존재에 관한 내용이다. 둘째로는 (뒤에 이어질 장들에서) 민물에 사는 생물들의 폭넓은 분포를 논할 것이고, 셋째로는 수백 마일의 광활한 바다로 서로 격리된 섬들과 내륙에서 동일한 육지 종이 자생한다는 사실을 논할 것이다. 만약 많은 사례에서 각각의 종은 하나의 동일한 지역에서 발원(發源)해서 이주했다는 이론을 바탕으로 지표면에서 서로 멀리 떨어진 지역에 동일한 종이 존재한다는 사실을 설명할 수 있다고 해 보자. 그렇다면 이전의 기후적, 지리적 변화들과 다양한 우발적인 전파 수단들을 우리가 전혀 알지 못한다는 것을 감안할 때, 이것이 보편적인 법칙이라는 믿음이 내게는 다른 것과는 비교할 수 없을 정도로 안전해 보인다.

이 주제를 논할 때 우리는 어느 한 속에 속한 서로 다른 여러 종들 — 내 이론에 따르면 한 공통 시조로부터 내려온 것들 — 이 과연 자기들의 시조가 서식했던 지역으로부터 이주했을 수가 있는가(이주하는 과정의 어느 시점에 변화를 겪으면서) 하는 점도 함께 염두에 두어야 한다. 그것은 이 주제 못지않은 중요성을 지닌다. 만약 어떤 한 지역의 서식 생물들 대다수가 어떤 제2지역의 종들과 가까운 유연 관계에 있거나 같은 속에 속할 때, 먼저의 지역이 과거 어떤 시기에 이 제2지역으로부터 온 이주자들을 받아들였다는 것이 거의 예외 없이 사실이라는 것이 입증될 수 있다면, 내 이론은 힘을 얻을 수 있을 것이다. 왜냐하면, 변화의 원리를 바탕으로 우리는 왜 한 지역의 서식 생물들이 그것들이 존재했던 다른 지역의 서식 생물들과 유연 관계를 맺고 있는가 하는 이유를 명확히 이해할 수 있기 때문이다. 예를 들어, 어떤 대륙에서 수백 마일 떨어진 거리에서 융기해 형성된 화산섬은 시간이 지나는 동안 대륙으로부터 온 식민지 주민들과 그 자손들 — 변화하기는 했지만 아직은 대륙에서 서식하는 생물들과 대물림을 통해 관계되어 있음이 분명한 것들 — 을 받아들일 것이다. 이런 경우는 흔한데, 이후에 좀 더 자세히 보게 되겠지만 독립적인 창조 가설로는 설명이 불가능하다. 한 지역의 종과 다른 지역의 종이 맺고 있는 관계에 대한 이러한 시각은, 종이라는 말을 변종이라는 말로 바꾸면, 월리스 씨가 그의 탁월한 논문에서 최근에 발전시킨 것과 별반 다르지 않다. 그 논문에서 월리스 씨는 "모든 종은 유연 관계가 밀접한 기존 종들과 우연히 동일한 시공간에서 생겨났다."라고 결론을 내리고 있다. 그리고 그와의 서신 교류를 통해 알게 된 사실은, 그가 이 우연의 일치를 변화를 동반한 계승에서 기인한 것으로 여기고 있다는 사실이다.

'단일 및 복수의 창조 중심지'에 대해 앞서 언급한 내용은 또 다른 질문들 ─ 동일한 종의 모든 개체들이 단 한 쌍의 암수로부터 내려왔는가, 아니면 어떤 한 암수한몸으로부터 내려왔는가, 혹은 몇 몇 학자들이 가정하듯이 동시에 창조된 수많은 개체들로부터 내려왔는가 하는 것 ─ 과 연관되어 있기는 하지만 직접적으로 관련있는 것은 아니다. 내 이론에 따르면 절대로 교배하지 않는 생물들(만약 그런 것들이 존재한다면)의 경우, 그 종은 다른 개체나 변종과는 한 번도 섞인 적이 없지만 서로를 대체하는 개량된 변종들의 계승을 통해 발생할 것이다. 그래서 각 변종의 모든 개체들은 변화와 개량이 계승되는 각각의 단계에서 한 부모로부터 내려올 것이다. 그렇지만 대다수의 경우에, 즉 새끼를 낳으려 할 때마다 습성적으로 결합하거나 가끔 교배를 하는 모든 유기체들의 경우, 느린 변화 과정에서 종의 개체들은 교배를 통해 거의 동일하게 유지될 것이라 생각한다. 또한 그리하여 많은 개체들이 동시적인 변화를 겪을 것이고, 각 단계에서 변화의 총량은 한 부모로부터 유래한 것은 아니라고 믿는다. 내 말뜻을 설명하기 위해 예를 들어 보겠다. 영국의 경주마들은 모든 다른 품종의 말들과는 약간 다르다. 그렇지만 그들의 차이와 우월성은 어떤 단 하나의 쌍으로부터 내려왔기 때문이 아니다. 그것은 여러 세대에 걸쳐 많은 개체들을 선택하고 훈련하는 식의 관리가 계속되었기 때문이다.

'창조의 단일 중심지'를 주장하는 가설이 가지는 엄청난 난점들을 보여 주고자 내가 선택한 세 가지 사실들을 논하기 전에, 확산의 수단에 대해서 몇 마디 짚어 봐야 할 듯하다.

확산의 수단

찰스 라이엘 경을 비롯한 학자들은 이 주제를 훌륭하게 논해 왔다. 여기서 나는 좀 더 중요한 사실들에 대해 간략한 개요만을 제시할 수 있을 뿐이다. 기후의 변화는 이주에 강력한 영향을 미쳤음이 틀림없다. 기후가 달랐을 때는 이주를 위한 중요한 통로가 되었을 어느 지역이 지금은 통과할 수 없게 바뀌었을 수도 있다. 나는 지금 이와 같은 주제들을 좀 더 자세히 다루고자 한다. 육지에서는 지표 높이의 변화 또한 상당히 큰 영향력을 가졌을 것임이 틀림없다. 현재 두 해양 동물상을 갈라놓는 어떤 좁은 해협이 물에 잠기게 되거나 과거에 물에 잠겨 있었다면, 그 두 동물상은 뒤섞이게 되거나 이전에 뒤섞였을 것이다. 지금은 바다가 펼쳐져 있는 곳이라도 예전에는 섬들이나 어쩌면 대륙들을 한데 잇는 육지가 있었을지도 모른다. 그 육지가 육서 생물들을 한 곳에서 다른 곳으로 지나가도록 해 주었을 수도 있는 것이다. 현생 생물들이 존재하던 시기 중에 지표 높이가 어마어마하게 변동했다는 사실을 논박할 지질학자는 한 사람도 없을 것이다. 에드워드 포브스는 대서양에 있는 모든 섬들이 틀림없이 최근까지도 유럽이나 아프리카에 연결되어 있었을 것이고, 마찬가지로 유럽은 아메리카에 연결되어 있었을 것이라고 주장했다. 이에 다른 학자들은 모든 해양들에 가상의 다리를 놓았고, 거의 모든 섬들을 내륙과 이어 붙였다. 만약 포브스가 내세운 주장을 정말로 신뢰할 수 있다면, 최근에 대륙에 연결되지 않은 섬은 단 하나도 없을 것이라는 주장이 받아들여져야 할 것이다. 이런 시각은 동일한 종이 아주 먼 지역으로 분산되었다는 아주 풀기 어려운 문제를 해결하고 많은 난점들을 해소해 준다. 그렇지만 이성적으로 판단을 해 보자면 우리가 현생 종의 발생 이후로 그토록 거대한 지리적 변화가 일어났다는 것을 기정사실화할 권리는 없다. 내가 보기에 우리의 대륙들이 지표 높이가 오르내리는 큰 변동을 겪었다는 사실을 입증하는 증거는 풍부하다. 하지만 대륙들이 최근에 서로 연결되고 중간에 있는 몇몇 대양도와도 연결될 정도로 그 위치와 범위에서 방대한 변화가 일어난 것은 아니다. 나는 수많은 섬들이 지금은 바다 밑에 묻혀 있지만 이전에는 식물들과 많은 동물들에게 이주의 징검다리로 작용했을지도 모른다는 사실을 얼마든지 받아들일 수 있다. 내가 믿기로는 산호초가 만들어지는 대양에서 그렇게 가라앉은 섬들의 흔적은 이제, 그들 위에 서 있는 산호의 고리, 즉 환초(環礁)의 형태로 남아 있다. 언제가 되었든, 나는 각 종이 어떤 한 곳의 출생지로부터 확산되었다는 가설이 완벽히 인정될 때가 오리라고 믿는다. 그때, 그리고 시간이 지나면서 확산의 수단들에 대해서 뭔가 확실한 사실을 알게 될 때, 우리는 예전에 일어났던 육지의 확장에 대해서 올바른 추측을 할 수 있을 것이다. 그렇지만 나는 지금은 상당히 떨어진 대륙들이 근래에 연속적으로 혹은 거의 연속적으로 서로와 그리고 많은 현존하는 대양도들과 연결되어 있었다는 것이 반드시 입증될 것이라고는 생각지 않는다. 분포와 관련된 몇몇 사실들 — 거의 모든 대륙에서 서로 정반대 면에 있는 해양 동물상은 엄청난 차이를 보인다는 점, 몇몇 육지들과 심지어 바다에서도 제3기 서식 생물들과 현재 서식 생물들 사이에서 근연인 관계를 볼 수 있다는 점, 포유류의 분포와 바다 깊이 사이에 어느 정도의 관련성(이에 대해서는 차후에 다루게 될 것이다.)이 존재한다는 점과 같은 것들 — 을 비롯한 여러 사실들은 포브스에 의해 발전되고 그의 수많은 추종자들이 동의한 견해에 필요한, 최근의 엄청난 지리적 변혁들을 인정하는 데 제동을 거는 사실인 것처럼 보인다. 대양도에 서식하는 생물들의 특질과 상대적인 비율 역시 마찬가지로 이 섬들과 대륙이 예전에는 연결되어 있었다는 믿음에 반대되는 것처럼 보인다. 게다가 대양도들이 거의 대부분 화산섬이라는 사실 역시 그들이 가라앉은 대륙의 파편들이라는 주장을 인정하는 데 힘을 실어 주지 않는다. 만약 그 섬들이 원래 육지의 산맥으로 존재했다면, 적어도 그 섬들의 일부는 다른 산 정상들과 마찬가지로 단순히 화산성 물질들이 쌓인 것으로 구성된 것이 아니라 화강암, 변성 편암, 오래된 화석을 함유한 암석들로 형성되었을 것이다.

이제, 우발적인 수단이라고 불리지만 좀 더 정확하게 말하자면 간헐적인 확산의 수단이라고 불러야 할 무언가에 관해 몇 마디를 해야겠다. 나는 여기서 식물들의 경우에만 한정해 논의를 진행할 것이다. 식물학 연구서에는 이런 저런 식물들이 널리 확산되게끔 적응하는 데 실패했다고 언급되어 있다. 하지만 바다를 가로질러 확산될 수 있는 식물에 대해서는 알려진 바가 거의 없다. 버클리(Berkeley) 씨의 도움으로 내가 몇 가지 실험을 해 보기 전까지, 씨앗들이 해수의 유해한 작용에 어느 정도까지 저항할 수 있는지에 대해 전혀 알려진 바가 없었다. 놀랍게도 나는 해수에 담근 지 28일 후, 87종 가운데 64종이 발아했고, 일부는 침수된 지 137일 후에도 살아남았음을 발견했다. 나는 편의상 꼬투리나 과육을 제외하고 주로 조그만 씨앗들을 가지고 실험했다. 며칠 후에 이것들 모두가 가라앉은 점을 보면, 염분이 있는 해수에 의해 해를 입건 말건 간에 바다의 넓은 표면에 떠서 이동한다는 것은 불가능한 일이다. 이후에 나는 몇몇 더 큰 과육, 꼬투리 등등을 가지고 실험을 실시해 보았는데 이들 중 일부는 꽤 오랜 기간 부유해 있었다. 생나무와 잘 건조된 목재가 부유하는 것에 어떤 차이가 있는지는 잘 알려져 있다. 나는 홍수가 식물이나 가지를 휩쓸고 지나가면 이것들이 둑에서 건조된 후 새롭게 물이 흘러들면서 바다로 씻겨 갈지도 모른다는 생각이 들었다. 따라서 나는 익은 과육을 가진 94개의 식물의 줄기와 가지들을 말려 해수에 띄웠다. 대부분은 곧바로 가라앉았지만 몇몇은 떠 있었는데, 생나무는 잠깐 동안 떠 있었던 반면 건조되었을 때는 훨씬 더 오래 떠 있었다. 예를 들어 익은 개암나무 열매는 즉각 가라앉지만 건조된 상태였을 때는 90일간 떠 있었고 이후에 땅에 심으니 발아했다. 익은 열매가 달린 아스파라거스는 23일간 떠 있었고, 말렸을 때는 85일간 떠 있었으며 이후에 씨앗이 발아했다. 헬로스키아디움(Helosciadium)의 익은 씨앗은 이틀 만에 가라앉았고 말렸을 때는 90일 넘게 떠 있었으며 이후에 싹을 틔웠다. 다 합쳐서 아흔네 개의 건조된 식물들 중에서 열여덟 개가 28일 넘게 떠 있었고 그 열여덟 개 중 일부는 그보다 훨씬 더 오랜 기간 떠 있었다. 여든일곱 개 중 예순네 개의 씨앗이 28일간의 침수 후에 발아를 했다. 그리고 익은 열매를 가진 아흔네 개 중 열여덟 개의 식물들(그렇지만 앞서 말한 실험과 모두 동일한 종들은 아니었다.)이 말린 후에는 28일 넘게 떠 있었다. 따라서 우리가 이런 빈약한 사실들로부터 어떤 추론을 이끌어 내는 일이 가능하다면, 어떤 나라에서는 100분의 14개의 식물의 씨앗이 28일간 해류에 의해 떠 있을 수 있으며 발아 능력 또한 유지될 것이라고 결론을 내릴 수 있을지도 모른다. 알렉산더 키스 존스턴(Alexander Keith Johnston)의 『물리 도표(Physical Atlas)』에 따르면 몇몇 대서양 해류의 평균 속도는 하루에 33마일이다. (일부 해류들은 하루에 60마일 정도 흐른다.) 평균적으로 어느 나라의 식물 씨앗 100개 중 열네 개 정도가 다른 나라 쪽으로 924마일을 가로질러 바다 위에 떠 있을 수 있다는 이야기다. 그것들이 내륙으로 부는 돌풍에 의해 떠밀려 생존하기에 유리한 장소에 상륙하면 싹을 틔울 것이다.

내 실험의 뒤를 이어, M. 마틴스(M. Martens)는 훨씬 훌륭한 방식으로 비슷한 실험들을 시도했다. 그는 씨앗들을 상자에 담아 실제 바다에 놓음으로써 실제로 떠다니는 식물들처럼 물에 젖고 공기에 노출되게 했다. 그는 98개의 씨앗들을 가지고 실험을 했는데 대부분 내가 실험한 씨앗들과 다른 것이었다. 그는 커다란 열매들을 다수 선택했을 뿐만 아니라 바다 근처에 사는 식물들의 씨앗을 선택했다. 이것은 씨앗들이 떠 있는 평균 시간을 연장시키고 해수의 해로운 작용에 대한 저항성을 높이는 데 유리하게 작용했다. 한편 그는 열매가 달린 식물 또는 가지들을 미리 말리지 않았다. 이것은 우리가 보았듯이, 그들 중 일부가 훨씬 오래 떠 있게 만드는 결과를 낳았을 것이다. 결과는 씨앗들 98개 중 18개가 42일간 떠 있었고 그 이후에 발아를 할 수 있다는 것이었다. 그렇지만 나는 파도에 노출된 식물들이 우리의 실험에서처럼 격렬한 외부 작용으로부터 보호된 식물들보다 더 짧은 시간 동안 떠 있게 될 것임을 의심하지 않는다. 따라서 아마도 한 식물군에서 100분의 10개의 식물 씨앗이 건조된 다음에 900마일 폭의 바다 공간을 가로질러 떠 있다가 이후에 싹을 틔우리라고 가정해도 무방할 것이다. 큰 열매들이 그보다 작은 것들에 비해 오래 떠 있는 경우가 많다는 사실은 흥미로운데, 이는 커다란 씨앗이나 열매를 가진 식물들은 어떤 방법으로도 이송되기가 힘들었을 것이기 때문이다. 그리고 알퐁스 드 캉돌은 일반적으로 그런 식물들은 제한된 분포 범위를 가지고 있다는 사실을 보여 주었다.

씨앗들이 다른 방식으로 이송되는 경우도 더러 있다. 표류하는 통나무는 대다수 섬들, 심지어 넓디넓은 대양의 한중간에 있는 섬들에도 떠밀려 온다. 그리고 태평양의 산호섬에 있는 토착민들은 그들이 도구로 쓸 돌들을 오로지 표류해 온 나무의 뿌리에서 구하는데, 이 돌들은 귀중한 재원이 된다. 내가 조사해 본 결과, 불규칙적인 모양을 가진 돌들이 나무의 뿌리에 박혀 있을 때는 작은 흙덩이들이 돌들의 작은 틈새나 뒷부분에 들러붙는 경우가 많았는데, 이것들이 너무나 완벽하게 들러붙기 때문에 아무리 멀리 옮겨지더라도 입자 하나조차 씻겨 나가지 않을 정도였다. 대략 50년 된 참나무에서, 나무에 의해 그렇게 완벽하게 갇혀 있던 조그만 흙덩어리에서, 세 개의 쌍떡잎식물이 싹을 틔웠다. 나는 이 관찰의 정확성을 확신한다. 한편 나는 새의 사체가 바다에 떠 있는 경우 바로 먹히는 상황을 피할 때, 이 떠다니는 새의 모이주머니에서 많은 종류의 씨앗이 오랫동안 그것의 생명력을 유지한다는 사실을 보여 줄 수 있다. 예를 들어 완두콩과 살갈퀴(vetch)는 해수에 며칠만 담가 둬도 죽는다. 그렇지만 비둘기의 모이주머니에서 나온 이들의 씨앗 일부는 놀랍게도 인공 염수에 30일간 떠 있은 후에도 거의 모두가 싹을 틔웠다.

살아 있는 새들이 씨앗을 이송하는 매우 효과적인 중개자들이라는 것은 거의 의심할 여지가 없는 사실이다. 나는 수많은 종류의 새들이 얼마나 자주 돌풍을 타고 바다를 가로질러 방대한 거리를 날아가는지를 보여 주는 많은 사례들을 제시할 수 있다. 내 생각에 그런 상황에서 그들의 비행 속도는 한 시간에 35마일 정도 될 것이라고 생각해도 무방할 것 같다. 몇몇 학자들은 그 속도를 훨씬 더 빠르게 추정했다. 나는 영양분 많은 씨앗들이 어떤 새의 내장을 통과한 예를 한번도 본 적이 없지만, 과실 속의 단단한 씨앗들은 심지어 칠면조의 소화 기관에서조차 아무런 손상을 입지 않고 통과할 것이다. 나는 내 정원에서 두 달 동안 작은 새들의 배설물로부터 열두 종류의 씨앗을 채집했는데, 이것들은 완벽한 상태로 보였다. 내가 발아를 시도했을 때 그중 일부는 실제로 발아를 했다. 그렇지만 더욱 중요한 사실은 새들의 모이주머니는 위액을 분비하지 않고, 내가 시험을 통해 알아낸 바에 따르면 씨앗의 발아를 전혀 저해하지 못한다는 사실이다. 새가 상당량의 음식물을 찾아내어 삼킨 후 열두 시간 또는 심지어 열여덟 시간 동안이나 씨앗이 모래주머니로 들어가지 않았다는 사실이 최근에 분명히 밝혀졌다. 이 시간 동안 새는 아마도 500마일의 거리쯤은 쉽게 바람을 타고 날아갈 수 있을 것이다. 매는 지친 새들을 노리는 것으로 알려져 있는데, 매에 의해 그 새들의 모이주머니가 찢어지고 그 속에 있던 내용물이 쉽게 흩어질 수 있다. 브렌트 씨는 내게 그의 친구 한 명이 프랑스에서 영국으로 전령비둘기들을 날려 보내는 것을 포기해야 했는데, 그 이유가 영국 해안의 매들이 도착한 전령비둘기를 너무나 많이 죽여 버렸기 때문이라는 이야기를 전해 준 적이 있다. 매와 올빼미들은 먹이를 통째로 삼켜 버리고, 열두 시간에서 스무 시간 후에 씨앗을 포함한 덩어리를 토해 낸다. 내가 동물원에서 실험을 해 알아낸 바로는 이 씨앗들은 발아가 가능하다. 귀리, 밀, 수수, 카나리아, 마, 토끼풀, 비트(beet)는 각자 다른 맹금류의 위 속에 12~21시간 동안 들어 있다 나온 후에 싹을 틔웠다. 그리고 비트의 씨앗 두 개는 이틀하고도 열네 시간을 그렇게 보낸 후에 싹을 틔웠다. 내가 알아낸 바에 따르면 민물고기는 많은 육생 식물과 수생 식물의 씨앗들을 먹는다. 그리고 물고기는 종종 새들에게 잡아먹힌다. 그렇게 해서 씨앗들은 한 지역에서 다른 지역으로 이송될 수 있는 것이다. 나는 여러 종류의 씨앗들을 죽은 어류의 위에 넣은 후 그들의 사체를 물수리, 황새, 그리고 펠리컨 들에게 주었다. 이 새들은 여러 시간이 지난 후에 그 씨앗들을 덩어리째로 토해 내거나 아니면 대변으로 배설했다. 이 씨앗들 중 일부는 발아 능력을 유지했다. 그렇지만 이 과정에서 생명력을 잃는 씨앗들도 일부 있었다.

　일반적으로 새들의 부리와 발은 꽤 깨끗하다. 하지만 나는 이따금 흙이 거기에 들러붙는다는 사실을 보여 줄 수 있다. 나는 자고새 한 마리의 한쪽 발에 들러붙은 마른 점토질 흙에서 스물두 개의 씨앗을 채취했는데, 그 흙에 살갈퀴의 씨앗만큼 큰 자갈 하나가 섞여 있었던 경우도 있었다. 이 사실을 보면 씨앗들은 때때로 엄청난 거리를 가로질러 이송될지도 모른다. 어느 곳에 있는 흙이든 대부분은 씨앗들로 가득 차 있다는 것을 보여 주는 예는 많다. 매년 지중해를 가로지르는 수백만 마리의 메추라기들을 잠시 생각해 보자. 그들의 발에 들러붙은 흙 속에 가끔 아주 미세한 씨앗들이 들어 있다는 사실을 의심할 수 있을까? 이 주제에 대해서는 잠시 뒤에 다시 이야기하기로 하겠다.

빙산 속에는 흙이나 돌이 있는 경우도 많고 빙산이 심지어 작은 가지나 뼈, 그리고 육서 조류의 둥지까지 운반한다는 것은 잘 알려진 사실이다. 따라서 나는 라이엘이 시사했듯이 빙산은 틀림없이 때때로 북극이나 남극 지방의 어느 곳에서 다른 곳으로 씨앗들을 운반했을 것이란 사실을 의심할 수 없다. 또한 빙하기 동안에는, 지금은 온대 지방인 곳에서 다른 지역으로 씨앗을 운반했을 것이다. 내륙과 더 가까운 다른 대양도들의 식물들과 비교했을 때 아조레스 제도에는 유럽에서 흔히 볼 수 있는 식물종이 더 많다는 사실과 H. C. 왓슨 씨가 언급한 것처럼 위도를 기준으로 비교했을 때 식물상이 다소 북방의 형질을 띠고 있다는 사실을 바탕으로, 빙하기 동안 얼음 속에 들어 있었던 씨앗이 아조레스 제도에 일부 존재하지 않았을까 하는 생각이 든다. 내 요청을 받고 C. 라이엘 경은 M. 하르퉁 (M. Hartung) 씨에게 편지를 써서 그 제도에서 불규칙적인 바위를 본

적이 있는가를 문의했다. 그리고 그는 하르퉁 씨가 다도해에서는 볼 수 없는, 화강암을 비롯한 암석들의 커다란 파편들을 찾아냈다는 대답을 들었다. 따라서 우리는 예전에 빙산이 이런 대양 한가운데에 있는 섬의 해변에 암석들을 상륙시켰다고 생각해도 괜찮을 듯하다. 적어도 그들이 북쪽 식물들의 씨앗을 그쪽으로 가져간 것이라는 설명은 가능하다.

앞서 말한 것들은 물론 향후에 틀림없이 발견될 몇 가지 운송 수단들이 매년, 여러 세기 동안, 그리고 수만 년 동안 작용했다는 것을 감안하면, 내가 생각하기에 많은 식물들이 그렇게 해서 널리 이송되지 않았다는 것이 오히려 더 이상할 것 같다. 이런 이송 방법들은 때로 우연적인 것이라 여겨지지만 이는 엄밀히 말해 옳지 않다. 바다의 해류는 우연적인 것이 아니며 돌풍이 부는 방향 역시 마찬가지다. 그 어떤 이송 방식도 씨앗들을 아주 멀리까지 운반하지는 않는다는 사실을 간과해서는 안 된다. 씨앗들은 해수의 작용에 아주 오랜 시간 동안 노출되고 나면 생명력을 유지하지 못하기 때문이다. 또한 씨앗은 새들의 모이주머니나 내장 속에서 오래 운반될 수도 없다. 너비가 대략 100마일 정도인 바다 너머로나 섬에서 섬, 또는 대륙에서 인근 섬으로 이따금 씨앗들을 운반하기에는 이런 방법들만으로도 충분하겠지만, 멀리 떨어진 한 대륙에서 다른 대륙으로 운반하기에는 역부족이다. 따라서 이런 방법으로는 먼 대륙의 식물상이 크게 뒤섞이지 못할 것이며, 현재 우리가 알 수 있을 정도로 구별된 채 남을 것이다. 해류는 그 경로 상 절대로 북아메리카에서 영국으로 씨앗들을 실어다 주지 못할 것이다. 서인도의 씨앗들을 우리의 서부 연안으로 가져올 수 있을지는 모른다. 하지만 오랫동안 염수에 잠겨 죽기 일보직전까지 갔던 그 씨앗들은 끝내 기후를 버티지는 못할 것이다. 거의 매년 한두 마리의 육서 조류들이 대서양 전체를 가로질러 북아메리카에서 아일랜드와 잉글랜드의 서해안까지 바람을 타고 날아온다. 하지만 이 방랑자들에 의해서 씨앗이 이송되는 방법은 오로지 한 가지 방법, 즉 이 새들의 발에 달라붙은 흙을 통해서뿐이다. 하지만 이것은 그 자체로도 희귀한 사건이고, 심지어 그렇게 된다고 해도 씨앗 하나가 생존에 유리한 토양에 떨어져 성숙하게 될 확률은 너무나 미미하다! 그렇지만 대영제국같이 풍부한 생물 종을 갖추고 있는 섬(이것을 입증하기란 매우 어려울 텐데), 지난 몇 세기 동안 이처럼 우발적인 운송 수단을 통해서 유럽 대륙이나 다른 대륙들로부터 온 이민자들을 받아들이지 않았다고 해서, 그보다 생물이 덜 풍부한 섬이 비록 내륙에서 훨씬 더 멀리 떨어져 있다고 해도 비슷한 식으로 식민지 주민들을 받아들이지 않으리라고 주장하는 것은 엄청난 잘못일 것이다. 나는 영국보다 생물 종이 훨씬 덜 풍부한 어떤 섬으로 이송된 스무 개의 씨앗이나 동물들 중에서 하나 이상이 새로운 땅에 너무나 잘 적응해서 귀화될 가능성은 거의 없다는 점을 의심하지 않는다. 하지만 내가 생각하는 바로는, 이것은 섬 하나가 융기해서 형성되고 서식 생물들이 거기에 완전히 자리를 잡기까지 걸리는 엄청나게 긴 지질학적 기간 동안 우발적으로 일어나는 운송 수단에 의해 이루어지는 그 어떤 결과를 타당하게 반박할 수 있는 주장은 아니다. 씨앗에 해를 주는 곤충들이나 새들이 거의 혹은 전혀 살고 있지 않은 거의 황무지인 섬에서라면 우연히 도착한 거의 모든 씨앗이 그 기후에 잘 적응할 경우 싹을 틔우고 살아남게 될 것이다.

빙하기 동안의 확산

고산 지대의 종들이 서식했을 리가 없는 수백 마일의 저지대를 사이에 두고 서로 격리된 두 정상에서 동일한 동식물이 수없이 목격되는 것은, 이주의 가능성이 거의 없는 멀리 떨어진 두 지점에서도 동일한 종들이 존재하는 사례들 중 가장 충격적인 것이다. 사실 알프스나 피레네 산맥의 눈 덮인 여러 지역과 유럽의 최북단에 동일한 식물들이 그토록 많이 살고 있는 것을 보면 놀라지 않을 수 없다. 그렇지만 이보다 더 놀라운 사실은 미국 화이트 산맥의 식물이 래브라도(Labrador)의 식물들과 모두 똑같다는 것, 그리고 아사 그레이 박사가 말하기로는 유럽의 가장 높은 산에 있는 식물들과 거의 똑같다는 것이다. 오래전인 1747년, 그 사실들은 요한 게오르크 그멜린(Johann Georg Gmelin)으로 하여금 동일한 종들이 별개의 여러 지역에서 독립적으로 창조되었다는 결론을 내리게 만들었다. 아가시를 비롯한 사람들이 이런 사실들에 대한 간단명료한 설명을 제시하는 빙하기에 대해 — 이 내용에 대해서는 바로 뒤에서 보게 될 것이다. — 관심을 가지지 않았다면, 우리도 그와 동일한 믿음을 가진 채로 있었을 것이다. 우리는 상당히 최근의 지질 시대에 중앙 유럽과 북아메리카가 북극의 기후 아래에 있었다는 사실을 보여 주는 가능한 거의 모든 종류의 유기적, 무기적인 증거들을 가지고 있다. 스코틀랜드와 웨일스의 산에 있는 상처 난 측면이나 반들반들해진 표면, 그리고 위태롭게 자리한 바위들은 그 산의 계곡들이 최근까지 빙하의 흐름으로 채워져 있었음을 보여 주는데, 그것은 불에 탄 집의 잔해가 화재의 흔적을 보여 주는 것보다도 더 명확하다. 유럽의 기후는 너무나 많이 변화했는데, 과거의 빙하에 의해 남겨진 이탈리아 북부의 거대한 빙퇴석들은 현재 포도나무와 옥수수로 뒤덮여 있다. 미국의 광대한 영역 도처에 있는, 빙하와 연안의 얼음덩어리들에 의해 상처 난 암석들과 표석(漂石, erratic boulder. 빙하 등이 운반해 온 암석. — 옮긴이)들은 이전의 한랭했던 시기를 명확하게 드러내고 있다.

빙하 기후가 과거 유럽에서 서식했던 생물들의 분포에 미친 영향은 에드워드 포브스가 분명히 설명했듯이 주로 다음과 같다. 과거에 실제로도 그러했듯이 새로운 빙하기가 천천히 왔다가 지나간다고 생각하면 그 변화들을 좀 더 쉽게 따라갈 수 있을 것이다. 추위가 닥쳐와 남부에 위치한 많은 지역들이 북방의 생물들이 살기에 적합해지고 이전에 그곳에 살던 온대성 생물들에게는 부적합해질 때, 후자는 밀려나고 북방의 생물들이 그 자리를 차지할 것이다. 그와 동시에 보다 온대 지역에 살았던 생물들은 장벽에 의해 이동을 멈출 수밖에 없을 때까지 남쪽을 향해 이주할 것이고, 장벽을 만나게 되면 소멸하고 말 것이다. 산들은 눈과 얼음으로 뒤덮일 것이고 이전에 그곳에 살았던 고산성 서식 생물들은 평지로 내려올 것이다. 추위가 최고조에 도달했을 즈음에는 획일화된 북극의 동물상과 식물상이 유럽 중부, 즉 남쪽으로는 알프스와 피레네까지 심지어 스페인까지 뒤덮게 될 것이다. 유럽의 동식물들과 거의 마찬가지로, 미국에서 현재는 온대 지역인 곳들 또한 북극의 식물들과 동물들로 뒤덮일 것이다. 남쪽을 향해 모든 곳을 다 지나갔으리라고 여겨지는 생물들 — 현재는 극지 부근에서 서식하는 생물들 — 이 놀라울 만큼 전 세계적으로 동일하기 때문이다. 우리는 유럽에 비해 북아메리카에는 빙하기가 약간 더 일찍 왔거나 더 늦게 왔을 것이라고 가정할 수 있으므로, 북아메리카에서는 남쪽을 향한 이주 역시 약간 더 일렀거나 더 늦었을 것이다. 그렇다고 하더라도 최종 결과에는 아무런 차이가 없었을 것이다.

기후가 다시 따뜻해지면서 북극성 생물들은 북쪽으로 후퇴했을 것이고, 곧이어 보다 온화한 지역의 생물들이 뒤따라 후퇴했을 것이다. 그리고 눈은 산기슭부터 녹기 시작하므로 북방성 생물들은 눈이 녹아 버린 땅을 점령했을 것이다. 또한 기후가 점점 따뜻해지면서 그들의 동족들이 북쪽으로의 여행길에 오르는 동안 점점 더 높은 지대로 계속해서 올라갔을 것이다. 따라서 기후가 다시 완전히 따뜻해졌을 때, 최근까지 구세계와 신세계의 저지대에서 함께 무리를 지어 살았던 동일한 북극성 종들은 동떨어진 산의 정상에(더 낮은 곳에 살았던 것들은 모두 소멸되고), 그리고 양 반구의 한랭한 지역에 고립된 채 남게 되었을 것이다.

이렇게 해서 우리는 많은 식물들이 미국과 유럽의 산처럼 서로 멀리 떨어진 지점에서 공통적으로 나타나는 현상을 이해할 수 있다. 우리는 또한 각 산맥의 고산 식물들이 특히 정북쪽 혹은 거의 정북쪽에 살고 있는 북극성 생물들과 더 밀접한 관련이 있다는 사실을 이해할 수 있다. 추위가 닥칠 때의 이주와, 다시 따뜻해졌을 때의 재이주는 보통 정남쪽과 정북쪽을 향했기 때문이다. 예를 들어 H. C. 왓슨 씨가 언급한 스코틀랜드의 고산 식물들과 루이 프랑수아 엘리자베스 라몽(Louis François Élisabeth Ramond)이 언급한 피레네의 고산 식물들은 북스칸디나비아의 식물들과 더욱 밀접하게 연관되어 있다. 그리고 미국의 고산 식물은 래브라도에, 시베리아 산들의 고산 식물은 그 나라 내에서 추운 지방의 그것과 더욱 관련되어 있다. 이런 시각은 이전에 빙하기가 있었다는 확실하게 증명된 사실에 바탕을 두고 있기 때문에, 현재 유럽과 아메리카의 고산 지대 생물들과 북극의 생물들의 분포를 더할 나위 없이 만족스러운 방식으로 설명하는 것처럼 보인다. 따라서 우리가 서로 떨어진 산 정상에서 동일한 종들을 찾아낸 경우, 별다른 증거 없이 다음과 같은 결론을 내려도 될 것이다. 즉 과거에 기후가 차가워져서 생물들이 더 낮은 중간 지대로 이주하게 되었으며 그 이후에는 그들이 살기에 너무 더워졌기 때문이라는 것이다.

만약 빙하기 이후의 기후가 어느 정도로든 현재보다 더 따뜻했다면(미국의 몇몇 지질학자들은 주로 그나토돈(Gnathodon, 백합목(Veneroida) 개량조갯과(Mactridae)의 한 속으로 쌍각류 조개와 유사하다. — 옮긴이) 화석의 분포를 바탕으로 이것이 사실이었다고 믿는다.) 매우 최근이라 할 수 있는 시기에 북극의 생물들 및 온대성 생물들은 약간 더 북쪽으로 행군했을 것이고, 그 이후 다시 그들이 지금 살고 있는 곳으로 돌아왔을 것이다. 그렇지만 나는 빙하기 이후에 중간에 끼어 있는 약간 더 따뜻한 시기와 관련해서 어떤 만족스러운 설명도 접하지 못했다.

북극의 생물들은 남부로의 이주와 북부로의 재이주에 걸린 오랜 세월 동안 거의 동일한 기후에 노출되었을 것이고 무리를 지어 함께 다녔을 것이다. 이 후자의 사실은 특히 주목할 만하다. 결과적으로 그들은 서로 많이 교란되지 않았을 것이고, 이 책에서 반복해서 설명한 원리들과 상응하는 것처럼 그다지 많은 변화를 겪지 않았을 것이다. 하지만 온기가 돌아오면서 처음에는 산기슭에 있다가 종국에는 산 정상에 격리된 채로 남겨진 고산성 생물들의 경우는 그렇지 않다. 모든 동일한 북극 종들이 서로 격리된 산맥들에 남겨지고, 그 이래로 줄곧 거기서 살아남았을 것 같지는 않기 때문이다. 그들은 빙하기가 시작되기 전부터 그 산들에 틀림없이 존재했을, 또한 가장 추운 시기에 일시적으로 평지로 밀려 내려갔을 고대의 고산 식물들과 뒤섞였을 가능성이 매우 높다. 또한 그들은 다소 다른 기후적인 영향력에 노출되었을 것이다. 따라서 그들의 상호 관계는 어느 정도 교란되었을 것이고, 따라서 그들은 변화되는 경향이 있었을 것이다. 우리가 발견한 대로라면 이것은 사실이다. 우리가 거대한 유럽 산맥들 몇 곳에서 현재의 고산 식물과 동물들을 비교하면, 비록 대다수는 완전히 똑같지만 몇몇은 변종들이고 일부는 의심스러운 종으로 분류되며 소수는 서로 거리가 있기는 하지만 여전히 근연종이나 대표 종에 가깝기 때문이다.

실제로 빙하기 동안 일어났다고 생각하는 점들을 설명하면서 나는 빙하시대 초기에 북극성 생물들이 극지방 주위에서는 오늘날의 생물들과 동일했다고 가정했다. 그렇지만 분포에 대해 이전에 언급한 사실들은 단순히 북극 형태들에만 엄밀하게 적용되는 것이 아니라 많은 아북극 형태들, 그리고 얼마 안 되는 몇몇 북부의 온대 형태들에도 적용된다. 왜냐하면, 이들 중 일부는 북아메리카와 유럽의 더 낮은 산맥들이나 평지들에 있는 것과 동일하기 때문이다. 여기서 빙하시대 초기에 전 세계 곳곳의 아북극 형태들과 북부 온대 형태들이 가졌던 불가피한 동일성 정도에 대해 내가 어떻게 설명할 것인가 하는 의문을 품는 것은 충분히 타당하다. 오늘날 구세계와 신세계의 아북극성 생물과 북부의 온대 생물들은 대서양과 태평양의 최북단 지역을 사이에 두고 서로 격리되어 있다. 구세계와 신세계의 서식 생물들이 현재보다 더 남쪽에 살았던 빙하기 동안, 틀림없이 그들은 광활한 바다 공간에 의해 더욱 철저히 격리되었을 것이다. 나는 이전에 일어난 정반대 성격을 가진 기후 변화를 살펴봄으로써 이러한 난점을 극복할 수 있을 것이라 생각한다. 빙하기가 오기 전, 지구상에 있는 생물들 대다수가 지금과 똑같았던 신선신세 동안의 기후는 오늘날보다 더 따뜻했을 것이라고 믿을 만한 확실한 근거가 있다. 따라서 우리는 현재 위도 60도 아래의 기후에서 살고 있는 생물들이 선신세에는 더 북쪽인 위도 66도에서 67도까지의 북극권 아래에서 살았으리라고, 그리고 그 당시 절대적 북극성 생물들은 극에 훨씬 더 가까운 고립된 육지에서 살았을 것이라고 추정할 수 있다. 지구본을 살펴보면 북극권에는 거의 연속된 육지가 서유럽에서 시베리아, 아메리카 동부로까지 존재함을 볼 수 있다. 나는 빙하기보다 앞선 이 시대에 구세계와 신세계의 아북극 생물과 북부 온대 생물들이 필연적으로 동일한 모습을 보이는 원인이 극지 주변의 육지가 가진 이러한 연속성에 있다고, 그리고 그 결과로 인해 좀 더 우호적인 기후 아래서 이주가 자유로웠던 데 있다고 생각한다.

앞서 시사한 근거들을 바탕으로 나는 우리의 대륙들이 거대하지만 부분적인 표고의 변동을 겪기는 했어도 거의 동일한 상대적인 위치를 오랫동안 유지해 왔다고 믿는다. 따라서 나는 앞의 견해를 확장해서, 고선신세처럼 더 옛날 더욱 따뜻했던 시기 동안 거의 연속적이었던 극지 주변의 육지에 엄청난 수의 동일한 동식물들이 살았을 것이라고 강력하게 주장하는 바이다. 또한 빙하기가 시작하기 오래전부터 기온이 점점 낮아지면서 구세계와 신세계 모두 이런 동식물들이 남쪽으로 서서히 이주하기 시작했다고 생각한다. 내가 믿기로 우리는 지금 유럽의 중앙부와 미국에서 대부분은 변화된 상태인 그들의 자손들을 볼 수 있다. 이런 시각을 통해 우리는 거의 동일성을 보여 주지 않는 북아메리카와 유럽의 생물들 사이의 관계를 이해할 수 있다. 그 두 지역이 대서양에 의해 서로 떨어져 있다는 점과 그것들 사이의 거리를 감안할 때 그 관계는 매우 놀랍다. 우리는 더 나아가 몇몇 관찰자들이 언급한 특이한 사실, 즉 유럽과 아메리카의 생물들이 오늘날보다 제3기 후반 동안에 서로 더 밀접하게 관련되어 있었다는 사실을 이해할 수 있다. 구세계와 신세계의 북쪽 지역들은 따뜻했던 그 시기에 육지에 의해 거의 연속적으로 이어져 있었고, 서식 생물들이 상호 이주하는 데에 다리가 되어 주었다. 하지만 그 이후로 이 지역은 추위 때문에 생물들이 서로의 서식지로 이주할 수 없게 되었다.

선신세 기간에 서서히 추위가 닥쳐오면서 구세계와 신세계에서 서식했던 공통적인 종들이 북극권 남쪽으로 이주하자마자, 그들은 틀림없이 서로 완전히 분리되기 시작했을 것이다. 좀 더 온대성인 생물들의 경우로 한정짓는 한, 이러한 격리는 아주 오래전에 일어났다. 동식물들은 남쪽으로 이주하면서 어떤 거대한 지역 내에서 아메리카의 토착 생물들과 뒤섞여 경쟁해야 했을 것이다. 그리고 또 다른 거대한 지역에서는 구세계의 토착 생물들과 뒤섞여 경쟁해야 했을 것이다. 결과적으로 우리는 여기서 훨씬 더 많은 변화 — 훨씬 최근의 기간 동안에 이 두 세계의 몇몇 산맥들과 북극 지역들에 고립되어 남겨진 고산 생물들의 경우보다 훨씬 더 많은 변화 — 를 부추기는 모든 조건을 확인할 수 있다. 이러한 이유로 현재 구세계와 신세계의 온대 지방에서 살고 있는 생물들을 비교해 보면, 똑같은 종은 거의 찾을 수 없다. (비록 최근에 아사 그레이 박사가 이전에 생각되었던 것보다 더 많은 식물들이 동일하다는 것을 보여 주기는 했지만 말이다.) 대신 우리는 많은 거대한 규모의 강에서 어떤 박물학자는 지리적 품종(geographical races)으로 분류하기도 하고, 어떤 박물학자는 별개의 종으로 분류하기도 하는 많은 형태들을 발견하게 되는 것이다. 그리고 모든 박물학자들이 별개로 분류하지만 가까운 근연종이거나 대표적인 형태들도 많이 발견할 수 있다.

육지에서와 마찬가지로 바다의 해수에서도 완벽하게 분리되어 있는 지역에서 현재 많은 근연종들이 살고 있다는 사실은, 변화 이론을 기반으로 설명할 수 있다. 즉 선신세 동안이나 심지어 그보다 다소 이른 시기에 북극권의 연속된 연안을 따라서 거의 동일했던 해양 동물상이 서서히 남부로 이주했다는 설명을 통해 해설할 수 있는 것이다. 따라서 나는 북아메리카 온대 지역의 동해안과 서해안에 현존하는 많은 제3기의 대표적인 형태들의 존재를 이해할 수 있다고 본다. 그리고 지중해와 동해 ─ 지금은 적도 바다로 이루어진 거의 반구 하나와 대륙에 의해 분리되어 있는 지역 ─ 에 근연종인 다수의 갑각류(데이나의 경탄할 만한 저서에서 묘사되었듯이)와 몇몇 어류 및 그 밖의 해양 동물들이 있다는 더욱 놀라운 사례들도 이해할 수 있을 것이다.

분리된 바다에 사는 유사성이 없는 생물들의 관계에 대한 이러한 사례들, 뿐만 아니라 북아메리카와 유럽의 온대 지역에 사는 과거와 현재의 서식 생물들에 대한 사례는 이제, 창조 가설로는 설명이 불가능하다. 우리는 그들이 각각의 지역에서 거의 동일한 물리적인 조건들에 의해 똑같이 창조되었다고 말할 수 없다. 왜냐하면, 예를 들어 우리가 구세계의 남부 대륙들을 남아메리카의 어느 부분들과 비교했을 때 모든 물리적인 조건들이 서로 유사하더라도 서식 생물은 완전히 다름을 볼 수 있기 때문이다.

좀 더 당면한 주제인 빙하기에 대한 이야기로 다시 돌아가 보자. 나는 포브스의 시각을 더욱더 확장시켜도 좋다고 확신한다. 유럽에는 영국의 서부 해변에서 우랄 산맥까지 그리고 남쪽으로는 피레네까지, 빙하기가 있었음을 분명히 보여 주는 증거가 있다. 냉동된 포유류와 산에서 자라는 식생의 특징으로 미루어보아, 어쩌면 시베리아 또한 비슷한 작용의 영향을 받았다고 추론해도 될 것 같다. 히말라야를 따라 900마일이나 떨어진 지점에도 예전에 빙하가 아래로 흘러내린 흔적들이 남아 있다. 후커 박사는 시킴(Sikkim. 네팔과 부탄 사이에 있는 인도의 한 주(州). ─ 옮긴이)에서 거대한 고대 빙퇴석에서 자라고 있는 옥수수를 보았다. 적도 이남으로 가 보면, 뉴질랜드에서 이전의 빙하의 작용을 시사하는 직접적인 증거를 볼 수 있다. 그리고 이 섬

내에 있는 서로 멀찍이 떨어진 산에서 널리 발견되는 동일한 식물들 역시 동일한 이야기를 들려준다. 만약 예전에 발표된 일설이 사실이라면, 오스트레일리아의 남동부 구석에서도 빙하의 작용에 대한 직접적인 증거를 찾아볼 수 있을 것이다.

아메리카로 눈길을 돌려 보자. 대륙의 북쪽 절반을 보면 빙하에 의해 생긴 암석 파편들이 동부에서는 위도 36~37도까지, 지금과는 기후가 매우 달랐던 태평양 연안에서는 남쪽으로 위도 46도까지 관찰되고 있다. 그리고 로키 산맥에서도 표석들이 관찰되었다. 적도 부근에 있는 남아메리카의 안데스 산맥에서 빙하는 한때 현재 높이보다 훨씬 아래까지 뻗어 있었다. 나는 칠레 중부에서 안데스 산맥의 계곡 하나를 가로지르는, 높이가 대략 800피트나 되는 거대한 암설(巖屑. 풍화 작용으로 바위가 삭아서 생긴 부스러기. ─옮긴이) 더미의 구조물에 놀란 적이 있다. 나는 이것이 현재의 그 어떤 빙하보다도 더 낮은 곳에 남겨졌던 거대한 빙퇴석이라고 확신하고 있다. 대륙의 양쪽에서 남쪽으로 위도 41도에서 최남단의 맨 끝까지, 근원지로부터 아주 멀리까지 이동한 거대한 바위들로부터 우리는 예전에 있었던 빙하의 작용에 대한 상당히 명확한 증거를 갖고 있는 셈이다.

우리는 세계의 정반대쪽에 있는 아주 먼 여러 지점에서도 빙하기가 정확히 동시에 존재했는지는 알 수 없다. 그렇지만 빙하기가 가장 최근의 지질 시대에 속한다는 점에 대해서는 거의 확실한 증거를 가지고 있다. 또한 우리는 여러 지점에서 연도로 측정했을 때 빙하기가 어마어마한 기간 동안 존속했다는 사실을 입증해 주는 탁월한 증거를 가지고 있다. 어쩌면 지구의 어떤 지점에서는 다른 지점에서보다 추위가 더 일찍 닥쳐오거나 더 일찍 멈췄을지도 모른다. 하지만 모든 지점에서 추위가 오랫동안 지속되었다는 것을 그리고 그 시기가 지질학적인 의미에서는 동시대였다는 것을 생각해 보면, 적어도 그 시기 내의 어떤 기간 동안에는 실제로 빙하기가 전 세계적으로 동시에 존재했을 것이라는 설명이 충분히 가능해 보인다. 뚜렷한 반증이 발견되지 않는 한 우리는 어쩌면 적어도 북아메리카의 동부와 서부에서, 적도 아래의 대산맥에서, 그보다 따뜻한 온대 지역에서, 그리고 대륙의 최남단의 양쪽에서 빙하 작용이 동시 발생적으로 일어났다는 것을 받아들여도 될 것이다. 만약 이 설명을 받아들인다면, 이 시기 동안 전 세계에서 동시에 기온이 떨어졌다고 믿지 않을 수가 없다. 만일 어떤 넓은 경도(經度) 지대(地帶)를 따라 기후가 동시에 낮아졌다면, 그것만으로도 내 목표를 뒷받침하기에 충분하다.

전 세계에 대한 이러한 시각 또는 적어도 넓은 경도 지대가 극에서 극까지 동시에 추웠다는 사실을 바탕으로 하면, 어쩌면 현재의 동일 종과 근연종의 분포를 이해할 수 있는 어떤 실마리가 던져질지도 모른다. 아메리카에서 후커 박사는 티에라 델 푸에고의 현화식물 가운데 40~50가지 — 그곳의 식물상이 빈약하다는 것을 생각해 볼 때 결코 적지 않은 비중을 차지하는 것들 — 가 그곳과 엄청나게 먼 유럽의 것들과 같은 것이며 근연종 또한 다수 있음을 보여 주었다. 적도 부근에 있는 아메리카의 높은 산맥들에는 유럽의 속에 속하는 일군의 특정한 종이 자생한다. 조지 가드너(George Gardner)는 브라질의 가장 높은 산에서 유럽의 속 몇 가지를 찾아냈는데, 그것들은 그 두 지역 사이에서 넓은 영역을 차지하는 더운 나라에서는 존재하지 않는다. 저명한 학자인 프리드리히 빌헬름 하인리히 알렉산더 폰 훔볼트(Friedrich Wilhelm Heinrich Alexander Freiherr von Humboldt) 남작은 오래전에 카라카스(Caraccas, 베네수엘라의 북부 카라카스 계곡에 위치한 고산 도시. — 옮긴이)의 실라(Silla)에서 안데스 산맥의 특성을 띠는 속에 속하는 종을 찾아 냈다. 아비시니아(Abyssinia)의 산에서는 유럽의 형태들 몇 가지와 희망봉의 특정 식물상의 몇몇 대표 종들이 관찰된다. 희망봉에는 인간에 의해 도입된 것이 아니라고 여겨지는 유럽 종이 아주 드물게 있다. 또한 아비시니아의 산에서는 대표적인 유럽의 형태들 몇 가지가 발견되었는데, 이들은 아프리카의 열대 지방에서는 발견된 적이 없다. 히말라야, 인도 반도의 고립된 산맥들, 실론의 고지, 그리고 자바의 원추 화산에는, 중간에 있는 더운 저지대에서는 발견되지 않으며 서로와 정확히 똑같거나 서로를 대표하는 동시에 유럽의 식물들을 대표하는 많은 식물들이 발견된다. 자바의 최정상에서 채집된 일련의 속들은 마치 유럽의 언덕에서 수집한 생명체들의 사진을 떠올리게 한다! 더욱 놀라운 것은 보르네오에 있는 산의 정상에서 자라는 식물들이 남부 오스트레일리아의 식물의 형태를 분명히 보여 준다는 사실이다. 내가 후커 박사에게 들은 바에 따르면, 이런 오스트레일리아 형태들 중 일부는 말라카(Malacca, 말레이 반도 서해안의 말라카 해협에 면해 있는 항구 도시로서, 현 말레이시아 연방 말라카 주의 주도(州都). — 옮긴이) 반도의 고지대를 따라 분포되어 있고, 한편으로는 인도로 다른 한편으로는 먼 북쪽으로 일본까지 듬성듬성 흩어져 있다고 한다.

F. 뮐러 박사는 오스트레일리아 남부의 산에서 유럽 종들 몇 가지를 발견했고, 저지대에는 인간에 의해 도입되지 않은 또 다른 종

들이 자생하고 있음을 확인했다. 내가 후커 박사에게 들은 바에 따르면 오스트레일리아에서 발견되지만, 중간의 열대 지역들에서는 발견되지 않는 유럽의 속이 상당히 많다고 한다. 후커 박사가 쓴 감탄스러운 저서인 『뉴질랜드의 식물상 입문(Introduction to the Flora of New Zealand)』에서는 그 큰 섬의 식물들에 대한 이와 비슷한 놀라운 사실들을 볼 수 있다. 따라서 우리는 전 세계적으로 좀 더 높은 산에서 그리고 북반구와 남반구의 온대 저지대에서 자라고 있는 식물들이 때로는 완전히 동일하다는 사실을 알 수 있다. 하지만 서로 매우 주목할 만한 유연 관계가 있지만 완전히 별개의 종인 경우가 훨씬 많다.

간략하게 요약해 본 이 내용은 오로지 식물들에만 적용된다. 이와 유사한 사실들 몇 가지가 육지 동물들의 분포에도 해당할 수 있고, 비슷한 사례들을 해서 생물들의 경우에도 볼 수 있다. 그 한 가지 예로 최고 권위자인 데이나 교수의 언급을 인용하겠다. "뉴질랜드의 갑각류가 세상 그 어느 지역보다도 대척점인 대영제국의 갑각류와 더 닮았다는 것은 정말이지 놀라운 사실이다." 또한 J. 리처드슨 경은 뉴질랜드와 태즈메이니아 등지의 연안에서 북방의 어류 형태가 다시 나타나는 것에 대해서 언급한 바가 있다. 후커 박사는 내게 해조류 스물다섯 종이 뉴질랜드와 유럽에서는 공통적으로 나타나지만, 중간에 있는 열대 바다들에서는 발견된 적이 없다는 사실을 알려 주었다.

남반구의 남부에서 그리고 열대 지방의 산맥들에서 발견되는 북방의 종 및 형태들은 북극의 것들이 아니라 북부 온대 지방에 속하는 것들임을 짚고 넘어가야 한다. H. C. 왓슨 씨가 최근에 언급한 바에 따르면, 북극에서 적도 쪽으로 후퇴하면서 고산성 또는 산악성 식물상은 실제로 점점 덜 북극형이 된다. 지구상에서 비교적 따뜻한 지역에 있는 산 또는 남반구에서 살고 있는 형태들 중 다수는, 어떤 박물학자들에 의해서는 서로 다른 종으로 분류되고 어떤 박물학자들에 의해서는 변종으로 분류되기에 그 진위가 의심스럽다. 하지만 일부는 확실히 동일하며, 다수는 비록 북부의 형태들과 가깝게 연관되어 있긴 하더라도 다른 종으로 분류되어야 한다.

이제 상당량의 지질학적 증거에 의해 지지되는 믿음, 즉 전 세계가 동시에 혹은 지구상의 상당 부분이 일제히 빙하기 동안에는 지금보다 훨씬 추웠을 것이라는 믿음을 바탕으로, 앞서 말한 사실들을 설명할 수 있는 실마리가 잡히는지 살펴보자. 빙하기는 햇수로 따져 보면 무척 길었음이 틀림없다. 그리고 지난 몇 세기 동안 몇몇 귀화된 동식물들이 얼마나 광대한 공간으로 퍼졌는가를 떠올려 보면 빙하기는 얼마만큼의 이주가 일어났느냐에 관계없이 충분한 기간이었을 것이다. 추위가 서서히 다가오면서 모든 열대 식물들을 비롯한 산물들은 양쪽 극으로부터 적도를 향해 후퇴했을 것이고, 온대성 생물들이 그 뒤를 따랐을 것이다. 물론 다시 북극의 생물들이 그 뒤를 따랐을 테지만 우리는 지금 이 후자의 경우에는 관심이 없다. 아마도 열대 식물들 중 다수는 멸절했을 것이다. 얼마나 많이 멸절했는지는 아무도 알 수 없다. 아마도 오늘날 많은 종들이 희망봉과 오스트레일리아의 온대 지역에서 북적거리며 살고 있듯이, 예전의 열대 지방은 그것들 못지않게 많은 종들에게 서식지를 제공했을 것이다. 우리가 알고 있듯이 수많은 열대 식물들과 동물들은 상당한 추위도 견뎌 낼 수 있으므로, 많은 생물들이 기온이 적당히 하락했던 기간 동안에는 멸절을 피했을지도 모른다. 더 따뜻한 지역으로 도피했다면 멸절을 피할 확률은 더 높았을 것이다. 하지만 염두에 두어야 할 중요한 사실은, 모든 열대 산물들이 어느 정도는 타격을 받았으리라는 것이다. 한편 온대성 생물들은 적도 더 가까이로 이주해 온 후에, 비록 다소 새로운 조건 아래 놓이기는 했을 테지만 그보다는 영향을 덜 받았을 것이다. 그리고 만약 경쟁자들의 침입을 피할 수 있었다면, 다수의 온대성 식물들이 그것들이 원래 살았던 곳에서보다 훨씬 더운 기후를 견뎌 낼 수 있었을 것이라는 점은 확실하다. 따라서 열대 산물들이 힘겨운 상태에 있었고 침입자들에 맞서 확고한 전선을 지킬 수 없었다는 것을 염두에 두면, 일정수의 보다 원기왕성하고 우세한 온대성 형태들이 어쩌면 토착종들의 공간을 침투해서 적도에 도달하거나 심지어 적도를 가로질렀을 가능성도 있었을 것이다. 물론 고지대라는 환경은 이러한 침투에 무척 유리한 조건이었을 것이고, 아마도 건조한 기후 역시 마찬가지였을 것이다. 펠코너 박사가 내게 알려 준 바에 따르면 온대 기후의 다년생 식물들에게 상당히 유해했던 점이 바로 열대의 열기와 습기이기 때문이다. 한편 매우 습하고 더운 지역은 열대 토착 생물들에게 피난처를 제공했을 것이다. 히말라야 북서쪽의 산맥들과 안데스 산맥의 긴 줄기는 온대 식물의 침략을 돕는 두 개의 거대한 침입로 역할을 했던 것으로 보인다. 최근에 후커 박사가 내게 말해 준 것으로, 티에라 델 푸에고와 유럽에서 볼 수 있는 대략 마흔여섯 가지 정도 되는 모든 현화식물이 북아메리카에도 여전히 존재한다는 사실은 놀랍지 않을 수 없다. 그것은 분명히 행군로에 놓여 있었을 것이다. 그렇지만 나는 북극의 형태들이 자기들의 출신지로부터 위도 25도까지 이주해서 피레네 산기슭에 있는 땅을 뒤덮었던, 추위가 가장 고조에 올랐던 시기에 일부 온대성 생물들이 열대 지방의 저지대에 진입했고, 심지어 가로질러 갔다는 사실을 추호도 의심하지 않는다. 나는 이처럼 추위가 극도에 달한 시기에 적도에서 해수면 높이였던 곳의 기후가 현재 6,000~7,000피트 높이인 곳에서 느껴지는 기후와 대략 같았으리라고 생각한다. 그리고 나는 이 기간 동안 열대 저지대의 넓은 지역이 열대성과 온대성 초목들로 뒤덮였으리라고 추측한다. 후커가 생생하게 묘사한 바, 지금 히말라야의 산기슭에서 그것들이 이상할 정도로 풍요롭게 자라고 있듯이 말이다.

따라서 나는 빙하기에 상당한 수의 식물, 일부 육지 동물, 그리고 몇몇 해양 생물들이 북부와 남부의 온대 지방으로부터 열대 지방으로 이주했고, 몇몇은 심지어 적도를 넘었으리라고 믿는다. 기후가 다시 따뜻해지면서 이런 온대성 형태들은 자연히 높은 산으로 올라가게 되었으며, 저지대에서는 멸절했을 것이다. 적도까지 가지 않았던 것들은 과거의 고향을 향해 북부나 남부로 재이주했을 것이다. 그렇지만 이전에 적도를 가로질렀던, 주로 북방형인 것들은 자기들의 고향으로부터 더 멀어져 반대쪽 반구의 좀 더 온화한 위도로 이동했을 것이다. 비록 우리는 지질학적 증거들을 바탕으로 북극성 패류들의 전체 무리가 남부로 이주하고 북부로 재이주하는 그 기나긴 기간 동안 거의 아무런 변화도 겪지 않았다고 믿을 만한 이유가 있다. 하지만, 열대 지방의 산 또는 남반구에 침투해서 정착했던 형태들의 경우는 이야기가 완전히 달랐을지도 모른다. 이들은 낯선 생물들에게 둘러싸여 많은 새로운 생명 형태들과 경쟁해야 했을 것이다. 그리고 구조, 습성, 체질에 있어 선택된 변화들은 그들에게 유리하게 작용했을 것이다. 따라서 비록 이 이주해 온 생물들 중 다수가 대물림을 통해 여전히 북반구나 남반구에 있는 그들의 혈통과 확실히 연결되어 있지만, 이제는 그들의 새로운 고향에서 뚜렷이 구분되는 변종 또는 별개의 종으로 존재하고 있다.

아메리카와 관련해 후커에 의해 그리고 오스트레일리아에 관련해 알퐁스 드 캉돌에 의해 강력하게 주장된 특기할 만한 사실은, 남부에서 북부보다는 북부에서 남부로 이주를 한 동일한 식물이나 근연종들이 더 많았음이 분명하다는 것이다. 그렇지만 우리는 보르네오와 아비시니아의 산에서 몇몇 남방성 식물 형태들을 볼 수 있다. 나는 북부에서 남부로의 이주가 더 우세하게 일어났던 이유가 남부보다 북부의 육지가 더 넓어서 북쪽의 형태들이 그들의 서식지에 더 많이 존재했으며, 그 결과 자연 선택과 경쟁을 통해 남부의 형태들보다 더 높은 완성 단계에서 지배력을 갖도록 진보했기 때문이라고 생각한다. 따라서 빙하기에 양측이 만나게 되었을 때, 북쪽의 형태들이 자기들보다 약한 남쪽 형태들을 도태시킬 수 있었다. 오늘날 우리가 볼 수 있는 것과 똑같은 방식으로 엄청나게 많은 유럽의 생명체들이 라플라타의 땅을 뒤덮었고, 그보다는 덜한 정도로 오스트레일리아를 뒤덮었으며 토착 생물들을 얼마간 도태시켰다. 반면 유럽의 어느 곳에서든 귀화된 남부 형태들의 수는 매우 적다. 가죽, 양모를 비롯한 품목들이 지난 2~3세기 동안은 라플라타에서 그리고 지난

30~40년간은 오스트레일리아에서 유럽으로 수입되면서 씨앗들이 그에 많이 딸려 왔을 텐데도 말이다. 열대 지방의 산에서도 뭔가 동일한 종류의 일이 일어났음이 틀림없다. 의심할 여지 없이 빙하기 이전에 그곳에는 고유의 고산성 형태들이 살고 있었다. 그렇지만 거의 모든 곳에서 이것들은 더 넓은 북부 지역의 효율적인 작업장에서 생성된 더 지배력이 강한 생명체들에게 상당히 넓은 자리를 내주었다. 많은 섬에서, 그곳에 귀화된 생물들의 수는 원산 생물들의 수와 거의 맞먹거나 심지어 원산 생물의 수를 넘어 버렸다. 원산 생물들이 사실상 제거되지 않았다 해도 그 수는 엄청나게 줄어들었는데, 그것은 멸절로 향하는 첫 단계가 되었다. 산은 곧 육지에 있는 섬이라고 할 수 있는데, 빙하기 이전 열대 지방에 있었던 산들은 틀림없이 완전히 격리되어 있었을 것이다. 나는 이와 같은 육지의 섬에 사는 생물들이 북부의 더 넓은 지역에서 발생한 생물들에게 자리를 내주었다고 믿는다. 그 방식은 실제 섬에 살던 생물들이 최근 모든 곳에서 인간의 개입에 의해 귀화된 대륙형 생물들에게 자리를 내준 것과 마찬가지였을 것이다.

그렇다고 해서 여기에 제시한 시각에 의해 북부와 남부의 온대 지방과 열대 지방의 산에서 사는 근연종들의 분포와 유연 관계에 관한 모든 난점들이 제거된다고 생각하는 것은 절대 아니다. 풀어야 할 많은 어려운 문제들이 여전히 남아 있다. 나는 이주의 정확한 경로와 방법, 그리고 왜 어떤 종들은 이주하지 않고 어떤 종들은 이주하는가 하는 이유를 제시하지 못했다. 왜 몇몇 종들은 변화되어 새로운 종류의 집단을 탄생시킨 반면, 다른 것들은 바뀌지 않는가 하는 것도 마찬가지다. 왜 어떤 종은 인간의 개입에 의해 외국 땅에서 귀화된 반면, 어떤 종은 귀화되지 못하는지, 그리고 왜 어떤 종은 그것의 고향에 있는 다른 종보다 두세 배나 더 널리 분포하고 두세 배나 더 보편적이 되었는지를 알아내지 못하는 한, 우리는 그런 사실들을 설명할 수 있기를 기대할 수 없다.

나는 아직도 풀어야 할 수많은 어려움이 남아 있다고 말했다. 후커 박사는 남극 지방의 식물을 다룬 저서에서 그중 가장 특기할 만한 몇 가지를 감탄스러울 정도로 명확하게 진술해 놓았다. 이것들을 여기서 논의할 수는 없다. 나는 그저 케르겔렌 랜드(Kerguelen Land, 인도양 남부의 프랑스령(領) 무인도. ─ 옮긴이), 뉴질랜드, 그리고 푸지아(Fuegia)같이 서로 엄청나게 멀리 떨어진 지역에서 동일한 종들이 나타나는 것에 관한 한, 라이엘이 시사한 바와 같이 빙하기 말엽의 빙하들이 그들의 확산과 상당히 관련성이 깊다는 정도로만 언급할 뿐이다. 남부에만 독점적으로 한정되어 나타나는 속에 속하는 서로 다른 종들이 이런 곳들을 비롯한 다른 남반구의 서로 다른 지역 내에 존재한다는 사실은, 변화를 동반한 계승을 주장하는 내 이론으로 설명하기 힘든 어려운 문제다. 이 종들 중 일부는 너무나 다르기 때문에 빙하기가 시작된 이래로 그들이 이주하기 위한, 그리고 필요한 만큼의 변화가 일어나기 위한 시간이 충분히 존재했다고 가정하기는 힘들다. 내가 생각하기에 그 사실들은 서로 무척 다른 특정한 종들이 어떤 공통의 중심에서 사방으로 방사해서 이주했음을 시사하는 것 같다. 나는 남반구를 볼 때, 북반구에서와 마찬가지로 지금은 얼음으로 덮여 있는 남극 대륙이 고립된 고유의 식물상의 서식처가 되었던, 빙하기가 시작하기 이전의 더 따뜻한 시기를 보고자 한다. 나는 이 식물상이 빙하기에 의해 소멸되기 이전에는 우발적인 이주 방법과 그때는 존재했으나 지금은 가라앉은 섬들의 징검다리 역할에 의해서, 그리고 빙하기가 시작되던 때에는 아마도 빙산에 의해서 남반구의 다양한 지점들로 몇몇 형태들이 널리 확산되지 않았을까 하는 의혹을 품고 있다. 내가 믿는 바로는 아메리카, 오스트레일리아, 뉴질랜드의 남해안은 이런 방법들로 인해 동일한 특정 식물 형태들을 갖게 되었을 것이다.

라이엘 경은 한 놀라운 구절에서 내 말과 거의 동일한 언어로 거대한 기후 변화가 지리적 분포에 미치는 영향에 대해 고찰했다. 나는 세계가 최근에 그러한 거대한 변화 주기 가운데 하나를 접했다고 믿고 있다. 그리고 이 시각을 자연 선택을 통한 변화 이론과 결합하면 동일한 생명 형태와 유사한 생명 형태 양쪽 모두의 현재의 분포에 대한 많은 사실들을 설명할 수 있다고 믿는다. 생명의 흐름은 어떤 짧은 시기 동안 북쪽에서 혹은 남쪽에서 흘러왔고 적도에서 교차했다고 말할 수 있다. 하지만 북부에서 시작된 생명의 흐름은 남부를 충분히 침수시킬 만큼 더욱 거대한 힘으로 흘러들었다. 마치 조수가 가장 높이 차올랐을 때 해안선을 넘어가 그 흔적을 남기듯이, 생명의 흐름도 북극의 저지대에서 적도 아래의 고지대에 이르기까지의 완만한 상승선을 따라 그 표류물을 우리의 산 정상에 남겨 놓았다. 따라서 이렇게 남아 좌초된 다양한 생물들은 거의 모든 땅에서 고지로 밀려나 산채(山砦)에서 살아가는 인종들과 비교할 수 있을지도 모른다. 과거 그것을 둘러싼 낮은 지대에 살았던 서식자들에 대한 흥미로운 기록을 제공해 준다는 점에서 말이다.

12장

지리적 분포 — 계속

호수와 하천은 육지라는 장벽에 의해 서로 분리되어 있기 때문에 담수 생물들은 한 나라 내에서 널리 분포할 수 없다고 생각할 수 있다. 그리고 바다는 확실히 훨씬 더 통과 불가능한 장벽이기 때문에 그것들이 멀리 떨어진 다른 나라로는 절대 확산될 수 없었을 것이라 생각할지도 모른다. 하지만 실제로는 완전히 그와 정반대다. 서로 다른 강에 속하는 매우 많은 담수 생물들이 어마어마하게 넓은 분포 영역을 가지고 있을 뿐만 아니라, 근연종들은 놀라운 방법으로 전 세계에 걸쳐 우위를 점하고 있다. 내가 처음으로 브라질의 담수에서 채집 활동을 했을 때, 담수 곤충과 패류 등이 영국의 것들과 비슷한 데 비해 그 부근의 육서 생물들은 그렇지 않다는 데 무척 놀랐던 기억이 생생하다.

그렇지만 예상과는 달리 담수 생물들은 매우 유용하게도 연못에서 연못으로 또는 개울에서 개울로 단거리를 자주 이동하는 데 잘 적응했고, 결국 넓은 지역에 분포하게 된 것은 그들의 능력에 따른 당연한 결과다. 넓은 분포 영역을 갖게 되는 경향은 이런 능력에 뒤

따르는 거의 필수적인 결과일 것이다. 여기서 우리는 단 몇 가지 사례만 살펴볼 수 있다. 어류와 관련해서, 나는 서로 먼 대륙의 담수에서는 절대로 동일한 종이 나타나지 않는다고 본다. 그렇지만 종들이 동일한 대륙 내에서 불규칙적이면서 넓은 분포 영역을 가지는 경우가 종종 있다. 두 하천계에서 서식하는 종 가운데 같은 종도 있고, 다른 종도 있을 것이기 때문이다. 몇몇 사실들은 우연적인 방법을 통해 간헐적으로 이주가 일어날 가능성이 있음을 지지하는 것처럼 보인다. 인도에서는 회오리바람에 날려 떨어졌는데도 물고기가 살아 있는 경우를 드물지 않게 볼 수 있는데, 그 물고기의 알은 물 밖으로 꺼낸 후에도 생명력을 유지한다. 그렇지만 나는 담수 어류의 확산은 주로 최근에 지표면 높이가 약간 변화하면서 강들이 서로 섞여 들어가게 되었기 때문에 일어난 것이라 말하고 싶다. 게다가 지표면 높이가 변화했기 때문이 아니라 하더라도 홍수로 인해 이런 일들이 일어나는 경우도 제시할 수 있다. 라인 강의 황토층은 매우 최근의 지질 시대에, 그리고 현존하는 육서 패류와 담수 패류가 강 표면에 살기 시작했던 시기에 지면의 높이가 상당히 변화했다는 증거이다. 먼 옛날부터 하천계들을 갈라놓고 완벽하게 그들이 합쳐지는 것을 막았을 것임이 틀림없는 이어진 산맥들의 서로 반대 지점에서 어류들이 서로 큰 차이를 보인다는 사실 또한 동일한 결론을 유도하는 것처럼 보인다. 서로 상당히 멀리 떨어진 세계의 각지에서 자생하는 근연종 담수 어류 관련해서는, 현재로서는 설명할 수 없는 많은 사례들이 존재한다는 것은 의심할 여지가 없다. 그렇지만 몇몇 담수 어류는 매우 고대의 형태에 속하는데, 이런 경우 엄청난 지리적 변화들이 일어나기에 충분한 시간이 있었을 것이고, 따라서 많은 이주가 일어날 수 있는 시간과 방법이 있었을 것이다. 다음으로, 염수 어류는 적절한 조건에서 담수에서 사는 것에 서서히 익숙해질 수 있다. 그리고 아실 발랑시엔(Achille Valenciennes)에 따르면, 오로지 담수에만 한정되어 사는 어류군은 거의 단 하나도 없다. 그러므로 우리는 담수 생물군에 속하지만 바다에 사는 어류가 해안선을 따라 멀리까지 여행을 했고, 그 결과로 먼 육지의 담수에 적응해 변화되었을지도 모른다고 추측할 법도 하다.

담수 패류들의 일부 종은 무척 넓은 분포 영역을 가지고 있으며, 내 이론에 따르면 그것들의 근연종은 모두 단일한 시조로부터 출발해 전 세계 도처를 차지하게 되었을 것이다. 그들의 분포에 대해 처음 알게 되었을 때 나는 크게 당황했는데, 그들의 알은 새들에 의해 운송될 것 같지 않았고, 성체와 마찬가지로 해수에 노출되면 즉시 죽어 버리기 때문이다. 심지어 나는 일부 귀화종들이 어떻게 그토록 급속도로 그 나라 전역에 퍼지는지도 이해할 수 없었다. 그렇지만 내가 관찰한 두 가지 사실, 그리고 앞으로 관찰해 보아야 할 틀림없이 많은 다른 사실들은 이 주제에 대해 약간의 실마리를 던져 준다. 나는 좀개구리밥(duck-weed, 고인 물의 수면에 자라는 아주 작은 식물. — 옮긴이)으로 뒤덮인 어떤 연못에서 오리 한 마리가 갑자기 튀어나왔을 때 오리의 등에 조그만 식물들이 들러붙어 있는 것을 본 적이 두 번 있다. 그리고 나는 한 수족관에서 다른 수족관으로 작은 좀개구리밥 하나를 옮겼는데, 전혀 의도한 바 없이 다른 수족관에서 살던 담수 조개를 그 수족관에 살게 만든 적이 있었다. 그렇지만 어쩌면 더욱 효과적인 다른 중개자가 있을지도 모른다. 천연 연못에 있는 잠자는 새의 발을 대신해서, 나는 수많은 담수 패류의 알들이 부화하고 있던 수족관에 오리의 발을 담가 보았다. 나는 막 알에서 부화한 극도로 작은 수많은 조개들이 오리의 발에 기어 올라가, 물에서 꺼냈을 때도 절대로 떨어지지 않을 정도로 단단히 들러붙는다는 것을 알 수 있었다. 비록 나이가 좀 더 들면 저절로 떨어지겠지만 말이다. 갓 부화한 이 연체동물은 물속에서 사는 특성을 가지고 있기는 하지만, 습한 공기 속에서 오리의 발에 붙은 채로 12~20시간까지 살아남는다. 그리고 이 시간 동안 오리나 왜가리는 적어도 600~700마일을 날 수 있으므로, 만약 바다를 가로질러 대양도나 어떤 다른 먼 지점으로 바람을 타고 날아간다면 아마도 웅덩이나 개울에 날아가 앉을 것임이 확실하다. 찰스 라이엘 경은 내게 안실루스조개(Ancylus, 삿갓조개류(limpet)와 같은 민물조개.)가 단단히 들러붙은 물방개붙이(Dyticus, 딱정벌레목 물방개과의 곤충. — 옮긴이) 한 마리를 잡았다는 일화를 들려주었다. 그리고 동일한 과의 수서 곤충인 콜림베테스(Colymbetes)가 비글 호 선상으로 날아온 적이 있는데, 그때 비글 호는 가장 가까운 육지로부터 45마일이나 떨어져 있었다. 그것이 만약 순풍을 탄다면 얼마나 멀리 날아갈 수 있을지는 그 누구도 모르는 일이다.

식물과 관련해서, 대륙을 넘어 가장 먼 대양도에 이르기까지 수많은 담수종과 심지어 습지종들이 얼마나 거대한 분포 영역을 가지는가는 오래전부터 알려져 있었다. 알퐁스 드 캉돌이 언급했듯이, 물가에서 자라는 경우가 별로 없는 육지 식물들의 거대한 군을 보면 이를 명확히 알 수 있다. 이들이 물가에서 자라기 시작하면 마치 그 사실의 결과인 양 무척 넓은 분포 영역을 즉각적으로 확보하는 것처럼 보이기 때문이다. 나는 확산에 유리한 여러 가지 방법들이 존재한다는 점이 그 사실을 설명해 준다고 생각한다. 나는 드물기는 하지만 때때로 흙이 새의 발과 부리에 소량 들러붙는다는 이야기를 언급한 적이 있다. 섭금류는 연못가를 휘저으며 다니는 경우가 많기에 갑자기 날아올랐을 때 발이 진흙투성이가 될 가능성이 매우 높다. 내가 아는 바로는, 이 목의 새들은 가장 멀리 방랑하는 새들로, 때때로 광활한 대양에서 매우 멀고 황량한 섬에서도 발견된다. 이 새들은 해수면으로 날아가 앉을 가능성이 별로 없기 때문에 발에 붙은 흙이 잘 씻겨 나가지 않을 것이다. 이 새들이 상륙을 할 때는 분명히 단골로 찾는 천연 담수로 날아갈 것이다. 식물학자들은 연못 속의 진흙에 씨앗들이 얼마나 많은지를 제대로 알지 못하는 것 같다. 나는 소규모 실험을 몇 차례 시도해 보았는데, 여기서는 가장 충격적인 사례 하나만을 제시하려 한다. 나는 2월에 조그만 연못가에서 물에 잠겨 있는 서로 다른 세 지점에서 세 큰 술의 진흙을 채취해 왔다. 이 진흙은 말렸을 때의 무게가 겨우 6과 4분의 3온스밖에 되지 않았다. 나는 뚜껑을 덮어서 그것을 6개월간 내 서재에 두었고, 거기에서 식물이 자라날 때마다 각각을 뽑아서 개수를 세었다. 식물들의 종류는 다양했고 그 수는 모두 합해 537포기였다. 그럼에도 그 끈적끈적한 진흙은 모닝 컵(morning cup, 아침 식사용 큰 커피잔. — 옮긴이) 안에 전부 다 들어갔다! 이런 사실들을 감안할 때, 나는 물새들이 담수 식물들의 씨앗을 먼 거리로 이송하지 않아, 결과적으로 이 식물들의 분포 영역이 광대해지지 않는 것이 오히려 있을 수 없는 일이라 생각한다. 그 중개자는 일부 작은 담수 동물들의 알의 운반에도 동일하게 개입해서 작용해 왔을지도 모른다.

알려지지 않은 다른 중개자들 또한 개입되어 있을 수 있다. 나는 담수 어류가 어떤 종류의 씨앗은 삼킨 후 다시 뱉어내지만, 어떤 종류의 씨앗들은 먹는다고 언급한 적이 있다. 심지어 조그만 물고기라도 노란 수련이나 가래속(Potamogeton)의 씨앗처럼 적당한 크기의 씨앗은 삼킬 수 있다. 왜가리를 비롯한 다른 새들은 수 세기 동안 매일같이 물고기들을 먹어 왔다. 이 새들은 식사 후 날아올라 다른 수역으로 가거나 바람을 타고 바다를 건너간다. 우리는 새들이 씨앗을 덩어리째로 토하거나 대변으로 배설했을 때, 여러 시간이 지난 후에도 그 씨앗이 발아 능력을 유지한다는 것을 보았다. 아름다운 수련, 즉 넬룸비움(Nelumbium)이 가진 엄청난 크기의 씨앗을 봤을 때, 그리고 이 식물에 대해서 알퐁스 드 캉돌이 이야기했던 것을 상기했을 때, 나는 그것의 확산을 설명하는 것이 무척 힘들 것이라 생각했다. 그렇지만 오듀본은 자기가 왜가리의 위에서 거대한 남부산 수련(아마도 후커 박사에 따르면 넬룸비움 루테움(Nelumbium luteum)을 말하는 듯하다.)의 씨앗을 찾아냈다고 했다. 비록 실제 정황은 알 수 없지만 유추를 해 보자면, 아마도 왜가리가 다른 연못으로 날아가서 물고기를 배불리 먹은 뒤에 위장 속에 있던 소화되지 않은 넬룸비움의 씨앗이 든 덩어리를 토했을 수 있다고 판단된다. 아니면 새가 가끔 물고 가던 물고기를 떨어뜨리는 것처럼 새가 새끼에게 먹이를 먹이는 동안 씨앗이 새에서 떨어졌을지도 모른다.

이런 몇 가지 확산 방식들을 고려할 때 기억해야 할 사실은, 예를 들어 융기하는 아주 작은 섬에서 연못이나 개울이 처음 형성될 때, 거기에는 아직 아무런 생물도 살고 있지 않다는 것이다. 따라서 단 하나의 씨앗이나 알도 거기서는 성공적으로 정착할 가능성이 높을 것이다. 비록 어떤 연못이든 아무리 적더라도 그곳에 이미 어떤 종들이 살고 있다면, 그 개체들 사이에는 늘 생존 투쟁이 있을 것이다. 하지만 육지에 있는 것들에 비하면 그런 종류는 수적으로 적기 때문에, 아마도 육생종들 사이에 비해 수생종들 사이에서의 경쟁은 덜 극심할 것이다. 결과적으로 다른 지역에서 온 수생 침입자는 육지 생물들에 비해 어떤 지역을 점령할 가능성이 더 높아 보인다. 또한 우리는 일부 담수 생물들, 아니 어쩌면 다수의 담수 생물들이 자연의 단계상 낮은 위치에 있다는 사실을, 그리고 그런 하등한 생물들이 고등한 생물들보다 더 느리게 변화하거나 변화된다고 믿을 만한 근거가 있다는 사실을 상기해야 한다. 이런 느린 변화는 동일한 수생종이 이주할 때 걸리는 평균 시간보다 더 오래 걸린다. 담수 생물들이 광대한 영역에 걸쳐 그들이 뻗어 갈 수 있는 한 넓게 분포할 수 있었던 것처럼, 많은 종들이 예전에 광대한 영역에 연속적으로 분포했다가 이후 중간 지대에서 멸종했을 가능성이 있다는 점을 잊어서는 안 된다. 그렇지만 담수 식물과 하등한 동물이 동일한 형태를 유지하고 있든 어느 정도 형태가 변화했든 간에 넓은 지역에 걸쳐 분포하는 것은, 동물들 특히 비행 능력을 가지고 한 수역에서 다른 수역으로, 더러는 아주 먼 수역까지 알아서 여행하는 담수 조류들에 의해 씨앗 또는 알이 넓은 영역으로 확산되기 때문에 가능한 것이리라. 이렇듯 자연은 마치 세심한 정원사처럼, 어떤 특정 종류의 장소에서 씨앗들을 가져다가 그것들이 예전 장소만큼이나 살기에 적합한 다른 곳에 떨어뜨린다.

대양도에 서식하는 생물들에 관하여

우리는 이제 엄청난 난점들을 보여 주기 위해 내가 선택했던 세 가지 부류의 사실들 중 마지막에 이르렀다. 이 난점들은 동일 종과 근연종의 모든 개체들이 하나의 공통 부모로부터 내려왔고, 시간이 지나면서 각기 떨어진 지역에 서식하게 되기는 했지만 모두가 같은 출생지로부터 뻗어 나왔다는 시각에 대한 것이다. 이미 나는 현존하는 모든 섬들이 최근까지 어떤 대륙과 거의 또는 상당히 이어져 있었다는 — 논리적으로 이해하자면 그렇게 믿을 수밖에 없게 만드는 — 대륙 확장에 대한 포브스의 견해를 있는 그대로 받아들일 수 없다고 언급한 적이 있다. 그 견해는 많은 난점을 해결해 줄 수 있을지도 모르지만, 나는 그것이 섬에 서식하는 생물들과 관련한 모든 사실들을 설명하지는 못할 것이라 생각한다. 다음에 다룰 내용에서 나는 단순히 확산의 문제에만 주제를 한정하지는 않을 것이다. 대신 독립적인 창조와 변화를 동반한 계승이라는 두 가지 이론의 진실성에 관한 몇 가지 다른 사실들을 다룰 것이다.

대양도에서 서식하는 모든 종의 수는 같은 면적의 대륙에서 서식하는 종의 수에 비해 적다. 알퐁스 드 캉돌은 식물들의 경우에 그렇다는 사실을 인정했고, 울러스턴은 곤충들의 경우에 그렇다는 사실을 인정했다. 만약 우리가 여러 위도에 걸쳐 780마일 넘게 뻗어 있는 뉴질랜드의 광대한 면적과 다양한 서식지를 고려한다면, 그리고 그곳에 있는 750종밖에 안 되는 현화식물들을 오스트레일리아나 희망봉의 동일한 면적에 있는 현화식물들과 비교한다면, 어떤 물리적인 환경의 차이와는 별개인 무언가가 그런 엄청난 수적인 차이를 초래했다는 사실을 받아들이지 않을 수 없을 것이라 생각한다. 심지어 케임브리지주 내의 동일한 면적에는 847종의 식물이 있고, 앵글시라는 작은 섬에는 764종이 있다. 하지만 이 경우에는 양치식물과 도입된 식물 몇 종도 포함되어 있으며 그 밖에 다른 몇 가지 고려 사항들이 있어서 그다지 공정한 비교는 아니라고 본다. 황무지 섬인 어센션(Ascension)이 원산지인 현화식물이 6종도 채 안 된다는 증거가 있다. 그렇지만 뉴질랜드와 이름을 댈 수 있는 모든 다른 대양도들에서 그랬듯이 그곳에서도 많은 식물들이 귀화되었다. 세인트 헬레나(St. Helena) 섬의 귀화된 동식물이 수많은 원산 생물들을 거의 멸절시켜 버렸다고 믿을 만한 근거가 있다. 종이 각각 개별적으로 창조되었다는 교리를 받아들이는 이라 해도, 대양도에서는 적응력이 뛰어난 동식물들이 많이 창조되지 못했다는 사실을 외면할 수는 없을 것이다. 자연보다는 인간이 어떤 의도도 없이 다양한 원산지로부터 충분히 많은 동식물들을 완벽하게 채웠기 때문이다.

비록 대양도들에서는 서식 생물들의 종류가 수적으로 풍부하지는 않지만, 더러 고유종들(즉 세계의 다른 곳에서는 찾을 수 없는 것들)의 비율은 어마어마하게 높을 때가 있다. 예를 들어 마데이라가 원산지인 육서 패류들의 수를, 혹은 갈라파고스 제도가 원산지인 조류들의 수를 어떤 대륙에서 발견된 것들의 수와 비교한 다음 그 섬의 면적을 대륙의 면적과 비교한다면, 우리는 그것이 사실임을 깨닫게 될 것이다. 이는 내 이론에서 이미 기대할 수 있었을 법한 사실인지도 모른다. 이미 설명했듯이, 긴 시간이 경과한 후에 격리된 새로운 지역에 도착해서 새로운 이웃과 경쟁해야 하는 상황에 처하는 경우가 많은 종들은 변화를 겪는 경향이 상당히 높고, 따라서 때때로 변화된 자손들의 무리를 생산할 것이기 때문이다. 그렇지만 어떤 섬에서 한 강에 속하는 거의 모든 종이 고유하다고 해서, 또 다른 강의 종들 또는 동일한 강의 다른 무리의 종들이 고유하다는 결과가 반드시 따라오는 것은 아니다. 이 차이점은 부분적으로 변화를 겪지 않은 종들이 무리를 지어 쉽게 이주해 와서 상호 관계가 많이 교란되지 않았기 때문인 것으로 보인다. 갈라파고스 제도에서는 거의 모든 육서 조류들이 고유종이지만, 해서 조류들은 열한 종 중에서 겨우 두 종만이 고유종이다. 그리고 해서 조류들이 육서 조류들보다 이러한 섬에 더 쉽게 도달할 수 있다는 것은 명백한 사실이다. 한편 갈라파고스 제도와 남아메리카가 떨어져 있는 것과 거의 동일한 거리만큼 북아메리카로부터 떨어져 있고 매우 특이한 토양을 가진 버뮤다에는 토착 육서 조류가 단 한 종도 없다. 우리는 J. M. 존스(J. M. Jones) 씨가 버뮤다에 대해 훌륭하게 설명했던 것을 통해, 매우 많은 북아메리카 새들이 매년 있는 대규모 이주 기간 동안 정기적으로 또는 우발적으로 이 섬을 방문한다는 것을 알고 있다. 내가 에드워드 윌리엄 버넌 하코트(Edward William Vernon Harcourt) 씨에게 얻은 정보에 따르면, 마데이라에는 고유 조류가 하나도 없는 대신 많은 유럽 새와 아프리카 새가 거의 매해 그 섬으로 날아온다고 한다. 그리하여 버뮤다와 마데이라, 이 두 섬은 예전 서식지에서 오랜 세월 동안 함께 투쟁하면서 상호 적응한 새들로 가득 차게 되었다. 그러한 각각의 종들은 새로운 서식지에 자리를 잡았을 때 다른 종들과의 상호 관계 덕분에 적절한 공간과 습성을 유지했을 것이고, 결과적으로 변화하는 경향을 더 적게 보였을 것이다. 한편 마데이라에는 고유 육서 패류들이 놀라울 정도로 많이 살고 있지만, 반면에 마데이라 해변에만 한정적으로 서식하는 해서 패류는 단 한 종도 없다. 우리는 해서 패류들이 어떻게 확산되는가를 알지는 못한다. 하지만 그렇다 해도 그들의 알이나 유충이 아마도 해조나 떠다니는 나무토막 또는 섭금류 새의 발에 들러붙어, 육서 패류들보다 훨씬 쉽게 300마일이나 400마일의 광활한 대양을 가로질러 이송될지도 모른다는 것을 생각해 볼 수 있다. 마데이라에서 볼 수 있는 다양한 목의 곤충들은 그와 유사한 사실들을 명확히 제시한다.

대양도들에는 이따금 몇몇 강이 결여되어 있고, 대신 다른 생물들에 의해 그들의 자리가 점유당했음이 분명해 보인다. 갈라파고스 제도에서는 파충류가, 그리고 뉴질랜드에서는 날개가 없는 거대한 조류가 포유류의 자리를 대신한다. 갈라파고스 제도의 식물에서 서로 다른 목의 상대적인 수는 다른 곳과도 매우 다르다는 것을 후커 박사가 보여 주었다. 일반적으로 그런 경우들은 섬의 물리적 환경 조건을 바탕으로 설명 가능하고, 이 설명은 의심의 여지가 없어 보인다. 그런데 나는 이주의 용이성이 적어도 그 환경 조건들의 상태만큼이나 중요하다고 믿는다.

멀리 떨어진 섬에서 서식하는 생물들에 대해서는 많은 특기할 만한 사실들을 제시할 수 있었다. 예를 들어 포유류들이 서식하지 않는 몇몇 섬들에서, 토착 식물들의 일부는 아름다운 갈고리 모양의 씨앗을 맺는다. 그렇지만 갈고리가 달린 씨앗이 네발짐승의 털과 모피를 통한 운송에 적응한 것이라는 사실보다 더 놀라운 사례는 거의 없다. 이 사례는 나의 견해에 대해 난점을 제시하지 않는다. 왜냐하면, 갈고리가 달린 씨앗이 몇 가지 다른 방법들에 의해 어떤 섬으로 이송되고, 이후에 이 식물은 약간 변화되지만 그래도 여전히 갈고리 달린 씨앗을 맺으면서 제대로 발달이 되지 않은 기관만큼이나 쓸모없는 부속물 ― 예를 들어, 많은 섬 딱정벌레들의 유착된 겉날개 아래에 있는 오그라든 날개처럼 ― 을 가지고 있는 토착종을 형성할지도 모르기 때문이다. 한편 섬에는 종종 다른 곳에서는 오로지 초본 종만을 포함하고 있는 목에 속하는 나무나 관목들이 서식하는 경우가 더러 있다. 알퐁스 드 캉돌이 보여 준 것처럼, 나무들은 이유야 어찌 됐든 간에 일반적으로 제한된 분포 영역 안에 서식한다. 따라서 나무들은 먼 대양도에까지 진출할 가능성이 더 적다. 그리고 초본 식물은 어떤 섬에 자리를 잡아 다른 초본 식물들과만 경쟁해야 하는 경우라면, 점점 더 크게 자라서 다른 식물들을 덮어 가림으로써 순조롭게 이득을 얻을지도 모른다. 비록 키의 측면에서는 완전히 성장한 나무와 경쟁해서 승리를 거둘 가능성이 전혀 없을 테지만 말이다. 만약 그렇다면 초본 식물들이 어떤 섬에서 자랄 때, 그것이 어떤 목에 속하든 상관없이 자연 선택이 그것의 키를 더 크게 하는 경향을 만들어, 그들을 처음에는 관목으로, 나중에는 나무로 개량할지도 모른다.

　　대양도에서 몇몇 목이 아예 존재하지 않는다는 사실과 관련해서, 보리 세인트 빈센트(Bory St. Vincent)는 오래전에 거대한 대양에 점점이 박혀 있는 수많은 섬들 중 단 한 군데에서도 양서류(개구리, 두꺼비, 영원류(蠑螈類))가 발견된 적이 없다는 사실을 언급했다. 이 주장을 입증하기 위해 애쓴 결과, 나는 그것이 엄밀한 사실임을 밝혀냈다. 그러나 나는 개구리가 뉴질랜드라는 거대한 섬에 있는 산에 존재한다는 것을 확신한다. (만약 그 정보가 정확하다면) 나는 빙하의 작용을 통해 이런 예외가 설명될 수 있지 않을까 하는 생각을 품고 있다. 그토록 많은 섬에서 개구리, 두꺼비, 그리고 영원이 존재하지 않는다는 사실은 그 섬들의 물리적인 환경 조건만으로는 설명할 수 없다. 정말이지 그 섬들은 특히나 이런 동물이 살기에 적합한 조건을 갖추고 있는 것처럼 보인다. 실제로 개구리들은 마데이라, 아조레스, 그리고 모리셔스에 도입되었고 골칫거리가 될 정도로 개체수가 늘어났다. 하지만 이런 동물들과 그들의 알 덩어리는 바닷물에서는 즉각 죽어 버리는 것으로 알려져 있기 때문에, 내 생각에는 그들이 바다를 건너 이송되는 데 엄청난 고난이 따랐을 것이다. 따라서 왜 그들이 그 어떤 대양도에도 존재하지 않는가를 이해할 수 있을 것 같다. 그렇지만 왜 그들이 거기에서는 창조되지 못했는가를, 창조설을 통해서 설명하는 것은 무척 어려울 것이다.

포유류에도 그것과 비슷한 다른 사례가 있다. 나는 가장 오래된 항해들에 대해 꼼꼼히 연구해 오고 있는데, 아직 끝내지 못했다. 나는 대륙이나 거대한 대륙도로부터 300마일 이상 떨어져 있는 섬에 (토착민들에 의해 사육되는 가축화된 동물들을 제외하고) 육상 포유류가 산다는, 의심할 여지 없이 확실한 예를 아직 단 하나도 찾아내지 못했다. 그보다 훨씬 가까운 위치에 있는 많은 섬들 또한 그와 마찬가지로 불모지다. 늑대를 닮은 여우 종 하나가 서식하는 포클랜드 섬은 그나마 예외에 가장 가깝다. 하지만 이 포클랜드 섬은 대양도로 여겨질 수는 없는데, 왜냐하면, 그것은 내륙과 연결된 퇴(退. bank. 비교적 수심이 얕고 (흔히 200미터 이하) 평탄한 정상부를 갖는 해저 융기부로 주로 대륙붕이나 섬 부근에 특징적으로 발달한다. ─ 옮긴이)에 놓여 있기 때문이다. 게다가 예전에 빙하들이 서해안으로 암석들을 옮겨 놓았던 일이 있었기 때문에, 지금 북극 지방에서 흔히 일어나는 것처럼 그들이 과거에 여우를 옮겼을 수도 있다. 하지만 그 조그만 섬들을 소형 포유류들이 살 수 없는 환경이라고 말할 수는 없는데, 세계의 여러 지역에서 아주 작은 섬들이라도 대륙에 가까운 경우에는 포유류들이 자생하고 있기 때문이다. 그리고 작은 네발짐승이 귀화되어 개체수가 늘어나지 않은 섬은 거의 하나도 없기 때문이다. 일반적인 창조 이론에 따르더라도 포유류가 창조되기에 시간이 모자랐다고 말할 수는 없다. 많은 화산섬이 아주 오래전부터 존재했다는 사실을, 그것이 엄청난 삭마를 겪었다는 점과 그곳에 있는 제3기 지층을 통해 알 수 있다. 포유류가 아닌 다른 강에 속하는 토착종들의 생성을 위한 시간 또한 충분했다. 대륙에서는 포유류들이 다른 더 하등한 동물들보다 더 빨리 나타나고 사라진다고 생각된다. 비록 육상 포유류는 대양도들에 나타나지 않지만, 하늘을 나는 포유류들은 실제로 거의 모든 섬에 나타난다. 뉴질랜드에는 세계의 다른 곳에서는 찾을 수 없는 박쥐 두 종류가 있다. 노포크 섬(Norfolk Island), 비티 군도(Viti Archipelago), 보닌 섬(Bonin Islands), 캐럴라인 군도(Caroline Archipelago)와 마리안 군도(Marianne Archipelago), 그리고 모리셔스까지 모두가 토착 박쥐종들을 가지고 있다. 왜 이른바 창조력이라는 것이 먼 섬들에다가 박쥐만 만들고 다른 포유류는 만들지 않았는가 하고 물을 수 있을지도 모른다. 내 이론에 따르면 이 질문에는 쉽게 대답할 수 있는데, 육상 포유류는 넓은 바다 공간을 가로질러 이동하지 못하지만 박쥐들은 날아갈 수 있기 때문이라는 것이다. 박쥐들이 낮에 대서양 위를 멀리까지 헤매고 다니는 모습이 관찰된 바 있다. 그리고 북아메리카산 박쥐 두 종이 정기적으로 또는 우발적으로 내륙에서 600마일 떨어진 버뮤다를 방문하는 것이 관찰되기도 했다. 나는 전문적으로 이 과에 대해 연구했던 로버트 피셔톰스(Robert Fisher Tomes) 씨로부터, 이 박쥐 종들의 다수가 거대한 분포 영역을 가지고 있으며 대륙들과 아주 먼 섬들에서 발견된다는 사실을 입수했다. 따라서 우리는 그런 방랑하는 종들이 새로운 고향에서 새로운 지위와 관련해 자연 선택을 통한 변화를 겪었다는 추정을 할 수밖에 없다. 또한 우리는 섬에 토착 박쥐들은 존재하는 반면 육상 포유류는 전혀 존재하지 않는 이유를 이해할 수 있다.

육상 포유류의 부재와 관련해 섬들이 대륙으로부터 멀리 떨어져 있다는 사실 외에, 거리와는 별도의 문제 또한 있을 수 있다. 즉 섬을 이웃한 내륙과 갈라놓고 있는 바다의 깊이와 동일한 포유류 혹은 다소 변화된 상태의 근연종들의 존재 간의 관계 또한 육상 포유류의 부재와 어느 정도 관련이 있다는 것이다. 윈저 얼(Windsor Earl) 씨는 깊은 대양을 사이에 두고 셀레베스(Celebes) 섬과 떨어져 있는 거대한 말레이 제도에서 이 주제와 관련된 몇 가지 놀라운 관찰을 했다. 대양이라는 공간은 서로 대단히 다른 두 포유류 동물상을 갈라놓고 있다.

이 두 섬 모두 적당히 깊은 해저의 퇴 위에 위치해 있고, 서로 비슷하거나 동일한 네발 동물들이 공통적으로 살고 있다. 이렇게 거대한 제도에서라면 몇 가지 이례적인 일들이 일어난다 해도 그다지 놀라울 게 없다. 그리고 인간의 개입으로 포유류 몇 종이 귀화했을 가능성도 있기 때문에, 일부 사례들을 가지고 어떤 판단을 내리기에는 한계가 있다. 그렇지만 우리는 월리스 씨의 감탄스러운 열정과 연구 덕분에 이 제도의 자연사에 대한 실마리를 곧 얻게 될 것이다. 나는 아직 말레이 제도 외에 이 지구상의 다른 지역에서 이 문제에 대한 단서를 찾을 만한 시간을 갖지 못했다. 그렇지만 내가 아는 한, 일반적으로 그 관계는 옳다. 우리는 영국이 얕은 해협에 의해 유럽으로부터 분리되어 있으며, 양쪽의 포유류가 동일하다는 것을 알고 있다. 또한 해협들에 의해 오스트레일리아로부터 격리된 많은 섬들에서도 이와 비슷한 사실을 볼 수 있다. 서인도 제도는 해저 깊이가 거의 1,000패덤이나 되는 깊게 침수된 퇴 위에 위치한다. 거기서 우리는 아메리카의 생물들을 볼 수 있는데, 그곳의 생물은 종들 심지어 속들도 뚜렷이 구별된다. 어느 경우에나 변화의 정도는 시간이 얼마나 경과했느냐에 달려 있다. 그리고 지표면 높이가 변동되는 동안 얕은 해협에 의해 격리된 섬들은, 깊은 해협에 의해 격리된 섬들에 비해 최근에 내륙과 하나로 이어져 있었을 가능성이 더 높다. 따라서 우리는 섬에서 서식하는 포유동물들과 그 섬에서 가까운 대륙에서 서식하는 포유동물 사이의 유사성 정도가 바다의 깊이와 관련이 있음을 이해할 수 있다. 이는 창조의 독립적인 작용이라는 견해로는 설명이 불가능한 관계이다.

대양도 서식 생물들에 대해 앞서 말한 모든 언급들 ─ 종류가 그다지 다양하지 않다는 것, 특정한 강에 속하는 또는 특정한 강의 일부에 속하는 토착 생물들이 풍부하다는 것, 양서류와 같은 군은 군 전체가 부재하다는 것, 박쥐는 있는데 육상 포유류는 없다는 것, 식물의 어떤 목이 두드러진 비중을 차지한다는 것, 초본 형태들이 나무로 발전되고 있다는 것 등 ─ 은 모든 대양도들이 과거에 가장 가까운 대륙과 연속적인 땅으로 이어져 있었다는 시각보다는, 충분히 오랜 시간 속에서 때때로 일어났던 이동이 상당히 효율적이었다는 시각에 더 잘 부합하는 것처럼 보인다. 전자의 시각에 따른다면 이주가 좀 더 완벽하게 이루어졌어야 했을 것이기 때문이다. 만일 변화가 허락되었다면 모든 생명 형태는 유기체와 유기체 사이의 관계라는 다른 무엇보다도 중요한 요소에 부합해 좀 더 유사하게 변화했을 것이다.

나는 멀리 떨어져 있는 섬에 살고 있는 생물들 중 일부가 어떻게 현재의 서식지에 도달할 수 있었는지를 이해하는 데 많은 심각한 난점이 있다는 사실을 부정하지 않는다. 그것들이 거기에 도착한 이후 그 형태가 변화했든, 아니면 아직 동일한 고유의 형태를 유지하고 있든 간에 말이다. 그렇지만 이제는 아무런 흔적도 남아 있지 않은 많은 섬들이 과거에는 징검다리로 존재했었을 가능성을 간과해서는 안 된다. 나는 여기서 난점의 사례들 중 한 가지 예를 제시할 것이다. 거의 모든 대양도에서, 심지어 매우 고립된 작은 섬에서조차도 육서 패류가 살고 있는데, 일반적으로 이것들은 토착종이지만 다른 곳에서도 발견되는 종들도 포함되어 있다. A. 굴드 박사는 태평양에 있는 섬에서 사는 육서 패류들과 관련해 몇몇 흥미로운 사례들을 보여 주었다. 육서 패류가 염분을 접하면 아주 쉽게 죽어 버린다는 것은 이제 익히 잘 알려져 있다. 육서 패류의 알들은 — 적어도 내가 시도해 본 것들은 — 바닷물에 가라앉고 염분 때문에 죽어 버렸다. 그렇지만 내 견해에 따르면, 알려져 있지 않지만 효율이 상당히 높은 몇 가지 이주 방식이 있을 수 있다. 막 부화한 어린 조개들이 기어 다니다가 땅 위에 앉아 있는 새의 발에 우연히 들러붙어 운송되는 것은 아닐까? 나는 육서 패류가 껍데기의 입구 위로 막을 덮고 동면할 때, 떠내려가는 목재의 틈새에 끼어 적당히 넓은 바다를 가로질러 떠다닐지도 모른다는 생각이 들었다. 나는 일부 종들이 이러한 상태에서 7일 간 바닷물에 담겨 있었을 때 손상되지 않고 무사했다는 사실을 확인했다. 이 패류 중 하나는 헬릭스 포마티아(*Helix pomatia*)였다. 나는 그것이 다시 동면에 들어간 후에 20일간 바닷물에 담가 두었는데, 그것은 완벽하게 되살아났다. 이 종은 두꺼운 석회질로 된 숨문 뚜껑을 가지고 있다. 나는 이 숨문 뚜껑을 제거한 후 새로운 막성 뚜껑이 형성되었을 때 해수에 14일 동안 담가 두었는데, 그것은 되살아나서 기어가 버렸다. 하지만 이 주제에 대해서는 더 많은 실험이 필요할 것이다.

섬에 사는 생물들과 관련해서 가장 놀랍고 중요한 사실은 그들이 가장 가까운 내륙에 사는 생물들과 실제로 동일한 종은 아니지만 서로 가까운 유연 관계에 있다는 것이다. 이 사실에 대해서는 수많은 예를 제시할 수 있다. 나는 그중에서 단 한 가지 예, 즉 갈라파고스 제도에 대한 예만 제시할 텐데, 이 제도는 적도 아래, 남아메리카 해안으로부터 500~600마일 거리에 위치해 있다. 여기에서 사는 거의 모든 육서 생물과 수서 생물은 틀림없이 아메리카적인 특징을 가지고 있다. 육서 조류는 26종류가 있고 그중 25종류는 굴드 씨에 의해 각기 다른 종으로 분류되었는데, 이것들은 여기서 처음 생겨난 것으로 여겨진다. 그렇지만 이 새들 대부분이 모든 형질과 습성, 거동과 울음소리에 있어 아메리카 종과 가까운 연관성을 가지고 있다는 것은 분명하다. 후커 박사가 이 제도의 식물상에 대한 감탄스러운 회고록에서 보여 준 바와 같이, 그것은 다른 동물들뿐만 아니라 거의 모든 식물들에게 있어서도 동일하게 적용되는 사실이다. 박물학자들은 이러한 태평양의 화산섬에서 사는 생물들을 보면서, 대륙에서 수백 마일이나 떨어져 있는 이곳에서 마치 자기가 아메리카 대륙에 서 있는 것처럼 느낀다. 왜 그럴까? 왜 갈라파고스 제도에서 처음 생겨났다고 여겨지며 다른 곳에는 없는 이 종들이 아메리카에서 생겨난 것들과 닮았다는 그토록 명확한 특징을 가지고 있을까? 생활 환경 조건, 섬들의 지질학적 성질, 섬들의 높이나 기후, 혹은 여러 강들이 모여 있는 비율 등에 있어 남아메리카 해안과 유사한 점은 아무것도 없다. 오히려 실제로는 이 모든 측면에서 상당한 차이점이 존재한다. 한편 갈라파고스와 카보베르데 제도(Cape de Verde Archipelagos) 사이에는 화산적인 특성을 가진 토양, 기후, 높이, 그리고 섬의 크기 면에서 상당한 정도의 유사성이 존재한다. 그렇지만 양쪽에 사는 생물들 사이에는 얼마나 절대적이고 전적인 차이가 존재하는가! 갈라파고스에 서식하는 생물들이 아메리카의 생물들에 연관되어 있듯이, 카보베르데 제도에 사는 생물들은 아프리카의 생물들과 연관되어 있다. 나는 이 어마어마한 사실을 독립적 창조라는 보통의 시각으로 설명하는 것은 절대 불가능하다고 생각한다. 반면 내가 여기서 주장하는 시각에 따르면, 우발적인 이송 수단에 의해서든 아니면 이전에 연속되어 있던 땅이었기 때문이든, 갈라파고스 제도는 아메리카로부터 그리고 카보베르데 제도는 아프리카로부터 외래 동식물들을 받아들이는 것이 분명해 보인다. 그리고 그런 외래 동식물들은 변화하기 십상이다. 그럼에도 대물림의 법칙 덕분에 그들의 원래 출생지를 엿볼 수 있다.

많은 유사한 사실들이 제시될 수 있다. 사실 섬의 토착 생물들이 가장 가까운 대륙의 생물들이나, 다른 가까운 섬들의 생물들과 관련되어 있다는 것은 거의 보편적인 법칙이다. 이 법칙에는 예외가 드물고, 또 그 예외 가운데 대부분은 설명이 가능하다. 케르겔렌 섬은 비록 아메리카보다는 아프리카와 더 가까이 있지만, 그곳의 식물들은 아메리카의 식물들과 무척 가깝게 연관되어 있다는 것을 후커 박사의 설명에서 알 수 있다. 그렇지만 이 섬의 식생이 주로 해류에 의해 떠밀려온 빙하에 묻은 흙 또는 돌이 상륙할 때 함께 있던 씨앗들에 의해 만들어졌다는 시각을 적용하면 그 변칙은 사라진다. 뉴질랜드의 토착 식물들은 다른 어떤 지역보다 가장 가까운 내륙인 오스트레일리아와 훨씬 더 가까이 연관되어 있는데, 이는 예측할 수 있을 법한 사실이다. 하지만 뉴질랜드의 토착 식물들이 오스트레일리아 다음으로 가까운 대륙이기는 하지만, 그 거리가 너무나 멀리 떨어져 있는 남아메리카의 식물과도 너무나 뚜렷한 유연 관계를 보인다는 사실은 이례적인 것이다. 그렇지만 오래전에 뉴질랜드와 남아메리카 그리고 그 밖의 남쪽에 있는 육지들이, 멀리 있지만 거의 중간인 지점, 즉 빙하기가 시작되기 전에 식물로 덮여 있었던 남극 섬들로부터 일부 생물들을 받아들였다는 시각으로 설명하면 이 난제는 거의 해결할 수 있다. 이보다는 오스트레일리아의 서남부 한구석의 식물상과 희망봉의 식물상 사이의 유연 관계(비록 미약하기는 하지만 내가 후커 박사에 의거해 사실이라고 믿고 있는 유연 관계다.)가 훨씬 더 특기할 만한 내용인데, 현재로서는 설명이 불가능하다. 그렇지만 이 유연 관계는 식물에 한정되며, 나는 이것이 언젠가는 설명되리라는 것을 의심하지 않는다.

어떤 제도에 사는 생물들이 가장 가까운 대륙의 생물들과 비록 다른 종이라 하더라도 가까운 근연 관계를 맺도록 만드는 법칙이, 소규모이기는 하지만 매우 흥미로운 방식으로 동일한 제도의 한계선 내에서 드러나는 것을 가끔 볼 수 있다. 이러한 식으로 갈라파고스 제도의 일부 섬들에는 무척이나 경이로운 방식으로 서로 밀접하게 관련된 종들이 살고 있는데, 이는 내가 다른 곳에서 보여 준 바 있다. 서로 떨어져 있는 각 섬에 사는 생물들은 비록 대개는 서로 다른 종이지만, 세계의 다른 어떤 지역에 사는 생물들과도 비교할 수 없을 정도로 서로 가까운 근연종이다. 이것은 내 시각에서 예측할 수 있을 법한 바로 그런 사실인데, 그 섬들은 서로 너무나 가까이 위치해 있어서 동일한 원산지로부터 혹은 서로에게서 이민자들을 받아들일 것임이 거의 확실하기 때문이다. 그렇지만 그 섬들에 사는 토착종들 사이에서 보이는 비동일성은 내 견해를 반박하는 논거로 이용될지도 모른다. 서로 한눈에 보이는 위치에 있으며 동일한 지질학적 성질, 동일한 고도, 기후 등을 가지고 있는 몇몇 섬들에서 많은 이민자들이 다르게 변화되는 일이 많지는 않더라도 어떻게 가능한가 하는 질문이 제기될 수 있기 때문이다. 이 문제는 오랫동안 나에게 큰 난점으로 여겨졌다. 그렇지만 그것은 대부분 어느 지역의 물리적인 조건이 그곳에 사는 생물들에게 가장 중요한 요소라고 간주하는, 깊이 뿌리내린 오류에서 나오는 문제다. 내가 생각하기에는 서로 경쟁해야만 하는 다른 서식 생물들의 특성이 적어도 그 요소 못지않게 중요하며, 전반적으로 볼 때는 훨씬 더 중요한 성공 요소라는 사실을 반박할 수 없다. 이제 우리가 갈라파고스 제도의 생물들 중에서 세계의 다른 지역에서도 발견되는 것들을 살펴보면, 각각의 섬에서 상당한 차이를 발견하게 될 것이다. (여기에 토착종들을 끼워 넣는 것은 불공평하기 때문에, 이들은 잠시 떼어 놓고 생각해야 하는데, 왜냐하면, 우리는 생물들이 도착한 이래 어떻게 변화하게 되었는가를 살펴보고 있기 때문이다.) 그런데 사실 그 차이는 섬들이 우발적인 이송 수단을 통해 그곳으로 건너온 생물들로 채워졌다는 시각을 바탕으로 한다면 예상이 가능할 수도 있다. 예를 들어, 어떤 식물의 씨앗 하나는 어떤 섬으로, 다른 식물의 씨앗 하나는 다른 섬으로 옮겨졌다는 것이다. 따라서 옛날에 어떤 이주 생물이 어떤 한 섬이나 여러 섬에 정착했을 때 혹은 차후에 한 섬에서 다른 섬으로 퍼졌을 때, 그것이 섬마다 각기 다른 생활 조건들에 노출될 것이라는 사실은 의심할 여지가 없다. 그것들은 각기 다른 종류의 유기체들과 경쟁해야 했을 것이기 때문이다. 예를 들어, 어떤 식물은 유독 한 섬에서 자기에게 가장 적합한 토지가 이미 다른 식물들에 의해 철저히 점유되어 있는 상황에 처하게 될 수 있다. 또한 그것들은 다소 다른 적들의 공격에 노출될지도 모른다. 식물이 이런 식으로 변화한다면, 아마도 자연 선택에 따라 섬마다 더 우세한 변종이 다르게 형성될 것이다. 그러나 대륙에서 동일한 종이 멀리 퍼지면서도 동일하게 남아 있었던 것처럼, 몇몇 종들은 확산되면서도 무리 내에서 동일한 형질을 유지할 수 있을 것이다.

　갈라파고스 제도의 경우와 그보다는 덜하지만 비슷한 몇몇 사례들에서 진정 놀라운 사실은 각각의 섬에서 형성된 새로운 종들이 다른 섬들로 급속히 퍼져 나가지 않았다는 것이다. 섬들은 아무리 서로 눈에 보이는 거리에 있다 해도, 바다의 깊은 만에 의해 서로 분리되어 있는데, 대개의 경우 이 바다는 영국 해협보다도 넓다. 게다가 과거에 그들이 하나로 이어져 있었다고 가정할 만한 근거도 없다. 바다의 해류는 제도 사이를 급하게 휘몰아치고, 돌풍은 매우 드물게 분다. 그러니 그 섬들은 실제로 지도상에서 보이는 것보다 훨씬 더 서로로부터 격리되어 있다. 그럼에도 지구의 다른 지역에서도 볼 수 있는 것들과 제도에서만 한정적으로 발견되는 것들 중에서 상당한 수의 종들이 이 제도의 몇몇 섬들에 공통적으로 나타난다. 그렇기 때문에 우리는 몇 가지 사실들을 바탕으로 이들이 아마도 어떤 한 섬에서 다른 섬들로 퍼져 나갔던 것이라 추측할 법도 하다. 하지만 우리는 가까운 근연 관계에 있는 종들이 자유로운 상호 교류가 가능한 상황에서는 서로의 영역을 침범할 가능성이 있다는 시각을 취하기 쉬운데, 이는 내가 생각하기에는 잘못된 시각이다. 의심할 바 없이 만약 한 종이 뭐가 됐든 간에 다른 종보다 어떤 이점을 가지면 그 종은 짧은 시간 내에 상대를 완전히 혹은 부분적으로 밀어낼 것이다. 그렇지만 만약 양쪽이 자연 상태에서 각자의 위치에서 동등하게 잘 적응했다면, 아마도 그들은 자기들의 자리를 지키고 거의 언제까지나 분리된 채로 있을 것이다. 인간의 개입에 의해 귀화된 많은 종들이 놀라울 정도로 급속하게 새로운 나라로 퍼져 갔다는 사실을 익히 알고 있는 우리는, 대다수 종들이 그러한 식으로 퍼질 것이라고 추측하는 경향이 있다. 그렇지만 새로운 나라에 귀화된 생물들은 일반적으로 원산지의 생물들과 근연 관계가 아니고, 알퐁스 드 캉돌이 보여 주었듯이 대개의 경우 서로 다른 속에 속하는 완전히 다른 종이라는 것을 잊어서는 안 된다. 심지어 새들은 섬에서 섬으로 자유롭게 날아다닐 수 있는데도 불구하고, 갈라파고스 제도의 수많은 새들은 서로 다른 종이다. 예를 들어, 제도에는 각자 자기들 섬에서만 살고 있는 서로 근연종인 지빠귀앵무새(mocking-thrush) 3종이 있다. 채텀(Chatham) 섬의 지빠귀앵무새가 다른 지빠귀앵무새가 사는 찰스(Charles) 섬으로 바람을 타고 날아간다고 생각해 보자. 그 새가 왜 그곳에서 자리를 잘 잡아야만 하는가? 찰스 섬에는 고유의 종이 잘 살고 있다고 추측해도 무리가 없는데, 이는 그 고유종이 매년 자기가 키울 수 있는 것보다도 더 많은 알을 낳기 때문이다. 또한 우리는 찰스 섬 고유의 지빠귀앵무새가 적어도 채텀 섬 고유종들 못지않게 자기 고향에 잘 적응해 있다고 가정할 수 있다. 라이엘 경과 울러스턴 씨는 내게 이 주제와 관련된 특기할 만한 사실을 알려 주었다. 그것은 바로 포르토 산토(Porto Santo)에 인접한 작은 섬과 마데이라에는 서로 뚜렷이 구별되고 대표격인 육서 패류가 많이 존재한다는 것이다. 그것들 중 일부는 바위틈에서 산다. 비록 많은 양의 암석이 매년 포르토 산토에서 마데이라로 이송됨에도, 아직 포르토 산토 종은 마데이라에 자리를 잡지 못했다. 그런데도 두 섬 모두에는 일부 유럽 육서 패류들이

종의 기원

살고 있는데, 그 패류들은 토착종들보다 우월한 몇 가지 이점들을 가지고 있음이 분명하다. 이런 점들을 감안할 때 갈라파고스 제도의 몇몇 섬에서 서식하는 대표 토착종들이 일반적으로 섬에서 섬으로 퍼지지 않았다는 것에 대해 너무 놀라워할 필요는 없다고 생각한다. 동일한 대륙 내의 몇몇 지역들에서와 마찬가지로 많은 다른 사례들에서도 이전에 자리 잡고 있던 종들은 동일한 생활 조건 아래서 종들이 뒤섞이는 것을 방해하는 데 중요한 역할을 했을 것이다. 따라서 오스트레일리아의 동남부와 서남부의 구석 지역은 거의 동일한 물리적 환경을 가지고 있고 연결된 육지에 의해 하나로 되어 있지만, 각기 다른 방대한 수의 포유류, 조류, 그리고 식물들이 살고 있는 것이다.

대양도의 동물상과 식물상의 일반적인 특성을 결정하는 원리, 즉 거기에 사는 생물들은 새로운 이주 생물들이 유래한 지역의 원래 서식 생물들과 완전히 똑같지는 않지만, 명확히 관련되어 있다는 원리는 자연계 전반에 걸쳐 매우 폭넓게 적용된다. 이주 생물들은 이후에 변화를 겪었고 새로운 고향에 잘 적응했다. 우리는 모든 산에서, 또 모든 호수와 습지에서 이러한 사실을 확인할 수 있다. 고산 지대에 사는 종들은 — 최근의 빙하기 동안 전 세계에 널리 퍼진 동일한 형태(주로 식물)를 제외하면 — 주위 저지대에서 사는 종들과 연관 관계에 있기 때문이다. 남아메리카에는 모두가 아메리카 종임이 분명한 고산성 벌새, 고산성 설치류, 고산성 식물 등이 있다. 그리고 어떤 산이 서서히 융기할 때, 자연스레 주위 저지대에 살던 생물들이 그 산까지 점유하게 된다는 것은 명백한 사실이다. 이는 호수와 습지에서 서식하는 생물들도 마찬가지인데 단, 이동이 너무나 용이해서 전 세계에 똑같은 일반적인 형태들이 확산된 경우는 예외다. 우리는 아메리카와 유럽의 동굴에서 살고 있는 눈먼 동물들에게서도 이와 동일한 원리를 찾을 수 있다. 이와 비슷한 다른 사실들도 제시할 수 있다. 그리고 앞서 말한 시각에 따르면, 많은 가까운 근연종이나 대표적인 종들이 자생하는 두 지역에서는 과거의 어느 시기에 상호 교류나 이주가 있었음을 보여 주는 몇몇 동일한 종들이 발견될 것이라는 사실이 일반적으로 받아들여지리라고 나는 믿는다. 그 두 지역이 어디든지 간에 그리고 서로 아무리 멀다 해도 말이다. 그리고 가까운 근연종들이 많이 나타나는 곳이 어디든, 박물학자들이 서로 다른 종으로 분류하기도 하고 변종으로 분류하기도 하는 많은 형태들이 그곳에서 발견될 것이다. 이러한 의심스러운 형태들은 변화 과정에서의 여러 단계들을 보여 준다.

현 시점에서든 아니면 물리적 조건이 지금과는 달랐던 어느 과거 시기에서든, 종의 이주력과 이주 범위 사이의 관계는, 그리고 전 세계적으로 멀리 떨어져 있는 지역에 그 종과 유연 관계가 있는 다른 종이 존재하느냐의 여부는, 더욱 보편적인 또 다른 방식으로 설명할 수 있다. 굴드 씨는 오래전에 내게 전 세계에 걸쳐 분포하는 새의 속에 포함되는 많은 종들이 매우 넓은 분포 영역을 갖고 있다는 이야기를 들려주었다. 비록 실제로 입증하기는 무척 어렵다 해도, 나로서는 이 법칙이 대체로 진실이라는 것을 거의 부정할 수 없다. 포유류의 경우에는 박쥐의 사례에서 이 법칙이 가장 현저하게 드러나며, 고양잇과와 갯과에서는 이보다 덜한 정도로 드러나는 것을 볼 수 있다. 나비류와 초시류의 분포를 비교하는 경우에도 이를 알 수 있다. 그리고 매우 많은 속이 전 세계에 걸쳐 있고 많은 종들이 거대한 영역에 걸쳐 분포하는 대다수 담수 생물들의 경우에도 마찬가지다. 이는 전 세계를 분포 영역으로 갖는 속의 모든 종이 넓은 분포 영역을 가진 다거나, 평균적으로 넓은 분포 영역을 가진다는 것을 의미하지는 않는다. 단지 그 종들 중 일부만이 매우 넓은 분포 영역을 가진다는 말이다. 왜냐하면, 넓은 분포 영역을 가진 종들이 가지고 있는 변화되는 능력과 새로운 형태들을 낳는 능력이 그들의 평균 영역을 결정하는 주된 요인으로 작용할 것이기 때문이다. 예를 들어 동일한 종의 두 변종이 아메리카와 유럽에 산다면, 그 종은 어마어마한 분포 영역을 가진 셈이다. 그렇지만 만약 변이가 약간 더 많이 일어났다면, 그 두 변종은 별개 종으로 분류되었을 것이고 공통 분포 영역은 상당히 줄었을 것이다. 그렇다고 해서 강한 날개를 가진 어떤 새들의 경우처럼, 장벽을 넘어 넓은 분포 영역을 가질 능력이 있는 종이 반드시 넓은 분포 영역을 가진다는 뜻은 더욱 아니다. 우리는 넓은 분포 영역을 가진다는 것이 그저 장벽을 건너는 능력뿐만이 아니라 머나먼 땅에서 타국의 이웃과의 생존 투쟁에서 승리를 거두는 더욱 중요한 능력을 뜻한다는 것을 잊어서는 안 된다. 한 속의 모든 종이 단일 조상으로부터 내려왔다는 시각을 바탕으로 하면, 비록 지금은 그 종들이 전 세계적으로 멀리 떨어진 지역들에 분산되어 있다고 해도, 적어도 우리는 그 종들 중 일부는 매우 넓은 분포 영역을 지닌다는 사실을 발견할 수 있어야 한다. 나는 일반 법칙을 바탕으로 실제로 그 사실을 발견할 것이라 믿는다. 변화되기 이전의 조상은 확산하는 동안 변화를 겪으며 넓은 영역에 분포되어야 하고, 그 자손들이 처음에는 새로운 변종으로, 궁극적으로는 새로운 종들로 변화되기에 유리한 다양한 조건들 아래에 놓여야 하기 때문이다.

　　몇몇 속의 넓은 분포에 대해 고찰하면서 우리는 그 일부가 극히 옛날에 발생한 생물이라는 것을, 그리고 먼 옛 시대에 공통 부모로부터 갈라져 나왔음이 틀림없다는 사실을 염두에 두어야 한다. 그러니 그러한 경우들에는 기후 및 지리의 엄청난 변화들과 종들의 우연한 이동이 일어나기에 충분한 시간이 있었을 것이다. 그리고 결과적으로 몇몇 종들이 전 세계 곳곳으로 이주할 시간이 있었을 것이며, 이주한 그곳에서 새로운 환경 조건과 관련해 약간씩 변화했을 것이다. 한편 지질학적 증거들을 바탕으로, 각각의 거대한 규모의 강 내에서 낮은 단계에 위치하는 유기체들이 더 고등한 형태들보다 일반적으로 더 느린 속도로 변화한다고 믿을 만한 몇 가지 근거가 있다. 따라서 더 하등한 형태들은 더 넓은 분포 영역을 가지면서도 동일한 형질을 유지할 수 있는 가능성이 더 높을 것이다. 어쩌면 이 사실은 다수의 하등한 형태의 씨앗과 알들이 무척 작아서 먼 거리를 이송하기에 더 적합하다는 사실과 더불어, 어떤 유기체군이 더 하등할수록 그 분포 영역은 더 넓어지는 경향이 있다는 법칙 — 이미 오래전에 발견되었으며 최근에 알퐁스 드 캉돌이 훌륭하게 논의한 식물들에 대한 법칙 — 을 설명해 줄지도 모른다.

　　방금 논의된 사실들 즉 하등하고 천천히 변하는 생물들이 더 고등한 것들보다 넓은 분포 영역을 가진다는 사실, 넓은 분포 영역을 가진 속의 일부 종들은 그 자체가 넓은 분포 영역을 가진다는 사실, 고산 지대와 호수 그리고 습지의 생물들이 주위 저지대와 건지대의 생물들과 — 비록 서로의 환경 조건은 너무나 다르지만 — 연관 관계가 있다는 사실(앞서 명시한 예외들도 있지만), 같은 제도 내의 작은 섬들에 서식하고 있는 다른 종들이 무척 가까운 유연 관계를 갖고 있다는 사실, 그리고 특히 제도 전체 또는 섬 각각에 사는 생물들이 가장 가까운 내륙의 생물들과 놀라울 정도로 가까운 관계를 갖고 있다는 사실 등은 내가 생각하기에는 각 종이 독립적으로 창조되었다는 일반적인 시각으로는 절대로 설명할 수 없다. 그렇지만 가장 가깝고 쉬운 근원지로부터 이주해 들어왔고 뒤이어 이주 생물들이 변화하면서 새로운 서식처에 적응한 것이라는 시각을 바탕으로 하면 설명이 가능하다.

앞 장과 이 장의 요약

이 두 장에서 나는 다음과 같은 것들을 보여 주고자 노력했다. 틀림없이 최근에 일어났을 기후 및 지표면 높이에 관한 모든 변화, 그리고 같은 시기에 일어났을 다른 비슷한 변화들의 효과 전반에 대해 우리가 얼마나 무지한가를 적절히 감안한다면, 그리고 수많은 기묘한 우발적인 운송 수단과 관련해서도 얼마나 무지한가를 생각한다면(이는 제대로 실험된 적이 거의 없는 주제다.), 또한 한 종이 넓은 지역에 걸쳐 연속적으로 분포했다가 그 이후 중간 경로에서 멸종하는 일이 얼마나 잦은가를 감안한다면, 어디에서 서식하는 종이든 같은 종 내의 모든 개체들이 동일한 조상으로부터 유래했다는 견해를 받아들이

지 못할 이유는 없을 것이다. 그리하여 우리는 몇몇 일반적인 주안점들, 특히 장벽의 중요성과 아속과 속 그리고 과의 분포가 유사하다는 점 등을 감안한 끝에, 창조의 단일 중심지를 지정한 많은 박물학자들이 도달한 이 결론에 이르게 된다.

내 이론에 따르면 틀림없이 동일 조상으로부터 퍼졌을 동일한 속의 서로 다른 종들에 관해서, 앞서와 마찬가지로 우리가 아무것도 모른다는 것을 감안하고, 또 몇몇 생명 형태들은 아주 서서히 변하기 때문에 그들이 이주하는 데는 막대한 시간이 소요된다는 것을 염두에 둔다면, 나는 이 어려움이 극복 불가능한 것이라고 생각지 않는다. 비록 동일한 종의 서로 다른 개체들에 관한 경우는 그 어려움이 극히 크지만 말이다.

기후 변화가 분포에 미치는 영향에 대한 예시로 나는 최근 빙하기의 영향력이 얼마나 중요했는가를 보여 주고자 애썼다. 나는 빙하기가 전 세계에, 아니면 적어도 적도라는 거대한 지대에 일제히 영향을 미쳤다는 것을 전적으로 확신한다. 나는 우발적인 이송 수단들이 얼마나 다양한가를 보여 주면서 담수 생물들의 확산 방법들에 대해 심도 있게 논의했다.

만약 긴 세월이 흐르는 동안 동일한 종의 개체들, 그리고 마찬가지로 근연종의 개체들이 어떤 한 원천에서 나왔다는 것을 받아들이는 데 따르는 어려움이 없다면, 나는 (전반적으로 좀 더 지배적인 생명 형태들의) 이주와 뒤따라 일어난 변화 및 새로운 형태들의 증식에 대한 이 이론으로 지리적 분포의 모든 중요한 사실들을 설명할 수 있다고 생각한다. 따라서 우리는 육지든 물이든, 몇몇 동식물학적 지역들을 갈라놓고 있는 장벽들이 얼마나 중요한지를 이해할 수 있다. 아속, 속, 그리고 과의 국지성(局地性, localisation) 또한 이해할 수 있다. 그리고 각기 다른 위도에서, 예를 들어 남아메리카에서, 평원과 산지, 숲, 습지, 그리고 사막에 사는 생물들이 어떻게 해서 그토록 신비로운 방식으로 서로 유연 관계를 가지고 있는가를 이해할 수 있다. 마찬가지로 어떻게 해서 동일한 대륙에서 살았던 멸절한 존재들과 연관 관계를 가지고 있는가에 대해서도 이해할 수 있다. 유기체와 유기체 사이의 상호 관계가 가장 중요한 요인이라는 사실을 염두에 두면, 거의 동일한 물리적 조건을 가진 두 지역에 왜 서로 다른 생명 형태들이 사는 경우가 흔한지를 이해할 수 있다. 그 이유는 새로운 서식 생물들이 어떤 지역으로 들어간 이후에 경과한 시간의 길이, 다른 형태들은 제외하고 어떤 일부 형태들만 다수나 소수로 진입할 수 있게 허락한 이동 수단의 성격, 진입한 것들이 서로 또는 토착종들과 더 직접적인 경쟁 관계에 처하는가 아니면 덜 직접적인 경쟁 관계에 처하는가의 여부, 그리고 이주자들이 더 빨리 변화할 수 있는가 아니면 덜 빨리 변화하는가에 따라, 다양한 지역에서 물리적인 조건들과는 독립적으로 다양한 생활 조건들이 뒤따를 것이고, 거의 무궁무진한 유기적인 작용과 반작용이 있을 것이기 때문이다. 이에 따라 우리는 일부는 엄청나게 그리고 일부는 경미한 수준으로 변화한 생물군들을 찾아낼 수 있어야 하고, 실제로 찾아내고 있다. 전 세계적으로 각기 다른 넓은 지역에서 이들 중 일부는 엄청나게 발전했고, 일부는 수적으로 드물게 존재하고 있다.

내가 지금까지 보여 주려고 노력했듯이, 이와 동일한 원리들을 바탕으로 우리는 왜 대양도에 서식하는 생물들의 수는 적지만 그들 중 엄청난 비율이 토착종이거나 고유종인가를 이해할 수 있다. 그리고 이주의 방법과 관련해서 왜 심지어 동일한 강 내에서도 어떤 생물군은 모든 종이 토착종이고 다른 군은 모든 종이 전 세계 다른 지역들에서도 공통적으로 존재하는가를 이해할 수 있다. 매우 고립된 섬에서도 하늘을 나는 포유류, 즉 박쥐의 고유종이 서식하고 있는데, 왜 대양도에서는 양서류와 육상 포유류 같은 유기체 전체군이 빠져 있는가도 이해할 수 있다. 우리는 다소 변화된 상태로 있는 포유류의 존재와, 섬과 육지 사이에 있는 바다의 수심 사이에 어떠한 관계가, 왜 존재하는지를 이해할 수 있다. 우리는 왜 어떤 제도의 모든 서식 생물들이 비록 몇몇 작은 섬들에서는 서로 명확히 구분되지만 서로 밀접하게 관련되어 있고, 뿐만 아니라 가장 가까운 대륙이나 아마도 이주 생물들의 본고장일 다른 지역들의 서식 생물들과는 덜 밀접하기는 하나 근연 관계인지를 명확히 알 수 있다. 우리는 왜 서로 지극히 멀리 떨어진 두 지역 내에서 동일한 종, 변종, 의심스러운 종, 그리고 뚜렷이 다르지만 대표적인 종들 사이에 연관성이 있는지를 알 수 있다.

작고한 에드워드 포브스가 종종 강조했듯이, 시공간을 통틀어 생명의 법칙들에는 놀라운 유사성이 존재한다. 과거에 생명의 천이를 지배했던 법칙들이 현재 서로 다른 지역에서의 차이점들을 지배하는 법칙들과 거의 동일하다는 것이다. 많은 사실을 통해 이를 확인할 수 있다. 각 종과 종의 집단의 존속 기간은 시간적으로 이어져 있다. 실제로 중간 지층에는 나타나지 않는 생물 형태가 상부와 하부의 지층에서 등장하는 경우들이 많은데, 이것은 중간 지층에서 그 형태들이 단지 발견되지 않았을 뿐인 것이지 그 법칙의 예외라고 할 수는 없다. 그러니 공간적으로 하나의 종, 혹은 종들의 집단 하나만이 서식하는 지역은 연속되어 있다는 것이 일반적인 법칙이라는 것은 확실하다. 그리고 내가 보여 주고자 노력했듯이, 드물지 않게 나타나는 예외들은 아마 지금과는 조건이 달랐던 어느 과거에 다른 환경하에서 우발적인 이동 수단에 의해 이주가 이루어졌다는 것과, 이동 경로 중간에 종들이 멸절하게 되었다는 것으로 설명이 가능할 것이다. 시간상으로나 공간상으로나, 종과 종들의 집단이 발전의 정점에 다다랐던 지점이 있다. 어떤 특정한 시간대나 혹은 어떤 특정한 지역에 살았던 종들의 집단은 종종 형상이나 색깔과 같이 사소한 형질을 공유한다는 특징을 가진다. 우리가 지금 멀리 떨어져 있는 전 세계의 여러 지역들에 대해 말하는 것과 마찬가지로 시간의 오랜 경과에 대해서 이야기해 보면, 어떤 생명체들끼리는 서로 별로 다르지 않은 반면, 다른 강이나 다른 목에 속하는, 심지어 동일한 목의 다른 과에 속하는 어떤 유기체들은 서로 엄청나게 다르다는 사실을 알 수 있다. 시간상으로나 공간상으로나 각 강의 더 하등한 일원들은 고등한 것들보다 변화를 덜 겪는 것이 일반적이다. 그렇지만 이 양쪽의 경우모두, 법칙에 있어 눈에 띄는 예외들이 있다. 내 이론에 따르면 우리는 시공간에 걸친 이 몇 가지 관계들을 이해할 수 있다. 왜냐하면, 우리가 동일한 지역 내에서 잇따른 여러 시대 동안 계속 변해 온 생명 형태들을 보든, 아니면 멀리 떨어진 지역으로 이주한 다음에 변화한 형태들을 보든, 양쪽 경우 모두에서 각각의 강 내의 형태들은 세대의 끈으로 연결되어 왔기 때문이다. 그리고 어떤 두 형태가 혈연으로 더욱 가까이 연결되어 있을수록 일반적으로 그들은 시공간적으로 서로 더 가까이 있을 것이다. 양쪽의 경우 모두 변이의 법칙들은 동일했으며, 변화는 자연 선택이라는 동일한 힘을 통해 축적되어 왔다.

13장

유기체들의 상호 유연 관계, 형태학, 발생학, 흔적 기관

최초의 생명이 탄생한 이래로 모든 유기체들은 대물림되는 정도에 따라 서로 유사성을 가진다는 사실이 밝혀졌다. 따라서 그들을 어떤 집단 하부의 또 다른 집단으로 분류할 수 있다. 이러한 분류가 별자리 안에 있는 별들의 무리처럼 임의적인 것이 아님은 분명하다. 만약 어떤 집단은 육지에서만 서식하고 또 다른 어떤 집단은 물에서 서식하도록 적응했다면, 또는 어떤 집단은 육식을 하고 다른 집단은 초식을 하는 식으로 배타적으로 적응했다면, 집단들의 존재의 의미는 단순했을 것이다. 그렇지만 실제로 자연에서는 전혀 그렇지 않다. 심지어 동일한 아집단의 구성원들조차도 서로 얼마나 다른 습성들을 가지는지는 익히 알려져 있는 사실이다. 변이와 자연 선택을 다룬 이 책의 2장과 4장에서, 나는 변이를 가장 많이 겪는 거대한 속에 속하는 지배적인 종들이 더 넓은 분포 영역을 가지고 더 많이 확산되며 흔한 종들이라는 것을 보여 주고자 노력했다. 따라서 내가 믿는 바로는, 그렇게 생겨난 변종들 혹은 발단종들은 최종적으로 새로운 별개의 종들로 변화하게 된다. 그리고 이것들은 대물림의 법칙에 따라 다른 새롭고 지배적인 종들을 낳는 경향이 있다. 따라서 현재 일반적으로 많은 우점종들을 포함하는 거대한 집단들은 규모면에서 무한정으로 계속해서 증가하게 되는 경향이 있다. 나는 더 나아가, 각각의 종들의 변이하는 자손들이 자연의 경제에서 가능한 한 많은 다양한 지역들을 점령하려 고군분투하면서 그들의 형질이 끊임없이 분기하게 되는 경향이 존재한다는 것을 보여 주고자 노력했다. 그 어떤 좁은 지역에서든 극심한 경쟁에 돌입하는 생명 형태들은 엄청난 다양성을 보여 준다는 사실과 귀화 시 일어나는 몇 가지 사실들을 살펴봄으로써 이러한 결론을 내릴 수 있었다.

또한 나는 수적으로 증가 추세에 있고 형질이 분기되고 있는 형태들이 그들보다 덜 분기되고 덜 개량된 이전의 형태들을 멸종시키고 대체하는 변함없는 경향성이 있다는 사실을 보여 주고자 노력했다. 나는 독자들이 내가 앞서 설명한 그런 몇 가지 원리들의 작용을 설명하는 도표를 다시 살펴보기를 바란다. 독자들은 하나의 시조로부터 나온 변화된 자손들이 어떤 집단에 속하는 또 다른 집단으로 나뉘는 것이 필연적인 결과임을 알게 될 것이다. 그 도표에서 맨 위쪽 선에 있는 글자 각각은 몇 가지 종들을 포함하는 하나의 속을 나타낸다. 그리고 이 선에 있는 모든 속들은 이제는 볼 수 없는 먼 옛날의 공통 조상으로부터 내려왔고, 그 결과 무엇인가를 공통으로 물려받게 되었기 때문에, 합쳐져서 하나의 강을 구성한다고 볼 수 있다. 동일한 원리로 왼편에 있는 세 개의 속은 많은 공통점을 가지고 있어서 하나의 아과를 형성하는데, 이는 오른편에 있는 다른 두 개의 속, 혈통 계승의 다섯 번째 단계에 있는 공통 부모로부터 분기된 속들을 포함한 아과와는 뚜렷이 구분된다. 이 다섯 속 또한 그 정도가 덜하기는 하지만 꽤 많은 공통점을 가진다. 그리고 그들은 훨씬 더 이른 시기에 갈라진, 더 오른편에 있는 세 개의 속을 포함한 과와는 구별되는 또 다른 과 하나를 형성한다. 그리고 A로부터 내려온 이 모든 속은 I에서 내려온 속들과는 다른 하나의 목을 형성한다. 여기에는 단일 조상으로부터 내려와서 속으로 묶인 많은 종들이 있다. 그리고 그속들은 아과, 과, 그리고 목에 포함 또는 종속되고 이 모두는 하나의 강으로 묶인다. 나의 견해는 어떤 집단 아래에 또 다른 집단들이 포함된다는 자연사의 거대한 진실 — 이 사실은 너무나 친숙해서 놀랍게 느껴지지도 않는다. — 을 이런 방식으로 설명할 수 있다.

박물학자들은 각각의 강에서 종, 속, 과 들을 이른바 **자연적 분류 체계**를 바탕으로 배열하려고 애쓴다. 하지만 이 분류 체계란 무엇을 의미하는가? 일부 학자들은 그것을 단순히 닮은 생물들은 같이 배열하고 닮지 않은 것들은 갈라놓는 틀로만 보거나, 일반 명제들을 가능한 한 간략하게 설명하기 위한 인위적인 수단으로만 본다. 가령 모든 포유류의 공통 형질, 모든 육식 동물의 공통 형질, 개속의 공통 형질을 각각 한 문장으로 규정한 후에 문장 하나를 덧붙임으로써 개의 종류 각각에 대한 자세한 설명을 제공하는 식이다. 이 체제의 독창성과 유용함은 논박할 여지가 없다. 그렇지만 많은 박물학자들은 **자연적 분류 체계**라는 말은 무언가 그보다 더 많은 의미를 담고 있다고 생각한다. 그들은 그것이 **창조주의 계획**을 드러낸다고 믿는다. 그렇지만 창조주의 계획이라는 말이 시간이나 공간의 질서를 설명하는지, 아니면 다른 무엇을 설명하는지의 여부가 구체화되지 않는 한, 나는 우리의 지식에 보태지는 것은 아무것도 없다고 생각한다. 린네의 유명한 말 중 하나이면서 우리가 다소 간접적인 형태로 마주치게 되는 표현인, 형질이 속을 결정하는 것이 아니라 속이 형질을 부여한다는 말은 단순한 유사성을 넘어서는 무언가가 우리의 분류 체계에 포괄되어 있음을 시사하는 것처럼 보인다. 나는 실제로 그 무언가가 함축되어 있음을 믿는다. 그리고 계통의 근연성 — 개체들을 유사하게 만드는 유일한 원인으로 알려진 것 — 은 다양한 변화로 인해 숨겨져 있는 어떤 끈인데, 나는 그것이 우리의 분류 체계를 통해서는 부분적으로 잘 드러난다고 믿는다.

이제 분류의 법칙들에 대해 생각해 보자. 그리고 분류를 밝혀지지 않은 어떤 창조의 계획을 제시하는 틀, 혹은 단순히 일반적인 명제들을 명확히 하고 서로 닮은 형태들을 한데 모으기 위한 틀이라고 여기는 시각에서는 어떤 어려움에 직면하게 되는지 생각해 보자. 생명체의 습성을 결정하는 구조상의 부분들과 자연의 경제에서 각각의 생명체가 일반적으로 차지하는 위치가 분류에서 상당히 중요하리라 생각할지도 모른다. (고대에는 그렇게 생각했다.) 하지만 이는 더할 나위 없는 오류다. 어느 누구도 생쥐와 뾰족뒤쥐(shrew)의, 듀공(dugong)과 고래의, 고래와 물고기의 외형적인 유사성을 중요하게 생각지 않는다. 이런 유사성은 단순히 '적응적이거나 유사한 특질들'이라는 위치만 가질 뿐이다. 비록 그 생물의 전체 삶과 너무나 긴밀하게 연관되어 있기는 하지만 말이다. 이런 유사성들에 대해서는 나중에 다시 논의하기로 하자. 유기체의 어떤 부분이 특정한 습성과 관련이 더 적을수록 분류를 위해서는 더 중요하다는 사실은 심지어 보편적인 법칙이라고 이야기해도 될 정도다. 그 예로 오언은 듀공에 대해 이야기하면서 이렇게 말했다. "생식 기관은 한 동물의 습성 및 먹이와 가장 관련이 먼 기관이다. 따라서 나는 항상 그것이 진정한 연관 관계를 가장 명확하게 드러내는 것으로 생각해 왔다. 이런 기관들의 변화에서 단순히 적응적인 형질을 필수적인 형질로 잘못 판단하는 일은 거의 없다." 식물도 마찬가지다. 식물의 생존 자체를 좌우하는 기관들은 최초의 주요 구분을 제외하면 중요성이 거의 없는 반면, 생식 기관들은 그 생산물인 씨앗과 더불어 엄청난 중요성을 가진다!

그러므로 우리가 분류를 할 때는 생물들의 부분적인 유사성을 믿어서는 안 된다. 그것이 외부의 세계와 관련해서 그 생물의 안녕에 아무리 중요하더라도 말이다. 거의 모든 박물학자들이 생존에 필수적이고 생리학적으로 높은 중요성을 갖는 기관들의 유사성을 엄청나게 강조하는 것은 아마도 부분적으로는 그런 이유 때문일 것이다. 중요 기관들을 분류상으로도 중요시하는 이런 시각이 일반적이라는 것은 의심할 여지가 없지만, 그렇다고 그것이 항상 옳음을 의미하는 것은 아니다. 그렇지만 내가 믿기로는 분류에 있어서 그들의 중요성은 그것이 많은 종들이 속한 거대한 집단 전반에 걸쳐 일정하다는 데 있고, 그 일정함은 그 종이 자신의 생활 환경에 적응하는 동안 해당 기관이 변화를 덜 겪었기 때문에 나타날 수 있는 것이다. 어떤 기관의 단순한 생리학적 중요성은 그것의 분류학적 가치를 결정하지 못한다는 것을 보여 주는 한 가지 사실이 있는데, 그 사실은 동일한 기관이 거의 동일한 생리학적 가치를 가진다고 생각할 만한 충분한 이유가 있는 근연 집단에서 그 분류학적 가치가 매우 상이하다는 것이다. 그 어떤 박물학자도 어떤 집단을 다루면서 이러한 사실을 마주치지 않을 수 없었다. 그리고 거의 모든 학자들이 그들의 저서에서 이 사실에 대해 완전히 인정했다. 가장 높은 권위자의 말을 인용하면 좋을 것 같은데, 로버트 브라운(Robert Brown)은 프로테아과(Proteaceae)의 몇몇 기관들의 포괄적인 중요성에 대해 "내가 파악한 바에 따르면, 이 과에서만이 아니라 모든 자연적인 과에서 다른 모든 부위들과 마찬가지로 그 기관들의 중요성은 모두 다 제각각이고, 일부 경우에는 전혀 중요성이 없는 것으로 보인다."라고 말했다. 또한 브라운은 다른 저서에서 콘나라과(Connaraceae)의 속에 대해 "씨방이 하나인지 다수인지, 배젖(albumen, 발아하기 위한 양분을 저장하고 있는 씨앗 내 조직. ─ 옮긴이)이 있는지 없는지, 개엽(開葉, aestivation. 초목의 싹이 새로 막 터져 돋아나려는 눈에서 포개진 잎이나 꽃잎이 펼쳐지는 모양. ─ 옮긴이)이 겹쳐져 있는지 판 모양인지가 모두 제각각이다. 이런 형질들 중 어느 하나만 해도 속 이상의 중요성을 갖는 경우가 많은데, 이 모두를 다 합쳐도 크네스티스속(Cnestis)과 콘나루스속(Connarus)을 구분하기에는 불충분해 보인다."라고 언급했다. 곤충들 중에서 예 하나를 제시하자면 웨스트우드가 언급한 바, 막시목의 어느 커다란 분과에서 더듬이는 구조상 공통적이다. 다른 분과에서는 더듬이가 많이 다른데, 그 차이점들은 분류에서 상당히 부차적인 중요성만을 가진다. 그렇지만 아마 그 누구도 동일한 목에 속하는 이 두 분과의 더듬이가 서로 다른 생리학적 중요성을 가진다고 말하지는 않을 것이다. 같은 생물군 내에서 다 똑같이 중요한 기관이 분류상으로는 그 중요성이 얼마나 다른가를 보여 주는 예는 이 밖에도 얼마든지 제시할 수 있다.

그 누구도 흔적 기관이나 퇴화된 기관들이 생리학적으로나 생존을 위해 매우 중요하다고 말하지는 않을 것이다. 하지만 의심할 바 없이 이러한 상태의 기관들이 분류학에서 높은 가치를 지니는 경우가 많이 있다. 어린 반추동물의 위턱에 흔적으로 남아 있는 이빨과 다리에 흔적으로 남아 있는 뼈가 반추동물과 후피동물 사이의 밀접한 유연 관계를 보여 주는 데 높은 유용성을 가진다는 것에 대해서 논박할 사람은 아무도 없을 것이다. 로버트 브라운은 흔적으로 남아 있는 꽃 부분이 볏과 식물의 분류에서 가장 높은 중요성을 가진다는 사실을 강력하게 주장했다.

생리학적 중요성은 매우 경미하다고 여겨지지만 전체 집단을 정의하는 데서는 일반적으로 매우 유용성이 높다고 받아들여지는 부분들로부터 유래된 형질에 관해 많은 예를 제시할 수 있다. 예를 들어, 오언에 따르면 콧구멍에서 입까지 열린 통로가 있느냐 없느냐는 어류와 파충류를 절대적으로 구별하는 유일한 특질이다. 유대목 동물에서 턱의 만곡, 곤충류의 날개가 접히는 방식, 몇몇 조류(藻類, Algae)에서 색깔, 풀 종류에서 꽃 부위에 있는 부드러운 털, 척추동물문에서 털이나 깃털처럼 피부를 덮고 있는 것의 성질 등도 모두 그러한 예다. 만약 오리너구리가 털이 아니라 깃털로 덮여 있었다면, 내가 생각하기에 박물학자들은 이 이상한 생물이 조류나 파충류와 유연 관계가 얼마만큼 있는지를 결정하는 데 외적으로 드러나는 이 사소한 형질을 중요한 내부 기관의 구조에 대한 접근 못지않게 중요한 요인으로 간주했을 것이다.

분류에 있어서 사소한 형질들의 중요성은 주로 이 형질들이 다소 중요성을 가지는 다른 형질들과 얼마만큼의 상호 연관성을 가지느냐에 달려 있다. 자연사에서 형질들의 집합체가 가지는 실제 가치는 대단히 명확하다. 따라서 자주 언급되었듯이, 생리학적으로도 중요하고 거의 보편적으로 퍼져 있는 몇몇 형질들을 기준으로 보았을 때 어떤 종이 근연종들과 별개인 것으로 보일 수도 있다. 하지만 그것이 어디에 분류되어야 하느냐의 문제는 전혀 의심의 여지가 없다. 또한 어떤 하나의 형질에 기반을 둔 분류는 그 형질이 아무리 중요하더라도 반드시 오류로 밝혀진다고 알려져 있다. 유기체에서 그 어떤 부분도 보편적으로 동일하지는 않기 때문이다. 내가 생각하기에 형질 집합체의 중요성은 (심지어 그 형질 중에 중요한 형질은 아무것도 없더라도) 그 자체만으로도, 형질이 속을 결정하는 것이 아니라 속이 형질을 부여한다는 린네의 말을 설명해 준다. 이 말은 확실히 규정하기에는 너무 경미한 사소한 유사성들이 너무나도 많음을 인정하는 것을 바탕으로 나온 것이라 여겨지기 때문이다. 말피기아과(Malpighiaceae)에 속하는 식물들의 일부는 온전한 꽃을 피우고 일부는 퇴화한 꽃을 피운다. 앙투안 로랑 드 쥐시외(Antoine Laurent de Jussieu)는 퇴화한 꽃을 피우는 이 일부 식물에 대해 "마치 우리의 분류 체계를 비웃듯이 종, 속, 과, 강 각각에 고유한 대다수의 형질들은 사라졌다."라고 언급했다. 그렇지만 프랑스에서 아스피카르파(Aspicarpa)가 몇 해 동안 오로지 퇴화한 꽃만을 피워 그것이 구조상 많은 중요한 점에서 그 목의 고유한 유형과는 너무나 달라졌을 때, 현명하게도 M. 리처드(M. Richard)는 ― 쥐시외가 관찰했던 것처럼 ― 이 속이 여전히 말피기아과의 속이어야 한다는 사실을 간파했다. 이 사례는 분류학의 토대가 되는 정

종의 기원

신을 잘 보여 준다고 생각한다.

실질적으로 박물학자들은 분류 작업을 할 때 한 집단을 정의하거나 어떤 특정한 종들을 배열하는 데 사용하는 형질들의 생리학적 가치를 놓고 골머리를 앓지 않는다. 만약 거의 동일하고 다수의 형태들에게서 공통으로 나타나며 다른 형태들에게는 공통이 아닌 어떤 형질을 발견하면, 학자들은 그것에 높은 가치를 부여한다. 만약 그 형질을 공통으로 갖는 형태의 수가 더 적으면 학자들은 그것에 그보다 더 적은 가치를 부여한다. 일부 박물학자들은 이 원칙이 실제로 널리 쓰인다는 사실을 고백한 바 있다. 이를 가장 명확히 밝힌 사람은 탁월한 식물학자인 오귀스트 생틸레르(Augustin Saint-Hilaire)였다. 만약 일부 형질들이 늘 다른 형질들과 연관되어 있음이 밝혀진다면, 비록 그들 사이에 아무런 명확한 연대 관계가 발견되지 않는다 해도 그 형질들에게는 특별한 가치가 부여된다. 대다수 동물 집단에서 그렇듯이 혈액을 돌게 하거나 공기를 불어넣거나 그 종을 번식시키기 위한 역할을 하는 중요한 기관들은 거의 동일하게 발견되기 때문에 분류상 매우 유용하다고 간주된다. 그렇지만 일부 동물 집단에서는 이 모든 것들, 즉 생존에 가장 중요한 기관들은 매우 부수적인 가치를 가진 형질밖에 제공하지 못한다.

우리는 왜 배(胚)에서 나타나는 형질들이 성체에서 발견되는 형질들과 동일한 중요성을 가져야 하는지를 이해할 수 있는데, 그것은 당연히 우리의 분류가 각 종의 모든 시기를 담고 있기 때문이다. 그렇지만 일반적인 시각으로 볼 때 자연의 경제에서 충실히 제 역할을 다하는 성체의 구조에 비해 그렇지 못한 배의 구조가 과연 분류상으로 더 중요하게 여겨져야 하느냐 하는 점은 아무래도 명확하지 않다. 그렇지만 배의 형질들이 동물의 분류에서 가장 중요하다는 사실은 두 위대한 박물학자들인 밀른 에드워즈와 아가시에 의해 강력하게 주장되었다. 그리고 이 원칙은 일반적으로 사실로 널리 받아들여졌다. 동일한 사실이 현화식물들에게도 잘 적용되는데, 현화식물은 떡 잎의 수와 위치, 어린 싹이나 어린 뿌리의 발생 양식 같은 것을 기반으로 크게 두 가지로 나뉜다. 우리는 암묵적으로 혈통 개념을 포함하는 분류학의 시각에서 그런 형질들이 왜 그토록 가치가 있는가를 발생학에 관한 논의에서 볼 수 있다.

우리의 분류학은 종종 유연 관계의 연쇄들(chains of affinities)로부터 영향을 받는다. 모든 새들이 공통적으로 가지고 있는 다수의 형질들을 규정하는 것은 너무나도 쉬운 일이다. 그렇지만 갑각류의 경우에는 그러한 규정이 불가능한 것으로 지금까지 알려져 있다. 갑각류 계열의 양쪽 끝에는 공통적인 형질이 거의 하나도 없는 것들이 있다. 그렇지만 양 끝에 있는 종들은 명백히 다른 종들과 유연 관계가 있으며, 그 다른 종들은 또 다른 종들과 유연 관계를 갖는 식으로 계속하여 확실히 갑각류에 속하고 다른 체절동물(Articulata)에는 속하지 않는 것으로 인식될 수 있다.

지리적 분포는 비록 아주 논리적이지는 않더라도 분류에 종종 이용되어 왔다. 특히 근연종들로 이루어진 무척 커다란 집단의 경우에 더욱 그러했다. 쿤라트 야코프 테밍크(Coenraad Jacob Temminck)는 몇몇 조류 군의 경우에 지리적 분포를 이용하는 것이 유용할뿐더러 심지어 필수적이라고 주장한다. 그리고 일부 곤충학자와 식물학자는 그 주장을 따르고 있다.

　마지막으로 다양한 종의 무리 즉 목, 아목, 과, 아과, 그리고 속 같은 집단들의 상대적인 가치는 적어도 현재로서는 거의 자의적인 것으로 보인다. 벤담 씨를 비롯한 훌륭한 식물학자들 몇몇은 그들의 가치가 자의적이라고 강력하게 주장했다. 경험이 풍부한 박물학자들에 의해 처음에는 그저 속으로만 분류되었다가 나중에는 아과나 과로 재분류된 식물과 곤충의 사례들이 많이 있다. 이런 일이 일어난 것은 연구가 진전되면서 처음에는 간과했던 주요한 구조적인 차이점들을 발견했기 때문이 아니라, 근소한 정도의 차이를 가진 수많은 근연종들을 차후에 발견했기 때문이다.

　만약 내가 나 자신을 기만하는 게 아니라면, 앞서 말한 분류학에서의 모든 법칙, 근거 및 난점 들은 자연계는 변화를 동반한 계승에 기반을 두고 있다는 견해를 바탕으로 설명이 가능하다. 이 견해는 박물학자들이 어떤 둘 이상의 종들 사이의 진정한 유연 관계를 보여 주는 것으로 간주하는 형질들이 공통 조상으로부터 유래된 것들이고, 그런 만큼 진정한 분류학은 모두 곧 계보학이라고 보는 것이다. 또한 후손들의 집단은 어떤 알려지지 않은 창조의 계획이나 일반 명제들에 대한 체계적인 진술, 그리고 단순히 더 닮은 것들을 한데 묶고 덜 닮은 것들을 갈라놓는 것이 아니라, 바로 박물학자들이 무의식적으로 추적해 온 숨은 연대라는 것이다.

　내 말뜻을 좀 더 자세하게 설명할 필요가 있겠다. 나는 각각의 강 내에서 집단들을 다른 집단들에 적절히 종속시키고 다른 집단들과의 관계를 고려해서 배열을 할 때, 그 배열이 제대로 되려면 반드시 엄밀하게 계통적이어야 한다고 믿는다. 그렇지만 몇몇 가지, 즉 집단에서 나타나는 차이점의 양은 비록 모두가 공통 조상에 어느 정도 계통적으로 연결되어 있다 하더라도 엄청나게 다를 수 있다. 그것은 그들이 겪은 변화의 정도가 서로 다르기 때문이다. 그리고 이것은 다른 속, 과, 절이나 목으로 분류된 형태들을 보면 알 수 있다. 4장에서 제시된 도표를 참조한다면 독자들은 그 뜻을 가장 잘 이해할 수 있을 것이다. (186~187쪽 참조. ─ 옮긴이) A에서 L까지의 문자들이 실루리아기에 살았던 근연속들을 나타내며, 이 속들은 알 수 없는 먼 옛날에 존재했던 어떤 종으로부터 내려온 것이라고 하자. 이들 중 세 개의 속(A, F, I)의 종들은 가장 위의 횡선에 있는 15개의 속(a^{14}~z^{14})으로 표시되는 변화된 자손 현존종들을 남겼다. 이제 단일한 종에서 내려온 이 모든 변화된 후손들은 혈통이나 유래 면에서 동일한 정도로 유연 관계인 것이 되며, 비유하자면 100만분의 1 정도의 사촌뻘이 되는 셈이다. 비록 그들이 서로 상당히 다르기도 하고 그 차이의 정도 또한 각기 다르지만 말이다. A에서 내려온 형태들은 이제 둘이나 세 개의 과로 나뉘어서, 역시 두 개의 과로 나뉜 I의 자손들과는 별개의 목을 구성한다. 그렇다고 A로부터 내려온 현생 종들이 시조인 A와 동일한 속으로 분류되거나, I에서 내려온 자손이 그 시조인 I와 동일한 속으로 분류될 수 있는 것은 아니다. 그렇지만 만약 현생 속인 F^{14}가 변화를 약간밖에 겪지 않았다고 가정할 경우에는 시조 속인 F와 동일한 속으로 분류될 것이다. 일부 현존 생물들이 실제로 실루리아기의 속에 포함되는 것처럼 말이다. 그리하여 혈통에 있어 모두 동일한 정도로 유연 관계를 갖는 생물들 사이의 차이점들의 양이나 가치는 매우 달라진다. 그럼에도 그들의 계통적 배열은 단지 현재뿐만이 아니라 혈통이 계속해서 이어져 내려오는 각 시기에도 엄밀히 사실 그대로 남아 있다. A로부터 내려온 변화된 모든 자손들은 그들의 공통 조상으로부터 뭔가를 공통으로 물려받았을 테고, I의 모든 자손들도 그러했을 것이다. 또한 각 시기에서 갈라져 나온 자손들의 가지들 역시 마찬가지일 것이다. 그러나 만약 우리가 A나 I의 자손들 중 어떤 것이 그 시조의 흔적을 거의 완전히 상실했다고 해야 할 정도로 많이 변화했다고 가정하는 경우라면, 자연적 분류에서의 그들의 위치는 거의 완전히 사라지게 되었을 것이다. 이러한 일들이 현존 생물들에게서 실제로 이따금 일어났던 것으로 보인다. F 속의 모든 자손들은 그 전체 계통선을 따라, 약간밖에 변화되지 않은 것으로 여겨지며 여전히 단일한 속을 구성한다. 그렇지만 이 속은 비록 많이 고립되어 있기는 하지만 여전히 제 자리인 중간 위치를 점유할 것이다. 왜냐하면, F는 원래 형질에서 A와 I의 중간이었고, 이 두 속에서 내려온 몇몇 속은 어느 정도 그들의 형질들을 물려받았을 것이기 때문이다. 도표는 지면의 한계 안에서 가능한 정도까지 자연적 배열을 보여 주지만 그 방식은 아주 단순하다. 만약 도표가 갈라지는 것으로 그려지지 않고 집단들의 이름을 일직선으로 늘어놓기만 했다면, 자연적인 배열을 보여 주기가 더 힘들었을 것이다. 자연에서 발견되는, 동일한 집단에 속한 생물들 간의 유연 관계들을 평면상에서 연속하여 나타낸다는 것이 얼마나 불가능한지는 익히 알려져 있다. 따라서 내가 견지하는 관점에서 자연적 분류는 마치 족보처럼 계통적 배열을 가지지만 집단들이 소위 다른 속, 아과, 과, 절, 목 그리고 강에 속하는 것으로 분류되며 서로 다른 집단들이 겪은 변화의 정도가 표현되어야 한다.

분류에 대한 이러한 시각을 언어의 예를 들어 설명하는 것이 의미가 있을 듯하다. 만약 우리가 인류에 대한 계보를 완벽하게 가지고 있다면, 인종의 계통적 배열은 현재 전 세계에서 사용되는 다양한 언어들을 가장 잘 분류할 수 있게 해 줄 것이다. 그리고 만약 모든 사라진 언어와 모든 중간적 언어, 그리고 서서히 변화하는 방언이 거기에 포함된다면, 내가 생각하기에는 오로지 한 가지 배열만이 가능할 것이다. 그렇지만 어떤 언어들이 (하나의 공통 인종으로부터 내려온 여러 인종들이 확산되고, 그 이후 각기 고립되었으며, 각자 다른 문명화 상태에 놓이게 되는 등의 이유로) 많이 변화되었고 새로운 언어와 방언을 파생시킨 데 반해, 매우 먼 옛날의 어떤 언어는 거의 바뀌지 않았고 새로운 언어를 거의 파생시키지 않았을지도 모른다. 동일한 근원에서 나온 언어에서 보이는 차이의 정도가 다양한 것은 집단 내부에 집단을 속하게 하는 식으로 보여 주어야 할지도 모른다. 그렇지만 올바른, 심지어 유일하게 가능하다고 할 수 있는 배열은 역시나 계통학적인 것이며, 이것이 진정 자연스러운 것이다. 왜냐하면, 그것이 사라졌거나 현존하는 모든 언어들을 가까운 유연 관계를 통해 한데 이어 주고, 각 언어의 유래와 기원을 잘 보여 주는 것이기 때문이다.

이와 같은 시각을 확증하기 위해 하나의 종에서 유래했다고 믿어지거나 알려져 있는 변종들의 분류를 살펴보자. 변종은 종 아래에, 아변종은 변종 아래에 묶인다. 그리고 비둘기의 예에서 보았듯이, 사육 및 재배되는 생물들의 경우에는 별도로 차이의 몇 가지 단계가 필요하다. 다른 집단 내에 속하는 집단이 존재하게 된 기원은 종 밑에 변종이 속하는 것과 마찬가지로, 말하자면 혈통상 가깝지만 겪은 변화의 정도가 다르다는 데 있다. 종의 경우와 마찬가지로 변종들을 분류하는 데도 거의 동일한 법칙이 적용된다. 학자들은 변종을 인위적인 체계가 아니라 자연적인 체계로 분류해야 한다고 주장했다. 예를 들어, 우리는 파인애플의 두 변종을 단지 그 과육이(비록 가장 중요한 부분이기는 하지만) 우연히 거의 똑같다는 이유만으로 하나로 분류하지 말라는 경고를 받는다. 단순히 먹을 수 있는 두꺼운 줄기가 너무나 비슷하다는 이유만으로 스웨덴 순무와 일반 순무를 하나로 분류하는 사람은 없다. 변종을 분류하는 데는 어떤 부위든 가장 일정하다고 여겨지는 것이 사용된다. 따라서 위대한 농학자인 마셜은 소의 경우에 변종을 분류하는 데 뿔이 무척 유용하다고 말했는데, 뿔은 체형이나 몸 색깔 따위보다 덜 다양하기 때문이다. 반면 양의 경우에는 뿔이 덜 일정하기 때문에 훨씬 유용성이 덜하다. 나는 만약 우리가 진정한 계보를 가지고 있다면 변종을 분류할 때 일반적으로 계통적 분류를 선호할 것이라고 생각하며, 실제로 일부 학자들은 그 방법을 시도해 오고 있다. 왜냐하면, 우리는 변화가 어느 정도로 이루어졌든 대물림의 원리는 수많은 측면에서 유사한 형태들을 한데 묶는 것이라는 생각을 확실히 가지고 있기 때문이다. 공중제비비둘기의 경우에 비록 몇몇 아변종들은 긴 부리라는 중요한 형질을 갖고 있다는 점에서는 다른 것들과 다르지만, 그 모두는 공중제비를 넘는 공통된 습성을 가지고 있다는 점에서 한데 묶을 수 있다. 하지만 이 비둘기 품종 중 단면공중제비비둘기는 이 습성을 거의 또는 완전히 잃어버렸다. 그럼에도 이 비둘기들은 그 문제에 대한 근거나 고찰 없이 같은 집단으로 묶이는데, 왜냐하면, 혈통으로 연결되어 있고 몇몇 다른 측면에서 똑같기 때문이다. 만약 호텐토트(Hottentot. 남아프리카의 원시 인종. — 옮긴이)가 니그로(Negro)에서 내려왔다는 것이 입증될 수 있다면 나는 호텐토트가 피부색이나 다른 중요한 형질 면에서 니그로들과 아무리 많이 다르다 할지라도 니그로 집단 아래에 분류될 것이라고 생각한다.

사실 모든 박물학자들은 자연 상태에 있는 종을 분류할 때 계통(descent)이라는 측면을 끌어들인다. 왜냐하면, 박물학자는 분류를 할 때 종과 암수 양성을 고려하기 때문이다. 모든 박물학자들은 양성이 때때로 가장 중요한 형질 면에서 얼마나 많이 다른지를 익히 알고 있다. 특정 만각류는 다 자라면 수컷과 암수한몸 사이에 거의 단 하나의 공통점도 찾아볼 수 없다. 하지만 그 둘을 분리할 생각을 하는 사람은 아무도 없다. 박물학자는 동일한 개체의 유생기의 여러 단계가 각기 매우 다르더라도, 또한 유생기 단계가 성체와 아무리 다르더라도, 그것들을 하나의 종으로 간주한다. 마찬가지로 엄밀한 의미에서만 동일한 개체로 간주할 수 있는 이른바 요하네스 야페투스 스미트 스텐스트루프(Johannes Japetus Smith Steenstrup)의 교대하는 세대들 역시 하나로 포함시킨다. 기형 역시 종에 포함시키고 변종들도 종에 포함시킨다. 그 이유는 단지 그들이 부모 형태와 닮아서만이 아니라 부모 형태의 후손이기 때문이다. 카우슬립이 앵초의 후손이라는 것을 혹은 그 반대임을 믿는 이는 그들을 단일한 종으로 한데 묶어 분류한다. 이전에 각기 다른 속으로 분류되었던 난초의 세 가지 종류인 모노칸투스(Monochanthus), 미안투스(Myanthus), 카타세툼(Catasetum)은 이따금 동일한 이삭에서 나온다는 사실이 알려지자마자 즉각 하나의 종으로 묶이게 되었다.

그렇다면 다음과 같은 질문이 있을 수 있겠다. 만일 오랜 시간 변화의 과정을 거쳐 곰으로부터 캥거루의 어떤 한 종이 탄생했다는 것이 증명되었다면 우리는 어떤 행동을 취해야 할까? 우리는 이 종을 곰과 함께 분류해야 할까? 그렇다면 다른 종들은 어떻게 해야 할까? 물론 이 가정이 터무니없기는 하지만 나는 대인 논증(argumentum ad hominem, 논증 그 자체가 아니라 논증을 제시하는 사람에 대한 논증. — 옮긴이)을 통해 대답할 수 있을 것이다. 그리고 만일 곰의 자궁에서 완벽한 캥거루가 나온 것으로 보인다면 어찌하겠냐는 질문을 던질 수 있을 것이다. 모든 유추에 따라 그것은 곰과 함께 분류될 것이다. 그러나 그럴 경우 캥거루에 속한 다른 모든 종들 또한 확실히 곰이라는 속에 속하는 것으로 분류해야 할 것이다. 이 사례 자체는 말도 안 되는 것인데, 공통의 계통을 많이 공유할수록 분명 더 많은 유사성을 가지거나 유연 관계가 더 가까울 것이기 때문이다.

비록 때때로 수컷과 암컷과 애벌레가 상당한 차이를 가지는 경우가 있다 해도 일반적으로 계통은 동일한 종의 개체들을 한데 묶어 분류하는 데에 사용되어 왔다. 그리고 그것은 어느 정도의 변화, 때로는 상당한 양의 변화를 겪은 변종들을 분류하는 데 이용되어 왔다. 그렇기 때문에 어쩌면 계통이라는 이 동일한 요소가 무의식적으로 종을 속으로 묶고 속을 다시 더 상위의 집단으로 — 비록 이런 경우에는 변화의 정도가 더 크고 완성되는 데 더 오랜 시간이 걸렸겠지만 ─ 묶는 데 사용되지 않았을까? 나는 이런 식으로 그것이 무의식적으로 사용되었다고 믿는다. 그리고 그렇게 해야만 위대한 분류학자들이 따르는 몇몇 법칙들과 지침들을 이해할 수 있다. 우리에게는 문서로 된 족보가 없다. 우리는 어떤 종류든 유사성에 의거해 계통 집단을 묶어야 한다. 따라서 우리는 우리가 판단할 수 있는 한 각종이 최근에 접했던 생활 환경과 관련해서 가장 변화를 덜 겪었을 것같아 보이는 그런 형질들을 택한다. 이런 시각에서 흔적 구조들은 그생물의 다른 부분들 못지않게 중요한 역할, 혹은 심지어 그보다 더훌륭한 역할을 한다. 우리는 단순한 턱의 만각, 곤충의 날개가 접히는 방식, 피부가 털로 덮였느냐 깃털로 덮였느냐와 같은 형질이 얼마나 사소한지에 대해서 개의치 않는다. 만약 그것이 다수의 다른 종들에게서 흔히 볼 수 있는 것이라면, 특히 상당히 다른 생활 습성을 가진 종들에서도 나타난다면, 그것은 높은 가치를 갖는 것으로 여겨진다. 왜냐하면, 우리는 그토록 다른 습성들을 가진 그토록 많은 형태들이 그런 형질을 공통적으로 가지고 있는 이유가 오로지 공통 부모로부터 대물림을 통해 물려받았기 때문이라고만 설명할 수 있기 때문이다. 우리는 이에 관해 구조 하나하나의 요소에 대해서는 오류를 저지를지도 모른다. 하지만 아무리 사소한 형질이라도 몇몇 형질들이 각기 다른 습성들을 가진 커다란 유기체 집단의 전체를 통틀어서 공통적으로 나타날 때, 우리는 계승 이론을 바탕으로 이 형질들이 하나의 공통 조상으로부터 전해진 것들이라고 거의 확신할 수 있을 것이다. 우리는 상호 연관된 형질 또는 집합적인 형질들이 분류에서 특별한 가치가 있음을 알고 있다.

종의 기원

우리는 왜 종 또는 종의 집단이 몇몇 중요한 형질 면에서 근연한 것들과는 다른가를, 그러면서도 왜 그들과 함께 분류되어도 무리가 없는가를 이해할 수 있다. 그 중요성이 아무리 가볍다 하더라도, 계통 집단의 숨은 연대를 엿볼 수 있게 하는 형질들이 충분히 많이 있다면 그 분류는 무리가 없다고 할 수 있을 것이고, 실제로 무리가 없는 경우가 많다. 단 하나의 공통 형질도 가지고 있지 않은 두 형태를 생각해 보자. 그렇다 해도 극단적인 두 형태가 중간 집단들의 연쇄를 통해 서로 연결된다면, 우리는 즉각 그들이 자손 공동체의 일원임을 짐작하고 그들을 모두 동일한 강으로 묶을 것이다. 우리는 생리학적으로 높은 중요성을 가진 기관들 — 매우 다양한 생활 조건들 아래서 생명을 유지하는 데 필수적인 것들 — 이 전반적으로 상당히 고정적이라는 것을 알고 있기 때문에 그들에게 특별한 가치를 부여한다. 그렇지만 다른 집단이나 그 집단 내의 절에서 만약 이 동일한 기관이 상당한 차이를 보인다는 사실이 발견된다면, 우리는 즉각적으로 분류에서 그들의 가치를 평가 절하할 것이다. 지금부터 우리는 어째서 발생학적 형질들이 분류학적으로 그토록 중요한지를 명확하게 보게 될 것이다. 때때로 지리적 분포는 분포 영역이 넓은 거대한 규모의 속을 분류하는 데에 유용하게 사용되는데, 왜냐하면, 모든 가능성을 따져 볼 때 동일한 속의 모든 종들은 얼마나 멀고 얼마나 격리된 지역에 살고 있느냐에 관계없이 동일한 부모로부터 내려왔을 것이기 때문이다.

이런 시각에서 진정한 유연 관계와 상사적이거나 적응적인 유사성 간에 존재하는 중요한 차이점을 이해할 수 있다. 이 구분에 대해 처음으로 주의를 환기한 이는 라마르크였는데, 윌리엄 샤프 매클레이(William Sharp Macleay)를 비롯한 사람들이 현명하게도 그의 뒤를 따랐다. 후피동물인 듀공과 고래 사이의, 그리고 이런 포유류들과 어류 사이의 체형이나 지느러미 같은 앞다리의 유사성은 상사적인 것이다. 곤충들에서는 이에 대한 셀 수 없이 많은 예들을 찾을 수 있다. 따라서 린네는 외적인 외양에 오도되어 실제로 동시류(homopterous)의 곤충을 나방으로 분류했다. 우리는 그와 비슷한 사례를 심지어 사육 변종에서도 찾을 수 있는데, 일반 순무와 스웨덴무의 두꺼워진 줄기가 그렇다. 일부 학자들은 그레이하운드와 경주마 사이의 유사성이 서로 동떨어진 동물들 사이에서의 유사성보다 더 공상적이지 않다고 말한다. 형질이 혈통을 드러내는 한 그것은 분류를 할 때 매우 중요한 요소라고 보는 내 시각을 바탕으로, 우리는 왜 상사적이거나 적응적인 형질들이 — 비록 그 존재의 복지에는 가장 중요한 것이라 해도 — 분류학자에게는 가치가 거의 없는 것으로 여겨지는가를 명확히 이해할 수 있다. 서로 가장 동떨어진 두 계통선 상에 있는 동물들이 각기 비슷한 환경에 순조롭게 적응해서 가까운 외적인 유사성을 취하게 될지도 모르기 때문이다. 하지만 그런 유사성은 올바른 계통선에서 그들의 혈연 관계를 드러내기보다는 오히려 감춰 버리기가 더 쉬울 것이다. 우리는 또한 완전히 동일한 형질이 어떤 강이나 목을 다른 강이나 목과 비교할 때는 상사적이지만, 동일한 강이나 목의 구성원들끼리 서로 비교할 때는 진정한 유연 관계를 나타낸다는, 분명히 역설처럼 보이는 사실을 이해할 수 있다. 이런 의미에서, 체형이나 지느러미 모양의 다리는 고래를 어류와 비교할 때는 이 두 강이 물에서 헤엄치는 데 적응했다는 점에서 오로지 상사적일 뿐이지만, 고래과의 몇몇 일원들 사이의 진정한 유연 관계를 보여 주는 형질들로 기능하기도 한다. 이러한 고래류들은 작든 크든 너무나 많은 형질들을 동일하게 보여 주기 때문에 우리는 그들이 전반적인 체형이나 다리의 구조를 공통 조상으로부터 물려받았음을 의심할 수 없기 때문이다. 어류의 경우도 마찬가지이고 말이다.

서로 다른 강의 구성원들은 단계적으로 약간의 변화를 겪음으로써 거의 비슷한 환경에서 사는 것 — 예를 들어, 세 요소인 육지, 대기 중, 그리고 수중에서 서식하는 것 — 에 적응해 왔다. 따라서 우리는 어찌하여 서로 다른 강에 속한 아집단들 사이에서 수적인 유사성들이 이따금 관찰되는지를 이해할 수 있다. 어떤 한 강에서 이러한 형질의 유사성에 깊은 인상을 받은 어떤 박물학자가 독단적으로 다른 강들 내에서 어떤 집단의 가치를 더 올리거나 떨어뜨림으로써(그리고 우리는 지금까지 이런 가치 평가가 독단적이었음을 경험상 알 수 있다.), 그 유사성을 넓은 영역으로 손쉽게 확장했을 것이다. 이른바 일곱 가지, 다섯 가지, 네 가지, 세 가지로 나누는 분류법은 아마도 그렇게 해서 생겨났을 것이다.

비교적 큰 속에 속하는 지배적인 종들의 변화된 자손들은 자기들이 속한 집단을 확대하고 그 조상들을 우세하게 만든 장점들을 물려받는 경향이 있다. 그러므로 그들이 널리 퍼지고 자연의 경제에서 더욱더 넓은 장소를 차지할 것임은 거의 확실하다. 그리하여 더 규모가 크고 더 지배적인 집단들은 계속해서 크기가 더 커지는 경향이 있고, 결과적으로 더 작고 약한 많은 집단들을 대체하게 된다. 따라서 우리는 현존하든 멸종했든 모든 생물들이 소수의 거대한 규모의 목과 그보다 더 소수의 강, 그리고 하나의 커다란 자연적 분류 체계 안에 포함된다는 사실을 설명할 수 있다. 오스트레일리아가 발견되었을 때 그곳의 생물들로부터 새로운 목의 곤충을 단 하나도 추가하지 못했다는 충격적인 사실은 상위 집단의 수가 얼마나 적은지 그리고 그들이 전 세계적으로 얼마나 멀리 퍼져 있는지를 보여 주는 것이다. 그리고 내가 후커 박사에게 들은 바에 따르면, 전체 식물계에는 두세 개의 소규모 목만이 추가되었을 뿐이다.

지질학적 천이를 다룬 장에서 나는 오랫동안 계속된 변화의 과정에서 전반적으로 각 집단의 형질들이 분기해 나간다는 원리를 바탕으로, 먼 옛날의 생명 형태들이 현존하는 집단들을 연결하는 다소 중간적인 형질들을 드러내고 있음을 보여 주고자 노력했다. 이따금 현존하는 자손들을 남겼지만 거의 변화되지 않은 일부 오래된 중간적 부모 형태들은 소위 공통의 특징이 있거나 특이한 집단들로 드러날 것이다. 어떤 한 형태가 더욱 특이할수록, 내 이론에서 이야기하는, 이전에 멸절되어 완전히 사라진 연결 형태들의 수는 틀림없이 더 많을 것이다. 우리는 혹독한 멸절을 겪은 특이한 형태들에 대한 몇몇 증거들을 가지고 있는데, 극도로 적은 종들이 그런 형태들을 대변해 준다. 일반적으로 그런 종들은 사실상 서로 무척 다르고, 그것은 다시금 멸종을 시사한다. 가령, 오리너구리속과 레피도시렌속 각각이 단 하나의 종이 아니라 열두 종에 의해 제시되었다면 덜 특이했을 것이다. 그렇지만 내가 몇 번에 걸친 조사를 통해 밝혀낸 바에 따르면 그처럼 종의 수가 많은 것은 대개 특이한 속의 속성과 맞지 않다. 우리는 특이한 형태들이 더욱 성공적인 경쟁자들에 의해 정복당한 실패한 집단이며, 다만 일부 구성원들이 뜻밖에 우호적인 환경이라는 우연을 만나 살아남은 것이라고 봐야만 이 사실을 설명할 수 있을 듯하다.

워터하우스 씨는 어떤 한 동물군에 속하는 구성원이 그와는 꽤나 동떨어진 다른 군과 어떤 유연 관계를 보일 때, 대개의 경우 이 유연 관계는 일반적인 것이지 특수한 것이 아니라고 언급했다. 따라서 워터하우스에 따르면 모든 설치류 중에서 비즈카차는 유대류와 가장 가까운 유연 관계를 가지고 있다. 그렇지만 비즈카차가 유대목과 가까운 점들이 있다고는 해도 그 관계는 일반적인 것이지, 어떤 한 특정 유대류의 종에 더 가까운 것은 아니다. 비즈카차가 유대류와 유연 관계를 보이는 요소들은 실재하는 것이며 단순히 적응적인 것이 아니라고 여겨지므로, 내 이론에 따르면 그 요소들은 공통적인 대물림 때문에 나타난 것이다. 따라서 우리는 비즈카차를 비롯한 모든 설치류가 아주 먼 옛날의 일부 (모든 현재의 유대류들과 관련해서 다소 중간적인 특질을 가졌을) 유대류에서 갈라져 나왔다고 추정하거나, 아니면 설치류와 유대류 양쪽이 모두 하나의 공통 조상으로부터 갈라져 나왔고, 이후 양쪽 집단이 다양한 방식으로 수많은 변화를 겪었다고 추정해야 한다. 어느 쪽 시각을 택하든 우리는 비즈카차가 대물림을 통해 다른 설치류들보다 그들의 공통 조상의 형질을 더 많이 유지했다고 생각할 수 있다. 따라서 현존하는 그 어떤 유대류와도 각별한 유연 관계를 가지고 있지 않지만, 모든 혹은 거의 모든 유대류와 간접적인 유연 관계를 가지고 있다고 추정할 수 있다. 그들의 공통 조상 또는 그 집단의 초기 구성원의 형질을 부분적으로 유지함으로써 말이다. 한편 워터하우스 씨가 언급했듯이, 모든 유대류 중에서 파스콜로미스(phascolomys)는 설치류의 어느 한 종이 아니라 전반적인 설치목을 가장 많이 닮았다. 그렇지만 파스콜로미스는 설치류의 습성과 비슷한 습성들에 적응해 왔기 때문에 이 경우에 그 유사성은 단순히 상사적인 것일 뿐이라는 주장에 힘이 실릴 수 있다. 아버지 드 캉돌(The elder De Candolle, 오귀스탱 피라무스 드 캉돌(Augustin Pyramus de Candolle, 1778~1841년). 알퐁스 드 캉돌의 아버지이자 스위스의 식물학자로 아들과 함께 100개 이상의 식물 과를 정리했다. ─ 옮긴이)은 여러 식물 목의 유연 관계의 일반적인 성질에 관해 거의 비슷한 관찰 결과를 제시했다.

공통 조상으로부터 내려온 종들이 공통적으로 물려받은 몇 가지 형질들을 공유함과 동시에 그 형질들이 증식하면서 점차로 분지한다는 원리를 바탕으로 우리는 동일한 과나 더 상위 집단의 모든 구성원을 한데 연결하는 이 극도로 복잡하고 방사하는 유연 관계들을 이해할 수 있다. 이제는 멸종에 의해 서로 별개의 집단들과 아집단들로 분리된 어떤 과에 속한 전체 종의 공통 조상이 다양한 방식과 다양한 정도로 변화된 자신의 여러 형질들을 모든 후손에게 전했을 것이기 때문이다. 결과적으로 여러 종은 (자주 언급했던 도표에서 볼 수 있듯이) 많은 선임자들을 통해 쌓여 온 다양한 길이의 우회하는 연결선을 통해 서로 연결될 것이다. 어떤 고대 귀족 가문의 수많은 일가친척들 사이의 혈연 관계를 보여 주는 것은 계보도의 도움 없이는 거의 불가능할뿐더러, 심지어 계보도가 있어도 쉽지 않은 일이다. 그와 마찬가지로, 박물학자들이 도표의 도움 없이, 규모가 큰 강에 속하는 수많은 현생 및 멸절한 구성원들 사이에서 자기들이 찾아낸 다양한 연관성들을 묘사하는 데 얼마나 큰 어려움을 겪을지를 이해할 수 있다.

4장에서 보았듯이 멸절은 각각의 강에 속한 여러 집단들 사이의 간격들을 굳건히 하거나 넓히는 데 중요한 역할을 했다. 전체 강들의 상호 구분 — 예를 들어, 조류와 나머지 전체 척추동물의 구분 — 도, 조류의 초기 조상과 그 밖의 척추동물강의 초기 조상들을 연결했던 많은 고대의 생명 형태들이 완전히 사라져 버렸다는 믿음을 바탕으로 설명할 수 있을 것이다. 한때 어류를 양서류와 연결했던 생명 형태들의 멸절은 그보다 덜 심했다. 갑각류와 같은 몇몇 다른 강들의 경우에는 멸절이 훨씬 덜 심했다. 그러한 이유로 놀랍도록 다양한 형태들이 끊어지기는 했지만 기다란 유연 관계의 사슬로 여전히 한데 엮여 있는 것이다. 멸절은 집단들을 분리할 뿐이지 절대로 새로 만들어 내지는 않았다. 왜냐하면, 이 지상에 살았던 모든 형태들이 갑자기 다시 나타났다면, 자연적 분류 혹은 적어도 자연적 배열은 가능했을 것이기 때문이다. 비록 모두가 가장 미세한 현존 변종들 사이의 단계들만큼이나 미세한 단계들로 한데 뒤섞여 있어서 각 집단을 다른 집단들로부터 구별하는 규정을 부여하는 것은 전적으로 불가능할 테지만 말이다. 도표로 돌아가 보면 다음의 사실을 확인할 수 있다. A에서 L까지의 글자들은 열한 개의 실루리아기 속을 나타내는데, 그들 중 일부는 거대한 규모의, 변화한 자손들의 집단을 탄생시켰다. 이 열한 개 속과 그들의 원시 조상 사이에 있는 모든 중간 연결 고리, 그리고 그 자손들로부터 나온 각각의 가지들과 그 아래에 있는 가지들의 모든 중간 고리가 아직 살아 있다고 가정해 보자. 그리고 그 고리들이 가장 촘촘히 구성된 변종들 사이에 있는 고리들만큼이나 촘촘히 구성되어 있다고 생각해 보자. 이러한 경우에 일부 집단들의 일부 구성원들을 그들의 바로 위 조상들과 구분하는, 혹은 이 조상들을 그들의 미지의 고대 조상들과 구분하는 어떤 정의를 내리는 것은 완전히 불가능할지도 모른다. 그렇지만 그 도표의 자연적 배열은 여전히 유효할 것이고, 대물림의 법칙에 따라 A에서, 혹은 I에서 내려온 모든 형태들은 무엇인가를 공통으로 가질 것이다. 한 나무에서 우리는 이 가지나 저 가지를 구별할 수 있지만, 실제로 그 둘은 갈라진 부분에서 하나로 합쳐진다. 내가 언급했듯이, 우리는 일부 집단들의 실체를 제대로 밝히지 못했다. 하지만 크든 작든 각 집단의 대다수 형질들을 표상하는 유형 혹은 형태들을 골라내, 그들 사이에 존재하는 차이점의 가치에 대한 일반적인 개념을 제공할 수는 있다. 우리가 만에 하나 그 어떤 강에서든 시공간을 막론하고 지금껏 살았던 모든 형태들을 수집하는 데 성공한다면 바로 이러한 결론에 도달하게 될 것이다. 하지만 우리는 절대로 그렇게 성공적으로 완벽하게 수집해 내지는 못할 것이다. 그럼에도 몇몇 강에서 우리는 이러한 방향으로 나아가고 있다. 그리고 최근 밀른 에드워즈는 설득력 있는 논문에서 그러한 유형들이 속해 있는 집단을 구분하고 정의 내릴 수 있든 그렇지 않든 간에 유형에 주목하는 것이 매우 중요하다고 주장한 바 있다.

최종적으로 우리는 생존 투쟁의 결과로 초래된, 그리고 하나의 우세한 조상 종으로부터 나온 많은 자손들이 멸종되거나 형질 변화를 겪지 않을 수 없게 만든 자연 선택이 모든 유기체들이 보여 주는 유연 관계, 다시 말해 집단 아래에 집단이 속하게 되는 거대하고 보편적인 양상을 설명해 준다는 사실을 알았다. 우리는 어떤 종을 구성하는 개체들을 분류할 때 계통이라는 요소를 이용하며, 개체들의 암수와 연령을 불문하고 ― 그것들이 아무리 서로 공통점이 없다 하더라도 ― 동일한 종으로 분류한다. 우리는 변종으로 알려진 것을 분류하는 데도 계통을 사용한다. 그 변종이 아무리 조상 종과 달라졌어도 말이다. 나는 계통이라는 이 요소가 박물학자들이 그동안 자연적 분류 체계라는 개념 아래 찾으려고 노력했던 숨겨진 연결의 요체라 믿는다. 지금까지 완성된 바로는 자연계의 배열은 계통적이고, 공통 조상으로부터 내려온 자손들 사이에는 정도의 차이 ― 이것은 속, 과, 목 같은 용어로 표현된다. ― 가 존재한다는 개념을 바탕으로 하면, 우리는 우리가 분류를 할 때 따를 수밖에 없는 법칙들을 이해할 수 있다. 우리는 왜 다른 유사성들을 놔두고 일부의 유사성에만 중요성을 부여하는지, 왜 흔적 기관이나 쓸모없는 기관, 혹은 그 밖의 생리학적으로 별로 중요하지 않은 기관들을 분류에 사용해도 되는지를 이해할 수 있다. 또한, 왜 상사적이거나 적응적인 형질들을 어떤 집단을 다른 집단과 비교할 때에는 즉각적으로 거부하면서도, 이와 동일한 형질을 한 집단에 한해서는 사용하는지를 이해할 수 있다. 우리는 모든 현생 종과 멸절한 종들이 하나의 거대한 체계 내에서 어떻게 집단으로 묶일 수 있는지, 그리고 각각의 강의 여러 구성원들이 복잡하고 방사하는 유연 관계의 선으로 어떻게 한데 묶이는지를 명확히 볼 수 있다. 아마도 우리는 절대로 어떤 강의 구성원들 사이의 복잡하게 얽힌 유연 관계를 풀어 낼 수는 없을 것이다. 그렇지만 어떤 확실한 목표를 눈앞에 두고, 어떤 미지의 창조 계획에 기대를 걸지 않는다면, 느리지만 확실한 진전을 희망할 수 있을 것이다.

형태학

우리는 하나의 동일한 강의 구성원들이 그들의 생활 습성과는 별도로 유기체 전체의 구조 측면에서 서로 유사하다는 것을 보았다. 그들의 유사성은 '유형의 통일성(unity of type)'이라는 말로, 혹은 그 집단에 속하는 다양한 종들 사이에서는 일부 부위와 기관들이 동일하다고 말함으로써 설명이 된다. 이 부분의 전체 주제는 형태학(Morphology)이라는 일반적인 명칭에 포함되어 있다. 이것은 박물학에서 가장 흥미로운 부분이며, 이것이야말로 박물학의 정신(soul)이라고 말해도 좋을 것이다. 움켜쥘 수 있게 만들어진 인간의 손, 땅을 팔 수 있게 만들어진 두더지의 앞다리, 말의 다리, 알락돌고래(porpoise)의 지느러미, 그리고 박쥐의 날개가 모두 동일한 패턴으로 구축되었고, 서로 상응하는 위치에 동일한 골격을 가지고 있다는 것보다 더 흥미로운 사실이 과연 있겠는가? 조프루아 생틸레르는 상동 기관들의 상호 관계가 매우 중요하다고 강력하게 주장한 바 있다. 상동 기관은 형태와 크기에서는 얼마든지 달라질 수 있지만, 언제나 동일한 순서로 연결되어 있다. 예를 들어, 우리는 상완과 전완 혹은 허벅지와 종아리의 뼈들의 위치가 서로 뒤바뀐 경우는 절대로 찾을 수 없다. 따라서 서로 다른 동물들에게서도 상응하는 뼈에 대해서는 같은 이름을 붙일 수 있다. 우리는 곤충의 입 구조에서도 이와 같은 법칙을 볼 수 있다. 박각시나방(sphinx-moth)의 엄청나게 긴 나선형 주둥이, 벌이나 벌레의 기묘하게 접힌 주둥이, 그리고 딱정벌레의 거대한 턱보다 서로 더 다를 수 있는 것들이 있을까? 그렇지만 그처럼 서로 다른 목적에 이용되는 이 모든 기관들은 윗입술, 아래턱뼈, 그리고 두 쌍의 위턱뼈의 무한정한 변화에 의해 형성된 것들이다. 갑각류의 입과 다리의 구성 역시 이와 유사한 법칙들에 의해 지배된다. 식물의 꽃 또한 마찬가지다.

동일한 강의 구성원들에게서 나타나는 이러한 패턴의 유사성을 유용성 또는 목적인(目的因, final causes)이라는 학설로 설명하려 시도하는 것보다 더 헛된 일은 없다. 오언은 『사지의 성질(Nature of Limbs)』이라는 그의 흥미로운 저작에서 그 시도가 얼마나 헛된 것인가를 노골적으로 보여 주었다. 각 개체가 독립적으로 창조되었다는 일반 시각에 따른다면 우리는 그냥 원래 그런 것이라고밖에 설명할 수가 없다. 창조주가 보기에 좋은 대로 동물들과 식물들이 각각 그렇게 만들어졌다고 말이다.

한편, 계속된 경미한 변화들의 자연 선택에 관한 이론에서는 이에 대해 명확한 설명을 제시한다. 즉 각각의 변화는 그 변화된 형태에게 어떤 방식으로든 이롭지만, 연관 성장 때문에 유기체의 다른 부분에 영향을 미치는 일도 더러 있다는 것이다. 이러한 성질의 변화에서는 원래의 패턴을 바꾸거나 부위들의 위치를 서로 바꾸려는 경향이 거의 혹은 전혀 나타나지 않을 것이다. 다리에 있는 뼈들은 얼마든지 짧아지거나 길어질 수 있고 점차 두꺼운 막으로 감싸여서 지느러미 역할을 하게 될 수도 있다. 혹은 물갈퀴발의 뼈가 모두 혹은 일부가 어느 정도 길어지고 그들을 연결하는 막이 늘어나서 날개 역할을 하게 될 수도 있다. 그렇지만 이 모든 엄청난 양의 변화에서도 뼈의 틀을 바꾸거나 몇몇 부분들의 상호 관계를 바꾸려는 경향은 전혀 나타나지 않을 것이다. 만약 모든 포유류의 고대 조상들, 다른 말로 원형들이 그들의 사지가 어떤 목적으로 쓰였든 현재의 일반적인 패턴을 통해 구축되었다고 가정한다면, 우리는 전체 강에서 사지의 구조가 상동하다는 사실의 명확한 함의를 즉각 파악할 수 있을 것이다. 곤충들의 입 또한 마찬가지다. 그들의 공통 조상이 윗입술과 아래턱 뼈들과 두 쌍의 위턱을 가졌으며 이 부분들이 아마도 형태상 무척 단순했다고만 가정하면, 자연 선택 이론은 곤충들의 입의 구조와 기능에서 보이는 무한한 다양성을 설명해 줄 것이다. 그렇기는 하지만 어떤 기관의 일반적인 패턴이 위축됨으로써, 궁극적으로는 일부 기관들의 완벽한 소실에 의해, 여러 부위의 유합을 통해, 그리고 다른 부위들의 중복이나 증가를 통해 — 이런 변화들이 불가능하지 않다는 것은 알려져 있다. — 완전히 사라질 정도로 흐려지는 경우를 생각해 볼 수 있다. 멸절한 거대한 바다도마뱀의 물갈퀴에서, 그리고 몇몇 흡착성 갑각류의 입에서는 그런 방식으로 일반적인 패턴이 어느 정도 흐려진 것으로 보인다.

　　지금 다루고 있는 주제에서 파생된 또 다른 흥미로운 주제가 하나 있다. 그것은 바로 어떤 하나의 강에 속한 여러 구성원들이 가진 동일한 부위가 아니라, 동일한 개체가 가진 서로 다른 부위나 기관을 비교하는 것이다. 대다수 생리학자들은 머리뼈의 뼈들이 일부 척추골의 기본적인 부분들과 상동이라고 ― 수와 상대적인 결합 관계 면에서 상응한다고 ― 믿는다. 척추동물과 체절동물의 강에 속한 모든 구성원들의 앞다리와 뒷다리는 확실히 상동이다. 우리는 경이로울 정도로 복잡한 갑각류의 턱과 다리들을 비교할 때도 동일한 법칙을 발견하게 된다. 꽃에서 꽃받침, 꽃잎, 수술, 암술의 내부 구조와 상대적인 위치는, 그것들이 나선형으로 배열된 변형된 잎으로 구성되어 있다는 시각에서 보면 이해 가능하다는 사실을 모르는 사람은 거의 없다. 우리는 종종 기형 식물로부터 한 기관이 다른 기관으로 변할 수 있는 가능성에 대한 직접적인 증거를 접할 수 있다. 그리고 우리는 성숙했을 때는 서로 완전히 다르게 변하는 기관들이 성장의 초기 단계에서는 정확히 똑같다는 것을 배 발생 상태의 갑각류와 많은 다른 동물들, 그리고 꽃에서 실제로 관찰할 수 있다.

이런 것들은 일반적인 창조의 시각으로 보면 절대로 설명이 불가능하다! 왜 뇌는 그처럼 많고 그처럼 특이한 모양의 뼛조각들로 이루어진 상자 안에 들어 있어야 하는가? 오언이 말했듯이 조각으로 각기 분리되어 있는 것은 포유류의 분만 행위에는 이롭지만, 조류도 그와 동일한 머리뼈 구조를 가진 이유를 설명하는 데는 전혀 도움이 안 된다. 왜 박쥐의 날개와 다리는 전혀 다른 목적으로 사용되는데도 불구하고, 그것들을 구성하는 뼈들은 비슷하게 만들어졌을까? 왜 여러 부분으로 이루어진 극도로 복잡한 입을 가진 갑각류는 결과적으로 항상 다리의 수가 더 적을까? 혹은 역으로 다리 수가 많은 것들은 왜 입이 더 단순할까? 왜 어떤 꽃인지를 막론하고 꽃받침, 꽃잎, 수술과 암술은 각기 서로 다른 목적을 위해 적응했는데도 모두 동일한 패턴으로 구축되었을까?

자연 선택 이론을 택한다면 우리는 이런 질문들에 대한 만족스러운 대답을 내놓을 수 있다. 척추동물에서는 돌기와 부속물들을 지니고 있는 일련의 내부 척추골들을 볼 수 있다. 체절동물의 경우에는 외부 부속지(附屬肢, 동물의 몸통에 붙어 있는 기관이나 부분. — 옮긴이)들을 가지고 있는 일련의 부위들로 몸통을 나눌 수 있음을 확인할 수 있다. 그리고 현화식물에서는 잎이 일련의 연속적인 나선형 소용돌이 모양으로 나 있는 것을 볼 수 있다. 하등하거나 거의 변화하지 않은 모든 형태들은 공통적으로 동일한 부위나 기관이 불규칙적으로 반복되는 패턴을 보인다. (오언은 그러한 관찰 결과를 내놓은 바 있다.) 따라서 우리는 미지의 척추동물, 체절동물, 현화식물 조상 역시 각각 척추골, 체절, 나선형 잎을 많이 보유하고 있었다고 쉽게 생각해 볼 수 있다. 우리는 앞에서 여러 차례에 걸쳐 반복되는 부분은 그 수와 구조적인 면에서 다양하게 변화되기 쉽다는 것을 살펴보았다. 따라서 자연 선택이 오랜 변화의 과정에서 태생적으로 동일했던, 여러 차례 반복된 요소들을 몇 가지 포착해서 상당히 다양한 목적에 따라 다르게 적응시켰다는 것은 꽤나 가능성이 있는 이야기다. 그리고 일련의 경미한 변화의 단계들이 곧 변화의 총합이 되었기 때문에, 우리는 그런 부분들이나 기관들에서 근본적인 유사성이 어느 정도 발견된다고 해서 놀랄 필요는 없다. 그것은 강력한 대물림의 법칙에 의해 유지되어 왔기 때문이다.

연체동물문에 속하는 거대 규모의 강의 경우에는 한 종의 부분과 다른 별개 종의 부분을 상동 관계로 묶을 수는 있지만, 직렬적 상동은 거의 짚어 낼 수 없다. 다시 말해 한 개체 내의 어떤 부분이나 기관이 다른 부분이나 기관과 상동이라고 말할 수 있는 경우가 거의 없다는 것이다. 우리는 이 사실을 이해할 수 있다. 왜냐하면, 연체동물에서는 심지어 가장 하등한 구성원들의 경우에도 어떤 부분이 그토록 불규칙하게 반복되는 경우를 찾을 수 없기 때문이다. 동식물계 내의 다른 큰 규모의 강에서는 이것을 발견할 수 있는데 말이다.

박물학자들은 종종 머리뼈는 변형된 척추로 형성된 것이고, 게의 턱은 변형된 다리이며, 꽃의 수술과 암술은 변형된 잎이라고 말한다. 그렇지만 헉슬리 교수가 말했듯이, 이 경우에 머리뼈와 척추, 턱과 다리 등등은 어느 한쪽이 다른 쪽에서 변형된 것이 아니라 어떤 공통된 요소에서 변형된 것이라 말하는 것이 더 정확할 것이다. 그렇지만 박물학자들은 오로지 은유적으로만 그런 용어를 쓰고 있을 뿐이다. 그들이 말하고자 하는 것은 오랜 계승의 과정에서 어떤 종류의 원시적인 기관이 — 전자는 척추가, 후자는 다리가 — 실제로 머리뼈나 턱으로 변했다는 이야기와는 거리가 멀다. 다만 이러한 성격의 변화가 일어났다는 것이 너무나 명백하게 보이기 때문에 박물학자들이 이 명확한 의미를 담고 있는 언어를 사용하지 않기가 어려운 것이다. 내 견해로는 이런 용어들을 문자 그대로 사용해도 좋을 것 같다. 그리고 예를 들어 게의 턱이 아마도 대물림을 통해 유지되었을 수많은 형질들을 보유하고 있다는 놀라운 사실은 그것들이 진짜 다리나 아니면 단순한 어떤 부속지였는데 계승의 기나긴 과정에서 실제로 변태를 겪었다고 한다면 설명이 가능하다.

발생학

발생학(Embryology) 이야기를 해 보자. 성숙했을 때는 서로 무척 달라지거나 서로 다른 목적에 이용되는 각 개체의 일부 기관들이 배 상태에서는 정확히 동일하다는 것에 대해 이미 말한 바 있다. 또한 같은 강에 속하는 다른 동물들의 배는 강한 유사성을 보일 때가 많다. 이것을 가장 잘 증명해 주는 예는 아가시가 언급한 다음과 같은 상황이다. 즉 일부 척추동물의 배에 이름표를 붙이는 것을 잊었더니 그것이 포유류의 것인지, 조류의 것인지, 아니면 파충류의 것인지를 분간할 수가 없게 되더라는 것이다. 나방, 파리, 딱정벌레 등등의 연충(蠕蟲, 꿈틀거리며 기어 다니는 벌레를 통틀어 이르는 말. — 옮긴이) 모양 유충들은 각자의 성충들보다 서로 생김새가 더 비슷하다. 그렇지만 그 유충들의 경우, 배 발생이 활발하게 일어나고, 특정한 생활 양식에 적응하고 있는 것이다. 때로는 '배 유사성의 법칙'의 흔적이 후기 단계에까지 지속되기도 한다. 같은 속이거나 서로 유연 관계가 가까운 속의 새들은 첫 두 단계의 깃털이 유사한 경우가 많은데, 우리는 개똥지빠귀 무리의 점박이 깃털에서 그와 같은 사실을 볼 수 있다. 고양이류에서는 대다수 종이 줄무늬나 줄지은 얼룩을 가지고 있다. 그리고 줄무늬는 사자 새끼에서도 뚜렷이 나타난다. 비록 드물기는 하지만 식물에서도 이런 종류의 일이 일어나는 것을 볼 수 있는데, 울렉스(ulex)나 가시금작화(furze)의 배 단계의 잎과 필로디네우스 아카세아스(phyllodineous acaceas, 아카시아의 한 종. — 옮긴이)의 첫 번째 잎은 날개 모양이거나 콩과 식물의 전형적인 잎처럼 갈라져 있다.

같은 강에 속하지만 성체일 때 상당한 차이를 보이는 동물들의 배가 서로를 닮았다는 구조적인 문제는 보통 그들의 생존 환경과는 직접적인 관련이 없다. 예를 들어, 척추동물의 배에서 아가미구멍 가까이에 있는 특이한 고리 모양의 동맥이 환경 조건 — 어미의 자궁에서 양분을 얻는 어린 포유류, 둥지에서 부화하는 조류의 알, 그리고 물 밑에 있는 개구리의 알 덩어리 등이 처해 있는 환경 조건 — 의 유사성과 관련 있다고 생각하는 것은 무리가 있다. 그러한 관련성을 인정할 만한 근거가 전혀 없는 것은, 인간의 손, 박쥐의 날개, 그리고 알락돌고래의 지느러미에 있는 동일한 뼈가 유사한 삶의 환경 조건들과 관련된 것이라고 믿을 이유가 없는 것과 마찬가지다. 아무도 사자 새끼의 줄무늬나 어린 검은새(blackbird)의 얼룩이 이 동물들에게 어떤 효용이 있다거나 그들이 노출된 환경과 관련된 것이라고 생각하지는 않을 것이다.

　　그렇지만 동물이 배 발생이 활발하게 일어나는 단계이거나 일어날 수밖에 없는 경우에는 이야기가 다르다. 유생이 성체로 발달하는 시기는 생활사 중 일찍 찾아오거나 늦게 찾아올 수도 있다. 그렇지만 그 시기가 언제오든 간에, 생활 조건에 적응하는 유생의 모습은 성체에서와 마찬가지로 완벽하고 아름답다. 그런 특수한 적응 때문에 근연 동물의 유생들의 유사성이나, 활발하게 발생하는 근연 동물 배들의 유사성은 때로 매우 흐릿해진다. 또한 두 종의 유생이나 종내 두 집단의 유생들이 성체들만큼, 아니 그보다도 훨씬 더 서로 다른 경우도 있다. 그렇지만 대부분의 경우에는 유생이 발생하더라도 여전히 일반적인 배 유사성의 법칙을 어느 정도는 따른다. 만각류는 이 사실에 대한 좋은 예를 제공한다. 심지어 저명한 학자인 퀴비에조차 따개비가 갑각류라는 사실을 인식하지 못했다. 하지만 유생을 한 번이라도 봤다면 이는 절대로 착각할 수 없는 사실임을 알 수 있다. 다시금 말하건대 만각류의 대표적인 두 종류이자 외적으로는 매우 다른 유병류(자루 부분으로 바닷가의 바위에 붙어사는 거북손이 여기에 해당한다. 유생 단계에서는 여섯 차례의 변태를 거쳐 키프리스 유생이 된다. 키프리스 유생은 큰 촉각에 있는 석회질을 분비하는 샘을 이용하여 적당한 물체에 붙어 성체로 자란다. ─ 옮긴이)와 착생류(따개비가 여기에 해당한다. 유생 단계에서는 세 쌍의 부속지를 가진 갑각류 특유의 노플리우스 유생이 된다. ─ 옮긴이)의 유생은 모든 발달 단계에서 서로 구별이 되지 않을 만큼 닮았다.

배 발달의 과정에서 일반적으로 생체 조직은 고등해진다. 나는 생체 조직이 고등해진다거나 하등해진다는 것이 무슨 뜻인지 명확하게 정의하는 것이 거의 불가능하다는 것을 알면서도 그 말을 사용하지 않을 수 없다. 그렇지만 나비가 애벌레보다 고등하다는 말에 반론을 제기할 사람은 아마도 없을 것이다. 그렇지만 일부 경우에는 성체가 전반적으로 유생보다 단계상 더 하등한 것으로 여겨지기도 하는데, 몇몇 기생 갑각류가 바로 그런 경우이다. 다시 만각류로 돌아가 보자. 첫 단계의 유생은 세 쌍의 다리, 무척 단순한 홑눈, 그리고 긴 튜브 모양의 입을 가지고 있다. 이 유생들은 그 입으로 엄청난 양의 먹이를 먹고 크기가 증가하게 된다. 나비의 번데기 기간에 해당하는 두 번째 단계에서 그들은 헤엄치기에 적합하도록 아름답게 구축된 여섯 쌍의 다리와 한 쌍의 위엄 있는 겹눈, 그리고 극도로 복잡한 더듬이를 갖게 된다. 그렇지만 그들은 닫혀 있는 불완전한 입을 가지고 있어서 먹이를 먹을 수가 없다. 이 단계에서 유생들의 역할은 잘 발달된 촉각 기관을 이용해 마지막 변태 단계를 완료하기 위해 들러붙을 만한 적절한 지점을 탐색하고, 강력한 수영 능력으로 그 지점에 도달하는 것이다. 이 과정이 완료되면 그들은 평생 거기에 붙어서 산다. 그들의 다리는 이제 포획 기관으로 변하게 되고 다시 구조를 제대로 갖춘 입을 얻게 된다. 그렇지만 이제 그들은 더듬이를 잃게 되며 두 눈은 조그맣고 무척 단순한 홑눈이 되어 버린다. 이 마지막 완성 단계에서 만각류는 유생 단계에 있었을 때보다 생체 조직적으로 더 고등하거나 더 하등하다고 여겨질 수 있다. 그렇지만 몇몇 속의 유생은 일반적인 구조를 갖는 암수한몸이 되거나 아니면 내가 보충웅성(補充雄性, complemental males, 어떤 다모류(polychaetes)와 만각류에서처럼 보통 양성체형에 달라 붙어서 사는 것으로 알려진 통상 작고 순수한 웅성형. ─ 옮긴이)이라 부르는 것, 이 둘 중의 어느 한쪽으로 발전한다. 이때 후자에서의 발달은 확실히 퇴행이다. 수컷은 단순히 단기간 동안만 생존해 있는 주머니일 뿐이고 생식 기관을 제외하면 입도, 위도, 혹은 다른 중요한 기관도 없기 때문이다.

우리는 같은 강에 속하지만 상당히 다른 동물들의 배에서 볼 수 있는 밀접한 유사성과 마찬가지로 배와 성체 사이에 존재하는 구조상의 차이를 너무 익숙하게 봐 왔기에, 이런 사실들이 어떤 방식으로든 성장과 반드시 관련된 것으로 보일 수도 있다. 그렇지만 배에서 어떤 구조가 시각적으로 드러나자마자, 예를 들어 박쥐의 날개나 알락돌고래의 지느러미의 모든 부분이 적절한 비율로 그려지지 말아야 할 이유는 없다. 그리고 몇몇 동물군 전체와, 다른 동물군의 일부 구성원의 배는 그 어떤 시기에도 성체와 크게 다르지 않다. 이에 대해 오언은 갑오징어와 관련해 "변태는 일어나지 않는다. 두족류적인 형질은 배의 일부분들이 완성되기 훨씬 이전부터 드러난다."라고 말했다. 또한 그는 거미에 대해서 "변태라고 부를 만한 것은 전혀 없다."라고도 했다. 곤충의 유충은 그것이 다양하고 활동적인 습성들에 적응했든 아니면 무척 비활동적이든, 부모에게서 먹이를 받아먹든 아니면 적절한 영양분 한가운데에 놓였든, 거의 모두가 발달상에서 비슷한 어떤 벌레 같은 단계를 거친다. 그렇지만 진딧물의 경우처럼 일부에서 연충 모양의 단계는 그 흔적조차 볼 수 없는데, 헉슬리 교수가 그린 진딧물의 발달에 대한 놀라운 그림들을 보면 이를 알 수 있다.

그렇다면 우리는 발생학에 관한 이러한 몇 가지 사실들 — 보편적이지는 않지만 전반적으로는 배와 성체가 서로 다르다는 것, 동일한 개체의 배 부위들이 나중에는 무척 달라지고 다른 목적에 이용될지라도 성장 초기에는 아주 비슷하다는 것, 같은 강에 속해 있는 서로 다른 종의 배들이 보편적이지는 않지만 전반적으로 서로 닮았다는 것, 배 발생이 생활사에서 어느 시기이든 활발하게 일어나는 단계이거나 성체가 되기 위해 필요한 것을 갖추어야 하는 경우를 제외하고는 배의 구조가 생활 조건과는 별로 관련이 없다는 것, 배가 나중에 그것이 자라서 되는 성체에서보다 생체 조직적으로 더 고등할 때가 있다는 것 — 을 어떻게 설명해야 하는가? 나는 이 모든 사실들이 아래와 같이, 변화를 동반한 계승이라는 관점에서 설명 가능하다고 믿는다.

아마도 기형은 아주 이른 시기에 배에 영향을 미치기 때문에, 흔히들 경미한 변이 역시 이른 시기에 나타난다고 생각하기 쉽다. 그렇지만 우리는 이 주제에 관한 증거를 그다지 많이 갖고 있지 않다. 사실, 증거는 이와는 다른 방향을 가리킨다고도 볼 수 있다. 소와 말 그리고 다양한 진귀한 동물을 사육하는 사람들도 동물이 태어나서 어느 정도 시간이 지나기까지는 어떤 장점이나 형태가 모습을 드러낼지를 확실히 말할 수 없다는 사실이 익히 알려져 있기 때문이다. 우리는 우리 자신의 아이들로부터 이러한 사실을 명확히 볼 수 있다. 우리는 우리의 아이가 키가 클지 작을지, 혹은 정확히 어떤 얼굴이 될지 알 수 없다. 문제는 어떤 변이가 삶의 어느 시기에 야기되느냐가 아니라, 그것이 어느 시기에 완전하게 드러나느냐. 내가 생각하는 대로라면 일반적으로 그 요인은 배 형성 이전에 이미 작용하는지도 모른다. 그리고 그 변이들은 양쪽 부모나 그들의 조상이 노출되었던 조건들에 의해 영향을 받은 암수의 생식 요소들 때문인지도 모른다. 그럼에도 심지어 배가 형성되기도 전인 아주 이른 시기에 그런 식으로 야기된 효과가 생활사의 후기에 나타날지도 모른다. 노령에만 발생하는 대물림으로 인한 질병이 한쪽 부모의 생식 요소로부터 자손에게 전해지는 것처럼 말이다. 아니면, 품종 간 교잡된 소의 뿔이 어느 한쪽 부모의 뿔 모양에 의해 영향을 받듯이 말이다. 매우 어린 동물이 아직 어미의 자궁이나 알에 있는 한, 혹은 부모에게 양분을 받고 보호를 받는 한, 그것의 형질 대부분을 완전히 획득하는 시기가 생활사에서 조금 이르냐 늦냐는 그것의 안녕에 그다지 중요하지 않을 것이다. 예를 들어, 어떤 새가 긴 부리를 가지고 있어서 먹이를 잘 획득할 수 있다 해도 그것이 부모로부터 먹이를 받아먹는 한, 부리의 길이가 구체적으로 어느 정도인지는 중요하지 않을 것이다. 따라서 나는 각각의 종이 현재의 구조를 가지도록 만든 단계적인 변화들이 그다지 이르지 않은 시기에 발생했으리라는 것이 가능한 이야기라고 결론을 내리게 되었다. 그리고 우리 가축들에서 볼 수 있는 직접적인 증거들 몇 가지 역시 이러한 시각을 뒷받침해 준다. 그렇지만 어떤 경우에는 단계적인 변화 각각이나 그 변화들 중 다수가 극도로 이른 시기에 나타난다는 것도 상당히 가능성 있는 이야기다.

나는 첫 장에서 부모에게서 어떤 변이가 어느 시기에 처음으로 나타나든 그것은 자손에게서 그것에 상응하는 나이에 다시 나타나는 경향이 있다는 사실을 그럴 듯하게 지지해 주는 몇 가지 증거가 있다고 언급했다. 몇몇 변이들은 특정 연령에만 일어날 수 있다. 예를 들면, 누에나방이 각각 애벌레, 고치, 혹은 성충 단계에서 보여 주는 특징들이나 거의 다 성장한 소의 뿔에서 보이는 것이 그러하다. 그렇지만 여기서 더 나아가, 우리가 볼 수 있는 모든 변이 — 생활사의 초기나 후기에 나타나는 변이 — 는 자손과 부모에게서 동일한 연령에 나타나는 경향이 있다. 내가 예외 없이 그렇다고 주장하는 것은 절대 아니다. 그리고 부모에게서보다 자손에게서 더 이른 연령에 발생했던 변이들(이 말을 넓은 의미로 보았을 때)에 대한 많은 확실한 사례들도 제시할 수 있다.

내가 믿기로는 만약 이 두 가지 원리가 사실임이 인정된다면, 앞에서 기술했던 발생학의 주된 사실들 모두를 설명해 줄 것이다. 그렇지만 우선은 사육 변종들에게서 볼 수 있는 몇 가지 유사한 사례들을 살펴보자. 개에 대해서 연구한 몇몇 학자들은 그레이하운드와 불도그는 비록 겉모양은 너무나도 다르지만 실제로는 아주 가까운 유연 관계를 지닌 변종이며, 아마도 동일한 야생종으로부터 내려왔을 것이라고 주장한다. 따라서 나는 그들의 강아지가 서로 얼마나 다른지에 대해 호기심이 들었다. 나는 사육자들로부터 그들이 부모만큼이나 많이 다르다는 말을 들었는데, 눈으로 판단할 수 있는 한은 실제로 그런 것처럼 보였다. 그렇지만 나이든 개들과 생후 6일째인 강아지들을 실제로 측정해 보니, 강아지들은 아직 성견들만큼 완전히 다르지는 않다는 것을 알 수 있었다. 또한 나는 짐마차 말의 새끼들과 경주마의 새끼들이 다 자란 것들만큼이나 서로 다르다는 말을 들었다. 그 사실은 나를 무척 놀라게 했는데, 나는 두 품종 사이의 차이가 오로지 사육 하에서의 선택을 통해서만 생기는 것이라고 생각했기 때문이었다. 그렇지만 늙은 경주마와 무거운 짐마차를 끄는 말에서 어미와 생후 3일 된 새끼를 주의 깊게 관찰해 보았을 때, 새끼들의 차이는 부모에 비하면 한참 못 미친다는 사실을 발견할 수 있었다.

비둘기의 몇몇 사육 품종들이 하나의 야생종으로부터 내려왔다는 증거가 명백하다고 생각했기에, 나는 부화한 지 열두 시간이 넘지 않은 다양한 품종의 새끼 비둘기들을 서로 비교해 보았다. 나는 야생종과 파우터, 공작비둘기, 런트비둘기, 바브비둘기, 드래곤비둘기(dragons), 전령비둘기, 공중제비비둘기의 부리의 비율, 입의 폭, 콧구멍과 눈꺼풀의 길이, 발의 크기와 다리의 길이를 측정했다. (여기에는 상세 수치를 제시하지 않겠다.) 그랬더니 이 비둘기들 중 일부는 길이와 부리의 모양이 각기 너무나 달라서, 그들이 만약 자연산이었다면 의심할 여지없이 다른 속에 속하는 것으로 분류를 했을 정도였다. 그렇지만 이 몇몇 품종들의 새끼들을 한 줄로 늘어놓았을 경우에는 완전히 자란 것들에 비해 앞서 말한 몇 가지 점에서 보이는 상대적인 차이가 비교할 수 없을 정도로 적었다. 비록 대다수는 서로 구별이 가능하기는 했지만 말이다. 예를 들어, 입의 폭과 같은 몇몇 형질들의 차이는 새끼에서는 거의 찾아보기가 어려울 정도였다. 그렇지만 이 법칙에는 한 가지 눈에 띄는 예외가 있는데, 그것은 단면공중제비비둘기의 새끼는 모든 면에서 야생 바위비둘기의 새끼만 아니라 다른 품종의 새끼들과도 거의 부모들 못지않은 차이를 보였다는 것이다.

앞에서 제시한 두 가지 법칙은 사육 변종들의 배 발생 단계 후기와 관련된 이러한 사실들을 설명해 주는 것처럼 보인다. 말, 개, 비둘기를 선택해 사육을 하는 애호가들은 해당 동물들이 거의 다 자랐을 때 선택을 한다. 그들은 자기들이 원하는 성질과 구조가 그 동물의 삶에서 좀 더 이른 시기에 획득되었는지 아니면 더 늦은 시기에 획득되었는지에 대해서는 개의치 않는다. 그저 다 자란 동물이 그런 형질을 갖고 있기만 하면 되는 것이다. 그리고 방금 제시한 경우는 — 특히 비둘기의 경우에는 더욱 그러한데 — 각각의 품종을 가치 있게 만들어 주며 인간의 선택을 통해 축적되는 형질적인 차이들이 일반적으로 삶의 초기에 처음으로 나타나는 것이 아니라, 이르지 않은 연령에 나타나 그 연령대로 자손들에게 대물림되는 것이라는 사실을 보여 주는 듯하다. 그렇지만 겨우 생후 열두 시간 만에 완전한 비례에 도달하는 단면공중제비비둘기의 경우는 그것이 보편적인 법칙은 아님을 입증한다. 왜냐하면, 이 경우에는 형질적인 차이점이 일반적인 경우보다 더 이른 시기에 나타났거나, 그렇지 않을 경우 그에 상응하는 연령보다 더 이른 시기에 대물림되었을 것이기 때문이다.

이제 이러한 사실들과 앞의 두 가지 법칙을 자연 상태에 있는 종들에게 적용해 보자. 두 법칙 중 후자는 사실로 입증되지는 않았지만 어느 정도 가능한 것으로 보일 수 있다. 내 이론에 따르면 어떤 한 부모 종으로부터 내려왔고 다양한 습성들에 따라 자연 선택을 통해 변화를 겪어 왔을 몇몇 새로운 종들이 속해 있는 조류 속 하나를 예로 들어 보자. 이 경우 우리가 예로 든 이 새로운 종의 새끼들은 우리가 비둘기의 경우에서 본 바와 마찬가지로, 다소 늦은 시기에 발생했고 그 연령에 해당하는 시기에 대물림된 많은 경미한 연속적인 변이 단계에 의해 성체들보다는 서로 더 닮게 되는 경향을 분명히 보이게 될 것이다. 우리는 이 시각을 과 전체나 심지어 강으로까지 확대할 수 있다. 예를 들어, 부모 종에게서 다리로 기능했던 앞다리는 오랜 단계의 변화를 거쳐 어떤 자손에게는 손으로, 다른 자손에게는 물갈퀴로, 그리고 또 다른 자손에게는 날개로 쓰이는 데 적응했을 것이다. 그리고 앞의 두 가지 법칙 ― 각각의 단계적인 변이들이 다소 늦은 시기에 발생한다는 것과 그 연령에 해당하는 늦은 시기에 대물림된다는 것 ― 에 따라 그 부모 종의 몇몇 자손들의 배가 가지고 있는 앞다리는 여전히 서로 꽤 유사할 것이다. 그들은 변화를 겪지 않았을 것이기 때문이다. 그렇지만 새로운 종의 각 개체에서 배의 앞다리는 다 자란 동물의 앞다리와는 무척 다를 것이다. 성체의 다리들은 다소 후기에 많은 변화를 겪어서 손이나, 물갈퀴나 날개로 변했을 것이기 때문이다. 오랫동안 계속된 연습이나 용불용에 영향을 주는 것이 무엇이든 그것은 기관을 변형시킬 것이고, 그 영향력은 주로 완전한 활동 능력을 갖추고 스스로 살아 나가야 하는 성숙한 동물에게서 발휘될 것이다. 그리고 그렇게 야기된 결과는 그 연령에 해당하는 성숙한 시기에 대물림될 것이다. 반면에 새끼는 용불용의 영향으로 인한 변화를 겪지 않거나 덜 겪을 것이다.

비록 우리로서는 그 이유를 전혀 알 수 없지만, 몇몇 경우에서는 연속적인 변이의 단계들이 매우 이른 시기에 발생하거나, 아니면 각각의 단계가 그것이 처음 나타났을 때보다 더 이른 시기에 대물림되는 경우가 있다. 두 경우 다(단면공중제비비둘기의 경우와 마찬가지로) 새끼나 배는 다 자란 부모 형태와 꼭 닮게 된다. 우리는 갑오징어나 거미, 그리고 진딧물과 같은 거대한 규모의 곤충 강의 몇몇 구성원을 비롯한 일부 동물의 전체 집단에서 이러한 발달의 법칙을 보아 왔다. 이런 경우에 새끼들이 어떤 변태도 겪지 않거나 매우 이른 시기에 부모를 닮는다는 사실의 결정적인 이유와 관련해, 이것은 다음의 두 가지 우발성에 의해 야기된다고 볼 수 있다. 첫 번째는 여러 세대를 거쳐 이어져 온 변화의 과정에서 새끼들이 발달상 무척 이른 시기부터 스스로 자기의 필요를 충족시켜야 했다는 것이다. 두 번째는 그들이 부모와 완전히 동일한 생활 습성을 따른다는 것이다. 이러한 경우에는 새끼들이 무척 어린 시기에 부모와 동일한 방식으로 변화해야 한다는 것이 그 종의 생존에 필수적이기 때문이다. 그러나 설명을 좀 더 보태자면, 배가 일종의 변태를 겪지 않는 것은 어쩌면 필수적인 요소일지도 모른다. 한편 만약 부모와 어느 정도 다른 생활 습성을 따르는 것이, 그리고 그 결과로 부모와는 약간 다른 구조를 갖는 것이 새끼에게 이롭다면, 그 연령에 해당하는 시기에 대물림된다는 법칙에 따라 활동적인 새끼나 유생은 쉽사리 자연 선택을 통해 어느 정도 눈에 띌 만큼 부모와 달라질 것이다. 또한 그런 차이들은 잇따른 각각의 발달 단계들과 상호 관련이 있을 수도 있다. 따라서 1단계의 유생이 2단계의 유생과 엄청나게 다른 경우가 있는데, 이것은 만각류의 경우에 이미 살핀 바 있다. 성체는 이동 기관이나 감각 기관 같은 것이 쓸모없게 되는 상황이나 습성에 적응되었을지도 모른다. 이러한 경우 마지막 변태는 퇴행이라고 말할 수 있다.

이미 멸절했든 현존하든 지상에 살았던 적이 있는 모든 생물은 같이 분류되어야 한다. 그리고 그 모두는 매우 미세한 단계들을 통해 연결되어 있었다. 따라서 가장 좋은, 혹은 사실상 — 만약 우리의 수집이 거의 완벽에 가깝다면 — 유일하게 가능한 배열 방식은 계통적인 것이다. 내 견해에 따르면 박물학자들이 자연적 분류 체계라는 개념 아래 찾으려 했던 숨겨진 연결의 요체가 바로 계통이다. 이러한 시각에서 우리는 어째서 대다수 박물학자들의 눈에 배의 구조가 성체의 구조보다 분류에서 훨씬 더 중요하게 보이는지 그 이유를 이해할 수 있다. 배는 그 동물의 덜 변화된 상태를 보여 주는 것이며 따라서, 조상의 구조를 드러내기 때문이다. 두 집단의 동물들이 지금은 구조와 습성 면에서 서로 어느 정도나 다르든 간에, 그들이 동일하거나 유사한 배 발생 단계를 거친다면, 우리는 그들이 동일하거나 거의 유사한 부모로부터 내려왔고, 그렇기 때문에 밀접한 유연 관계를 갖는다고 확신할 수 있다. 따라서 배 구조의 공통성은 계통의 공통성을 드러낸다. 그것은 성체의 구조가 아무리 많은 변화를 겪었고 흐릿해졌어도 이러한 계통의 공통성을 드러낼 것이다. 예를 들어 우리는 만각류의 유생을 보면 그것이 갑각류라는 거대한 규모의 강에 속한다는 것을 즉각 알아볼 수 있다는 사실을 살펴본 바 있다. 각 종과 종 집단의 배의 상태가 그들의 덜 변화된 고대 조상들의 구조를 일부나마 우리에게 보여 주기에, 우리는 왜 그 먼 옛날 멸절한 생명 형태들이 그들의 자손인 우리의 현생 종의 배와 닮아 있는가 하는 이유를 명확히 알 수 있다. 아가시는 이것이 자연 법칙이라고 믿는다. 하지만 나는 솔직히 이후에 그것이 사실임이 입증되기를 바랄 뿐이라고 말하지 않을 수 없다. 변화의 오랜 과정에서 무척 이른 시기에 발생하는 단계적인 변이들 때문에, 혹은 맨 처음 나타날 때보다 더 이른 시기에 대물림되는 변이들 때문에, 현재의 배에서 나타난다고 여겨지는 먼 옛날의 상태가 사라져 버리지 않은 경우에만 그 법칙이 사실이라는 것을 입증할 수 있다. 또한 먼 옛날의 생명 형태들이 현생 종들의 배 단계와 닮는다는 법칙은 진실일 수도 있지만, 지질학적 기록이 충분히 먼 과거에 대한 것까지는 확보되어 있지 않기 때문에, 오랜 기간, 어쩌면 영원히 입증되기 힘들지도 모른다는 사실을 염두에 두어야 한다.

　따라서 박물학에서 그 무엇과 비교해도 중요성 면에서 뒤지지 않는 발생학의 중요한 사실들은 다음 원리로 설명할 수 있다. 즉 먼 옛날에 존재했던 하나의 조상으로부터 내려온 다수의 후손들 각 개체에게서 경미한 변화들은 ― 비록 매우 이른 시기에 야기되었을지는 몰라도 ― 그다지 이른 시기에 발현되지 않고, 그 연령에 해당하는 이르지 않은 시기에 대물림된다는 것이다. 배라는 것을 마치 다소 흐려지기는 했으나 거대한 규모의 동물강의 공통 부모 형태를 보여 주는 하나의 그림이라고 생각해 보면, 발생학은 더욱더 흥미로워진다.

흔적 기관, 퇴화 기관, 혹은 발육이 정지된 기관

쓸모없다는 인장이 찍힌 이러한 기묘한 상태에 있는 기관이나 부분은 자연에서 극도로 흔하다. 예를 들어, 제대로 발달하지 못한 유방은 포유류의 수컷에서 매우 일반적으로 나타난다. 새들의 '가짜 날개(bastard-wing)'는 흔적 상태의 발가락이라고 생각해도 무리가 없다. 많은 뱀들에 있어 한쪽 폐엽은 흔적 기관이다. 일부 뱀들은 골반과 뒷다리의 흔적을 가지고 있다. 이런 흔적 기관들 가운데 일부는 굉장히 흥미롭다. 예를 들어, 성장한 고래의 머리 부위에는 이빨이 없는데 고래의 태아에는 이빨이 있다는 것, 그리고 아직 태어나지 않은 송아지의 위턱에는 잇몸을 뚫고 나오지 못한 이빨이 있다는 것 등이 그렇다. 심지어 몇몇 배 상태의 조류의 부리에서도 이빨의 흔적이 보인다는 권위자들의 주장도 있었다. 날개가 비행을 위해 형성되었다는 것은 너무나 분명한 사실이다. 하지만 전혀 비행을 할 수 없을 정도로 작게 위축되어, 겉날개(wing-cases) 아래에 완전히 유착된 채로 남아 있는 날개를 가진 곤충들을 얼마나 많이 볼 수 있는가!

　흔적 기관의 의미는 의심의 여지없이 명백한 경우가 많다. 예를 들어 같은 속(그리고 심지어 같은 종)에 속한 딱정벌레들이 모든 면에서 서로를 닮았는데 그중 하나는 완전한 크기의 날개를 가지고 있고 다른 하나는 그저 날개막의 흔적만 가진 경우가 있다. 여기서 그 흔적들이 날개를 나타낸다는 것을 의심하는 것은 불가능하다. 때로는 흔적 기관들이 아직 잠재 능력을 유지하고 있고 다만 발달되지 않았을 뿐인 경우도 있다. 수컷 포유류의 유방이 그런 경우인 것 같은데, 왜냐하면, 완전히 성장한 수컷들에게서도 그것이 발달해서 젖을 분비했다는 기록이 많이 남아 있기 때문이다. 다시 말해 소속의 유방에는 보통 발달된 유두 네 개와 흔적 유두 두 개가 있는데, 가축으로 키워지는 소에게는 그 흔적 유두 두 개가 발달해서 젖을 분비하는 경우가 있다는 것이다. 동일한 종의 식물들에서 꽃잎이 단순히 흔적인 경우도 있고 제대로 발달한 경우도 있다. 암수딴몸인 식물들에서 수꽃은 종종 암술의 흔적을 갖는 경우가 있다. 그리고 쾰로이터는 그런 수식물들을 암수한몸 종과 교잡시키면 잡종 후손의 암술의 흔적이 크기가 훨씬 증가한다는 것을 실험을 통해 밝혀냈는데, 이것은 흔적 암술과 완전한 암술의 성질이 근본적으로는 동일함을 보여 준다.

두 가지 목적에 이용되는 어떤 하나의 기관이 두 가지 목적 중 더 중요한 한쪽을 위해서 흔적 기관이 되거나 아니면 완전히 못 쓰게 되고, 다른 한 가지 용도에만 완벽하게 유용한 상태로 남는 경우가 있다. 식물들의 경우에 암술의 목적은 암술의 아랫부분에 있으며 씨방에 의해 보호되는 밑씨까지 꽃가루관이 가 닿게 하는 데 있다. 암술은 암술대가 받쳐 주고 있는 암술머리로 이루어져 있다. 하지만 일부 국화과에서는 수꽃이 암술을 가지는 경우가 있는데 ─ 물론 열매를 맺지는 않지만 ─ 이 암술은 흔적 상태이며 암술머리를 갖고 있지 않다. 그렇지만 암술대는 잘 발달한 상태이고 다른 국화과에서와 마찬가지로 주위에 있는 꽃밥으로부터 꽃가루를 털어 내기 위한 목적으로 쓰이는 털로 덮여 있다. 다시 말하건대, 어떤 기관이 원래 용도에 대해서는 흔적 기관이 되고 다른 목적으로 사용될 수도 있다. 몇몇 어류에서 부레는 부력을 제공하는 원래 기능으로는 사용할 수 없는 흔적 기관이 된 것처럼 보이며, 발생 초기에 호흡 기관이나 폐로 변환되어 왔다. 다른 비슷한 예들도 제시할 수 있다.

같은 종의 개체들에게서 보이는 흔적 기관들은 그 발달 정도를 비롯한 양상들이 제각각일 수 있다. 게다가 근연종들이 가진 동일한 기관이 어느 정도로까지 흔적화되는지는 서로 다르기 십상이다. 후자의 사실에 대한 좋은 예로 몇몇 나방 무리에 속한 암컷의 날개 상태를 들 수 있다. 흔적 기관들이 완전히 사라진 경우도 있는데, 이것은 우리가 유추를 통해 어떤 동물이나 식물에게서 찾아볼 수 있으리라고 기대했던 — 그리고 그 종의 기형 개체들에게서는 이따금 발견되는 — 어떤 기관의 흔적을 전혀 찾을 수 없다는 뜻이다. 일반적으로 우리는 금어초에서 다섯 번째 수술을 발견할 수 있을 것이라 기대하지 않는다. 하지만 이것이 가끔 발견되는 경우도 있다. 하나의 강에 속한 서로 다른 구성원들에게서 동일한 부분의 상동을 추적하기 위한 목적으로, 흔적 기관을 이용하거나 찾아내는 방법보다 더 일반적이거나 더 필수적인 방법은 없다. 이것은 오언이 제공한 말과 소, 그리고 코뿔소의 다리뼈에 대한 그림으로 잘 입증되었다.

고래와 반추동물의 위턱에 있는 이빨과 같은 흔적 기관이 배 상태에서는 자주 발견되지만 나중에는 완전히 사라진다는 것은 중요한 사실이다. 나는 또한 성체에 비하면 배에서 흔적 기관이나 제대로 발달하지 못한 부분이 그 인접 기관과 비교했을 때 크기가 더 큰 것이 보편적인 법칙이라고 믿는다. 따라서 이 이른 시기에는 그 기관이 흔적 기관처럼 보이는 것이 덜하며, 심지어는 흔적 기관이라는 말을 할 수조차 없어 보인다. 따라서 성체의 흔적 기관은 그것이 배일 때의 상태를 유지하고 있는 것이라고 말할 수도 있겠다.

나는 지금 흔적 기관과 관련된 중요한 사실들을 제시하고 있다. 그것들을 생각해 본다면 모두가 경악하지 않을 수 없을 것이다. 왜냐하면, 우리에게 대부분의 부분들과 기관들이 고유의 목적을 위해 아주 정교하게 적응되어 왔다고 분명히 말해 주는 합리적 추론이, 한편으로는 이런 흔적 기관들이나 위축된 기관들이 불완전하고 무용하다는 말 또한 분명하게 하고 있기 때문이다. 자연사에 대한 저서들은 흔적 기관들을 두고 보통 "대칭을 위해" 혹은 "자연의 계획(the scheme of nature)을 완성하기 위해" 창조되었다고 말한다. 그렇지만 내게는 이것이 그저 하나의 현상을 다른 말로 표현한 것일 뿐, 전혀 해명이 안 되는 것으로 여겨진다. 행성들이 태양 주위를 타원형으로 돌기 때문에 위성들은 대칭성을 지키기 위해 그리고 자연의 계획을 완성하기 위해 행성 주위를 동일한 경로로 돈다고 말한다면, 과연 그것이 충분한 설명이라고 할 수 있을까? 한 저명한 생리학자는 흔적 기관의 존재를 설명하기 위해 흔적 기관이 유기체에게 과도한 또는 해로운 물질을 배출하는 역할을 한다고 가정했다. 그렇지만 수꽃에서 암술에 해당하며 단순히 세포 조직으로 이루어진 아주 작은 돌기가 그런 역할을 한다고 생각할 수 있을까? 나중에는 흡수되어 버리는 흔적 이빨이 귀중한 인산석회를 배출함으로써 급속히 자라는 소의 배에게 도움을 준다는 추론이 가능할까? 인간의 손가락이 절단되면 가끔 그 잘린 부분에 불완전한 손톱이 자라는 경우가 있다. 나는 그런 손톱의 흔적이 어떤 알 수 없는 성장 법칙 때문이 아니라 각질을 배출하기 위해 나타난 것이라고 기꺼이 믿을 수도 있을 것이다. 만일 해우(manatee, 포유강 바다소목(Sirenia) 바다솟과(Trichechidae)의, 완전 수중 생활을 하는 초식 동물. ― 옮긴이)의 지느러미에 있는 흔적적인 손톱이 각질을 배출하기 위한 목적으로 형성된 것이 맞다면 말이다.

변화를 동반한 계승이라는 내 시각에 따르면, 흔적 기관들의 기원은 단순하다. 우리는 사육 및 재배 품종들에서 수많은 흔적 기관의 사례를 볼 수 있다. 꼬리가 없는 품종에서 볼 수 있는 남은 꼬리 부분, 귀가 없는 품종에서 귀의 흔적, 뿔이 없는 소 품종 ― 특히 유아트 씨의 말에 따르면 어린 새끼들 ― 에게서 밑으로 축 늘어진 조그만 뿔이 다시 나타나는 것, 그리고 콜리플라워(cauliflower) 꽃 전체의 상태 같은 것이 그런 것들이다. 우리는 기형에서 다양한 부분의 흔적 상태들을 자주 볼 수 있다. 그렇지만 나는 과연 이런 사례들이 흔적 기관이 만들어질 수 있다는 것을 보여 주는 것 이외에 자연 상태에서 흔적 기관들의 기원에 대한 실마리를 던져 줄 수 있을지 의심스럽다. 나는 자연 상태에서 종들이 급격한 변화를 겪는다는 데 의혹을 품고 있기 때문이다. 나는 불용이 주된 요인이라고 믿는다. 즉 불용이 잇따른 세대들로 하여금 다양한 기관들의 점차적인 위축을 야기해서 결국 흔적 기관이 되도록 만들었다고 생각한다. 어두운 동굴에 사는 동물들의 눈이나, 날아야 할 일이 거의 없고 따라서 비행 능력을 완전히 잃어버린, 대양도에서 사는 새들의 날개의 경우가 이를 보여 준다. 또한 어떤 특정한 조건에서는 유용했던 기관이 다른 상황에서는 오히려 해로워질 수 있는데, 이 경우에 자연 선택은 계속해서 그 기관을 점점 위축시켜서 그것을 해롭지 않은 흔적 기관으로 만들지도 모른다. 조그맣고 노출된 섬에 사는 딱정벌레의 날개가 그러한 예다.

　알아볼 수 없을 정도로 경미한 단계에 의해 초래되는 어떤 기능상의 변화는 자연 선택의 능력 범위 안에 있다. 따라서 생활 습성이 변화되는 바람에 어떤 기관이 어떤 한 가지 목적으로는 쓸모없게 되거나 해롭게 되면, 변화하여 다른 목적에 사용될 수도 있다. 반면 어떤 기관은 이전의 여러 가지 기능들 중 하나만을 위해 유지되는 수도 있다. 어떤 기관은 쓸모가 없어지면 변이할 수도 있는데, 그것의 변이들은 자연 선택을 통해 방해를 받지 않을 것이기 때문이다. 일생 중 어느 연령이 되었을 때(일반적으로는 그 개체가 성숙해 완전히 활동적인 상태가 되었을 때) 불용이나 선택이 어떤 기관을 축소시키면, 그에 상응하는 시기에 작용하는 대물림의 법칙은 바로 그 나이에 축소되었던 형태로 그 기관을 재생산할 것이다. 따라서 배아에서 그것이 영향을 받거나 축소되는 일은 거의 없을 것이다. 이로써 우리는 흔적 기관이 배아에서는 상대적으로 크기가 더 크고, 성체에서는 비교적 크기가 더 작다는 사실을 이해할 수 있다. 그렇지만 만약 축소되는 과정의 각 단계가 상응하는 나이에서가 아니라 극도로 이른 시기에 대물림된다면(우리는 그렇게 믿을 만한 확실한 이유가 있다.), 흔적 부분은 완전히 사라져 버릴 수 있는데, 이것이 바로 완전히 소멸되는 경우일 것이다. 또한 어떤 부분이나 구조를 이루는 물질들이 그것의 소유자에게 유용하지 않다면 그 물질은 최대한 절약된다는, 이전의 다른 장에서 설명한 경제성의 원리가 작동하는 일이 흔히 있다. 이 경우에는 흔적 기관이 완전히 소멸되는 결과가 초래되는 경향이 생길 것이다.

이처럼 흔적 기관들은 오랫동안 존재해 온 생명체의 모든 부위에 있는 대물림되려는 경향성 때문에 존재한다. 우리는 분류에 대한 계보학적인 관점을 통해 왜 분류학자들이 흔적 기관이 생리학적으로 매우 중요한 부분들만큼 혹은 그것들보다도 더 유용하다는 것을 발견하게 되었는가를 이해할 수 있다. 흔적 기관들은 어떤 단어에서 철자는 남아 있지만 묵음이 되어 버린 글자에 비유할 수 있다. 이때 그 글자는 단어의 어원을 찾는 데는 유용한 실마리가 된다. 변화를 동반한 계승이라는 시각에서 우리는 흔적 상태, 불완전한 상태, 그리고 쓸모가 없는 상태로 있거나 아니면 완전히 사라진 기관들의 존재가, 몰랐던 난제를 제시하기는커녕 대물림의 법칙으로 설명될 가능성이 있으며 실제로 설명된다는 결론을 내릴 수 있다. 이는 일반적인 창조 원리로 보면 확실히 불가능한 일이다.

요약

이번 장에서 나는 다음과 같은 것들을 보여 주려고 노력했다. 모든 시대를 통틀어 모든 유기체 집단은 보다 상위의 집단에 종속된다는 것, 모든 현존하거나 멸절한 존재들이 복잡하고 방사적이며 우회적인 유연 관계를 통해 하나의 거대한 체계로 연결된다는 연관 관계의 본질, 박물학자들이 분류를 할 때 따르는 법칙들과 그들이 마주치는 어려움들, 생존에서 중요성이 높은지 아닌지 혹은 흔적 기관처럼 전혀 중요성이 없는지에 관계없이 형질이 일정하고 우세할 경우 그 형질에 매겨지는 가치, 그리고 상사적이거나 적응적인 형질과 진정한 유연 관계를 드러내는 형질의 가치는 매우 대립적이라는 것을 비롯한 법칙들 말이다. 이러한 사실들은 모두, 박물학자들에 의해 근연종들로 여겨지는 형태는 공통 조상을 가지고 있고 자연 선택을 통한 변이를 겪어 왔으며, 그것이 형질의 소멸과 분지를 초래했다는 시각에 따르면 자연스럽게 추론할 수 있다. 분류에 대한 이러한 견해를 고려할 때 양성, 모든 연령, 그리고 동종의 변종으로 인정된 것들 모두를 그들이 구조상 얼마나 다르냐에 상관없이 한데 묶어 분류하는 데에 계통이라는 요소가 보편적으로 사용된다는 것을 염두에 두어야 한다. 만약 이러한 계통이라는 요소 ― 유기체의 유사성에 대해 확실히 알려진 유일한 원인 ― 를 확장해서 생각해 본다면, 우리는 자연적 분류라는 말이 무엇을 뜻하는가를 이해할 수 있을 것이다. 그것은 계통적으로 배열을 하고, 포착된 차이의 정도를 종, 속, 과, 목, 그리고 강이라는 용어들로 표현하는 것이다.

변화를 동반한 계승이라는 시각은 형태학의 모든 중요한 사실들 또한 이해할 수 있게 해 준다. 우리는 하나의 강에 속한 여러 다른 종이 가진 상동 기관에서 어떤 목적에 쓰이는지와 상관없이 드러나는 동일한 패턴들을 볼 수도 있고, 아니면 각 동식물 개체에서 동일한 패턴으로 구축된 상동 부분들을 볼 수도 있다.

경미한 단계적 변화들이 반드시 또는 일반적으로 아주 이른 시기에 나타나는 것은 아니라는 점과 상응하는 시기에 대물림이 일어난다는 원리에서 보면, 우리는 발생학의 주된 사실들을 이해할 수 있다. 즉 성장하고 나면 구조와 기능 면에서 서로 상당히 달라지는 상동 부분들이 배아 단계에서는 서로 유사하다는 것과 비록 어떤 강에 속한 여러 종들의 상동 부분이나 기관이 성체에서는 서로 완전히 다른 목적에 맞게 적응하게 되지만 그래도 유사성을 보인다는 것 등이다. 유생은 변화가 그에 해당하는 연령대에 대물림된다는 법칙을 통해 생활 습성과 관련해서 특수하게 변화된 활동적인 배이다. 이와 동일한 법칙에 의거해 생각해 보면 ─ 그리고 기관들이 불용이나 선택에 의해 크기가 축소되는 것은 대체로 그 존재가 자신에게 필요한 것을 스스로 공급해야 하는 삶의 시기에 일어난다는 것과 대물림의 법칙이 얼마나 강력한가를 염두에 두면 ─ 흔적 기관이 생기고 결국에는 소멸하게 된다는 사실은 설명이 전혀 불가능한 골칫거리가 아니다. 그와는 반대로 그들의 존재는 심지어 예측이 가능할 정도다. 배열이 계통학적이어야만 자연스러워진다는 시각에 입각해서 생각해 보면, 분류에서 배가 가지고 있는 형질이나 흔적 기관들이 얼마나 중요한지를 인식할 수 있다.

최종적으로 이 장에서 살펴본 몇 가지 사실들은 이 세상을 채우고 있는 셀 수 없이 많은 유기체 종들, 속들, 그리고 과들이 모두 각각 자신의 강이나 집단 내의 공통 조상으로부터 내려왔으며, 모두 계승의 과정에서 변화되어 왔음을 분명히 보여 준다. 따라서 나는 아무리 다른 사실이나 논의의 지지를 받지 못한다 하더라도 이 시각을 망설임 없이 채택할 수밖에 없다.

14장

요약 및 결론

이 책 전체가 하나의 긴 논증이므로, 가장 중요한 사실 몇 가지와 추론한 내용들을 간략히 요약해 두는 것이 독자들을 위해서도 편리할 것이다.

자연 선택을 통해 일어나는 변화를 동반한 계승 이론에 대해 중대한 반론이 많이 제기될 수 있다는 점을 나는 부정하지 않는다. 나는 그러한 반론이 활발하게 제시되어 논의를 일으킬 수 있도록 노력해 왔다. 복잡한 기관과 본능이, 인간의 이성과 유사하면서도 더 우월한 어떤 방식을 통해서가 아니라, 그것을 소유한 개체에게 이로운 수많은 미세한 변이들이 축적됨으로써 완벽해진다는 것을 믿는 것이 처음에는 너무나도 어려워 보였다. 생각하기에 따라서는 이런 어려움이 극복할 수 없을 정도로 어마어마해 보였을지라도, 다음에 제시할 몇 가지 명제들을 인정한다면 그리 진정한 어려움으로 여겨지지 않을 수도 있다. 그 명제란 바로 다음과 같은 것들이다. 즉 현재 존재하는 것이든 존재했던 것이든 간에 어떤 기관 또는 본능이 완성되는 데는 점진적인 변화의 단계가 있고 그 단계들은 그것에 이익이 된다고 여겨진다는 점, 모든 기관과 본능은 아주 경미한 정도이기는 해도 변이할 수 있다는 점, 마지막으로, 유리한 구조나 본능의 변화가 보존되도록 이끄는 생존 투쟁이 존재한다는 점이다. 나는 이러한 명제들의 진실성 여부에 대해서는 논박의 여지가 없다고 생각한다.

많은 구조들이 어떠한 점진적 변화의 단계에 따라 완성되었는지를 추측하기조차 어렵다는 것은 두말할 필요가 없는 사실이다. 특히나 명맥이 끊어지고 멸망해 가고 있는 유기체 집단에서는 더욱 그러하다. 그러나 "자연은 도약하지 않는다."라는 명제가 언급되는 것을 보면 느낄 수 있듯이, 자연계에서 우리는 너무나도 많은 이상한 점진적 변화들을 만날 수 있다. 따라서 우리는 어떤 기관이나 본능, 또는 어떤 유기체 전체가 수많은 점진적인 변화의 단계에 의해 현재의 상태에 이를 수 없다고 단언하는 것에 극도로 신중을 기해야 한다. 나는 자연 선택 이론의 특수한 문제점을 보여 주는 사례가 있음을 인정하지 않을 수 없다. 그중에서 가장 흥미로운 것은, 하나의 개미 사회에 일개미, 즉 번식이 불가능한 암개미가 두세 개의 계급으로 확실하게 나뉘어 존재한다는 사례다. 그러나 나는 이러한 난점을 어떻게 극복할 수 있는가를 보여 주고자 노력했다.

서로 다른 종 사이에서 처음으로 교배가 일어난 경우에 새끼를 낳지 못하는 것이 거의 보편적인 것은, 변종 간의 교배에서는 거의 대부분 수정 가능하다는 점과는 뚜렷하게 대조된다. 이에 대해서는 8장의 뒷부분에 나오는 여러 사실들을 요약한 부분을 참고하기 바란다. 내가 생각하기에 거기에 서술한 설명은, 이러한 불임성이 두 나무의 접붙이기가 불가능한 것 이상의 특별한 자질이라기보다는,

교배된 각 종들이 가지는 생식계의 체질적인 차이에 기인한다는 것을 확실하게 보여 준다. 우리는 두 종을 상반 교잡했을 때 — 한 종을 처음에는 아비로서 사용하고, 다음에는 어미로서 사용했을 때 — 나타나는 결과에서 볼 수 있는 엄청난 차이를 통해 이러한 결론이 옳다는 것을 알 수 있다.

변종끼리의 상호 교배 시 번식이 가능하고, 그로부터 얻은 잡종 자손도 생식 능력이 있는 경우가 보편적이라고 할 수는 없다. 그렇지만 그 변종들이 가지는 체질이나 생식계가 과도하게 많은 변화를 겪은 것은 아니라는 점을 떠올려 보면, 그들이 그 정도의 생식 능력을 가지고 있다는 점은 그리 놀라운 일도 아니다. 게다가 실험의 대상이 된 대부분의 변종들은 사육 및 재배 하에서 태어난 것들이며, 사육화는 분명히 불임성을 제거하는 경향이 있으므로 우리는 사육이 불임을 야기했을 것이라 생각해서는 안 된다.

잡종의 불임은 첫 교배에서의 불임과는 매우 다르다고 할 수 있는데, 이는 잡종의 생식 기관이 기능적으로 문제가 있는 반면, 첫 교배에서 어버이 양쪽의 생식 기관은 모두 완벽한 상태에 있기 때문이다. 종류를 막론하고 모든 유기 조직은 조금씩 변화하는 새로운 생활 환경의 영향을 받고 있는 체질 때문에 어느 정도는 불임이 된다는 사실을 우리는 계속해서 살펴보았다. 잡종의 체질이 서로 다른 두 유기 조직의 결합에 의해 교란되지 않기란 거의 불가능하기 때문에, 우리는 잡종이 어느 정도의 불임성을 가지고 있다고 해서 그리 놀랄 필요가 없다. 이 같은 평행성은, 유사하지만 정반대되는 또 다른 사실들에 의해 지지된다. 그 사실들이란, 모든 유기체의 활력과 생식 능력이 생활 조건의 미세한 변화에 의해 증가할 수 있고, 변종들의 자손이 교배를 통해 활력과 생식 능력을 획득한다는 점이다. 따라서 한편으로는 생활 환경 조건의 상당한 변화와 크게 변이된 형태들 간의 교배가 생식 능력을 떨어뜨리고, 다른 한편으로는 그보다는 덜한 생활 환경 조건의 변화와 약간 변이된 형태들 간의 교배가 생식 능력을 증가시킨다고 할 수 있다.

지리적 분포에 대한 내용으로 가 보면, 변화를 동반한 계승 이론은 매우 중대한 난점에 맞닥뜨리게 된다. 같은 종에 속한 모든 개체들, 그리고 같은 속, 혹은 나아가 더 상위 집합에 속한 모든 종들은 공통 조상으로부터 계승되었음이 틀림없다. 따라서 현재 발견되는 곳이 서로 얼마나 멀리 떨어져 있든 간에 그것들은 세대를 거듭하는 동안에 어느 한 지역에서 다른 지역으로 옮겨 갔을 것이다. 어떻게 이런 일이 일어날 수 있었는지 추측조차 할 수 없을 때도 많다. 하지만 어떤 종이 매우 오랜 시간, 즉 햇수로 측정하기에는 너무나도 유구한 시간 동안에도 동일한 특정 형태를 유지하고 있었다는 사실을 말해 주는 근거가 있으므로, 동일한 종이 우연히 넓은 영역에 걸쳐 분포하고 있다는 사실에 대해 너무 크게 신경 쓸 필요는 없다. 매우 오랜 시간이 흐르는 동안 여러 방법을 통해 멀리까지 이주할 수 있는 기회는 얼마든지 많이 존재하기 때문이다. 분포 범위가 끊어져 비연속적이 된 이유는 그 중간 지대에서 종이 멸절했기 때문으로 설명할 수 있다. 근래 이 지구상에 영향을 끼친 다양한 기후 변화와 지리적 변화의 규모가 어느 정도인지에 대해서 우리가 매우 무지하다는 점은 부인할 수가 없다. 분명한 것은 그러한 변화가 이주를 엄청나게 촉진했을 것이라는 점이다. 예를 들어, 나는 빙하기가 전 지구상에 존재하는 동일한 종 및 대표 종의 분포에 얼마나 막대한 영향력을 발휘했는지에 대해 보여 주고자 했다. 가끔 일어났던 그 이주가 어떤 방식으로 일어났는지에 대해서도 우리는 아직 상당히 무지하다. 멀리 떨어진 고립된 지역에서 따로 서식하고 있는 동일한 속의 다른 종이 겪는 변이의 과정은 의당 매우 느리게 일어날 것이므로, 가능한 이주의 방법은 모두 매우 긴 기간 동안 작용했을 것이다. 따라서 결과적으로 동일한 속에 속하는 종들이 넓은 영역에 걸쳐 분포한다는 사실에 따르는 어려움을 어느 정도 경감시킬 수 있다.

자연 선택 이론에 따르면, 현존하는 변종들과 마찬가지로 매우 미세한 단계적인 차이에 의해 각 집단에 있는 모든 종들을 연결시키는 수많은 중간적인 형태들이 존재했었음이 틀림없다. 따라서 이러한 질문이 나올 수 있다. 우리는 왜 이러한 연결해 주는 형태들을 우리 주위에서 보지 못하는가? 어째서 모든 유기체들이 빠져나갈 수 없는 혼돈 속에서 서로 뒤섞여 버리지는 않는 것일까? 현존하는 형태들에 대해 우리는 (매우 드문 경우를 제외하고) 그것들을 서로 직접적으로 연결시키는 연결 고리를 발견할 수 있을 것이라고 기대할 권리가 없다는 점을 기억해야 한다. 우리는 다만 현존하는 형태와 일부 멸종하여 대체된 형태 사이의 연결 고리만을 발견할 수 있을 뿐이다. 어떤 종에 의해 점유되던 지역에서부터 그것과 근연인 종이 점유하는 다른 지역으로 이동하는 동안 기후나 다른 생활 환경 조건이 눈에 띄지 않을 정도로 서서히 변해 가는 어느 넓은 영역 — 오랜 기간 연속적으로 이어진 채 유지되어 온 지역 — 에 이르기까지, 우리는 그 중간 지대에서 중간적인 변종들을 종종 발견할 수 있으리라는 기대를 할 정당한 이유가 없다. 우리는 아주 극소수의 종들만이 어느 한 시기에 변화를 겪게 되고, 그 모든 변화는 서서히 일어난다고 믿을만한 근거를 갖고 있기 때문이다. 나는 아마도 최초에는 중간 지대에 존재했을 중간적인 변종들이 그것의 양쪽 편에 있었던 근연인 형태에 의해서 대체되는 경향이 강했을 것이라는 점 또한 보여 주었다. 근연인 형태들은 상당히 많은 수로 존재했기 때문에 대개 수적으로 열세한 중간적인 변종들보다 더 빠른 속도로 변이되고 개량되었을 것이다. 따라서 중간적인 변종들은 결국 멸절하여 대체되었을 것이다.

전 세계적으로 현존해 있는 생명체들과 멸종된 생명체들 사이를 연결해 주는, 그리고 각 연속된 시대 동안 멸종된 종과 그보다 훨씬 더 오래된 종들 사이를 연결해 주는 무궁무진한 연결 고리가 소멸되었다는 학설의 입장에서 볼 때, 왜 모든 암석층에는 그와 같은 연결 고리가 가득 차 있지 않은 것일까? 어째서 화석 유해를 모아도 생명 형태의 점진적인 변화와 돌연변이(mutation)에 대한 분명한 증거를 얻을 수 없는 것일까? 우리는 그러한 증거를 보지 못했고, 이러한 점은 나의 이론을 부정하는 많은 반론들 중에서 가장 분명하고 강력한 것이라 할 수 있다. 그렇다면 또 어째서 근연종의 집단들은 — 종종 그것들이 잘못된 것으로 드러나기는 하지만 — 여러 지질학상의 단계 중에 갑자기 나타나는 것으로 보이는 것일까? 왜 우리는 실루리아기 화석군의 조상의 유해를 담고 있는 실루리아계 밑에서 거대한 지층 더미를 발견하지 못하는 것일까? 내 이론에 따르면 그 이유는 바로, 그 지층은 지구의 역사에서 전혀 알려지지 않은 시기이면서 아주 오래된 과거에 어딘가에서 침적된 것이기 때문이다.

나는 지질학적 기록이 대부분의 지질학자들이 생각하는 것보다 훨씬 더 불완전하다는 추정 아래에서만 이러한 여러 의문점이나 중대한 반론에 대한 대답을 할 수 있다. 많은 생체 조직적 변화가 일어나기에 충분한 시간이 주어지지 않았다는 반론은 성립될 수 없다. 여기서 말하는 시간의 경과라는 것은 인간의 지적 능력으로는 절대로 감지할 수 없을 만큼 너무나도 엄청난 것이기 때문이다. 박물관에 있는 모든 표본들의 수를 합친다고 해도 확실히 존재했던 무수한 종들의 무수한 세대와 비교해 보면 그것들은 거의 없는 것이나 마찬가지라고 해도 될 정도다. 만일 우리가 예전 상태 혹은 부모 상태와 현 상태 사이의 중간적인 연결 고리에 대해 잘 모르고 있다면, 우리가 아무리 그것들을 면밀하게 조사해 본다 한들 어떤 종이 다른 어떤 한 종이나 여러 종들의 부모형이라는 것을 인식하는 것은 불가능할 것이다. 우리가 이러한 수많은 연결 고리들을 찾게 될 것이라 기대조차 하지 못하는 것은 지질학적 기록이 불완전하다는 점에서 기인한다. 현존하는 수많은 의심스러운 형태들은 아마 변종으로 분류될 수 있을 것이다. 그렇지만 후세에 너무나도 많은 화석상의 연결 고리가 발견되어 박물학자들이 일반적인 견해에 입각해 이러한 의심스러운 형태들이 변종인지 아닌지를 판단할 수 있을 것이라고 그 누가 단언할 수 있겠는가? 어느 두 종 간의 연결 고리 대부분이 미지의 것으로 남아 있는 한, 연결 고리 혹은 중간적인 변종 하나가 발견된다 하더라도, 그것은 그저 또 다른 별개의 종으로 분류되어 버릴 것이다. 지구상에서 지질학적으로 답사가 일어난 부분은 아주 일부에 지나지 않는다. 수적으로 어느 정도 이상 화석 상태로 보존 가능한 것은 일부 특정 강의 유기체들뿐이다. 넓은 분포 영역을 가지는 종들은 매우 잘 변이하며, 변종들은 처음에는 국지적으로 분포하는 경우가 많다. 이러한 두 요소가 중간적인 연결 고리가 덜 발견되도록 만드는 원인으로 작용한다. 국지적인 변종은 그것들이 상당히 변이되고 개량되기 전까지는 멀리 떨어진 다른 지역으로 퍼져 나가지 않을 것이다. 실제로 다른 지역으로 퍼져 나가 암석층에서 발견되었을 경우에도 변종들은 거기서 갑자기 창조된 것처럼 보일 것이고, 결국 단순히 새로운 종으로 분류될 것이다. 대부분의 암석층은 간헐적으로 축적된 것인데, 나는 그 축적 기간이 종의 평균 존속 기간보다 짧을 것이라고 생각한다. 연속적으로 보이는 암석층은 사실상 아주 기나긴 시간의 공백으로 서로 분리되어 있다. 왜냐하면, 화석을 함유한 암석층은 차후에 일어날 침식 작용을 견디기에 충분히 두껍고, 대부분의 퇴적물이 침강하는 바다 저변에 침전되었을 경우에만 축적될 수 있기 때문이다. 지표면의 융기와 높이 유지가 번갈아 일어나는 시기에는 아무런 기록도 남지 않을 것이다. 지표면이 일정한 높이를 유지하는 시기에는 아마 생명 형태의 변이가 더욱더 많이 일어날 것이고, 침강하는 시기에는 멸절이 더 많이 일어날 것이다.

최하층인 실루리아기층 아래에 화석을 함유한 암석층이 없다는 사실과 관련해서는 9장에서 언급했던 가설을 되풀이해서 말할 수밖에 없다. 지질학적 기록이 불완전하다는 것은 모두들 인정할 것이다. 그러나 내가 요구하는 정도로까지 불완전하다는 것을 인정하는 사람은 얼마 없을 것이다. 충분히 긴 시간 간격을 고려한다면, 지질학은 모든 종이 서서히 점진적으로 변화해 왔으며 그 변화의 방식은 나의 이론에 부합한다는 점을 확실히 보여 줄 것이다. 연속되는 암석층에서 나온 화석 유물은 예외 없이 시간적으로 매우 떨어져 있는 암석층에서 나온 화석보다 훨씬 더 서로 밀접한 유연 관계를 갖는다는 점을 통해 이러한 사실을 분명하게 알 수 있다.

이상의 내용이 나의 이론에 대해 타당하게 제기될 수 있는 여러 주요 반론 및 난점들이다. 나는 지금까지 내가 아는 범위 내에서 그 질문에 대한 대답과 설명을 간략히 요약해서 말했다. 나는 여러 해 동안 이러한 난점들을 의심의 여지 없이 매우 비중 높은 중요한 문제로 느껴 왔다. 그러나 우리가 모른다고 자백할 수 있는, 또는 우리가 얼마나 무지한지조차도 모르는 문제와 관련해서 제기되는 중요한 반박은 특별히 더 신경 쓸 가치가 있다. 우리는 가장 단순한 기관과 가장 완벽한 기관 사이에 존재할 것으로 여겨지는 모든 과도기적인 변화의 단계들에 대해 알지 못한다. 또한 오랜 세월이 흐르는 동안 일어나는 모든 다양한 분포의 수단 또는 지질학적인 기록이 얼마나 불완전한지에 대해서도 우리는 알고 있다고 할 수 없다. 이러한 여러 가지 문제가 중요하기는 하지만, 내가 판단하기에 변화를 동반한 계승 이론을 뒤엎을 만큼은 아니다.

이제 논의의 방향을 다른 곳으로 돌려보자. 사육 및 재배 하에서 우리는 많은 가변성을 볼 수 있다. 이는 주로 생식계가 생활 환경 조건의 변화에 대단히 민감하기 때문인 것으로 보인다. 그래서 완전히 생식 능력을 잃지는 않은 경우, 생식계는 부모형과 정확하게 닮은 자손을 번식시키는 데 실패할 것이다. 가변성은 수많은 복잡한 법칙 — 연관 성장, 사용 및 불용, 물리적인 생활 조건의 직접적인 영향 — 의 지배를 받는다. 우리가 사육 및 재배하는 생물이 얼마나 많은 변이를 겪었는지를 알아내는 것은 매우 어렵다. 그러나 그 변화의 정도가 크다는 사실과 변이는 오랫동안 대물림될 수 있다는 사실 정도는 별 문제 없이 추론할 수 있을 것이다. 생활 환경 조건이 동일하게 유지되는 한, 이미 수 세대 동안 대물림되어 내려온 변이는 거의 무한한 세대에 걸쳐 계속해서 대물림될 것이라 생각할 수 있다. 한편 가변성이 일단 작용하고 나면 완전히 중단되지는 않는다는 증거가 있다. 그것은 바로 가장 오래된 사육 및 재배 생물에서도 여전히 새로운 변종들이 이따금 탄생한다는 점이다.

사실상 인간은 가변성을 만들어 낼 수 없다. 인간은 단지 무심코 유기체를 새로운 생활 환경 조건에 노출시킬 뿐이고, 그 유기 조직에 작용해 변이를 유발하는 것은 그 이후에 자연이 하는 일이다. 그러나 인간은 자연이 그에게 가져다준 변이를 선택할 수 있고, 실제로 선택하고 있다. 그런 방식을 통해 변이가 어떤 원하는 방향으로 축적되는 것이다. 이를 통해 인간은 동식물을 인간의 이익 또는 즐거움을 위해 적응시킨다. 이런 일은 인간들이 체계적으로 한 것일 수도 있고, 품종을 바꾸겠다는 생각 없이 그저 그 당시에 자신에게 가장 쓸모 있는 개체들을 보존함으로써 무의식적으로 행한 것일 수도 있다. 인간이 연속적으로 나타나는 각 세대에서 개체 차이 — 너무나 작은 차이여서 훈련된 안목 없이는 알아보지도 못할 정도인 차이 — 를 선택함으로써, 어떤 품종의 특질에 상당한 영향력을 발휘할 수 있다는 것은 확실하다. 이러한 선택의 과정은 특징이 매우 뚜렷하고 유용한 가축을 탄생시키는 훌륭한 매개체로 작용한다. 인간에 의해 만들어진 많은 품종들이 자연적인 종의 특질을 대단히 많이 가지고 있다는 사실은 그 대부분이 변종인지 아니면 토착종인지를 알아내기가 힘들다는 점을 통해 나타난다.

사육 및 재배 하에서 너무나도 효율적으로 작동되는 원리가 자연계에서 제대로 작용되지 않을 리는 없다. 끊임없이 되풀이되는 생존 투쟁에서 유리한 개체와 품종이 보존되는 것을 통해 우리는 매우 강력하면서도 언제나 작용하는 선택의 방식을 알 수 있다. 모든 유기체는 흔히 기하 급수적인 높은 속도로 증가하기 때문에, 생존 투쟁이 필연적으로 뒤따를 수밖에 없다. 3장에서 언급했듯이 이 높은 증가율은 계산이나 특정 계절이 연속된 효과를 통해, 그리고 귀화의 결과를 통해 증명된다. 생존 가능한 것보다 더 많은 개체가 태어난다. 어떤 개체가 생존하고 어떤 개체가 죽을 것인가, 어떤 변종 혹은 종의 수가 증가할 것인가 감소할 것인가, 혹은 결국 멸절할 것인가는 저울에 올려놓은 1그레인(grain, 아주 적은 양을 나타내는 무게의 단위로 0.00143파운드 또는 0.0648그램. — 옮긴이)의 무게만큼이나 사소한 요인에 따라 결정된다. 동일한 종에 속한 개체들은 모든 측면에서 서로 치열하게 경쟁을 하게 되므로, 생존 투쟁은 일반적으로 그들 사이에서 가장 치열하다. 동종에 속한 변종들 사이 또한 그와 마찬가지로 치열한 생존 투쟁이 일어날 것이고, 동일한 속에 속한 종들 간의 생존 투쟁은 그다음으로 치열할 것이다. 그런데 그 투쟁은 자연의 계층 구조에서 매우 멀리 떨어져 있는 유기체들 사이에서도 때로는 매우 심하게 일어날 것이다. 어떤 개체가 어느 시기나 특정 계절에 경쟁 상대보다 약간이나마 이점을 가지거나, 아무리 미미한 정도라도 주위의 물리적 환경에 더 잘 적응이 되어 있다면, 균형은 그쪽으로 맞추어질 것이다.

암컷과 수컷으로 나뉘어 있는 동물들에게는 암컷을 소유하기 위한 수컷들 사이의 투쟁이 매우 흔하게 일어날 것이다. 일반적으로 가장 혈기왕성한 개체들 혹은 서식지의 생활 환경 조건과의 투쟁에서 가장 성공적으로 살아남은 개체들이 가장 많은 자손을 남길 것이다. 그러나 그러한 성공의 여부는 때로 그들이 특별한 무기나 방어 수단을 가졌는지 혹은 어떤 매력을 가졌는지에 따라 좌우되며, 이 경우에도 아주 경미한 이점이 승리를 가져다줄 것이다.

지질학은 모든 육지가 상당한 물리적인 변화를 겪어 왔다는 점을 분명히 보여 준다. 그렇기 때문에 우리는 유기체가 변화된 사육 및 재배 상태에서 일반적으로 변이했던 것과 같은 방식으로, 자연계 내에서도 변이하고 있을 것이라는 기대를 할 수 있다. 만일 자연에서 어떤 가변성이 나타난다면, 그것은 자연 선택이라는 요소가 작용하지 않고서는 설명하기 힘든 사실이 된다. 자연계에서 일어나는 변이의 양은 엄격히 제한되어 있다는 주장이 종종 제기되었지만, 이러한 주장을 증명하기란 거의 불가능하다. 인간은 오직 외적인 형질에만 ― 그것도 때로는 불규칙적으로 ― 영향을 준다. 하지만 인간은 사육 및 재배하고 있는 생명체에서 단순히 개체 차이를 누적시키는 것만으로도 짧은 시간 내에 엄청난 변화를 만들어 낼 수 있다. 자연계에서 같은 종이라 하더라도 최소한 개체 간에는 차이가 존재한다는 것은 누구나 다 인정하는 사실이다. 그러나 모든 박물학자들은 그러한 차이뿐만 아니라 분류학적 연구에 기록해 둘 가치가 있을 정도로 충분히 뚜렷한 특징을 가지는 변종의 존재를 인정하고 있다. 그 어느 누구도 개체 차이와 경미한 변이 혹은 뚜렷한 차이를 보이는 변종과 아변종, 그리고 종 사이의 차이를 확실하게 구별할 수 없다. 박물학자들이 유럽과 북아메리카에서 서식하는 수많은 대표 종들을 얼마나 다르게 분류하는지를 눈여겨보면 그 사실을 알 수 있다.

그런데 만일 자연계에 가변성이 존재하고, 항상 선택할 준비가 되어 있는 강력한 동인이 있다면, 너무나도 복잡한 생존 관계 속에서 어떤 방식으로든 유기체에게 이로운 변이가 보존되고 축적되며 대물림된다는 것을 우리는 왜 의심해야 하는가? 만일 인간이 인내심을 가지고 자신에게 유리한 변이를 선택할 수 있다고 한다면, 왜 자연은 변화하는 생활 환경 조건에서 살아가는 생명체에 이로운 변이를 선택하는 것에 실패해야 하는가? 각 생물의 체질과 구조, 습성을 세밀하게 살피고 오랜 시간 동안 작용해서 유용한 것은 채택하고 해로운 것은 배제하는 이러한 능력에 어떤 한계가 있을 수 있단 말인가? 나는 각각의 형태를 복잡한 생존 관계 속에서 서서히 그리고 아름답게 적응시키는 이 능력에는 한계가 없다고 생각한다. 그 이상 더 많은 것을 살펴보지 않더라도, 자연 선택 이론 그 자체가 개연성이 있다고 본다. 나는 내가 할 수 있는 한 공정하게 이 이론에 제기된 문제점들과 반론들에 대해 이미 요약해서 언급했다. 그러므로 이제는 이 이론을 지지해 주는 특수한 사실 및 논의에 대해 살펴보도록 하자.

종이란 그저 특징이 뚜렷하고 영구적인 변종에 불과하며 모든 종이 처음에는 변종으로서 존재했다는 견해에 따르면, 흔히 특별한 창조 행위에 의해 탄생되었다고 여겨지는 종들과 이차적인 법칙을 통해 생겨난 것으로 알고 있는 변종들 사이를 구분할 경계선이 어째서 존재하지 않는지를 깨달을 수 있다. 이 견해를 통해 우리는, 어떤 속의 많은 종들이 탄생하여 지금도 번성하고 있는 각 지역에서 어떻게 그 종들이 수많은 변종들을 탄생시켰는지를 이해할 수 있다. 왜냐하면, 종들을 생산해 내는 지역에서는 아직도 그 작용이 활발히 일어나는 것이 일반적인 규칙이라고 예상할 수 있기 때문이다. 이 내용은 변종을 막 시작된 발단종이라 생각한다면 딱 맞아 떨어지는 사실이다. 게다가 수많은 변종 혹은 막 시작된 종을 만들어 내는 거대한 규모의 속에 속한 종들은 어느 정도 변종의 특질을 보유하고 있다. 그것들은 규모가 작은 속에 속한 종들에 비해 상호 차이가 더 적게 나타나기 때문이다. 또한 큰 속의 근연종은 제한된 분포 영역을 가지는 것이 확실해 보이며, 다른 종 주위에서 작은 무리를 형성하고 있다. 이러한 측면에서 그것들은 변종과 유사하다. 이러한 점은 각각의 종이 독립적으로 창조되었다는 시각에 따르면 이상한 관계가 되지만, 모든 종이 최초에는 변종으로 존재했다고 한다면 쉽게 이해할 수 있는 사실이다.

　　모든 종은 기하 급수적인 비율로 번식해 그 수를 과도하게 늘리려는 경향을 가지고 있다. 또한 각 종의 변이된 자손들은 습성이나 구조 측면에서 더욱더 다양해질수록 자연의 경제 내에서 상당히 다른 다양한 장소들을 차지할 수 있어 개체수를 더 많이 늘릴 수 있다. 그러므로 자연 선택은 어느 하나의 종에서 매우 다양화된 자손을 보존하려는 끊임없는 경향성을 가질 것이다. 따라서 변이가 일어나는 오랜 과정에서 동종의 변종들이 가지는 형질상의 미묘한 차이점들은 동일한 속에 속한 종들이 가지는 형질상의 큰 차이로 증대되는 경향이 있다. 새롭게 개량된 변종들이 오래되고 덜 개량된 중간적인 변종을 소멸시키고 그것들을 대체하는 일은 필연적으로 일어난다. 그리하여 종은 매우 분명한 윤곽과 뚜렷한 특징을 가지게 된다. 거대한 집단에 속하는 우세종들은 새로운 우세한 형태들을 탄생시키는 경향이 있다. 따라서 규모가 큰 집단은 더욱더 커지는 동시에 형질 면에서 더 다양해진다. 그러나 그것들 모두를 유지할 수는 없기 때문에 모든 집단이 그런 식으로 규모를 늘리는 데 성공할 수는 없는 노릇이다. 그리하여 더 우세한 집단이 덜 우세한 것들을 이기게 된다. 수많은 멸절이 우발적으로 일어나는 경우가 있다는 점과 함께, 거대한 집단이 계속해서 규모를 늘리고 형질을 분지시키는 이러한 경향성은 다음과 같은 사실을 설명해 준다. 즉 모든 생명체는 어떤 집단이 다른 집단에 종속되는 방식으로 단 몇 개의 거대한 강에 속하는 것으로 배열될 수 있다는 것이다. 이는 지금도 우리 주위의 모든 곳에서 볼 수 있으며 모든 시대를 통틀어 일반적으로 일어났던 일이다. 나는 모든 유기체들을 집단으로 묶을 수 있다는 이 위대한 사실을 창조설로는 절대 설명할 수 없다고 생각한다.

　자연 선택은 오로지 경미하고 이로운 잇따른 변이들을 축적하는 것에 의해서만 작용하므로, 거대하고 급격한 변화가 생기게 하지는 못한다. 또한 자연 선택은 매우 짧고 느린 단계를 통해서만 작용할 수 있다. 따라서 우리는 이 이론을 통해 "자연은 도약하지 않는다."라는 격언 ― 우리의 지식에 새로운 사실이 더해질수록 그 정확성에 더욱 확신이 가는 명제 ― 을 쉽게 설명할 수 있다. 우리는 왜 자연이 혁신에 대해서는 인색하지만 다양성에 대해서는 너그러운지를 명백히 알 수 있다. 그러나 각각의 종이 독립적으로 창조되었다는 법칙으로는 어느 누구도 그 이유를 설명할 수 없을 것이다.

그 밖의 수많은 사실들도 이 이론으로 설명 가능하다고 본다. 딱따구리의 모양을 한 새가 땅 위에서 곤충을 잡아먹고 살도록 창조되었다든지, 수영을 거의 혹은 절대로 하지 않는 고지대의 거위가 물갈퀴발을 가진 채로 창조되었다든지, 개똥지빠귀가 잠수해서 반수생 곤충을 잡아먹고 살도록 창조되었다든지, 슴새가 바다쇠오리나 논병아리의 생존에 적합한 습성이나 구조를 가지고 창조되었다는 등, 그 밖에도 다른 무수한 예들을 생각해 보자. 그러한 설명은 정말이지 너무나도 이상하다! 그러나 각각의 종은 그 수를 늘리기 위해 끊임없이 노력하고 있으며, 언제나 자연 선택은 서서히 변이해 가는 그 종의 후손들을 자연계에 생긴 빈자리 혹은 제대로 채워지지 않은 자리에 적응시킬 준비를 하고 있다는 시각에 따르면, 이러한 사실들은 이상한 것이 아니다. 오히려 어느 정도 예상 가능한 것이라 할 수 있을 정도다.

자연 선택은 경쟁에 의해 작용하기 때문에 각 지역에 서식하는 생물들은 주변의 다른 생물들이 얼마나 완벽한가에만 영향을 받은 채 적응된다. 따라서 우리는 유기체가 어느 지역에서 서식하든 간에 ― 비록 통상적으로는 그 지역에서 특별하게 창조되고 적응된 것으로 여겨지지만 ― 다른 지역으로부터 온 귀화된 생물에게 패배해서 대체될 수 있다는 사실에 그리 놀랄 필요가 없다. 또한 우리는 자연계에서 발견할 수 있는 모든 정교한 장치들이 우리가 판단하는 한 절대적으로 완벽하지는 않으며, 그들 중 일부는 우리가 생각하는 적합성과는 거리가 멀다고 하더라도 이상하게 생각할 필요가 없다. 우리는 벌의 침이 그 벌 자신에게도 죽음을 초래할 수 있다는 것, 단 한 번의 교미를 위해 그토록 많은 수벌이 태어나 결국 생식 능력이 없는 그 자신의 누이에게 죽임을 당한다는 것, 전나무가 놀라울 정도로 많은 꽃가루를 낭비하는 것, 여왕벌이 생식 능력이 있는 자신의 딸을 본능적으로 혐오하는 것, 맵시벌과의 곤충이 살아 있는 애벌레의 몸 안에 살면서 그것을 먹어 치우는 것, 그리고 그 밖의 여러 유사한 예들에 대해서 그리 놀라워할 필요가 없다. 자연 선택 이론에 입각했을 때 정말로 경이로운 것은, 절대적인 완전성이 결여되어 있는 사례가 그다지 많이 관찰되지 않았다는 사실이다.

변이를 지배하는 거의 밝혀지지 않은 복잡한 법칙은 이른바 종 형태의 탄생을 지배하고 있는 법칙과 유사한 것 같다. 어느 쪽의 경우라도 물리적 조건은 직접적인 영향을 아주 조금만 미쳤던 것으로 보인다. 변종이 어느 지역으로 들어가면 종의 형질 중 일부가 그 지역에 적합하도록 맞춰지는 경우가 종종 있다. 변종에서나 종에서나 사용 및 불용은 어느 정도 영향을 주는 것으로 보인다. 예를 들어, 사육 오리와 거의 동일한 상태에 있으며 날지 못하는 날개를 가지고 있는 먹통오리나 굴 속에 살며 눈이 멀어 있는 경우가 많은 투코투코, 눈이 피부로 덮여 있어서 앞을 보지 못하는 특정 두더지, 혹은 아메리카나 유럽의 어두운 동굴에서 서식하는 눈이 먼 동물들을 보면 이러한 결론을 내리지 않을 수가 없다. 변종에서나 종에서나 연관 성장은 중요한 역할을 하며, 따라서 어떤 한 부분이 변하면 다른 부분도 필연적으로 변하게 된다. 또한 변종에서와 종에서 모두 오랫동안 나타나지 않았던 형질로의 복귀가 일어난다. 말속에 속한 여러 종들 및 그것들의 잡종에서 가끔 다리와 어깨에 줄무늬가 나타나는 현상을 창조설로 설명하기란 얼마나 어렵겠는가! 반면 이 종들이 줄무늬가 있었던 공통 조상으로부터 내려온 것들 ― 마치 비둘기의 여러 가축 품종들이 줄무늬를 가진 푸른색 바위비둘기의 자손인 것과 마찬가지의 방식으로 ― 이라고 생각하면 이 사실을 얼마나 간단하게 설명할 수 있는가!

각각의 종이 독립적으로 창조되었다는 보통 시각에 따른다면, 종의 형질 혹은 동일한 속에 속한 종들에게 나타나는 서로 다른 형질은 어째서 모든 종들이 공통적으로 가지고 있는 속의 형질에 비해 더 변동이 심한 것일까? 예컨대, 어떤 속에 속한 어느 한 종에서 꽃의 색은 왜 그 속의 모든 종들이 동일한 색의 꽃을 가지고 있는 경우에서보다 다른 종들 ― 각기 독립적으로 창조되었다고 여겨지는 종들 ― 이 서로 다른 색의 꽃을 가지고 있는 경우에 변이 가능성이 더 큰 것일까? 종이란 단지 뚜렷한 특징을 가진 변종이며 변종들 중에서 상당히 영구적인 형질을 가지게 된 존재라고 한다면, 우리는 그 사실들을 이해할 수 있다. 그 종들은 특정 형질을 가진 공통 조상으로부터 분지된 이래로 이미 변이해 왔으며, 그로 인해 그것들은 서로 분명히 다른 특징을 가지게 된 것이다. 그리하여 그들이 가진 동일한 형질들은 아주 오랜 기간 동안 변하지 않고 대물림되어 내려온 속의 형질들보다 훨씬 더 변이할 가능성이 컸을 것이다. 창조설을 통해서는 어떤 속에 속한 어느 한 종에서 매우 특이한 방식으로 발달되어 우리로 하여금 당연히 그 종에서 매우 중요한 부분이라고 추론하게 만드는 부분이 왜 매우 변이하기 쉬운지, 그 이유를 설명하기 어렵다. 그러나 나의 견해에 따르면, 여러 종들이 공통 조상으로부터 분지된 이래로 이 부분은 비정상적으로 많은 변이와 변화를 겪게 되었고, 따라서 이 부분은 대체로 여전히 변이 가능하다는 것을 예상할 수 있다. 한편, 박쥐의 날개와 같이 아주 비정상적인 방식으로 발달되어 왔지만 그 어떤 다른 구조들에 비해서도 더 잘 변이하지 않는 부분도 있을 수 있다. 만약 그 부분이 수많은 종속된 형태들에서 공통적인 부분이라면, 즉 아주 오랜 기간 동안 대물림되어 왔다면, 이러한 경우 그 부분은 오랫동안 계속해서 작용하는 자연 선택을 통해 변함없이 존재하게 될 것이다.

본능에 대해 살펴보면, 여러 가지 면에서 그것은 매우 경이롭다. 하지만 연달아 일어나는 경미한 그러나 이로운 변이에 자연 선택이 작용한다는 이론에 따르면, 본능에서 나타나는 난점은 신체적인 구조에서 나타나는 난점보다 심각하지 않다. 우리는 왜 자연이 점진적인 단계를 통해 동일한 강에 속한 여러 다른 동물들에게 여러 본능을 부여하는지를 이해할 수 있다. 나는 점진적인 변화의 원리가 꿀벌의 경이로운 건축 능력을 설명하는 데에 좋은 해결책을 제시할 수 있음을 보여 주려고 노력했다. 물론 습성은 때때로 본능을 변화시키는 데에 중요한 역할을 한다. 그러나 오랫동안 계속된 습성을 물려줄 자손을 남기지 않는 중성적인 곤충의 경우에서 살펴봤듯이 필수 불가결한 것은 아님이 확실하다. 동일한 속의 모든 종들은 하나의 공통 부모로부터 내려온 것이고 그것들은 많은 것을 공통적으로 대물림받았다고 하는 관점에 따르면, 각기 상당히 다른 생활 환경 조건 아래 놓이는 경우조차도 어떻게 근연종들은 그렇게 거의 동일한 본능을 따르게 되는지를 이해할 수 있을 것이다. 예컨대, 남아메리카의 개똥지빠귀는 어째서 영국에 있는 것들처럼 둥지에 진흙을 바르는지를 말이다. 본능이 자연 선택을 통해 서서히 획득된 것이라는 견해에서 보면, 완벽하지 않고 오류인 것처럼 보이는 본능도 있고 다른 동물들을 괴롭히는 본능도 많다는 사실에 대해 그리 놀라워할 이유가 없다.

만약 종이 뚜렷한 특징을 가진 영구적인 변종일 뿐이라면, 우리는 왜 종들 사이의 교배로 태어난 자손들이 부모를 닮는 정도나 방법에 있어서 — 연속적으로 계속되는 교배를 통해 서로 섞인다는 점 및 그 밖의 여러 점들에서 — 변종으로 인정되는 것들 사이의 교배로 태어난 자손에서와 마찬가지의 복잡한 법칙을 따르는지를 즉시 알아차릴 수 있을 것이다. 반면, 만약 종이 각기 독립적으로 창조되었고 변종들은 이차적인 법칙에 의해 만들어진 것이라면, 위의 그런 점들은 매우 이상한 사실로 보일 것이다.

우리가 지질학적 기록이 매우 심각하게 불완전하다는 점을 인정한다면, 그 기록이 보여 주는 바, 앞서 언급한 사실들은 변화를 동반한 계승 이론을 지지한다. 새로운 종은 서서히 그리고 잇따라 간격을 둔 채 무대 위로 등장한다. 동일한 시간 간격이 있은 후에라도, 나타나는 변화의 양은 서로 다른 집단에서 상당히 달라질 수 있다. 종과 종 집단 전체의 멸절은 생물계의 역사에서 너무나도 뚜렷한 역할을 해 왔다. 그리고 그것은 거의 필연적으로 자연 선택의 원리를 따른다. 오래된 형태는 새롭고 개량된 형태에 의해 대체된다. 통상적으로 이어져 내려오던 세대의 사슬이 끊어져 버리면, 어느 단일 종이나 종들의 집단도 다시 나타나지는 못한다. 우세한 형태가 서서히 변이해 가는 자손들을 통해 점차 확산되면 오랜 시간이 경과한 이후에는 마치 생명체가 전 세계적으로 동시에 변화한 것처럼 보이게 된다. 모든 암석층의 화석 유해는 그 위아래에 있는 암석층의 화석들 사이의 다소 중간적인 형질을 갖는다는 사실은 혈통 계승의 사슬에서 그것들이 중간적인 위치에 있다는 것으로써 간단히 설명할 수 있다. 모든 멸절한 유기체들은 현존하는 유기체들과 동일한 계통에 속하고, 동일한 집단 혹은 중간적인 집단으로 분류될 수 있다고 하는 위대한 사실은 현존하는 것들이나 멸절한 것들이나 모두 공통 조상의 자손들이기에 나타나는 결과다. 일반적으로 먼 과거의 조상으로부터 이어져 내려온 집단들은 다양화된 형질을 가지고 있기 때문에, 그 조상과 초기 자손은 후기 자손에 비해 중간적인 형질을 가지는 경우가 많을 것이다. 이런 맥락에서 우리는 왜 화석이 더 오래될수록 현존하는 근연 집단들 사이의 다소 중간적인 성질을 가지는 경우가 더 빈번하게 나타나는지를 이해할 수 있다. 약간 애매한 의미이기는 하지만, 최근의 형태들은 일반적으로 과거에 멸절한 형태들보다 더 고등한 것으로 보인다. 그리고 생존 투쟁에서 나중에 출현한 더 개량된 형태가 더 오래되고 덜 개량된 유기체를 정복하는 한, 그것들은 더 높은 지위를 차지했을 것이다. 마지막으로 같은 대륙에 있는 근연 형태들 ― 오스트레일리아의 유대목 동물들, 아메리카의 빈치류 등과 같은 여러 경우 — 이 오랫동안 지속된다는 법칙도 쉽게 이해할 수 있는데, 한정된 지역 내에서 현존하는 것들과 멸절한 것들은 당연히 계통적으로 근연일 것이기 때문이다.

지리적 분포에 대해 살펴보자. 만일 우리가 오랜 시간이 경과하는 동안 기후상의 변화나 지리적인 변화에 의해 그리고 우발적으로 일어나는 알 수 없는 많은 확산의 방법을 통해 지구상의 어느 부분에서 다른 부분으로 수많은 이주가 일어났음을 인정한다고 해 보자. 그러면 우리는 변화를 동반한 계승 이론에 따라 분포와 관련된 매우 중요한 사실들 대부분을 이해할 수 있을 것이다. 우리는 어찌하여 공간을 통한 유기체들의 분포와 시간을 통한 지질학적 천이에 그토록 분명한 유사점이 있는지도 알 수 있다. 그 이유는 바로 이 두 경우 모두에서 유기체들은 세대라는 끈으로 서로 연결되어 있으며, 변화의 방법 또한 동일하기 때문이다. 게다가 우리는 모든 여행자들을 깜짝 놀라게 만드는 놀라운 사실, 즉 같은 대륙에서 매우 다양한 조건 — 더운 곳과 추운 곳, 산악 지대와 저지대, 사막과 습지 — 하에 있는 큰 규모의 어떤 강에 속한 대부분의 서식 생물들이 서로 명백한 관련성을 가진다는 사실이 의미하는 바를 완전히 알 수 있다. 일반적으로 그것들은 동일한 조상이나 초기 개척자의 자손들일 것이다. 과거의 이주가 대부분의 경우 변화와 함께 일어난다는 이 같은 원리에 따라, 상당히 멀리 떨어진 산에서 매우 다른 기후 하에 서식하는 소수의 식물들이 유사성을 가지고 있으며, 많은 다른 식물들과 매우 근연인 관계에 있는 것이 빙하기 덕분임을 이해할 수 있다. 뿐만 아니라 북쪽과 남쪽의 온대 지역 바다에서 서식하는 일부 생물이 열대 지방의 대양에 의해 서로 분리되어 있음에도 밀접한 근연 관계를 갖는다는 점 또한 이해할 수 있다. 한편 두 지역이 동일한 물리적 생활 환경 조건을 보이는데도 만약 오랜 기간 동안 완전히 서로 분리되어 있었다면, 그곳의 서식 생물들이 상당히 다르다는 점에 그리 놀랄 필요가 없다. 왜냐하면, 유기체와 유기체의 관계는 모든 관계 중에서 가장 중요한 것이고, 이 두 지역은 다양한 시기에 각기 다른 비율로 제3의 지역에서 온 개척자를 받아들였거나 그 두 지역 상호 간에 유기체의 이동이 있었을 것이므로, 이 두 지역에서 일어난 변이의 과정은 다를 수밖에 없었을 것이기 때문이다.

이주와 그 후에 일어나는 변이에 관한 시각에서, 우리는 왜 대양도에는 극소수의 종들밖에 살지 않는지, 그렇지만 왜 이 종들 중에서 고유한 것들이 많은지를 알 수 있다. 우리는 개구리나 육상 포유류처럼 넓은 대양을 건너가지 못하는 동물들이 왜 대양도에서 서식하지 못하는지 명확하게 알 수 있다. 한편으로는 대양을 가로질러 갈 수 있는 박쥐류에 속하는 독특하고 새로운 종이 어째서 대륙에서 멀리 떨어져 있는 섬에서 그리도 빈번하게 발견되는지도 알 수 있다. 독특한 박쥐류의 종이 대양도에 존재한다는 사실, 그리고 거기에 다른 포유류는 존재하지 않는다는 사실은 독립적으로 일어난 창조의 작용에 관한 이론으로는 절대로 설명할 수 없는 것이다.

어느 두 지역에서 근연종이나 대표 종이 존재한다는 것은 예전에 그 두 지역에서 변화를 동반한 계승 이론에서 말하는 동일한 부모 종이 서식했음을 시사한다. 많은 근연종이 살고 있는 두 지역에서는 거의 예외 없이 동일한 종이 두 지역에서 모두 여전히 존재한다는 사실을 발견할 수 있다. 근연이기는 하나 별개인 종들이 많이 나타나는 곳에서는 의심스러운 형태들과 동종의 변종들 역시 많이 나타난다. 각각의 지역에 사는 생물이 그 지역으로 이주해 온 다른 생물들이 원래 살았던 곳이라 여겨지는 매우 근접한 지역의 서식 생물들과 어떤 관련성을 가지는 것은 매우 일반적으로 나타나는 규칙이다. 우리는 갈라파고스 제도나 후안 페르난데스 제도, 그리고 그 밖의 아메리카에 있는 섬에서 사는 거의 모든 동식물들이 그 근처에 있는 아메리카 본토의 동식물들과 매우 놀라운 방식으로 관련되어 있다는 점을 통해 이러한 사실을 볼 수 있다. 또한 카보베르데 제도 및 다른 아프리카의 섬들과 아프리카 본토 사이에서도 이를 볼 수 있다. 하지만 창조설을 통해서는 이러한 사실들을 설명할 수 없다는 점을 인정하지 않을 수 없으리라.

우리가 지금껏 살펴본 바와 같이, 과거에 존재했고 현재도 존재하는 모든 유기체들이 상위 집단에 속하는 하위 집단을 이루면서 또는 종종 현존 집단들 사이로 분류되는 멸절한 집단을 이루면서 하나의 거대한 자연계를 구성하고 있다는 사실은, 우발적인 멸절 및 형질의 분지와 함께 자연 선택 이론을 통해 이해할 수 있다. 이 원리를 통해 우리는 동일한 강 내에서 속들과 종들 사이의 유연 관계가 얼마나 복잡하고 우회적인지를 알 수 있다. 또한 우리는 분류를 할 때 왜 특정 형질이 다른 것들에 비해 훨씬 더 유용한지, 적응 형질은 유기체에게는 다른 무엇보다도 중요하지만 왜 분류에는 그다지 중요하지 않은지, 흔적으로 남아 있는 부분의 형질이 유기체에게는 별로 쓸모가 없으면서 분류 시에는 왜 그리 높은 가치를 지니는 경우가 많은

지, 그리고 어째서 발생학상의 형질이 다른 무엇보다도 가치가 큰지에 대해서도 알 수 있다. 모든 유기체가 가지는 진정한 유연 관계는 대물림 혹은 혈연 집단으로 인한 것이다. 자연적 체계는 일종의 족보의 배열이며, 그 안에서 우리는 가장 영구적인 형질 — 생명의 유지와 관련해서 그것이 가지는 중요성이 얼마나 미미하든 간에 — 을 통해 틀림없이 혈통의 계보를 발견할 수 있을 것이다.

사람의 손, 박쥐의 날개, 알락돌고래의 지느러미, 그리고 말의 다리에서 뼈의 구성이 동일한 것, 기린과 코끼리에서 목을 형성하는 부분의 척추뼈의 수가 동일한 것, 그 밖에 이와 같은 수많은 사실들은 잇따라 서서히 일어나는 경미한 변화를 동반한 계승 이론으로 바로 설명할 수 있다. 게다가 다른 목적을 위해 사용되고 있는 박쥐의 날개와 발에서 — 게의 턱과 발, 꽃의 꽃잎과 수술 및 암술에서도 — 나타나는 패턴의 유사성은 각 강의 초기 조상에서 비슷하게 나타났던 부분들이나 기관들이 점차적으로 변이되었다는 견해를 가지고 설명할 수 있다. 잇따른 변이들이 항상 초기에 발생하는 것은 아니며 생활사에서 초기가 아니라 그에 상응하는 시기에 대물림된다는 원리에 입각하면, 포유류, 조류, 파충류 그리고 어류의 배아가 왜 그렇게도 비슷한지, 반면 성체에서는 어쩌면 그렇게도 달라지는지 그 이유를 명확히 이해할 수 있다. 공기 호흡을 하는 포유류나 조류의 배아가 잘 발달한 아가미로 물속에 녹아 있는 공기를 호흡해야 하는 어류에서와 마찬가지로 아가미구멍과 고리 모양으로 배열된 동맥을 가지고 있다는 사실을 보게 되더라도 우리는 놀랍게 생각할 필요가 없는 것이다.

어떤 기관이 변화된 습성에 의해서 혹은 변화된 생활 환경 조건에서 쓸모없어졌을 경우, 불용은 때때로 자연 선택의 도움을 받아 그 기관을 축소시키는 경향이 있다. 이 사실을 생각해 보면 흔적 기관의 의미 또한 명확하게 이해할 수 있다. 그러나 일반적으로 불용 및 선택은 생물이 각기 성숙기에 이르러 생존 투쟁 시 충분히 자신의 역할을 해 내야 하는 경우에 작용할 것이다. 이런 맥락에서 생애 초기에는 불용 및 선택이 어떤 기관에 작용하는 힘이 거의 없을 것이다. 따라서 초기에는 기관이 많이 축소되지도 않고 흔적으로 보이지도 않을 것이다. 예를 들어, 송아지는 잘 발달된 이빨을 가졌던 초기 선조로부터 위턱에 있는 잇몸을 뚫고 나오지 못하는 이빨을 물려받는다. 따라서 우리는 성숙한 동물이 가지는 이빨은 계속해서 세대가 거듭되면서 불용에 의해, 혹은 자연 선택의 작용으로 이빨의 도움 없이 풀을 대강 뜯어먹을 수 있도록 적합해진 혀와 입천장에 의해 축소되었다고 생각해도 좋을 것이다. 반면, 송아지에서는 이빨이 선택 혹은 불용에 의해 훼손되지 않은 채 그대로 남아 있으며, 상응하는 시기에 대물림된다는 원리에 의해 아주 먼 옛날부터 현재까지 계속 전해져 내려온 것으로 보인다. 각각의 유기체와 서로 다른 기관이 각기 특별히 창조되었다는 견해를 따른다면, 아주 어린 송아지의 이빨이나 딱정벌레에 붙어 있는 날개덮개 아래의 주름진 날개와 같이 완전히 무용지물로 낙인찍힌 부분들이 어쩌면 이리도 많을 수가 있는지를 설명하기란 절대 불가능하다! 자연은 변이를 일으키려는 자신의 계획을 흔적 기관이나 상동 구조를 통해 드러내려고 고심하고 있는지도 모른다. 다만 우리가 고집을 부려 그것을 이해하지 않으려 하는 것이리라.

　지금까지 나는, 종은 잇따라 조금씩 일어나는 이로운 변이들의 보존과 축적을 통해 변화해 왔고 여전히 서서히 변화해 가고 있다는 시각을 강하게 확신하도록 만들어 준 주된 사실들 및 여러 고려 사항들을 요약해 보았다. 현재 살아 계신 모든 저명한 박물학자와 지질학자들이 왜 종의 변화 가능성에 관한 이 견해를 부정하는 것인지 참으로 의문스럽다. 자연 상태에 있는 유기체는 변이의 대상이 아니라고 절대 단언할 수 없다. 또한 오랜 시간이 지나는 동안에 일어날 수 있는 변이의 양이 한정되어 있다는 것도 증명할 수 없다. 종과 뚜렷한 특징을 가지는 변종을 서로 제대로 구분할 수 있는 명확한 정의도 없다. 뿐만 아니라 종들은 상호 교잡을 했을 때 언제나 생식 능력이 없고, 변종들은 예외 없이 생식 능력이 있다고, 혹은 그 불임성이란 일종의 특별한 자질이며 창조의 징후라고 주장할 수도 없다. 세계의 역사가 기간이 짧다고 생각하는 한, 종은 불변하는 것이라는 믿음이 거의 불가피했다. 그러나 시간의 경과에 대한 개념을 어느 정도 알게 된 오늘날에도 우리는, 아무런 증거도 없이 지질학적 기록은 완벽하기에 만일 종이 변화한 것이라면 그 변화의 명백한 증거를 제공할 수 있을 것이라고 너무나도 쉽게 믿어 버리는 경향이 있다. 아무런 증거가 없음에도 불구하고 말이다.

　한편 어떤 종이 다른 종을 낳는다는 사실을 자연스레 꺼리게 되는 주된 원인은, 우리가 그 중간 과정을 잘 모르는 어떤 큰 변화가 일어났다는 것을 인정하기까지는 언제나 많은 시간이 소요된다는 데 있다. 그 문제는 마치, 길게 늘어선 내륙의 절벽이 형성되고 거대한 골짜기가 파이는 것은 연안의 파도가 계속해서 작용했기 때문이라는 것을 라이엘이 맨 처음 주장했을 때 너무나도 많은 지질학자들이 느꼈던 바와 비슷할 것이다. 아마도 인간의 머리로는 1억 년이라는 말이 의미하는 바를 완전히 알 수가 없을 것이고, 더욱이 거의 무한한 세대 동안 축적된 수많은 작은 변이들이 가져온 효과를 충분히 파악하는 것 또한 불가능할 것이다.

나는 이 책에서 개요의 형식을 취해 설명한 여러 견해의 진실성에 대해 강한 확신을 가지고 있다. 하지만 오랫동안 나와는 정반대의 관점에서 생각한 수많은 사실들로 머리가 꽉 차 있는 식견이 풍부한 박물학자들을 설득하고자 기대하는 것은 결코 아니다. '창조의 계획', '설계의 통일성' 등의 표현을 써 가며 우리의 무지를 숨기고, 그저 한 가지 사실을 반복해서 말하는 것으로 설명이 된 것처럼 생각하는 것은 너무나도 쉬운 일이다. 몇 가지 사실들에 대한 설명보다는 설명하기 힘든 어려운 문제에 비중을 더 많이 두는 기질이 있는 사람이라면 분명히 나의 이론을 거부할 것이다. 반면, 유연한 사고 방식을 가지고 있으며 이미 종의 불변성에 의심을 품기 시작한 일부 박물학자들은 이 책에 의해 모종의 영향을 받을 것이다. 나는 이 문제에 관한 양쪽 견해 모두를 공평하게 바라볼 수 있는 젊은 신진 박물학자들이 나타날 것이라 확신을 가지고 미래를 기대해 본다. 종이 변할 수 있다는 것을 믿게 된 사람이라면 누구나 그의 확신을 성심껏 표현함으로써 훌륭한 역할을 수행할 수 있을 것이다. 그렇게 함으로써만이 이 주제에 지워진 편견의 짐을 덜어낼 수 있을 것이기 때문이다.

최근 몇몇 저명한 박물학자들이 각각의 속에서 잘 알려져 있던 다수의 종이 진정한 종이 아니라고 발표했다. 하지만 그들은 그와는 다른 종들이 각기 독립적으로 창조되어 온 진짜 종이라고 믿고 있다. 나로서는 이 같은 견해가 이상한 결론에 도달하는 것으로 보인다. 그들은 특별한 피조물이라 여겼던 다수의 형태들이 — 여전히 대다수 박물학자들은 그렇게 생각하고 있으며, 따라서 그 형태들은 진짜 종의 모든 외적인 특색을 가지고 있다. — 변이를 통해 생겨났음을 인정했다. 그러나 그들은 이 동일한 견해를 아주 조금 다른 그 밖의 형태들에게로 확대 적용하는 것을 거부하고 있는 것이다. 그러면서도 그들은 어떤 것이 창조된 생명체이고 어떤 것이 이차적인 법칙을 통해 생겨난 것인지를 정의하거나 심지어 추측할 수 있다고 주장하지도 않는다. 그들은 어떤 경우에는 변이를 참된 원인으로 인정하고, 또 어떤 경우에는 독단적으로 그것을 거부하고 있다. 그 두 가지 경우가 어떻게 다른지도 언급하지 않은 채 말이다. 언젠가는 이 사실이 선입견에 눈이 멀었음을 보여 주는 흥미로운 실례로 이용될 날이 있을 것이다. 이러한 학자들은 기적적인 창조의 행위를 평범한 생명체의 탄생보다 더 놀라운 일이 아니라 생각하는 것처럼 보인다. 그들은 진정 지구의 역사에서 무수히 많은 시기에 어떤 기본 원자가 살아 있는 조직 내에서 갑자기 획 나타나도록 지시받았다고 믿는 것일까? 그들은 창조의 행위라고 여겨지는 일이 있을 때마다 하나의 개체 혹은 수많은 개체들이 탄생된 것이라 믿는 것일까? 수없이 많은 종류의 동식물들이 알이나 씨로 창조된다는 말인가, 아니면 다 자란 상태로 창조된다는 말인가? 그리고 포유류의 경우에는 모체의 자궁에서

받은 영양 물질을 거짓 특징으로 가진 채 창조된 것일까? 그리고 포유류는 모체의 자궁에서 영양분을 공급받을 때나 사용되는 거짓된 표식들을 가지고 창조되었단 말인가? 박물학자들은 종의 가변성을 믿는 사람들에게 모든 난점들에 대한 충분한 설명을 마땅히 요구하고 있다. 하지만 한편으로 그들은 자신들이 경건한 침묵이라고 간주하는 종의 첫 출현에 대한 문제에 관해 일괄적으로 무시하고 있다.

내가 종의 변화라는 학설을 어디까지 확장시킬 것인가 하는 물음도 던질 수 있겠다. 이 질문에 대해서는 답하기가 곤란한데, 그 이유는 우리가 고려 대상으로 삼고 있는 형태가 더 뚜렷이 다를수록 이 주장은 그만큼 힘을 더 잃을 것이기 때문이다. 그러나 가장 중요한 비중을 차지하는 일부 주장들은 상당히 넓게 확장할 수 있다. 전체 강에 속한 모든 구성원들을 유연 관계의 끈을 통해 서로 연결할 수 있고, 동일한 원리에 따라 집단에 종속된 집단으로 분류할 수 있다. 때때로 화석으로 남은 것들은 현존하는 목과 목 사이에 존재하는 매우 넓은 간격을 채워 주는 경향이 있다. 흔적 상태로 남은 기관은 초기 조상이 완전하게 발달된 상태의 기관을 가지고 있었다는 점을 명백히 보여 주며, 어떤 경우에는 자손들에게 상당히 많은 양의 변이가 일어났음을 필연적으로 시사한다. 강 전체를 통틀어 동일한 패턴에 의해 다양한 구조가 형성되며, 배 시기의 종들은 서로 상당히 유사하다. 그러므로 나는 변화를 동반한 계승 이론을 동일한 강에 속한 모든 구성원에게 적용할 수 있다는 사실을 의심할 수가 없다. 나는 동물이 기껏해야 네 개나 다섯 개의 조상으로부터 이어져 내려왔으며, 식물도 마찬가지이거나 그보다 더 적은 수의 조상으로부터 유래되었다고 믿고 있다.

유추를 통해 나는 한 걸음 더 나아가 다음과 같은 점을 생각하게 되었다. 즉 모든 동식물들이 어떤 하나의 원형에서 유래되었다는 것이다. 그러나 유추라는 것은 올바르지 못한 지침이 되기도 한다. 그럼에도 모든 살아 있는 생명체는 화학적 조성에서나 밑씨, 세포 구조, 그리고 성장 및 생식의 법칙 등에서 많은 공통점을 가진다. 우리는 심지어 똑같은 독성분이 동물이나 식물에 유사한 영향을 주는 경우가 많다는 점, 혹은 어리상수리혹벌(gall-fly)에 의해 분비된 독이 야생 장미나 오크나무에 기형적인 성장을 초래한다는 점 등 매우 사소한 경우에서도 이러한 사실을 발견할 수 있다. 따라서 유추를 통해 나는 아마도 지구에서 살았던 모든 유기체는 처음으로 생명력을 가지게 된 어떤 하나의 원시 형태로부터 유래된 것이 아닐까 하는 추론을 하지 않을 수 없다.

이 책에서 말한 종의 기원에 관한 견해 혹은 이와 유사한 견해들이 보편적으로 인정되는 날이 도래한다면, 박물학에 상당한 혁명이 일어날 것이라는 예견을 어렴풋이 해 볼 수 있을 것이다. 분류학자들은 현재와 마찬가지로 그들의 일을 계속 해 나갈 수 있을 것이다. 그러나 그들은 본질적으로 이 형태가 종인지 저 형태가 종인지 하는 어슴푸레한 의문에 끊임없이 사로잡히지 않아도 될 것이다. 내가 생각하기에 그리고 경험을 통해 말하자면, 이것은 결코 무시 못 할 큰 도움이 될 것이다. 50여 종의 영국산 검은딸기나무(bramble)가 진정한 종인지 아닌지의 끝없는 논쟁은 비로소 중단될 것이다. 분류학자들은 어떤 형태가 명확한 정의를 내릴 수 있을 정도로 충분히 영구적인지, 그리고 다른 형태와 뚜렷이 구별되는지 아닌지만 결정하면 될 것이다. (이러한 결정이 쉬울 것이라는 말은 아니다.) 또한 만일 정의가 가능하다면, 그 차이점들이 종으로 명명해도 좋을 만큼 충분한 중요성을 가지는지 아닌지를 결정하면 될 것이다. 이 점은 현재에 비해 훨씬 더 중요한 고려 사항이 될 것이다. 왜냐하면, 아무리 사소하다고 해도 어느 두 형태 간의 차이점들이 중간적인 점진적 단계에 의해 섞여 있지 않는 한 박물학자들이 보기에 두 형태 모두 종으로 분류하기에 충분하다고 판단될 것이기 때문이다. 앞으로 우리는 특징이 뚜렷한 변종과 종의 차이가 단지 특징이 뚜렷한 변종이 오늘날까지도 중간적인 점진적 단계로 연결되어 있다고 알려져 있거나 믿어지고 있는 데 반해, 종은 예전에 그런 식으로 연결되어 있었다는 것뿐이라는 점을 인정하지 않을 수 없을 것이다. 그러므로 어느 두 형태 사이에 존재하는 중간적인 점진적 단계가 현존하는지에 대해 고려하는 것을 거부하지 않고, 그 두 형태 사이에 실제로 존재하는 차이의 양을 더 세심히 저울질해서 그것에 더 큰 가치를 부여하게 될 것이다. 앵초나 노란구륜앵초처럼 지금은 일반적으로 단순히 변종이라고 여겨지는 형태가 향후 종으로 명명될 만한 가치가 있다고 여겨지는 경우도 충분히 존재할 가능성이 있다. 이 경우, 과학의 언어와 일상의 언어는 일치하게 될 것이다. 요약하자면, 우리는 속이란 단지 편의를 위해 인위적으로 조합한 것이라 인정하는 박물학자들과 같은 방식으로 종을 대해야 할 것이다. 이는 환영받을 가망이 없을지도 모른다. 그러나 적어도 우리는 발견되지도 않았고, 발견할 수도 없는, 종이라는 용어의 본질을 헛되이 찾으려 하는 시도로부터 해방될 것이다.

그 밖에도 박물학에서 좀 더 일반적인 분야에 대한 관심이 상당히 고조될 것이다. 박물학자들이 사용하는 유연 관계, 관련성, 형태 집단, 부성, 형태학, 적응적 형질, 흔적 기관 및 발육이 부진한 기관 등의 용어는 비유를 벗어나 명확한 의미를 가지게 될 것이다. 마치 미개인이 전혀 이해할 수 없는 물건인 양 한 척의 배를 바라보는 것처럼 우리가 유기체를 그런 식으로 바라보는 일을 더 이상 하지 않게 된다면, 모든 자연의 산물들을 일종의 역사를 가지고 있는 것으로 간주하게 된다면, 모든 복잡한 구조와 본능을 하나하나가 다 그 소유자에게 쓸모 있는 수많은 장치의 합산 — 우리가 어떤 훌륭한 기계의 발명을 노동력과 경험, 사고력, 그리고 심지어 수많은 노동자들의 실수의 합산이라 생각하는 것과 마찬가지의 방식으로 — 이라고 생각하게 된다면, 우리가 각각의 유기체들을 볼 때 (경험에 비추어 말하자면) 박물학 연구는 얼마나 더 흥미로워지겠는가!

변이의 원인 및 그 법칙, 연관 성장, 사용과 불용의 효과, 외부적인 환경 조건의 직접적인 작용 등에 관해 여태껏 거의 조사되지 않았던 장엄한 탐구 분야가 개척될 것이다. 사육 및 재배 산물에 관한 연구는 그 가치가 어마어마하게 상승할 것이다. 인간에 의해 육성된 새로운 변종은 이미 종으로 기록된 무수한 종들에 어느 한 종이 추가되는 경우보다 훨씬 더 중요하고 흥미로운 연구 주제가 될 것이다. 분류학은 우리가 할 수 있는 한 계보학이 될 것이고, 그렇게 되면 분류학은 창조의 계획이라고 불러도 좋을 만한 것이 무엇인지 제대로 알려줄 수 있을 것이다. 우리가 연구 대상에 대해 확실히 알 수 있다면 분류의 규칙은 더욱 단순해질 것임이 분명하다. 우리는 족보나 문장(紋章)을 가지고 있지 않지만, 그럼에도 자연의 계보(natural genealogies)에서 오랫동안 대물림되어 온 어떤 종류의 형질을 통해 많은 혈통의 분지선을 추적해서 발견해야 한다. 흔적 기관은 오랫동안 나타나지 않았던 구조의 성질에 대해 어김없이 말해 줄 것이다. 살아 있는 화석이라고 색다르게 말할 수도 있고 일탈적이라고도 할 수 있는 종과 종들의 집단은 먼 옛날에 살았던 생명체의 모습을 그릴 때에 도움이 될 것이다. 발생학은 거대한 강 각각의 원형의 구조를 어렴풋하게나마 볼 수 있게 해 줄 것이다.

동종의 모든 개체들 그리고 대부분의 속에서 모든 근연종들은 그리 머지않은 과거에 하나의 부모 종으로부터 내려왔으며 어느 하나의 발생지에서 이동해 온 것이라는 사실이 틀림없다고 느끼게 될 때, 그리하여 현재 지질학이 던져 주는 실마리를 통해 많은 이주의 수단에 대해 더 잘 알게 될 때, 그리고 지질학이 과거의 기후 변화 및 지표면 높이의 변화에 대해 계속해서 더 많은 것을 밝혀 줄 수 있게 될 때, 전 세계에서 서식하고 있는 생물들이 이전에 시행한 이주들을 감탄스러운 방식으로 확실히 추적할 수 있을 것이다. 한 대륙의 정반대편에 있는 바다에 서식하는 생물들의 차이점을 비교하고, 그 대륙에 서식하는 생물들의 본성을 그들의 명백한 이주 수단과 관련지어 비교함으로써 우리는 지금도 고대의 지질학에 대한 이해를 도울 수 있는 실마리를 찾을 수 있을 것이다.

지질학이라는 고귀한 과학은 기록의 불완전함이 너무나 심한 탓에 그 영예로움을 상실했다. 여러 유물들이 매장되어 있는 지각은 드물게 우연히 만들어진 빈약한 모음집으로 생각해야지, 잘 꾸며 놓은 박물관으로 여겨서는 안 된다. 화석을 함유한 거대한 암석층의 퇴적은 여러 정황이 비정상적으로 동시에 일어남으로써 만들어진 것이며, 연속된 암석층 사이의 공백은 엄청난 시간의 경과를 의미한다는 것이 인정될 것이다. 그러나 우리는 전후의 유기체를 비교함으로써 그런 공백의 지속 기간을 어느 정도 확실히 측정할 수 있을 것이다. 동일한 종이 거의 포함되어 있지 않은 두 암석층을 정확히 동시대의 것으로 관련지으려고 할 때에는 일반적으로 나타나는 생명 형태의 연속성에 비추어 신중을 기해야 한다. 종은 지금도 존재하는 원인들이 서서히 작용함으로써 탄생하고 멸절하는 것이지, 기적적인 창조 행위나 재앙으로 인해 탄생하고 멸절하는 것이 아니다. 또한 생체 조직적인 변화를 일으키는 원인들 중 가장 중요한 것은 물리적인 변화(아마도 갑작스러운 변화)와는 거의 상관없는 유기체와 유기체 간의 상호 관계 — 다른 유기체의 개량 혹은 멸절을 동반하는 어느 한 유기체의 개량 — 이다. 따라서 연속해서 쌓인 암석층이 담고 있는 화석에서 유기체의 변화량은 아마도 실제 시간의 경과를 측정하는 꽤 좋은 방법을 제공한다고 할 수 있다. 그러나 어떤 종들은 하나의 무리를 형성한 이래로 오랜 시간에 걸쳐 변화되지 않은 채 남겨진 반면, 이와 동일한 시간 동안에 이 종들 중 일부는 새로운 지역으로 이주하거나 외부에서 들어온 생물들과 경쟁하게 됨으로써 변이를 겪게 되었을 것이다. 따라서 우리는 시간의 측정 도구로써 생체 조직적 변화의 정확성을 과대 평가해서는 안 된다. 지구 역사의 초기에는 생명 형태들이 더 적은 수로 존재했고 더 단순했을 것이며 변화의 속도 또한 더 느렸을 것이다. 또한 생명이 처음으로 생겨나기 시작했을 때에는 아주 단순한 구조를 가진 극소수의 형태만이 존재했을 것이고 변화의 속도는 극도로 느렸을 것이다. 비록 세계사 전체가 얼마나 긴 시간인지 우리로서는 이해하기 어렵지만, 현재까지 알려진 바에 따라 향후 다음과 같은 점을 인식하게 될 것이다. 수없이 멸절한 자손과 살아 있는 자손의 조상인 최초의 생명체가 탄생한 이후로 경과한 시간에 비한다면 우리의 세계사는 그저 시간의 한 조각에 불과하다는 것이다.

먼 미래에는 더욱더 중요한 연구 분야가 개척될 것이라 나는 생각한다. 심리학은 점진적인 변화를 통해 정신적인 힘이나 역량이 필연적으로 획득된다는 새로운 토대에 근거해 그 기초가 세워질 것이다. 또 인류의 기원이나 역사를 이해하는 데도 서광이 비칠 것이다.

최고의 명성을 가진 학자들은 각각의 종이 독립적으로 창조되었다는 견해에 완전히 만족하고 있는 것 같다. 내가 생각하기에 과거에서 지금까지 서식 생명체들의 출현과 멸절이 개체의 탄생과 죽음을 결정하는 원인과 유사한 이차적 원인에 따라 일어난다는 견해가 **창조주**에 의해 물질에 법칙이 부여되었다는 입장과 더 잘 부합한다. 모든 유기체들은 일종의 특별한 피조물이 아니라 실루리아기의 첫번째 암층이 퇴적되기도 전에 살았던 몇몇 소수의 유기체들에서 내려온 직계 자손들이라는 견해를 가질 때, 유기체들은 더 고귀한 존재가 된다고 생각한다. 과거를 통해 판단해 보건대, 우리는 현존하는 종들 가운데 먼 미래에까지 변하지 않은 유사성을 전승해 줄 종은 단하나도 없다고 추론해도 무방할 것이다. 또한 현재 살아 있는 종들 중 극소수만이 매우 먼 미래에까지도 그 자손을 퍼뜨릴 것이다. 왜냐하면, 모든 유기체들이 집단을 형성해 가는 방식은 각각의 속에서 상당수의 종들이, 또는 많은 경우 그 속의 모든 종들이 자손을 남기지 못하고 완전히 멸절했음을 보여 주고 있기 때문이다. 또한 대체적으로 미래를 예견해 보자면, 최종적으로 우위를 점해서 새로운 우세종을 낳는 것은 규모가 큰 우세한 집단에 속해 있으며 흔히 볼 수 있고 널리 퍼져 있는 종들이 될 것이다. 모든 살아 있는 생명체들은 실루리아기 이전에 살았던 생명체의 직계 자손들이기 때문에, 우리는 세대를 통한 일반적인 계승이 지금껏 한번도 끊어진 적이 없고, 전 세계를 황폐화시킨 대재앙도 일어나지 않았다는 사실을 확신해도 좋을 것이다. 그러므로 우리는 어느 정도 확신을 가지고 생명이 미래에도 과거만큼이나 오래 존속할 것이라고 예측할 수도 있다. 또한 자연 선택은 오로지 각 유기체에 의해, 그리고 각 유기체의 이득을 위해 작용하므로, 물질적이고 정신적인 모든 자질은 완벽해지는 방향으로 발전할 것이다.

수많은 종류의 식물들이 자라나고 있고, 덤불에서 노래하는 새들과 여기저기를 날아다니는 곤충들 그리고 축축한 땅 위를 기어 다니는 벌레들로 가득 차 있는 뒤얽힌 둑(entangled bank)을 지긋이 관찰해 보면 참으로 흥미롭다. 또한 서로 너무나도 다르고, 매우 복잡한 방식으로 서로 얽혀 있는, 정교하게 구성된 이런 형태들이 모두 우리 주위에서 일어나는 법칙에 의해 탄생되었다는 사실을 떠올려 보면 흥미를 느끼지 않을 수 없다. 이 같은 법칙들은 넓은 의미에서 보자면, 번식을 동반한 성장, 번식과 거의 동일한 것으로 간주되는 대물림,

외부적 생활 조건의 직간접적인 작용과 사용 및 불용에 의한 가변성, 생존 투쟁을 초래하는 높은 개체 증가율, 자연 선택의 결과로 나타난 형질 분기와 덜 개량된 형태들의 멸절을 포함한다. 우리가 생각할 수 있는 최고의 대상인 고등 동물은 이 법칙들의 직접적 결과물로서 자연의 전쟁 및 기근과 죽음으로부터 탄생한 것들이다. 처음에 몇몇 또는 하나의 형태로 숨결이 불어넣어진 생명이 불변의 중력 법칙에 따라 이 행성이 회전하는 동안 여러 가지 힘을 통해 그토록 단순한 시작에서부터 가장 아름답고 경이로우며 한계가 없는 형태로 전개되어 왔고 지금도 전개되고 있다는, 생명에 대한 이런 시각에는 장엄함이 깃들어 있다.

찾아보기

종의 기원

찾아보기

드디어 다윈 **❶**

종의 기원

1판 1쇄 펴냄 2019년 7월 31일
1판 19쇄 펴냄 2024년 6월 30일

지은이 찰스 다윈
옮긴이 장대익
펴낸이 박상준
펴낸곳 (주)사이언스북스

출판등록 1997. 3. 24.(제16-1444호)
(06027) 서울시 강남구 도산대로1길 62
대표 전화 515-2000, 팩시밀리 515-2007
편집부 517-4263, 팩시밀리 514-2329
www.sciencebooks.co.kr

ISBN 979-11-89198-86-2 04400
ISBN 979-11-89198-85-5 (세트)

다윈 포럼

강호정

생태학자. 현재 연세 대학교 건설 환경 공학과 교수로 재직하며, 전 지구적 기후 변화가 생태계에 야기하는 현상을 연구하고 있다. 『와인에 담긴 과학』, 『지식의 통섭』, 『유리 천장의 비밀』 등의 책을 쓰고 옮겼다.

김성한

진화 윤리학자. 「도덕의 기원에 대한 진화론적 설명과 다윈주의 윤리설」로 박사 학위를 받았고, 전주 교육 대학교 윤리 교육과 교수로 재직하고 있다. 『인간과 동물의 감정 표현』, 『동물 해방』, 『사회 생물학과 윤리』, 『섹슈얼리티의 진화』 등의 책을 옮겼다.

전중환

진화 심리학자. 현재 경희 대학교 후마니타스 칼리지 교수로 재직하며, 인간 사회의 협동과 갈등, 이타적 행동, 근친상간과 성관계에 대한 혐오 감정 등을 연구하며 심리학의 영역을 넓혀 가고 있다. 『오래된 연장통』, 『본성이 답이다』, 『욕망의 진화』 등의 책을 쓰고 옮겼다.

주일우

생화학과 과학사를 공부한 출판인. 《과학 잡지 에피》와 《인문 예술 잡지 에프》의 발행인으로 과학과 문화 예술 사이의 역동적 관계에 관심을 가지고 글을 쓰고 책을 만든다. 『지식의 통섭』, 『신데렐라의 진실』 등의 책을 쓰고 옮겼다.

최정규

진화 게임 이론을 전공하고 있는 경제학자. 경북 대학교 경제 통상학부 교수로 재직하며, 제도와 규범, 인간 행동을 미시적으로 접근하고 설명하는 연구를 진행하고 있다. 『이타적 인간의 출현』, 『다윈주의 좌파』 등의 책을 쓰고 옮겼다.